1+X 证书制度试点培训用书

Web 前端开发
试题分析与解答
（下册）

北京新奥时代科技有限责任公司　组编

电子工业出版社
Publishing House of Electronics Industry
北京·BEIJING

内 容 简 介

《Web 前端开发试题分析与解答》(下册)针对《Web 前端开发职业技能等级标准》(中级和高级)内容进行编写,是促进 Web 前端开发职业技能等级证书试点院校教学的工具性教材。本书汇集了 2019 年 12 月、2020 年 12 月及 2021 年 12 月的 Web 前端开发中级和高级真题试卷,并分别对理论卷和实操卷进行真题解析,包括试卷结构、分值分布、考点分布,以及考点分析、试题解析等,书中所有代码均在主流浏览器中运行通过。

本书结合《Web 前端开发职业技能等级标准》(中级和高级)中的工作领域、工作任务和职业技能要求,以 Web 前端开发中的重要知识为单元组织理论卷,包括静态网站制作(中级和高级)、响应式网页开发、Web 前后端数据交互、MySQL 数据库操作、PHP 动态网站制作、Java 动态网站制作、ES9 编程、Vue.js 前端框架应用、动态网站制作(高级)、Node.js 高性能服务器应用和网站架构设计与性能优化,以每年的实操试题为单元组织实操卷。针对相同(重复或相似)的试题,选用最新试题进行解析,不重复解析。

本书可分为两方面内容:一是理论卷解析,以 Web 前端开发中的重要知识为单元(知识模块、工作领域和工作任务)进行组织,每个单元包括考点分析、试题解析(2019 年、2020 年和 2021 年的试题汇编,包括单选题、多选题和判断题),每道题的解析内容包括考核知识和技能、解析和参考答案;二是实操卷解析,以每年的实操试题为单元进行组织,每道题的解析内容包括题干和问题、考核知识和技能、试题解析及参考答案。

本书适合作为《Web 前端开发职业技能等级标准》2.0 版实践教学的参考用书,也适合作为对 Web 前端开发感兴趣的学习者的指导用书。

未经许可,不得以任何方式复制或抄袭本书之部分或全部内容。
版权所有,侵权必究。

图书在版编目(CIP)数据

Web 前端开发试题分析与解答. 下册 / 北京新奥时代科技有限责任公司组编. —北京:电子工业出版社,2023.7
ISBN 978-7-121-45897-2

Ⅰ.①W… Ⅱ.①北… Ⅲ.①网页制作工具 Ⅳ.①TP393.092.2

中国国家版本馆 CIP 数据核字(2023)第 123968 号

责任编辑:胡辛征
印　　刷:三河市鑫金马印装有限公司
装　　订:三河市鑫金马印装有限公司
出版发行:电子工业出版社
　　　　　北京市海淀区万寿路 173 信箱　　邮编:100036
开　　本:787×1092　1/16　印张:40.5　字数:1011 千字
版　　次:2023 年 7 月第 1 版
印　　次:2023 年 7 月第 1 次印刷
定　　价:79.80 元

凡所购买电子工业出版社图书有缺损问题,请向购买书店调换。若书店售缺,请与本社发行部联系,联系及邮购电话:(010)88254888,88258888。
质量投诉请发邮件至 zlts@phei.com.cn,盗版侵权举报请发邮件至 dbqq@phei.com.cn。
本书咨询联系方式:(010)88254361,hxz@phei.com.cn。

前 言

在职业院校、应用型本科院校启动"学历证书+若干职业技能等级证书"(1+X)制度是贯彻落实《国家职业教育改革实施方案》(国发〔2019〕4号文件)的重要内容。工业和信息化部教育与考试中心作为首批1+X证书制度试点工作的培训评价组织,组织技术专家和院校专家,基于从业人员的工作范围、工作任务、实践能力和应具备的知识与技能,开发了《Web前端开发职业技能等级标准》,反映了行业企业对当前Web前端开发职业教育人才培养的质量规格要求。自2019年,Web前端开发职业技能等级证书培训评价实施以来,已经有近1500所中、高职院校参与书证融通试点工作,通过师资培训、证书标准融入学历教育教学和考核认证等。Web前端开发职业技能等级证书培训评价对改革软件专业教学、提高人才培养质量、促进就业起到了积极作用。

为了帮助读者熟悉《Web前端开发职业技能等级标准》(中级和高级)中涵盖的职业技能要求、考试要求、试卷结构、考点分布等,工业和信息化部教育与考试中心联合北京新奥时代科技有限责任公司组织企业工程技术人员和院校教师编写了本书。本书汇集了2019年、2020年与2021年的Web前端开发中级和高级试题,按照《Web前端开发职业技能等级标准》(中级和高级)中的核心职业技能要求精心设计了试题解析,对理论卷和实操卷进行逐题分析和解答,每套试卷包括50道理论题和4道实操题。

本书主要分为两方面内容:一是理论卷解析,以Web前端开发中的重要知识为单元进行组织,每个单元包括考点分析、试题解析(单选题、多选题和判断题);二是实操卷解析,以每年的实操试题为单元进行组织。

第1章是概述,对2019年、2020年和2021年的Web前端开发中级和高级考试进行总体分析,包括试卷结构、分值分布、考点分布。

第2章至第13章是理论卷解析,将试题按知识单元和题型进行分类,分别对静态网站制作(中、高级)、响应式网页开发、Web前后端数据交互、MySQL数据库操作、PHP动态网站制作、Java动态网站制作、ES9编程、Vue.js前端框架应用、动态网站制作(高级)、Node.js高性能服务器应用和网站架构设计与性能优化的部分试题进行分析。针对每一知识单元进行考点分析,并对每类试题(单选题、多选题和判断题)进行逐题解析,每道题的解析内容包括考核知识和技能、解析、参考答案。

第14章至第19章是实操卷解析,将试题按年份和试题号进行分类,并对每道题进行解析,解析内容包括题干和问题、考核知识和技能、试题解析及参考答案。

参与本书编写工作的有龚玉涵、谭志彬、张晋华、刘志红、马庆槐、王博宜、邹世长、吴晴月、郑婕、马玲、潘凯、姜宜池、池瑞楠、鲁大林、田勇、吴瑜、梁甜甜、刘仁、王丹丹、胡湘萍、刘斌、赖晶亮、唐小燕、管文强等。

本书在编写过程中得到了深圳信息职业技术学院、常州信息职业技术学院、青岛高新职业学校、山东传媒职业学院、辽宁职业学院、广东轻工职业技术学院、河南经贸职业学院、山东职业学院、南京中华中等专业学校、山东轻工职业学院信息工程系、河北商贸学校、泰安市理工中等专业学校、深圳职业技术学院人工智能学院、襄阳职业技术学院等单位的支持和帮助。

限于编者水平和时间，书中难免存在不足之处，敬请读者批评和指正。

编者

目 录

第1章 概述 …………………………… 1
1.1 中级理论卷介绍 …………………… 1
1.1.1 试卷结构 …………………… 1
1.1.2 分值分布 …………………… 1
1.1.3 考点分布 …………………… 2
1.2 中级实操卷介绍 …………………… 4
1.2.1 试卷结构 …………………… 4
1.2.2 分值分布 …………………… 4
1.2.3 考点分布 …………………… 5
1.3 高级理论卷介绍 …………………… 7
1.3.1 试卷结构 …………………… 7
1.3.2 分值分布 …………………… 8
1.3.3 考点分布 …………………… 8
1.4 高级实操卷介绍 …………………… 9
1.4.1 试卷结构 …………………… 9
1.4.2 分值分布 …………………… 10
1.4.3 考点分布 …………………… 11

第2章 静态网站制作（中级） ……… 13
2.1 考点分析 …………………………… 13
2.2 单选题 ……………………………… 13
2.2.1 2019年-第2题 …………… 13
2.2.2 2019年-第3题 …………… 14
2.2.3 2019年-第7题 …………… 15
2.2.4 2019年-第27题 ………… 16
2.2.5 2019年-第28题 ………… 18
2.2.6 2020年-第1题 …………… 18
2.2.7 2020年-第5题 …………… 19
2.2.8 2020年-第9题 …………… 21
2.2.9 2020年-第14题 ………… 23
2.2.10 2020年-第15题 ………… 23
2.2.11 2020年-第17题 ………… 25
2.2.12 2020年-第19题 ………… 27
2.2.13 2020年-第22题 ………… 27
2.2.14 2020年-第27题 ………… 29
2.2.15 2021年-第20题 ………… 30
2.2.16 2021年-第22题、第24题 …………………… 31
2.2.17 2021年-第26题 ………… 32
2.2.18 2021年-第27题 ………… 34
2.2.19 2021年-第30题 ………… 36
2.3 多选题 ……………………………… 36
2.3.1 2019年-第42题 ………… 36
2.3.2 2020年-第10题 ………… 37
2.3.3 2021年-第9题 …………… 42
2.3.4 2021年-第10题 ………… 42
2.3.5 2021年-第13题 ………… 43
2.3.6 2021年-第14题 ………… 44
2.3.7 2021年-第15题 ………… 45
2.4 判断题 ……………………………… 46
2.4.1 2020年-第2题 …………… 46
2.4.2 2020年-第4题 …………… 46
2.4.3 2021年-第5题 …………… 48

第 3 章 响应式网页开发 49

3.1 考点分析 49
3.2 单选题 49
3.2.1 2019 年-第 4 题 49
3.2.2 2019 年-第 6 题 52
3.2.3 2019 年-第 13 题 53
3.2.4 2019 年-第 22 题 55
3.2.5 2020 年-第 2 题 56
3.2.6 2020 年-第 6 题 59
3.2.7 2020 年-第 12 题 60
3.2.8 2020 年-第 18 题 63
3.2.9 2021 年-第 14 题 66
3.2.10 2021 年-第 16 题 67
3.3 多选题 69
3.3.1 2019 年-第 14 题 69
3.3.2 2020 年-第 4 题 71
3.3.3 2020 年-第 13 题 72
3.3.4 2020 年-第 15 题 73

第 4 章 Web 前后端数据交互 74

4.1 考点分析 74
4.2 单选题 74
4.2.1 2019 年-第 10 题 74
4.2.2 2019 年-第 26 题 76
4.2.3 2020 年-第 16 题 78
4.2.4 2020 年-第 21 题 79
4.2.5 2020 年-第 28 题 80
4.2.6 2021 年-第 15 题 81
4.2.7 2021 年-第 17 题 82
4.2.8 2021 年-第 25 题 83
4.2.9 2021 年-第 29 题 84
4.3 多选题 85
4.3.1 2020 年-第 3 题 85
4.3.2 2020 年-第 8 题 87
4.3.3 2021 年-第 11 题 88
4.4 判断题 89
2020 年-第 1 题 89

第 5 章 MySQL 数据库操作 92

5.1 考点分析 92
5.2 单选题 92
5.2.1 2019 年-第 11 题 92
5.2.2 2019 年-第 16 题 94
5.2.3 2020 年-第 11 题 96
5.2.4 2020 年-第 24 题 96
5.2.5 2020 年-第 25 题 98
5.2.6 2021 年-第 18 题、第 21 题 100
5.2.7 2021 年-第 19 题 100
5.2.8 2021 年-第 23 题 101
5.2.9 2021 年-第 28 题 102
5.3 多选题 103
5.3.1 2019 年-第 13 题 103
5.3.2 2020 年-第 2 题 103
5.3.3 2020 年-第 7 题 107
5.3.4 2021 年-第 12 题 108
5.4 判断题 109
2019 年-第 5 题 109

第 6 章 PHP 动态网站制作 110

6.1 考点分析 110
6.2 单选题 110
6.2.1 2019 年-第 1 题 110
6.2.2 2019 年-第 5 题 112
6.2.3 2019 年-第 9 题 115
6.2.4 2019 年-第 12 题 119
6.2.5 2019 年-第 15 题 122
6.2.6 2019 年-第 17 题 124
6.2.7 2019 年-第 18 题 125
6.2.8 2019 年-第 20 题 126
6.2.9 2019 年-第 21 题 130
6.2.10 2019 年-第 24 题 131
6.2.11 2020 年-第 3 题 133
6.2.12 2019 年-第 29 题 136
6.2.13 2020 年-第 4 题 139

- 6.2.14 2020 年-第 7 题 139
- 6.2.15 2020 年-第 8 题 141
- 6.2.16 2020 年-第 10 题 144
- 6.2.17 2020 年-第 13 题 145
- 6.2.18 2020 年-第 20 题 147
- 6.2.19 2020 年-第 23 题 148
- 6.2.20 2020 年-第 26 题 149
- 6.2.21 2020 年-第 29 题 151
- 6.2.22 2021 年-第 1 题 153
- 6.2.23 2021 年-第 2 题 153
- 6.2.24 2021 年-第 3 题 154
- 6.2.25 2021 年-第 4 题 155
- 6.2.26 2021 年-第 5 题 156
- 6.2.27 2021 年-第 6 题 156
- 6.2.28 2021 年-第 7 题 157
- 6.2.29 2021 年-第 8 题 159
- 6.2.30 2021 年-第 9 题 159
- 6.2.31 2021 年-第 10 题 160
- 6.2.32 2021 年-第 11 题 161
- 6.2.33 2021 年-第 12 题 161
- 6.2.34 2021 年-第 13 题 162

6.3 多选题 162
- 6.3.1 2019 年-第 1 题 162
- 6.3.2 2019 年-第 2 题 165
- 6.3.3 2019 年-第 3 题 166
- 6.3.4 2019 年-第 5 题 167
- 6.3.5 2019 年-第 6 题 169
- 6.3.6 2019 年-第 7 题 171
- 6.3.7 2019 年-第 8 题 171
- 6.3.8 2019 年-第 9 题 173
- 6.3.9 2020 年-第 14 题 175
- 6.3.10 2020 年-第 1 题 178
- 6.3.11 2020 年-第 5 题 179
- 6.3.12 2020 年-第 6 题 181
- 6.3.13 2020 年-第 9 题 184
- 6.3.14 2020 年-第 11 题 185
- 6.3.15 2021 年-第 1 题 187
- 6.3.16 2021 年-第 2 题 188
- 6.3.17 2021 年-第 3 题 188
- 6.3.18 2021 年-第 4 题 189
- 6.3.19 2021 年-第 5 题 190
- 6.3.20 2021 年-第 6 题 190
- 6.3.21 2021 年-第 7 题 191
- 6.3.22 2021 年-第 8 题 191

6.4 判断题 192
- 6.4.1 2019 年-第 1 题 192
- 6.4.2 2019 年-第 2 题 194
- 6.4.3 2019 年-第 3 题 195
- 6.4.4 2019 年-第 4 题 196
- 6.4.5 2020 年-第 3 题 197
- 6.4.6 2020 年-第 5 题 198
- 6.4.7 2021 年-第 1 题 199
- 6.4.8 2021 年-第 2 题 200
- 6.4.9 2021 年-第 3 题 200
- 6.4.10 2021 年-第 4 题 201

第 7 章 Java 动态网站制作 202

7.1 考点分析 202

7.2 单选题 202
- 7.2.1 2021 年-第 1 题 202
- 7.2.2 2021 年-第 2 题 204
- 7.2.3 2021 年-第 3 题 204
- 7.2.4 2021 年-第 4 题 205
- 7.2.5 2021 年-第 5 题 206
- 7.2.6 2021 年-第 6 题 207
- 7.2.7 2021 年-第 7 题 208
- 7.2.8 2021 年-第 8 题 209
- 7.2.9 2021 年-第 9 题 210
- 7.2.10 2021 年-第 10 题 211
- 7.2.11 2021 年-第 11 题 211
- 7.2.12 2021 年-第 12 题 212
- 7.2.13 2021 年-第 13 题 214

7.3 多选题 216
- 7.3.1 2021 年-第 1 题 216
- 7.3.2 2021 年-第 2 题 217
- 7.3.3 2021 年-第 3 题 218

7.3.4　2021 年-第 4 题 219
7.3.5　2021 年-第 5 题 220
7.3.6　2021 年-第 6 题 221
7.3.7　2021 年-第 7 题 222
7.3.8　2021 年-第 8 题 222
7.4　判断题 223
7.4.1　2021 年-第 1 题 223
7.4.2　2021 年-第 2 题 223
7.4.3　2021 年-第 3 题 224
7.4.4　2021 年-第 4 题 224

第 8 章　静态网站制作（高级）..........226

8.1　考点分析..226
8.2　单选题 226
8.2.1　2019 年-第 1 题 226
8.2.2　2019 年-第 6 题 227
8.2.3　2019 年-第 14 题 228
8.2.4　2019 年-第 19 题 230
8.2.5　2019 年-第 29 题 231
8.2.6　2020 年-第 5 题 232
8.2.7　2020 年-第 10 题 237
8.2.8　2020 年-第 12 题 239
8.2.9　2020 年-第 13 题 240
8.2.10　2020 年-第 17 题 242
8.2.11　2020 年-第 18 题 243
8.2.12　2020 年-第 19 题 244
8.2.13　2020 年-第 23 题 246
8.2.14　2020 年-第 25 题 247
8.2.15　2020 年-第 29 题 249
8.2.16　2021 年-第 3 题 252
8.2.17　2021 年-第 4 题 252
8.2.18　2021 年-第 6 题 253
8.2.19　2021 年-第 7 题 254
8.2.20　2021 年-第 12 题 254
8.2.21　2021 年-第 13 题 255
8.2.22　2021 年-第 16 题 257
8.2.23　2021 年-第 25 题 257
8.2.24　2021 年-第 27 题 258

8.3　多选题 258
8.3.1　2019 年-第 13 题 258
8.3.2　2019 年-第 14 题 260
8.3.3　2020 年-第 3 题 261
8.3.4　2020 年-第 5 题 262
8.3.5　2020 年-第 6 题 264
8.3.6　2020 年-第 12 题 265
8.3.7　2021 年-第 12 题 267
8.3.8　2021 年-第 14 题 267
8.4　判断题 269
8.4.1　2020 年-第 4 题 269
8.4.2　2020 年-第 5 题 271
8.4.3　2021 年-第 1 题 272
8.4.4　2021 年-第 2 题 273
8.4.5　2021 年-第 4 题 273
8.4.6　2021 年-第 5 题 274

第 9 章　ES9 编程 275

9.1　考点分析..275
9.2　单选题 275
9.2.1　2020 年-第 11 题 275
9.2.2　2020 年-第 16 题 277
9.2.3　2020 年-第 27 题 279
9.2.4　2020 年-第 28 题 280
9.2.5　2021 年-第 21 题 281
9.2.6　2021 年-第 24 题 282
9.3　多选题 282
9.3.1　2019 年-第 2 题 282
9.3.2　2020 年-第 4 题 284
9.3.3　2020 年-第 11 题 286
9.3.4　2020 年-第 14 题 287
9.3.5　2021 年-第 7 题 289

第 10 章　Vue.js 前端框架应用..........290

10.1　考点分析..290
10.2　单选题 290
10.2.1　2019 年-第 3 题 290
10.2.2　2019 年-第 4 题 291

10.2.3　2019 年-第 5 题 292
　　　10.2.4　2019 年-第 7 题 292
　　　10.2.5　2019 年-第 9 题 296
　　　10.2.6　2019 年-第 10 题 297
　　　10.2.7　2019 年-第 12 题 298
　　　10.2.8　2019 年-第 15 题 299
　　　10.2.9　2019 年-第 17 题 300
　　　10.2.10　2019 年-第 21 题 301
　　　10.2.11　2019 年-第 23 题 303
　　　10.2.12　2019 年-第 24 题 305
　　　10.2.13　2019 年-第 25 题 306
　　　10.2.14　2019 年-第 26 题 307
　　　10.2.15　2019 年-第 28 题 308
　　　10.2.16　2019 年-第 30 题 308
　　　10.2.17　2020 年-第 1 题 310
　　　10.2.18　2020 年-第 6 题 313
　　　10.2.19　2021 年-第 17 题 314
　　　10.2.20　2021 年-第 28 题 316
　　　10.2.21　2021 年-第 30 题 318
　10.3　多选题 320
　　　10.3.1　2019 年-第 1 题 320
　　　10.3.2　2019 年-第 3 题 322
　　　10.3.3　2019 年-第 4 题 324
　　　10.3.4　2019 年-第 5 题 325
　　　10.3.5　2019 年-第 7 题 327
　　　10.3.6　2019 年-第 11 题 329
　　　10.3.7　2019 年-第 12 题 329
　　　10.3.8　2019 年-第 15 题 330
　　　10.3.9　2021 年-第 3 题 331
　　　10.3.10　2021 年-第 15 题 333
　10.4　判断题 334
　　　10.4.1　2019 年-第 1 题 334
　　　10.4.2　2019 年-第 2 题 335
　　　10.4.3　2019 年-第 3 题 336
　　　10.4.4　2019 年-第 4 题 336
　　　10.4.5　2019 年-第 5 题 337
　　　10.4.6　2020 年-第 2 题 338

第 11 章　动态网站制作（高级） 340
　11.1　考点分析 340
　11.2　单选题 340
　　　11.2.1　2019 年-第 2 题 340
　　　11.2.2　2019 年-第 8 题 341
　　　11.2.3　2019 年-第 11 题 342
　　　11.2.4　2019 年-第 13 题 343
　　　11.2.5　2019 年-第 16 题 344
　　　11.2.6　2019 年-第 18 题 345
　　　11.2.7　2019 年-第 20 题 346
　　　11.2.8　2019 年-第 22 题 347
　　　11.2.9　2019 年-第 27 题 348
　　　11.2.10　2020 年-第 9 题 349
　　　11.2.11　2020 年-第 21 题 350
　　　11.2.12　2021 年-第 29 题 352
　11.3　多选题 352
　　　11.3.1　2019 年-第 6 题 352
　　　11.3.2　2019 年-第 8 题 353
　　　11.3.3　2019 年-第 10 题 353
　　　11.3.4　2021 年-第 5 题 354
　　　11.3.5　2021 年-第 6 题 356

第 12 章　Node.js 高性能服务器应用 358
　12.1　考点分析 358
　12.2　单选题 358
　　　12.2.1　2020 年-第 22 题 358
　　　12.2.2　2021 年-第 23 题 360
　12.3　多选题 360
　　　12.3.1　2020 年-第 2 题 360
　　　12.3.2　2021 年-第 11 题 362

第 13 章　网站架构设计与性能优化 363
　13.1　考点分析 363
　13.2　单选题 363
　　　13.2.1　2020 年-第 3 题 363
　　　13.2.2　2021 年-第 1 题 365
　　　13.2.3　2021 年-第 5 题 365
　　　13.2.4　2021 年-第 10 题 366

13.2.5　2021 年-第 22 题 366
13.3　多选题 367
13.3.1　2020 年-第 8 题 367
13.3.2　2021 年-第 10 题 368
13.4　判断题 368
2020 年-第 1 题 368

第 14 章　2019 年实操试卷（中级） 370
14.1　试题一 370
14.1.1　题干和问题 370
14.1.2　考核知识和技能 374
14.1.3　list.html 文件
【第（1）空】 374
14.1.4　list.html 文件
【第（2）空】 375
14.1.5　list.html 文件【第（3）、
（4）空】 375
14.1.6　list.html 文件
【第（5）空】 375
14.1.7　list.html 文件
【第（6）空】 376
14.1.8　list.html 文件
【第（7）空】 376
14.1.9　shop.css 文件【第（8）、
（9）空】 376
14.1.10　shop.css 文件
【第（10）空】 377
14.1.11　shop.css 文件【第（11）～
（13）空】 377
14.1.12　shop.css 文件
【第（14）空】 377
14.1.13　shop.css 文件
【第（15）空】 378
14.1.14　参考答案 379
14.2　试题二 379
14.2.1　题干和问题 379
14.2.2　考核知识和技能 385

14.2.3　db.sql 文件【第（1）、
（2）空】 386
14.2.4　init.sql 文件
【第（3）空】 387
14.2.5　conn.php 文件【第（4）～
（7）空】 387
14.2.6　index.php 文件【第（8）～
（11）空】 389
14.2.7　insert.php 文件【第（12）～
（15）空】 391
14.2.8　insert_server.php 文件
【第（16）～（20）空】 393
14.2.9　参考答案 394
14.3　试题三 395
14.3.1　题干和问题 395
14.3.2　考核知识和技能 397
14.3.3　问题.txt 文件
【第（1）空】 397
14.3.4　问题.txt 文件【第（2）、
（3）空】 397
14.3.5　问题.txt 文件【第（4）、
（5）空】 398
14.3.6　问题.txt 文件
【第（6）空】 399
14.3.7　问题.txt 文件【第（7）～
（10）空】 400
14.3.8　参考答案 403
14.4　试题四 403
14.4.1　题干和问题 403
14.4.2　考核知识和技能 408
14.4.3　web.php 文件
【第（1）空】 408
14.4.4　QuizController.php 文件
【第（2）～（7）空】 409
14.4.5　quiz.blade.php 文件【第（8）、
（9）空】 410

14.4.6　result.blade.php 文件
【第（10）空】....................412

14.4.7　参考答案..........................412

第 15 章　2020 年实操试卷（中级）....413

15.1　试题一..413
15.2　试题二..413
　15.2.1　题干和问题.......................413
　15.2.2　考核知识和技能................424
　15.2.3　css/style.css 文件【第（1）、
　　　　　（2）空】........................424
　15.2.4　index.php 文件【第（3）、
　　　　　（4）空】........................424
　15.2.5　addCart.php 文件【第（5）、
　　　　　（6）空】........................425
　15.2.6　cart.php 文件【第（7）、
　　　　　（8）空】........................426
　15.2.7　updCart.php 文件
　　　　　【第（9）空】....................428
　15.2.8　order.php 文件【第（10）～
　　　　　（12）空】........................428
　15.2.9　done.php 文件【第（13）～
　　　　　（15）空】........................428
　15.2.10　参考答案..........................429
15.3　试题三..430
15.4　试题四..430
　15.4.1　题干和问题.......................430
　15.4.2　考核知识和技能................434
　15.4.3　index.html 文件【第（1）、
　　　　　（2）空】........................434
　15.4.4　index.html 文件
　　　　　【第（3）空】....................435
　15.4.5　index.html 文件
　　　　　【第（4）空】....................437
　15.4.6　index.html 文件【第（5）、
　　　　　（6）空】........................437
　15.4.7　index.html 文件
　　　　　【第（7）空】....................438

15.4.8　index.html 文件
　　　　【第（8）空】....................438
15.4.9　index.html 文件【第（9）、
　　　　（10）空】........................439
15.4.10　listWeather.php 文件
　　　　　【第（11）空】....................439
15.4.11　listWeather.php 文件
　　　　　【第（12）空】....................441
15.4.12　参考答案..........................441

第 16 章　2021 年实操试卷（中级）....442

16.1　试题一..442
　16.1.1　题干和问题.......................442
　16.1.2　考核知识和技能................448
　16.1.3　index.html 文件
　　　　　【第（1）空】....................448
　16.1.4　index.html 文件【第（2）、
　　　　　（3）空】........................448
　16.1.5　reset.css 文件
　　　　　【第（4）空】....................449
　16.1.6　reset.css 文件
　　　　　【第（5）空】....................450
　16.1.7　reset.css 文件
　　　　　【第（6）空】....................450
　16.1.8　index.css 文件
　　　　　【第（7）空】....................451
　16.1.9　index.css 文件【第（8）、
　　　　　（9）空】........................452
　16.1.10　index.css 文件
　　　　　【第（10）空】....................453
　16.1.11　参考答案..........................453
16.2　试题二..454
　16.2.1　题干和问题.......................454
　16.2.2　考核知识和技能................458
　16.2.3　index.html 文件
　　　　　【第（1）空】....................459
　16.2.4　index.html 文件
　　　　　【第（2）空】....................459

16.2.5　index.html 文件
　　【第（3）空】.............................460
16.2.6　index.html 文件【第（4）、
　　（5）空】.............................460
16.2.7　index.html 文件【第（6）～
　　（8）空】.............................461
16.2.8　category.css 文件
　　【第（9）空】.............................462
16.2.9　category.css 文件
　　【第（10）空】...........................463
16.2.10　参考答案.............................463

16.3　试题三.............................464
16.3.1　题干和问题.............................464
16.3.2　考核知识和技能.............................468
16.3.3　index.html 文件
　　【第（1）空】.............................468
16.3.4　index.html 文件【第（2）、
　　（6）空】.............................469
16.3.5　index.html 文件
　　【第（3）空】.............................470
16.3.6　index.html 文件【第（4）、
　　（5）空】.............................471
16.3.7　index.html 文件
　　【第（7）空】.............................471
16.3.8　index.html 文件
　　【第（8）空】.............................472
16.3.9　index.html 文件
　　【第（9）空】.............................473
16.3.10　style.css 文件【第（10）、
　　（11）空】.............................473
16.3.11　style.css 文件【第（12）、
　　（13）空】.............................474
16.3.12　style.css 文件
　　【第（14）空】...........................475
16.3.13　style.css 文件
　　【第（15）空】...........................476
16.3.14　参考答案.............................476

16.4　试题四（PHP+Laravel）........477
16.4.1　题干和问题.............................477
16.4.2　考核知识和技能.............................484
16.4.3　UserController.php 文件【第（1）
　　空】、CooperateController.php
　　文件【第（7）空】...........485
16.4.4　UserController.php 文件
　　【第（2）空】.............................485
16.4.5　UserController.php 文件
　　【第（3）空】.............................486
16.4.6　UserController.php 文件
　　【第（4）空】.............................486
16.4.7　UserController.php 文件
　　【第（5）空】.............................488
16.4.8　CooperateController.php 文件
　　【第（6）空】.............................488
16.4.9　CooperateController.php 文件
　　【第（8）、（9）空】.............489
16.4.10　CooperateController.php 文件
　　【第（10）空】...........................490
16.4.11　login.html 文件
　　【第（11）空】...........................490
16.4.12　login.html 文件
　　【第（12）空】...........................491
16.4.13　login.html 文件【第（13）、
　　（14）空】.............................491
16.4.14　login.html 文件
　　【第（15）空】...........................492
16.4.15　参考答案.............................493

16.5　试题四（PHP+ThinkPHP）... 494
16.5.1　题干和问题.............................494
16.5.2　考核知识和技能.............................502
16.5.3　UserController.php 文件
　　【第（1）空】.............................502
16.5.4　UserController.php 文件
　　【第（2）空】.............................503
16.5.5　UserController.php 文件
　　【第（3）空】.............................504

16.5.6　UserController.php 文件
【第（4）空】......................504
16.5.7　UserController.php 文件
【第（5）空】......................506
16.5.8　CooperateController.php 文件
【第（6）空】......................506
16.5.9　CooperateController.php 文件
【第（7）空】......................507
16.5.10　CooperateController.php 文件
【第（8）、(9)空】...............508
16.5.11　CooperateController.php 文件
【第（10）空】....................508
16.5.12　login.html 文件
【第（11）空】....................509
16.5.13　login.html 文件
【第（12）空】....................509
16.5.14　login.html 文件【第（13）、
（14）空】...........................510
16.5.15　login.html 文件
【第（15）空】....................511
16.5.16　参考答案..........................511
16.6　试题四（Java+SSM）.................512
16.6.1　题干和问题..........................512
16.6.2　考核知识和技能..................520
16.6.3　ShopController.java 文件
【第（1）空】......................521
16.6.4　ShopController.java 文件
【第（2）空】......................521
16.6.5　ShopController.java 文件
【第（3）空】......................522
16.6.6　ShopController.java 文件
【第（4）空】......................522
16.6.7　ShopController.java 文件
【第（5）空】......................522
16.6.8　ShopController.java 文件
【第（6）空】......................522
16.6.9　ShopController.java 文件
【第（7）空】......................523

16.6.10　ShopController.java 文件
【第（8）空】......................523
16.6.11　GoodsMapper.java 文件
【第（9）空】......................523
16.6.12　GoodsMapper.java 文件
【第（10）空】....................523
16.6.13　index.jsp 文件
【第（11）空】....................524
16.6.14　index.jsp 文件【第（12）、
（13）空】...........................524
16.6.15　add.jsp 文件
【第（14）空】....................524
16.6.16　add.jsp 文件
【第（15）空】....................525
16.6.17　参考答案..........................525

第17章　2019 年实操试卷（高级）....526
17.1　试题一..526
17.1.1　题干和问题..........................526
17.1.2　考核知识和技能..................531
17.1.3　index.html 文件
【第（1）空】......................531
17.1.4　style.css 文件【第（4）、
（5）空】...........................532
17.1.5　style.css 文件【第（7）、
（8）空】...........................533
17.1.6　index.html 文件【第（2）、
（3）空】...........................534
17.1.7　style.css 文件
【第（6）空】......................535
17.1.8　style.css 文件【第（9）、
（10）空】...........................535
17.1.9　参考答案..........................536
17.2　试题二..537
17.3　试题三..537
17.3.1　题干和问题..........................537
17.3.2　考核知识和技能..................540

17.3.3　shoppingCard.html 文件
【第（7）、（8）空】...........540

17.3.4　shoppingCard.html 文件
【第（10）、（11）空】........540

17.3.5　shoppingCard.html 文件
【第（9）空】.....................541

17.3.6　shoppingCard.html 文件
【第（12）～（15）空】.....541

17.3.7　shoppingCard.html 文件
【第（1）、（2）空】..........541

17.3.8　shoppingCard.html 文件
【第（3）～（5）空】........542

17.3.9　shoppingCard.html 文件
【第（6）空】.....................542

17.3.10　参考答案.....................542

17.4　试题四...543

17.4.1　题干和问题....................543

17.4.2　考核知识和技能.............547

17.4.3　course\src\router\index.js 文件
【第（1）～（4）空】........547

17.4.4　course\src\app.vue 文件
【第（5）空】.....................548

17.4.5　course\src\components\
index.vue 文件【第（9）、
（10）空】.........................548

17.4.6　course\src\components\
index.vue 文件
【第（6）空】.....................548

17.4.7　course\src\components\
index.vue 文件【第（7）、
（8）空】.........................549

17.4.8　参考答案.......................549

第 18 章　2020 年实操试卷（高级）....550

18.1　试题一...550

18.2　试题二...550

18.2.1　题干和问题....................550

18.2.2　考核知识和技能..............554

18.2.3　index.html 文件
【第（1）空】.....................554

18.2.4　index.html 文件
【第（2）空】.....................555

18.2.5　index.html 文件
【第（3）空】.....................555

18.2.6　style.css 文件
【第（4）空】.....................556

18.2.7　style.css 文件【第（5）、
（6）空】.........................557

18.2.8　index.js 文件
【第（7）空】.....................558

18.2.9　index.js 文件【第（8）～
（10）空】.........................559

18.2.10　参考答案.......................560

18.3　试题三...561

18.3.1　题干和问题....................561

18.3.2　考核知识和技能..............568

18.3.3　food-page\src\App.vue 文件
【第（1）空】.....................569

18.3.4　food-page\src\components\
Header.vue 文件
【第（3）空】.....................569

18.3.5　food-page\src\router\index.js
文件【第（5）空】............569

18.3.6　food-page\src\store\index.js
文件【第（6）、（7）空】....570

18.3.7　food-page\src\components\
Header.vue 文件
【第（2）空】.....................570

18.3.8　food-page\src\components\
FoodHome.vue 文件
【第（8）空】.....................572

18.3.9　food-page\src\components\
Cart.vue 文件
【第（10）空】...................572

	18.3.10 food-page\src\components\FoodHome.vue 文件【第（9）空】......573	19.1.5 index.js 文件【第（3）空】......594
	18.3.11 food-page\src\components\Cart.vue 文件【第（11）～（15）空】......573	19.1.6 index.js 文件【第（4）空】......595
		19.1.7 index.js 文件【第（5）空】......595
	18.3.12 food-page\src\components\Header.vue 文件【第（4）空】......574	19.1.8 index.js 文件【第（6）空】......596
	18.3.13 参考答案......574	19.1.9 index.js 文件【第（7）空】......596
18.4	试题四......575	19.1.10 index.js 文件【第（8）空】......596
	18.4.1 题干和问题......575	
	18.4.2 考核知识和技能......581	19.1.11 index.js 文件【第（9）空】......597
	18.4.3 articles\config\db.js 文件【第（1）、（2）空】......582	19.1.12 index.js 文件【第（10）空】......598
	18.4.4 articles\routes\index.js 文件【第（3）、（4）空】......583	19.1.13 参考答案......598
	18.4.5 articles\routes\articles.js 文件【第（5）、（6）空】......584	19.2 试题二......598
		19.2.1 题干和问题......598
	18.4.6 articles-manage\src\components\manageArticle.vue 文件【第（7）～（10）空】......585	19.2.2 考核知识和技能......600
		19.2.3 style.css 文件【第（1）～（4）空】......601
	18.4.7 articles-manage\src\components\articleMobile.vue 文件【第（11）空】......588	19.2.4 arrowLeft.svg 文件【第（5）、（6）空】......602
		19.2.5 arrowRight.svg 文件【第（7）～（10）空】......604
	18.4.8 articles-manage\src\components\addArticle.vue 文件【第（12）～（15）空】......588	19.2.6 参考答案......605
	18.4.9 参考答案......589	19.3 试题三......606
第19章	2021 年实操试卷（高级）....591	19.3.1 题干和问题......606
19.1	试题一......591	19.3.2 考核知识和技能......610
	19.1.1 题干和问题......591	19.3.3 index.html 文件【第（1）空】......611
	19.1.2 考核知识和技能......593	19.3.4 index.html 文件【第（2）空】......612
	19.1.3 index.html 文件【第（1）空】......593	19.3.5 index.html 文件【第（3）空】......613
	19.1.4 index.html 文件【第（2）空】......593	19.3.6 index.js 文件【第（4）、（5）空】......614

- 19.3.7 index.js 文件【第（6）～（8）空】 614
- 19.3.8 index.js 文件【第（9）、（10）空】 616
- 19.3.9 index.js 文件【第（11）空】 616
- 19.3.10 index.js 文件【第（12）空】 617
- 19.3.11 index.js 文件【第（13）空】 618
- 19.3.12 index.js 文件【第（14）空】 618
- 19.3.13 index.js 文件【第（15）空】 618
- 19.3.14 参考答案 619
- 19.4 试题四 619
  - 19.4.1 题干和问题 619
  - 19.4.2 考核知识和技能 625
  - 19.4.3 src\router\index.js 文件【第（1）、（2）空】 625
  - 19.4.4 src\components\Login.vue 文件【第（3）、（4）空】 627
  - 19.4.5 src\components\Login.vue 文件【第（5）、（6）空】 627
  - 19.4.6 src\components\ChatRoom.vue 文件【第（7）空】 628
  - 19.4.7 src\components\ChatRoom.vue 文件【第（8）空】 629
  - 19.4.8 src\components\ChatRoom.vue 文件【第（9）、（10）空】 629
  - 19.4.9 src\components\ChatRoom.vue 文件【第（11）空】 630
  - 19.4.10 src\components\Dialog.vue 文件【第（12）空】 630
  - 19.4.11 src\components\Dialog.vue 文件【第（13）空】 631
  - 19.4.12 src\components\Dialog.vue 文件【第（14）、（15）空】 631
  - 19.4.13 参考答案 631

第 1 章 概述

1.1 中级理论卷介绍

1.1.1 试卷结构

中级理论卷的试题数量总计 50 题，总分 100 分。其中，单选题 30 题、多选题 15 题、判断题 5 题，如表 1-1 所示。试题按照知识模块分为静态网站制作、响应式网页开发、Web 前后端数据交互、MySQL 数据库操作和动态网站制作（PHP 或 Java）5 部分。

表 1-1

真题	试题类型	试题数量	分值
2019—2021 年中级理论卷	单选题	30 题	60 分
	多选题	15 题	30 分
	判断题	5 题	10 分
合计		50 题	100 分

1.1.2 分值分布

（1）2019—2021 年中级理论卷的知识模块对应的试题数量如表 1-2 所示。

表 1-2

知识模块	2019 年中级理论卷	2020 年中级理论卷	2021 年中级理论卷
静态网站制作	7 题	12 题	12 题
响应式网页开发	5 题	7 题	2 题
Web 前后端数据交互	4 题	6 题	5 题
MySQL 数据库操作	6 题	5 题	6 题
动态网站制作（PHP 或 Java）	28 题	20 题	25 题

（2）2019—2021 年中级理论卷的知识模块对应的试题数量占比如图 1-1 所示。

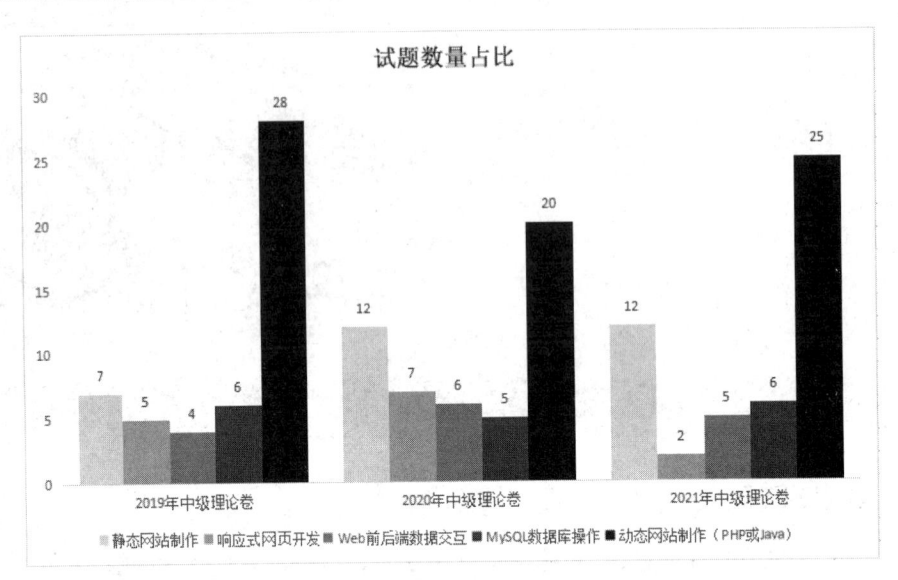

图 1-1

1.1.3 考点分布

2019—2021 年中级理论卷对应的考点分布如表 1-3 所示。

表 1-3

真题	知识模块	考点（职业技能要求）
2019 年中级理论卷	静态网站制作	（1）HTML+HTML5 超链接、HTML5 语义化元素、\<hgroup>标签等 （2）CSS+CSS3 字体样式、文本样式等 （3）JavaScript JavaScript 面向对象编程、JavaScript 的继承方式等 （4）jQuery siblings()、find()、next()、eq()等
	响应式网页开发	Bootstrap 栅格系统、弹性布局、对齐样式、表格样式、CSS3 媒体特性等
	Web 前后端数据交互	HTTP 状态码、AJAX 技术的特点、AJAX 请求、JSON 等
	MySQL 数据库操作	数据表字段类型、SQL 查询语句、LIMIT 关键字、聚合函数、存储过程、删除数据库、数据库的备份等
	PHP 动态网站制作	（1）PHP 基础编程 PHP 开发环境、PHP 标记、变量、运算符、输入/输出、数组、函数、类与对象、继承、魔术方法等 （2）PHP Web 编程 require 与 include、Cookie、Session、$_FILES、文件操作、GD 库、正则表达式等 （3）PHP 数据库编程 MySQLi （4）Laravel 框架应用 Laravel 安装、Laravel 目录结构、路由、Blade 模板等

续表

真题	知识模块	考点（职业技能要求）
2020 年中级理论卷	静态网站制作	（1）HTML+HTML5 <!DOCTYPE>标签、HTML5 语义化元素、新增表单元素、废弃元素、浏览器兼容性等 （2）CSS+CSS3 CSS 引入、CSS 注释、CSS 语法规则、CSS 选择器、背景样式等 （3）JavaScript JavaScript 引入、注释、数组、面向对象、继承、DOM 操作等 （4）jQuery jQuery 选择器
	响应式网页开发	Bootstrap 栅格系统、弹性布局、图片样式、表格样式、按钮组件、表单组件、CSS3 媒体查询等
	Web 前后端数据交互	URL、TCP/IP、Socket、HTTP、HTTP 状态码的类别、AJAX 技术的特点、open()方法、JSON 等
	MySQL 数据库操作	数据表字段类型、LIMIT 关键字、存储过程、触发器、视图、数据库的备份与还原等
	PHP 动态网站制作	（1）PHP 基础编程 PHP 开发环境、运算符、输入/输出、函数、类与对象、魔术方法等 （2）PHP Web 编程 Cookie、Session、超全局变量、文件上传、GD 库等 （3）PHP 数据库编程 MySQLi （4）Laravel 框架应用 Laravel 路由、Blade 模板、CSRF 等
2021 年中级理论卷	静态网站制作	（1）HTML+HTML5 <head>标签、<img>标签、块级元素和内联元素等 （2）CSS+CSS3 选择器优先级、浮动 float、清除浮动 clear 等 （3）JavaScript JavaScript 引入、JavaScript 保留关键字、数据类型、循环语句、数组等 （4）jQuery jQuery 引入、html()、attr()、addClass()等
	响应式网页开发	Bootstrap 栅格系统、按钮组件等
	Web 前后端数据交互	URL、端口号、HTTP 请求方法、AJAX 技术的特点等
	MySQL 数据库操作	MySQL 的配置、MySQL 默认端口、SQL 插入语句、SQL 查询语句、SQL 函数、MySQL 创建用户等
	PHP 动态网站制作	（1）PHP 基础编程 PHP 标记、注释、变量、变量的命名、运算符、输入/输出、条件语句、循环语句、自定义函数、数组排序函数、日期/时间函数、数学函数等 （2）PHP Web 编程 Cookie、Session、$_GET、GD 库等 （3）PHP 数据库编程 PHP 操作 MySQL 数据库等

续表

真题	知识模块	考点（职业技能要求）
2021年中级理论卷	Java动态网站制作	（1）Java基础编程 Java基本语法、数据类型、变量与常量、运算符、输入/输出、流程控制语句、数组与集合、异常、类与对象、构造方法、继承、接口、抽象类等 （2）Java Web编程 JSP指令、EL表达式、JSP行为、JSTL等 （3）Java数据库编程 JDBC、Java操作MySQL数据库等 （4）Java框架应用 AOP、Spring MVC框架、MyBatis等

1.2 中级实操卷介绍

1.2.1 试卷结构

中级实操卷共4道试题，总分100分。自2021年起，动态网站制作分为PHP+Laravel、PHP+ThinkPHP和Java+SSM，2019—2021年中级实操卷的试题类型和分值如表1-4所示。

表1-4

真题		题号	试题类型	项目背景	分值
2019年中级实操卷		一	响应式网页开发	电商网	30分
		二	PHP动态网站制作	学生成绩管理模块	30分
		三	MySQL数据库操作	试题管理系统	20分
		四	PHP动态网站制作	在线答题系统	20分
2020年中级实操卷		一	响应式网页开发	酒类商品分类信息页面	20分
		二	PHP动态网站制作	购物车	30分
		三	网页编程	留言板	26分
		四	Web前后端数据交互	天气预报	24分
2021年中级实操卷	公共题	一	网页效果呈现	小说网首页	20分
		二	响应式网页开发	酒类商品分类信息页面	20分
		三	网页编程	留言板	30分
	PHP+Laravel	四（三选一）	PHP动态网站制作	后台管理功能	30分
	PHP+ThinkPHP		PHP动态网站制作	后台管理功能	30分
	Java+SSM		Java动态网站制作	员工管理系统	30分

1.2.2 分值分布

（1）2019—2021年中级实操卷的知识模块对应的试题数量如表1-5所示。

表 1-5

知识模块		2019 年中级实操卷	2020 年中级实操卷	2021 年中级实操卷
静态网站制作	网页效果呈现（HTML/HTML5+CSS/CSS3）	0 题	0 题	1 题
	网页编程（JavaScript+jQuery）	0 题	1 题	1 题
	响应式网页开发（HTML5+CSS3/Bootstrap）	1 题	1 题	1 题
	Web 前后端数据交互	0 题	1 题	0 题
MySQL 数据库操作		1 题	0 题	0 题
动态网站制作（三选一）	PHP 动态网站制作（PHP+Laravel）	2 题	1 题	1 题
	PHP 动态网站制作（PHP+ThinkPHP）	0 题	0 题	1 题
	Java 动态网站制作（Java+SSM）	0 题	0 题	1 题

（2）2019—2021 年中级实操卷的知识模块对应的试题数量占比如图 1-2 所示。

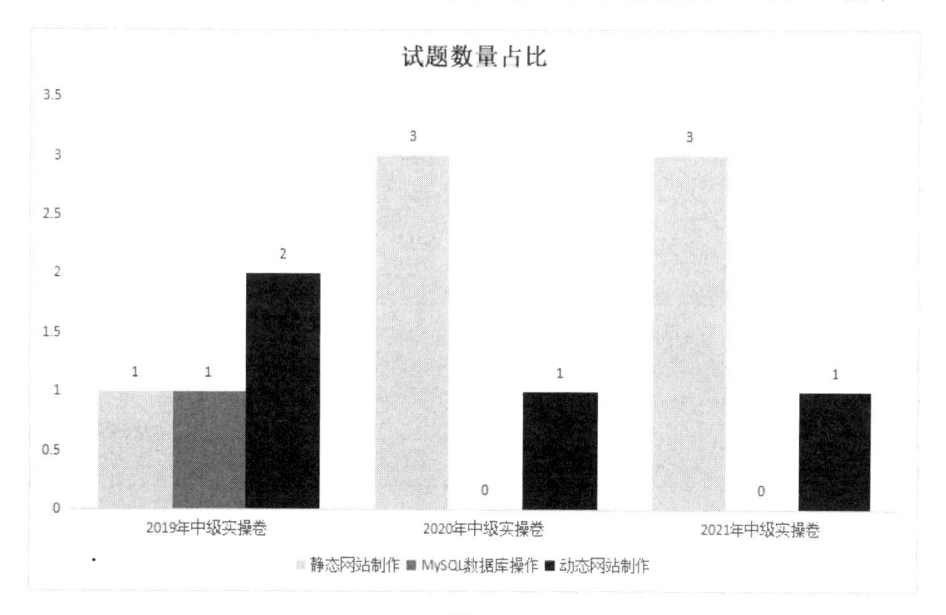

图 1-2

1.2.3 考点分布

2019—2021 年中级实操卷对应的考点分布如表 1-6 所示。

表 1-6

真题		题号	试题类型	考点（职业技能要求）
2019 年中级实操卷		一	响应式网页开发	（1）HTML（全局属性、图像、无序列表、表单等） （2）HTML5（视口、新增 type 类型、placeholder 属性等） （3）CSS（引入、边框、内边距等） （4）CSS3（圆角边框、盒阴影、透明度、弹性布局等）
		二	PHP 动态网站制作	（1）MySQL（主键、自增型字段、SELECT 语句、INSERT 语句等） （2）PHP（include 和 require、MySQLi、MySQLi 预处理等） （3）JavaScript+AJAX
		三	MySQL 数据库操作	MySQL（修改表、唯一索引、事务、存储过程、视图等）
		四	PHP 动态网站制作	（1）PHP（变量、运算符、静态属性等） （2）Laravel 框架（路由、控制器、请求、Session、Blade 模板等）
2020 年中级实操卷		一	响应式网页开发	（1）HTML+HTML5 （2）JavaScript （3）Bootstrap（引入、组件） （4）PC 端和移动端响应式
		二	PHP 动态网站制作	（1）HTML （2）CSS+CSS3 （3）PHP（switch 语句、foreach 语句、数组遍历、$_POST、$_SESSION 等）
		三	网页编程	（1）HTML5 （2）CSS （3）JavaScript （4）jQuery（引入、DOM 操作、事件、动画、jQuery UI 插件等）
		四	Web 前后端数据交互	（1）HTML （2）CSS+CSS3 （3）JavaScript（事件、DOM 操作） （4）AJAX（XMLHttpRequest 对象、open()方法和 send()方法） （5）JSON 数据格式 （6）PHP（$_GET、json_encode）
2021 年中级实操卷	公共题	一	网页效果呈现	（1）HTML（超链接、iframe） （2）CSS（伪类选择器、文本样式、列表样式、盒模型等） （3）CSS3（多列布局）

续表

真题		题号	试题类型	考点（职业技能要求）
2021年中级实操卷	公共题	二	响应式网页开发	（1）CSS+CSS3 （2）Bootstrap（栅格系统、导航条组件、列表组件、分页组件等）
		三	网页编程	（1）HTML5 （2）CSS+CSS3 （3）JavaScript （4）jQuery（DOM操作、事件、动画、jQuery UI插件等）
	PHP+Laravel	四（三选一）	PHP动态网站制作	（1）HTML5 （2）jQuery （3）PHP （4）Laravel（控制器、请求、验证器、模型、安全等）
	PHP+ThinkPHP		PHP动态网站制作	（1）HTML5 （2）jQuery （3）PHP （4）ThinkPHP（控制器、请求、表单验证、模型等）
	Java+SSM		Java动态网站制作	（1）HTML （2）CSS （3）Java （4）SSM（控制器、请求、模型、视图等）

1.3 高级理论卷介绍

1.3.1 试卷结构

高级理论卷的试题数量总计50题，总分100分。其中，单选题30题、多选题15题、判断题5题，如表1-7所示。试题按照知识模块分为静态网站制作、ES9编程、Vue.js前端框架应用、动态网站制作、Node.js高性能服务器应用和网站架构设计与性能优化6部分。

表1-7

真题	试题类型	试题数量	分值
2019—2021年高级理论卷	单选题	30题	60分
	多选题	15题	30分
	判断题	5题	10分
合计		50题	100分

1.3.2 分值分布

（1）2019—2021年高级理论卷的知识模块对应的试题数量如表1-8所示。

表1-8

知识模块	2019年高级理论卷	2020年高级理论卷	2021年高级理论卷
静态网站制作	7题	24题	23题
ES9编程	1题	10题	7题
Vue.js前端框架应用	29题	6题	5题
动态网站制作	13题	4题	4题
Node.js高性能服务器应用	0题	2题	4题
网站架构设计与性能优化	0题	4题	7题

（2）2019—2021年高级理论卷的知识模块对应的试题数量占比如图1-3所示。

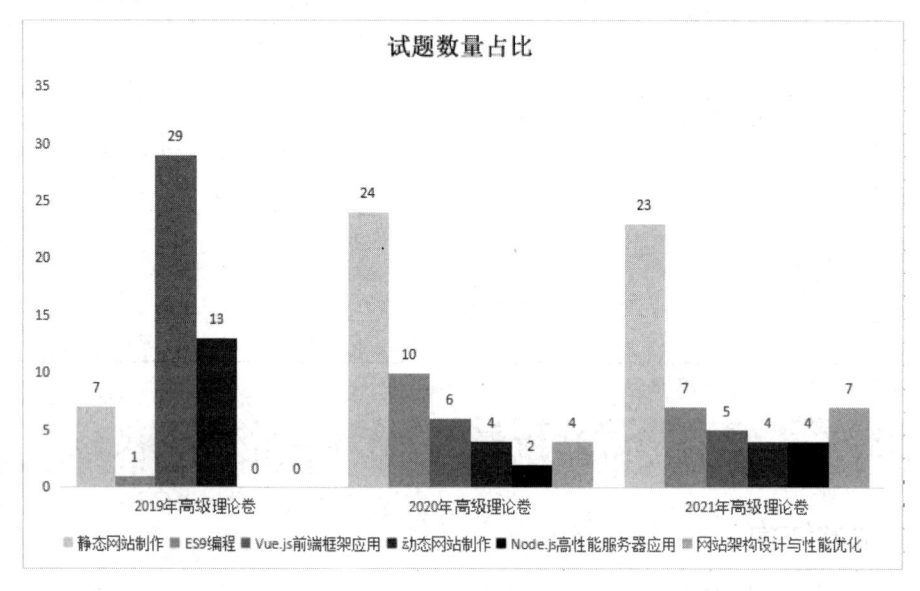

图1-3

1.3.3 考点分布

2019—2021年高级理论卷对应的考点分布如表1-9所示。

表1-9

真题	知识模块	考点（职业技能要求）
2019年高级理论卷	静态网站制作	列表标签、文本属性、区块、基本数据类型、数组、事件种类、jQuery选择器等
	ES9编程	let与const关键字、箭头函数等
	Vue.js前端框架应用	Vue框架、Vue实例、Vue模板语法、Vue组件、Vue路由、Vue动画、Vue CLI等

续表

真题	知识模块	考点（职业技能要求）
2019年高级理论卷	动态网站制作	PHP 配置文件、PHP 基本语法、文件导入、面向对象、魔术方法、Laravel 框架、闪存数据 flash() 等
2020年高级理论卷	静态网站制作	HTML 基础语法、CSS 基础语法、CSS 选择器、列表样式、CSS3 边框新特性、2D 转换、JavaScript 基础语法、length 属性、定时器、DOM 操作、jQuery 选择器、jQuery DOM 操作、Bootstrap 容器、栅格系统、AJAX 的特点、XMLHttpRequest 对象、Canvas 等
	ES9 编程	const 关键字、对象的解构赋值、数值的扩展、Number.isNaN()、数组扩展、函数扩展、箭头函数、对象的扩展、Symbol、变量导入、babel 等
	Vue.js 前端框架应用	Vue 框架、Vue 实例、Vue 指令、Vue 路由、Vuex 等
	动态网站制作	数据库的备份与还原、PHP 基本语法、数组、数学函数、字符串函数等
	Node.js 高性能服务器应用	Node.js 的特点、事件模块等
	网站架构设计与性能优化	Webpack 概念、Webpack 配置文件、Webpack 性能优化、Webpack 常见的 Plugin 等
2021年高级理论卷	静态网站制作	HTML 列表、HTML5 新特性、CSS 样式表、列表样式、word-wrap 属性、盒阴影、2D 转换、var 关键字、length 属性、定时器、jQuery DOM 操作、jQuery 事件、Bootstrap 容器、Bootstrap 表格样式、XMLHttpRequest 对象、Less 语法、Canvas 等
	ES9 编程	const 关键字、数组的解构赋值、数值的扩展、Number.isNaN()、数组扩展、对象的扩展、Symbol、Set 数据结构等
	Vue.js 前端框架应用	Vue 框架、Vue 实例、生命周期函数（钩子函数）、Vue 模板指令、Vue 组件、Vue 路由、Vuex 状态管理、Vue 脚手架等
	动态网站制作	MySQL 数据库的备份与还原、PHP 开始和结束标记、PHP 数组排序函数、跨域等
	Node.js 高性能服务器应用	Node.js 的特点、Node.js 模块加载、事件模块、HTTP 模块等
	网站架构设计与性能优化	Webpack 概念、Webpack 配置文件、Webpack 常见的 Plugin、Webpack 资源加载、CSS 浏览器兼容性、CSS 去冗余、WebP 图片格式、CDN、passive 事件监听器等

1.4 高级实操卷介绍

1.4.1 试卷结构

高级实操卷共 4 道试题，总分 100 分。2019—2021 年高级实操卷的试题类型和分值如表 1-10 所示。

表 1-10

真题	题号	试题类型	项目背景	分值
2019 年高级实操卷	一	网页效果呈现	游戏网站首页	20 分
	二	动态网站制作	在线答题系统	30 分
	三	Vue.js 前端框架应用	简单的购物车效果	30 分
	四	Vue.js 前端框架应用	课程网站	20 分
2020 年高级实操卷	一	网页效果呈现	小说网首页	20 分
	二	网页编程	手机相册页面	20 分
	三	Vue.js 前端框架应用	美食网项目	30 分
	四	网站架构设计	文章管理系统	30 分
2021 年高级实操卷	一	网站架构设计	商品清单网页	20 分
	二	网页图形绘制	SVG 绘制箭头	20 分
	三	网页编程	网页计算器	30 分
	四	Vue.js 前端框架应用	聊天室页面	30 分

1.4.2 分值分布

（1）2019—2021 年高级实操卷的知识模块对应的试题数量如表 1-11 所示。

表 1-11

知识模块		2019 年高级实操卷	2020 年高级实操卷	2021 年高级实操卷
静态网站制作	网页效果呈现（HTML/HTML5+CSS/CSS3）	1 题	1 题	0 题
	网页编程（JavaScript+jQuery+ES9）	0 题	1 题	1 题
	网页图形绘制（SVG+Canvas）	0 题	0 题	1 题
动态网站制作（PHP+Laravel）		1 题	0 题	0 题
Vue.js 前端框架应用（Vue.js+Vue CLI）		2 题	1 题	1 题
网站架构设计（Vue.js+Node.js+Express）		0 题	1 题	1 题

（2）2019—2021 年高级实操卷的知识模块对应的试题数量占比如图 1-4 所示。

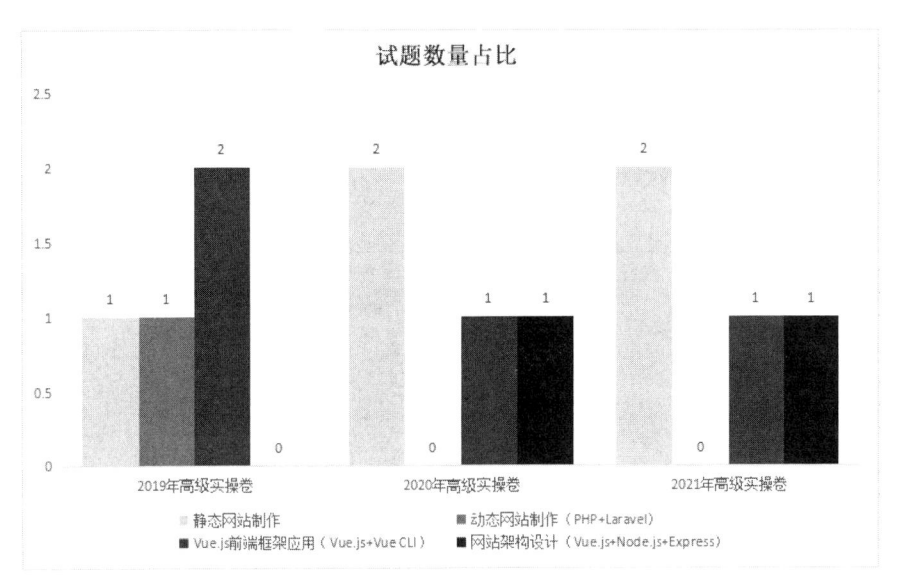

图 1-4

1.4.3 考点分布

2019—2021 年高级实操卷对应的考点分布如表 1-12 所示。

表 1-12

真题	题号	试题类型	考点（职业技能要求）
2019 年高级实操卷	一	网页效果呈现	（1）HTML （2）CSS （3）CSS3 （4）display+float
	二	动态网站制作	（1）HTML+CSS （2）JavaScript （3）PHP （4）Laravel
	三	Vue.js 前端框架应用	（1）HTML （2）CSS （3）Vue.js（引入、Vue 实例、选项对象、文本插值、指令等）
	四	Vue.js 前端框架应用	（1）Vue CLI（脚手架） （2）Vue 基本语法 （3）Vue 组件 （4）Vue 路由
2020 年高级实操卷	一	网页效果呈现	（1）HTML+HTML5 （2）CSS+CSS3 （3）jQuery（动画特效）
	二	网页编程	（1）HTML+HTML5 （2）CSS+CSS3（transform、transition） （3）Bootstrap （4）JavaScript（基本语法、函数、DOM 操作、事件等）

续表

真题	题号	试题类型	考点（职业技能要求）
2020 年高级实操卷	三	Vue.js 前端框架应用	（1）JavaScript+ES9 （2）Vue.js（选项、模板语法、组件、路由、Vue CLI 等） （3）Element UI（布局、组件） （4）Vuex
	四	网站架构设计	（1）JavaScript+ES9 （2）Vue.js+Vue CLI （3）Node.js+Express 框架+数据库模块 （4）MySQL 数据库 （5）Vue CLI 与 Express 通信（Axios 对象）
2021 年高级实操卷	一	网站架构设计	（1）HTML+CSS （2）JavaScript（引入、函数、DOM 操作、事件） （3）JSONP 跨域+JSON 数据格式 （4）Node.js（HTTP 模块）
	二	网页图形绘制	（1）CSS+CSS3（背景样式） （2）SVG（文档结构、基本形状、笔画和填充特性、坐标系统变换等） （3）在 CSS 中包含 SVG
	三	网页编程	（1）HTML （2）JavaScript（引入、函数、数组、DOM 操作、事件、原型等） （3）ES9（let 关键字、数值扩展、对象扩展、类与构造函数等）
	四	Vue.js 前端框架应用	（1）HTML （2）Vue.js（数据属性、生命周期、常用指令、事件处理、组件、路由、Vue CLI 等）

第 2 章
静态网站制作（中级）

2.1 考点分析

2019—2021 年中级理论卷的静态网站制作相关试题的考核知识和技能如表 2-1 所示，三次考试的平均分值约为 21 分。

表 2-1

真题	题型 单选题	题型 多选题	题型 判断题	总分值	考核知识和技能
2019 年中级理论卷	5	2	0	14	超链接、HTML5 语义化元素、<hgroup>标签、字体样式、文本样式、JavaScript 面向对象编程、JavaScript 的继承方式、siblings()、find()、next()、eq()等
2020 年中级理论卷	9	1	2	24	<!DOCTYPE>标签、HTML5 语义化元素、新增表单元素、废弃元素、浏览器兼容性、CSS 引入、CSS 注释、CSS 语法规则、CSS 选择器、背景样式、JavaScript 引入、注释、数组、面向对象、继承、DOM 操作、jQuery 选择器等
2021 年中级理论卷	6	5	1	24	<head>标签、<img>标签、块级元素和内联元素、选择器优先级、浮动 float、清除浮动 clear、JavaScript 引入、JavaScript 保留关键字、数据类型、循环语句、数组、jQuery 引入、html()、attr()、addClass()等

2.2 单选题

2.2.1 2019 年-第 2 题

以下哪个标签不是 HTML5 的语义化标签？（　　）

A．<header></header> 　　B．<section></section>
C．<marquee></marquee> 　　D．<article></article>

（一）考核知识和技能

HTML5 新增语义化标签

（二）解析

HTML5 中新增了一些语义化标签，如<header>标签、<article>标签、<section>标签、<footer>标签等，语义化标签可以使文档的结构更加清晰明确。

（1）<header>标签：定义文档的页眉，通常用于放置整个页面或页面内一个内容区块的标题，也可以包含其他内容，如搜索表单、LOGO、导航栏等。<header>标签示例代码如下：

```
<header>
    <h2>页面标题</h2>
</header>
```

（2）<article>标签：定义文档中独立的、完整的内容。它可以是一篇文章、博客、帖子、一段用户评论，也可以是其他任何独立的内容。<article>标签示例代码如下：

```
<article>
    <h1>苹果</h1>
    <p>苹果是蔷薇科苹果亚科苹果属植物，其树为落叶乔木...</p>
</article>
```

（3）<section>标签：对文档内容进行分块或对文章进行分段。一个<section>标签通常由标题及其内容组成。<section>标签示例代码如下：

```
<article>
    <h1>苹果</h1>
    <p>苹果是蔷薇科苹果亚科苹果属植物，其树为落叶乔木...</p>
    <section>
       ......
    </section>
    <section>
       ......
    </section>
</article>
```

（4）<footer>标签：定义文档的页脚。文档的页脚通常包含作者、相关阅读链接和版权信息等。<footer>标签示例代码如下：

```
<footer>
    <a href="">在线客服</a>
    <a href="">站点地图</a>
    <a href="">联系方式</a>
    <p>某某公司©版权所有</p>
</footer>
```

综上所述，HTML5 新增的语义化标签中没有<marquee>标签。

（三）参考答案：C

2.2.2 2019 年-第 3 题

（　　）不属于 CSS 文本属性。

A．font-size　　　　B．text-transform　　　C．text-align　　　　D．line-through

（一）考核知识和技能

CSS 文本属性

（二）解析

通过 CSS 文本属性，用户可以改变文本的颜色和字符间距，也可以对文本进行缩进、对齐、装饰等操作。

（1）缩进文本 text-indent：该属性可以方便地实现文本缩进。

使用 text-indent 属性可以让所有元素的第一行都缩进一个给定的长度（可以是负值）。

（2）水平对齐 text-align：该属性会影响一个元素中文本行相互之间的对齐方式，若取值为 left、right 和 center，则会分别导致元素中的文本左对齐、右对齐和居中。

（3）字间隔 word-spacing：该属性可以改变字（单词）之间的标准间隔。

（4）字母间隔 letter-spacing：该属性与 word-spacing 属性的区别在于，字母间隔改变的是字符或字母之间的间隔。

（5）字符转换 text-transform：该属性可以处理文本的大小写。

（6）文本装饰 text-decoration：overline|line-through|underline|blink。

（7）处理空白符 white-space：该属性会影响用户代理对源文档中的空格、换行符和制表符的处理。

（8）文本方向 direction：该属性会影响块级元素中文本的书写方向、表中列布局的方向、内容水平填充其元素框的方向，以及两端对齐元素中最后一行的位置。

综上所述，line-through 仅仅是文本装饰 text-decoration 的一个可能值，而不是 CSS 文本属性。

（三）参考答案：D

2.2.3　2019 年-第 7 题

以下哪种方式可以使<a>标签页面不跳转？（　　）

A．href="%"　　　　B．href="#"　　　　C．href=""　　　　D．href="."

（一）考核知识和技能

1．<a>标签的定义和用法

2．<a>标签的 HTML5 新属性

（二）解析

1．<a>标签的定义和用法

（1）<a>标签定义超链接，用于从一个页面链接到另一个页面。

（2）<a>元素最重要的属性是 href 属性，该属性指示链接的目标。示例代码如下：

```
<a href=value>超链接</a>
```

示例代码中 value 可能的值如下。

① 绝对 URL：指向另一个站点（href="http://www.example.com/index.html"）。

② 相对 URL：指向站点内的某个文件（href="index.html"）。

③ 锚 URL：指向页面中的锚（href="#top"）。当 href="#"时，会回到页面顶部。

href="javascript:;"就是去掉<a>标签的默认行为，和 href="javascript:void(0)"是一样的，void 是 JavaScript 的一个运算符，void(0)表示什么都不做。

2．<a>标签的 HTML5 新属性

（1）download：规定被下载的超链接目标。

（2）media：规定被链接的文档是被何种媒介/设备优化的。

（3）type：规定目标文档的 MIME 类型。

注：以上属性都只能在 href 属性存在时使用。

综上所述，当 href="#"时，页面不会跳转，只会回到页面顶部。

（三）参考答案：B

2.2.4　2019 年-第 27 题

要想在 jQuery 中找到所有元素的同辈元素，下面哪一个方法是可以实现的？（　　）

A．eq(index)　　　　B．find(expr)　　　　C．siblings(expr)　　　D．next()

（一）考核知识和技能

jQuery 遍历方法

（二）解析

jQuery 常用的遍历方法如下。

1．eq()方法

（1）定义：返回带有被选元素的指定索引号的元素。索引号从 0 开始，所以第一个元素的索引号是 0（不是 1）。

（2）使用方法：$(selector).eq(index)。index 参数为整数（必须存在），用于规定元素的索引，可以是正数或负数，如果是负数，则从集合中的最后一个元素往回计数。

描述：获取匹配的第二个元素的文本。示例代码如下。

HTML 代码：

```
<p> This is just a test.</p> <p> So is this</p>
```

jQuery 代码：

```
console.log($("p").eq(1).text());
```

运行效果如图 2-1 所示。

2．find()方法

（1）定义：返回被选元素的后代元素。后代是子、孙、曾孙，以此类推。

（2）使用方法：$(selector).find(filter)。filter 参数为过滤搜索后代条件的选择器表达式、元素或 jQuery 对象（如需返回多个后代，则使用逗号分隔每个表达式）。

描述：从所有段落开始进一步搜索<span>元素，与$("p span")相同。示例代码如下。

HTML 代码：

```
<p><span>Hello</span>, how are you?<span>it is jquery.</span></p>
```

jQuery 代码：

```
console.log($("p").find("span"));
```

运行效果如图 2-2 所示。

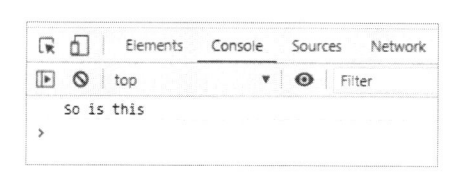

图 2-1 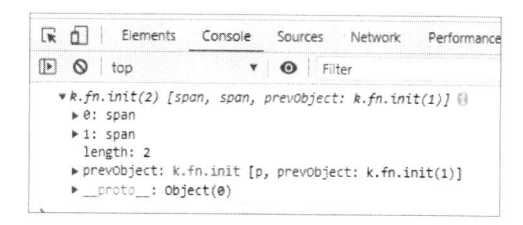　　　　　　　　　　　　　　图 2-2

3．siblings()方法

（1）定义：返回被选元素的所有同级元素，同级元素是共享相同父元素的元素。

（2）使用方法：$(selector).siblings(filter)。filter 参数是规定缩小搜索同级元素范围的选择器表达式。

描述：找出每个<div>的所有同辈元素中类名为 selected 的元素。示例代码如下。

HTML 代码：

```
<div><span>Hello</span></div>
<p class="selected">Hello Again</p>
<p>And Again</p>
```

jQuery 代码：

```
console.log($("div").siblings(".selected"));
```

运行效果如图 2-3 所示。

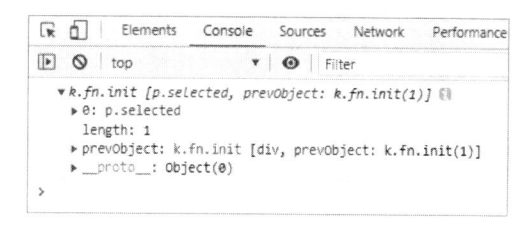

4．next()方法

（1）定义：返回被选元素的后一个同级元素。

（2）使用方法：$(selector).next(filter)。filter 参数是规定缩小搜索后一个同级元素范围的选择器表达式。

图 2-3

描述：找出每个段落后面紧邻的同辈元素中类名为 selected 的元素。示例代码如下。

HTML 代码：

```
<p>Hello</p>
<p class="selected">Hello Again</p>
<div><span>And Again</span></div>
```

jQuery 代码：

```
console.log($("p").next(".selected"));
```

运行效果如图 2-4 所示。

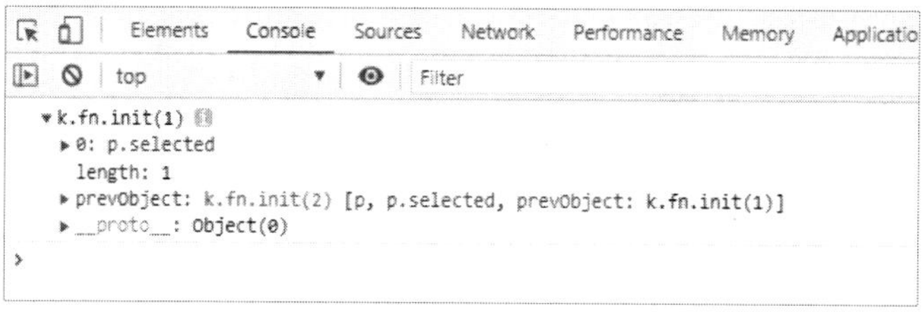

图 2-4

综上所述，要想在 jQuery 中找到所有元素的同辈元素，可以使用 siblings()方法。

（三）参考答案：C

2.2.5　2019年-第28题

在 HTML5 中，哪个标签用于组合标题标签？（　　）

A．<group>　　　　B．<header>　　　　C．<headings>　　　　D．<hgroup>

（一）考核知识和技能

1．HTML5 语义化标签

2．头部标签

3．组合标题标签

（二）解析

（1）HTML5 常见的语义化标签有<header>标签、<footer>标签、<nav>标签、<section>标签、<article>标签和<aside>标签等（各标签含义请参考 2.2.1 节）。

（2）头部标签<header>：定义文档的页眉（介绍信息）。

（3）组合标题标签<hgroup>：对网页或区段（section）的标题进行组合。

使用<hgroup>标签对网页或区段（section）的标题进行组合，示例代码如下：

```
<hgroup>
 <h1>Welcome to my WWF</h1>
 <h2>For a living planet</h2>
</hgroup>
<p>The rest of the content...</p>
```

综上所述，<group>标签和<headings>标签都不属于 HTML5 语义化标签，只有<hgroup>标签为组合标题标签。

（三）参考答案：D

2.2.6　2020年-第1题

下面哪种注释方式是 PHP、JavaScript、CSS 三种技术共有的？（　　）

A．#　　　　B．//　　　　C．/* */　　　　D．;

（一）考核知识和技能

1．PHP 的注释

2．JavaScript 的注释

3．CSS 的注释

（二）解析

1．PHP 的注释

（1）单行注释：表现形式为"//注释内容"或"#注释内容"。

（2）多行注释：表现形式为"/*注释内容*/"。

PHP 注释的示例代码如下：

```
<?php
// PHP 单行注释
#  PHP 单行注释
/*
   PHP 多行注释
   PHP 多行注释
   PHP 多行注释
*/
?>
```

2．JavaScript 的注释

（1）单行注释：表现形式为"//注释内容"。

（2）多行注释：表现形式为"/*注释内容*/"。

（3）<!--...-->：由于历史上 JavaScript 可以兼容 HTML 代码的注释，因此"<!--...-->"也被视为合法的单行注释。

JavaScript 注释的示例代码如下：

```
<script>
// JavaScript 单行注释
<!-- JavaScript 兼容HTML 注释写法 -->

/*
  JavaScript 多行注释
  JavaScript 多行注释
  JavaScript 多行注释
*/
</script>
```

3．CSS 的注释

以/*开始，以*/结束。CSS 注释的示例代码如下：

```
<style>
/*这是一条CSS 注释*/
/*
  这是一条CSS 注释
  这是一条CSS 注释
*/
</style>
```

综上所述，选项 D 的";"不是 PHP、JavaScript、CSS 三种技术中的注释方法，选项 C 的"/* */"是三种技术共有的注释方法。

（三）参考答案：C

2.2.7　2020 年-第 5 题

如果在 HTML 文档的开始部分没有使用 doctype，则会发生什么？（　　）

A．浏览器在标准模式下解析渲染页面　　B．浏览器使用怪异模式渲染页面

C．浏览器停止工作　　D．浏览器显示错误提示页面

（一）考核知识和技能

1. <!DOCTYPE>文档类型声明
2. 浏览器标准模式
3. 浏览器怪异模式

（二）解析

1. <!DOCTYPE>文档类型声明

（1）<!DOCTYPE>文档类型声明用于告知 Web 浏览器使用哪种 HTML 或 XHTML 规范来解析渲染页面。如果<!DOCTYPE>不存在，则浏览器以怪异模式解析渲染页面；如果<!DOCTYPE>存在，则浏览器以标准模式解析渲染页面。

（2）<!DOCTYPE>文档类型声明必须在 HTML 文档的第一行，并位于<html>标签前。

（3）<!DOCTYPE>标签没有结束标签，且对大小写不敏感。

2. 标准模式和怪异模式的区别

（1）解析方式。

① 在没有 W3C 标准之前，各个浏览器的解析方式不同；在 W3C 标准出现之后，浏览器出现了统一的标准，这就是标准模式。

② 不少旧网页都是非标准的，为了支持这些旧网页，浏览器需要按照非标准来解析，这就是怪异模式。

③ 标准模式：浏览器按照 W3C 标准解析代码。

④ 怪异模式：使用浏览器本身的方式解析代码。

（2）盒模型。

① 在怪异模式下的盒模型为 ie 盒模型；在标准模式下的盒模型为 W3C 标准盒模型。

② 在标准模式下的盒模型，盒子的总宽度/高度=width/height+padding+border+margin。

③ 在怪异模式下的盒模型，盒子的总宽度=width + margin（左右）（即 width 已经包含 padding 值和 border 值）。

示例代码如下：

```html
<!DOCTYPE html>
<!--保留 DOCTYPE 声明标签为标准模式，删除 DOCTYPE 声明标签为怪异模式-->
<html>
    <head>
        <meta charset="UTF-8">
        <title></title>
        <style>
            .a {width: 100px;height: 100px;border: solid 1px blue;}
        </style>
    </head>
    <body>
        <div class="a"></div>
    </body>
</html>
```

代码运行后，控制台的效果如图 2-5 所示。

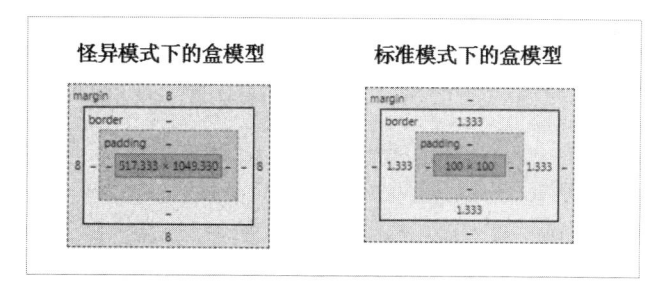

图 2-5

（3）选择器：在浏览器的怪异模式中，CSS 和 JavaScript 的 DOM 操作不区分大小写。示例代码如下：

```html
<!DOCTYPE html>
<!--保留DOCTYPE声明标签为标准模式，删除DOCTYPE声明标签为怪异模式-->
<html>
    <head>
        <meta charset="UTF-8">
        <title></title>
        <style>
        .A { width: 100px; height: 100px; border: solid 1px blue; }
        </style>
    </head>
    <body>
        <div class="A"></div>
        <div class="a"></div>
    </body>
</html>
```

页面显示效果如图 2-6 所示。

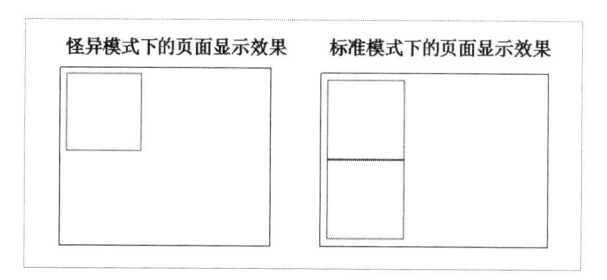

图 2-6

（4）其他区别：内联元素尺寸不同、表格默认样式不同、元素溢出的处理不同等。

综上所述，如果在 HTML 文档的开始部分没有使用 doctype，则浏览器使用怪异模式渲染页面。

（三）参考答案：B

2.2.8　2020 年-第 9 题

HTML5 中不再支持下面哪个元素？（　　）

A．<q>　　　　　　B．<ins>　　　　　　C．<menu>　　　　　　D．<font>

（一）考核知识和技能

1. <q>元素
2. <ins>元素
3. <menu>元素
4. <font>元素
5. HTML5 废弃的元素

（二）解析

（1）<q>元素：定义一个短的引用。浏览器会在引用的内容周围添加引号。<q>元素示例代码如下：

```
<p>: Hello<q>word</q>!。</p>
```

运行效果如图 2-7 所示。

（2）<ins>元素：定义已经被插入到文档中的文本，常与<del>元素一同使用，用于描述文档中的更新和修正。<ins>元素示例代码如下：

```
<p>Hello<ins>word</ins>!。</p>
```

运行效果如图 2-8 所示。

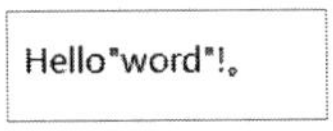

Hello"word"!。

图 2-7

Helloword!。

图 2-8

（3）<menu>元素：用于上下文菜单、工具栏，以及列出表单控件和命令。目前所有的主流浏览器均暂不支持<menu>元素。

（4）<font>元素：用于规定文本的字体、字体尺寸和字体颜色。HTML5 中不支持<font>元素。<font>元素示例代码如下：

```
<p><font size="3" color="red">段落文字段落文字段落文字</font></p>
<p><font size="6" color="blue">段落文字段落文字段落文字</font></p>
<p><font size="9" color="green" face="楷体">段落文字段落文字段落文字</font></p>
```

运行效果如图 2-9 所示。

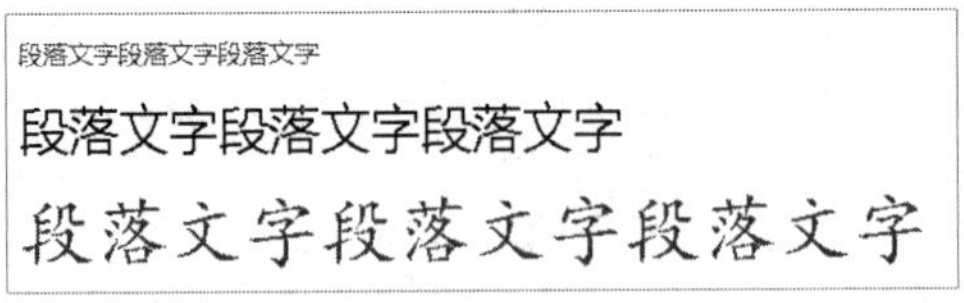

段落文字段落文字段落文字

段落文字段落文字段落文字

段落文字段落文字段落文字

图 2-9

（5）HTML5 废弃的元素。

HTML5 废弃了很多元素，如<big>元素、<center>元素、<font>元素、<strike>元素、<tt>元素等，因为这些元素的功能都是为页面展示服务的，而 HTML5 提倡把页面展示型功能统一放在 CSS 样式表中，所以将这些元素废弃，转而使用 CSS 样式表的方式代替。

注：废弃元素并不代表无法使用，当页面运用标签后，浏览器正常解析。

综上所述，<font>元素是 HTML5 废弃的元素，所以 HTML5 中不再支持该元素。

（三）参考答案：D

2.2.9 2020 年-第 14 题

HTML5 文档可以包含一个（　　）标签，用于设置文档的标题部分。

A．<footer>　　　　B．<header>　　　　C．<section>　　　　D．<drive>

（一）考核知识和技能

HTML5 语义化标签

（二）解析

（1）HTML5 语义化标签的相关知识内容请参考 2.2.1 节。

（2）B 选项的"<header>"标签用于设置文档的标题部分，故此题选 B。

（三）参考答案：B

2.2.10 2020 年-第 15 题

在下列 JavaScript 原生方法访问 DOM 节点的语句中，哪个是错误的？（　　）

A．document.find("div");

B．document.getElementById("id");

C．document.getElementsByClassName("class");

D．document.getElementsByTagName("div");

（一）考核知识和技能

1．DOM 对象

2．获取 DOM 节点

（二）解析

1．DOM 对象

（1）HTML DOM（HTML 文档对象模型的英文缩写，Document Object Model for HTML）是 W3C 标准。

（2）HTML DOM 定义了用于 HTML 的一系列标准的对象，以及访问和处理 HTML 文档的标准方法。

（3）通过 DOM 可以访问所有的 HTML 元素，连同它们所包含的文本和属性，并且可以对其中的内容进行修改和删除，也可以创建新的元素。示例代码如下：

```
<!DOCTYPE html>
<html>
    <head>
        <title>文档标题</title>
    </head>
    <body>
        <a href="">我的链接</a>
        <h1>我的标题</h1>
    </body>
</html>
```

页面解析 DOM 模型参考如图 2-10 所示。

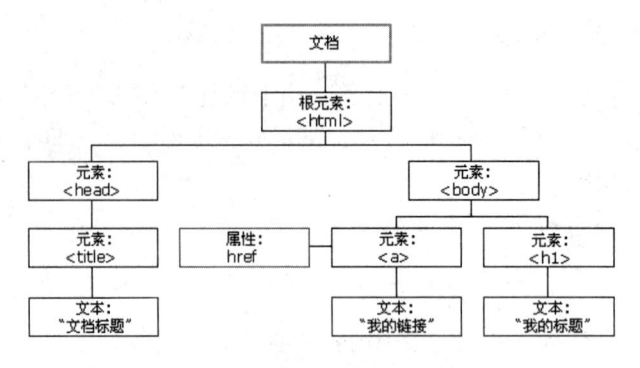

图 2-10

2. 获取 DOM 节点

（1）通过 id 获取节点：document.getElementById(idName)，获取的元素对象是唯一的，因为 id 是唯一标识。示例代码如下：

```
<div id="box"></div>
<script>
   let box= document.getElementById("box");
       //通过 id 获取元素，返回一个元素对象
   console.log(box)
</script>
```

运行效果如图 2-11 所示。

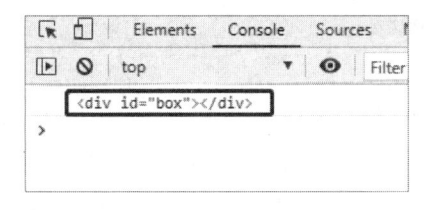

图 2-11

（2）通过类名获取节点：document.getElementsByClassName(className)，获取的元素对象是一组，并以数组的方式返回。示例代码如下：

```
<div class="box">我是一</div>
<div class="box">我是二</div>
<script>
   var boxs= document.getElementsByClassName("box");
       //通过类名获取元素，返回元素对象数组
   console.log(boxs);
   console.log(boxs[0]);    //访问数组的形式，获取第一个元素对象
</script>
```

运行效果如图 2-12 所示。

（3）通过标签名获取节点：document.getElementsByTagName(tagName)，返回元素对象数组。示例代码如下：

```
<div id="box">
   <p>段落 1</p>
   <p>段落 2</p>
```

```
    <p>段落 3</p>
    <p>段落 4</p>
</div>
<script>
    var pCollection= document.getElementsByTagName("p");
      //通过标签名获取元素，返回元素对象数组
    console.log(pCollection)
</script>
```

运行效果如图 2-13 所示。

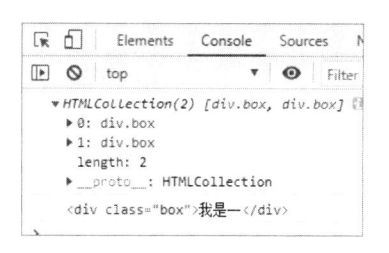

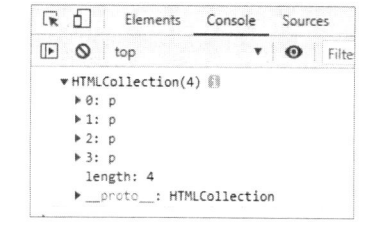

图 2-12

图 2-13

综上所述，通过标签名获取节点的方式为 document.getElementsByTagName(tagName)，显然 A 选项 "document.find("div");" 获取标签节点方式的语法有误。

（三）参考答案：A

2.2.11　2020 年-第 17 题

下面这段 JavaScript 代码的执行结果为（　　）。

```
<script>
var book={name:"红楼梦",price:100,person:["林黛玉","贾宝玉","薛宝钗"]};
alert(book.person[1]);
</script>
```

　　A．红楼梦　　　　B．林黛玉　　　　C．贾宝玉　　　　D．薛宝钗

（一）考核知识和技能

1．JavaScript 面向对象编程

2．JavaScript 数组

（二）解析

1．JavaScript 面向对象编程

（1）创建对象。

JavaScript 主要使用 3 种方式创建对象，分别是字面量、构造函数和 Object。

① 使用字面量创建对象。使用{...}创建对象的示例代码如下：

```
book = {
    name:"红楼梦",
    price:100
}
```

② 使用构造函数创建对象。使用构造函数和 new 关键字创建对象的示例代码如下：

```javascript
function book(name, price) {
   this.name = name;
   this.price = price;
}
var myBook = new book("红楼梦", 100);
```

③ 使用 Object 创建对象。Object 是 JavaScript 所有对象创建的基础，为给定值创建一个对象包装器。如果给定值是 null 或 undefined，则会创建并返回一个空对象，否则将返回一个与给定值对应类型的对象。使用 Object 创建对象的示例代码如下：

```javascript
var ele = new Object(null);
```

（2）对象访问。

① 点表示法：对象名.属性名、对象名.方法名()。

② 方括号表示法：对象名["属性名"]、对象名["方法名"]()。

两种对象访问法的示例代码如下：

```javascript
var book = {
   name:"红楼梦",
   price:100
}
console.log(book.name);
console.log(book["price"]);
```

运行效果如图 2-14 所示。

2．JavaScript 数组

（1）数组定义：使用[]或 new Array()定义，可以在定义时赋值，也可以先定义再赋值。两种数组定义方式的示例代码如下：

```javascript
//使用[]定义
var person = ["林黛玉","贾宝玉","薛宝钗"];
//使用new Array()定义
var person = new Array("林黛玉","贾宝玉","薛宝钗");
```

（2）数组访问：使用数组下标（索引）来引用某个数组元素，下标从 0 开始。访问数组元素的示例代码如下：

```javascript
console.log(person[1]); // 贾宝玉
//修改数组元素
person[0] = "王熙凤";
console.log(person[0]); // 王熙凤
```

运行效果如图 2-15 所示。

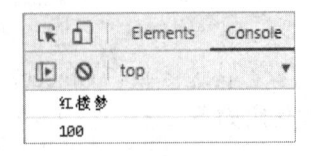

图 2-14

图 2-15

综上所述，book.person[1]访问的是对象 book 中的<person>元素，而 person 是一个数组，通过访问数组下标[1]可以得知，代码的执行结果为"贾宝玉"，即选项 C。

（三）参考答案：C

2.2.12　2020 年-第 19 题

下列哪个选项的 CSS 语法是正确的？（　　）

A．body{color:black}　　　　　　B．body:color=black
C．{body:color=black(body)}　　　D．{body;color:black}

（一）考核知识和技能

1. CSS 选择器命名规范
2. CSS 语法规则

（二）解析

1. CSS 选择器命名规范

（1）标识符（包括选择器中的元素名、类和 ID）只能包含字符[a- zA-Z0-9]和 ISO 10646 字符编码 U+00A1 及以上，再加上连字符"-"和下画线"_"。

（2）不能以数字或一个连字符后跟数字开头，可以包含转义字符加任何 ISO 10646 字符作为一个数字编码。

2. CSS 语法规则

CSS 语法规则主要由两部分构成：选择器、一条或多条声明，如图 2-16 所示。

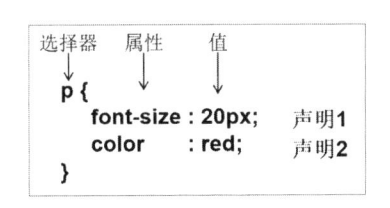

图 2-16

（1）选择器：需要改变样式的 HTML 元素。
（2）声明：由属性和值组成，以分号";"结束。声明组用大括号"{}"括起来。
（3）属性：希望设置的样式属性，每个属性都有一个值，属性和值用":"分隔。

综上所述，A 选项的"body{color:black}"语法是按照 CSS 语法规则来命名的。

（三）参考答案：A

2.2.13　2020 年-第 22 题

如何利用 CSS 为所有的<h1>元素添加背景颜色？（　　）

A．h1.all{background-color:#FFFFFF}
B．h1{background-color:#FFFFFF}
C．all.h1{background-color:#FFFFFF}
D．h1 background-color:#FFFFFF

（一）考核知识和技能

1. CSS 选择器
2. CSS 背景样式

(二)解析

1. CSS 选择器

(1) 元素选择器：元素选择器的名字代表 HTML 页面上的元素，选择的是页面上所有这种类型的元素，示例代码如下：

```html
<head>
    <style>
        p {font-size: 20px;font-style: italic;}
    </style>
</head>
<body>
    <h5>标题</h5>
    <p>段落 1</p>
    <p>段落 2</p>
</body>
```

运行效果如图 2-17 所示。

(2) 类选择器：以英文点号"."开头，后面跟着元素的类名（class 属性值），示例代码如下：

```html
<head>
    <style>
        .p1{font-size: 20px;font-style: italic;}
    </style>
</head>
<body>
    <p class="p1">段落 1</p>
    <p class="p1">段落 2</p>
    <p>段落 3</p>
</body>
```

运行效果如图 2-18 所示。

(3) 类选择器可以结合元素选择器来使用，示例代码如下：

```html
/*设置类为"p1"的<p>元素字体样式*/
<head>
    <style>
    p.p1{font-size: 20px;font-style: italic;}
    </style>
</head>
<body>
    <p class="p1">段落 1</p>
    <p >段落 2</p>
    <div class="p1">段落 3</div >
</body>
```

运行效果如图 2-19 所示。

2. CSS 背景样式

(1) background-color：背景颜色。

(2) background-image：背景图像。

（3）background-repeat：设置背景图片的平铺方式。

（4）background：复合样式设置。

CSS 背景样式示例代码如下：

```
<head>
    <style>
        .bg{
            width: 300px;
            height: 350px;
            background-color: #91d9fa;
            background-image: url(img/user.png);
            background-repeat: no-repeat;
        }
    </style>
</head>
<body>
    <div class="bg"></div>
</body>
```

运行效果如图 2-20 所示。

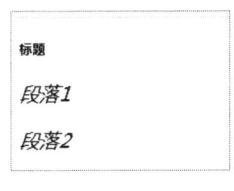

图 2-17　　　　　　图 2-18　　　　　　图 2-19　　　　　　图 2-20

综上所述，获取页面上所有的<h1>元素，并使用 CSS 元素选择器为所有的<h1>元素设置背景颜色。A、C 选项的选择器有误，D 选项的语法有误，故此题选 B。

（三）参考答案：B

2.2.14　2020 年-第 27 题

哪个 HTML 标签用于定义内部样式表？（　　）

A．<script>　　　　B．<css>　　　　C．<style>　　　　D．<link>

（一）考核知识和技能

1．JavaScript 引入

2．CSS 引入

（二）解析

1．JavaScript 引入

（1）使用<script>标签：JavaScript 代码必须位于 <script> 标签和 </script> 标签之间。使用<script>标签引入 JavaScript 的示例代码如下：

```
<script> // JavaScript 代码</script>
```

（2）使用外部脚本：通过<script>标签的 src 属性引入外部扩展名为.js 的文件，可以在同一个页面中引入多个.js 文件，浏览器会按照顺序依次执行。引入外部脚本的示例代码如下：

```
<script type="text/javascript" src="myScript.js"></script>
```

2．CSS 引入

（1）内联样式引入：使用元素的 style 属性对该元素的样式进行编辑。引入内联样式的示例代码如下：

```
<p style="font-size:20px">这是一个段落。</p>
```

（2）内部样式表引入：当单个文档需要特殊的样式时，可以使用<style></style>标签在文档头部定义内部样式表。定义内部样式表的示例代码如下：

```
<head>
    <style>p {font-size:20px;}</style>
</head>
```

（3）外部样式表引入：使用<link>标签链接到样式表。使用<link>标签引入外部样式表的示例代码如下：

```
<head>
    <link rel="stylesheet" type="text/css" href="mystyle.css">
</head>
```

① <link>标签在 HTML 文档的头部。
② rel 属性：表示链接文档是一个样式表（必需）。
③ type 属性：规定被链接文档的类型。
④ href 属性：链接文档路径。

综上所述，<style>标签用于引入内部样式表。

（三）参考答案：C

2.2.15 2021 年-第 20 题

用于定义 JavaScript 代码的 HTML 标签是（　　）。

A．<css>　　　　B．<script>　　　　C．<style>　　　　D．<java>

（一）考核知识和技能

1．JavaScript 引入
2．CSS 引入

（二）解析

1．JavaScript 引入

（1）使用<script>标签：JavaScript 代码必须位于 <script> 标签和 </script> 标签之间。使用<script>标签引入 JavaScript 的示例代码如下：

```
<script>
    JavaScript 代码
</script>
```

（2）使用外部脚本：通过<script>标签的 src 属性引入外部扩展名为.js 的文件，可以在同一个页面中引入多个 .js 文件，浏览器会按照顺序依次执行。引入外部脚本的示例代码如下：

```
<script src="myScript.js"></script>
```

使用外部脚本的优点：

① 实现页面、样式和功能的分离。

② 代码结构清晰，易维护。

③ 已缓存的 JavaScript 文件会提高页面加载速度。

2．CSS 引入

（1）内联样式引入：使用元素的 style 属性对该元素的样式进行编辑。引入内联样式的示例代码如下：

```
<p style="font-size:20px">这是一个段落。</p>
```

（2）内部样式表引入：当单个文档需要特殊的样式时，可以使用<style></style>标签在文档头部定义内部样式表。定义内部样式表的示例代码如下：

```
<head>
    <style>p {font-size:20px;}</style>
</head>
```

（3）外部样式表引入：使用<link>标签链接到样式表。使用<link>标签引入外部样式表的示例代码如下：

```
<head>
    <link rel="stylesheet" type="text/css" href="mystyle.css">
</head>
```

① <link>标签在 HTML 文档的头部。

② rel 属性：表示链接文档是一个样式表（必需）。

③ type 属性：规定被链接文档的类型。

④ href 属性：链接文档路径。

综上所述，使用<script>标签定义 JavaScript 代码。

（三）参考答案：B

2.2.16　2021 年-第 22 题、第 24 题

22．在下列 jQuery 方法中，可以给元素添加一个类名称的是（　　）。

A．$().addClass()　　　　　　B．$().removeClass()

C．$().add()　　　　　　　　D．$().hasClass()

24．在 jQuery 中，能够编辑 HTML 标签内容的方法是（　　）。

A．$().html()　　B．$().edit()　　C．$().remove()　　D．$().inner()

（一）考核知识和技能

jQuery DOM 操作

（二）解析

1．获取内容

（1）text()：设置或返回所选元素的文本内容。

（2）html()：设置或返回所选元素的内容（包括 HTML 标记）。

（3）val()：设置或返回表单字段的值。

2．获取属性

attr()方法用于获取属性值。

3．添加元素

（1）append()：在被选元素的结尾插入内容。示例代码如下：

`$("p").append("追加文本");`

（2）prepend()：在被选元素的开头插入内容。示例代码如下：

`$("p").prepend("在开头追加文本");`

（3）after()：在被选元素之后插入内容。示例代码如下：

`$("img").after("在后面添加文本");`

（4）before()：在被选元素之前插入内容。示例代码如下：

`$("img").before("在前面添加文本");`

4．删除元素

（1）remove()：删除被选元素及其子元素。示例代码如下：

`$("#div1").remove();`

（2）empty()：从被选元素中删除子元素。示例代码如下：

`$("#div1").empty();`

5．获取并设置 CSS 类

（1）addClass()：向被选元素中添加一个或多个类。

（2）removeClass()：从被选元素中删除一个或多个类。

（3）toggleClass()：对被选元素进行添加/删除类的切换操作。

6．css()方法

css()方法用于设置或返回被选元素的一个或多个样式属性。

（1）返回指定的 CSS 属性的值。

`css("propertyname");`

（2）设置指定的 CSS 属性。

`css("propertyname","value");`

（3）设置多个 CSS 属性。

`css({"propertyname":"value","propertyname":"value",...});`

综上所述，addClass()方法用于向被选元素中添加一个或多个类，html()方法用于设置或返回所选元素的内容（包括 HTML 标记）。所以，这两题都选 A。

（三）参考答案：A

2.2.17　2021 年-第 26 题

关于 CSS 选择器优先级正确的是（　　）。

A．id>class>*　　　B．class>*>id　　　C．class>id>*　　　D．id>*>class

(一)考核知识和技能

1. 选择器
2. 选择器优先级

(二)解析

1. 选择器

选择器分为元素选择器和关系选择器。

(1)元素选择器。

```
<span id="spanid" class="spanclass">HelloWorld</span>
```

① 通配符选择器:*。

```
*{font-size: 12px; }
```

② 标签选择器:标签名。

```
span{color: red; }
```

③ #id 选择器:#+id。

```
#spanid{color: red; }
```

④ .class 类选择器:.+类名。

```
.spanclass{color: red; }
```

(2)关系选择器。

```
<h2>h2 标题</h2>
<div>
    <p>子代</p>
    <a>
        <p>后代</p>
    </a>
</div>
```

① 后代选择器:E F。

```
div p{color: red; }
```

② 子选择器:E > F。

```
div>p{color: red; }
```

③ 群组选择器:E,F。

```
h2, div{background: red;}
```

2. 选择器优先级

当两个规则作用到同一个 HTML 元素上时,如果定义的属性有冲突,那么应该用谁的值呢?CSS 选择器有一套优先级的定义:

(1)在属性后面使用!important 会覆盖页面内任何位置定义的元素样式。

(2)直接在 HTML 元素中使用 style 属性设置行内样式。

(3)id 选择器。

(4)类选择器。

(5)标签选择器。

(6)通配符选择器。

(7)浏览器自定义或继承。

综上所述，CSS 选择器优先级为：!important >行内样式>id 选择器>类选择器>标签选择器>通配符选择器>继承>浏览器默认属性。

（三）参考答案：A

2.2.18　2021 年-第 27 题

下列关于 CSS 清除浮动的方法正确的是（　　）。

A．float:left;　　　B．clear:both;　　　C．overflow:clear;　　D．float:both;

（一）考核知识和技能

1. 页面布局
2. 浮动 float
3. 清除浮动 clear

（二）解析

1. 页面布局

页面布局默认遵循文档流。在正常文档流中，块级元素自上至下一个接一个地显示，行内元素自左至右一个接一个地显示。正常文档流和脱离文档流如图 2-21 所示。

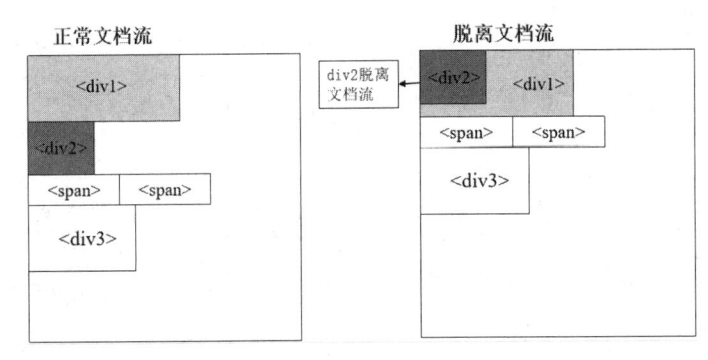

图 2-21

2. 浮动 float

浮动 float 用于定义元素在哪个方向浮动，属性值为 none、left 和 right，浮动后会脱离文档流。示例代码如下：

```
<style>
#div1{ width: 100px; height: 100px; background-color: pink; }
#div2{ width: 150px; height: 150px; background-color: skyblue; }
</style>
<body>
    <div id="div1"></div>
    <div id="div2"></div>
</body>
```

示例 1：
```
#div1,#div2{ float: none; /*默认*/ }
```

示例 2：
```
#div1{ float: left; /*div1 左浮动*/ }
```

示例 3：
```
#div1,#div2{ float: left; /*div1 和 div2 左浮动*/ }
```

3. 清除浮动 clear

清除浮动 clear 用于规定元素的哪一侧不允许有其他浮动元素。示例代码如下：

```
<style>
div{float: left; width: 100px; height: 100px;}
#div1{background: pink;}
#div2{background: skyblue;}
</style>
<body>
    <div id="div1"></div>
    <div id="div2"></div>
</body>
```

（1）none：默认值。允许浮动元素出现在两侧。
```
#div2{ clear: none; }
```

（2）left：左侧不允许有浮动元素。
```
#div2{ clear: left; }
```

（3）right：右侧不允许有浮动元素。
```
#div2{ clear: right; }
```

（4）both：左右两侧均不允许有浮动元素。
```
#div2{ clear: both; }
```

综上所述，清除浮动可以使用 clear 属性。

（三）参考答案：B

2.2.19　2021 年-第 30 题

下列 HTML 标签使用错误的是（　　）。

A．<div><span></span></div>

B．<span><i></i></span>

C．<span><div></div></span>

D．<div><img src="image.png" alt="" /></div>

（一）考核知识和技能

1．HTML 标签

2．内联元素和块级元素

（二）解析

1．HTML 标签

2．内联元素和块级元素

（1）常见的内联元素：a、img、input、label、select、span、textarea。

（2）常见的块级元素：div、form、H1、H2、H3、H4、H5、H6、hr、noframes、noscript、P、table、ul、frameset、li、tbody、td、tfoot、th、thead、tr。

（3）内联元素只能包含文字和内联元素；块级元素可以包含文字、内联元素和块级元素。

综上所述，内联元素不能包含块级元素。

（三）参考答案：C

2.3　多选题

2.3.1　2019 年-第 42 题

下列叙述正确的是（　　）。

A．HTML 负责网页的结构　　　　B．CSS 负责网页的内容

C．JavaScript 负责解决交互性问题　　D．CSS 负责网页的美化

（一）考核知识和技能

1．HTML 概述

2．CSS 概述

3．JavaScript 概述

（二）解析

1．HTML 概述

（1）HTML 是用于描述网页的一种语言。

（2）HTML 全称为 Hyper Text Markup Language，是一种超文本标记语言。它包括一系列标签，通过这些标签可以统一网络上的文档格式，使分散的 Internet 资源连接为一个逻辑整体。HTML 文本是由 HTML 命令组成的描述性文本，HTML 命令可以说明文字、图形、动画、声音、表格和链接等。

（3）HTML 不是一种编程语言，而是一种标记语言（markup language）。标记语言是一套标记标签（markup tag），HTML 使用标记标签来描述网页。

2．CSS 概述

（1）CSS 通常被称为 CSS 样式表或层叠样式表，主要用于设置 HTML 页面中的文本内容（字体、大小、对齐方式等）、图片的外形（高度、宽度、边框样式、边距等），以及版面的布局等外观显示样式。

（2）CSS（Cascading Style Sheets）：层叠样式表。

① 样式：为 HTML 标签添加需要显示的效果。

② 层叠：使用不同的添加方式，为同一个 HTML 标签添加样式，最后将所有的样式都叠加到一起，共同作用于该标签。

3．JavaScript 概述

（1）JavaScript 是一种基于对象和事件驱动，并具有安全性能的脚本语言。JavaScript 的官方名称是 ECMAScript（ECMA 是欧洲计算机制造商协会）。

（2）JavaScript 特点：一种脚本语言、基于对象、动态性、简单易用性、安全性、跨平台性、改善用户体验。

（3）JavaScript 脚本语言同其他语言一样，有它自身的基本数据类型、表达式、算术运算符及程序的基本程序框架。JavaScript 提供了 4 种基本的数据类型和 2 种特殊的数据类型，用于处理数据和文字。变量提供存放信息的位置，表达式则可以完成较复杂的信息处理。

综上所述，CSS 不负责网页的内容，而是用于设置 HTML 页面中的样式的。

（三）参考答案：ACD

2.3.2　2020 年-第 10 题

说明：中级理论卷 2020 年多选题-第 10 题与 2019 年多选题-第 4 题相同，仅以此题为代表进行解析。

在下列 JavaScript 实现继承的方式中，正确的是（　　）。

A．原型链继承　　　　　　　　　B．构造函数继承
C．组合继承　　　　　　　　　　D．关联继承

（一）考核知识和技能

1．JavaScript 构造函数、原型、实例的关系

2. JavaScript 原型链继承
3. JavaScript 构造函数继承
4. JavaScript 组合继承

(二) 解析

1. JavaScript 构造函数、原型、实例的关系

(1) 每个构造函数都包含一个原型对象,也都包含一个指向原型对象的指针 prototype。
(2) 每个原型对象都包含一个指向构造函数的指针 constructor。
(3) 每个实例都包含一个指向原型对象的内部指针 _proto_。

构造函数、原型、实例的关系如图 2-22 所示。

构造函数、原型、实例关系的示例代码如下:

```javascript
//Person 构造函数
function Person(){

}

//Person 构造函数的原型对象
console.log(Person.prototype);
console.log(Person.prototype.constructor);

//实例对象 person1 和 person2
var person1 = new Person();
var person2 = new Person();
console.log(person1.__proto__);
console.log(person2.__proto__);
//构造函数和每个实例对象都指向同一个原型对象
console.log(person1.__proto__ === person2.__proto__);
console.log(person1.__proto__ === Person.prototype);
console.log(person2.__proto__ === Person.prototype);
```

运行效果如图 2-23 所示。

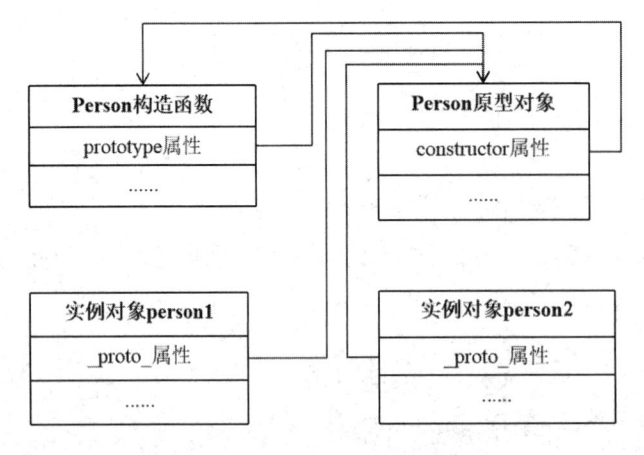

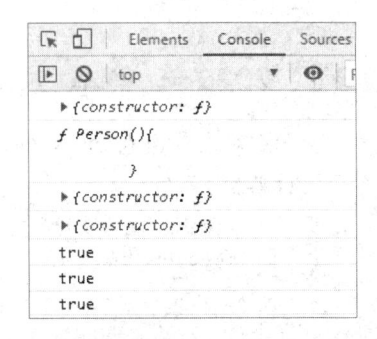

图 2-22

图 2-23

2．JavaScript 原型链继承

JavaScript 中描述了原型链的概念，并将原型链作为实现继承的主要方法。其基本思想是利用原型让一个引用类型继承另一个引用类型的属性和方法。

原型链继承示意图如图 2-24 所示。

原型链继承示例代码如下：

```javascript
//Person 构造函数
function Person(){
    this.color = ['red','yellow'];
}
//Man 构造函数
function Man(){

}
//原型链继承
Man.prototype = new Person();
//实例对象 man1 和 man2
var man1 = new Man();
var man2 = new Man();
//访问原型链上的属性
console.log(man1.color);
console.log(man2.color);
//修改原型链上的属性
man1.color.push('blue');
console.log(man1.color);
console.log(man2.color);
```

运行效果如图 2-25 所示。

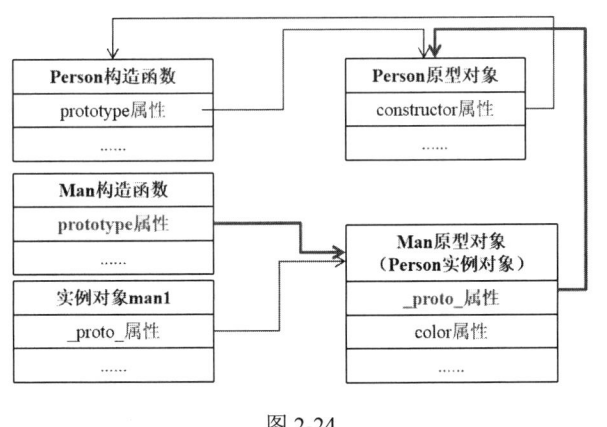

图 2-24

图 2-25

3．JavaScript 构造函数继承

构造函数继承的思路相当简单，在构造函数内部调用需要继承的构造函数即可。通常使用构造函数的 apply() 方法或 call() 方法来实现。

构造函数继承示意图如图 2-26 所示。

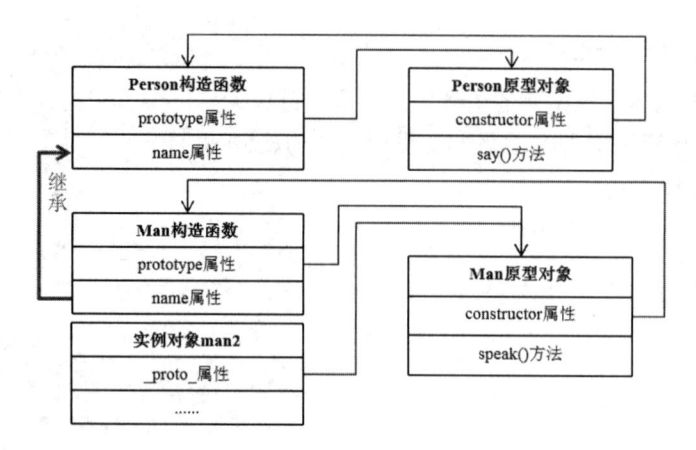

图 2-26

构造函数继承示例代码如下：

```
//Person 构造函数
function Person(name){
    this.name = name;
}
Person.prototype.say = function(){
    console.log(this.name);
}
//Man 构造函数
function Man(name){
    //构造函数继承
    Person.call(this,name);
}
Man.prototype.speak = function(){
    console.log('speak');
}
//实例对象 man1 和 man2
var man1 = new Man('Mike');
var man2 = new Man('Jake');
console.log(man1.name);
console.log(man2.name);
//可以调用自身原型上的方法
man1.speak();
man2.speak();
//无法调用继承的构造函数原型上定义的方法
man1.say();
man2.say();
```

运行效果如图 2-27 所示。

图 2-27

4. JavaScript 组合继承

组合继承是将原型链继承和构造函数继承组合到一起的模式,其思路是先使用原型链继承实现对原型属性和方法的继承,再通过构造函数继承实现对实例属性的继承。

组合继承示例代码如下:

```javascript
//Person 构造函数
function Person(name){
    this.name = name;
    this.color = ['red','yellow'];
}

Person.prototype.say = function(){
    console.log(this.name);
}

//Man 构造函数
function Man(name){
    //构造函数继承方式
    Person.call(this,name);
}
//原型链继承方式
Man.prototype = new Person();

//实例对象 man1 和 man2
var man1 = new Man('Mike');
var man2 = new Man('Jake');
console.log(man1.name);
console.log(man2.name);
man1.say();
man2.say();

man1.color.push('blue');
console.log(man1.color);
console.log(man2.color);
```

运行效果如图 2-28 所示。

```
Mike
Jake
Mike
Jake
▶(3) ["red", "yellow", "blue"]
▶(2) ["red", "yellow"]
```

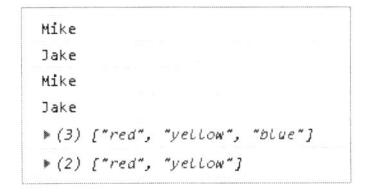

图 2-28

综上所述,JavaScript 实现继承的方式有原型链继承、构造函数继承、组合继承等,关联继承不能实现 JavaScript 继承。

(三)参考答案:ABC

2.3.3　2021 年-第 9 题

下列关于 JavaScript 的说法正确的有（　　）。

A．JavaScript 中没有 int 类型

B．JavaScript 是弱类型语言

C．JavaScript 中没有数组

D．JavaScript 中循环方法包含 for、foreach、while 等

（一）考核知识和技能

1．JavaScript

2．JavaScript 数据类型

3．JavaScript 循环语句

（二）解析

1．JavaScript

（1）JavaScript 是一种轻量级的编程语言。

（2）JavaScript 是可插入 HTML 页面的编程代码。

（3）JavaScript 插入 HTML 页面后，可以被目前所有的浏览器执行。

（4）学习 JavaScript 很容易。

2．JavaScript 数据类型

（1）值类型（基本类型）：字符串（String）、数字（Number）、布尔（Boolean）、对空（Null）、未定义（Undefined）、Symbol。

（2）引用数据类型（对象类型）：对象（Object）、数组（Array）、函数（Function），以及两个特殊的对象——正则（RegExp）、日期（Date）。

3．JavaScript 循环语句

（1）for：循环代码块一定的次数。

（2）for...in：循环遍历对象的属性。

（3）while：当指定的条件为 true 时，循环指定的代码块。

（4）do...while：同样当指定的条件为 true 时，循环指定的代码块。

综上所述，JavaScript 中有数组，但没有 foreach 循环方法。

（三）参考答案：AB

2.3.4　2021 年-第 10 题

在下列使用 jQuery 的代码中，能够给所示 HTML 标签添加 class 的有（　　）。

```
<div id="box"></div>
```

A．$("#box").addClass("test");

B．$("#box").attr("class","test");

C．$("#box").hasClass("test");

D．$("#box").class("test");

（一）考核知识和技能

1．jQuery css 类
2．attr()方法

（二）解析

1．jQuery css 类

jQuery 拥有若干个进行 CSS 操作的方法。

（1）addClass()：向被选元素中添加一个或多个类。

（2）removeClass()：从被选元素中删除一个或多个类。

（3）toggleClass()：对被选元素进行添加/删除类的切换操作。

（4）css()：设置或返回样式属性。

2．attr()方法

attr()方法用于设置或改变属性值。

（1）attr(属性名)：获取属性的值（取得第一个匹配元素的属性值。通过这个方法可以方便地从第一个匹配元素中获取一个属性的值，如果元素没有相应属性，则返回 undefined）。

（2）attr(属性名,属性值)：设置属性的值（为所有匹配的元素设置一个属性值）。

（3）attr(属性名,函数值)：设置属性的函数值（为所有匹配的元素设置一个计算的属性值。不是提供值，而是提供一个函数，并将这个函数计算的值作为属性值）。

（4）attr(properties)：为指定元素设置多个属性值，即{属性名一："属性值一",属性名二："属性值二",……}，这是一种在所有匹配元素中批量设置多个属性的最佳方式。需要注意的是，如果要设置对象的 class 属性，那么必须使用'className'作为属性名，或者可以直接使用'class'或'id'。

综上所述，addClass()方法用于为元素添加类，attr()方法用于设置或改变属性值。

（三）参考答案：AB

2.3.5　2021 年-第 13 题

在 JavaScript 中定义数组的正确方法有（　　）。

A．var a = new Array(1);
B．var a = new Array();
C．var a = new Array(1,2,3);
D．var a = new Array = 1,2,3;

（一）考核知识和技能

1．JavaScript 数组
2．创建数组

（二）解析

1. JavaScript 数组

（1）数组对象使用单独的变量名来存储一系列的值。

（2）数组可以用一个变量名存储所有的值，并且可以用变量名访问任何一个值。

（3）数组中的每个元素都有自己的 ID，以便它可以很容易地被访问到。

2. 创建数组

创建数组可以使用以下 3 种方法。

（1）常规方式。

```
var myCars=new Array();
myCars[0]="Saab";
myCars[1]="Volvo";
myCars[2]="BMW";
```

（2）简洁方式。

```
var myCars=new Array("Saab","Volvo","BMW");
```

（3）字面。

```
var myCars=["Saab","Volvo","BMW"];
```

综上所述，创建数组的方法中没有连续的等号。

（三）参考答案：ABC

2.3.6　2021 年-第 14 题

下列属于 JavaScript 保留关键字的是（　　）。

A．case　　　　　B．parent　　　　　C．class　　　　　D．new

（一）考核知识和技能

JavaScript 关键字

（二）解析

JavaScript 关键字用于标识要执行的操作。和其他编程语言一样，JavaScript 保留了一些关键字为自己所用。

JavaScript 保留关键字：abstract、else、instanceof、super、boolean、enum、int、switch、break、export、interface、synchronized、byte、extends、let、this、case、false、long、throw、catch、final、native、throws、char、finally、new、transient、class、float、null、true、const、for、package、try、continue、function、private、typeof、debugger、goto、protected、var、default、if、public、void、delete、implements、return、volatile、do、import、short、while、double、in、static、with。

综上所述，JavaScript 保留的关键字中没有 parent。

（三）参考答案：ACD

2.3.7　2021 年-第 15 题

下列关于 HTML 的描述错误的是（　　）。

A．仅使用 HTML 无法制作网页

B．在 HTML 中，<head>中的内容通常可以省略

C．在 HTML 中，<script>标签可以放置 JavaScript 代码

D．PHP 文件不可以放置 HTML 代码

（一）考核知识和技能

1．HTML

2．HTML 标签

3．<head>标签

4．<script>标签

（二）解析

1．HTML

HTML 是用于描述网页的一种语言。

（1）HTML 是超文本标记语言：Hyper Text Markup Language。

（2）HTML 不是一种编程语言，而是一种标记语言。

（3）标记语言是一套标记标签（markup tag）。

（4）HTML 使用标记标签来描述网页。

（5）HTML 文档包含 HTML 标签及文本内容。

（6）HTML 文档也叫作 Web 页面。

2．HTML 标签

HTML 标记标签通常被称为 HTML 标签（HTML tag）。

（1）HTML 标签是由尖括号包围的关键字，如<html>。

（2）HTML 标签通常是成对出现的，如和。

（3）标签对中的第 1 个标签是开始标签，第 2 个标签是结束标签。

（4）开始标签和结束标签也被称为开放标签和闭合标签。

3．<head>标签

<head>标签包含所有的头部标签元素。在<head>标签中，可以插入脚本（scripts）、样式文件（CSS）及各种 meta 信息。

4．<script>标签

<script>标签用于加载脚本文件，如 JavaScript。

综上所述，HTML 文档也叫作 Web 页面。<head>标签包含所有的头部标签元素，不可以省略。PHP 文件可以包含文本、HTML 代码、JavaScript 代码和 PHP 代码。

（三）参考答案：ABD

2.4 判断题

2.4.1 2020年-第2题

任何浏览器都能支持 HTML5 中新增的表单控件。（   ）

（一）考核知识和技能

1. HTML5 新增表单控件
2. 浏览器兼容性

（二）解析

1. HTML5 新增表单控件

HTML5 拥有多个新的表单输入类型。新特性提供了更好的输入控制和验证。例如，color、date、datetime、datetime-local、email、month、number、range、search、tel、time、url、week 等。

2. 浏览器兼容性

HTML5 新增了表单浏览器兼容性。HTML5 新增表单日期控件的示例代码如下：

```
<form action="index.php">
    生日：<input type="date" name="bday">
    <input type="submit">
</form>
```

上述代码在不同浏览器中的运行效果如图 2-29 所示。

图 2-29

综上所述，HTML5 新增表单日期控件在 IE8 浏览器中不生效，说明并不是任何浏览器都支持 HTML5 中新增的表单控件。

（三）参考答案：错

2.4.2 2020年-第4题

jQuery 使用 CSS 选择器来选取元素。（   ）

（一）考核知识和技能

1. CSS 选择器
2. jQuery 选择器

(二)解析

1. CSS 选择器

用于查找或选取要设置样式的 HTML 元素,常用的选择器有元素选择器、id 选择器和类选择器等。CSS 选择器的示例代码如下:

```
<head>
    <style>
    /*通过 CSS 元素选择器,设置所有段落字体为斜体*/
    p{font-style: italic;}
    </style>
</head>
<body>
    <p>段落 1</p>
    <p>段落 2</p>
</body>
</html>
```

运行效果如图 2-30 所示。

段落1
段落2

图 2-30

2. jQuery 选择器

(1) jQuery 选择器允许对 HTML 元素组或单个元素进行操作。

(2) jQuery 选择器基于元素的 id、类、类型、属性和属性值等查找或选择 HTML 元素。它基于已经存在的 CSS 选择器,除此之外,它还有一些自定义的选择器。

(3) jQuery 中所有的选择器都以美元符号开头:$()。

jQuery 支持 CSS 中几乎所有的选择器,jQuery 选择器的示例代码如下:

```
<body>
    <p>段落 1</p>
    <p>段落 2</p>
    <script src="jquery.min.js"></script>
    <script>
    /*jQuery 使用 CSS 元素选择器,设置所有段落字体为斜体*/
    $("p").css('fontStyle','italic');
    </script>
</body>
```

运行效果如图 2-31 所示。

段落1
段落2

图 2-31

综上所述，jQuery 支持 CSS 选择器，并基于已经存在的 CSS 选择器来获取元素。

（三）参考答案：对

2.4.3　2021 年-第 5 题

jQuery 通常不需要额外引入文件就可以直接使用。（　　）

（一）考核知识和技能

jQuery 引入

（二）解析

jQuery 是一个 JavaScript 框架，它提供了大量易于使用的 API，使 HTML 文档遍历和操作、事件处理、动画变得更加简单。

jQuery 在页面中通过<script>标签引入，有以下两种引入方式。

（1）在 jQuery 官网下载 jQuery 文件。

```
<script src="jquery.min.js"></script>
```

（2）从 CDN 中载入 jQuery。

```
<script src="https://cdn.bootcss.com/jquery/3.4.1/jquery.min.js"></script>
```

综上所述，jQuery 必须通过引入才能在页面中使用。

（三）参考答案：错

第 3 章 响应式网页开发

3.1 考点分析

2019—2021 年中级理论卷的响应式网页开发相关试题的考核知识和技能如表 3-1 所示，三次考试的平均分值约为 9 分。

表 3-1

真题	单选题	多选题	判断题	总分值	考核知识和技能
2019 年中级理论卷	4	1	0	10	Bootstrap 栅格系统、弹性布局、对齐样式、表格样式、CSS3 媒体查询等
2020 年中级理论卷	4	3	0	14	Bootstrap 栅格系统、弹性布局、图片样式、表格样式、按钮组件、表单组件、CSS3 媒体查询等
2021 年中级理论卷	2	0	0	4	Bootstrap 栅格系统、按钮组件等

3.2 单选题

3.2.1 2019 年-第 4 题

在 Bootstrap 中，关于弹性布局的属性错误的是（　　）。

A．flex　　　　B．flex-wrap　　　　C．justify-content　　　　D．flex-container

（一）考核知识和技能

Bootstrap 4 Flex（弹性）布局

（二）解析

（1）弹性盒子（flexbox）：d-flex 或 d-*-flex 类用于设置元素为弹性盒子，d-flex 类相当于 CSS 属性"display: flex!important;"。

Bootstrap 3 与 Bootstrap 4 最大的区别在于：Bootstrap 4 使用弹性盒子来布局，而不是使用浮动来布局。弹性盒子是 CSS3 的一种新的布局模式，更适合响应式的设计。

使用 d-flex 类创建一个弹性盒子容器，并设置 3 个弹性子元素，示例代码如下：

```
<div class="d-flex p-3 bg-secondary text-white">
  <div class="p-2 bg-info">Flex item 1</div>
  <div class="p-2 bg-warning">Flex item 2</div>
  <div class="p-2 bg-primary">Flex item 3</div></div>
```

运行效果如图 3-1 所示。

图 3-1

（2）内容排列：justify-content-* 类用于修改弹性子元素的排列方式，"*"允许的值有 start（默认）、end、center、between 或 around。justify-content-* 类使用了 CSS3 中的 justify-content 属性，"*"允许的值即 justify-content 属性对应的值，示例代码如下：

```html
<div class="container mt-3">
  <h2>内容排列方式</h2>
  <p>.justify-content-start 类用于设置弹性子元素内容左对齐：</p>
  <div class="d-flex justify-content-start bg-secondary mb-3">
    <div class="p-2 bg-info">Flex item 1</div>
    <div class="p-2 bg-warning">Flex item 2</div>
    <div class="p-2 bg-primary">Flex item 3</div>
  </div>
  <p>.justify-content-end 类用于设置弹性子元素内容右对齐：</p>
  <div class="d-flex justify-content-end bg-secondary mb-3">
    ...
  </div>
  <p>.justify-content-center 类用于设置弹性子元素内容居中对齐：</p>
  <div class="d-flex justify-content-center bg-secondary mb-3">
    ...
  </div>
  <p>.justify-content-between 类用于设置弹性子元素内容两端对齐：</p>
  <div class="d-flex justify-content-between bg-secondary mb-3">
    ...
  </div>
  <p>.justify-content-around 类用于设置弹性子元素内容平均分布：</p>
  <div class="d-flex justify-content-around bg-secondary mb-3">
    ...
  </div>
</div>
```

运行效果如图 3-2 所示。

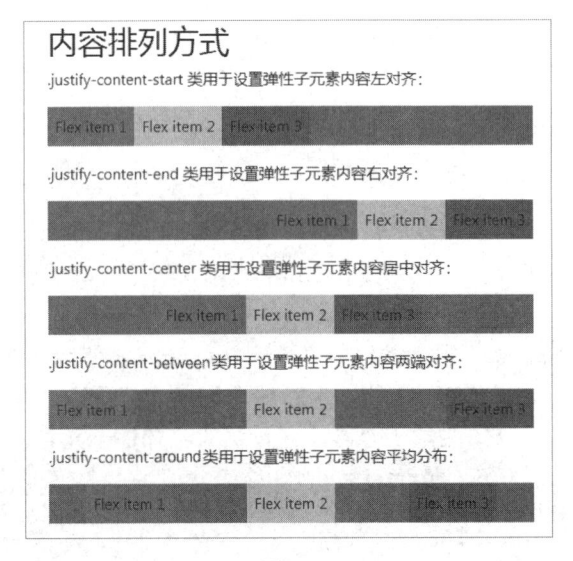

图 3-2

（3）包裹：设置弹性容器中包裹子元素的方式，可以使用 flex-wrap 类、flex-wrap-reverse 类和 flex-nowrap 类。这 3 个类使用了 CSS3 中的 flex-wrap 属性，类名对应 flex-wrap 属性的值。

① flex-wrap 类：设置容器多行显示子元素。

② flex-wrap-reverse 类：设置容器多行显示子元素且第一行在下方。

③ flex-nowrap 类（默认）：设置容器单行显示子元素。

示例代码如下：

```
<div class="container">
    <h3>flex-wrap 类: </h3>
    <div class="d-flex p-3 mb-3 bg-secondary flex-wrap">
        <div class="p-3 bg-light border">Flex item 1</div>
        <div class="p-3 bg-light border">Flex item 2</div>
        <div class="p-3 bg-light border">Flex item 3</div>
        <div class="p-3 bg-light border">Flex item 4</div>
        <div class="p-3 bg-light border">Flex item 5</div>
        <div class="p-3 bg-light border">Flex item 6</div>
        <div class="p-3 bg-light border">Flex item 7</div>
        <div class="p-3 bg-light border">Flex item 8</div>
        <div class="p-3 bg-light border">Flex item 9</div>
        <div class="p-3 bg-light border">Flex item 10</div>
        <div class="p-3 bg-light border">Flex item 11</div>
        <div class="p-3 bg-light border">Flex item 12</div>
    </div>
    <h3>flex-wrap-reverse 类: </h3>
    <div class="d-flex p-3 mb-3 bg-secondary flex-wrap-reverse">
        ...
    </div>
    <h3>flex-nowrap 类: </h3>
    <div class="d-flex p-3 bg-secondary flex-nowrap">
        ...
    </div>
</div>
```

运行效果如图 3-3 所示。

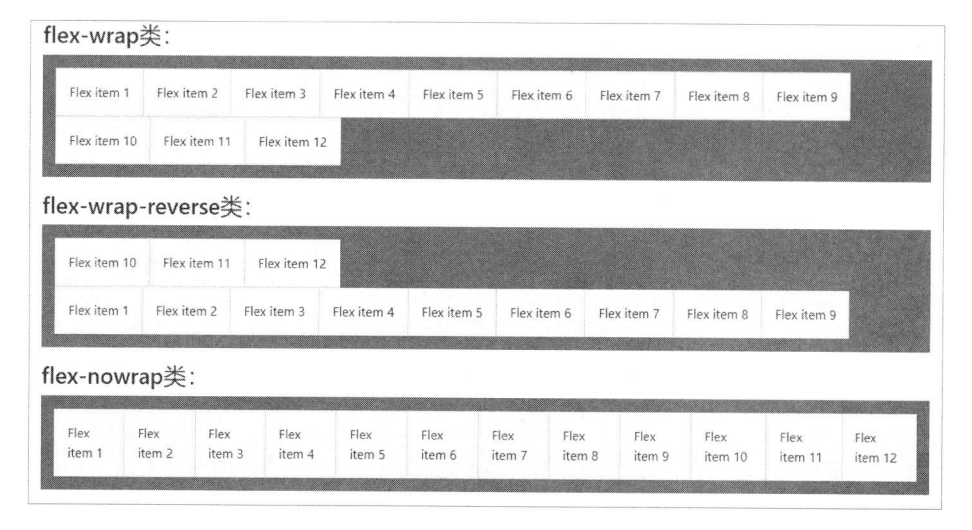

图 3-3

综上所述，flex-container 不是 Bootstrap 中弹性布局的属性。

（三）参考答案：D

3.2.2　2019 年-第 6 题

Bootstrap 提供了一系列的对齐样式，表示不换行的样式是（　　）。

A．text-center　　　　　　　　B．text-justify
C．text-auto　　　　　　　　　D．text-nowrap

（一）考核知识和技能

Bootstrap 文本对齐

（二）解析

（1）text-center：居中对齐。使用 text-center 类可以设置段落文字居中对齐，示例代码如下：

```
<p>文字文字文字文字文字文字文字文字文字文字文字文字文字</p>
<p class="text-center">文字文字文字文字文字文字文字文字文字文字文字文字文字</p>
```

运行效果如图 3-4 所示。

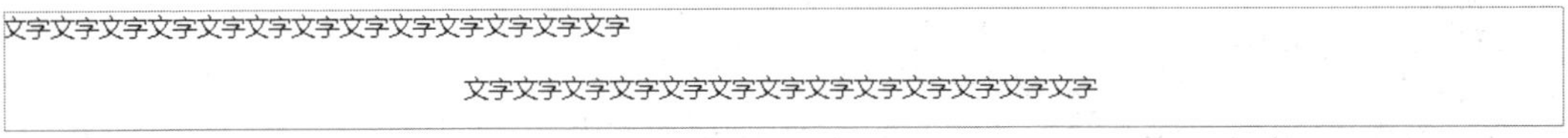

文字文字文字文字文字文字文字文字文字文字文字文字文字

　　　　　　　　　文字文字文字文字文字文字文字文字文字文字文字文字文字

图 3-4

（2）text-justify：两端对齐。使用 text-justify 类可以设置段落文字两端对齐，示例代码如下：

```
<div class="container col-md-4">
<p>PHP is a popular general-purpose scripting language that is especially suited to web development.Fast, flexible and pragmatic, PHP powers everything from your blog to the most popular websites in the world.</p>
<p class="text-justify">PHP is a popular general-purpose scripting language that is especially suited to web development.Fast, flexible and pragmatic, PHP powers everything from your blog to the most popular websites in the world.</p>
</div>
```

运行效果如图 3-5 所示。

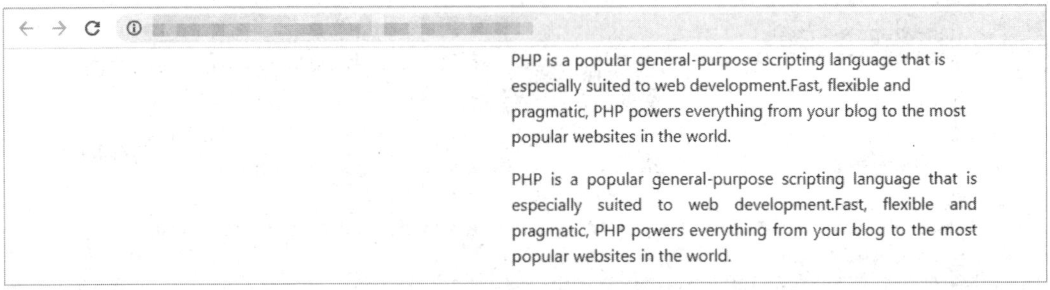

PHP is a popular general-purpose scripting language that is especially suited to web development.Fast, flexible and pragmatic, PHP powers everything from your blog to the most popular websites in the world.

PHP is a popular general-purpose scripting language that is especially suited to web development.Fast, flexible and pragmatic, PHP powers everything from your blog to the most popular websites in the world.

图 3-5

（3）text-nowrap：使用 text-nowrap 类可以设置在段落文字超出宽度时不换行，示例代码如下：

```
<p style="width:250px;border: 1px solid black;">文字文字文字文字文字文字文字文字文字文字文字文字文字</p>
<p style="width:250px;border: 1px solid black;" class="text-nowrap">文字文字文字文字文字文字文字文字文字文字文字文字文字</p>
```

运行效果如图 3-6 所示。

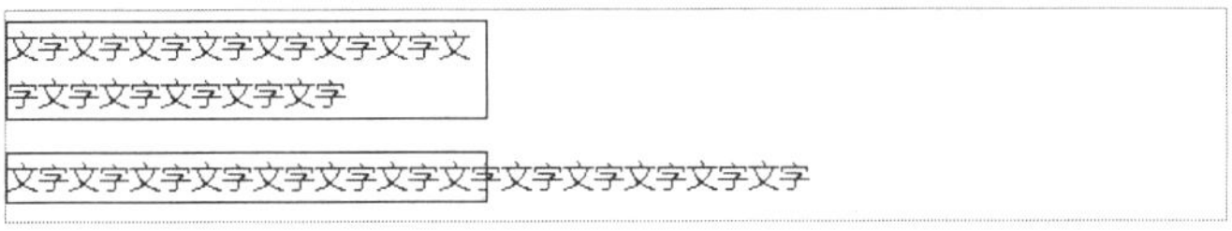

图 3-6

（4）text-auto：Bootstrap 中没有该样式。

综上所述，Bootstrap 中表示文本不换行的样式是 text-nowrap。

（三）参考答案：D

3.2.3 2019 年-第 13 题

在 Bootstrap 中，（ ）不是媒体特性的属性。

A．device-width　　　　　　　B．width
C．background　　　　　　　　D．orientation

（一）考核知识和技能

1．CSS3 媒体查询

2．Bootstrap 媒体特性

（二）解析

1．CSS3 媒体查询

（1）定义：媒体查询能在不同的条件下使用不同的样式，从而使页面在不同的终端设备下达到不同的渲染效果。

（2）媒体查询语法如下：

```
@media 媒体类型 and (媒体特性){样式代码}
```

使用媒体查询必须以 "@media" 开头，先指定媒体类型（也可以称为设备类型），然后指定媒体特性（也可以称为设备特性）。媒体特性的书写方式和 CSS 样式的书写方式非常相似，主要分为两部分：第一部分为媒体特性；第二部分为媒体特性所指定的值，这两部分之间用冒号分隔。

当网页宽度小于或等于 720px 时，使用媒体查询设置网页背景颜色为蓝色，示例代码如下：

```
<style>
@media screen and (max-width: 720px) {
    body {
        background-color:lightblue;
```

```
        }
}
</style>
```

当网页宽度小于或等于 720px 时，运行效果如图 3-7 所示。

图 3-7

当网页宽度大于 720px 时，运行效果如图 3-8 所示。

图 3-8

（3）针对不同的媒体也可以使用不同的样式表，语法如下：
```
<link rel="stylesheet" media="mediatype and|not|only (media feature)" href="mystylesheet.css">
```
在屏幕小于或等于 720px 的媒体设备上使用 test1.css 样式表，示例代码如下：
```
<link rel="stylesheet" media="screen and (max-width:720px)" href="test1.css">
```
2. Bootstrap 媒体特性

Bootstrap 基于 CSS3 媒体查询来对组件进行缩小或放大操作，为了确保所有设备能够正确渲染和触摸缩放，应该将响应式 viewport meta 标签添加到<head>标签中。

（1）device-width：定义输出设备中的屏幕可见宽度。

（2）width：定义输出设备中的页面可见区域宽度。

（3）orientation：定义输出设备中的页面可见区域高度是否大于或等于宽度（横屏或竖屏）。

综上所述，background 不是 Bootstrap 媒体特性的属性。

（三）参考答案：C

3.2.4　2019年-第22题

Bootstrap 内置了一套响应式、移动设备优先的流式栅格系统，随着屏幕设备或视口尺寸的增加，系统会自动分为最多（　　）列。

A．8　　　　　　B．10　　　　　　C．12　　　　　　D．16

（一）考核知识和技能

Bootstrap 栅格系统

（二）解析

（1）Bootstrap 4 的栅格系统基于 flexbox 流式布局构建，完全支持响应式标准。

（2）Bootstrap 栅格系统用于创建一系列容器（container），在容器中建立行（row），在行中可以建立列（col，最多 12 列），以此来布局和对齐内容。

（3）Bootstrap 栅格系统总共有 5 个栅格等级，分别对应 5 种不同大小的屏幕尺寸，每个响应式分界点隔出一个等级：特小.col-*、小.col-sm-*、中.col-md-*、大.col-lg-*、特大.col-xl-*。栅格参数如表 3-2 所示。

表 3-2

	超小屏幕 新增规格<576px	小屏幕 次小屏≥576px	中等屏幕 窄屏≥768px	大屏幕 桌面显示器≥992px	超大屏幕 大桌面显示器≥1200px
.container 最大宽度	None (auto)	540px	720px	960px	1140px
类前缀	.col-	.col-sm-	.col-md-	.col-lg-	.col-xl-

Bootstrap 栅格系统网页布局的示例代码如下：

```
<style>
[class^="col-md"]{
    border:1px solid pink;
}
</style>
<div class="container">
    <div class="row">
        <div class="col-md-8">.col-md-8</div>
        <div class="col-md-4">.col-md-4</div>
    </div>
    <div class="row">
        <div class="col-md-4">.col-md-4</div>
        <div class="col-md-4">.col-md-4</div>
        <div class="col-md-4">.col-md-4</div>
    </div>
    <div class="row">
        <div class="col-md-6">.col-md-6</div>
        <div class="col-md-6">.col-md-6</div>
    </div>
</div>
```

运行效果如图 3-9 所示。

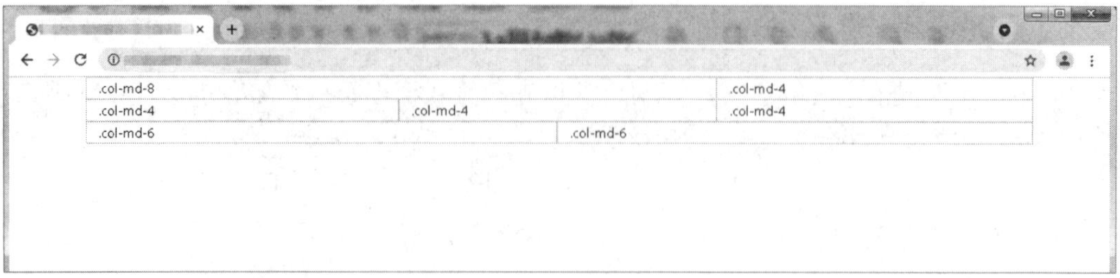

图 3-9

综上所述，Bootstrap 栅格系统最多可以自动分为 12 列。

（三）参考答案：C

3.2.5　2020 年-第 2 题

在 Bootstrap 中，下面可以实现列偏移的类是（　　）。

A．.col-md-push-*　　B．.col-md-pull-*　　C．.col-md-move-*　　D．.col-md-offset-*

（一）考核知识和技能

1．Bootstrap 栅格系统

2．列偏移

3．列排序

4．列偏移与列排序的区别

（二）解析

1．Bootstrap 栅格系统

有关 Bootstrap 栅格系统的具体内容请参考 3.2.4 节。Bootstrap 栅格系统示例代码如下：

```
<div class="container">
    <div class="row">
        <div class="col-md-8">.col-md-8</div>
        <div class="col-md-4">.col-md-4</div>
    </div>
    <div class="row">
        <div class="col-md-4">.col-md-4</div>
        <div class="col-md-4">.col-md-4</div>
        <div class="col-md-4">.col-md-4</div>
    </div>
    <div class="row">
        <div class="col-md-6">.col-md-6</div>
        <div class="col-md-6">.col-md-6</div>
    </div>
</div>
```

运行效果如图 3-10 所示。

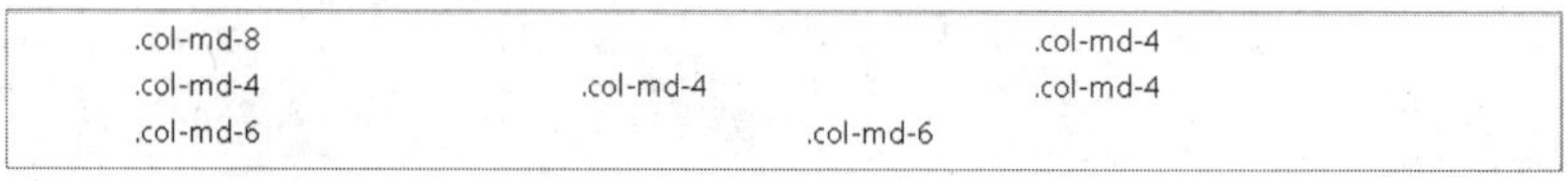

图 3-10

2．列偏移

（1）使用.col-md-offset-*类可以让列向右侧偏移。

（2）.col-md-offset-*类实际上是通过使用选择器来为当前元素增加左侧的外边距（margin）。

（3）.col-md-offset-*类是利用 margin-left 实现的。

（4）.col-md-offset-*类只能向右侧偏移。

列偏移示例代码如下：

```
<div class="container">
   <div class="row">
      <div class="col-md-4">列 1</div>
   </div>
   <div class="row">
      <div class="col-md-4 col-md-offset-4">列 2</div>
   </div>
</div>
```

运行效果如图 3-11 所示。

图 3-11

注：在 Bootstrap 4 中，该系列样式被重命名为".offset-md-*"。

3．列排序

Bootstrap 栅格系统的另一个特性就是可以很容易地以一种顺序编写列，然后以另一种顺序显示列。

使用.col-md-push-*类和.col-md-pull-*类可以很容易地改变列（column）的顺序。

列排序示例代码如下：

```
<head>
   <link rel="stylesheet" href="bootstrap3.min.css" />
   <style>
   .row div{
      background-color: rgba(86,61,124,.15);
      border: 1px solid rgba(86,61,124,.2);
   }
   </style>
</head>
<body>
   <div class="container">
      <div class="row">
         <div class="col-md-4 col-md-push-8">列 1</div>
         <div class="col-md-8 col-md-pull-4">列 2</div>
      </div>
   </div>
</body>
```

未进行列排序之前的运行效果如图 3-12 所示。

图 3-12

进行列排序之后的运行效果如图 3-13 所示。

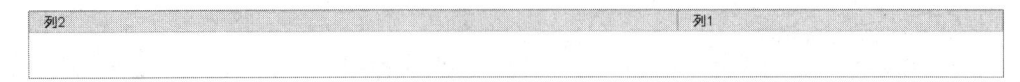

图 3-13

注：在 Bootstrap 4 中，该系列样式已被删除。

4．列偏移与列排序的区别

如果一行的偏移量+实际宽度超过 12，那么 col-md-offset 会换行显示，这是因为 margin，但 push/pull 只有部分不可见，这是因为相对自身定位。

列偏移示例代码如下：

```html
<div class="container">
    <div class="row">
        <div class="col-md-4 col-md-offset-3">列 1</div>
        <div class="col-md-8">列 2</div>
    </div>
</div>
```

运行效果如图 3-14 所示。

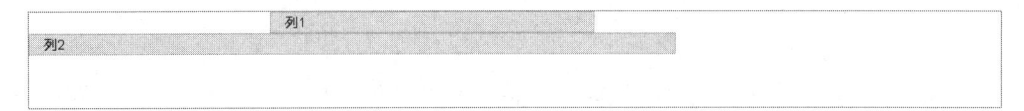

图 3-14

列排序示例代码如下：

```html
<div class="container">
    <div class="row">
        <div class="col-md-4 col-md-push-3">列 1</div>
        <div class="col-md-8">列 2</div>
    </div>
</div>
```

运行效果如图 3-15 所示。

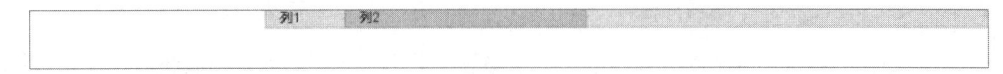

图 3-15

综上所述，使用.col-md-offset-*类可以实现列偏移。

（三）参考答案：D

3.2.6 2020 年-第 6 题

在 Bootstrap 中，通过为<img>标签添加（　　）类能够让图片支持响应式设计。

A．.img-responsive　B．.img-rounded　　C．.img-circle　　D．.img-thumbnail

（一）考核知识和技能

1．Bootstrap 响应式图片

2．Bootstrap 图片形状

（二）解析

1．Bootstrap 响应式图片

在 Bootstrap 3 中，为图片添加.img-responsive 类可以让图片支持响应式布局，其实质是为图片设置了 max-width: 100%、height: auto 和 display: block 属性，从而让图片在其父元素中更好地缩放。Bootstrap 响应式图片示例代码如下：

```
<!DOCTYPE html>
<html>
    <head>
        <meta name="viewport" content="width=device-width,initial-scale=1,user-scalable=no" />
        <link rel="stylesheet" href="bootstrap3.min.css" />
    </head>
    <body>
        <img src="img1.jpg" class="img-responsive" />
    </body>
</html>
```

在 PC 端的运行效果如图 3-16 所示，在移动端的运行效果如图 3-17 所示。

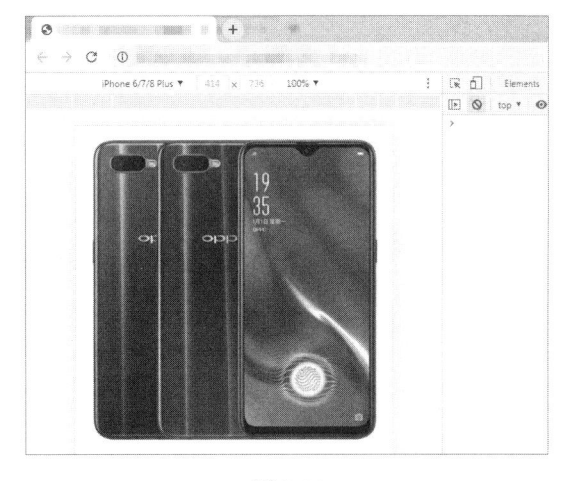

图 3-16　　　　　　　　　　　　　　图 3-17

注：在 Bootstrap 4 中，".img-responsive"被重命名为".img-fluid"。

2．Bootstrap 图片形状

通过为<img>标签添加以下代码中相应的类，可以让图片呈现不同的形状。Bootstrap 图片形状示例代码如下：

```html
<!DOCTYPE html>
<html>
    <head>
        <link rel="stylesheet" href="bootstrap3.min.css" />
    </head>
    <body>
        <!-- 把图片的四个角改成圆角 -->
        <img src="img1.jpg" class="img-rounded" />
        <!-- 把图片变成圆形 -->
        <img src="img1.jpg" class="img-circle" />
        <!-- 缩略图样式（给图片加上一个带圆角且1px边界的外框） -->
        <img src="img1.jpg" class="img-thumbnail" />
    </body>
</html>
```

运行效果如图 3-18 所示。

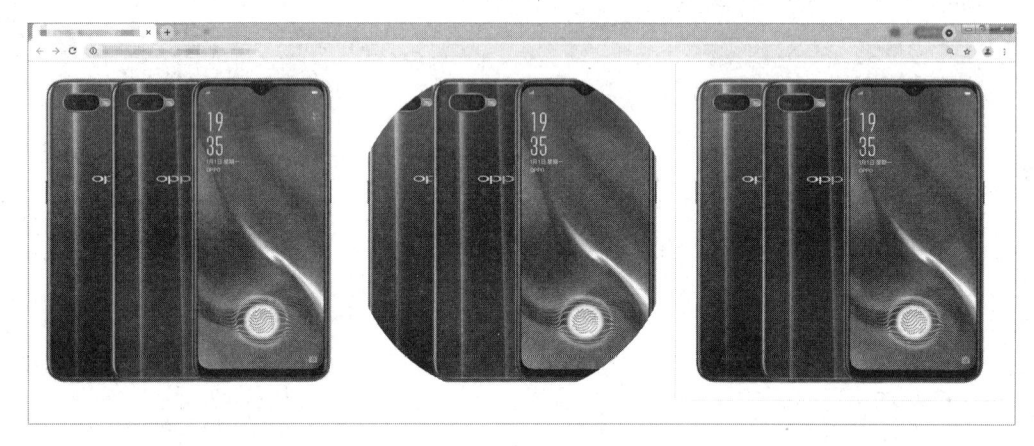

图 3-18

注：在 Bootstrap 4 中，".img-rounded"被重命名为".rounded"，".img-circle"被重命名为".rounded-circle"。

综上所述，为图片添加.img-responsive 类能够让图片支持响应式设计，".img-rounded"".img-thumbnail"".img-circle"均是为图片添加样式的。

（三）参考答案：A

3.2.7　2020 年-第 12 题

说明：中级理论卷 2020 年单选题-第 12 题与高级理论卷 2021 年多选题-第 13 题类似，仅以此题为代表进行解析。

在 Bootstrap 中，通过添加（　　）类可以让表格更加紧凑，单元格中的内补（padding）均会减半。

A．table-condensed

B．table-hover

C．table-bordered

D．table-striped

（一）考核知识和技能

Bootstrap 表格样式

（二）解析

（1）Bootstrap 表格 table 类。

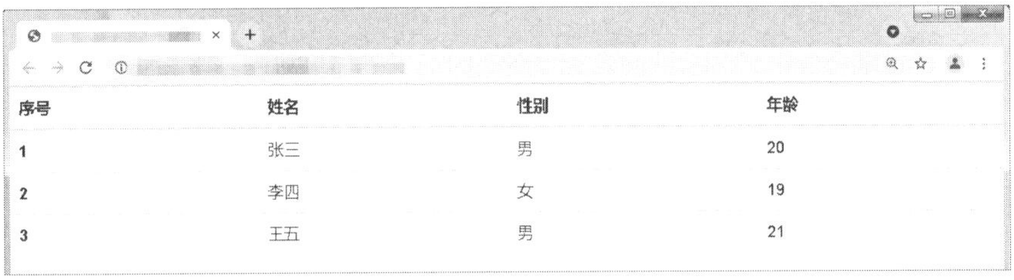

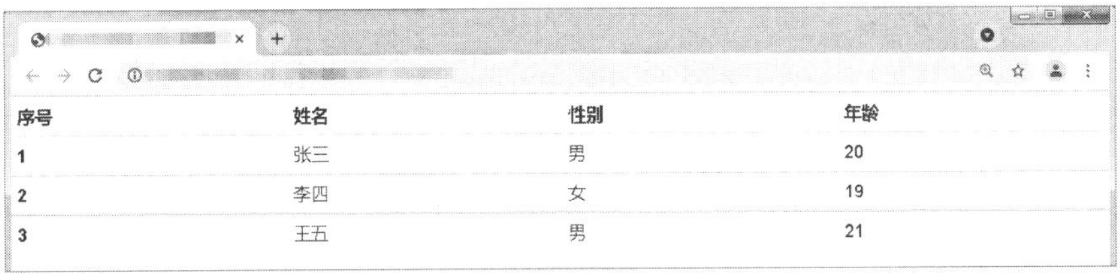

给任意<table>标签添加 table 类可以为其赋予基本的样式：少量的内补（padding）和水平方向的分隔线。Bootstrap 表格示例代码如下：

```
<table class="table">
    <tr>
        <th>序号</th><th>姓名</th><th>性别</th><th>年龄</th>
    </tr>
    <tr>
        <th>1</th><td>张三</td><td>男</td><td>20</td>
    </tr>
    <tr>
        <th>2</th><td>李四</td><td>女</td><td>19</td>
    </tr>
    <tr>
        <th>3</th><td>王五</td><td>男</td><td>21</td>
    </tr>
</table>
```

运行效果如图 3-19 所示。

图 3-19

（2）Bootstrap 紧凑表格 table-condensed 类。

通过给<table>标签添加 table-condensed 类可以让表格更加紧凑，单元格中的内补（padding）均会减半。Bootstrap 紧凑表格示例代码如下：

```
<table class="table table-condensed">
    ... ...
</table>
```

运行效果如图 3-20 所示。

图 3-20

注：在 Bootstrap 4 中，“table-condensed”类已被删除。

（3）Bootstrap 鼠标指针悬停表格 table-hover 类。

通过给<table>标签添加 table-hover 类，可以让<tbody>标签中的每一行对鼠标指针悬停状态做出响应。Bootstrap 鼠标指针悬停表格示例代码如下：

```
<table class="table table-hover">
  ... ...
</table>
```

运行效果如图 3-21 所示。

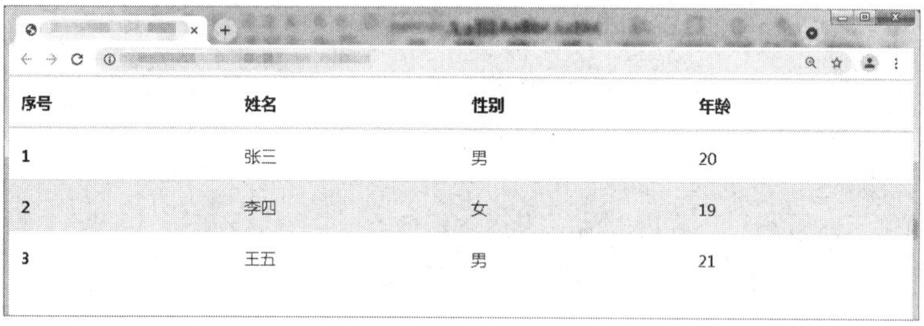

序号	姓名	性别	年龄
1	张三	男	20
2	李四	女	19
3	王五	男	21

图 3-21

（4）Bootstrap 边框表格 table-bordered 类。

通过给<table>标签添加 table-bordered 类，可以为表格和其中的每个单元格增加边框。Bootstrap 边框表格示例代码如下：

```
<table class="table table-bordered">
   ......
</table>
```

运行效果如图 3-22 所示。

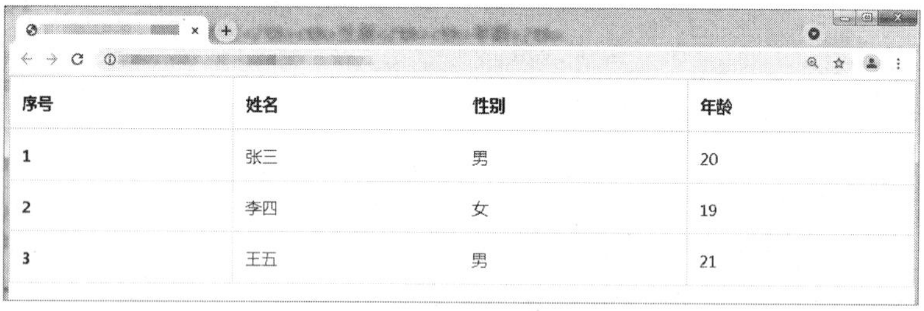

序号	姓名	性别	年龄
1	张三	男	20
2	李四	女	19
3	王五	男	21

图 3-22

（5）Bootstrap 条纹状表格 table-striped 类。

通过给<table>标签添加 table-striped 类，可以为表格中的每一行增加斑马条纹样式。Bootstrap 条纹状表格示例代码如下：

```
<table class="table table-striped">
......
</table>
```

运行效果如图 3-23 所示。

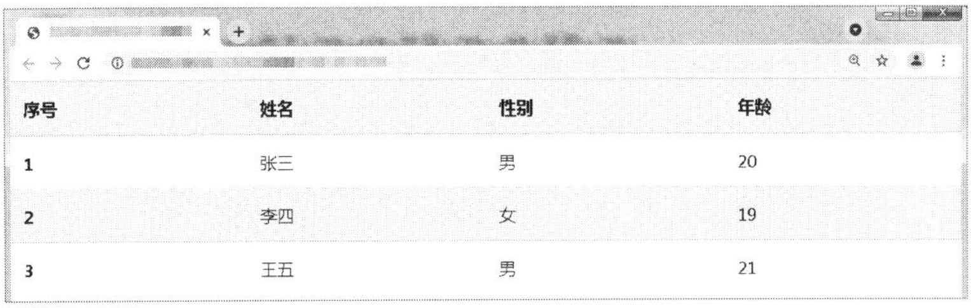

序号	姓名	性别	年龄
1	张三	男	20
2	李四	女	19
3	王五	男	21

图 3-23

综上所述，通过给<table>标签添加 table-condensed 类可以让表格更加紧凑，单元格中的内补（padding）均会减半。

（三）参考答案：A

3.2.8　2020 年-第 18 题

定义 Bootstrap 内联表单，需要向<form>标签添加（　　）类。

A．form-horizontal　　B．form-inline

C．form-group　　D．form-vertical

（一）考核知识和技能

1．Bootstrap 表单

2．Bootstrap 表单组

3．Bootstrap 水平排列的表单

4．Bootstrap 内联表单

（二）解析

1．Bootstrap 表单

Bootstrap 表单中的文本控件（如<input>、<select>、<textarea>等）统一使用 form-control 类进行处理优化，包括常规外观、选（点）中状态、尺寸大小等。

Bootstrap 表单示例代码如下：

```
<form class="container">
    <label>姓名：</label>
    <input type="text" class="form-control">
    <label>工作年限：</label>
    <select class="form-control">
        <option>应届毕业生</option>
        <option>1-3 年</option>
        <option>3-5 年</option>
        <option>5-10 年</option>
        <option>10 年以上</option>
    </select>
    <label>个人简介：</label>
    <textarea rows="3" class="form-control"></textarea>
</form>
```

运行效果如图 3-24 所示。

图 3-24

2. Bootstrap 表单组

form-group 类可以为表单赋予一些结构样式，其唯一目的是提供标签的控制配对及 margin-bottom 属性。由于 form-group 类是一个 class 选择器，因此可以在 <div> 元素或任何其他元素中使用。

Bootstrap 表单组示例代码如下：

```
<form class="container">
    <div class="form-group">
        <label>姓名：</label>
        <input type="text" class="form-control">
    </div>
    <div class="form-group">
        <label>工作年限：</label>
        <select class="form-control">
          ...
        </select>
    </div>
    <div class="form-group">
        ...
    </div>
</form>
```

运行效果如图 3-25 所示。

图 3-25

3. Bootstrap 水平排列的表单

通过为表单添加 form-horizontal 类，并联合使用 Bootstrap 预置的栅格类，可以将 <label> 标签和控件组水平并排布局。这样做将改变 .form-group 的行为，使其表现为栅格系统中的行（row），这样就无须额外添加 row 了。

Bootstrap 水平排列的表单示例代码如下：

```
<form class="container form-horizontal">
    <div class="form-group">
        <label class="col-sm-2">姓名：</label>
        <div class="col-sm-10">
            <input type="text" class="form-control">
        </div>
    </div>
    <div class="form-group">
        <label class="col-sm-2">工作年限：</label>
        <div class="col-sm-10">
            <select class="form-control">
                <option>应届毕业生</option>
                <option>1-3 年</option>
                <option>3-5 年</option>
                <option>5-10 年</option>
                <option>10 年以上</option>
            </select>
        </div>
    </div>
    <div class="form-group">
        <label class="col-sm-2">个人简介：</label>
        <div class="col-sm-10">
            <textarea rows="3" class="form-control"></textarea>
        </div>
    </div>
</form>
```

运行效果如图 3-26 所示。

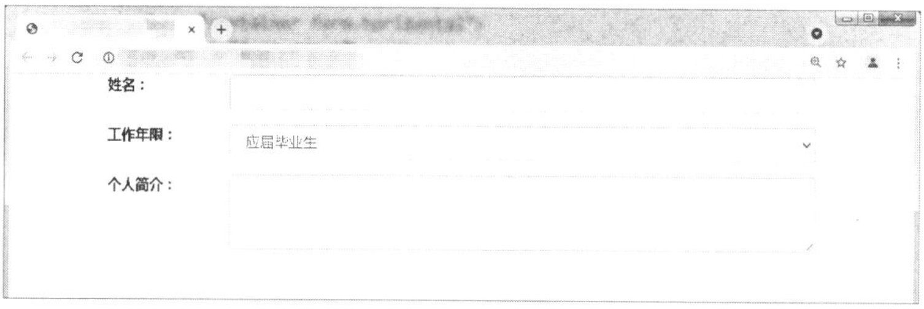

图 3-26

注：在 Bootstrap 4 中，该样式已被删除。

4．Bootstrap 内联表单

通过为<form>标签添加 form-inline 类，可以使其内容左对齐，并且表现为 inline-block 级别的控件，但只适用于视口（viewport）宽度至少为 768px 时（视口宽度再小的话就会使表单折叠）。

Bootstrap 内联表单示例代码如下：

```
<form class="container form-inline">
    <div class="form-group">
        <label>姓名：</label>
```

```
            <input type="text" class="form-control">
    </div>
    <div class="form-group">
        <label>工作年限：</label>
        <select class="form-control">
            <option>应届毕业生</option>
            <option>1-3 年</option>
            <option>3-5 年</option>
            <option>5-10 年</option>
            <option>10 年以上</option>
        </select>
    </div>
    <div class="form-group">
        <label>个人简介：</label>
        <textarea rows="3" class="form-control"></textarea>
    </div>
</form>
```

运行效果如图 3-27 所示。

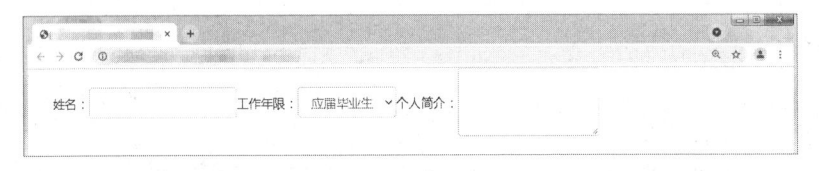

图 3-27

综上所述，定义 Bootstrap 内联表单，需要向<form>标签添加 form-inlinc 类。

（三）参考答案：B

3.2.9 2021 年-第 14 题

下列关于 Bootstrap 代码显示效果与其他选项不同的是（   ）。

A．`<button class="btn btn-default" type="submit">Button</button>`

B．`<input class="btn btn-default" type="button" value="Button">`

C．`<a class="btn btn-default" href="#" role="button">Button</a>`

D．`<input class="btn btn-default" type="radio" value="Button">`

（一）考核知识和技能

Bootstrap 按钮组件

（二）解析

1．按钮

（1）Bootstrap 包含多个预先定义的按钮样式，每个按钮样式都有自己的语义。

需要注意的是，和表格一样，需要添加基类.btn 才能应用 Bootstrap 按钮样式，示例代码如下：

```
<button type="button" class="btn btn-primary">重要</button>
```

```html
<button type="button" class="btn btn-secondary">次要</button>
<button type="button" class="btn btn-success">成功</button>
<button type="button" class="btn btn-danger">危险</button>
<button type="button" class="btn btn-warning">警告</button>
<button type="button" class="btn btn-info">提示</button>
<button type="button" class="btn btn-light">亮色</button>
<button type="button" class="btn btn-dark">黑暗</button>
<button type="button" class="btn btn-link">链接</button>
```

运行效果如图 3-28 所示。

图 3-28

（2）按钮样式也可以应用在<a>元素或<input>元素上，示例代码如下：

```html
<a class="btn btn-primary" href="#" role="button">Link</a>
<button class="btn btn-primary" type="submit">Button</button>
<input class="btn btn-primary" type="button" value="Input">
<input class="btn btn-primary" type="submit" value="Submit">
<input class="btn btn-primary" type="reset" value="Reset">
```

运行效果如图 3-29 所示。

2. 按钮组

将一系列的.btn 包装在.btn-group 内即可组成按钮组。按钮组可以进行各种操作，如分页，示例代码如下：

```html
<div class="btn-group">
    <button type="button" class="btn btn-secondary">Left</button>
    <button type="button" class="btn btn-secondary">Middle</button>
    <button type="button" class="btn btn-secondary">Right</button>
</div>
```

运行效果如图 3-30 所示。

图 3-29

图 3-30

综上所述，D 选项的 type 是 radio，不是按钮类型。

（三）参考答案：D

3.2.10　2021 年-第 16 题

下列关于 Bootstrap 栅格系统描述错误的是（　　）。

A. "行（row）"必须包含在.container（固定宽度）或.container-fluid（100%宽度）中，以便为其赋予合适的排列（alignment）和内补（padding）

B. "列（column）"不应当作为"行（row）"的直接子元素

C. 栅格系统中的列是通过指定 1 到 12 的值来表示其跨越的范围

D. 通过为"列（column）"设置 padding 属性，从而创建列与列之间的间隔（gutter）

（一）考核知识和技能

Bootstrap 栅格系统

（二）解析

（1）Bootstrap 4 的栅格系统基于 flexbox 流式布局构建，完全支持响应式标准。

（2）Bootstrap 栅格系统用于创建一系列容器（container），在容器中建立行（row），在行中可以建立列（col），以此来布局和对齐内容。

（3）Bootstrap 栅格系统总共有 5 个栅格等级，分别对应 5 种不同大小的屏幕尺寸，每个响应式分界点隔出一个等级：特小.col-*、小.col-sm-*、中.col-md-*、大.col-lg-*、特大.col-xl-*。栅格参数如图 3-31 所示。

	超小屏幕 新增规格 <576px	小屏幕 次小屏 ≥576px	中等屏幕 窄屏 ≥768px	大屏幕 桌面显示器 ≥992px	超大屏幕 大桌面显示器 ≥1200px
.container 最大宽度	None (auto)	540px	720px	960px	1140px
类前缀	.col-	.col-sm-	.col-md-	.col-lg-	.col-xl-
列（column）数	12				

图 3-31

示例图如图 3-32 所示。

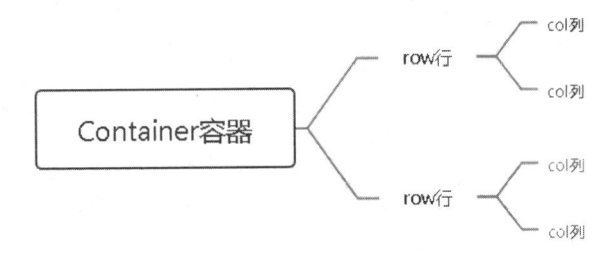

图 3-32

示例代码如下：

```
<div class="row">
    <div class="col-xs-8">.col-md-8</div>
    <div class="col-xs-4">.col-md-4</div>
</div>
<div class="row">
    <div class="col-xs-4">.col-md-4</div>
    <div class="col-xs-4">.col-md-4</div>
    <div class="col-xs-4">.col-md-4</div>
</div>
<div class="row">
    <div class="col-xs-6">.col-md-6</div>
    <div class="col-xs-6">.col-md-6</div>
</div>
```

运行效果如图 3-33 所示。

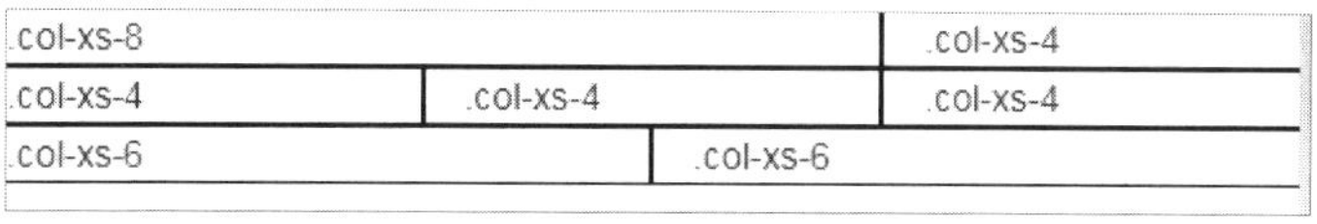

.col-xs-8		.col-xs-4
.col-xs-4	.col-xs-4	.col-xs-4
.col-xs-6		.col-xs-6

图 3-33

综上所述，Bootstrap 栅格系统用于创建一系列容器（container），在容器中建立行（row），在行中可以建立列（col），以此来布局和对齐内容。

（三）参考答案：B

3.3 多选题

3.3.1 2019 年-第 14 题

Bootstrap 提供了一系列表格的样式，请找出鼠标高亮和边框表格（　　）。

A．.table-striped B．.table-bordered
C．.table-responsive D．.table-hover

（一）考核知识和技能

Bootstrap 表格样式

（二）解析

（1）Bootstrap 条纹状表格：通过添加.table-striped 类，可以为表格中的每一行增加斑马条纹样式。

（2）Bootstrap 边框表格：通过添加.table-bordered 类，可以为表格和其中的每个单元格增加边框。

（3）Bootstrap 鼠标指针悬停表格：通过添加.table-hover 类，可以让表格中的每一行对鼠标指针悬停状态做出响应。

（4）Bootstrap 响应式表格：当表格想要始终呈现水平滚动状态时，可以在.table 类上加入.table-responsive 类来获得响应式表现，从而支持任何 viewport 窗口。

Bootstrap 响应式表格示例代码如下：

```html
<table class="table table-responsive text-nowrap">
    <tr>
        <th>姓 名</th>
        <th>性 别</th>
        <th>年 龄</th>
        <th>语 文</th>
        <th>数 学</th>
        <th>英 语</th>
        <th>物 理</th>
        <th>化 学</th>
        <th>历 史</th>
    </tr>
    <tr>
```

```
        <td>张三</td>
        <td>男</td>
        <td>20</td>
        <td>88</td>
        <td>79</td>
        <td>60</td>
        <td>77</td>
        <td>75</td>
        <td>81</td>
    </tr>
    <tr>
        <td>李四</td>
        <td>女</td>
        <td>19</td>
        <td>92</td>
        <td>86</td>
        <td>85</td>
        <td>55</td>
        <td>70</td>
        <td>61</td>
    </tr>
    <tr>
        <td>王五</td>
        <td>男</td>
        <td>20</td>
        <td>70</td>
        <td>72</td>
        <td>75</td>
        <td>62</td>
        <td>70</td>
        <td>89</td>
    </tr>
</table>
```

运行效果如图 3-34 所示。

姓名	性别	年龄	语文	数学	英语	物理
张三	男	20	88	79	60	77
李四	女	19	92	86	85	55
王五	男	20	70	72	75	62

图 3-34

综上所述，通过添加 .table-hover 类可以实现鼠标高亮；通过添加 .table-bordered 类可以为表格设置边框。

（三）参考答案：BD

3.3.2　2020 年-第 4 题

在 Bootstrap 中，关于 flex-direction 属性正确的是（　　）。

A．col　　　　　　　　　　　　　B．row
C．row-reverse　　　　　　　　　D．column-reverse

（一）考核知识和技能

1．弹性布局

2．容器的属性

3．Bootstrap 弹性布局样式

（二）解析

1．弹性布局

（1）采用 Flex 布局的元素被称为弹性容器，简称"容器"，它的所有子元素自动成为容器成员，被称为弹性元素。

（2）容器默认存在两根轴，即主轴（main axis）和交叉轴（cross axis）。Flexbox 弹性盒模型如图 3-35 所示。

2．容器的属性

flex-direction 属性：主轴的方向。

（1）row（默认值）：主轴为水平方向，起点在左端。

（2）row-reverse：主轴为水平方向，起点在右端。

（3）column：主轴为垂直方向，起点在上沿。

（4）column-reverse：主轴为垂直方向，起点在下沿。

主轴方向参考如图 3-36 所示。

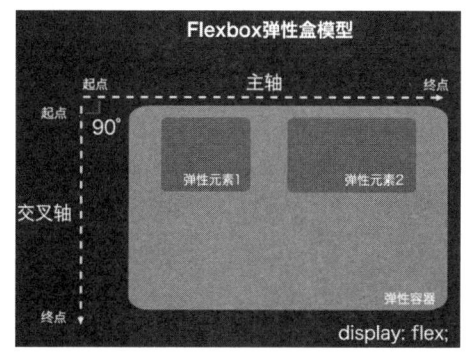

图 3-35

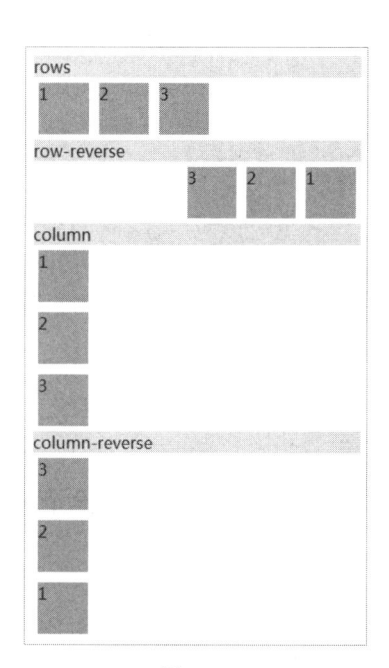

图 3-36

3. Bootstrap 弹性布局样式

（1）.d-flex 相当于 display:flex。

（2）.flex-row 相当于 flex-direction: row。

（3）.flex-row-reverse 相当于 flex-direction: row-reverse。

（4）.flex-column 相当于 flex-direction: column。

（5）.flex-column-reverse 相当于 flex-direction: column-reverse。

综上所述，关于 flex-direction 属性正确的是"row""row-reverse""column-reverse"。

（三）参考答案：BCD

3.3.3　2020 年-第 13 题

Bootstrap 提供了一些类来定义按钮的样式，下列哪些是正确的样式？（　　）

A．.btn　　　　B．.btn-default　　　C．.btn-success　　　D．.btn-info

（一）考核知识和技能

Bootstrap 按钮组件

（二）解析

Bootstrap 包含多个预定义的按钮样式，每个按钮样式都有自己的语义。另外，还有一些额外的功能用于更多的控制。其中，.btn 为按钮组件基类，不添加该基类的按钮样式没有效果，示例代码如下：

```html
<button type="button" class="btn btn-default">Default</button>
<button type="button" class="btn btn-primary">Primary</button>
<button type="button" class="btn btn-secondary">Secondary</button>
<button type="button" class="btn btn-success">Success</button>
<button type="button" class="btn btn-danger">Danger</button>
<button type="button" class="btn btn-warning">Warning</button>
<button type="button" class="btn btn-info">Info</button>
<button type="button" class="btn btn-light">Light</button>
<button type="button" class="btn btn-dark">Dark</button>
<button type="button" class="btn btn-link">Link</button>
```

按钮样式也可以应用在<a>元素或<input>元素上，示例代码如下：

```html
<a class="btn btn-primary" href="#" role="button">Link</a>
<button class="btn btn-primary" type="submit">Button</button>
<input class="btn btn-primary" type="button" value="Input">
<input class="btn btn-primary" type="submit" value="Submit">
<input class="btn btn-primary" type="reset" value="Reset">
```

运行效果如图 3-37 所示。

图 3-37

综上所述，以上选项中的类均可定义按钮的样式。

（三）参考答案：ABCD

3.3.4 2020年-第15题

在 Bootstrap 中，下列哪些属于媒体查询的关键字？（　　）

A．or　　　　　　　　　　　　B．only
C．not　　　　　　　　　　　　D．and

（一）考核知识和技能

1. CSS3 媒体查询
2. 多个媒体特性使用

（二）解析

1. CSS3 媒体查询

CSS 语法如下：

```
@media mediatype and|not|only (media feature) {CSS-Code;}
```

媒体查询示例代码如下：

```
/*如果文档宽度小于 720px，则修改背景颜色*/
@media screen and (max-width: 720px) {
    body {
        background-color:lightblue;
    }
}
```

针对不同的媒体也可以使用不同的 stylesheet，示例代码如下：

```
<link rel="stylesheet" media="mediatype and|not|only (media feature)" href="mystylesheet.css">
```

2. 多个媒体特性使用

（1）and 关键字：将多个媒体特性结合。

（2）not 关键字：用于排除某种制定的媒体类型，也就是排除符合表达式的设备。

（3）only 关键字：用于排除不支持媒体查询的浏览器。

综上所述，属于媒体查询关键字的是"only""not""and"。

（三）参考答案：BCD

第 4 章 Web 前后端数据交互

4.1 考点分析

2019—2021 年中级理论卷的 Web 前后端数据交互相关试题的考核知识和技能如表 4-1 所示,三次考试的平均分值为 10 分。

表 4-1

真题	题型 单选题	题型 多选题	题型 判断题	总分值	考核知识和技能
2019 年中级理论卷	3	1	0	8	HTTP 状态码、AJAX 技术的特点、AJAX 请求、JSON 等
2020 年中级理论卷	3	2	1	12	TCP/IP、Socket、HTTP、HTTP 状态码的类别、URL、AJAX 技术的特点、open()方法、JSON 等
2021 年中级理论卷	4	1	0	10	URL、端口号、HTTP 请求方法、AJAX 的特点等

4.2 单选题

4.2.1 2019 年-第 10 题

HTTP 状态码的解释错误的是（   ）。

A．200 表示服务器响应成功

B．301 表示永久性跳转

C．404 表示请求的服务器资源权限不够

D．500 代表程序错误

（一）考核知识和技能

1．HTTP 协议
2．HTTP 请求与响应
3．HTTP 响应报文
4．HTTP 状态码

（二）解析

1. HTTP 协议

HTTP 是 HyperText Transfer Protocol（超文本传输协议）的缩写，用于客户端和服务器之间的通信。请求访问文本或图像等资源的一端被称为客户端，而提供资源响应的一端被称为服务器。

2．HTTP 请求与响应

一个 HTTP 客户端在向服务器发送请求时会携带请求数据，服务器会根据客户端的请求数据理解客户端的需求，做出响应并发送响应数据给客户端。

HTTP 请求与响应示意图如图 4-1 所示。

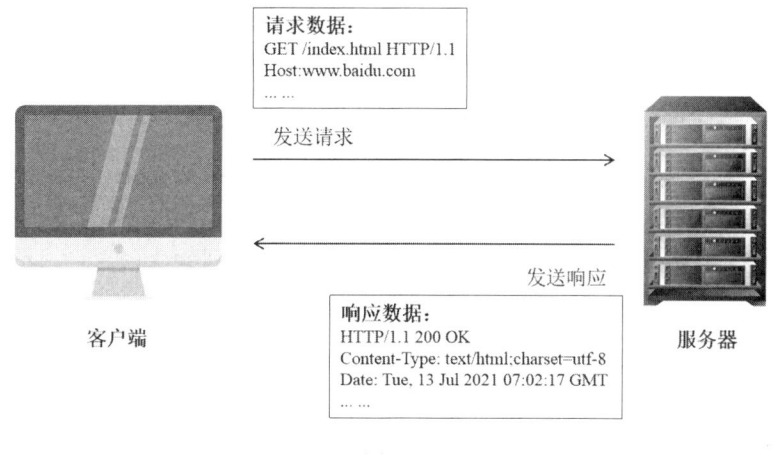

图 4-1

3．HTTP 响应报文

服务器发送的响应数据专业术语被称为 HTTP 响应报文，一个 HTTP 响应报文由状态行、响应头部字段和响应主体 3 部分组成。其中，状态行又由协议版本、状态码和状态码的原因短语组成。HTTP 响应报文的构成如图 4-2 所示。

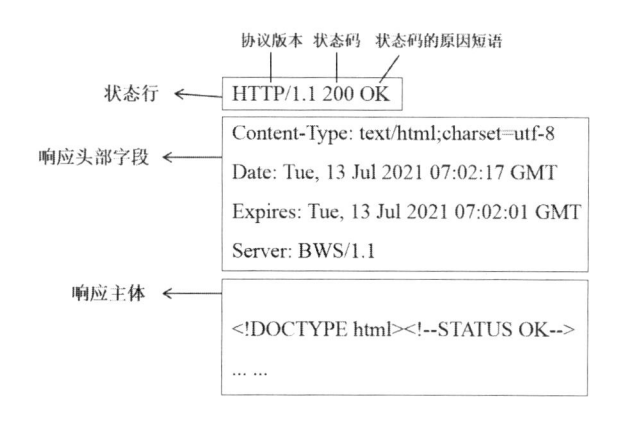

图 4-2

（1）状态行：在状态行中，HTTP/1.1 表示服务器对应的 HTTP 版本；200 OK 表示请求的处理结果状态码和原因短语。

（2）响应头部字段：包含若干属性，格式为"属性名:属性值"，客户端可以据此获取服务器响应的相关信息。

（3）响应主体：响应主体也就是客户端向服务器请求的数据。由于服务器成功响应了客户端的请求，因此服务器会回传客户端请求的内容。

4．HTTP 状态码

HTTP 状态码负责表示客户端 HTTP 请求的返回结果、标记服务器的处理是否正常、通知出现的错误等工作。常见的 HTTP 状态码如表 4-2 所示。

表 4-2

HTTP 状态码	描述
200	表示从客户端发送的请求在服务器被正常处理了
301	永久性重定向，表示请求的资源已经被分配了新的 URI，以后应使用资源现在所指的 URI
302	临时性重定向，表示请求的资源已经被分配了新的 URI，希望用户（本次）能使用新的 URI 访问
304	未修改，所请求的资源未修改。服务器在返回此状态码时，不会返回任何资源。客户端通常会缓存访问过的资源，通过提供一个头信息指出客户端希望只返回在指定日期之后修改的资源
403	表示对请求资源的访问被服务器拒绝了。未获得文件系统的访问授权、访问权限出现某些问题（从未授权的发送源 IP 地址试图访问）等情况都可能是发生 403 的原因
404	表示服务器上没有该资源，或者说服务器找不到客户端请求的资源
500	表示服务器在执行请求时发生了错误，也有可能是 Web 应用存在的 bug 或某些临时故障

综上所述，状态码 403 表示请求的资源权限不够，而状态码 404 表示请求的资源不存在，故此题选 C。

（三）参考答案：C

4.2.2　2019 年-第 26 题

以下关于 AJAX 发送请求时需要指定的参数的说法中，不正确的是（　　）。

A．要请求的资源，即 URL 地址

B．请求的方式只能是 GET 方式

C．需要发送给服务器的数据，以"名=值"的方式书写

D．告诉服务器可以回传的内容类型是什么

（一）考核知识和技能

1．XMLHttpRequest 对象

2．创建 XMLHttpRequest 对象

3．XMLHttpRequest 对象方法

（二）解析

1．XMLHttpRequest 对象

XMLHttpRequest（XHR）对象是 AJAX 的主要接口。XHR 对象最早由微软发明，然

后被其他浏览器借鉴。XHR 对象用于浏览器与服务器之间的通信，为发送服务器请求和获取响应提供了合理的接口。尽管名字中有 XML 和 HTTP，但实际上它可以使用多种协议（如 FILE 或 FTP），也可以发送任何格式的数据（包括字符串和二进制）。

2．创建 XMLHttpRequest 对象

（1）微软研发的 IE5 是第一个引入 XHR 对象的浏览器。XHR 对象是通过 ActiveX 对象实现并包含在 MSXML 库中的。

在旧版本的 Internet Explorer（IE5 和 IE6）浏览器中创建 XHR 对象的示例代码如下：

```
xhr = new ActiveXObject("Microsoft.XMLHTTP");
```

（2）目前所有的浏览器（IE7+、Firefox、Chrome、Safari 及 Opera）都通过 XMLHttpRequest 构造函数原生支持 XHR 对象。

在目前所有的浏览器中创建 XHR 对象的示例代码如下：

```
var xhr = new XMLHttpRequest();
```

3．XMLHttpRequest 对象方法

（1）open()方法。

open()方法用于指定 HTTP 请求的参数，或者说用于初始化 XMLHttpRequest 实例对象，它不会发送请求，只是为发送请求做准备。open()方法可以接收 3 个参数，语法如下：

```
open(method,url,async);
```

① method：表示 HTTP 请求的方法，如 GET、POST、PUT、DELETE 等。

② url：表示请求发送的目标 URL，即要请求的资源地址。

③ async：表示请求是否为异步，默认为 true，如果设置为 false，就表示同步，该参数可选。

（2）send()方法。

send()方法用于实际发出 HTTP 请求。

send()方法接收一个参数，作为请求发送的数据。如果不需要发送数据，就必须传 null，因为这个参数在某些浏览器中是必需的。在调用 send()方法后，请求就会发送到服务器中。

发送 GET 请求的示例代码如下：

```
var xhr = new XMLHttpRequest();
xhr.open('GET','http://www.example.com/test.php',true);
xhr.send(null);
```

发送 POST 请求的示例代码如下：

```
var xhr = new XMLHttpRequest();
var data = 'phone=13554635698&password=123456';
xhr.open('POST', 'http://www.example.com/test.php', true);
xhr.send(data);
```

（3）setRequestHeader()方法。

setRequestHeader()方法用于设置浏览器发送的 HTTP 请求的头信息。该方法必须在 open()方法之后、send()方法之前调用。

setRequestHeader()方法接收两个参数：第一个参数是字符串，表示头信息的字段名；第二个参数是字段值。

① 设置请求头，模拟提交表单示例代码如下：

```
xhr.setRequestHeader('Content-type',
'application/x-www-form-urlencoded;charset=utf-8');
```
② 设置请求头，更改浏览器希望接收的数据类型为 JSON 类型，示例代码如下：
```
xhr.setRequestHeader('Accept','application/json; charset=utf-8');
```
综上所述，AJAX 请求的方式可以是 GET、POST、PUT、DELETE 等，选项 B 说法有误，故此题选 B。

（三）参考答案：B

4.2.3　2020 年-第 16 题

关于 Socket 说法错误的是（　　）。
A．Socket 通常被称为"套接字"，用于描述 IP 地址和端口
B．服务器和客户端能够通过 Socket 进行交互
C．Socket 是对 TCP/IP 协议的封装和应用
D．Socket 和 HTTP 一样，是一种协议

（一）考核知识和技能

1．TCP/IP 协议
2．Socket 通信原理
3．HTTP 协议

（二）解析

1．TCP/IP 协议

TCP/IP 协议是用于因特网（Internet）的通信协议，如图 4-3 所示。

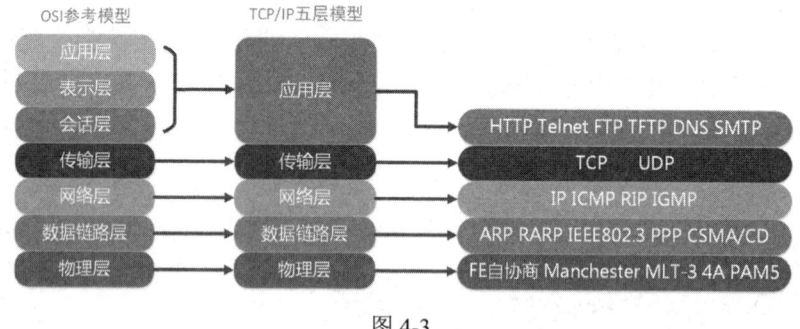

图 4-3

2．Socket 通信原理

（1）Socket 通常被称为"套接字"，用于描述 IP 地址和端口，是一个通信链的句柄。
（2）应用程序通过套接字向网络发出请求或应答网络请求。Socket 既不是一个程序，也不是一种协议，它只是操作系统提供的通信层的一组抽象 API，基于 TCP/IP 协议。
（3）服务器和客户端可以通过 Socket 进行数据交互。

3．HTTP 协议

（1）HTTP 是一个应用层协议，由请求和响应构成，是一个标准的客户端服务器模型。

（2）HTTP 通常承载于 TCP 协议之上，有时也承载于 TLS 或 SSL 协议层之上，这时就是常说的 HTTPS。

（3）默认 HTTP 协议的端口号为 80，HTTPS 协议的端口号为 443。

HTTP 请求响应模型如图 4-4 所示。

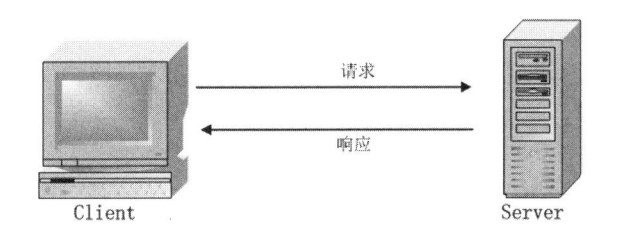

图 4-4

综上所述，Socket 是一种通信原理，不是协议，故此题选 D。

（三）参考答案：D

4.2.4　2020 年-第 21 题

URL http://www.baidu.com 中的端口值为（　　）。

A．8080　　　　　B．3306　　　　　C．21　　　　　D．80

（一）考核知识和技能

1．URL

2．URL 的格式

（二）解析

1．URL

URL 是 Uniform Resource Locator（统一资源定位符）的缩写，用于定位万维网上的资源（文档、图像、服务等）。当使用 Web 浏览器访问 Web 页面时，需要输入的网页地址就是一个 URL。如图 4-5 所示，https://www.baidu.com 就是一个 URL。

图 4-5

2．URL 的格式

URL 的格式如图 4-6 所示。

```
https://baike.baidu.com:443/item/URL格式/10056474?fr=aladdin
   |              |           |         |            |
  协议名        服务器地址  服务器端口号  文件路径    查询字符串
```

图 4-6

（1）协议名。

获取访问资源时需要指定协议类型。常见的协议类型有 HTTP、HTTPS、FTP 等。协议类型名不区分大小写，最后附一个冒号":"。

（2）服务器地址。

服务器地址可以是 baike.baidu.com 这种 DNS 可解析的域名，也可以是 192.168.1.1 这类 IP 地址。

（3）服务器端口号。

指定服务器连接的网络端口号。此项是可选项，若用户省略，则自动使用协议默认端口号。例如，HTTP 协议默认端口号是 80，HTTPS 协议默认端口号是 443。

（4）文件路径。

指定服务器上的文件路径用于定位资源，与 Linux 系统的文件目录结构类似。

（5）查询字符串。

针对已指定的文件路径内的资源，可以使用查询字符串传入任意参数，此项是可选项。

综上所述，URL http://www.baidu.com 使用的是 HTTP 协议，而 HTTP 协议默认的端口号是 80，故此题选 D。

（三）参考答案：D

4.2.5　2020 年-第 28 题

下面对 HTTP 状态码的说法错误的是（　　）。

A．2 开头的消息表示请求失败

B．3 开头的消息表示重定向

C．4 开头的消息表示请求错误或者无法被执行

D．5 开头的消息表示服务器错误

（一）考核知识和技能

1．HTTP 状态码

2．状态码的类别

（二）解析

1．HTTP 状态码

状态码的职责是当客户端向服务器发送请求时，描述请求的处理结果。借助状态码，用户可以清楚地知道服务器是正常处理了请求，还是出现了错误。HTTP 状态码示意图如图 4-7 所示。

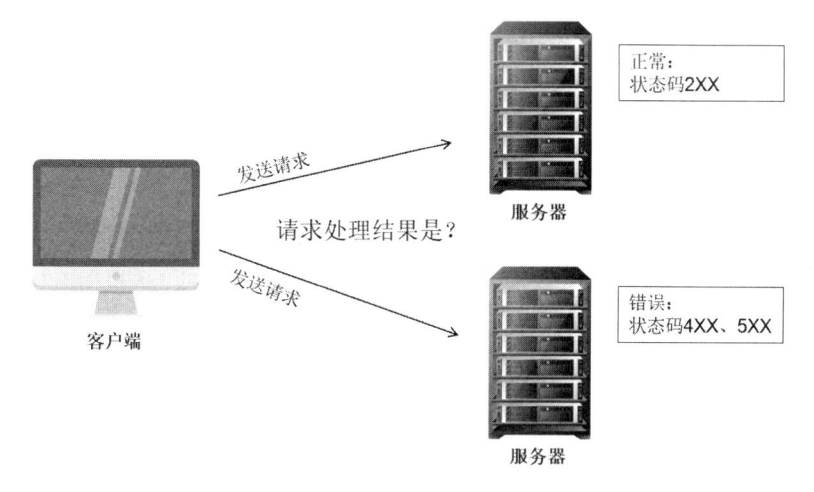

图 4-7

2．状态码的类别

状态码由 3 位数字和原因短语组成，如 200 OK。数字中的第 1 位指定了响应类别，响应类别共有 5 种。状态码的类别如表 4-3 所示。

表 4-3

类别	描述
1XX	信息性状态码	接收的请求正在处理
2XX	成功状态码	请求正常处理完毕
3XX	重定向状态码	需要进行附加操作以完成请求
4XX	客户端错误状态码	服务器无法处理请求
5XX	服务器错误状态码	服务器处理请求出错

综上所述，以 2 开头的状态码表示请求正常处理完毕，选项 A 的说法是错误的，故此题选 A。

（三）参考答案：A

4.2.6　2021 年-第 15 题

HTTP 服务默认端口是（　　）。

A．80　　　　　　B．81　　　　　　C．8080　　　　　　D．21

（一）考核知识和技能

1．端口号

2．知名端口号

（二）解析

1．端口号

在网络通信时，IP 地址用于识别网络中的某台计算机或路由器，而端口号则用于识别一台计算机中进行通信的不同应用程序，如图 4-8 所示。因此，端口号也被称为程序地址。

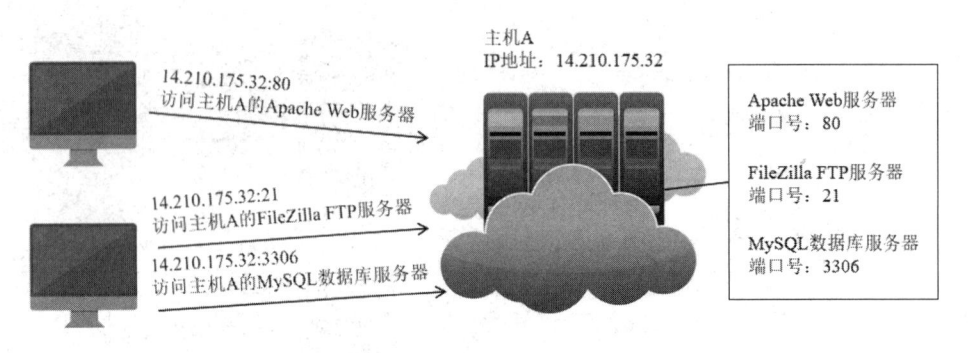

图 4-8

2．知名端口号

被广泛使用的 HTTP、FTP 等应用协议中的端口号是固定的，这些端口号也被称为知名端口号。知名端口号一般由 0～1023 数字分配而成，这些知名端口号由互联网名称与数字地址分配机构（ICANN）管理。常见的知名端口号如表 4-4 所示。

表 4-4

端口号	服务名	描述
21	ftp	File Transfer Protocol [Control]
22	ssh	The Secure Shell (SSH) Protocol
23	telnet	Telnet
25	smtp	Simple Mail Transfer
53	domain	Domain Name Server
80	http	World Wide Web HTTP
443	https	http protocol over TLS/SSL

综上所述，HTTP 服务默认端口是 80，故此题选 A。

（三）参考答案：A

4.2.7 2021 年-第 17 题

下列域名书写错误的是（　　）。

A．http://www.baidu.com　　　　B．www.baidu.com

C．www.baidu　　　　　　　　　D．baidu.com

（一）考核知识和技能

URL（统一资源定位符）

（二）解析

Web 浏览器是通过 URL 从 Web 服务器请求页面的。当单击 HTML 页面中的某个链接时，对应的<a>标签会指向万维网上的一个地址。URL 用于定位万维网上的资源（文档、图像、服务等），语法如下：

scheme://host.domain:port/path/filename

（1）scheme：定义因特网服务的类型。最常见的类型是 HTTP。

（2）host：定义域主机（HTTP 的默认主机是 www）。

（3）domain：定义因特网域名，如 runoob.com。

（4）:port：定义主机上的端口号（HTTP 的默认端口号是 80）。

（5）path：定义服务器上的路径（如果省略，则文档必须位于网站的根目录中）。

（6）filename：定义文档/资源的名称。

综上所述，只有因特网域名不能省略。

（三）参考答案：C

4.2.8　2021 年-第 25 题

下列关于 AJAX 技术描述错误的是（　　）。

A．AJAX 技术通常不需要刷新页面，即可更新页面中的内容

B．AJAX 技术是一种新的编程语言

C．AJAX 技术是一种独立于 Web 服务器软件的浏览器技术

D．AJAX 技术有助于提升用户交互体验

（一）考核知识和技能

1．AJAX

2．AJAX 请求原理

3．AJAX 技术的优、缺点

（二）解析

1．AJAX

AJAX 是 Asynchronous JavaScript And XML（异步的 JavaScript 和 XML）的缩写。

（1）AJAX 不是新的编程语言，而是一种使用现有标准的新方法。

（2）AJAX 是 7 种技术的综合（JavaScript、XML、XSTL、XHTML、DOM、XMLHttpRequest、CSS），可以说，AJAX 是一个黏合剂。

（3）AJAX 是一个与服务端语言无关的技术。

（4）AJAX 可以为客户端返回 3 种格式数据（文本格式 HTML、XML、JSON 格式）。

（5）AJAX 是一种无刷新数据的交换技术。

2．AJAX 请求原理

AJAX 请求原理如图 4-9 所示。

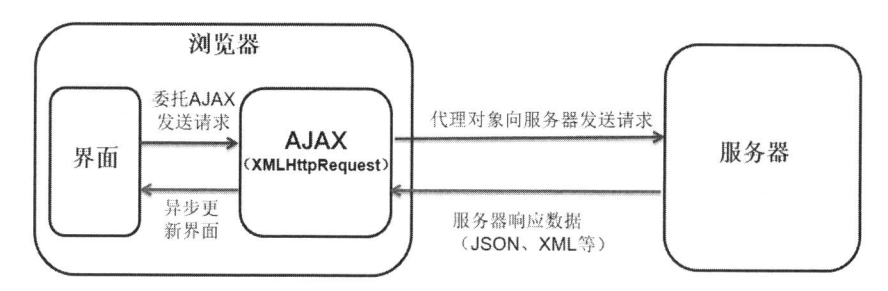

图 4-9

3．AJAX 技术的优点

（1）传统的网页（不使用 AJAX）如果需要更新内容，就必须重载整个页面。

（2）通过在后台与服务器进行少量的数据交换，AJAX 可以使网页实现异步更新。在不重新加载整个网页的情况下，对网页的某部分进行更新，从而实现异步加载、局部刷新，异步方式通信响应快。

（3）有很多使用 AJAX 的应用程序案例，如新浪微博、Google 地图等。

（4）AJAX 技术基于标准化，且不需要下载插件。

4．AJAX 技术的缺点

AJAX 破坏了浏览器的后退机制，不支持浏览器的 back 按钮。

综上所述，AJAX 不是新的编程语言，而是一种使用现有标准的新方法。

（三）参考答案：B

4.2.9 2021 年-第 29 题

下列关于 GET 与 POST 描述错误的是（　　）。

A．GET 请求传递参数需要在 URL 中显示

B．POST 请求传输量大，相比 GET 请求更适用于传输数据量大的参数

C．POST 请求一定会被缓存

D．POST 请求一般对数据长度没有要求

（一）考核知识和技能

1．HTTP 请求

2．HTTP 请求方法

3．客户端缓存

（二）解析

1．HTTP 请求

当用户在客户端使用浏览器浏览网页时，浏览器会使用 HTTP（HyperText Transfer Protocol，超文本传输协议）向 Web 服务器发送 HTTP 请求，Web 服务器在收到请求后，会根据客户端的请求理解客户端的需求，从而进行相应的处理并发送 HTTP 响应，如图 4-10 所示。

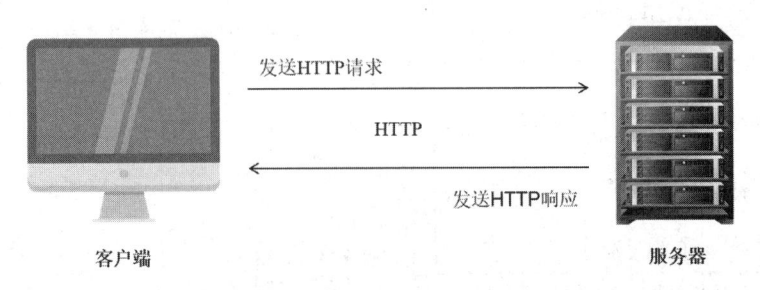

图 4-10

2．HTTP 请求方法

HTTP 协议支持几种不同的请求命令，这些命令被称为 HTTP 请求方法。每个 HTTP 请求都包含一个方法，这个方法用于告诉 Web 服务器要执行什么操作。最常见的 HTTP 请求方法如表 4-5 所示。

表 4-5

HTTP 请求方法	描述
GET	从服务器中获取资源
POST	向服务器中指定的资源提交数据
PUT	更新服务器中指定的资源
DELETE	从服务器中删除资源

（1）GET 方法。

GET 方法用于请求服务器中的某个资源，在浏览器地址栏中输入网址访问某个网页使用的就是 GET 方法。GET 方法的请求参数在请求的 URL 中，传输的数据量小，对数据长度有限制。

（2）POST 方法。

POST 方法用于向服务器中指定的资源提交数据，通常用它来支持 HTML 的表单。POST 方法的请求参数在请求体中，传输的数据量大，一般对数据长度没有限制。

3．客户端缓存

客户端缓存是指在客户端本地磁盘中保存的资源副本。当在客户端使用浏览器第一次访问某个资源时，浏览器会向服务器发送请求。在服务器收到请求后，会发送该资源给客户端浏览器。客户端浏览器收到资源后，会在本地磁盘中保存一份资源的副本作为缓存。当下次浏览器再访问该资源时，会首先访问缓存而不是服务器。利用客户端缓存可以减少对服务器的访问，节省通信流量和通信时间。

缓存一般只适用于那些不会修改服务器资源的请求方法。GET 请求方法用于从服务器中获取资源，不会对服务器资源进行修改，而 POST 请求方法用于向服务器提交数据，会对服务器资源进行修改。

综上所述，POST 请求不会被缓存。

（三）参考答案：C

4.3 多选题

4.3.1 2020 年-第 3 题

说明：中级理论卷 2020 年多选题-第 3 题与 2019 年单选题-第 19 题相同，仅以此题为代表进行解析。

下列哪些是 AJAX 技术的特点？（   ）

A．支持浏览器 back 按钮　　　　　　　　B．页面无须刷新，用户体验好

C．异步方式通信，响应快　　　　　　　　D．基于标准化，不需要下载插件

(一)考核知识和技能

1．AJAX 技术

2．AJAX 技术特点

(二)解析

1．AJAX 技术

(1) AJAX 技术简介。

1999年，微软公司发布了 IE 浏览器 5.0 版本，第一次引入新功能：允许 JavaScript 脚本向服务器发起 HTTP 请求。这个功能在当时并没有引起注意，直到 2004 年 Gmail 被发布、2005 年 Google Map 被发布，才引起了广泛重视。2005 年 2 月，AJAX 第一次被正式提出，它是 Asynchronous JavaScript And XML 的缩写，指的是先通过 JavaScript 的异步通信从服务器获取 XML 文档，并从中提取数据，再更新当前网页的对应部分，而不用刷新整个网页。后来，AJAX 就成为 JavaScript 脚本发起 HTTP 通信的代名词，也就是说，只要用脚本发起通信，就可以称为 AJAX 通信。在 2006 年，W3C 也发布了它的国际标准。

(2) AJAX 技术原理。

具体来说，AJAX 包括以下几个步骤。

① 创建 XMLHttpRequest 对象实例。

② 发出 HTTP 请求。

③ 接收服务器传回的数据。

④ 更新网页内容。

概括来说，就是 AJAX 通过原生的 XMLHttpRequest 对象发出 HTTP 请求，在得到服务器返回的数据后，再进行处理。AJAX 技术原理如图 4-11 所示。

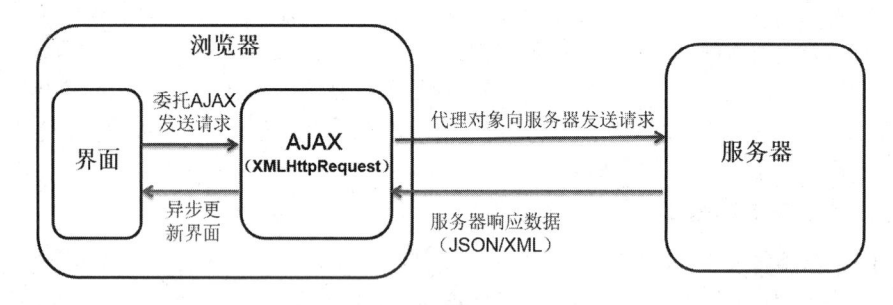

图 4-11

2．AJAX 技术特点

(1) AJAX 技术的优点。

① 用户体验好：AJAX 技术可以在不重新加载整个网页的情况下，对网页的某部分内容进行更新，而传统的网页如果需要更新内容，则必须重新加载整个网页。

② 异步方式通信：通过在后台与服务器进行通信，实现异步获取数据，刷新页面局部内容，网页响应速度更快。

③ 无须下载插件：被各大主流浏览器广泛支持，不需要下载任何浏览器插件就可以使用 AJAX 技术。

（2）AJAX 技术的缺点。

AJAX 破坏了浏览器的后退机制，不支持浏览器的后退按钮。例如，在动态更新了页面内容的情况下，用户无法通过后退按钮回到页面内容更新之前的状态。

综上所述，AJAX 破坏了浏览器的后退机制，不支持浏览器的后退按钮，故选项 A 的说法是错误的。

（三）参考答案：BCD

4.3.2　2020 年-第 8 题

说明：中级理论卷 2020 年多选题-第 8 题与 2019 年多选题-第 15 题相同，仅以此题为代表进行解析。

关于 JSON，说法正确的是（　　）。

A．JSON 是一种轻量级的数据交换格式

B．JSON 对象是由大括号括起来的逗号分割的成员构成

C．JSON 是 JavaScript 对象的字符串表示法

D．JSON 依赖于 jQuery 框架

（一）考核知识和技能

1．JSON

2．JSON 语法

（二）解析

1．JSON

JSON 的全称为 JavaScript Object Notation（JavaScript 对象表示法），源于 JavaScript 的一个子集。JSON 是一种轻量级的数据交换格式，独立于编程语言，用于在不同的平台和系统间交换数据。

2．JSON 语法

（1）JSON 数据保存在名称-值对中，名称和值之间用冒号":"分隔，名称始终在左侧，值始终在右侧。名称-值对示例语法如下：

```
"title":"JavaScript 高级程序设计"
```

（2）名称需要使用双引号包裹，而值是否需要使用双引号包裹取决于值的数据类型。当值的数据类型是字符串时，必须使用双引号包裹；当值的数据类型是数字、布尔、数组、对象等其他数据类型时，都不应该被双引号包裹。双引号包裹示例语法如下：

```
"price":129
```

（3）JSON 的全称为 JavaScript 对象表示法，需要将大括号括在名称-值对两侧使之成为一个对象。在对象中，多个名称对之间用逗号分隔。

下列代码是一个 JSON 对象示例，用于表示一本书，包含书名和价格：

```
{
    "title":"JavaScript 高级程序设计",
    "price":129
}
```

（4）在 JSON 中，中括号表示数组，数组是值的集合，值可以是字符串、数字、对象等，值与值之间用逗号分隔。

下列代码是一个 JSON 数组示例，用于表示一个书籍列表数据：

```
[
    {
        "title":"JavaScript 高级程序设计",
        "price":129
    },
    {
        "title":"JavaScript 权威指南",
        "price":90
    },
    {
        "title":"JavaScript DOM 编程艺术",
        "price":66
    }
]
```

综上所述，JSON 是独立于编程语言的，不依赖任何编程语言，更不依赖任何框架，故选项 D 的说法是错误的。

（三）参考答案：ABC

4.3.3　2021 年-第 11 题

关于 form 表单说法正确的是（　　）。

A．form 表单通常只能提交匿名数据
B．form 表单可以使用 target 属性制定 URL 打开的方式
C．form 表单只能用于 get 请求提交
D．form 表单用于向服务器传输数据

（一）考核知识和技能

1．表单
2．target 属性
3．method 属性

（二）解析

1．表单

表单是一个包含表单元素的区域，使用表单标签<form>来设置。

表单元素允许用户在表单中输入内容。比如，文本域（textarea）、下拉列表、单选按钮（radio-buttons）、复选框（checkboxes）等。

2．target 属性

target 属性用于规定一个名称或一个关键字，指示在何处打开 action URL，即在何处显示提交表单后接收到的响应。

target 属性用于定义浏览器上下文（如选项卡、窗口或内联框架）的名称或关键字，如表 4-6 所示。

表 4-6

值	描述
_blank	在新窗口/选项卡中打开
_self	在同一框架中打开（默认）
_parent	在父框架中打开
_top	在整个窗口中打开
framename	在指定的 iframe 中打开

3．method 属性

method 属性用于规定如何发送表单数据（form-data）（表单数据会被发送到 action 属性规定的页面中）。

表单数据可以作为 URL 变量的形式发送（method="get"），也可以作为 HTTP post 事务的形式发送（method="post"），如表 4-7 所示。

表 4-7

值	描述
get	默认。将表单数据（form-data）以名称-值对的形式附加到 URL 中：URL?name=value&name=value
post	以 HTTP post 事务的形式发送表单数据（form-data）

综上所述，form 表单有两种提交方式，即 get 和 post。

（三）参考答案：BD

4.4 判断题

2020 年-第 1 题

xmlhttp.open("GET","ajax_test.html",true)，这条 AJAX 语句的最后一个参数 true 表示发送异步请求。（　　）

（一）考核知识和技能

1．open()方法

2．open()方法的参数

（二）解析

1．open()方法

open()方法用于指定 HTTP 请求的参数，或者说用于初始化 XMLHttpRequest 实例对象。它不会发送请求，只是为发送请求做准备。

2．open()方法的参数

open()方法可以接收 3 个参数，语法如下：

```
open(method,url,async);
```

（1）method：表示 HTTP 请求的方法，如 GET、POST、PUT、DELETE 等。

（2）url：表示请求发送的目标 URL，即要请求的资源地址。

（3）async：布尔值，表示请求是否为异步，默认为 true。如果设置为 false，则 send() 方法只有等收到服务器返回的结果后，才会继续执行后续 JavaScript 代码。由于同步 AJAX 请求会导致浏览器失去响应（许多浏览器已经禁止在主线程使用，只允许在 Worker 中使用），因此这个参数不应该轻易被设置为 false。

① 使用 AJAX 发送同步请求示例。

ajax_get.html 文件代码如下：

```
<!DOCTYPE html>
<html>
    <head>
        <meta charset="utf-8">
        <title>使用AJAX发送同步请求</title>
        <script>
        var xhr = new XMLHttpRequest();
        xhr.open('get','ajax_get.php',false);
        xhr.send(null);
        //过了60秒收到服务器的响应后，才会执行下列代码
        console.log("请求发送成功");
        </script>
    </head>
    <body>
    </body>
</html>
```

ajax_get.php 文件代码如下：

```
<?php
sleep(60); //延迟60秒
echo "异步请求正常";
```

在浏览器中运行 ajax_get.html 文件，可以看到浏览器处于卡死状态，一直转圈，如图 4-12 所示。

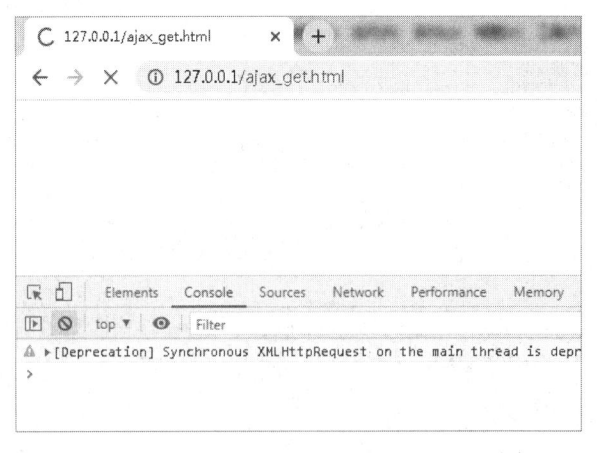

图 4-12

在等待 60 秒服务器响应后，浏览器控制台才能显示信息，如图 4-13 所示。

② 使用 AJAX 发送异步请求示例。

修改 ajax_get.html 文件中的代码，将
```
xhr.open('get','ajax_get.php',false);
```
修改为：
```
xhr.open('get','ajax_get.php',true);
```
在浏览器中运行 ajax_get.html 文件，可以看到浏览器控制台正常显示信息且无须等待，如图 4-14 所示。

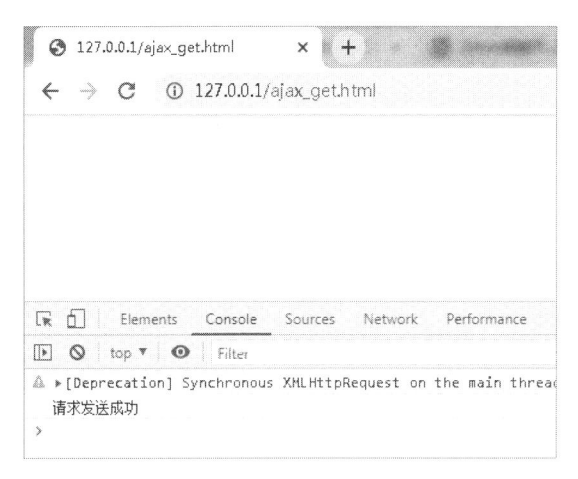

图 4-13

图 4-14

综上所述，当 open()方法的第 3 个参数为 true 时，AJAX 会发送异步请求，故此题的说法是正确的。

（三）参考答案：对

第 5 章 MySQL 数据库操作

5.1 考点分析

2019—2021 年中级理论卷的 MySQL 数据库操作相关试题的考核知识和技能如表 5-1 所示，三次考试的平均分值约为 11 分。

表 5-1

真题	题型 单选题	题型 多选题	题型 判断题	总分值	考核知识和技能
2019 年中级理论卷	4	1	1	12	数据表字段类型、SQL 查询语句、LIMIT 关键字、聚合函数、存储过程、删除数据库、数据库备份等
2020 年中级理论卷	3	2	0	10	数据表字段类型、LIMIT 关键字、存储过程、触发器、视图、数据库的备份与还原等
2021 年中级理论卷	5	1	0	12	MySQL 的配置、MySQL 默认端口、SQL 插入语句、SQL 查询语句、SQL 函数、MySQL 创建用户等

5.2 单选题

5.2.1 2019 年-第 11 题

下面哪个聚合函数用来求平均值？（　　）

A．sum()　　　　B．count()　　　　C．avg()　　　　D．min()

（一）考核知识和技能

聚合函数

（二）解析

（1）聚合函数（Aggregation Function）又被称为组函数。在默认情况下，聚合函数会把当前所在表当作一个组进行统计。

（2）聚合函数的特点。

① 每个组函数接收一个参数（字段名或表达式），统计结果中默认忽略字段为 NULL 的记录。

② 若想列值为 NULL 的行也参与组函数的计算，则必须使用 IFNULL 函数将 NULL 值进行转换。

③ 不允许出现嵌套，如 sum(max(xx))。

（3）常用聚合函数。

① 聚合函数 count()用于求数据表的行数，语法如下：

```
select count(*/字段名) from 数据表
```

示例：查询年龄为 19 岁的学生人数，如图 5-1 所示。

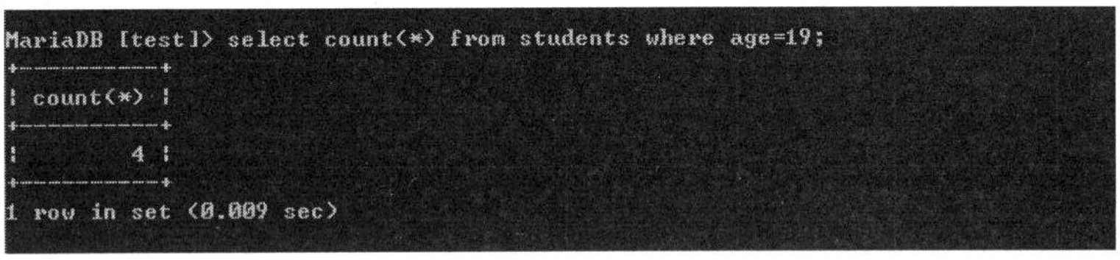

```
MariaDB [test]> select count(*) from students where age=19;
+----------+
| count(*) |
+----------+
|        4 |
+----------+
1 row in set (0.009 sec)
```

图 5-1

② 聚合函数 max()用于求某列的最大值，语法如下：

```
select max(字段名) from 数据表
```

示例：查询学生表中学生的最大年龄，如图 5-2 所示。

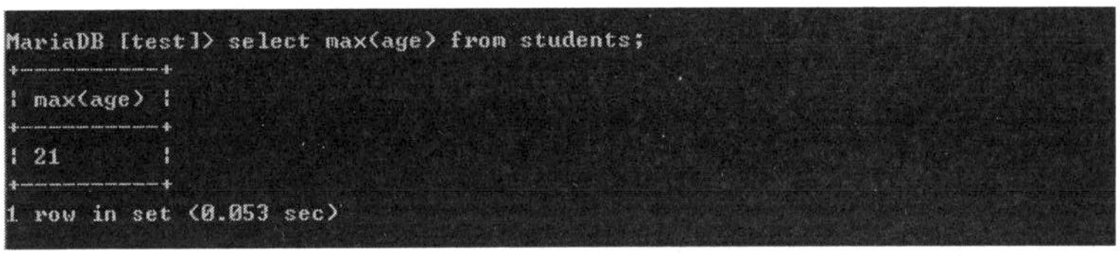

```
MariaDB [test]> select max(age) from students;
+----------+
| max(age) |
+----------+
| 21       |
+----------+
1 row in set (0.053 sec)
```

图 5-2

③ 聚合函数 min()用于求某列的最小值，语法如下：

```
select main(字段名) from 数据表
```

示例：查询学生表中学生的最小年龄，如图 5-3 所示。

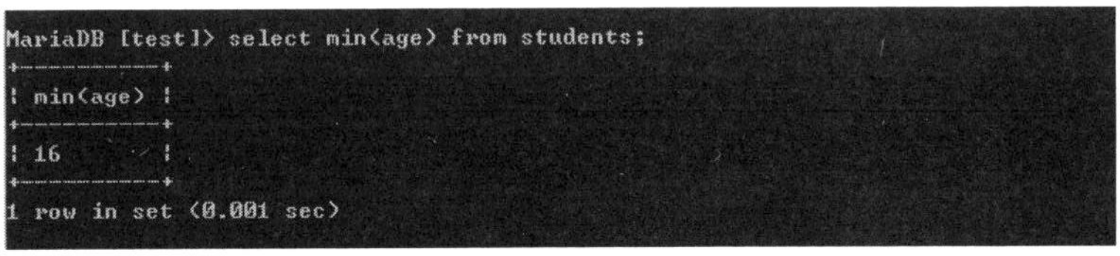

```
MariaDB [test]> select min(age) from students;
+----------+
| min(age) |
+----------+
| 16       |
+----------+
1 row in set (0.001 sec)
```

图 5-3

④ 聚合函数 sum()用于对数据表的某列进行求和操作，语法如下：

```
select sum(字段名)from 数据表
```

示例：查询学生表中学生的年龄之和，如图 5-4 所示。

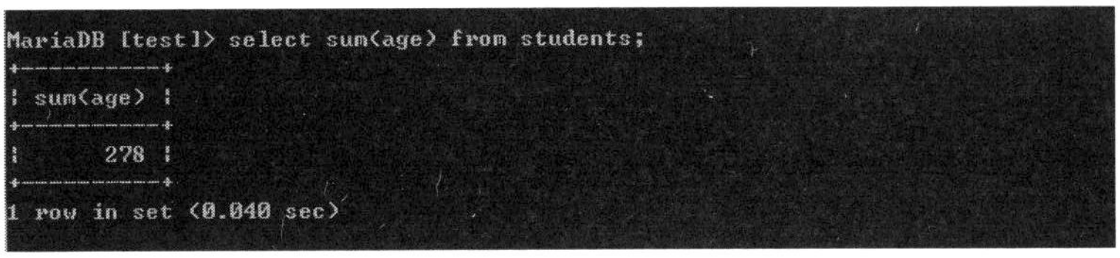

```
MariaDB [test]> select sum(age) from students;
+----------+
| sum(age) |
+----------+
|      278 |
+----------+
1 row in set (0.040 sec)
```

图 5-4

⑤ 聚合函数 avg()用于对数据表的某列进行求平均值操作，语法如下：

```
select avg(字段名) from 数据表
```

示例：查询学生表中学生的平均年龄，如图 5-5 所示。

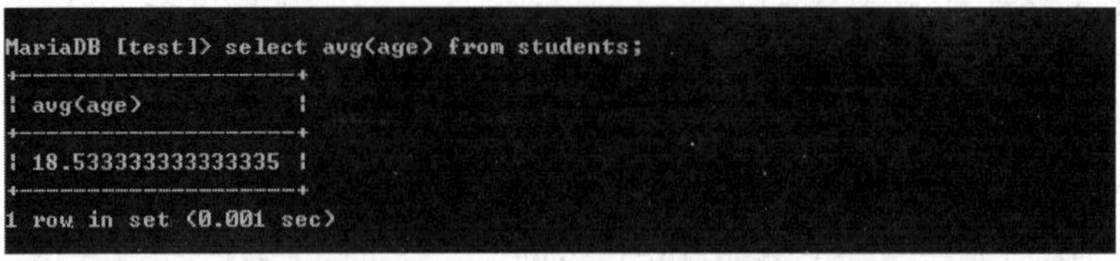

```
MariaDB [test]> select avg(age) from students;
+--------------------+
| avg(age)           |
+--------------------+
| 18.533333333333335 |
+--------------------+
1 row in set (0.001 sec)
```

图 5-5

⑥ 聚合函数和分组一起使用。

示例：查询学生表，按照年龄进行分组，把出现相同年龄的学生人数的年龄组合在一起，并用逗号分隔。

```
select count(*),group_concat(age) from students group by age;
```

注：group_concat()函数可以把 group by 之后的字段分组，并将该字段的值打印在一行，用逗号分隔。

运行效果如图 5-6 所示。

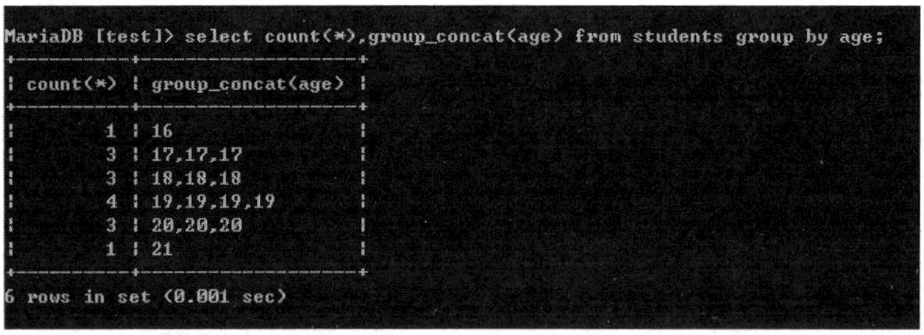

```
MariaDB [test]> select count(*),group_concat(age) from students group by age;
+----------+-------------------+
| count(*) | group_concat(age) |
+----------+-------------------+
|        1 | 16                |
|        3 | 17,17,17          |
|        3 | 18,18,18          |
|        4 | 19,19,19,19       |
|        3 | 20,20,20          |
|        1 | 21                |
+----------+-------------------+
6 rows in set (0.001 sec)
```

图 5-6

由图 5-6 可知，16 岁、21 岁的学生分别有 1 位，17 岁的学生有 3 位，18 岁的学生有 3 位，19 岁的学生有 4 位，20 岁的学生有 3 位。

综上所述，avg()函数用于求平均值，sum()函数用于求和，count()函数用于求总数，min()函数用于求最小值。

（三）参考答案：C

5.2.2　2019 年–第 16 题

使用 SQL 语句删除数据库，数据库名为 mytest，下列 SQL 语句写法正确的是（　　）。

A．DROP mytest　　　　B．DROP TABLE mytest

C．DATABASE mytest　　D．DROP DATABASE mytest

（一）考核知识和技能

1．数据库的删除和创建

2．数据表的删除和创建

（二）解析

1．数据库的删除和创建

（1）删除数据库的语法格式如下：

```
DROP DATABASE [db_name];
```

（2）创建数据库的语法格式如下：

```
CREATE DATABASE [db_name];
```

2．数据表的删除和创建

（1）删除数据表的语法格式如下：

```
DROP TABLE [table_name];
```

（2）创建数据表的语法格式如下：

```
CREATE TABLE `表名` (
  `字段名` 类型(长度),
  `字段名` 类型(长度)
  ......
);
```

示例：创建数据表 admin，并包含 id、account、password、del 等字段。其中，id 为自增长的主键，数据库引擎为 InnoDB，字符编码为 utf8mb4。

```
CREATE TABLE `admin` (
  `id` int(11) NOT NULL AUTO_INCREMENT,
  `account` varchar(16) NOT NULL COMMENT '账号',
  `password` varchar(16) NOT NULL COMMENT '密码',
  `del` int(11) DEFAULT 0 COMMENT '是否删除：0 否 1 是',
  PRIMARY KEY (`id`)
) ENGINE=InnoDB DEFAULT CHARSET=utf8mb4;
```

运行效果如图 5-7 所示。

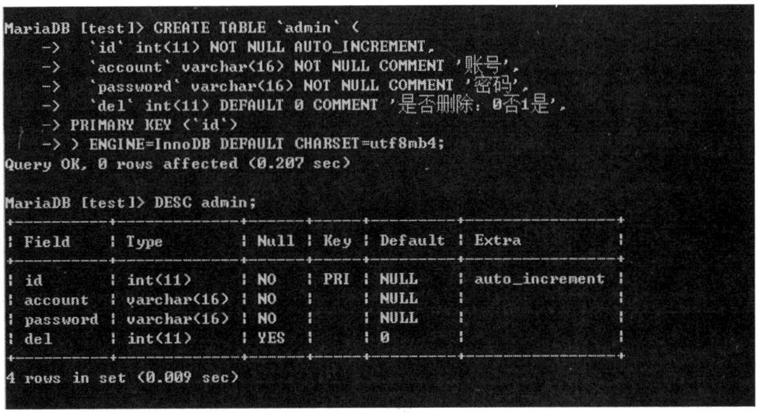

```
MariaDB [test]> CREATE TABLE `admin` (
    ->   `id` int(11) NOT NULL AUTO_INCREMENT,
    ->   `account` varchar(16) NOT NULL COMMENT '账号',
    ->   `password` varchar(16) NOT NULL COMMENT '密码',
    ->   `del` int(11) DEFAULT 0 COMMENT '是否删除：0否1是',
    -> PRIMARY KEY (`id`)
    -> ) ENGINE=InnoDB DEFAULT CHARSET=utf8mb4;
Query OK, 0 rows affected (0.207 sec)

MariaDB [test]> DESC admin;
+----------+-------------+------+-----+---------+----------------+
| Field    | Type        | Null | Key | Default | Extra          |
+----------+-------------+------+-----+---------+----------------+
| id       | int(11)     | NO   | PRI | NULL    | auto_increment |
| account  | varchar(16) | NO   |     | NULL    |                |
| password | varchar(16) | NO   |     | NULL    |                |
| del      | int(11)     | YES  |     | 0       |                |
+----------+-------------+------+-----+---------+----------------+
4 rows in set (0.009 sec)
```

图 5-7

注：DESC（不区分大小写）指令为查看数据表结构。

综上所述，选项 A、C 语法错误，选项 B 为删除数据表，因此选项 D 为正确选项。

（三）参考答案：D

5.2.3　2020 年-第 11 题

关于 MySQL 备份文件的说法错误的是（　　）。

A．备份数据库的命令是 mysqldump

B．备份数据库的文件扩展名必须是.sql

C．可以还原数据库的命令是 mysql

D．可以同时备份一个或多个数据库

（一）考核知识和技能

数据库的备份与恢复

（二）解析

（1）数据库备份的语法格式如下：

```
MariaDB[<none>]> mysqldump -h[主机所在 IP] -u[用户名] -p[密码] [要导出的数据库]>[导出的路径//[文件名].sql]
```

运行效果如图 5-8 所示。

图 5-8

（2）数据库恢复。

在 MySQL 中执行导入 SQL 文件的命令。

示例：使用 source 命令导入 D 盘 database 文件夹中的 db.sql 文件。

```
MariaDB[<none>]> source D:/database/db.sql;
```

综上所述，备份数据库的文件扩展名不一定是".sql"，也可以是".bak"或其他后缀，因此选项 B 说法有误。

（三）参考答案：B

5.2.4　2020 年-第 24 题

说明：中级理论卷 2019 年单选题-第 14 题与 2020 年单选题-第 24 题相同，仅以此题为代表进行解析。

关于 MySQL 存储过程，说法错误的是（　　）。

A．调用存储过程使用关键字 CALL

B．存储过程的参数在定义时，有两种参数约束，即 IN、OUT

C．创建存储过程的语法是 CREATE PROCEDURE

D．存储过程是一种在数据库中存储复杂程序，以便由外部程序调用的数据库对象

（一）考核知识和技能

1．存储过程的定义

2．存储过程的创建

3. 存储过程的调用

4. 存储过程的参数

（二）解析

1. 存储过程的定义

（1）存储过程（Stored Procedure）是 MySQL 5.0 及更高版本支持的功能。

（2）存储过程是指一种在数据库中存储复杂程序，以便由外部程序调用的数据库对象。

（3）存储过程是为了完成特定功能的 SQL 语句集，经编译创建后保存在数据库中，可以通过指定存储过程的名字并给定参数（需要时）来调用执行。

2. 存储过程的创建

（1）如果使用 SQL 语句包含分号字符的存储过程，那么会出现问题。

（2）需要使用 delimiter 命令重新定义 MySQL 分隔符。

（3）使用 delimiter 命令更改分隔符，语法格式如下：

```
delimiter $$  -- 定义存储过程结束符号为$$
create procedure 存储过程名称(in|out|inout 参数名称 参数类型,……)
begin
  过程体;
end
$$ -- 结束符要加
delimiter ;  -- 重新定义存储过程结束符为分号，分号前需要留空格
```

注：过程体格式以 BEGIN 开始，以 END 结束（可嵌套）。

示例：使用存储过程获取 8 班的人数。

```
delimiter $$
create procedure getStudentCount()
begin
  select count(*) as num from student where classid=8;
end
$$
delimiter ;
```

运行效果如图 5-9 所示。

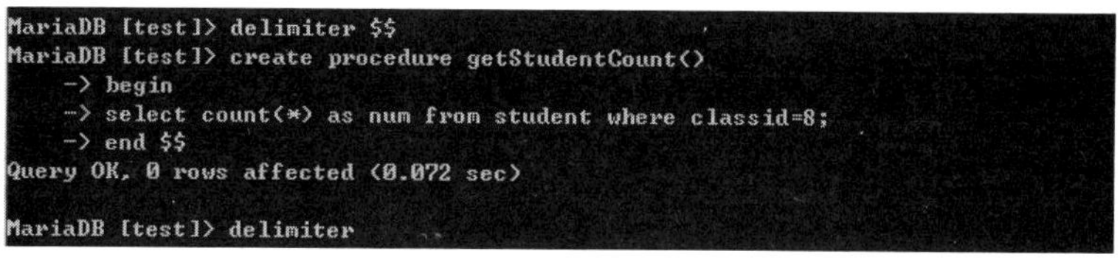

图 5-9

3. 存储过程的调用

MySQL 存储过程通过 CALL、存储过程名和一个括号调用。括号中可以根据需要加入参数，参数包括输入参数、输出参数和输入/输出参数，语法格式如下：

```
CALL 存储过程名 ([过程参数[,...]])
```

示例：调用存储过程 getStudentCount()，运行效果如图 5-10 所示。

```
MariaDB [test]> CALL getStudentCount;
+-----+
| num |
+-----+
|   0 |
+-----+
1 row in set (0.001 sec)

Query OK, 0 rows affected (0.005 sec)
```

图 5-10

4．存储过程的参数

MySQL 存储过程的参数用在存储过程的定义中，共有 3 种参数约束，即 IN、OUT 和 INOUT，语法格式如下：

`CREATE PROCEDURE 存储过程名([[IN |OUT |INOUT ] 参数名 数据类型...])`

MySQL 存储过程的参数说明如表 5-2 所示。

表 5-2

参数	说明
IN	输入参数，表示必须在调用存储过程时传入该参数，在存储过程中修改该参数的值不能被返回。默认值
OUT	输出参数，该参数值可以在存储过程内部被改变，并且可以返回
INOUT	输入/输出参数，在调用时指定，并且可以被改变和返回

综上所述，在定义存储过程的参数时，共有 3 种参数约束，即 IN、OUT 和 INOUT。因此选项 B 不正确。

（三）参考答案：B

5.2.5　2020 年-第 25 题

在 MySQL 数据库中，下面哪种数据类型不是表示整型？（　　）

A．TINYINT　　　　B．INT　　　　　C．BIGINT　　　　D．FLOAT

（一）考核知识和技能

数据表字段类型

（二）解析

MySQL 支持多种类型，大致可以分为 3 类：数值类型、日期/时间类型、字符串（字符）类型。

（1）数值类型。

① 严格数值数据类型（INTEGER、SMALLINT、DECIMAL 和 NUMERIC）。

② 近似数值数据类型（FLOAT、REAL 和 DOUBLE PRECISION）。

MySQL 中常见的数值类型有 TINYINT、INT、BIGINT、FLOAT 和 DOUBLE 这 5 种，具体各类型的说明如表 5-3 所示。

表 5-3

类型	大小	范围（有符号）	范围（无符号）	用途
TINYINT	1 字节	(-128，127)	(0，255)	小整数值

续表

类型	大小	范围（有符号）	范围（无符号）	用途
INT/INTEGER	4 字节	(-2 147 483 648, 2 147 483 647)	(0, 4 294 967 295)	大整数值
BIGINT	8 字节	(-9 223 372 036 854 775 808, 9 223 372 036 854 775 807)	(0, 18 446 744 073 709 551 615)	极大整数值
FLOAT	4 字节	(-3.402 823 466 E+38, -1.175 494 351 E-38), 0, (1.175 494 351 E-38, 3.402 823 466 351 E+38)	0, (1.175 494 351 E-38, 3.402 823 466 E+38)	单精度浮点数值
DOUBLE	8 字节	(-1.797 693 134 862 315 7 E+308, -2.225 073 858 507 201 4 E-308), 0, (2.225 073 858 507 201 4 E-308, 1.797 693 134 862 315 7 E+308)	0, (2.225 073 858 507 201 4 E-308, 1.797 693 134 862 315 7 E+308)	双精度浮点数值

（2）日期/时间类型。

MySQL 中常见的日期/时间类型有 DATE、TIME、YEAR、DATETIME 和 TIMESTAMP 这 5 种，具体各类型的说明如表 5-4 所示。

表 5-4

类型	大小	范围	格式	用途
DATE	3 字节	1000-01-01/9999-12-31	YYYY-MM-DD	日期值
TIME	3 字节	'-838:59:59'/'838:59:59'	HH:MM:SS	时间值或持续时间
YEAR	1 字节	1901/2155	YYYY	年份值
DATETIME	8 字节	1000-01-01 00:00:00/9999-12-31 23:59:59	YYYY-MM-DD HH:MM:SS	混合日期和时间值
TIMESTAMP	4 字节	1970-01-01 00:00:00/2038 结束时间是第 2147483647 秒，北京时间 2038-1-19 11:14:07，格林尼治时间 2038 年 1 月 19 日凌晨 03:14:07	YYYYMMDD HHMMSS	混合日期和时间值，时间戳

（3）字符串（字符）类型。

MySQL 中常见的字符串（字符）类型有 CHAR、VARCHAR、BLOB 和 TEXT 这 4 种，具体各类型的说明如表 5-5 所示。

表 5-5

类型	大小	用途
CHAR	0~255 字节	定长字符串
VARCHAR	0~65 535 字节	变长字符串
BLOB	0~65 535 字节	二进制形式的长文本数据
TEXT	0~65 535 字节	长文本数据

综上所述，TINYINT 是小整数值，INT 是大整数值，BIGINT 是极大整数值，FLOAT 是单精度浮点数值。因此选项 D 符合题目要求，不是整型。

（三）参考答案：D

5.2.6 2021年-第18题、第21题

18．下列 INSERT 语句使用正确的是（   ）。

A．insert into userlist value ('peter', 'shanghai', '1993 ');

B．insert to userlist values ('peter', 'shanghai', '1993 ');

C．insert in userlist values ('peter', 'shanghai', '1993 ');

D．insert into userlist values ('peter', 'shanghai', '1993 ');

21．在 MySQL 中 INSERT 语句常用于（   ）。

A．插入数据　　　B．删除数据　　　C．创建库　　　D．修改数据

（一）考核知识和技能

插入语句

（二）解析

插入语句的语法格式如下：

```
INSERT INTO table_name (field1,field2,...fieldN) VALUES (value1, value2,...valueN);
```

例如，向 admin 表中添加一条记录，语法格式如下：

```
INSERT INTO admin(account,password) VALUES ('admin','admin');
```

运行效果如图 5-11 所示。

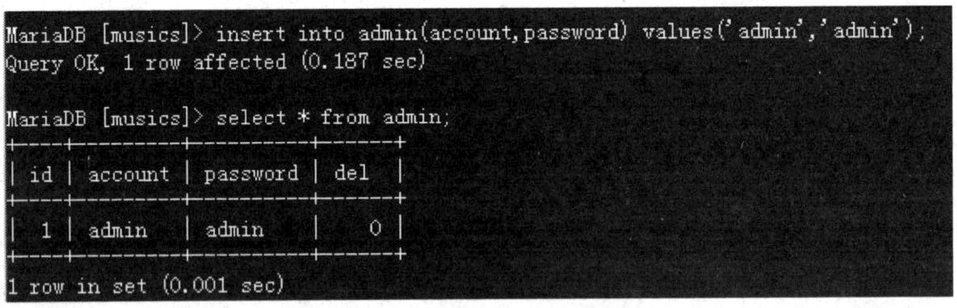

图 5-11

（三）参考答案：18．（D） 21．（A）

5.2.7 2021年-第19题

MySQL 数据库的默认端口是（   ）。

A．21　　　　　　B．3306　　　　　　C．3379　　　　　　D．12

（一）考核知识和技能

MySQL 配置文件

（二）解析

my.ini 是 MySQL 数据库中使用的配置文件，修改这个文件可以更新配置。

my.ini 文件存放在 MySQL 安装目录下的 bin 文件夹中，如图 5-12 所示。

（1）客户端的参数（[client]和[mysql]）。

① port 参数：表示 MySQL 数据库的端口，默认端口是 3306，如果需要更改端口号，可以在这里进行修改。修改端口号如图 5-13 所示。

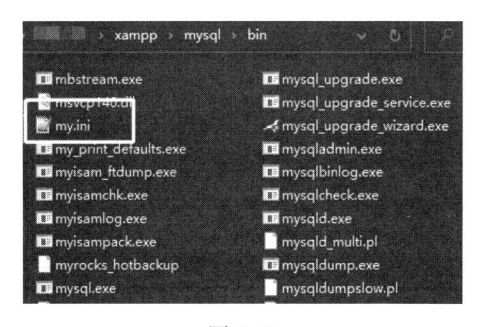

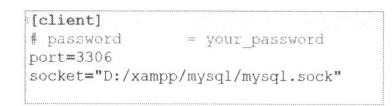

图 5-12

图 5-13

② password 参数：如果设置了 password 参数的值，那么在登录时可以不用输入密码直接进入。

③ default-character-set 参数：客户端默认的字符集，如果希望支持中文，那么可以设置为 gbk 或 utf8。

修改编码如图 5-14、图 5-15 所示。

图 5-14

图 5-15

（2）服务端参数（[mysqld]）。

① port 参数：表示数据库的端口。

② basedir 参数：表示 MySQL 的安装路径。

③ datadir 参数：表示 MySQL 数据文件的存储位置，也是数据库表的存放位置。

服务端参数的存放位置如图 5-16 所示。

设置字符集参数：表示默认的字符集，这个字符集是服务器端的。

服务器端设置字符集参数的位置如图 5-17 所示。

图 5-16

图 5-17

（3）每次修改参数后，必须重新启动 MySQL 服务才有效。

（三）参考答案：B

5.2.8 2021 年-第 23 题

在 MySQL 中创建用户账户的方法是（   ）。

A．USER CREATE user_account IDENTIFIED BY password;
B．CREATE USER password BY user_account;
C．CREATE USER user_account IDENTIFIED BY password;
D．CREATE user_account IDENTIFIED BY password;

（一）考核知识和技能

MySQL 创建用户

（二）解析

MySQL 在安装时会默认创建一个名为 root 的用户，该用户拥有超级权限，可以控制整个 MySQL 服务器。

在对 MySQL 的日常管理和操作中，为了避免有人恶意使用 root 用户控制数据库，我们通常会创建一些具有适当权限的用户，尽可能地不用或少用 root 用户登录系统，以此来确保数据的安全访问。

MySQL 常见的创建用户的方法有两种。

（1）使用 CREATE USER 语句创建用户，语法如下：

```
CREATE USER <用户> [ IDENTIFIED BY [ PASSWORD ] 'password' ] [ ,用户 [ IDENTIFIED BY [ PASSWORD ] 'password' ]]
```

CREATE USER 语句创建用户示例如图 5-18 所示。

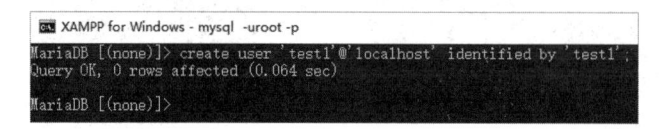

图 5-18

（2）使用 GRANT 语句创建用户，语法如下：

```
GRANT priv_type ON database.table TO user [IDENTIFIED BY [PASSWORD] 'password']
```

GRANT 语句创建用户示例如图 5-19 所示。

图 5-19

（三）参考答案：C

5.2.9 2021 年-第 28 题

下列 SQL 语句正确的是（   ）。

A．select name from namelist;
B．select name to namelist;
C．select name into namelist;
D．select name where namelist;

（一）考核知识和技能

查询语句

（二）解析

查询数据的语法格式如下：

```
SELECT [字段名] FROM [表名] [条件];
```

查询语句可以查询指定的字段值，也可以一次性查询表中所有的字段值。若要查询所有的字段值，则需要用*号表示。

（1）返回指定字段值，语法格式如下：
```
SELECT [字段名] FROM [表名] [条件];
```
（2）返回所有字段值，语法格式如下：
```
SELECT * FROM table;
```
（三）参考答案：A

5.3 多选题

5.3.1 2019 年-第 13 题

MySQL 的字符串类型是（　　）。

A．TEXT　　　　B．CHAR　　　　C．BLOB　　　　D．YEAR

（一）考核知识和技能

数据表字段类型

（二）解析

MySQL 支持多种类型，大致可以分为 3 类：数值类型、日期/时间类型、字符串（字符）类型。

（1）数值类型（详情见表 5-3）。

① 严格数值数据类型（INTEGER、SMALLINT、DECIMAL 和 NUMERIC）。

② 近似数值数据类型（FLOAT、REAL 和 DOUBLE PRECISION）。

（2）日期/时间类型（详情见表 5-4）。

（3）字符串（字符）类型（详情见表 5-5）。

综上所述，TEXT 属于长文本数据的字符串（字符）类型，CHAR 属于定长字符串的字符串（字符）类型，BLOB 属于二进制形式的长文本数据的字符串（字符）类型，YEAR 属于年份值的日期/时间类型。因此只有选项 D 不符合题目要求。

（三）参考答案：ABC

5.3.2 2020 年-第 2 题

下列关于 MySQL 语句说法正确的有（　　）。

A．创建视图的命令是 create view

B．创建存储过程的命令是 create procedure

C．创建触发器的命令是 create trigger

D．删除以上对象的命令是 delete

（一）考核知识和技能

1．视图

2．存储过程

3．触发器

4．删除视图、删除存储过程、删除触发器

（二）解析

1. 视图

视图是虚拟表，本身不存储数据，而是按照指定的方式进行查询。

（1）创建视图的语法格式如下：

```
CREATE VIEW <视图名>[(<列名>[,<列名>]...)] AS <子查询>[with check option];
```

示例：创建 v_music 视图，查询视图并直接返回音乐数据及音乐类型名称。

```
create view v_music as
select m.*, t.type_name from musics m
left join types t on m.type_id=t.id
order by m.create_at desc;
```

运行效果如图 5-20 所示。

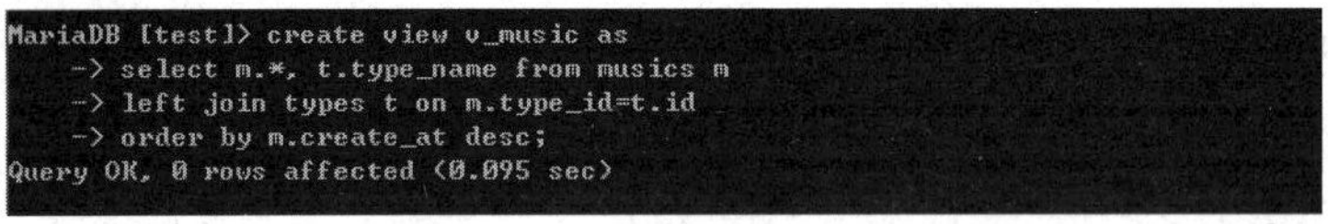

图 5-20

（2）查询视图的语法格式如下：

```
select * from v_music;
```

查询视图的运行效果如图 5-21 所示。

图 5-21

2. 存储过程

存储过程（Stored Procedure）是指一种在数据库中存储复杂程序，以便由外部程序调用的数据库对象。

（1）如果使用 SQL 语句包含分号字符的存储过程，那么会出现问题。

（2）需要使用 delimiter 命令重新定义 MySQL 分隔符。

（3）使用 delimiter 命令更改分隔符，语法格式如下：

```
delimiter $$  -- 定义存储过程结束符号为$$
create procedure 存储过程名称(in|out|inout 参数名称 参数类型,......)
begin
  过程体;
end
$$ -- 结束符要加
delimiter ; -- 重新定义存储过程结束符为分号，分号前需要留空格
```

注：过程体格式以 BEGIN 开始，以 END 结束（可嵌套）。

示例：使用存储过程获取 8 班的人数。

```
delimiter $$
create procedure getStudentCount()
begin
  select count(*) as num from student where classid=8;
end
$$
delimiter ;
```

运行效果如图 5-22 所示。

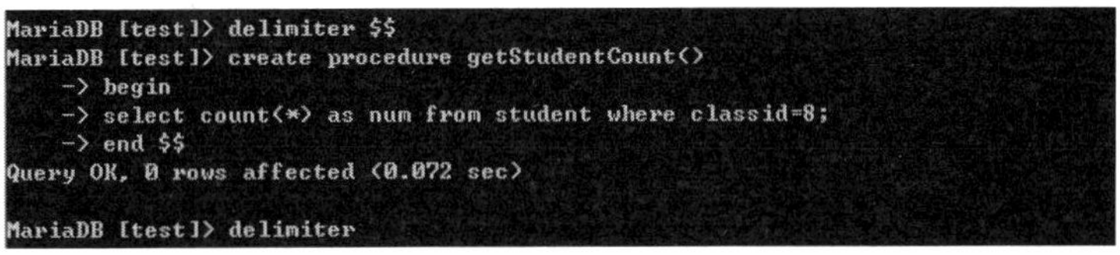

```
MariaDB [test]> delimiter $$
MariaDB [test]> create procedure getStudentCount()
    -> begin
    -> select count(*) as num from student where classid=8;
    -> end $$
Query OK, 0 rows affected (0.072 sec)

MariaDB [test]> delimiter
```

图 5-22

3．触发器

创建触发器的语法格式如下：

```
CREATE TRIGGER <触发器名> <BEFORE|AFTER>
<INSERT | UPDATE | DELETE >
ON <表名> FOR EACH ROW<触发器主体>
```

语法说明如表 5-6 所示。

表 5-6

关键字	描述
触发器名	1．触发器的名称，触发器在当前数据库中必须具有唯一的名称 2．如果要在某个特定数据库中创建，则名称前应该加上该数据库的名称
BEFORE|AFTER	1．BEFORE 和 AFTER，触发器被触发的时刻，表示触发器是在激活它的语句之前或之后触发 2．若希望验证新数据是否满足条件，则使用 BEFORE 选项 3．若希望在激活触发器的语句执行之后完成几个或更多改变，则通常使用 AFTER 选项
INSERT | UPDATE | DELETE	触发事件，用于指定激活触发器的语句的种类。 注意：3 种触发器的执行时间如下。 1．INSERT：将新行插入表时激活触发器。例如，INSERT 的 BEFORE 触发器不仅能被 MySQL 的 INSERT 语句激活，还能被 LOAD DATA 语句激活 2．DELETE：从表中删除某一行数据时激活触发器，如 DELETE 语句和 REPLACE 语句 3．UPDATE：更改表中某一行数据时激活触发器，如 UPDATE 语句

续表

关键字	描述
表名	1. 与触发器相关联的表名，此表必须是永久性表，不能将触发器与临时表或视图关联起来 2. 在该表上触发事件发生时才会激活触发器。同一个表不能拥有两个具有相同触发时刻和事件的触发器 例如，对于一张数据表，不能同时有两个 BEFORE UPDATE 触发器，但可以有一个 BEFORE UPDATE 触发器和一个 BEFORE INSERT 触发器，或者一个 BEFORE UPDATE 触发器和一个 AFTER UPDATE 触发器
FOR EACH ROW	一般指行级触发，对受触发事件影响的每一行都要激活触发器的动作。例如，使用 INSERT 语句向某个表中插入多行数据时，触发器会对每一行数据的插入都执行相应的触发器动作
触发器主体	触发器动作主体，包含触发器激活时将要执行的 MySQL 语句。如果要执行多个语句，那么可以使用 BEGIN...END 复合语句结构

注：由于每个表都支持 INSERT、UPDATE 和 DELETE 的 BEFORE 与 AFTER，因此每个表最多支持 6 个触发器。每个表的每个事件每次只允许有一个触发器。单一触发器不能与多个事件或多个表关联。

示例：创建名为 editProductInfo 的触发器，在触发器主体中定义 products 数据表 id 字段值为 1 的、name 字段值从苹果更新为火龙果的 SQL 语句，并在插入 student 数据表数据的语句操作成功后执行该触发器，如图 5-23 所示。

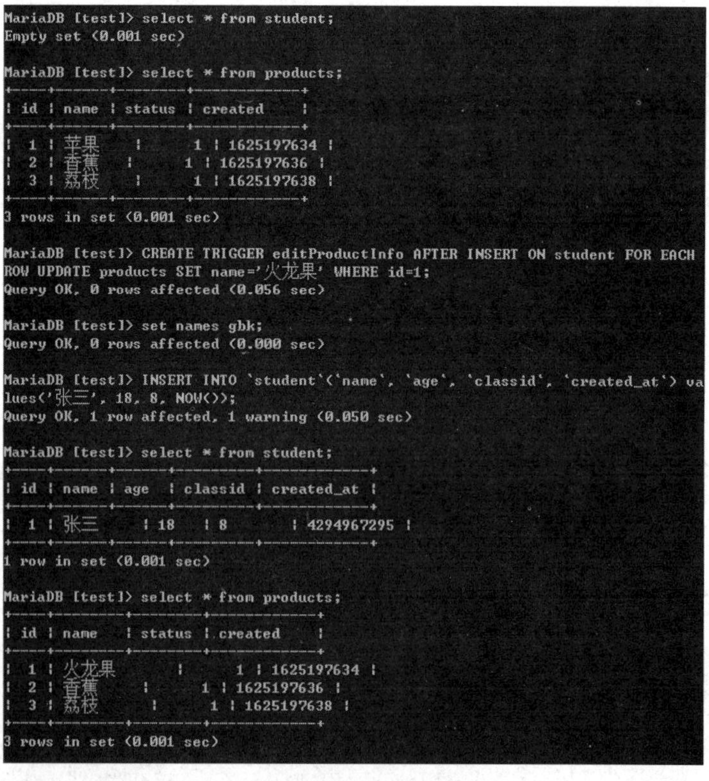

```
MariaDB [test]> select * from student;
Empty set (0.001 sec)

MariaDB [test]> select * from products;
+----+------+--------+------------+
| id | name | status | created    |
+----+------+--------+------------+
|  1 | 苹果 |      1 | 1625197634 |
|  2 | 香蕉 |      1 | 1625197636 |
|  3 | 荔枝 |      1 | 1625197638 |
+----+------+--------+------------+
3 rows in set (0.001 sec)

MariaDB [test]> CREATE TRIGGER editProductInfo AFTER INSERT ON student FOR EACH
ROW UPDATE products SET name='火龙果' WHERE id=1;
Query OK, 0 rows affected (0.056 sec)

MariaDB [test]> set names gbk;
Query OK, 0 rows affected (0.000 sec)

MariaDB [test]> INSERT INTO `student`(`name`, `age`, `classid`, `created_at`) va
lues('张三', 18, 8, NOW());
Query OK, 1 row affected, 1 warning (0.050 sec)

MariaDB [test]> select * from student;
+----+------+-----+---------+------------+
| id | name | age | classid | created_at |
+----+------+-----+---------+------------+
|  1 | 张三 | 18  | 8       | 4294967295 |
+----+------+-----+---------+------------+
1 row in set (0.001 sec)

MariaDB [test]> select * from products;
+----+--------+--------+------------+
| id | name   | status | created    |
+----+--------+--------+------------+
|  1 | 火龙果 |      1 | 1625197634 |
|  2 | 香蕉   |      1 | 1625197636 |
|  3 | 荔枝   |      1 | 1625197638 |
+----+--------+--------+------------+
3 rows in set (0.001 sec)
```

图 5-23

4．删除视图、删除存储过程、删除触发器

（1）删除视图的语法格式如下：

```
DROP VIEW <视图名1> [ , <视图名2> …]
```

示例：删除名为 view_products_info 的视图，如图 5-24 所示。

```
MariaDB [test]> DROP VIEW view_products_info;
Query OK, 0 rows affected (0.002 sec)
```

图 5-24

（2）删除存储过程的语法格式如下：

```
DROP PROCEDURE 过程名;
```

示例：删除存储过程 getStudentCount，如图 5-25 所示。

```
MariaDB [test]> DROP PROCEDURE getStudentCount;
Query OK, 0 rows affected (0.067 sec)
```

图 5-25

（3）删除触发器的语法格式如下：

```
DROP TRIGGER [触发器名];
```

示例：删除触发器 editProductInfo，如图 5-26 所示。

```
MariaDB [test]> DROP TRIGGER editProductInfo;
Query OK, 0 rows affected (0.003 sec)
```

图 5-26

综上所述，创建视图的命令是 create view，删除视图的命令是 drop view。创建存储过程的命令是 create procedure，删除存储过程的命令是 drop procedure。创建触发器的命令是 create trigger，删除触发器的命令是 drop trigger。因此只有选项 D 说法错误。

（三）参考答案：ABC

5.3.3 2020 年-第 7 题

说明：中级理论卷 2020 年多选题-第 7 题与 2019 年单选题-第 23 题类似，仅以此题为代表进行解析。

在 MySQL 数据库中查询前 10 条记录的 SQL 语句是（　　）。

A．select top 10 from table
B．select * from table limit 10
C．select * from table limit 1,10
D．select * from table limit 0,10

（一）考核知识和技能

1．查询语句
2．LIMIT 关键字

（二）解析

1．查询语句

查询数据的语法格式如下：

```
SELECT column_name|*, FROM table_name [WHERE Clause] [LIMIT N][ OFFSET M]
```

查询语句可以查询指定的字段值 column_name，也可以一次性查询表中所有的字段值。若要查询所有的字段值，则需要用*号表示。

示例：查询 admin 表，返回指定字段值，如 account、password 等。

```
SELECT account,password FROM admin;
```

2. LIMIT 关键字

LIMIT 关键字的语法格式如下：

```
SELECT * FROM table_name LIMIT start, length
```

示例：查询 admin 表，返回前 10 条数据中所有的字段值。

```
SELECT * FROM admin LIMIT 10;
```

综上所述，"LIMIT start, length" 中的 start（若 start 为 0，则可以省略）为起始位置，length 为从起始位置开始的长度。另外，查询所有的字段值需要用*号表示。因此，选项 C 中的 LIMIT 后是从第二条记录开始的 10 条记录，不符合题目要求，选项 A 语法错误，所以 B、D 为正确选项。

（三）参考答案：BD

5.3.4　2021 年-第 12 题

下列关于 SQL 函数的说法正确的有（　　）。

A．FIRST()函数返回指定的字段中第一个记录的值

B．MAX()函数返回一列中的最大值，NULL 值包括在计算中

C．NOW()函数返回当前的日期和时间

D．AVG()函数返回数值列的平均值

（一）考核知识和技能

1. SQL
2. SQL Aggregate 函数
3. SQL Scalar 函数

（二）解析

1. SQL

SQL（Structured Query Language，结构化查询语言）用于管理关系数据库管理系统（RDBMS）。SQL 的范围包括数据的插入、查询、更新和删除、数据库模式的创建和修改，以及数据访问控制。

2. SQL Aggregate 函数

计算从列中获取的值，并返回一个单一的值。

- AVG()：返回平均值。
- COUNT()：返回行数。
- FIRST()：返回第一个记录的值。
- LAST()：返回最后一个记录的值。
- MAX()：返回最大值。

- MIN()：返回最小值。
- SUM()：返回总和。

3．SQL Scalar 函数

SQL Scalar 函数基于输入值，返回一个单一的值。
- UCASE()：将某个字段转换为大写。
- LCASE()：将某个字段转换为小写。
- MID()：从某个文本字段中提取字符，并在 MySQL 中使用。
- SubString(字段,1,end)：从某个文本字段中提取字符。
- LEN()：返回某个文本字段的长度。
- ROUND()：对某个数值字段进行指定小数位数的四舍五入。
- NOW()：返回当前的系统日期和时间。
- FORMAT()：格式化某个字段的显示方式。

（三）参考答案：ACD

5.4　判断题

2019 年-第 5 题

MySQL 逻辑备份采用 mysqldump 命令。（　　）

（一）考核知识和技能

数据库逻辑备份

（二）解析

数据库逻辑备份的语法格式如下：

```
MariaDB[<none>]> mysqldump -h[主机所在 IP] -u[用户名] -p[密码] [要导出的数据库]>[导出的路径//[文件名].sql
```

运行效果如图 5-27 所示。

图 5-27

综上所述，使用 mysqldump 命令备份数据库是可行的。

（三）参考答案：对

第 6 章 PHP 动态网站制作

6.1 考点分析

2019—2021 年中级理论卷的 PHP 动态网站制作相关试题的考核知识和技能如表 6-1 所示，三次考试的平均分值约为 49 分。

表 6-1

真题	单选题	多选题	判断题	总分值	考核知识和技能
2019 年中级理论卷	14	10	4	56	PHP 开发环境、PHP 标记、变量、运算符、输入/输出、数组、函数、类与对象、继承、魔术方法、require 与 include、Cookie、Session、$_FILES、文件操作、GD 库、正则表达式、MySQLi、Laravel 安装、Laravel 目录结构、路由、Blade 模板等
2020 年中级理论卷	11	7	2	40	PHP 开发环境、运算符、输入/输出、函数、类与对象、魔术方法、Cookie、Session、超全局变量、文件上传、GD 库、MySQLi、Laravel 路由、Blade 模板、CSRF 等
2021 年中级理论卷	13	8	4	50	PHP 标记、注释、变量、变量的命名、运算符、输入/输出、条件语句、循环语句、自定义函数、数组排序函数、日期/时间函数、数学函数、Cookie、Session、$_GET、GD 库、PHP 操作 MySQL 数据库等

6.2 单选题

6.2.1 2019 年-第 1 题

下面哪个预定义变量是用来获取 HTTP 文件上传信息的？（ ）
A. $_GET　　　　B. $_POST　　　　C. $_FILES　　　　D. $GLOBALS

（一）考核知识和技能

1. 超级全局变量
2. 文件上传

（二）解析

1. 超级全局变量

（1）$GLOBALS：引用全局作用域中可用的全部变量。

说明：一个包含全部变量的全局组合数组。变量的名字就是数组的键。

获取$GLOBALS 传值变量的示例代码如下：

```php
<?php
function test(){
  $foo="local variable";
  echo '$foo in global scope:'.$GLOBALS["foo"]."\n";
  echo '$foo in current scope:'.$foo."\n";
}
$foo="Example content";
test();
?>
```

运行效果如图 6-1 所示。

（2）$_GET：通过 URL 参数传递给当前脚本的变量的数组。

说明：通过 URL 参数（又称为 query string）传递给当前脚本的变量的数组。

需要注意的是，该数组不仅仅对 method 为 GET 的请求生效，而是针对所有带 query string 的请求。

假设用户访问的是 http://example.com/?name=nihao，则获取 GET 值的示例代码如下：

```php
<?php
 echo 'Hello' . $_GET["name"] . '!';
?>
```

运行效果如图 6-2 所示。

（3）$_POST: 当 HTTP POST 请求的 Content-Type 是 application/x-www-form-urlencoded 或 multipart/form-data 时，会将变量以关联数组的形式传入当前脚本。

假设用户 POST 的 name=nihao，则获取 POST 值的示例代码如下：

```php
<?php
echo'Hello'.$_POST["name"].'!';
?>
```

运行效果如图 6-3 所示。

```
$foo in global scope: Example content
$foo in current scope: local variable
```

图 6-1

Hello nihao!

图 6-2

Hello nihao!

图 6-3

（4）$_FILES：通过 HTTP POST 方式上传到当前脚本的项目的数组。

file.html 代码如下：

```html
<html>
<head></head>
<body>
 <form enctype="multipart/form-data" action="file.php" method="POST">
    Send this file: <input name="userfile" type="file" />
    <input type="submit" value="确定" />
```

```
    </form>
</body>
</html>
```

file.php 代码如下：

```
<?php
    echo "<pre>";
    print_r($_FILES);
?>
```

在 file.html 页面选择文件后，单击"确定"按钮。

运行效果如图 6-4 所示。

```
Array
(
    [userfile] => Array
        (
            [name] => logo.png
            [type] => image/png
            [tmp_name] => F:\xampp\tmp\php7187.tmp
            [error] => 0
            [size] => 6849
        )
)
```

图 6-4

2．文件上传

$_FILES：超级全局变量（superglobals）。

（1）上传文件错误信息：$_FILES["userfile"]["error"]。

（2）上传文件名称：$_FILES["userfile"]["name"]。

（3）文件类型：$_FILES["userfile"]["type"]。

（4）文件大小：$_FILES["userfile"]["size"]。

（5）文件临时存储的位置：$_FILES["userfile"]["tmp_name"]。

打印结果可以参照图 6-2。

综上所述，$_FILES 超级全局变量用于获取文件的信息。

（三）参考答案：C

6.2.2　2019 年-第 5 题

Laravel 的 Blade 模板中替换占位内容的关键字是（　　）。

A．@section　　　B．@extends　　　C．@include　　　D．@yield

（一）考核知识和技能

1．Blade 模板

2．模板继承

3．包含子模板

（二）解析

1．Blade 模板

Blade 是 Laravel 提供的一个简单且强大的模板引擎。和其他流行的 PHP 模板引擎不同，

Blade 并不限制用户在模板中使用原生 PHP 代码。所有 Blade 模板文件都将被编译成原生的 PHP 代码并缓存起来，除非它被修改，否则不会被重新编译，这就意味着 Blade 基本不会给应用增加任何负担。Blade 模板文件使用.blade.php 作为文件扩展名，被存放在 resources/views 目录下。

2．模板继承

（1）使用 Blade 提供的@extends 指令来为子模板指定应该"继承"的父模板。

（2）在子模板中可以使用@section 指令将内容注入到父模板的@yield 和@section 指令定义的布局节点中。

（3）在父模板中使用@yield 和@section 指令，可以显示子模板中@section 指令注入的内容。

模板继承的示例代码如下。

views/layout.blade.php 父模板文件：

```
<!doctype html>
<html lang="en">
<head>
    <meta charset="UTF-8">
    <title>blade 布局-@yield('title')</title>
</head>
<body>
    <header>
        @yield('header')
    </header>
    @section('sidebar')
        <ul>
            <li>商品分类 1</li>
            <li>商品分类 2</li>
            <li>商品分类 3</li>
        </ul>
    @show
    <footer>
        @yield('footer')
    </footer>
</body>
</html>
```

views/test1.blade.php 子模板文件：

```
@extends('layout')
@section('title','测试 1')
@section('header','导航栏')
@section('sidebar')
    @parent
    <ul>
        <li>推荐商品 1</li>
        <li>推荐商品 2</li>
        <li>推荐商品 3</li>
    </ul>
```

```
@endsection
@section('footer')
    <p>
        <a>友情链接 1</a>
        <a>友情链接 2</a>
        <a>友情链接 3</a>
    </p>
    <p>XXX 公司@版权所有</p>
@endsection
```

routes/web.php 路由文件：

```
Route::get('/test1', function () {
    return view('test1');
});
```

运行效果如图 6-5 所示。

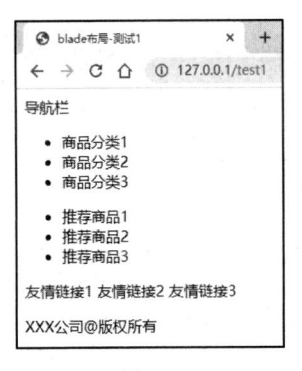

图 6-5

3. 包含子模板

Laravel 中的@include 指令可以在一个模板中包含另一个 Blade 模板。

示例：使用@include 指令加载 sidebar.blade.php 页面。

views/header.blade.php 子模板文件：

```
<header>
    <nav>
        <a>菜单 1</a>
        <a>菜单 2</a>
        <a>菜单 3</a>
        <a>菜单 4</a>
        <a>菜单 5</a>
    </nav>
</header>
```

views/test2.blade.php 父模板文件：

```
<!doctype html>
<html lang="en">
<head>
    <meta charset="UTF-8">
    <title>包含子模板</title>
</head>
<body>
```

```
@include('header')
<article>
    <h2>文章标题</h2>
    <p>文章内容文章内容文章内容文章内容文章内容文章内容文章内容...</p>
</article>
</body>
</html>
```

routes/web.php 路由文件：

```
Route::get('/test2', function () {
    return view('test2');
});
```

运行效果如图 6-6 所示。

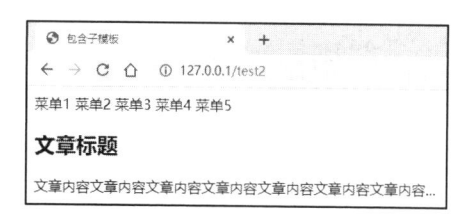

图 6-6

综上所述，使用@section 指令可以替换 Blade 模板中的占位内容，因此选项 A 符合题目要求。

（三）参考答案：A

6.2.3　2019 年-第 9 题

PHP 配置文件的名字是（　　）。

A．php.ini　　　　B．my.ini　　　　C．httpd.conf　　　　D．hosts

（一）考核知识和技能

1．PHP 配置文件

2．Apache 配置文件

3．hosts 文件

4．MySQL 配置文件

（二）解析

1．PHP 配置文件

PHP 配置文件（php.ini）在 PHP 启动时被读取。对于服务器模块版本的 PHP，仅在 Web 服务器启动时读取一次。

PHP 配置文件目录如图 6-7 所示。

2．Apache 配置文件

Apache 配置文件（httpd.conf）被存放在 Apache 根目录下的 conf 文件夹中，在 Apache 启动时被读取。

Apache 配置文件存放的位置如图 6-8 所示。

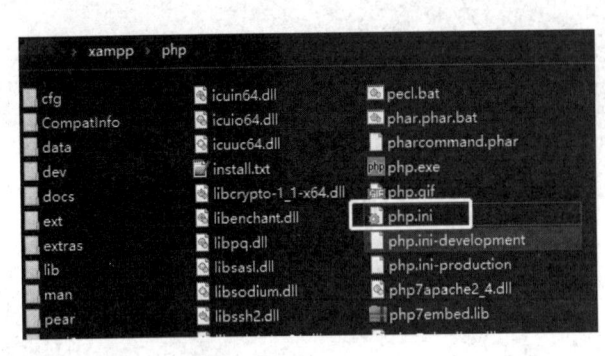

图 6-7 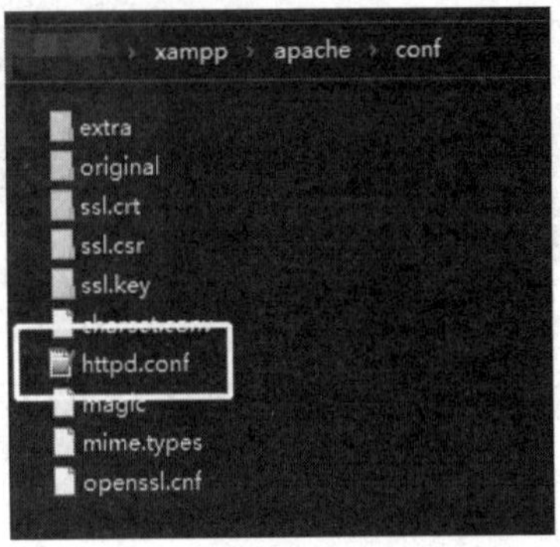　　　　　　　　　　　　　　　　图 6-8

（1）ServerRoot。

① 服务器的基础目录，它一般包含 conf 子目录和 logs 子目录，其他配置文件的相对路径都基于此目录。

② 默认为安装目录，无须更改。

指令语法：ServerRoot directory-path

服务器基础目录默认配置示例：

```
ServerRoot "E:/xampp/apache"
```

（2）Listen。

① 指定服务器监听的 IP 地址和端口。在默认情况下，Apache 会在所有 IP 地址上监听。

② Listen 是在 Apache 2.0 之后版本中必须设置的指令，如果配置文件中找不到这个指令，那么服务器将无法启动。

③ 在默认情况下，Apache 会监听 80 端口，也可以监听其他端口。

指令语法：Listen [IP-address:]portnumber [protocol]

Apache 同时监听 80 端口和 8080 端口配置示例：

```
Listen 80
Listen 8080
```

（3）LoadModule。

① 用于加载特定的 DSO 模块。

② Apache 默认将已编译的 DSO 模块存放在如图 6-9 所示的动态加载模块目录中。

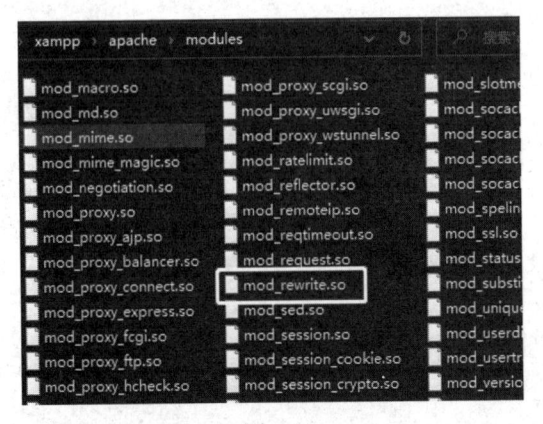

图 6-9

指令语法：LoadModule module filename

加载重写模块示例：
```
LoadModule rewrite_module modules/mod_rewrite.so
```

（4）DocumentRoot：用于设置 Web 文档的根目录。

指令语法：DocumentRoot directory-path

指定 Web 文档根目录示例：
```
DocumentRoot "E:/xampp/htdocs"
```

（5）Include：用于在服务器配置文件中包含其他配置文件。

指令语法：Include file-path|directory-path

载入虚拟主机配置文件示例：
```
Include conf/extra/httpd-vhosts.conf
```

3．hosts 文件

（1）hosts 文件是一个保存域名和 IP 地址映射列表的文件。在 Windows 系统中，该文件被存放在 C:\Windows\System32\drivers\etc 目录下，可以使用记事本等文本编辑工具将其打开。

（2）hosts 文件的作用是进行域名解析，可以把一些经常访问的计算机的 IP 地址和对应域名添加到 hosts 文件中。当用户访问一个域名时，系统首先会从 hosts 文件中寻找其对应的 IP 地址，找到后系统会立即返回该 IP 地址；如果没有找到，那么系统会再次将域名提交给 DNS 域名解析服务器进行 IP 地址的解析。

（3）hosts 文件示例。

① 在 hosts 文件中添加两条 IP 地址与域名映射关系记录。
```
127.0.0.1     test1.com
192.168.56.1  test2.com
```

② 使用 ping 命令访问上述两个域名，运行结果如图 6-10 所示。

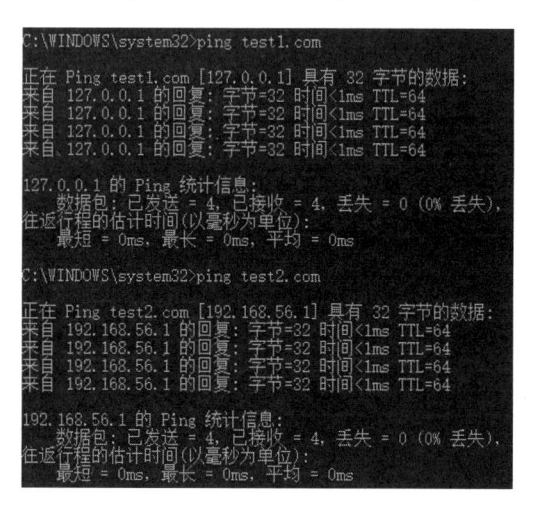

图 6-10

4．MySQL 配置文件

my.ini 是 MySQL 数据库中使用的配置文件，修改这个文件可以更新配置。

my.ini 文件存放在 MySQL 安装目录下的 bin 文件夹中。

MySQL 配置文件目录结构如图 6-11 所示。

（1）客户端的参数（[client]和[mysql]）。

① port 参数：表示 MySQL 数据库的端口，默认端口是 3306，如果需要更改端口号，可以在这里进行修改。

修改端口号如图 6-12 所示。

图 6-11

图 6-12

② password 参数：如果设置了 password 参数的值，那么在登录时可以不用输入密码直接进入。

③ default-character-set 参数：客户端默认的字符集，如果希望支持中文，那么可以设置为 gbk 或 utf8。

修改编码如图 6-13、图 6-14 所示。

图 6-13

图 6-14

（2）服务端参数（[mysqld]）。

① port 参数：表示数据库的端口。

② basedir 参数：表示 MySQL 的安装路径。

③ datadir 参数：表示 MySQL 数据文件的存储位置，也是数据库表的存放位置。

服务端参数的存放位置如图 6-15 所示。

设置字符集参数：表示默认的字符集，这个字符集是服务器端的。

服务器端设置字符集参数的位置如图 6-16 所示。

图 6-15

图 6-16

（3）每次修改参数后，必须重新启动 MySQL 服务才有效。

综上所述，php.ini 为 PHP 配置文件，httpd.conf 为 Apache 配置文件，hosts 为 Windows 系统文件，my.ini 为 MySQL 数据库配置文件。

（三）参考答案：A

6.2.4　2019 年–第 12 题

在 PHP 中，使用（　　）函数可以将数组元素组合为字符串。

A．explode()　　　　　　　　　　B．trim()

C．strpos()　　　　　　　　　　　D．implode()

（一）考核知识和技能

PHP 字符串操作函数

（二）解析

1．implode()函数

implode()函数用于返回一个由数组元素组成的字符串。

implode()函数语法如下：

```
implode(separator,array)
```

implode()函数参数如表 6-2 所示。

表 6-2

参数	描述
separator	可选。规定数组元素之间放置的内容，默认为""（空字符串）
array	必需。要组合为字符串的数组

返回值：返回一个由数组元素组成的字符串。

implode()函数示例代码如下：

```
<?php
$number = rand(1, 20);
echo "number=" . $number . "<br />";
$numbers = range(1, 100, $number);
echo implode(",", $numbers) . "<br />";
```

运行效果如图 6-17 所示。

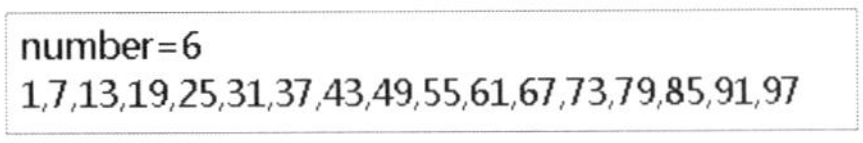

```
number=6
1,7,13,19,25,31,37,43,49,55,61,67,73,79,85,91,97
```

图 6-17

2．explode()函数

explode()函数使用一个字符串分割另一个字符串，并返回由字符串组成的数组。

explode()函数语法如下：

```
explode(separator,string,limit)
```

explode()函数参数如表 6-3 所示。

表 6-3

参数	描述
separator	必需。边界上的分隔字符
string	必需。要分割的字符串
limit	可选。规定所返回的数组元素的数目。可能的值如下。 ① 大于 0：返回包含最多 limit 个元素的数组 ② 小于 0：返回包含除了最后的-limit 个元素的所有元素的数组 ③ 0：被当作 1，返回包含一个元素的数组

返回值：返回字符串数组。

explode()函数示例代码如下：

```php
<?php
$str = 'one,two,three,four';
// 返回包含一个元素的数组
print_r(explode(',',$str,0));
print "<br>";
// 数组元素为 2
print_r(explode(',',$str,2));
print "<br>";
// 删除最后一个数组元素
print_r(explode(',',$str,-1));
```

运行效果如图 6-18 所示。

```
Array
(
    [0] => one,two,three,four
)
Array
(
    [0] => one
    [1] => two,three,four
)
Array
(
    [0] => one
    [1] => two
    [2] => three
)
```

图 6-18

3．trim()函数

trim()函数语法如下：

```
trim(string,charlist)
```

trim()函数参数如表 6-4 所示。

表 6-4

参数	描述
string	必需。规定要检查的字符串
charlist	可选。规定从字符串中删除哪些字符。如果省略该参数，则移除下列所有字符。 ① "\0"：NULL ② "\t"：制表符 ③ "\n"：换行符 ④ "\x0B"：垂直制表符 ⑤ "\r"：回车 ⑥ " "：空格

返回值：返回已修改的字符串。

trim()函数示例代码如下：

```
<?php
 $str = " Hello World! ";
 echo "Without trim: " . $str;
 echo "<br>";
 echo "With trim: " . trim($str);
?>
```

运行效果如图 6-19 所示。

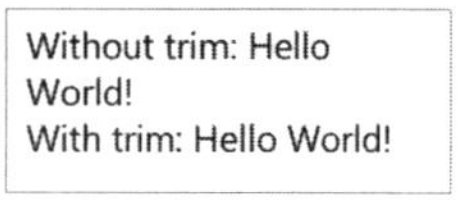

注：

trim()函数：移除字符串两侧的空白字符或其他预定义字符。

ltrim()函数：移除字符串左侧的空白字符或其他预定义字符。

rtrim()函数：移除字符串右侧的空白字符或其他预定义字符。

Without trim: Hello World!
With trim: Hello World!

图 6-19

4．strpos()函数

strpos()函数用于查找字符串在另一字符串中第一次出现的位置（区分大小写），该函数是二进制安全的。

strpos()函数语法如下：

```
strpos(string,find,start)
```

strpos()函数参数如表 6-5 所示。

表 6-5

参数	描述
string	必需。规定被搜索的字符串
find	必需。规定要查找的字符
start	可选。规定开始搜索的位置

返回值：返回字符串在另一字符串中第一次出现的位置。如果没有找到字符串，则返回 false。

注：字符串位置从 0 开始，而不是从 1 开始。

strpos()函数示例代码如下：

```
<?php
echo strpos("I love php, I love php too!","php");
```

运行效果如图 6-20 所示。

$$\boxed{7}$$

图 6-20

注：

strrpos()函数：查找字符串在另一字符串中最后一次出现的位置（区分大小写）。

stripos()函数：查找字符串在另一字符串中第一次出现的位置（不区分大小写）。

strripos()函数：查找字符串在另一字符串中最后一次出现的位置（不区分大小写）。

综上所述，implode()函数返回一个由数组元素组成的字符串，explode()函数使用一个字符串分割另一个字符串，并返回由字符串组成的数组。

（三）参考答案：D

6.2.5　2019 年-第 15 题

在对一个文件进行写入操作时，不需要的函数是（　　）。

A．fopen()　　　　B．fread()　　　　C．fwrite()　　　　D．fclose()

（一）考核知识和技能

PHP 文件操作函数

（二）解析

1．fopen()函数

fopen()函数用于打开文件或 URL。

fopen()函数语法如下：

```
fopen(filename,mode,use_include_path,context)
```

fopen()函数参数如表 6-6 所示。

表 6-6

参数	描述
filename	必需。规定要打开的文件或 URL
mode	必需。规定用户请求到该文件/流的访问类型。可能的值如下。 ① "r"：只读方式打开，将文件指针指向文件头 ② "r+"：读/写方式打开，将文件指针指向文件头 ③ "w"：写入方式打开，清除文件内容，如果文件不存在，则尝试创建 ④ "w+"：读/写方式打开，清除文件内容，如果文件不存在，则尝试创建 ⑤ "a"：写入方式打开，将文件指针指向文件末尾进行写入，如果文件不存在，则尝试创建 ⑥ "a+"：读/写方式打开，通过将文件指针指向文件末尾进行写入来保存文件内容 ⑦ "x"：创建一个新的文件并以写入方式打开，如果文件已存在，则返回 false 和一个错误 ⑧ "x+"：创建一个新的文件并以读/写方式打开，如果文件已存在，则返回 false 和一个错误
use_include_path	可选。如果需要在 include_path 中搜寻文件，那么可以将 use_include_path 参数设置为'1'或 true
context	可选。资源流上下文，可以通过 stream_context_create()函数创建

（1）fopen()函数的第 1 个参数包含要打开的文件名称，第 2 个参数规定了使用哪种模式打开文件。

（2）如果 fopen()函数无法打开指定文件，那么返回 false 并附带错误信息，可以在函数名前添加一个@来隐藏错误输出。

2．fread()函数

fread()函数用于读取打开的文件，并返回读取的字符串。如果失败，则返回 false。

fread()函数语法如下：

```
fread(file,length)
```

fread()函数参数如表 6-7 所示。

表 6-7

参数	描述
file	必需。规定要读取打开的文件（是典型的由 fopen()创建的 resource(资源)）
length	必需。规定要读取的最大字节数

（1）该函数是二进制安全的（意思是二进制数据和字符数据都可以使用此函数写入）。

（2）如果只想将一个文件的内容读取到一个字符串中，请使用 file_get_contents()函数，它的性能要比 fread()函数好得多。

（3）在 w、a 和 x 模式下，无法读取打开的文件！

3．fwrite()函数

fwrite()函数语法如下：

```
fwrite(file,string,length)
```

fwrite()函数参数如表 6-8 所示。

表 6-8

参数	描述
file	必需。规定要写入的打开文件
string	必需。规定要写入文件的字符串
length	可选。规定要写入的最大字节数

（1）fwrite()函数用于将 string 的内容写入文件指针 file 处。

（2）如果指定了 length，那么当写入了 length 字节或者写完了 string 以后，写入就会停止，看先碰到哪种情况。

（3）如果函数成功执行，则返回写入的字符数；如果失败，则返回 false。

4．fclose()函数

fclose()函数用于关闭一个打开文件。

fclose()函数语法如下：

```
fclose(file)
```

fclose()函数参数如表 6-9 所示。

表 6-9

参数	描述
file	必需。规定要关闭的打开文件

注：该函数如果成功执行，则返回 true；如果失败，则返回 false。

综上所述，fread()函数用于读取文件。在写入文件时，只会用到 fopen()函数、fwrite()函数和 fclose()函数。

（三）参考答案：B

6.2.6　2019 年-第 17 题

在使用 Composer 下载 Laravel 时，若不指定下载版本，则默认下载哪个版本的 Laravel？（　　）

A．最新版本　　　　　　　　　B．稳定版本
C．某一固定版本　　　　　　　D．无法下载

（一）考核知识和技能

1．Composer 管理工具

2．Composer 创建项目命令

（二）解析

1．Composer 管理工具

（1）Composer 是 PHP 用于管理依赖（dependency）关系的工具，可以在项目中声明所依赖的外部工具库（libraries），Composer 会帮助用户安装这些依赖的库文件。

（2）Laravel 框架则是 Composer 中一个比较流行的项目，Laravel 框架使用 Composer 来管理依赖。因此，需要下载安装 Composer 来创建 Laravel 工程。

（3）Composer 中文网：https://www.phpcomposer.com/。

2．Composer 创建项目命令

（1）创建基于 Composer 的新项目，可以使用 create-project 命令传递一个包名，它会创建项目目录（如果该目录目前不存在，则会在安装过程中自动创建），也可以在第 3 个参数中指定版本号，否则将获取最新版本。

（2）创建 Laravel 框架的命令如下。

① 若不指定下载版本，则默认下载最新版本，命令格式如下：

```
composer create-project --prefer-dist laravel/laravel [工程名]
```

② 若要创建指定版本 Laravel 项目，则需在命令中添加版本号，若工程名为 bbs，则命令格式如下：

```
composer create-project --prefer-dist laravel/laravel bbs "5.6.*"
```

综上所述，若不指定下载版本，则默认下载最新版本。故选项 A 正确。

（三）参考答案：A

6.2.7　2019 年-第 18 题

以下关于 PHP 面向对象的说法错误的是（　　）。
A．一个类可以在声明中用 extends 关键字继承另一个类的方法和属性
B．PHP 默认将 var 关键字解释为 public
C．PHP 可以多重继承，一个类可以继承多个父类
D．PHP 使用 new 运算符来获取一个实例对象

（一）考核知识和技能

1．继承
2．访问控制
3．实例化对象

（二）解析

1．继承

（1）继承是子类自动共享父类数据结构和方法的机制，这是类之间的一种关系。在定义和实现一个类时，可以在一个已经存在的类的基础上进行，把这个已经存在的类所定义的内容作为自己的内容，并加入新的内容。

（2）PHP 使用 extends 关键字来继承一个类，PHP 不支持多继承。

继承示例：

```
class Child extends Parent {
//代码部分
}
```

① 父类：一个类被其他类继承，可以将该类称为父类、基类或超类。
② 子类：一个类继承其他类被称为子类，也可称为派生类。
③ 多态：相同的函数或方法可作用于多种类型的对象上，并获得不同的结果。不同的对象在收到同一消息时可以产生不同的结果，这种现象被称为多态性。
④ 重载：函数或方法有同样的名称，但是参数列表不同，这样同名不同参数的函数或方法之间，被互相称为重载函数或重载方法。

2．访问控制

（1）属性的访问控制。
类属性必须定义为公有、受保护或私有。如果用 var 关键字定义，则被视为公有。
（2）方法的访问控制。
类中的方法可以被定义为公有、私有或受保护。如果没有设置这些关键字，则该方法默认为公有。

3．实例化对象

使用 new 关键字并在后面加上一个和类名同名的方法即可将类实例化为对象。
对象的实例化格式如下：

```
变量名= new 类名(参数数列表);
```

或

```
变量名= new 类名;
```

参数如表 6-10 所示。

表 6-10

参数	描述
变量名	通过类所创建的一个对象的引用名称，可以通过这个名称访问对象的成员
new	关键字，表明要创建一个新的对象
类名	表示新对象的类型
参数列表	指定类的构造方法并用于初始化对象的值，如果类中没有定义构造函数，则 PHP 会自动创建一个不带参数的默认构造函数

创建一个类并将其实例化：

```
<?php
    class Students{ }
    $person1 = new Students();
    $person2 = new Students;
    $person3 = new Students;
    var_dump($person1);
    echo '<br>';
    var_dump($person2);
    echo '<br>';
    var_dump($person3);
?>
```

运行效果如图 6-21 所示。

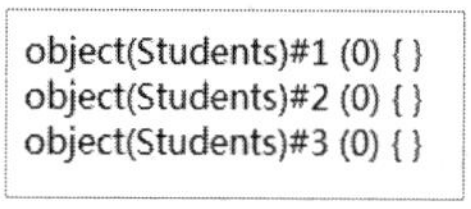

```
object(Students)#1 (0) { }
object(Students)#2 (0) { }
object(Students)#3 (0) { }
```

图 6-21

综上所述，PHP 中类不支持多继承。

（三）参考答案：C

6.2.8　2019 年-第 20 题

下面哪个函数在正则表达式中执行一个匹配？（　　）

A．preg_match()　　　　　　　　B．preg_match_all()
C．preg_replace()　　　　　　　　D．preg_split()

（一）考核知识和技能

1．正则表达式

2．PHP 正则函数

（二）解析

1．正则表达式

正则表达式（regular expression）描述了一种字符串匹配的模式，可以用来检查一个串是否含有某种子串，并将匹配的子串做替换，或者从某个串中取出符合某个条件的子串等。

(1) 正则表达式包含的元素如下。

① 原子（普通字符：a-z A-Z 0-9、原子表、转义字符）。

② 元字符（有特殊功能的字符）。

③ 模式修正符（系统内置部分字符 i、m、S、U…）。

(2) 转义字符。

① \d：包含所有数字[0-9]。

② \D：除所有数字外[^0-9]。

③ \w：包含所有字符（大小写英文字母、下画线、数字）[a-zA-Z_0-9]。

④ \W：除所有字符外（大小写英文字母、下画线、数字）[^a-zA-Z_0-9]。

⑤ \s：空白区域，如回车、换行、分页等[\f\n\r]。

⑥ \S：非空白区域[^\f\n\r]。

(3) 元字符。

① *：匹配任意次（0 次、1 次或多次）。

② ?：匹配 0 次或 1 次。

③ +：匹配 1 次或多次。

④ .：匹配除换行符外的任何字符。

⑤ |：选择匹配（或者）。

⑥ ^：匹配开头（中括号内表示非）。

⑦ $：匹配尾部。

⑧ {m}：匹配其前面原子的次数为 m 次。

⑨ {m,}：匹配其前面原子的次数大于或等于 m 次。

⑩ {m,n}：匹配其前面原子的次数为 $m \sim n$ 次（最少 m 次，最多 n 次）。

⑪ ( )：合并整体匹配，可以使用\1\2…依次获取。

(4) 模式修正符：【/正则/U】。

① i：不区分大小写。

② m：采用多行识别匹配首内容或尾内容。

③ s：将转义回车取消视为单行匹配。

④ x：忽略正则中的空白。

⑤ A：强制从头开始匹配。

⑥ D：若设置，则元字符$仅匹配目标字符串的末尾；若没有设置，则当字符串以一个换行符结尾时，$还会匹配该换行符。

⑦ U：禁止贪婪匹配，只跟踪到最近的一个匹配符并结束跟踪，常用在采集程序时。

⑧ u：匹配中文。

2．PHP 正则函数

正则表达式的主要作用是分割、匹配、查找和替换。

(1) preg_match()函数。

preg_match()函数语法如下：

```
preg_match ( pattern , subject ,matches , flags , offset )
```

功能：搜索 subject 与 pattern 给定的正则表达式的一个匹配。

preg_match()函数参数如表 6-11 所示。

表 6-11

参数	描述
pattern	要搜索的模式，字符串形式
subject	输入字符串
matches	可选。如果提供了 matches 参数，那么它将被填充为搜索结果。$matches[0]将包含完整模式匹配到的文本，$matches[1]将包含第一个捕获子组匹配到的文本，以此类推
flags	可选。flags 可以被设置为以下标记值。 PREG_OFFSET_CAPTURE：如果传递了这个标记，那么在返回时会对每一个出现的匹配附加字符串偏移量（相对于目标字符串）。 注意：这会改变填充到 matches 参数的数组，使其每个元素成为一个由第 0 个元素匹配到的字符串，第 1 个元素是该匹配字符串在目标字符串 subject 中的偏移量（相对于目标字符串）
offset	可选。用于指定从目标字符串的哪个位置开始搜索（单位是字节）

返回值：返回 pattern 的匹配次数。它的值是 0 次（不匹配）或 1 次，因为 preg_match() 函数在第 1 次匹配后会停止搜索，而 preg_match_all()函数会一直搜索 subject 直至结尾。如果发生错误，则 preg_match()函数返回 false。

preg_match()函数示例代码如下：

```php
<?php
// 模式分隔符后的 i 标记是一个大小写不敏感的搜索
if (preg_match("/php/i", "PHP is the web scripting language of choice.")) {
    echo "查找到匹配的字符串 php。";
} else {
    echo "未发现匹配的字符串 php。";
}
?>
```

运行结果如下：

```
查找到匹配的字符串 php。
```

（2）preg_match_all()函数。

preg_match_all()函数原型如下：

```
int preg_match_all ( string $pattern , string $subject [, array &$matches [, int $flags = 0 [, int $offset = 0 ]]] )
```

功能：搜索 subject 中所有匹配 pattern 给定正则表达式的匹配结果，并将它们以 flag 指定顺序输出到 matches 中。在找到第 1 个匹配后，子序列会继续从最后一次匹配位置搜索。

preg_match_all()函数参数如下。

① $pattern：要搜索的模式，字符串形式。

② $subject：输入字符串。

③ $matches：多维数组，作为输出参数输出所有的匹配结果，数组排序通过 flags 指定。

④ $flags：可以结合下面的标记使用（注意不能同时使用 PREG_PATTERN_ORDER 和 PREG_SET_ORDER）。

- PREG_PATTERN_ORDER：匹配结果排序为$matches[0]表示保存完整模式的所有匹配内容，$matches[1]表示保存第 1 个子组的所有匹配内容，以此类推。

- PREG_SET_ORDER：匹配结果排序为$matches[0]表示保存第 1 次匹配到的所有匹配内容（包含子组），$matches[1]表示保存第 2 次匹配到的所有匹配内容（包含子组），以此类推。
- PREG_OFFSET_CAPTURE：如果这个标记被传递，那么每个发现的匹配在返回时都会增加它相对目标字符串的偏移量。

⑤ $offset：一般查找时会从目标字符串的开始位置查找。可选参数$offset 用于从目标字符串中的指定位置开始搜索（单位是字节）。

返回值：返回完整的匹配次数（可能是 0），如果发生错误，则返回 false。

preg_match_all()函数示例代码如下：

```
<?php
$userinfo = "Name: <b>PHP</b> <br> Title: <b>Programming Language</b>";
preg_match_all ("/<b>(.*)<\/b>/U", $userinfo, $pat_array);
print_r($pat_array[0]);
```

运行效果如图 6-22 所示。

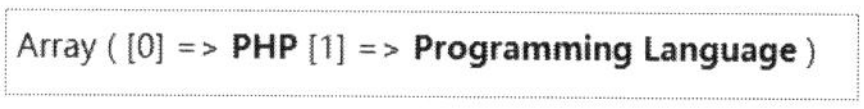

Array ([0] => **PHP** [1] => **Programming Language**)

图 6-22

（3）preg_replace()函数。

preg_replace()函数原型如下：

```
mixed preg_replace ( mixed $pattern , mixed $replacement , mixed $subject [, int $limit = -1 [, int &$count ]] )
```

功能：搜索 subject 中匹配 pattern 的部分，并用 replacement 进行替换。

preg_replace()函数参数如下。

① $pattern：要搜索的模式，可以是字符串，也可以是一个字符串数组。

② $replacement：用于替换的字符串或字符串数组。

③ $subject：要搜索替换的目标字符串或字符串数组。

④ $limit：可选，对于每个模式用于每个 subject 字符串的最大可替换次数，默认为-1（无限制）。

⑤ $count：可选，表示替换执行的次数。

返回值：如果 subject 是一个数组，则 preg_replace()函数返回一个数组，其他情况下返回一个字符串；如果匹配被查找到，则替换后的 subject 被返回，其他情况下返回没有改变的 subject；如果发生错误，则返回 NULL。

preg_replace()函数示例代码如下：

```
<?php
$string = 'google 123, 456';
$pattern = '/(\w+) (\d+), (\d+)/i';
$replacement = 'runoob ${2},$3';
echo preg_replace($pattern, $replacement, $string);
```

运行效果如图 6-23 所示。

runoob 123,456

图 6-23

(4) preg_split()函数。

preg_split()函数原型如下：

```
array preg_split ( string $pattern , string $subject [, int $limit = -1 [, int $flags = 0 ]] )
```

功能：通过一个正则表达式分隔给定字符串。

preg_split()函数参数如下。

① $pattern：要搜索的模式，字符串形式。

② $subject：输入字符串。

③ $limit：可选，如果指定，则将限制分隔得到的子串最多只有 limit 个，返回的最后一个子串将包含所有剩余部分。当 limit 值为-1、0 或 null 时，都代表"不限制"，作为 PHP 的标准，用户可以使用 null 跳过对 flags 的设置。

④ $flags：可选，可以是任何下面标记的组合。

- PREG_SPLIT_NO_EMPTY：如果这个标记被设置，则 preg_split()函数将返回分隔后的非空部分。
- PREG_SPLIT_DELIM_CAPTURE：如果这个标记被设置，则用于分隔模式中的括号表达式将被捕获并返回。
- PREG_SPLIT_OFFSET_CAPTURE：如果这个标记被设置，则每一个出现的匹配在返回时都将附加字符串偏移量。需要注意的是，这将改变返回数组中的每一个元素，使其每个元素成为一个由"第 0 个元素为分隔后的子串，第 1 个元素为该子串在 subject 中的偏移量"组成的数组。

返回值：返回一个使用 pattern 边界分隔 subject 后得到的子串组成的数组，或者在失败时返回 false。

preg_split()函数示例代码如下：

```
<?php
//使用逗号或空格（包含" ", \r, \t, \n, \f）分隔短语
$keywords = preg_split("/[\s,]+/", "hypertext language, programming");
print_r($keywords);
```

运行效果如图 6-24 所示。

Array ([0] => hypertext [1] => language [2] => programming)

图 6-24

综上所述，选项 A 与选项 B 都使用正则实现匹配功能，但选项 B 的 preg_match_all()函数是匹配所有的子串，可能执行一次或多次。

（三）参考答案：A

6.2.9 2019 年-第 21 题

Laravel 中入口文件所在路径是（　　）。

A．项目/public　　　B．项目/vendor　　　C．项目/app　　　D．项目/routes

(一)考核知识和技能

1．Laravel 框架目录结构

2．Laravel 工程入口文件

(二)解析

1．Laravel 框架目录结构

Laravel 的工程目录如表 6-12 所示。

表 6-12

文件或文件夹	描述
/app/Http/controllers	存放控制器类
/app/	存放数据模型类
/bootstrap/	存放系统启动时需要的文件
/config/database.php	应用的配置文件，基本数据库配置文件
/public/	含有 Laravel 框架核心的引导文件 index.php，这个目录也可用来存放任何可以公开的静态资源，如 CSS、JavaScript、images 等
/resources/views/	包含控制器或者路由使用的 HTML 模板（blade）
/routes/web.php	应用程序的路由文件
/.env	环境配置文件
/package.json	该工程依赖的 Composer 组件

2．Laravel 工程入口文件

（1）基于 Laravel 框架开发的应用，对 Web Server 来说，和普通应用并无区别。所以当 Web Server 收到一个 HTTP 请求时，不管是 Apache 还是 Nginx，都只是简单地将其交给 DocumentRoot 下面特定的入口文件 index.php，并等待其返回相应的结果。

（2）对 Laravel 而言，这个入口就是工程目录下的 public/index.php 文件。在某种意义上甚至可以说，所有 HTTP 请求都是在这个文件内进行处理的。

综上所述，项目目录下的 public 文件夹属于入口文件夹，其中的 index.php 属于入口文件；项目目录下的 vender 文件夹包含了应用中所有通过 Composer 加载的依赖；项目目录下的 app 文件夹包含了应用的核心代码；项目目录下的 routes 文件夹包含了应用定义的所有路由。因此选项 A 为正确选项。

(三)参考答案：A

6.2.10 2019 年-第 24 题

说明：中级理论卷 2019 年单选题-第 24 题与 2020 年多选题-第 12 题相同，仅以此题为代表进行解析。

关于 Cookie 的说法错误的是（　　）。

A．Cookie 用于记录用户的信息

B．Cookie 不允许跨域访问

C．大量 Cookie 文件会导致硬盘崩溃

D．setcookie()函数可以用来创建 Cookie

（一）考核知识和技能

1．会话机制

2．Cookie

3．Cookie 的特性

4．setcookie()函数

（二）解析

1．会话机制

（1）用户和服务器之间通常使用 HTTP 通信，但是 HTTP 本身是无状态的，客户端只需要简单地向服务器请求下载某些文件，无论是客户端还是服务器都没有必要记录彼此之前的行为，所以每一次请求都是独立的。

（2）Cookie 的作用是为了弥补 HTTP 无状态的缺点，Session 的作用则是在客户端与服务器之间保持状态。也就是说，Cookie 通过在客户端记录信息确定用户身份，Session 通过在服务器记录信息确定用户身份。

2．Cookie

（1）Cookie 是一种在远程客户端存储数据并使用这些数据来跟踪和识别用户的机制。Cookie 是 Web 服务器暂时存储在用户硬盘上的一个文本文件，包含了有关用户的信息，目的是无论何时用户连接到服务器，服务器都可以通过读取 Cookie 文件来迅速地做出响应。

（2）Cookie 通常用于以下 3 方面。

① 记录用户的信息，如上次登录的用户名等。

② 页面之间传递参数。

③ 将 HTML 页存储在 Cookie 中，提高浏览速度。

3．Cookie 的特性

（1）Cookie 信息一般不加密，存在泄露风险，所以 Cookie 设置了一套安全机制，只允许创建它的域进行读/写操作，其他浏览器或网站都无法进行读/写操作。

（2）Cookie 是临时文件。一般情况下，当用户离开网站时，Cookie 就会被自动删除，目前可以通过设置脚本使 Cookie 长期保存，目的是当用户在下次访问网站时，可以继续进行操作。

（3）Cookie 不允许跨域访问。

（4）Cookie 的存储大小是有限制的，并且各个浏览器的限制大小不同。在 Cookie 的存储大小超出限制值后，浏览器将无法再对新数据进行存储。

4．setcookie()函数

setcookie()函数可以用来创建 Cookie，如果客户端浏览器禁用了 Cookie，则 setcookie()函数会返回 false。

setcookie()函数语法如下：

`setcookie(name,value,expire,path,domain,secure,httponly)`

setcookie()函数参数如表 6-13 所示。

表 6-13

参数	描述
name	必选参数。设置 Cookie 的名称
value	必选参数。设置 Cookie 的值
expire	可选参数。设置 Cookie 的有效期,使用 UNIX 时间戳,如果该参数被设置为 0 或者被忽略,则 Cookie 会在会话结束(浏览器整体关闭)时过期
path	可选参数。设置 Cookie 的服务器的有效路径,默认当前目录,如果设置了生效的目录,则在 domain 下这个目录有效
domain	可选参数。设置 Cookie 的域名
secure	可选参数。设置是否通过安全的 HTTPS 连接来传输 Cookie,默认值为 0,表示 HTTP 和 HTTPS 连接都有效;如果该参数设置为 1,则表示只有在 HTTPS 连接时才会设置 Cookie
httponly	可选参数(true 或 false)。若设置为 true,则 Cookie 仅可通过 HTTP 协议访问,意思是 Cookie 无法通过类似 JavaScript 这样的脚本语言访问。若要有效减少 XSS 攻击时的身份窃取行为,则建议用此设置(虽然不是所有的浏览器都支持),不过这个说法经常有争议

使用 setcookie()函数设置 1 小时有效期的示例代码如下:

```
<?php
$value = 'user';
setcookie("TestCookie1", $value);
/* 有效时间 1 小时 */
setcookie("TestCookie2", $value, time()+3600);
```

运行效果如图 6-25 所示。

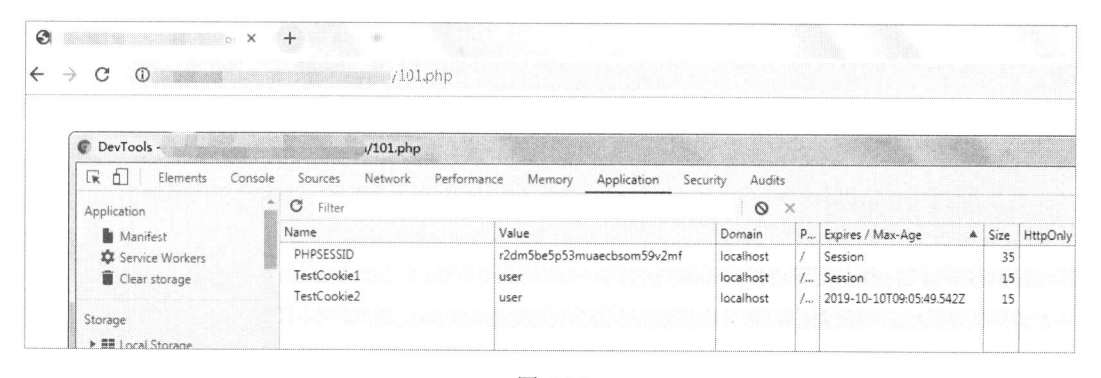

图 6-25

综上所述,Cookie 的存储大小有限,并且各个浏览器的限制大小不同,在 Cookie 的存储大小超出限制值后,浏览器将无法再对新数据进行存储。

(三)参考答案:C

6.2.11 2020 年-第 3 题

说明:中级理论卷 2020 年单选题-第 3 题与 2019 年单选题-第 25 题相同,仅以此题为代表进行解析。

启动 Session 的函数是(   )。

A．session_init()   B．session_start()

C. session_unset()　　　　　　D. session_destroy()

（一）考核知识和技能

1. Session
2. 启动 Session
3. Session 操作
4. 销毁 Session

（二）解析

1．Session

（1）Session 是指一个终端用户与交互系统进行通信的时间间隔，通常是指用户从注册进入系统到注销退出系统所经过的时间。PHP 可以提前主动结束 Session，终止 Session 对象的运行。

（2）Session 具有针对性，不同用户具有不同的 Session。一旦用户登录网站，服务器就会随机生成一个唯一且不重复的 Session，每个 Session 都有唯一的 session_id，直到用户退出网站前，这个 Session 都是有效的。

（3）Session 数据被保存在服务器中。

2．启动 Session

（1）Session 必须先启动。在 PHP 中，session_start()函数可以用来启动 Session。

（2）如果启动成功，则返回 true，并初始化全局数组$_SESSION；如果启动失败，则返回 false。

（3）成功启动 Session 后会产生一个会话 ID。在默认情况下，该会话 ID 会被存储到浏览器的 Cookies 中，如图 6-26 所示，而在服务器端，会以该会话 ID 创建一个存储 Session 数据的文件，如图 6-27 和图 6-28 所示。

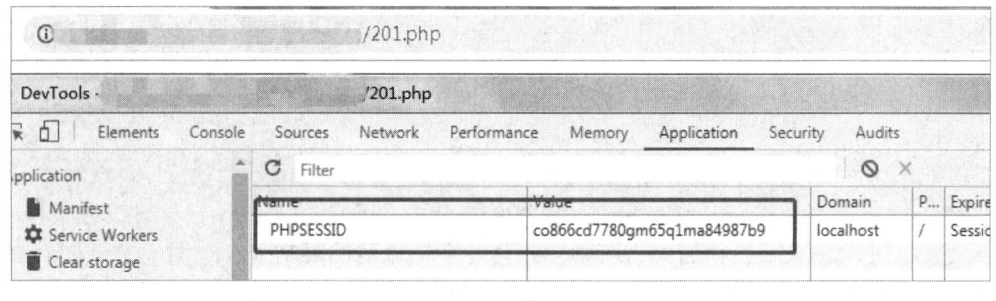

图 6-26

图 6-27　　　　　　　　　　　　　　　　图 6-28

3. Session 操作

（1）在 PHP 中，全局数组$_SESSION 可以用来存储 Session。

启动 Session，使用全局变量$_SESSION 获取 Session 值的示例代码如下：

```php
<?php
session_start();
$_SESSION["user"] = "Lili";
$_SESSION["location"] = "China";
$_SESSION["age"] = 26;
$_SESSION["guest"] = false;
```

运行效果如图 6-29 所示。

（2）可以从全局数组$_SESSION 中读取 Session 信息。

查看获取的 Session 值的示例代码如下：

```php
<?php
session_start();
var_dump($_SESSION["user"]);
echo "<br / >";
var_dump($_SESSION["location"]);
echo "<br / >";
var_dump($_SESSION["age"]);
echo "<br / >";
var_dump($_SESSION["guest"]);
```

运行效果如图 6-30 所示。

图 6-29

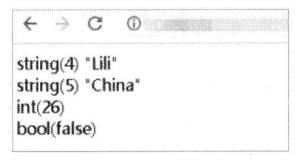

图 6-30

4. 销毁 Session

在 PHP 中，unset()函数和 session_destroy()函数用来销毁 Session。

（1）unset()函数。

unset()函数用于销毁单个 Session，示例代码如下：

```php
<?php
session_start();
unset($_SESSION["user"]);
var_dump($_SESSION["user"]);
echo "<br / >";
var_dump($_SESSION["location"]);
echo "<br / >";
var_dump($_SESSION["age"]);
echo "<br / >";
var_dump($_SESSION["guest"]);
```

运行效果如图 6-31 所示。

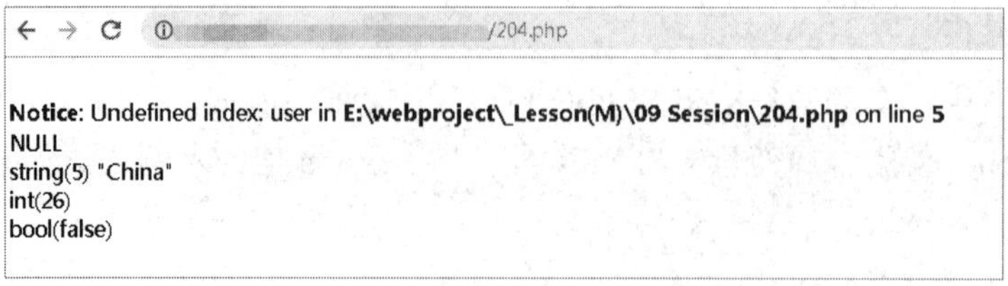

```
Notice: Undefined index: user in E:\webproject\_Lesson(M)\09 Session\204.php on line 5
NULL
string(5) "China"
int(26)
bool(false)
```

图 6-31

（2）session_destroy()函数。

① 相对于 unset()函数，session_destroy()函数用于销毁全部 Session。

② 如果销毁成功，则返回 true；如果销毁失败，则返回 false。

③ 在使用 session_destroy()函数后，保存的全部 Session 会随着 Session 文件的删除而消失。

示例代码如下：

```php
<?php
session_start();
session_destroy();
```

运行效果如图 6-32 所示。

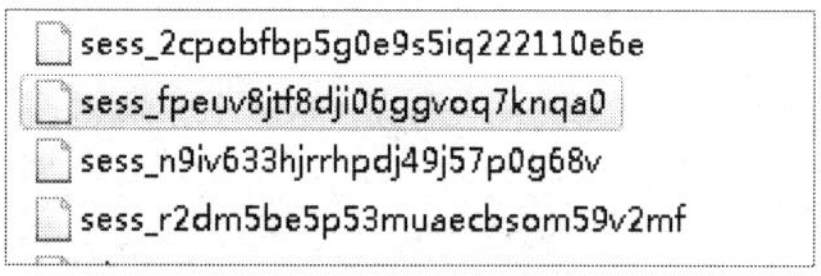

图 6-32

由此可知，"sess_co866cd7780gm65q1ma84987b9"文件消失了。

综上所述，session_start()函数用于启动 Session。

（三）参考答案：B

6.2.12 2019 年-第 29 题

说明：中级理论卷 2019 年单选题-第 29 题与 2020 年单选题-第 30 题类似，仅以此题为代表进行解析。

下面哪个不是 PHP 的魔术方法？（　　）

A．__require()　　　B．__set()　　　C．__call()　　　D．__autoload()

（一）考核知识和技能

魔术方法

（二）解析

__construct()、__destruct()、__call()、__callStatic()、__get()、__set()、__isset()、__unset()、__sleep()、__wakeup()、__serialize()、__unserialize()、__toString()、__invoke()、__set_state()、__clone()和__debugInfo()等方法在 PHP 中被称为魔术方法。在命名自己的类方法时不能使用这些方法名，除非想使用其魔术功能。

需要注意的是，PHP 将所有以__（两个下画线）开头的类方法保留为魔术方法。所以在定义类方法时，除了上述魔术方法，建议不要以__为前缀。

（1）__set()方法：在为不可访问属性赋值时，__set()方法会被调用。调用__set()方法运行错误的示例代码如下：

```php
<?php
class Test {
    private $a; //私有成员属性
}

$obj = new Test();
$obj->a = 1;
echo "<br>";
print_r($obj);
```

运行效果如图 6-33 所示。

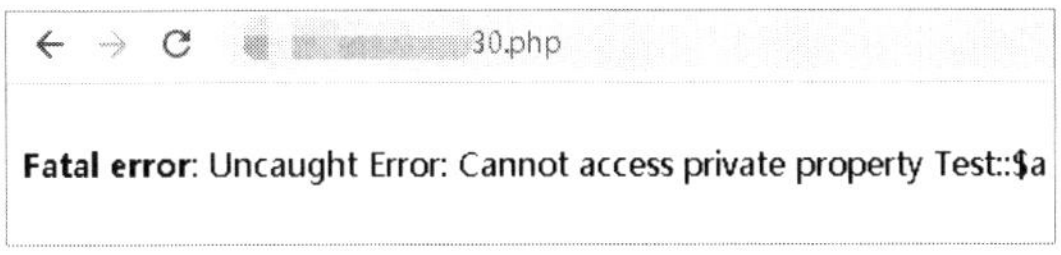

Fatal error: Uncaught Error: Cannot access private property Test::$a

图 6-33

调用__set()方法运行正确的示例代码如下：

```php
<?php
class Test {
    private $a; //私有成员属性
    public function __set($name, $value) {
        echo "__set 方法被调用";
        $this->$name = $value;
    }
}
$obj = new Test();
$obj->a = 1;
echo "<br>";
print_r($obj);
```

运行效果如图 6-34 所示。

（2）__call()方法：在对象中调用一个不可访问方法时，__call()方法会被调用。

调用__call()方法示例代码如下：

```php
<?php
class MethodTest {
    public function __call($name, $args) {
        echo ' 方法：'.$name;
        echo ' 参数：';
        print_r($args);
        echo '不存在<br>';
    }
}
$obj = new MethodTest();
$obj->a(1,2);
$obj->b(3);
```

运行效果如图 6-35 所示。

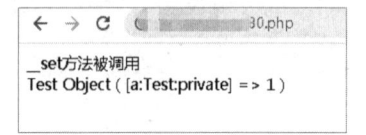

图 6-34

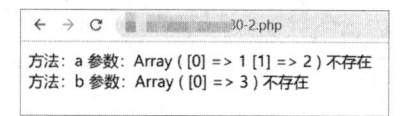

图 6-35

（3）__autoload()方法。

PHP 提供了类的自动加载功能，当尝试使用一个未定义的类时，会寻找一个名为__autoload()的全局函数并调用它。

分别在 test1.php 文件和 test2.php 文件中定义 test1 类和 test2 类，在 index.php 文件中定义名为__autoload()的全局函数并调用它。

test1.php 文件代码如下：

```php
<?php
class test1{
    function a1(){
        echo "a1 方法执行<br>";
    }
}
```

test2.php 文件代码如下：

```php
<?php
class test2{
    function a2(){
        echo "a2 方法执行<br>";
    }
}
```

index.php 文件代码如下：

```php
<?php
function __autoload($className){
    echo "__autoload 方法执行<br>";
    require($className . '.php');
}
$obj1 = new test1();
$obj1->a1();
$obj2 = new test2();
$obj2->a2();
```

运行效果如图 6-36 所示。

综上所述，PHP 默认的魔术方法有__autoload()、__construct()、__destruct()、__call()、__callStatic()、__get()、__set()、__isset()、__unset()、__sleep()、__wakeup()、__toString()、__invoke()、__set_state()、__clone()和__debugInfo()。

图 6-36

（三）参考答案：A

6.2.13　2020 年-第 4 题

说明：中级理论卷 **2020** 年单选题-第 **4** 题与 **2019** 年单选题-第 **30** 题相同，仅以此题为代表进行解析。

关于 PHP 环境搭建的说法错误的是（　　）。

A．Apache 的默认端口是 80

B．MySQL 的默认端口是 3306

C．Apache -k install 命令表示卸载 Apache 服务

D．MySQL 的进程名为 mysqld.exe

（一）考核知识和技能

1．Apache 服务器

2．MySQL 服务器

（二）解析

1．Apache 服务器

（1）Apache 的默认端口是 80。

（2）Apache 安装命令为 httpd -k install。

（3）Apache 卸载命令为 httpd -k uninstall。

2．MySQL 服务器

（1）MySQL 的默认端口是 3306。

（2）MySQL 的进程名为 mysqld.exe。

综上所述，Apache 卸载服务命令为 httpd -k uninstall。

（三）参考答案：C

6.2.14　2020 年-第 7 题

下面哪个 PHP 函数表示生成随机数？（　　）

A．rand()　　　　B．abs()　　　　C．floor()　　　　D．ceil()

（一）考核知识和技能

PHP 数学函数

（二）解析

（1）rand()函数：产生一个随机整数。

rand()函数示例代码如下：

```
<?php
//返回 5~15（包括 5 和 15）之间的随机整数
echo rand(5, 15) ;
echo "<br>" ;
//返回 0 到 getrandmax()之间的随机整数
echo rand();
```

运行效果如图 6-37 所示。

（2）abs()函数：返回指定参数的绝对值。

abs()函数示例代码如下：

```
echo abs(-4.2);
echo "<br>";
echo abs(5);
echo "<br>";
echo abs(-5);
```

运行效果如图 6-38 所示。

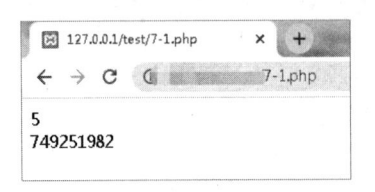

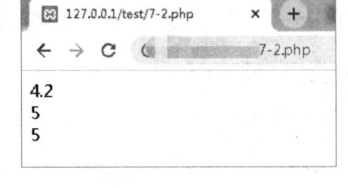

图 6-37

图 6-38

（3）floor()函数：返回不大于指定参数的最接近的整数，舍去小数部分取整。

floor()函数示例代码如下：

```
<?php
echo floor(4.3);
echo "<br>";
echo floor(9.999);
echo "<br>";
echo floor(-3.14);
```

运行效果如图 6-39 所示。

（4）ceil()函数：返回不小于指定参数的整数，指定参数如果有小数部分则进一位。

ceil()函数示例代码如下：

```
<?php
echo ceil(4.3);
echo "<br>";
echo ceil(9.999);
echo "<br>";
echo ceil(-3.14);
```

运行效果如图 6-40 所示。

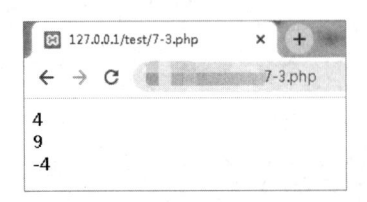

图 6-39

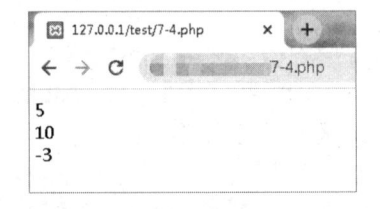

图 6-40

综上所述，rand()函数用于生成随机数。

（三）参考答案：A

6.2.15　2020年-第8题

移除字符串两侧空白字符的PHP函数是（　　）。

A．explode()　　　　B．trim()　　　　C．strpos()　　　　D．implode()

（一）考核知识和技能

PHP字符串操作函数

（二）解析

1．implode()函数

implode()函数用于返回一个由数组元素组成的字符串。

implode()函数语法如下：

```
implode(separator,array)
```

implode()函数参数如表6-14所示。

表6-14

参数	描述
separator	可选。规定数组元素之间放置的内容，默认为""（空字符串）
array	必需。要组合为字符串的数组

返回值：返回一个由数组元素组成的字符串。

implode()函数示例代码如下：

```php
<?php
$number = rand(1, 20);
echo "number=" . $number . "<br />";
$numbers = range(1, 100, $number);
echo implode(",", $numbers) . "<br />";
```

运行效果如图6-41所示。

2．explode()函数

explode()函数使用一个字符串分割另一个字符串，并返回由字符串组成的数组。

```
number=6
1,7,13,19,25,31,37,43,49,55,61,67,73,79,85,91,97
```

图6-41

explode()函数语法如下：

```
explode(separator,string,limit)
```

explode()函数参数如表6-15所示。

表6-15

参数	描述
separator	必需。边界上的分隔字符
string	必需。要分割的字符串
limit	可选。规定所返回的数组元素的数目。可能的值如下。 ① 大于0：返回包含最多limit个元素的数组 ② 小于0：返回包含除了最后的-limit个元素的所有元素的数组 ③ 0：被当作1，返回包含一个元素的数组

返回值：返回字符串数组。

explode()函数示例代码如下：

```php
<?php
$str = 'one,two,three,four';
// 返回包含一个元素的数组
print_r(explode(',',$str,0));
print "<br>";
// 数组元素为 2
print_r(explode(',',$str,2));
print "<br>";
// 删除最后一个数组元素
print_r(explode(',',$str,-1));
?>
```

运行效果如图 6-42 所示。

```
Array
(
    [0] => one,two,three,four
)
Array
(
    [0] => one
    [1] => two,three,four
)
Array
(
    [0] => one
    [1] => two
    [2] => three
)
```

图 6-42

3．trim()函数

trim()函数语法如下：

```
trim(string,charlist)
```

trim()函数参数如表 6-16 所示。

表 6-16

参数	描述
string	必需。规定要检查的字符串
charlist	可选。规定从字符串中删除哪些字符。如果省略该参数，则移除下列所有字符。 ① "\0"：NULL ② "\t"：制表符 ③ "\n"：换行符 ④ "\x0B"：垂直制表符 ⑤ "\r"：回车 ⑥ " "：空格

返回值：返回已修改的字符串。

trim()函数示例代码如下：

```
<?php
$str = " Hello World! ";
echo "Without trim: " . $str;
echo "<br>";
echo "With trim: " . trim($str);
```

运行效果如图 6-43 所示。

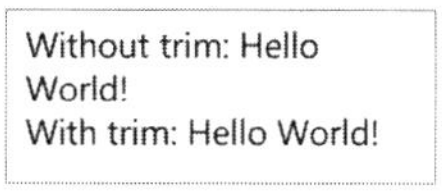

```
Without trim: Hello
World!
With trim: Hello World!
```

图 6-43

注：

trim()函数：移除字符串两侧的空白字符或其他预定义字符。

ltrim()函数：移除字符串左侧的空白字符或其他预定义字符。

rtrim()函数：移除字符串右侧的空白字符或其他预定义字符。

4．strpos()函数

（1）strpos()函数：查找字符串在另一字符串中第一次出现的位置（区分大小写），该函数是二进制安全的。

（2）strrpos()函数：查找字符串在另一字符串中最后一次出现的位置（区分大小写）。

（3）stripos()函数：查找字符串在另一字符串中第一次出现的位置（不区分大小写）。

（4）strripos()函数：查找字符串在另一字符串中最后一次出现的位置（不区分大小写）。

strpos()函数语法如下：

```
strpos(string,find,start)
```

strpos()函数参数如表 6-17 所示。

表 6-17

参数	描述
string	必需。规定被搜索的字符串
find	必需。规定要查找的字符
start	可选。规定开始搜索的位置

返回值：返回字符串在另一字符串中第一次出现的位置。如果没有找到字符串，则返回 false。

注：字符串位置从 0 开始，而不是从 1 开始。

strpos()函数示例代码如下：

```
<?php
echo strpos("I love php, I love php too!","php");
```

运行效果如图 6-44 所示。

综上所述，trim()函数用于移除字符串两侧的空白字符或其他预定义字符。

7

图 6-44

（三）参考答案：B

6.2.16　2020年-第10题

$m=10;$n=++$m+10;此 PHP 语句执行后，$m 和$n 的值分别为（　　）。
A．10　21　　　　B．11　21　　　　C．10　20　　　　D．11　20

（一）考核知识和技能

1．PHP 变量
2．PHP 递增/递减运算符
3．PHP 运算符优先级

（二）解析

1．PHP 变量

PHP 中的变量用一个美元符号后面跟变量名来表示。变量名是区分大小写的。

PHP 变量示例代码如下：

```
<?php
$m = 10;
echo $m;
//输出 10
```

2．PHP 递增/递减运算符

PHP 递增/递减运算符如表 6-18 所示。

表 6-18

示例	名称	效果
++$a	前加	$a 的值加 1，然后返回$a
$a++	后加	返回$a，然后将$a 的值加 1
--$a	前减	$a 的值减 1，然后返回$a
$a--	后减	返回$a，然后将$a 的值减 1

递增运算符示例代码如下：

```
<?php
$m = 10;
++$m;
echo $m;
//输出 11
```

3．PHP 运算符优先级

（1）运算符优先级指定了两个表达式绑定得有多"紧密"。
（2）如果运算符优先级相同，那么运算符的结合方向决定了该如何运算。
（3）没有结合的相同优先级的运算符不能连在一起使用。

PHP 运算符优先级示例代码如下：

```
<?php
$m = 10;
$n = ++$m+10; //(++$m)+10;
echo $m."\n";
echo $n;
```

运行效果如图 6-45 所示。

```
11
21
```

图 6-45

注：按照 PHP 的代码规范，在运算时应该加上括号（参考代码段注释符后的代码）。

（4）运算符优先级（从高到低）。

运算符优先级如表 6-19 所示。

表 6-19

优先级	结合方向	运算符	附加信息
1	不适用	clone、new	clone 和 new
2	右	**	算术运算符
3	不适用	++、--、~、(int)、(float)、(string)、(array)、(object)、(bool)、@	类型、递增/递减
4	左	instanceof	类型
5	不适用	!	逻辑运算符
6	左	*、/、%	算术运算符
7	左	+、-、.	算术运算符和字符串运算符
8	左	<<、>>	位运算符
9	无	<<=、>>=	比较运算符
10	无	==、!=、===、!==、<>、<=>	比较运算符
11	左	&	位运算符和引用
12	左	^	位运算符
13	左	|	位运算符
14	左	&&	逻辑运算符
15	左	||	逻辑运算符
16	右	??	null 合并运算符
17	左	?:	三元运算符
18	右	=、+=、-=、*=、**=、/=、.=、%=、&=、|=、^=、<<=、>>=、??=	赋值运算符
19	不适用	yield、from	yield、from
20	不适用	yield	yield
21	不适用	print	print
22	左	and	逻辑运算符
23	左	xor	逻辑运算符
24	左	or	逻辑运算符

综上所述，$m 的值是先加 1 成为 11；$n 的值是 11+10 成为 21。

（三）参考答案：B

6.2.17　2020 年-第 13 题

Laravel 允许在 HTML 表单中包含一个隐藏的 CSRF 标记字段，以便 CSRF 保护中间件可以验证该请求,这个指令是( )。

A. *csrf B. %csrf C. #csrf D. @csrf

(一)考核知识和技能

Laravel CSRF 保护

(二)解析

(1) Laravel 可以轻松地保护用户的应用程序免受跨站请求伪造(CSRF)攻击。

(2) 跨站请求伪造是一种恶意攻击,它凭借已通过身份验证的用户身份来运行未经授权的命令。

(3) Laravel 会自动为每位活跃用户的会话生成一个 CSRF "令牌"。该令牌用于验证经过身份验证的用户是否为向应用程序发出请求的用户。

login.blade.php 页面中没有 CSRF 保护的代码如下:

```
<form class="mt-5 mx-auto mb-5" action="/regist" method="post">
   ......
</form>
```

运行效果如图 6-46 所示,出现 419 提示。

419 | Page Expired

图 6-46

注:

① 出现异常是由于 Laravel 中 CSRF(Cross-site request forgery)的保护机制。

② 在 Laravel 框架中使用 POST 请求时,要在客户端 form 表单中设置一个_token 表单域。

③ Laravel 提供了一个全局帮助函数 csrf_token(),该函数用于获取 Token 值,因此只需在视图提交表单中添加如下 HTML 代码即可在请求中带上 Token。

(4) CSRF 保护机制的类型。

① @csrf。

```
<form class="mt-5 mx-auto mb-5" action="/regist" method="post">
   @csrf
</form>
```

② {{csrf_field()}}。

```
<form class="mt-5 mx-auto mb-5" action="/regist" method="post">
   {{csrf_field()}}
</form>
```

③ <input type="hidden" name="_token" value="{{csrf_token()}}">。

```
<form class="mt-5 mx-auto mb-5" action="/regist" method="post">
   <input type="hidden" name="_token" value="{{csrf_token()}}">
</form>
```

综上所述,Blade 视图中 scrf 前的符号为@,而不是选项 A、B、C 中的*、%、#。因此,选项 D 为正确的 CSRF 保护机制类型。

(三)参考答案:D

6.2.18　2020 年-第 20 题

销毁图像的 PHP 函数是（　　）。

A．imagecreatetruecolor()　　　　B．imagedestroy()

C．imagepng()　　　　　　　　　D．imagedelete()

（一）考核知识和技能

GD 库函数

（二）解析

（1）imagecreatetruecolor(x_size , y_size)函数：返回一个图像标识符（图像资源），代表一幅大小为 x_size 和 y_size 的黑色图像。

（2）imagepng(resource $image, string $filename)函数：以 PNG 格式将图像输出到浏览器或文件中。

（3）imagedestroy(resource $image)函数：释放与图像关联的内存。image 是由图像创建函数返回的图像标识符。

imagecreatetruecolor()函数示例代码如下：

```php
<?php
//1.新建一幅真彩色图像
$img = imagecreatetruecolor(700,500);
//2.输出图像
header("Content-type: image/png");
imagepng($img);
//3.销毁图像
imagedestroy($img);
```

运行效果如图 6-47 所示。

图 6-47

综上所述，销毁图像的 PHP 函数是 imagedestroy()。

（三）参考答案：B

6.2.19 2020 年-第 23 题

从 post 方法提交的表单中获取数据的 PHP 语句是（　　）。

A．request.getparameter()　　　　B．Request.Form
C．$_POST[]　　　　　　　　　　D．$_GET[]

（一）考核知识和技能

PHP 超全局变量

（二）解析

（1）$_GET：通过 URL 参数（又称为查询字符串）传递给当前脚本的变量的数组。

```
<?php print_r($_GET);?>
```

超全局变量$_GET 示例：地址栏参数为 "?a=1&b=2"。

使用超全局变量$_GET 获取结果，如图 6-48 所示。

（2）$_POST：当 HTTP POST 请求的 Content-Type 是 application/x-www-form-urlencoded 或 multipart/form-data 时，会将变量以关联数组的形式传入当前脚本。

超全局变量$_POST 示例。

HTML 代码如下：

```
<form action="index.php" method="post">
  <input type="text" name="username" />
  <input type="password" name="password" />
  <input type="submit" />
</form>
```

PHP 文件代码如下：

```
<?php print_r($_POST);?>
```

在表单内将账号和密码分别输入 admin、admin123 后，使用超全局变量$_POST 获取结果，如图 6-49 所示。

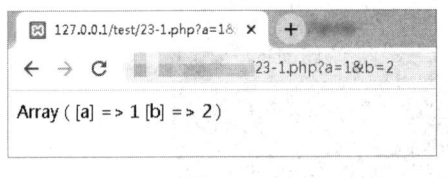

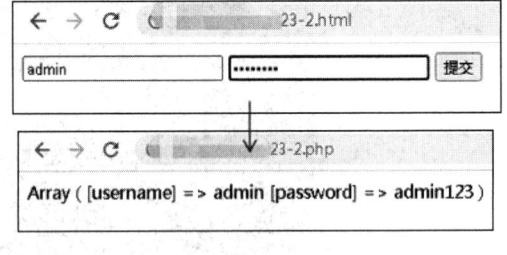

图 6-48

图 6-49

（3）$_REQUEST：默认情况下包含$_GET、$_POST 和$_COOKIE 的数组。

超全局变量$_REQUEST 示例。

HTML 代码如下：

```
<form action="index.php" method="">
  <input type="text" name="username" />
  <input type="password" name="password" />
  <input type="submit" />
</form>
```

PHP 文件代码如下：
```
<?php print_r($_REQUEST);?>
```
使用超全局变量$_REQUEST 获取结果：

① 直接访问（method 属性值为 GET 方式）如图 6-50 所示。

② 通过表单提交（method 属性值为 POST 方式）访问如图 6-51 所示。

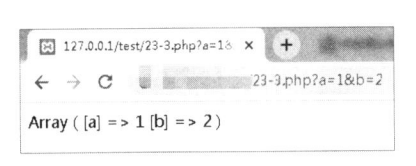

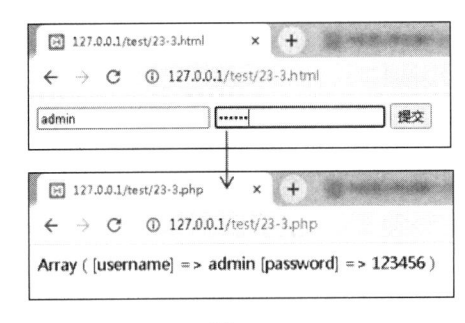

图 6-50

图 6-51

综上所述，从 post 方法提交的表单中获取数据，需要使用超全局变量$_POST。

（三）参考答案：C

6.2.20　2020 年-第 26 题

下面哪个关键字在 PHP 的面向对象中表示公有成员？（　　）

A．public　　　　B．protected　　　C．private　　　　D．static

（一）考核知识和技能

1．PHP 面向对象编程

2．类的定义

3．封装

4．静态成员

（二）解析

1．PHP 面向对象编程

在面向对象程序设计（Object-oriented programming，OOP）中，对象是一个由信息及对信息进行处理的描述所组成的整体，是对现实世界的抽象表达。

PHP 面向对象编程如图 6-52 所示。

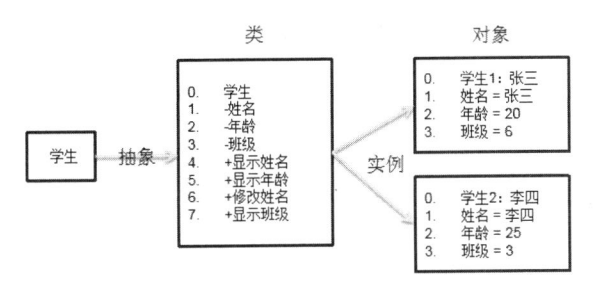

图 6-52

2. 类的定义

格式：修饰符 class 类名{类体}。

(1) class 是类的关键字。

(2) 类名是类的名称，通常使用驼峰式来命名，即单词之间不以空格、连接号或底线连接，每一个单词的首字母都采用大写形式。

(3) 类名后面必须连接一对大括号，大括号中的内容就是类体。

类的示例代码如下：

```php
<?php
class Student {
    public $name;
    public function study(){
        return $this->name;
    }
}
$student = new Student();//实例化类为对象
var_dump($student->name);//访问属性
var_dump($student->study());//访问方法
```

3. 封装

(1) 面向对象的特性之一就是封装。封装是指将类中的成员属性和方法结合成一个独立的类，并尽可能地隐藏对象的细节内容。

(2) 类的封装是通过 public、private 和 protected 等关键字来实现的，可以很好地限制类中的属性和方法的访问权限。

(3) PHP 对属性或方法的访问控制，是通过在前面添加关键字来实现的。

① 使用 private 关键字修饰的属性和方法都是私有的，只能在其所属的类的内部调用，不可以在类的外部访问，子类也不可以。

② 使用 protected 关键字修饰的属性和方法除了可以被其自身、其子类和父类调用，其他类都不可以调用。

③ 使用 public 关键字修饰的属性和方法都是公开的，可以在程序的任何地方被调用，子类可以继承父类的所有公共成员。PHP 默认将 var 关键字解释为 public。

封装的示例代码如下：

```php
<?php
class Student {
    private $name;
    public function setName($name){
        $this->name = $name;
    }
    public function getName(){
        return $this->name;
    }
}
$student = new Student();
$student->setName('李华');
echo $student->getName();
```

```
echo $student->name;
```

运行效果如图 6-53 所示。

图 6-53

4．静态成员

（1）声明类的属性和方法为 static（静态），可以不实例化类而直接访问。

（2）伪变量$this 在静态方法中不可用，在类中可以使用"self::[静态方法/静态属性]"访问。

（3）在类外可以使用"类名::[静态方法/静态属性]"访问。

静态成员的示例代码如下：

```
<?php
class Student {
    public static $name='hello world';
    public static function study(){
        return self::$name;
    }
}
var_dump(Student::$name);
var_dump(Student::study());
```

运行效果如图 6-54 所示。

图 6-54

综上所述，public 关键字在 PHP 的面向对象中用于表示公有成员。

（三）参考答案：A

6.2.21 2020 年-第 29 题

关于 Laravel 路由的说法错误的是（   ）。

A．所有的 Laravel 路由都在 routes 目录中的路由文件中定义

B．routes/web.php 文件用于定义 Web 界面的路由

C．定义在 routes/api.php 中的路由都是无状态的，并且被分配了 api 中间件组

D．如果要定义重定向到另一个 URI 的路由，可以使用 Route::jump 方法

（一）考核知识和技能

1．Laravel 目录
2．Laravel 重定向路由

（二）解析

1. Laravel 目录

（1）工程目录结构如图 6-55 所示。

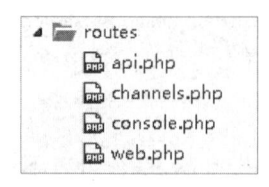

图 6-55

（2）Laravel 路由文件目录。

路由文件目录结构如表 6-20 所示。

表 6-20

文件或文件夹	作用
/routes/api.php	放置在 api 中间件组中的路由，提供了频率限制。这些路由都是无状态的，所以通过这些路由进入应用请求旨在通过"令牌"进行身份认证，并且不能访问会话状态
/routes/channels.php	定义所有基于控制台命令闭包函数的位置
/routes/console.php	用来注册的应用支持的所有事件广播渠道的位置
/routes/web.php	放置在 Web 中间件组中的路由，提供会话状态、CSRF 防护和 Cookie 加密

2. Laravel 重定向路由

定义重定向到另一个 URI 的路由，可以使用 Route::redirect 或 Route::permanentRedirect 方法。这两个方法的区别在于，前者默认返回 302 状态码，后者默认返回 301 状态码。

示例：定义路由，输入"http://127.0.0.1:端口/hello"会跳转到"http://127.0.0.1:端口"。

```
Route::get('/', function () {
    return 'hello';
});
Route::redirect('/hello', '/');//HTTP 状态码 302
Route::permanentRedirect('/hello1', '/');//HTTP 状态码 301
```

运行效果如图 6-56 所示。

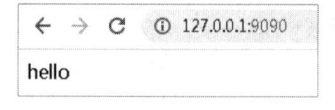

图 6-56

综上所述，如果要定义重定向到另一个 URI 的路由，那么可以使用 Route::redirect 或 Route::permanentRedirect 方法，而 Route::jump 方法是非法的跳转方法。因此选项 D 为错误选项。

（三）参考答案：D

6.2.22 2021年-第1题

下列 PHP 注释书写错误的是（　　）。

A．#这是注释　　　B．//这是注释　　　C．/*这是注释*/　　D．*/这是注释/*

（一）考核知识和技能

PHP 的程序注释

（二）解析

注释在程序设计中是非常重要的一部分，对阅读代码的人来说，注释就相当于代码的解释和说明。注释的内容在解析时会被 Web 服务器引擎忽略，不会被执行。程序员在编程时使用注释是一个良好的习惯。

PHP 的程序注释支持以下两种形式。
- 单行注释：使用"//"符号或"#"符号。
- 多行注释：使用"/*……*/"符号。

综上所述，选项 A、B、C 都是正确的注释形式，只有选项 D 的注释形式是错误的。

（三）参考答案：D

6.2.23 2021年-第2题

在 PHP 中用于定义函数的语法是（　　）。

A．function test(){}　　　　　　B．var test(){}
C．$test(){}　　　　　　　　　　D．test(){}

（一）考核知识和技能

PHP 中函数的定义

（二）解析

在 PHP 中自定义一个函数的语法格式如下：

```
function 函数名（[参数1 [, 参数2 [, …]]]）{
    函数体;[return 返回值;]
    //如函数有返回值时使用
}
```

说明：

（1）函数头由声明函数的关键字"function"、函数名和参数列表组成。

（2）函数名的命名规则与变量相同，但函数名不区分大小写，并且函数名前面也没有"$"符号。

（3）参数列表可以没有，也可以有一个或多个参数，多个参数之间用逗号","分隔，即使没有参数，函数名后面的一对小括号"()"也不能省略。

（4）函数体位于函数头的后面，用一对大括号"{}"括起来。函数被调用后，会从函数体中的第 1 条语句开始执行，如果执行到 return 语句，则退出该函数，返回到调用的程序中。

（5）可以使用 return 语句从函数中返回一个值给调用的程序。

综上所述，选项 B、C、D 都不符合 PHP 中自定义函数的语法格式，只有选项 A 的"function test(){}"是正确的自定义函数的语法格式。

（三）参考答案：A

6.2.24　2021 年-第 3 题

在下列 PHP 函数中，用于取绝对值的是（　　）。

A．abs()　　　　B．floor()　　　　C．max()　　　　D．exp()

（一）考核知识和技能

PHP 中的数学函数

（二）解析

PHP 中的数学函数用来对 PHP 中的整数和浮点数进行计算与处理。PHP 中常用的数学函数及其功能如表 6-21 所示。

表 6-21

序号	函数名	功能
1	abs()	返回一个数的绝对值
2	rand()	返回随机整数
3	mt_rand()	使用 Mersenne Twister 算法返回随机整数，是更好的随机数生成器
4	round()	对浮点数进行四舍五入
5	ceil()	进一法取整
6	floor()	舍去法取整
7	pow()	返回 x 的 y 次方
8	sqrt()	返回一个数的平方根
9	max()	返回最大值
10	min()	返回最小值
11	log()	返回一个数的自然对数（以 e 为底）
12	log10()	返回一个数的以 10 为底的对数
13	is_finite()	判断是否为有限值
14	is_infinite()	判断是否为无限值
15	is_nan()	判断是否为非数值
16	hypot()	计算直角三角形的斜边长度
17	deg2rad()	把角度值转换为弧度值
18	rad2deg()	把弧度值转换为角度值
19	decbin()	把十进制数转换为二进制数
20	decoct()	把十进制数转换为八进制数
21	dechex()	把十进制数转换为十六进制数
22	bindec()	把二进制数转换为十进制数
23	octdec()	把八进制数转换为十进制数
24	hexdec()	把十六进制数转换为十进制数

序号	函数名	功能
25	base_convert()	在任意进制之间转换数值
26	sin()	返回一个数的正弦
27	cos()	返回一个数的余弦
28	tan()	返回一个数的正切
29	asin()	返回一个数的反正弦
30	acos()	返回一个数的反余弦
31	atan()	返回一个数的反正切
32	pi()	返回圆周率 PI 的值
33	exp()	返回 e^x 的值。e 是自然对数的底（其值约等于 2.718282），x 是指数

综上所述，abs()函数用于返回一个数的绝对值；floor()函数使用舍去法进行取整；max()函数用于返回最大值；exp()函数用于返回 e^x 的值。

（三）参考答案：A

6.2.25　2021 年-第 4 题

下列 PHP 代码书写正确的是（　　）。

A．name="test";　　B．var name = "test";　　C．$name= name;　　D．$name = $name;

（一）考核知识和技能

变量的声明

（二）解析

在 PHP 中，我们可以声明并使用变量，但 PHP 并不要求在使用变量前一定要声明变量，当第一次为一个变量赋值时，就创建了这个变量。PHP 的变量声明必须以一个美元符号"$"开头，后面跟一个变量名。变量名的命名规则如下。

（1）变量名必须以字母或下画线开头，后面可以跟任意数量的字母、数字或下画线，并且中间不能有空格。

（2）变量名要严格区分大小写。

（3）不要使用 PHP 的系统关键字作为变量名，如 echo、die、exit、case 等。

例如：

```
<?php
$m;                 //声明一个变量$m，没有赋值
$a = 15;            //声明一个变量$a，赋予整型数据值15
$b = 3.14;          //声明一个变量$b，赋予浮点型数据值3.14
$c = true;          //声明一个变量$c，赋予布尔数据值true
$d = "CCIT";        //声明一个变量$d，赋予字符串值"CCIT"
$x = $y = 100;      //同时声明多个变量，并赋予相同的值
```

说明：对于字符串的赋值，需要放置在一组单引号''或一组双引号""中。

综上所述，选项 A 和选项 B 不符合变量的声明格式，选项 C 不符合字符串的定义。

（三）参考答案：D

6.2.26　2021年-第5题

下列PHP代码属于条件语句的是（　　）。

A．for　　　　　　B．foreach　　　　　C．if...else　　　　D．while

（一）考核知识和技能

1．条件语句
2．循环语句

（二）解析

1．条件语句

在PHP中，条件语句主要有以下几种形式。
- if语句。
- if...else语句。
- if...else if语句。
- switch...case语句。

2．循环语句

在PHP中，循环语句主要有以下几种形式。
- while语句。
- do...while语句。
- for语句。
- foreach语句。

综上所述，选项A、B、D是循环语句，选项C是条件语句。

（三）参考答案：C

6.2.27　2021年-第6题

下列PHP代码输出的结果是（　　）。

```
$data=5;
for($i=0;$i<$data;$i++){
    echo $i;
}
```

A．012345　　　　B．01234　　　　C．12345　　　　D．1234

（一）考核知识和技能

1．for循环语句
2．echo语句

（二）解析

1．for循环语句

for循环语句主要用于明确知道重复执行次数的情况，并将循环体重复执行预定的次数。for 循环语句的语法格式如下：

```
for (初始值; 条件表达式; 增量/减量)
    语句块;
}
```

for 循环语句流程图如图 6-57 所示。

说明：for 语句是由分号";"分隔的三大部分组成的。其中，初始值、条件表达式、增量/减量都是表达式。初始值是一条赋值语句，用来给循环变量赋初值；条件表达式用于决定什么时候退出循序；增量/减量用于控制循环变量的值。

for 循环语句的执行步骤如下。

（1）为循环变量赋初值。

（2）判断"条件表达式"，如果条件成立，则执行"语句块"中的代码；如果条件不成立，则 for 循环语句结束，执行 for 循环语句之后的语句。

（3）若条件成立执行完"语句块"中的代码后，则用增量/减量更改循环变量的值，然后返回第（2）步执行。

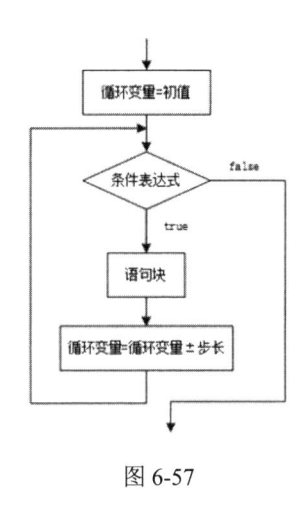

图 6-57

2．echo 语句

echo 语句是 PHP 中最常见的输出语句，用于向页面输出数据。echo 语句可以输出一个或多个字符串，多个字符串之间用逗号","分隔。

多条 echo 语句输出时不会自动换行。若需要换行，则可以在输出字符串的后面加上一个换行标签的字符串"
"。

综上所述，PHP 代码中 for 循环语句的循环变量$i 的初值为 0、终值为 4，分别输出$i 的值，且不会自动换行，因此输出结果为 01234。

（三）参考答案：B

6.2.28　2021 年-第 7 题

在 PHP 中，下列 date()函数用法错误的是（　　）。

A．date("Y/m/d") 　　　　　　　　B．date("Y.m.d")

C．date($date,"Y-m-d") 　　　　　D．date("l",$date)

(一)考核知识和技能

date()函数

(二)解析

使用date()函数可以获取指定时间戳的日期和时间。date()函数语法格式如下:

```
string date ( string format [, int timestamp] )
```

说明:

(1)第1个参数format是必需的,用于指定输出的日期字符串的格式。

(2)第2个参数timestamp是可选的,需要指定一个UNIX时间戳,如果没有指定,则默认认为time()函数。

date()函数用于返回一个格式化后的日期字符串,常用的format字符如表6-22所示。

表6-22

序号	format字符	说明	返回值示例
1	d	月份中的第几天,有前导0的两位数值	01~31
2	D	星期中的第几天,用3个字母缩写表示	Mon~Sun
3	j	月份中的第几天,没有前导0	1~31
4	l	星期几的完整文本表示	Sunday~Saturday
5	N	星期中第几天的数值表示(ISO-8601格式年份)	1~7(1表示星期一)
6	S	每月天数后面的英文后缀,两个字符	st、nd、rd或th
7	w	星期中的第几天的数值表示	0~6(0表示星期日)
8	z	年份中的第几天	0~366
9	W	一年中的第几周(ISO-8601格式年份)	例如:29(当年的第29周)
10	F	月份的完整文本表示	January~December
11	m	月份的数值表示,有前导0	01~12
12	M	3个字母缩写表示的月份	Jan~Dec
13	n	月份的数值表示,没有前导0	1~12
14	t	给定月份所应有的天数	28~31
15	L	是否为闰年	是为1,否为0
16	Y	年份的4位数值表示	例如:1998或2016
17	y	年份的2位数值表示	例如:98或16
18	a	小写的上午值和下午值	am或pm
19	A	大写的上午值和下午值	AM或PM
20	g	小时,12小时格式,没有前导0	1~12
21	G	小时,24小时格式,没有前导0	0~23
22	h	小时,12小时格式,有前导0	01~12
23	H	小时,24小时格式,有前导0	00~23
24	i	有前导0的分钟数	00~59
25	s	有前导0的秒数	00~59
26	e	时区标识	例如:UTC、PRC、Asia/Shanghai
27	O	与格林尼治时间相差的小时数	例如:+0800
28	T	本机所在的时区	例如:EST、MDT等

续表

序号	format 字符	说明	返回值示例
29	Z	时差偏移量的秒数	-43200~43200
30	c	ISO-8601 格式的日期	例如： 2021-05-08T14:45:12+08:00
31	r	RFC 822 格式的日期	例如：Sun, 08 May 2021 14:45:12 +0800
32	U	从 UNIX 纪元开始至今的秒数	参见 time()函数

综上所述，选项 A 和选项 B 都是以"年月日"形式返回当前的日期字符串，分别以"/"和"."进行分隔，选项 D 返回$date 变量指定的日期是星期几，选项 C 中的 date()函数参数顺序颠倒了。

（三）参考答案：C

6.2.29 2021 年-第 8 题

在下列 PHP 函数中，用于取最小值的是（　　）。

A．small()　　　　B．little()　　　　C．floor()　　　　D．min()

（一）考核知识和技能

PHP 中的数学函数

（二）解析

详情可参考表 6-21 PHP 中常用的数学函数及其功能。

综上所述，PHP 中不存在 small()函数和 little()函数，所以选项 A 和选项 B 可以先排除，选项 C 中的 floor()函数使用舍去法进行取整，选项 D 中的 min()函数用于返回最小值。

（三）参考答案：D

6.2.30 2021 年-第 9 题

在 PHP 中，可以在页面中输出内容的函数是（　　）。

A．echo()　　　　B．cho()　　　　C．print_f()　　　　D．dump()

（一）考核知识和技能

1．echo()函数

2．print_r()函数

3．var_dump()函数

（二）解析

1．echo()函数

echo()函数用于输出一个或多个字符串。如果只输出一个字符串，也可以使用 print 语句。

2．print_r()函数

print_r()函数用于输出变量的值，常用来输出数组。如果输出的是数组，则会按照一定格式显示数组元素的键和值。

3．var_dump()函数

var_dump()函数用于输出变量的值和类型。

综上所述，选项 B、C、D 中的函数名书写错误，PHP 中不存在这些函数，可以直接排除，选项 A 中的 echo()函数可以在页面中输出字符串的值。

（三）参考答案：A

6.2.31 2021 年-第 10 题

销毁图像的 PHP 函数是（　　）。

A．imagecreatetruecolor()　　　　B．imageremove()
C．imagedestroy()　　　　　　　　D．imagedelete()

（一）考核知识和技能

1．创建画布

2．销毁图像

（二）解析

1．创建画布

在 PHP 中，可以使用 imagecreate()函数和 imagecreatetruecolor()函数来创建指定的画布。其中，imagecreate()函数用于创建一幅基于调色板的图像；imagecreatetruecolor()函数用于创建一幅真彩色图像。

创建画布就是在内存中开辟一块存储区域，以后对图像的所有操作都是基于这个画布处理的，画布就是一个图像资源。创建画布的语法格式如下：

```
resource imagecreate (int x_size, int y_size)
resource imagecreatetruecolor (int x_size, int y_size)
```

说明：

（1）第 1 个参数 x_size，用于指定画布的宽度。

（2）第 2 个参数 y_size，用于指定画布的高度。

2．销毁图像

imagedestroy()函数用于销毁图像，并释放内存与该图像的存储单元。imagedestroy()函数语法格式如下：

```
bool imagedestroy (resource image)
```

说明：image 参数用于指定画布图像的句柄。

综上所述，选项 A 中的 imagecreatetruecolor()函数用于创建一幅真彩色图像；选项 B 和选项 D 中的函数不是 PHP 的图形图像处理函数，可以直接排除；选项 C 中的 imagedestroy()函数用于销毁图像。

（三）参考答案：C

6.2.32　2021 年-第 11 题

下列用于放置 PHP 代码的语法是（　　）。

A．< !-- ... -- >　　　　　　　　　　B．<?php ... ?>
C．<php> ... </php>　　　　　　　　D．<php ... />

（一）考核知识和技能

PHP 语言标记

（二）解析

PHP 脚本需要使用定界标签 "<?php ... ?>" 作为开始和结束的标记。

当 PHP 解析一个文件时，会寻找开始标记和结束标记，标记用于告知 PHP 开始和停止解释其中的代码。

综上所述，选项 A、C、D 都是错误的。

（三）参考答案：B

6.2.33　2021 年-第 12 题

在 PHP 函数中，用于取 UNIX 时间戳的是（　　）。

A．date()　　　　B．unix()　　　　C．time()　　　　D．stamp()

（一）考核知识和技能

获取时间戳

（二）解析

UNIX 时间戳是保存日期和时间的一种紧凑、简洁的方法，是大多数计算机语言中表示日期和时间的一种标准格式。UNIX 时间戳是指从 UNIX 纪元（格林尼治时间 1970 年 1 月 1 日 00 时 00 分 00 秒）开始到当前时间为止所经过的秒数，是一个以 32 位整数表示的格林尼治时间。UNIX 时间戳是以秒（s）作为计量时间的最小单位。

使用 time() 函数可以获取当前时间的 UNIX 时间戳。time() 函数语法格式如下：

```
int time( )
```

另外，还可以使用 microtime() 函数返回当前的 UNIX 时间戳和微秒数。microtime() 函数语法格式如下：

```
mixed microtime ( [bool get_as_float] )
```

说明：

（1）microtime() 函数的返回值有两种不同的数据类型（浮点数或字符串），建议将其返回值的类型设置为伪类型 mixed（mixed 表示可以接收多种不同的类型）。

（2）get_as_float 参数是可选的，用于指定返回值的数据类型。如果设置为 true，则返回一个浮点数（小数点前面表示 UNIX 时间戳，小数点后面表示微秒的值）；如果设置为 false 或省略，则返回一个 msec sec 格式的字符串（sec 表示 UNIX 时间戳，msec 表示微秒部分，这两部分都是以秒为单位进行返回的，即 msec 返回的是一个小于 1 且大于或等于 0 的浮点数）。

综上所述，选项 A 中的 date()函数用于获取指定时间戳的日期和时间，返回的是日期字符串；选项 B 和选项 D 中的函数在 PHP 中是不存在的，可以直接排除；选项 C 中的 time()函数用于获取当前时间的 UNIX 时间戳。

（三）参考答案：C

6.2.34　2021 年-第 13 题

在 PHP 中，获取 GET 请求参数的方法是（　　）。

A. $GET[]　　　　　　　　　　B. _GET[]
C. $_GET[]　　　　　　　　　　D. GET[]

（一）考核知识和技能

PHP 与 Web 页面交互

（二）解析

PHP 与 Web 页面交互是实现 PHP 网站与用户交互的重要手段。在 PHP 中，提供了两种与 Web 页面交互的方法：一种是通过 Web 表单提交数据；另一种是直接通过 URL 参数传递数据。

服务器端脚本语言最常见的应用之一就是处理 Web 表单，通过 Web 表单提交数据有两种方式，即 POST 和 GET。直接通过 URL 参数传递数据使用的是 GET 方式。

PHP 针对这两种请求方法，提供了两个预定义数组，即$_POST[]和$_GET[]，分别用于获取 POST 请求和 GET 请求的参数值。需要说明的是，不管是 POST 方式还是 GET 方式提交的数据，都可以通过预定义数组$_REQUEST[]获得。

综上所述，选项 A、B、D 都是错误的书写形式。

（三）参考答案：C

6.3　多选题

6.3.1　2019 年-第 1 题

在 PHP 中绘制图形需要用到的函数有（　　）。

A. imagecreate()　　　　　　　B. imagedestroy()
C. random()　　　　　　　　　D. explode()

（一）考核知识和技能

1. GD 库
2. GD 库操作
3. random()函数
4. explode()函数

（二）解析

1. GD 库

（1）定义。

① PHP 并不仅限于创建 HTML 输出，也可以创建和处理包括 GIF、PNG、JPEG、WBMP 和 XPM 在内的多种格式的图像。

② 更方便地是，PHP 可以直接将图像数据流输出到浏览器中。

③ 要想在 PHP 中使用图像处理功能，就需要使用 PHP 提供的 GD 函数库。

（2）GD 库的安装与配置。

① 打开 php.ini 配置文件。找到";extension=gd2"，并去掉";"（若分号未去掉）。
php.ini 配置文件地址如图 6-58、图 6-59 所示。

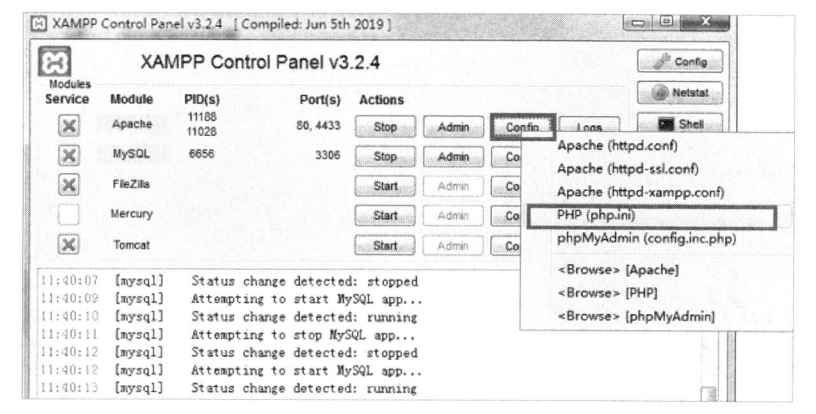

图 6-58

图 6-59

② 开启 php_gd2.dll 扩展。

XAMPP 默认此扩展为开启状态，若未开启，则添加"extension=gd2"扩展至 php.ini 配置文件中。

2. GD 库操作

（1）创建画布。

① imagecreate(宽,高)：创建一幅基于调色板的图像（背景色是白色的）。

② imagecreatetruecolor(宽,高)：创建一幅真彩色图像（背景色是黑色的，需要填充）。

创建画布的示例代码如下：

```
<?php
//创建一幅真彩色图像
$image = imagecreatetruecolor(200, 200);
var_dump($image);
```

运行效果如图 6-60 所示。

（2）销毁画布。

imagedestroy(画布资源)：释放与画布资源相关的内存。

销毁画布的示例代码如下：

```
<?php
//创建一幅真彩色图片
```

```
$image = imagecreatetruecolor(200, 200);
//分配颜色
$color = imagecolorallocate($image, 255, 0, 0);
//填充背景色
imagefill($image, 0, 0, $color);
......
//保存输出
imagepng($image,'image.png');
//销毁资源
imagedestroy($image);
```

3．random()函数

（1）random()函数可以返回0～1之间的一个随机数。

（2）random()属于 JavaScript Math 对象的方法，语法如下：

```
Math.random()
```

示例代码如下：

```
<script type="text/javascript">
    document.write(Math.random())
</script>
```

运行效果如图6-61所示。

4．explode()函数

explode()函数使用一个字符串分割另一个字符串，并返回由字符串组成的数组。

explode()函数示例代码如下：

```
<?php
$str='one|two|three|four';
//正数的 limit
print_r(explode('|',$str,2));
//负数的 limit
print_r(explode('|',$str,-1));
?>
```

运行效果如图6-62所示。

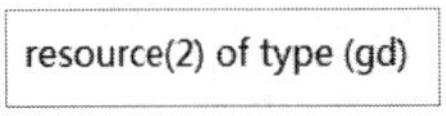

resource(2) of type (gd)　　0.9141566677046817

```
Array
(
    [0] => one
    [1] => two|three|four
)
Array
(
    [0] => one
    [1] => two
    [2] => three
)
```

图6-60 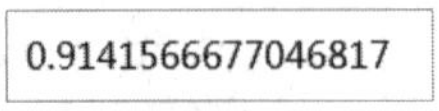　　　　　　　图6-61 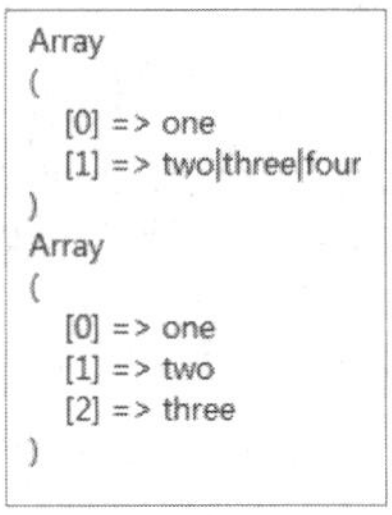　　　　　　　图6-62

综上所述，imagecreate()函数和 imagedestroy()函数是绘制图形中需要用到的函数，random()函数用于生成随机数，explode()函数是字符串分割函数。

（三）参考答案：AB

6.3.2　2019 年-第 2 题

关于 Laravel 的说法正确的是（　　）。

A．Laravel 是一个中国开发的 PHP 框架

B．Laravel 可以使用 Composer 来安装

C．Laravel 的配置文件存放在 config 文件夹中

D．注册路由可以使用 Route::get 和 Route::post 方法等

（一）考核知识和技能

1．Laravel 简述

2．Laravel 的配置文件

3．Laravel 路由

4．Laravel 工程安装

（二）解析

1．Laravel 简述

Laravel 是美国人 Taylor Otwell 开发的一款基于 PHP 语言的 Web 开源框架，采用了 MVC 架构模式，在 2011 年 6 月正式发布了第 1 个版本。

2．Laravel 的配置文件

Laravel 的配置文件存放在 config 目录下，里面的文件是自动加载的。

Laravel 配置文件目录如图 6-63 所示。

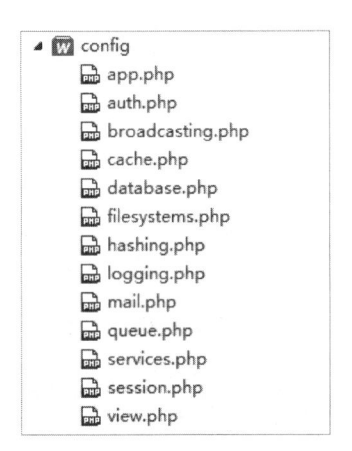

图 6-63

3．Laravel 路由

（1）最基本的 Laravel 路由只接收一个 URI 和一个闭包。

（2）Laravel 路由都定义在 routes 目录下，并通过框架自动加载。

各种 Laravel 路由格式如下：

```
Route::get($uri, $callback);
Route::post($uri, $callback);
Route::put($uri, $callback);
Route::delete($uri, $callback);
```

```
Route::options($uri, $callback);
Route::match(['get', 'post'], 'foobar', $callback);
Route::any('foobar', $callback);
```

注：若想匹配多种 HTTP 动作，则可以使用 Route::match 方法来注册路由；若想匹配所有 HTTP 动作，则可以使用 Route::any 方法来注册路由。

4．Laravel 工程安装

（1）若不指定下载版本，则默认下载最新版本，命令格式如下：

```
composer create-project --prefer-dist laravel/laravel [工程名]
```

（2）若要创建指定版本 Laravel 项目，则需在命令中添加版本号，若工程名为 bbs，则命令格式如下：

```
composer create-project --prefer-dist laravel/laravel bbs "5.6.*"
```

综上所述，Laravel 是美国人开发的一款基于 PHP 语言的 MVC 架构的 Web 开源框架。使用 Composer 来安装 Laravel。config 文件夹中包含了 Laravel 的各个配置文件。Route::get 和 Route::post 方法属于 Laravel 的注册路由。因此只有选项 A 说法不正确。

（三）参考答案：BCD

6.3.3　2019 年-第 3 题

一般 PHP 代码都会嵌入到 HTML 文档中，使用的间隔符有（　　）。

A．<?php　?>　　　　　　　　　　B．<script language=" php " ></script>
C．<%　%>　　　　　　　　　　　D．<php></php>

（一）考核知识和技能

1．PHP 是什么

2．PHP 文件是什么

3．PHP 的 4 种标记风格

（二）解析

1．PHP 是什么

（1）PHP（Hypertext Preprocessor，超文本预处理器）是服务器端脚本语言，是通用开源脚本语言。

（2）PHP 脚本在服务器上执行。

2．PHP 文件是什么

（1）PHP 文件可以包含文本、HTML、JavaScript 代码和 PHP 代码。

（2）PHP 代码在服务器上执行，结果以纯 HTML 形式返回浏览器。

（3）PHP 文件的默认文件扩展名为.php。

3．PHP 的 4 种标记风格

（1）XML 风格。

XML 风格代码如下：

```
<?php
```

```
// PHP 代码
?>
```

① PHP 推荐使用的标记风格，服务器管理员无法禁用，所有服务器均可使用 XML 风格。

② PHP 脚本可以放在文档中的任何位置。

③ PHP 脚本以<?php 开始，以?>结束。

④ 若是纯 PHP 脚本文件，以<?php 开始，则建议省略结束标记，这样可以避免在 PHP 结束标记之后意外加入了空格或者换行符，导致 PHP 开始输出这些空白，而此时脚本中并无输出的意图。

（2）简短风格。

① 简短风格需要在 php.ini 配置文件中启用 short_open_tage 选项。

② 简短风格在许多环境中默认是不支持的。

简短风格代码如下：

```
<?
// PHP 代码
?>
```

（3）脚本风格。

① 默认开启，无法禁用。

② 在脚本风格中，language 的值大小写均可。

脚本风格代码如下：

```
<script language="php">
    // PHP 代码
</script>
```

（4）ASP 风格。

ASP 风格代码如下：

```
<%
// PHP 代码
%>
```

① ASP 风格需要在 php.ini 配置文件中启用 asp_tag 选项。

② 在默认情况下，ASP 风格是被禁用的。

综上所述，选项 A 为 PHP 推荐使用的标记风格，选项 B 为脚本风格，选项 C 为 ASP 风格。

（三）参考答案：ABC

6.3.4　2019 年-第 5 题

面向对象的特性之一就是封装，下面哪些关键字是用来限制类成员的访问权限的？（　　）

A．class　　　　B．protected　　　C．private　　　D．static

（一）考核知识和技能

1．类定义

2．封装

3．访问控制
4．静态方法和静态成员

（二）解析

1．类定义

（1）PHP 面向对象编程。

（2）在面向对象程序设计（Object-oriented programming，OOP）中，对象是一个由信息及对信息进行处理的描述所组成的整体，是对现实世界的抽象表达。

（3）对象的 3 个主要特性如下。

① 对象的行为：可以对对象施加的那些操作，如开灯、关灯。

② 对象的形态：当施加那些方法时，对象是如何响应的，如颜色、尺寸、外形等。

③ 对象的表示：相当于身份证，具体区分在相同的行为与状态下有什么不同。

（4）类的定义格式：修饰符 class 类名{类体}。

① class 是类的关键字。

② 类名是类的名称，通常使用驼峰式来命名，即单词之间不以空格、连接号或底线连接，每一个单词的首字母都采用大写形式。

③ 类名后面必须连接一对大括号，大括号中的内容就是类体。

类的定义示例：

```php
<?php
class Student {}
?>
```

2．封装

（1）面向对象的特性之一就是封装。封装是指将类中的成员属性和方法结合成一个独立的类，并尽可能地隐藏对象的细节内容。

（2）类的封装是通过 public、private 和 protected 等关键字来实现的，可以很好地限制类中的属性和方法的访问权限。

3．访问控制

（1）PHP 对属性或方法的访问控制，是通过在前面添加关键字来实现的。

（2）使用 private 关键字修饰的属性和方法都是私有的，只能在其所属的类的内部调用，不可以在类的外部访问，子类也不可以。

（3）使用 protected 关键字修饰的属性和方法除了可以被其自身、其子类和父类调用，其他类都不可以调用。

（4）使用 public 关键字修饰的属性和方法都是公开的，可以在程序的任何地方被调用，子类可以继承父类的所有公共成员。PHP 默认将 var 关键字解释为 public。也就是说，var 和 public 是等同的。

4．静态方法和静态成员

（1）声明类的属性和方法为 static（静态），可以不实例化类而直接访问。

（2）伪变量$this 在静态方法中不可用，在类中可以使用"self::[静态方法/静态属性]"访问。

（3）在类外可以使用"类名::[静态方法/静态属性]"访问。

综上所述，class 为定义类的关键字，static 是定义类中静态成员和静态方法的关键字。

（三）参考答案：BC

6.3.5 2019 年-第 6 题

PHP 中和日期/时间相关的函数有（　　）。

A．data()　　　　　B．getdate()　　　　　C．strtotime()　　　　　D．time()

（一）考核知识和技能

日期函数

（二）解析

1．date()函数

date()函数用于格式化本地日期和时间，并返回格式化的日期字符串。

date()函数语法如下：

```
date(format, timestamp);
```

date()函数参数如表 6-23 所示。

表 6-23

参数	描述
format	必需。规定输出日期字符串的格式，可以使用下列字符。 （1）Y：年份的四位数表示 （2）m：月份的数字表示（01～12） （3）d：一个月中的第几天（01～31） （4）H：24 小时制，带前导 0（00～23） （5）i：分，带前导 0（00～59） （6）s：秒，带前导 0（00～59）
timestamp	可选。默认值为 time()，即本地当前时间

返回值：将整数 timestamp 按照给定的格式字串而产生的字符串。如果成功，则返回格式化的日期字符串；如果失败，则报错（E_WARNING）并返回 false。

date()函数示例代码如下：

```
<?php
// 设置时区（东八区，"PRC"也可以定义为"Asia/Shanghai"）
date_default_timezone_set("PRC");
// 输出当前时间
echo date("Y 年 m 月 d 日 H 点 i 分 s 秒");
```

运行效果如图 6-64 所示。

2．getdate()函数

getdate()函数用于返回当前本地的日期/时间信息。

getdate()函数示例代码如下：

```
<?php
```

```
echo "<pre>";
print_r(getdate());
```

运行效果如图 6-65 所示。

```
2021 年 06 月 28 日 16 点 30 分 26 秒
```

图 6-64

```
Array
(
    [seconds] => 28
    [minutes] => 38
    [hours] => 5
    [mday] => 1
    [wday] => 4
    [mon] => 7
    [year] => 2021
    [yday] => 181
    [weekday] => Thursday
    [month] => July
    [0] => 1625110708
)
```

图 6-65

3．strtotime()函数

strtotime()函数用于将任何字符串的日期/时间描述解析为 UNIX 时间戳。

strtotime()函数语法如下：

```
strtotime(time, now)
```

strtotime()函数参数如表 6-24 所示。

表 6-24

参数	描述
time	必需。规定日期/时间字符串
now	可选。规定用于计算返回值的时间戳，如果省略该参数，则使用当前时间

返回值：如果成功，则返回时间戳；如果失败，则返回 false。

strtotime()函数示例代码如下：

```
<?php
//设置时区（东八区，"PRC" 也可以定义为 "Asia/Shanghai"）
date_default_timezone_set("PRC");
$time = strtotime("2021-06-01 10:22:59");
var_dump($time);
```

运行效果如图 6-66 所示。

4．time()函数

time()函数用于返回自 UNIX 纪元（January 1 1970 00:00:00 GMT）起的当前时间的秒数。

time()函数示例代码如下：

```
<?php
$t = time();
echo($t . "<br>");
```

运行效果如图 6-67 所示。

```
int(1622514179)
```

图 6-66

```
1624869129
```

图 6-67

综上所述，选项 A 中的日期格式化函数为 date()，而不是 data()，函数名不正确。

（三）参考答案：BCD

6.3.6 2019 年-第 7 题

PHP 中用来导入其他文件的语句有（　　）。

A．require　　　　B．require_once　　　C．include　　　　D．include_once

（一）考核知识和技能

文件导入

（二）解析

（1）include 语句和 require 语句都用于在当前程序中导入其他文件中的指定代码。两种语句的用法与功能相似，但是处理错误的方式不同。

① require 语句会产生一个致命错误（E_COMPILE_ERROR），在错误发生后脚本会立刻被停止执行。

② include 语句会产生一个警告（E_WARNING），在错误发生后脚本仍然会被执行。

（2）include_once 语句会在文件导入前检测该导入文件是否已经在该页面的其他部分被引用，若该文件已经被引用，则不会再引用该文件。

require_once 语句在使用前会先检查所需引用的文件是否已经在该程序的其他部分被引用，若该文件已经被引用，则不会再重复引用该文件。

① include_once 语句在脚本执行期间调用外部文件发生错误时，不会影响程序的继续执行。

② require_once 语句则会产生一个致命的错误，以保证被引用过的文件只能被引用一次。

③ include_once 语句和 require_once 语句可以防止多次包含相同的数据库，以避免函数被重复定义而产生错误。

综上所述，以上语句均可用来导入文件。

（三）参考答案：ABCD

6.3.7 2019 年-第 8 题

mysqli_connect($a1,$a2,$a3,$a4)有 4 个参数，分别代表的含义说法错误的是（　　）。

A．$a1 代表 MySQL 服务器地址　　　　B．$a2 代表端口号

C．$a3 代表用户名　　　　　　　　　　D．$a4 代表密码

（一）考核知识和技能

1．MySQLi 数据库编程

2．MySQLi 连接函数

（二）解析

1．MySQLi 数据库编程

（1）MySQLi 是什么？

PHP 的 MySQLi 扩展又被称为 MySQL 增强扩展，可以使用 MySQL 4.1 及更高版本的

新功能，MySQLi 扩展包含在 PHP 5 及后续版本中。

（2）MySQLi 的优势。

① 支持面向过程和面向对象编程。

② 支持预处理语句。

③ 支持事务。

（3）MySQL 配置。

① 打开 php.ini 配置文件。

php.ini 配置文件所在目录如图 6-68 所示。

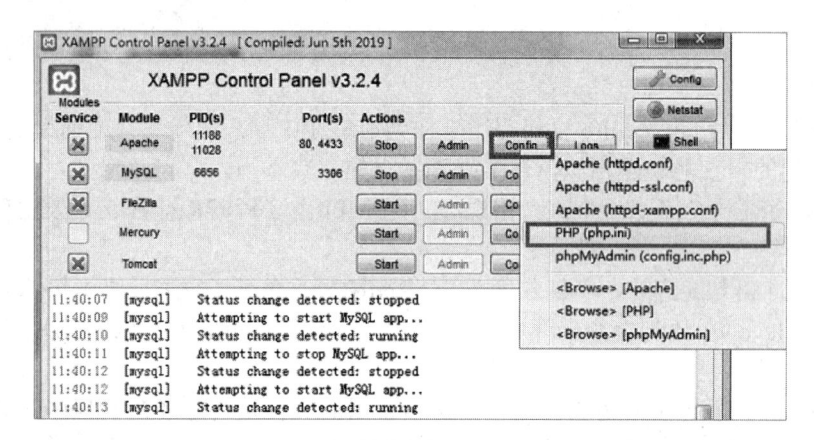

图 6-68

② 开启 php_mysqli.dll 扩展。

XAMPP 默认此扩展为开启状态，若未开启，则添加 "extension=mysqli" 扩展至 php.ini 配置文件中。

php_mysqli.dll 扩展开启如图 6-69 所示。

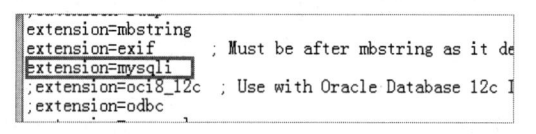

图 6-69

2．MySQLi 连接函数

MySQLi 连接函数语法如下：

```
mysqli_connect(host, username, password, dbname, port, socket);
```

MySQLi 连接函数参数如表 6-25 所示。

表 6-25

参数	描述
host	可选。规定主机名或 IP 地址
username	可选。规定 MySQL 用户名
password	可选。规定 MySQL 密码
dbname	可选。规定默认使用的数据库

参数	描述
port	可选。规定尝试连接到 MySQL 服务器的端口号
socket	可选。规定 socket 或要使用的已命名 pipe

返回值：返回一个代表 MySQL 服务器的连接对象。

MySQLi 连接函数示例代码如下：

```php
<?php
$servername = "localhost";
$username = "username";
$password = "password";
// 创建连接
$conn = mysqli_connect($servername, $username, $password);
// 检测连接
if (!$conn) {
   die("Connection failed: " . mysqli_connect_error());
}
echo "连接成功";
```

运行效果如图 6-70 所示。

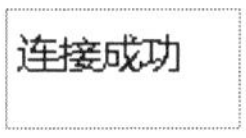

连接成功

图 6-70

综上所述，mysqli_connect()函数原型：mysqli_connect(host,username,password,dbname,port,socket)。

（三）参考答案：BCD

6.3.8 2019 年-第 9 题

关于 PHP 运算符，说法正确的是（　　）。

A．++$x 表示后置递增，先返回变量$x，再加 1
B．字符串运算符是"."（英文的句号）
C．<>表示不等于，和!=的作用一样
D．@符号能够忽略表达式的错误

（一）考核知识和技能

1．算术运算符
2．赋值运算符
3．递增/递减运算符
4．比较运算符
5．@错误抑制符

(二)解析

1. 算术运算符

算术运算符描述如表 6-26 所示。

表 6-26

运算符	名称	描述	实例	结果
x+y	加	x 和 y 的和	2+2	4
x-y	减	x 和 y 的差	5-2	3
x*y	乘	x 和 y 的积	5*2	10
x/y	除	x 和 y 的商	15/5	3
x%y	模(除法的余数)	x 除以 y 的余数	5%2	1
-x	取反	x 取反	-2	2
a.b	并置	连接两个字符串	"Hi"."Ha"	HiHa

2. 赋值运算符

赋值运算符描述如表 6-27 所示。

表 6-27

运算符	等同于	描述
x=y	x=y	左操作数被设置为右侧表达式的值
x+=y	x=x+y	加
x-=y	x=x-y	减
x*=y	x=x*y	乘
x/=y	x=x/y	除
x%=y	x=x%y	模(除法的余数)
a.=b	a=a.b	连接两个字符串

3. 递增/递减运算符

递增/递减运算符描述如表 6-28 所示。

表 6-28

运算符	名称	描述
++x	预递增	x 加 1,然后返回 x
x++	后递增	返回 x,然后 x 加 1
--x	预递减	x 减 1,然后返回 x
x--	后递减	返回 x,然后 x 减 1

4. 比较运算符

比较运算符描述如表 6-29 所示。

表 6-29

运算符	名称	描述	实例
x==y	等于	如果 x 等于 y，则返回 true	5==8 返回 false
x===y	全等	如果 x 等于 y，且它们类型相同，则返回 true	5==="5"返回 false
x!=y	不等于	如果 x 不等于 y，则返回 true	5!=8 返回 true
x<>y	不等于	如果 x 不等于 y，则返回 true	5<>8 返回 true
x!==y	不全等	如果 x 不等于 y，或它们类型不同，则返回 true	5!=="5"返回 true
x>y	大于	如果 x 大于 y，则返回 true	5>8 返回 false
x<y	小于	如果 x 小于 y，则返回 true	5<8 返回 true
x>=y	大于或等于	如果 x 大于或等于 y，则返回 true	5>=8 返回 false
x<=y	小于或等于	如果 x 小于或等于 y，则返回 true	5<=8 返回 true

5．@错误抑制符

（1）PHP 支持一个错误控制运算符：@。

（2）将其放置在一个 PHP 表达式前，该表达式可能产生的任何错误信息都能被忽略。

无@符的错误运行示例：

```
<?php
$x = 5;
$y = 0;
$z = $x/$y;
```

运行效果如图 6-71 所示。

有@符的错误运行示例：

```
<?php
$x = 5;
$y = 0;
@$z = $x/$y;
```

运行效果如图 6-72 所示。

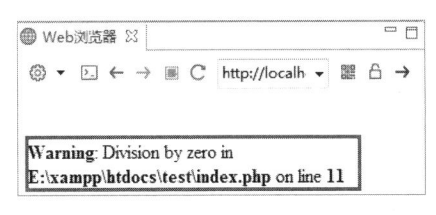

图 6-71

图 6-72

综上所述，选项 A 不正确，++$x 应该为前置递增，先将$x 加 1，再返回$x 的值。

（三）参考答案：BCD

6.3.9 2020 年-第 14 题

说明：中级理论卷 2020 年多选题-第 14 题与 2019 年多选题-第 11 题相同，仅以此题为代表进行解析。

PHP 中的数组排序函数有（　　）。

A．array()　　　　B．sort()　　　　C．rsort()　　　　D．key()

(一)考核知识和技能

1. 数组创建函数
2. 数组排序函数
3. 数组指针函数
4. key()函数

(二)解析

1. 数组创建函数

array()函数用于创建数组。

(1)数值数组语法如下:

```
array(value1,value2,value3,etc.);
```

数值数组示例代码如下:

```php
<?php
$cars=array("Volvo","BMW","Toyota");
echo "I like " . $cars[0] . ", " . $cars[1] . " and " . $cars[2] . ".";
```

运行效果如图 6-73 所示。

(2)关联数组语法如下:

```
array(key=>value,key=>value,key=>value,etc.);
```

关联数组示例代码如下:

```php
<?php
$people = array("Peter" => "35", "Ben" => "37", "Joe" => "43");
echo "Peter's age = " . $people["Peter"];
```

运行效果如图 6-74 所示。

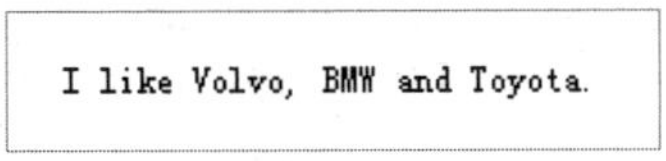

```
I like Volvo, BMW and Toyota.
```

图 6-73

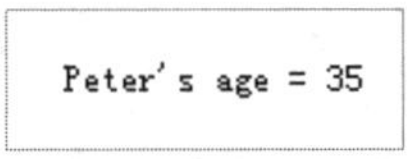

```
Peter's age = 35
```

图 6-74

2. 数组排序函数

使用 sort()函数可以对数值数组进行升序排序,使用 rsort()函数可以对数值数组进行降序排序。

sort()函数语法如下:

```
sort(array,sortingtype);
```

sort()函数参数如表 6-30 所示。

表 6-30

参数	描述
array	必需。规定要进行排序的数组
sortingtype	可选。规定如何排列数组的元素/项目。可能的值如下。 ① 0 = SORT_REGULAR:默认。把每一项按照常规顺序进行排列(Standard ASCII,不改变类型) ② 1 = SORT_NUMERIC:把每一项作为数字来处理 ③ 2 = SORT_STRING:把每一项作为字符串来处理

续表

参数	描述
sortingtype	④ 3 = SORT_LOCALE_STRING：把每一项作为字符串来处理，并基于当前区域设置（可以通过 setlocale()函数进行更改） ⑤ 4 = SORT_NATURAL：把每一项作为字符串来处理，使用类似 natsort()的自然排序 ⑥ 5 = SORT_FLAG_CASE：可以结合（按位或）SORT_STRING 或 SORT_NATURAL 对字符串进行排序，不区分大小写

返回值：如果成功，则返回 true；如果失败，则返回 false。

sort()函数示例代码如下：

```
<?php
$people = array("Peter" => "35", "Ben" => "37", "Joe" => "43");
sort($age);
print_r($age);
```

运行效果如图 6-75 所示。

3．数组指针函数

使用 ksort()函数可以按照键名对关联数组进行升序排序。

使用 krsort()函数可以按照键名对关联数组进行降序排序，使用 asort()函数可以按照键值对关联数组进行升序排序。

ksort()函数语法如下：

```
ksort(array,sortingtype);
```

ksort()函数的参数和返回值同 sort()函数一样，即如表 6-30 所示。

ksort()函数示例代码如下：

```
<?php
$age=array("Peter"=>"35","Ben"=>"37","Joe"=>"43");
ksort($age);
print_r($age);
?>
```

运行效果如图 6-76 所示。

```
Array
(
    [0] => 35
    [1] => 37
    [2] => 43
)
```

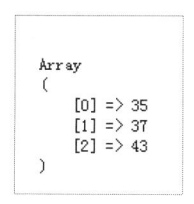

图 6-75

```
Array
(
    [Ben] => 37
    [Joe] => 43
    [Peter] => 35
)
```

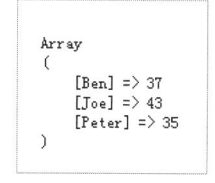

图 6-76

4．key()函数

key()函数用于从当前内部指针位置返回元素键名。如果错误，则返回 false。

key()函数语法如下：

```
key(array);
```

key()函数参数如表 6-31 所示。

表 6-31

参数	描述
array	必需。规定要使用的数组

返回值：返回当前内部指针所指向的数组元素的键名。

key()函数示例代码如下：

```php
<?php
$people = array("Peter", "Joe", "Glenn", "Cleveland");
echo key($people);
```

运行效果如图 6-77 所示。

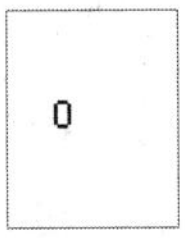

```
0
```

图 6-77

综上所述，array()函数用于创建数组，key()函数用于从当前内部指针位置返回元素键名。

（三）参考答案：BC

6.3.10　2020 年-第 1 题

PHP 输出 hello 字符串的正确语句有（　　）。

A．echo "hello";　　　　　　　　B．out.print("hello");
C．print("hello");　　　　　　　D．alert("hello");

（一）考核知识和技能

PHP 输出方法

（二）解析

（1）echo 用于输出一个或多个字符串。echo 不是一个函数，而是一个语言结构。

echo 示例代码如下：

```php
<?php
echo "Hello World";
echo '<br>';
echo 'Hello ','PHP';
```

运行效果如图 6-78 所示。

（2）print 用于输出字符串。print 不是函数（而是语言结构），所以可以不用小括号包围参数列表。

print 示例代码如下：

```php
<?php
print "Hello World";
print '<br>';
print 'Hello ','PHP';
```

运行效果如图 6-79 所示。

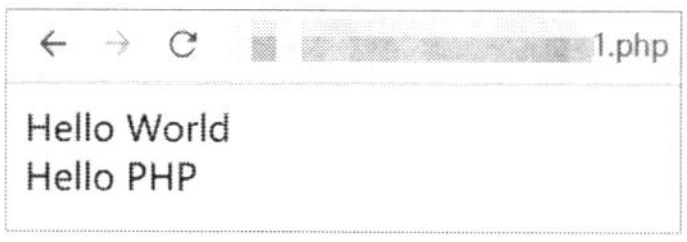

图 6-78

图 6-79

注：print 和 echo 最主要的区别在于 print 仅支持一个参数。

综上所述，PHP 输出 hello 字符串的正确语句有 echo 和 print。

（三）参考答案：AC

6.3.11 2020 年-第 5 题

说明：中级理论卷 2020 年多选题-第 5 题与 2019 年单选题-第 8 题类似，仅以此题为代表进行解析。

PHP 中用来从结果集中获取一行数据作为数组的函数有（　　）。

A．mysqli_fetch_array()　　　　B．mysqli_fetch_object()
C．mysqli_fetch_assoc()　　　　D．mysqli_fetch_row()

（一）考核知识和技能

1．PHP 数据库编程
2．MySQLi 操作数据库
3．MySQLi 解析结果集函数

（二）解析

1．PHP 数据库编程

（1）PHP 操作 MySQL 数据库方法。
① PDO（PHP Data Objects）。
② MySQLi extension（"i" 为 improved，表示优化版本，未优化版本为 MySQL）。

（2）MySQLi 与 PDO。
① PDO 被应用在 12 种不同的数据库中，MySQLi 只针对 MySQL 数据库。
② 如果项目需要在多种数据库中切换，那么建议使用 PDO。
③ 两者都面向对象，但 MySQLi 还提供了面向过程的语法。
④ 两者都支持预处理语句。

2．MySQLi 操作数据库

在 PHP 脚本中使用 MySQLi 操作数据库时，可以使用面向对象语法或面向过程语法。
面向对象语法如下：

```php
<?php
//1.连接数据库
$mysqli = new mysqli("localhost", "root", "123456", "mydb");
//2.执行SQL语句
$query = "SELECT name, age FROM student";
```

```
$result = $mysqli->query($query);
//3.解析结果集
$row = $result->fetch_array(MYSQLI_NUM);
printf("%s %s", $row[0], $row[1]);
//4.关闭数据库
$mysqli->close();
```

面向过程语法如下：

```
//1.连接数据库
$mysqli = mysqli_connect("localhost", "root", "123456", "mydb") or die("数据库连接失败,失败信息:".mysqli_connect_error($conn));
//2.执行SQL语句
$query = "SELECT name, age FROM student";
$result = mysqli_query($mysqli ,$sql);
//3.解析结果集
//fetch_assoc()函数将结合集放入关联数组并循环输出,while()循环出结果集
while($row = mysqli_fetch_assoc($result)) {
    echo "name: " . $row["name"]. " - age: " . $row["age"]. "\n";
}
//4.关闭数据库
mysqli_close();
```

3. MySQLi 解析结果集函数

（1）mysqli_fetch_array()函数：从结果集中取得一行作为索引数组、关联数组或两者的集合返回。默认返回两者的集合。

（2）mysqli_fetch_row()函数：从结果集中取得一行并作为数字索引数组返回。

（3）mysqli_fetch_assoc()函数：从结果集中取得一行并作为关联数组返回。

解析结果集函数返回数组的示例代码如下：

```
//返回索引数组和关联数组的集合
$row = mysqli_fetch_array($result);
var_dump($row);
echo "<br/>";
//返回索引数组
$row = mysqli_fetch_row($result);
var_dump($row);
echo "<br/>";
//返回关联数组
$row = mysqli_fetch_assoc($result,);
var_dump($row);
```

运行效果如图 6-80 所示。

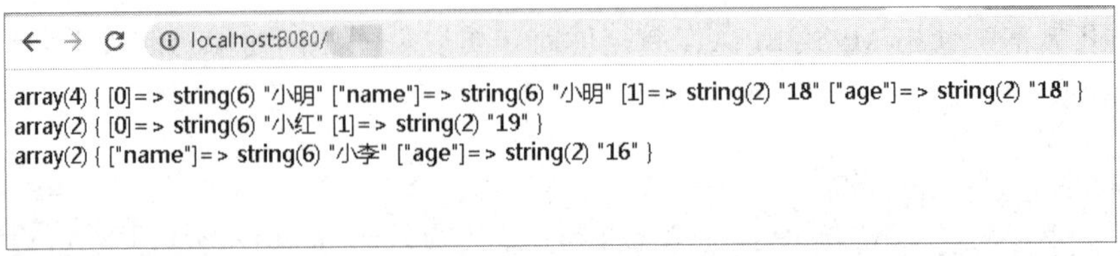

array(4) { [0]=> string(6) "小明" ["name"]=> string(6) "小明" [1]=> string(2) "18" ["age"]=> string(2) "18" }
array(2) { [0]=> string(6) "小红" [1]=> string(2) "19" }
array(2) { ["name"]=> string(6) "小李" ["age"]=> string(2) "16" }

图 6-80

（4）mysqli_fetch_object()函数：从结果集中取得当前行并作为对象返回。

解析结果集函数返回对象的示例代码如下：

```php
<?php
$mysqli = mysqli_connect("localhost", "root", "123456", "test");

$query = "SELECT name, age FROM student";
$result = mysqli_query($mysqli, $query);
//返回对象
$row = mysqli_fetch_object($result);
var_dump($row);
```

运行效果如图 6-81 所示。

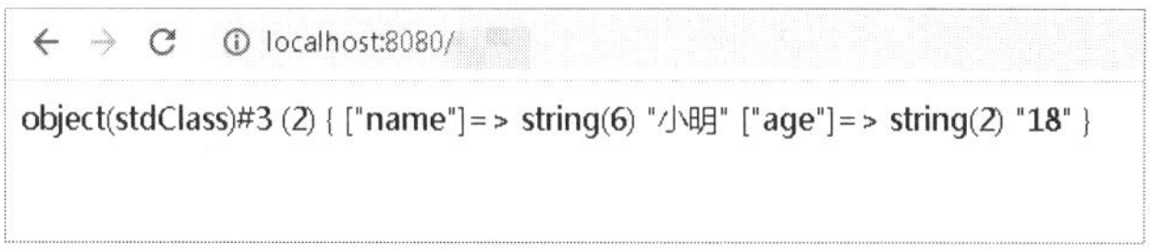

object(stdClass)#3 (2) { ["name"]=> string(6) "小明" ["age"]=> string(2) "18" }

图 6-81

综上所述，选项 B 的 mysqli_fetch_object()函数用于从结果集中获取一行数据并作为一个对象返回，而不是数组。

（三）参考答案：ACD

6.3.12　2020 年-第 6 题

说明：中级理论卷 2019 年多选题-第 10 题与 2020 年多选题-第 6 题相同，仅以此题为代表进行解析。

以下 Laravel 路由配置代码，若相关的控制类、方法及模板文件都存在，正确的是（　　）。

A．Route::post("/login", "UserController@login");

B．Route::get("/index", function(){ return view("index");});

C．Route::match(["get", "post"], "/reg", "UserController@regist");

D．Route::any(["get", "post"], "/user/{id}", function($id){ return "user ".$id;});

（一）考核知识和技能

Laravel 路由

（二）解析

（1）Laravel 路由的常用配置文件为 routes/web.php。

（2）GET 方法请求，输出字符串。

示例：GET 请求，在浏览器地址栏中输入"http://localhost:80"，返回文本"welcome"。

```
Route::get('/', function () {
    return 'welcome';
});
```

运行效果如图 6-82 所示。

（3）GET 方法请求，返回视图页面。

示例：GET 请求，路径为"/toLogin"时返回 login.blade.php 视图页面。

```
Route::get("/toLogin", function() {
    return view("login");
});
```

在浏览器地址栏中输入"http://localhost:80/toLogin",返回 login.blade.php 视图页面(login.blade.php 视图页面内容自定义,如"这是 login 页面"),运行效果如图 6-83 所示。

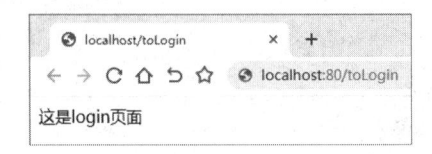

图 6-82　　　　　　　　　　　　　　图 6-83

(4) GET 方法请求,控制器处理请求。

路由设置语法格式如下:

```
Route::get("路径", "控制器名@方法名");
```

① 创建 UserController 控制器,定义 index 方法,输出文本"这是 index";定义 login 方法,输出文本"这是 login";定义 regist 方法,输出文本"这是 regist",代码如下:

```
class UserController extends Controller{
    public function index() {
        echo "这是 index";
    }
    public function login() {
        echo "这是 login";
    }
    public function regist() {
        echo "这是 regist";
    }
}
Route::get("/user", "UserController@index");
```

② 在 web.php 文件中设置路由,请求方式为 GET、路径为"/user"、控制器为 UserController、方法为 index,语法格式如下:

```
Route::get("/user", "UserController@index");
```

③ 在浏览器地址栏中输入"http://localhost:80/user",可以访问 UserController 控制器中的 index 方法,运行效果如图 6-84 所示。

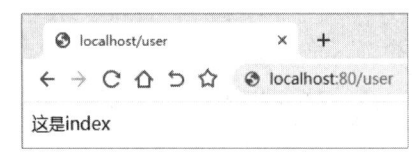

图 6-84

(5) POST 方法请求,控制器处理请求。

路由设置语法格式如下:

```
Route::post("路径", "控制器类@方法");
```

① 在 web.php 文件中设置路由,请求方式为 POST、路径为"/regist"、控制器为 UserController、方法为 regist,语法格式如下:

```
Route::post("/regist", "UserController@regist");
```
② 在 login.blade.php 页面中定义 form 表单，添加 CSRF 保护机制，提交路径为"/regist"，提交方法为 POST，代码如下：
```
<form action="/regist" method="post">
    @csrf
    <input type="submit" value="提交"/>
</form>
```
③ 在浏览器地址栏中输入"http://localhost:80/toLogin"，得到 login 页面，运行效果如图 6-85 所示。

④ 单击"提交"按钮，运行效果如图 6-86 所示。

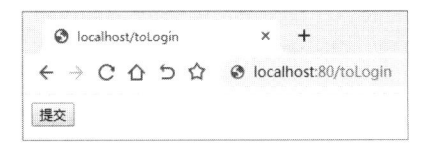

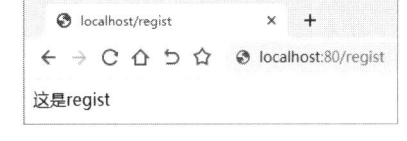

图 6-85

图 6-86

（6）请求参数。

以 GET 请求为例，语法格式如下：
```
Route::get('路径/{参数}', function (参数) {
});
```
示例 1：在 web.php 文件中设置路由，路径为"/product/{id}"，带有单个必填参数的 GET 请求，返回参数值$id。
```
Route::get('/product/{id}', function ($id) {
    return 'Product ' . $id;
});
```
运行效果如图 6-87 所示。

示例 2：在 web.php 文件中设置路由，路径为"/user/{id}"，带有单个必填参数的 GET 请求，映射到 UserController 控制器中的 index 方法。
```
Route::get('/user/{id}', "UserController@index");
```
在 UserController 控制器中为 index 方法添加参数$id，代码如下：
```
public function index($id) {
    echo "这是index ".$id;
}
```
运行效果如图 6-88 所示。

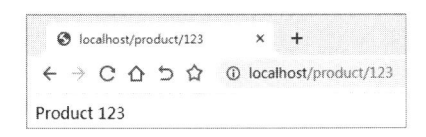

图 6-87

图 6-88

（7）GET 或 POST 请求。

示例 1：在 web.php 文件中设置路由，请求方式为 GET 或 POST，路径为"/user/{id}"，带有单个必填参数，映射到 UserController 控制器中的 index 方法。
```
Route::match(["get", "post"], "/user/{id}", "UserController@index");
```

运行效果如图 6-89 所示。

示例 2：在 web.php 文件中设置路由，匹配任意合法的请求方式，路径为"/user/{id}"，带有单个必填参数，映射到 UserController 控制器中的 index 方法。

```
Route::any("/user/{id}", "UserController@index");
```

运行效果如图 6-90 所示。

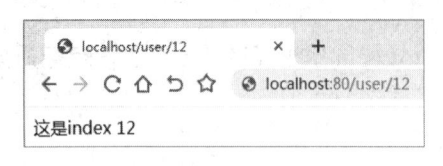

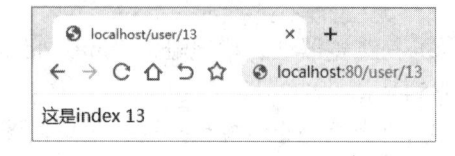

图 6-89

图 6-90

综上所述，选项 D 中的 Route::any()方法可以匹配任何合法的请求类型，不需要再定义其请求类型，因此选项 D 写法错误。

（三）参考答案：ABC

6.3.13　2020 年-第 9 题

关于 PHP 上传文件的要求，正确的是（　　）。

A．表单的提交方式必须是 get 方式
B．表单的 enctype 属性必须设置为 multipart/form-data
C．上传文件的信息保存到$_FILES 数组中
D．$_FILES 数组是一个一维数组

（一）考核知识和技能

1．文件上传
2．客户端上传设置
3．$_FILES 数组

（二）解析

1．文件上传

为了满足上传文件的需要，HTTP 协议实现了文件上传机制，从而可以将客户端文件通过浏览器上传到服务器中的指定目录存放。

2．客户端上传设置

在 form 表单中通过<input type="file" >标记选择本地文件，并在<form>标签中为 enctype 属性和 method 属性指定相应的值。

（1）enctype="multipart/form-data"：用于指定表单编码数据方式。
（2）method="post"：用于指明发送数据的方法。

3．$_FILES 数组

$_FILES 是一个多维数组，用于存储各种与上传文件有关的信息。
$_FILES 数组使用示例。

HTML 代码如下:

```
<form action="index.php" method="post" enctype="multipart/form-data">
    <input type="file" name="file" />
    <input type="submit" />
</form>
```

运行效果如图 6-91 所示。

图 6-91

PHP 代码如下:

```
<?php
 echo "<pre>";
 print_r($_FILES);
?>
```

运行效果如图 6-92 所示。

```
Array
(
    [file] => Array
        (
            [name] => 1.png
            [type] => image/png
            [tmp_name] => D:\xampp\tmp\php12C9.tmp
            [error] => 0
            [size] => 48962
        )

)
```

图 6-92

综上所述，文件上传时表单的提交方式必须是 post 方式，而$_FILES 数组是一个多维数组，所以选项 A 和选项 D 是错误的。

（三）参考答案：BC

6.3.14　2020 年-第 11 题

关于 PHP 运算符，说法正确的是（　　）。

A．&&表示逻辑与，||表示逻辑或　　　B．字符串运算符是"."（英文的句号）
C．<>表示不等于，和!=的作用一样　　D．@符号能够忽略表达式的错误

（一）考核知识和技能

1．逻辑运算符
2．字符串运算符
3．比较运算符
4．错误控制运算符

（二）解析

1．逻辑运算符

逻辑运算符用于进行逻辑运算。PHP 支持逻辑与、逻辑或、逻辑非及逻辑异或的运算。

逻辑运算符描述如表 6-32 所示。

表 6-32

运算符	名称	描述	实例
&&	逻辑与	如果 $a 和 $b 都为 true，则返回 true	$a && $b
||	逻辑或	如果 $a 或 $b 其一为 true，则返回 true	$a || $b
!	逻辑非	如果 $a 不为 true，则返回 true	! $a
xor	逻辑异或	如果 $a 或 $b 其一为 true，且不同时为 true，则返回 true	$a xor $b
and	逻辑与	与&&相同，但 and 优先级较低	$a and $b
or	逻辑或	与||相同，但 or 优先级较低	$a or $b

2．字符串运算符

PHP 中有两个字符串运算符。

（1）连接运算符（.）：返回其左右参数连接后的字符串。

（2）连接赋值运算符（.=）：将右侧参数附加到左侧参数后。

字符串运算符示例代码如下：

```
<?php
$a = "Hello ";
$b = $a . "World!";
echo $b;
echo "<br>";
//换行
$a = "Hello ";
$a .= "World!";
echo $a;
```

运行效果如图 6-93 所示。

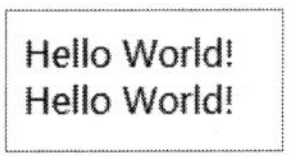

Hello World!
Hello World!

图 6-93

3．比较运算符

比较运算符用于比较两个值。

比较运算符描述如表 6-33 所示。

表 6-33

运算符	名称	描述	实例
x==y	等于	如果 x 等于 y，则返回 true	5==8 返回 false
x===y	全等	如果 x 等于 y，且它们类型相同，则返回 true	5==="5"返回 false
x!=y	不等于	如果 x 不等于 y，则返回 true	5!=8 返回 true
x<>y	不等于	如果 x 不等于 y，则返回 true	5<>8 返回 true
x!==y	不全等	如果 x 不等于 y，或它们类型不同，则返回 true	5!=="5"返回 true
x>y	大于	如果 x 大于 y，则返回 true	5>8 返回 false
x<y	小于	如果 x 小于 y，则返回 true	5<8 返回 true
x>=y	大于或等于	如果 x 大于或等于 y，则返回 true	5>=8 返回 false
x<=y	小于或等于	如果 x 小于或等于 y，则返回 true	5<=8 返回 true

4．错误控制运算符

PHP 支持一个错误控制运算符@，将其放置在一个 PHP 表达式之前，该表达式可能产生的任何错误信息都能被忽略。

无@符的错误运行示例：

```
<?php
$x = 5;
$y = 0;
$z = $x/$y;
```

运行效果如图 6-94 所示。

有@符的错误运行示例：

```
<?php
$x = 5;
$y = 0;
@$z = $x/$y;
```

运行效果如图 6-95 所示。

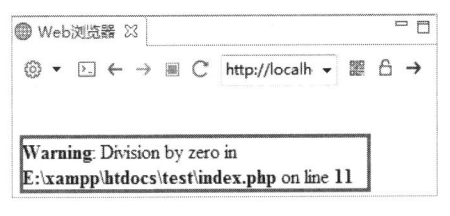

图 6-94

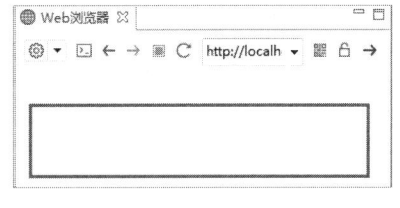

图 6-95

综上所述，全部选项都是正确的。

（三）参考答案：ABCD

6.3.15 2021 年-第 1 题

下列属于 PHP 循环的关键字的是（　　）。

A．for　　　　　　　　　　B．while
C．if　　　　　　　　　　　D．loop

（一）考核知识和技能

1．循环语句

2．跳转语句

（二）解析

1．循环语句

在 PHP 中，循环语句主要有以下几种形式。

- while 语句。
- do…while 语句。
- for 语句。
- foreach 语句。

2. 跳转语句

跳转语句用于在循环体执行过程中终止循环，或者是跳过一些循环继续执行其他循环，主要有以下两种形式。

- break 语句。
- continue 语句。

综上所述，以上列出的都属于 PHP 循环的关键字，因此选项 C 和选项 D 不符合要求。

（三）参考答案：AB

6.3.16　2021 年-第 2 题

下列 PHP 代码中，变量$a 赋值结果是 1 的有（　　）。

A．$a=2-1;　　　　　　　　　　B．$a=eval("return 2-1;");
C．$a="2-1";　　　　　　　　　　D．$a=2;

（一）考核知识和技能

1. 给变量赋值
2. eval()函数

（二）解析

1. 给变量赋值

PHP 的赋值运算符为"="，其左侧的操作数必须是变量，右侧可以是一个表达式，用于把右侧表达式的值赋给左侧变量。另外，还有复合赋值运算符：+=、-=、*=、/=、%=、.=。"+="运算符表示将变量与所赋的值相加后的结果再赋给该变量，其他运算符的含义以此类推。

2. eval()函数

为 eval()函数的参数传递一个代码字符串，该函数可以把该代码字符串当作 PHP 代码来执行。该代码字符串必须是合法的 PHP 代码，且必须以分号结尾。如果没有在代码字符串中使用 return 语句，则返回 NULL。

综上所述，选项 A 首先计算右边表达式 2-1 的值，然后赋值给变量$a，则$a 的最终结果为 1；选项 B 通过使用 eval()函数，将"return 2-1;"字符串当作代码来执行，其返回值为 1，再赋值给变量$a，则$a 的最终结果为 1；选项 C 中$a 的最终结果为"2-1"字符串；选项 D 中$a 的最终结果为 2。

（三）参考答案：AB

6.3.17　2021 年-第 3 题

下列属于 PHP 分支结构的关键字的是（　　）。

A．for　　　　　　　　　　　　B．foreach
C．switch　　　　　　　　　　　D．if

（一）考核知识和技能

分支结构语句

（二）解析

在 PHP 中，分支结构语句主要有以下几种形式。
- if 语句。
- if...else 语句。
- if...else if 语句。
- switch...case 语句。

综上所述，选项 C 和选项 D 属于分支结构的关键字，而选项 A 和选项 B 属于循环结构的关键字。

（三）参考答案：CD

6.3.18　2021 年-第 4 题

关于 PHP 循环的描述正确的是（　　）。
A．合理使用 PHP 循环可以提高代码质量
B．避免死循环的最好方法，就是尽可能少使用循环
C．for 循环可以执行指定的循环次数
D．while 循环将重复执行代码块，直至指定的条件不成立

（一）考核知识和技能

循环结构语句

（二）解析

循环结构主要用于解决一些需要按照规定的条件重复执行某些操作的问题，这是计算机最擅长的功能之一，当给定的条件成立时，会反复执行某程序段，直到条件不成立为止。给定的条件被称为循环条件，反复执行的程序段被称为循环体。在 PHP 中，循环结构语句主要有以下几种形式。

（1）while 循环语句。

while 循环语句需要事先设定一个条件，当条件成立时，会反复执行指定的语句块，直到条件不成立为止。

（2）do...while 循环语句。

do...while 循环语句与 while 循环语句类似，主要区别是 do...while 循环语句首先会执行一次循环体，然后判断条件是否成立；而 while 循环语句首先会判断条件是否成立，如果条件成立，则执行循环体，否则终止循环。

（3）for 循环语句。

for 循环语句主要用于明确知道重复执行次数的情况，并将循环体重复执行预定的次数。

综上所述，选项 A、C、D 是正确的。

（三）参考答案：ACD

6.3.19 2021年-第5题

在PHP中，下列合法的变量名称有（　　）。

A. $07t　　　　　B. $t07　　　　　C. $_var　　　　　D. $test

（一）考核知识和技能

变量名的命名规则

（二）解析

PHP的变量声明必须以一个美元符号"$"开头，后面跟一个变量名。变量名的命名规则如下。

（1）变量名必须以字母或下画线开头，后面可以跟任意数量的字母、数字或下画线，并且中间不能有空格。

（2）变量名要严格区分大小写。

（3）不要使用PHP的系统关键字作为变量名，如echo、die、exit、case等。

综上所述，因为选项A中变量名$07t的第一个字符是数字0，不符合变量名的命名规则，所以它不是合法的变量名。选项B、C、D都是合法的变量名。

（三）参考答案：BCD

6.3.20 2021年-第6题

在PHP中，关于Session的说法错误的是（　　）。

A. Session在PHP中可以当作数据库使用，例如存放用户注册信息
B. Session通常存储在浏览器当中，所以容易被黑客盗取
C. Session适合用于实现用户登录功能
D. Session可以通过$_SESSION变量读/写

（一）考核知识和技能

Session的使用

（二）解析

Session与Cookie类似，都用于储存使用者的相关资料，但最大的不同之处在于，Session将数据存放在服务器系统下，使用者无法停止对Session的使用。

在Web系统中，Session通常是指用户与Web系统的对话过程，也就是从用户打开浏览器登录Web系统到关闭浏览器离开Web系统的这段时间内，同一个用户在Session中注册的变量，用户在会话期间的各个Web页面中都可以使用自己的变量。这里建议将登录信息等重要信息保存在Session中。

（1）启动Session。

在PHP中，要想使用Session，必须先调用session_start()函数启动Session，以便让PHP核心程序将与Session相关的内建环境变量预先载入内存中。

（2）注册Session变量。

$_SESSION是一个全局数组，注册Session变量是通过操作$_SESSION数组来完成的。

示例代码如下：
```php
<?php
    session_start();      //启动 Session

    //注册两个 Session 变量
    $_SESSION['username'] = "admin";
    $_SESSION['password'] = "123456";
```
说明：以上代码注册了两个 Session 变量：一个键名为"username"、值为"admin"；另一个键名为"password"、值为"123456"。

（3）读取 Session 变量。

读取 Session 变量也是通过访问$_SESSION 数组来完成的。

示例代码如下：
```php
<?php
    session_start();      //启动 Session

    //输出 Session 变量的值
    echo "账号: ".$_SESSION['username']."<br>";
    echo "密码: ".$_SESSION['password'];
```
综上所述，由于 Session 是有生命周期的，一旦浏览器关闭，Session 就失效了，因此不能当作数据库来使用，也不能存储用户注册信息等，所以选项 A 是错误的。因为 Session 存储在服务器中，所以选项 B 也是错误的。选项 C 和选项 D 正确。

（三）参考答案：AB

6.3.21　2021 年-第 7 题

下列属于 PHP 注释的是（　　）。

A．#注释一　　　　　　　　　　　　B．/*注释一*/

C．<!--注释一-->　　　　　　　　　　D．//注释一

（一）考核知识和技能

PHP 的程序注释

（二）解析

PHP 的程序注释支持以下两种形式。

- 单行注释：使用"//"符号或"#"符号。
- 多行注释：使用"/*……*/"符号。

综上所述，选项 A、B、D 属于 PHP 注释，选项 C 属于 HTML 注释。

（三）参考答案：ABD

6.3.22　2021 年-第 8 题

PHP 中的数组排序函数有（　　）。

A．array()　　　　B．sort()　　　　C．key()　　　　D．asort()

（一）考核知识和技能

数组排序函数

（二）解析

在 PHP 中，使用 sort()函数、rsort()函数、asort()函数、arsort()函数、ksort()函数、krsort()函数和 shuffle()函数，可以对数组中的元素进行排序，这 7 个数组排序函数的功能如表 6-34 所示。

表 6-34

序号	函数名	功能
1	sort()	正序，改变下标，变为默认下标
2	rsort()	倒序，改变下标，变为默认下标
3	asort()	正序，下标不变，元素位置改变
4	arsort()	倒序，下标不变，元素位置改变
5	ksort()	正序，按照下标排序
6	krsort()	倒序，按照下标排序
7	shuffle()	随机排序

综上所述，选项 B 和选项 D 是数组排序函数，选项 A 和选项 C 不是数组排序函数。其中，选项 A 中的 array()是用于创建数组的函数；选项 C 中的 key()是用于从当前内部指针位置返回元素键名的函数。

（三）参考答案：BD

6.4 判断题

6.4.1 2019 年-第 1 题

for 循环不能遍历数组，只有 foreach 循环可以。（　　）

（一）考核知识和技能

1. 数组
2. 索引数组与关联数组
3. 数组遍历

（二）解析

1. 数组

数组是一个能在单个变量中存储多个值的特殊变量。

2. 索引数组与关联数组

（1）在 PHP 中，使用 array()函数或短数组语法[]创建数组。

（2）PHP 中有以下 3 种类型的数组。

① 索引数组：带有数字 ID 键的数组。

② 关联数组：带有指定的键的数组，每个键关联一个值。
③ 多维数组：包含一个或多个数组的数组。

3．数组遍历

（1）遍历索引数组。

① 使用 for 循环遍历索引数组，示例代码如下：

```php
<?php
$cars=array("Volvo","BMW","Toyota");
$arrlength=count($cars);
for($x=0;$x<$arrlength;$x++){
    echo $cars[$x];
    echo "<br>";
}
```

运行效果如图 6-96 所示。

② 使用 foreach 循环遍历索引数组，示例代码如下：

```php
<?php
$cars = array("Volvo", "BMW", "Toyota");
foreach ($cars as $car) {
  print($car . "<br />");
}
```

运行效果如图 6-97 所示。

```
Volvo
BMW
Toyota
```

图 6-96

```
Volvo
BMW
Toyota
```

图 6-97

（2）遍历关联数组。

① 使用 foreach 循环遍历关联数组，示例代码如下：

```php
<?php
$people = array("Peter"=>"35","Ben"=>"37","Joe"=>"43");
foreach($people as $person){
    echo $person;
    echo "<br />";
}
```

运行效果如图 6-98 所示。

② 使用 foreach 循环遍历关联数组并输出 key 与 value，示例代码如下：

```php
<?php
$people = array("Peter" => "35", "Ben" => "37", "Joe" => "43");
foreach ($people as $name => $age) {
  echo "Name=" . $name . ", Age=" . $age;
  echo "<br>";
}
```

运行效果如图 6-99 所示。

③ 使用 for 循环遍历关联数组，示例代码如下：

```php
<?php
$arr = ['id'=>1,'name'=>'xiaoyang','age'=>'18','money'=>'1000'];
```

```
$a=count($arr);
for ($i=0; $i <$a ; $i++) {
    echo key($arr),'=>',current($arr),'<br>';
    next($arr);
    //current()函数用于输出数组中当前元素的值；key()函数用于输出数组中当前元素的键；
next()函数用于将数组中的内部指针向前移动一位
}
```

运行效果如图 6-100 所示。

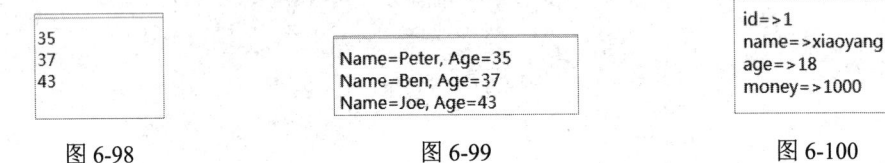

```
35
37
43
```

图 6-98

```
Name=Peter, Age=35
Name=Ben, Age=37
Name=Joe, Age=43
```

图 6-99

```
id=>1
name=>xiaoyang
age=>18
money=>1000
```

图 6-100

综上所述，for 循环既能遍历索引数组，又能遍历关联数组。

（三）参考答案：错

6.4.2　2019 年-第 2 题

$this 用来表示实例化的具体对象。（　　）

（一）考核知识和技能

1．类的实例化

2．$this 伪变量

（二）解析

1．类的实例化

类创建后，可以使用 new 关键字来实例化该类的对象。

类的实例化示例：

```
$stu1 = new Student();
$stu2 = new Student();
echo "<pre>";
var_dump($stu1);
var_dump($stu2);
```

运行效果如图 6-101 所示。

```
object(Student)#1 (3) {
  ["name"]=>
  NULL
  ["age"]=>
  NULL
  ["class"]=>
  NULL
}
object(Student)#2 (3) {
  ["name"]=>
  NULL
  ["age"]=>
  NULL
  ["class"]=>
  NULL
}
```

图 6-101

2. $this 伪变量

（1）如果要在成员方法中访问成员属性或其他成员方法，那么可以使用$this 伪变量。

（2）$this 伪变量用于表示当前对象或对象本身。

$this 伪变量示例：

```
class Student{
   var $name; // 姓名
   var $age;  // 年龄s
   var $class; // 班级
   // 显示姓名
   function showName(){
      echo $this->name;
   }
   // 显示年龄
   function showAge(){
      echo $this->age;
   }
   // 修改姓名
   function changeName($name){
      $this->name = $name;
   }
   // 显示班级
   function showClass(){
      echo $this->class;
   }
}
```

综上所述，在类定义中，$this 伪变量用于表示当前对象。

（三）参考答案：对

6.4.3 2019 年-第 3 题

PHP 的 var_dump()函数能够输出一个或多个表达式的结构信息。（　　）

（一）考核知识和技能

1. 输出

2. var_dump()函数

（二）解析

1. 输出

var_dump()是一个内置函数，用于输出变量的相关信息。

var_dump()函数语法如下：

```
void var_dump ( mixed $expression [, mixed $... ] )
```

var_dump()函数参数如表 6-35 所示。

表 6-35

参数	描述
expression	要打印的变量

var_dump()函数示例代码如下:

```php
<?php
echo "<pre>";
$a = array(1, 2, array("a", "b", "c"));
var_dump($a);
```

运行效果如图 6-102 所示。

2. var_dump()函数

var_dump()函数用于显示关于一个或多个表达式的结构信息,包括表达式的类型和值,数组将递归展开值,并通过缩进显示其结构。

var_dump()函数示例代码如下:

```php
<?php
echo "<pre>";
$a = array(1, 2, array("a", "b", "c"));
$b = 3.1;
$c = true;
var_dump($a, $b, $c);
```

运行效果如图 6-103 所示。

```
array(3) {
  [0]=>
  int(1)
  [1]=>
  int(2)
  [2]=>
  array(3) {
    [0]=>
    string(1) "a"
    [1]=>
    string(1) "b"
    [2]=>
    string(1) "c"
  }
}
```

图 6-102

```
array(3) {
  [0]=>
  int(1)
  [1]=>
  int(2)
  [2]=>
  array(3) {
    [0]=>
    string(1) "a"
    [1]=>
    string(1) "b"
    [2]=>
    string(1) "c"
  }
}
float(3.1)
bool(true)
```

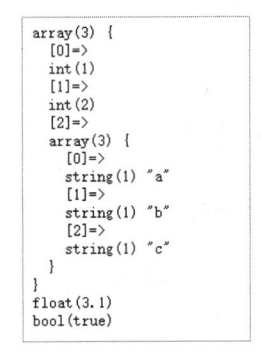

图 6-103

综上所述,var_dump()函数用于显示关于一个或多个表达式的结构信息,包括表达式的类型和值。

(三)参考答案:对

6.4.4 2019 年-第 4 题

PHP 变量名可以是数字、字母或下画线开头。(　　)

(一)考核知识和技能

1. PHP 简介
2. 标识符

3. 变量

（二）解析

1. PHP 简介

（1）PHP 是一门弱类型语言，不必向 PHP 声明变量的数据类型，PHP 会根据变量的值，自动把变量转换为正确的数据类型。

（2）变量在第一次被赋值时创建。

2. 标识符

标识符是变量的名称（函数和类名也是标识符）。

（1）标识符可以是任何长度。

（2）标识符必须以字母或下画线开头。

（3）标识符只能包含字母、数字和下画线（A-z、0-9 和_）。

（4）标识符是区分大小写的（$y 和$Y 是两个不同的变量）。

3. 变量

变量以"$"符号开头，后面跟着变量的名称。

使用变量的示例代码如下：

```php
<?php
    $_name = '望庐山瀑布<br />';
    $author = '李白<br />';
    $content_1 = '日照香炉生紫烟，遥看瀑布挂前川。<br />';
    $content2_ = '飞流直下三千尺，疑是银河落九天。<br />';
    echo $_name;
    echo $author;
    echo $content_1;
    echo $content2_;
```

运行效果如图 6-104 所示。

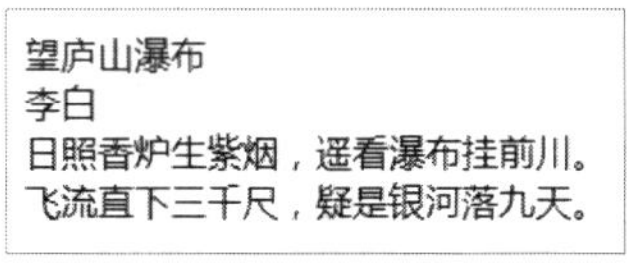

```
望庐山瀑布
李白
日照香炉生紫烟，遥看瀑布挂前川。
飞流直下三千尺，疑是银河落九天。
```

图 6-104

综上所述，PHP 变量名必须以字母或下画线开头，不能以数字开头。

（三）参考答案：错

6.4.5 2020 年-第 3 题

PHP 自定义函数的关键字是 function。（   ）

（一）考核知识和技能

1. 自定义函数
2. 自定义函数的基本结构

（二）解析

1. 自定义函数

PHP 自定义函数是用户自己创建的函数。当某个功能在 PHP 中没有提供系统函数时，就需要用户自定义函数。

注：PHP 系统函数是 PHP 中提供的可以直接使用的函数，每一个系统函数都是一个完整的、可以完成指定任务的代码段。

2. 自定义函数的基本结构

自定义函数以 function 关键字开头，后面跟着函数的名称、参数和一对大括号。大括号中包含完成函数功能的相关代码。

自定义函数的语法如下：

```
function 函数名([参数1,参数2, …… ,参数n]){
    语句1；
    ……
    语句N；
}
```

综上所述，PHP 自定义函数的关键字是 function。

（三）参考答案：对

6.4.6　2020 年-第 5 题

Laravel 中的 Blade 模板引擎不允许在视图中使用 PHP 原生代码。（　　）

（一）考核知识和技能

Blade 视图模板

（二）解析

（1）Blade 是 Laravel 提供的一个简单而又强大的模板引擎。

（2）Blade 并不限制在视图中使用 PHP 原生代码。

（3）Blade 视图文件都将被编译为原生的 PHP 代码并被缓存，除非它被修改，否则不会被重新编译，这就意味着 Blade 基本不会给应用增加任何负担。

（4）Blade 视图文件使用.blade.php 作为文件扩展名，被存放在 resources\views 目录下，如图 6-105 所示。

（5）在 Blade 模板中，可以使用 Blade 模板语法，也可以使用 PHP 原生语法。

示例：设置路由，路径为"/index"，闭包函数中返回 index.blade.php 内容，并传递给该 Blade 视图文件一个参数 id，参数值为 1。

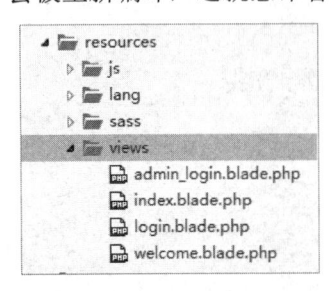

图 6-105

web.php 路由设置如下。

```
Route::get("/index", function() {
    return view("index", ["id"=>1]);
});
```

① index.blade.php 文件的原生 PHP 代码如下：

```php
<?php
if ($id){
    echo "这是一个 Laravel 框架";
}else{
    echo "这是一个未知框架";
}
?>
```

② index.blade.php 文件的 Laravel 的 Blade 指令如下：

```
@if ($id)
    这是一个 Laravel 框架
@else
    这是一个未知框架
@endif
```

注：Blade 视图中若使用 PHP 原生代码，则代码必须放在 PHP 标记符（<?php?>）中；若使用 Blade 指令，则需要在关键字前面加上 @。

使用 PHP 原生代码的运行效果和使用 Blade 指令的运行效果相同，如图 6-106 所示。

图 6-106

综上所述，Blade 视图文件中除了可以使用 Laravel 的 Blade 指令，还可以使用 PHP 原生代码。

（三）参考答案：错

6.4.7　2021 年-第 1 题

可以在 PHP 中使用 MySQL 数据库。（　　）

（一）考核知识和技能

PHP 操作 MySQL 数据库

（二）解析

（1）MySQL 是与 PHP 配套使用的最流行的开源数据库系统。

（2）PHP 提供了多种访问和操作数据库的方式，最常用的是 MySQLi 扩展和 PDO 对象。

① MySQLi（MySQL improvement）扩展专门用于 MySQL 数据库，它是 MySQL 扩展的增强版，在提供面向对象接口的同时提供了一个面向过程的接口。该扩展可以打开一个持久化连接，多次运行使用同一连接进程，从而减少服务器开销。

② PDO（PHP Data Objects）对象支持 MySQL、Oracle、SQL Server 和 SQLite 等多种数据库，它是一个数据库访问抽象层，统一了各种数据库的访问接口，无论用户使用哪种数据库，都可以通过同样的函数执行查询和获取数据，从而方便地进行跨数据库程序的开

发及不同数据库之间的移植。

综上所述，可以在 PHP 中使用 MySQL 数据库。

（三）参考答案：对

6.4.8 2021 年-第 2 题

在 PHP 中，time()函数返回自 UNIX 纪元（January 1 1970 00:00:00 GMT）起的当前时间的秒数。（　　）

（一）考核知识和技能

1．UNIX 时间戳

2．time()函数

（二）解析

1．UNIX 时间戳

UNIX 时间戳是指从 UNIX 纪元（格林尼治时间 1970 年 1 月 1 日 00 时 00 分 00 秒）开始到当前时间为止所经过的秒数，是一个以 32 位整数表示的格林尼治时间。

UNIX 时间戳在很多情况下适用，因为它是一个 32 位的数字格式，所以特别适合用于计算机处理，如计算两个时间点之间相差的天数等。

2．time()函数

time()函数用于获取当前时间的 UNIX 时间戳。

综上所述，time()函数返回自 UNIX 纪元（January 1 1970 00:00:00 GMT）起的当前时间的秒数。

（三）参考答案：对

6.4.9 2021 年-第 3 题

如果在 PHP 中使用了 Session，就无法同时使用 Cookie。（　　）

（一）考核知识和技能

1．Cookie

2．Session

（二）解析

1．Cookie

Cookie 是在 HTTP 协议下服务器或脚本可以维护客户端信息的一种方式。Cookie 是一种由服务器发送给客户端的片段信息，被存储在客户端浏览器的内存或硬盘上，常用于保存用户名、密码、个性化设置和个人偏好记录等。

2．Session

Session 与 Cookie 类似，都用于储存使用者的相关资料，但最大的不同之处在于，Session

将数据存放在服务器系统下，使用者无法停止对 Session 的使用。这里建议将登录信息等重要信息保存在 Session 中，其他需要保留的信息可以保存在 Cookie 中。

Cookie 和 Session 的区别如表 6-36 所示。

表 6-36

区别	Cookie	Session
存放位置	客户端	服务器端
安全性	不够安全	安全
资源占用	存放在客户端，不占用服务器资源	占用服务器资源
生命周期	固定时长	每次访问都会重新计算时长
文件大小	4kb	不限制

综上所述，在 PHP 中使用了 Session，也可以同时使用 Cookie。

（三）参考答案：错

6.4.10　2021 年-第 4 题

可以在 HTML 中混合编写 PHP 代码。（　　）

（一）考核知识和技能

PHP 简介

（二）解析

PHP 是一种开放源代码、在服务器端执行、可嵌入到 HTML 文档中的脚本语言，是目前最流行的开发动态网页的程序语言之一。PHP 可以跨平台，支持几乎所有流行的操作系统及数据库，是开发 Web 应用程序的理想工具。

PHP 自创新的语法在融合了 C、Java、Perl 等现代编程语言的一些特征后，具有了语法简单、功能强大、灵活易用、效率高等优点，并且 PHP 入门门槛较低、易于学习、使用广泛，目前已经在 Web 开发领域中占据了非常重要的地位。

在学习 PHP 之前，需要对 HTML、CSS 和 JavaScript 有一定的了解，因为 PHP 文件既可以是单独的 PHP 代码，也可以是嵌入到 HTML 文档中的脚本。

综上所述，可以在 HTML 中混合编写 PHP 代码。

（三）参考答案：对

第 7 章
Java 动态网站制作

7.1 考点分析

2021 年中级理论卷的 Java 动态网站制作相关试题的考核知识和技能如表 7-1 所示，Java 动态网站制作是 2021 年新增的考核内容。

表 7-1

真题	题型			总分值	考核知识和技能
	单选题	多选题	判断题		
2021 年中级理论卷	13	8	4	50	Java 基本语法、数据类型、变量与常量、运算符、输入/输出、流程控制语句、数组与集合、异常、类与对象、构造方法、继承、接口、抽象类、JSP 指令、JSP 行为、EL 表达式、JSTL、JDBC、AOP、Spring MVC 框架、MyBatis 等

7.2 单选题

7.2.1 2021 年-第 1 题

下列不属于面向对象的三大特征的是（　　）。

A．继承　　　　　　　　　　B．方法
C．封装　　　　　　　　　　D．多态

（一）考核知识和技能

1．Java 面向对象编程
2．面向对象的 3 个主要核心特征

（二）解析

1．Java 面向对象编程

Java 是面向对象的编程语言，对象就是面向对象程序设计的核心。所谓对象就是真实世界中的实体，对象与实体是一一对应的。也就是说，现实世界中的每一个实体都是一个对象，它是一种具体的概念。

2．面向对象的 3 个主要核心特征

（1）继承。

继承是 Java 面向对象编程技术的一块基石，因为它允许创建分等级层次的类。

继承就是子类继承父类的特征和行为，使子类对象（实例）具有父类的实例域和方法，或者子类从父类继承方法，使子类具有与父类相同的行为。

生活中的继承如图 7-1 所示。

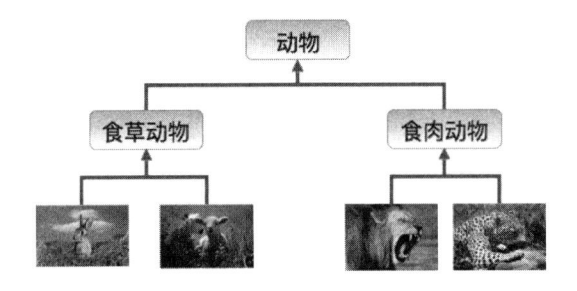

图 7-1

（2）多态。

多态是指同一个行为具有多个不同表现形式或形态的能力。

多态就是同一个接口，通过使用不同的实例而执行不同的操作。

生活中的多态如图 7-2 所示。

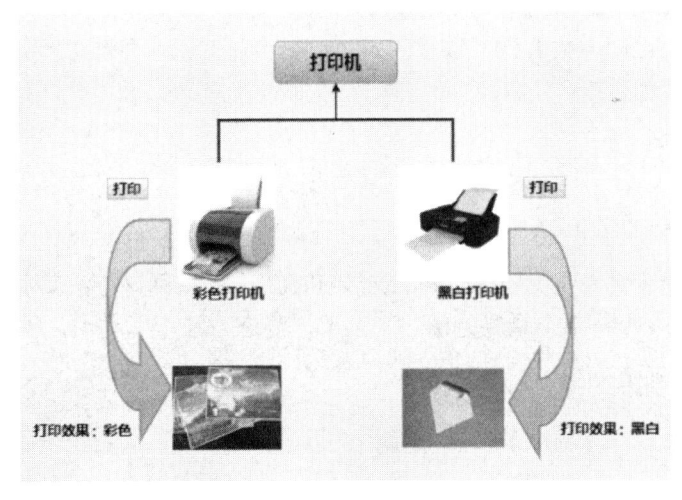

图 7-2

（3）封装。

在面向对象程序设计的方法中，封装是指一种将抽象性函式接口的实现细节部分包装、隐藏起来的方法。

封装可以被认为是一个保护屏障，它可以防止该类的代码和数据被外部类定义的代码随机访问。

若要访问该类的代码和数据，则必须通过严格的接口控制。

封装最主要的功能在于我们能修改自己的实现代码，而不用修改那些调用我们代码的程序片段。适当的封装可以让代码更容易理解和维护，也增强了代码的安全性。

（三）参考答案：B

7.2.2　2021年-第2题

关于继承的说法正确的是（　　）。
A．如果子类与父类在同一个包中，子类可以直接使用父类所有的属性和方法
B．如果子类与父类在同一个包中，子类可以直接使用父类的非私有属性和方法
C．如果子类与父类不在同一个包中，子类不能直接使用父类的任何方法和属性
D．子类只继承父类的方法，而不继承属性

（一）考核知识和技能

继承的特性

（二）解析

（1）子类拥有父类非 private（私有）的属性和方法。

（2）子类可以拥有自己的属性和方法，即子类可以对父类进行扩展。子类也可以用自己的方式实现父类的方法。

（3）Java 继承是单继承，但也可以多重继承。单继承是一个子类只能继承一个父类；多重继承，如 B 类继承 A 类，C 类继承 B 类，按照关系 B 类是 C 类的父类，A 类是 B 类的父类，这是 Java 继承区别于 C++继承的一个特性。

（4）提高了类之间的耦合性（继承的缺点：耦合度越高，代码之间的联系就越紧密，代码的独立性也就越差）。

（三）参考答案：B

7.2.3　2021年-第3题

若在某一个类定义中定义:static void testMethod()方法，则该方法属于（　　）。
A．本地方法　　　B．最终方法　　　C．静态方法　　　D．抽象方法

（一）考核知识和技能

1. static 方法
2. void 关键字

（二）解析

1. static 方法

（1）static 方法就是没有 this 的方法。在 static 方法内部不能调用非静态方法，但反过来是可以的，而且可以在没有创建任何对象的前提下，仅通过类本身来调用 static 方法。

（2）static 方法一般被称为静态方法，由于静态方法不依赖于任何对象就可以进行访问，因此对静态方法来说，是没有 this 的，因为它不依附于任何对象，既然没有对象，就谈不上 this 了。这个特性使得在静态方法中不能访问类的非静态成员变量和非静态成员方

法，这是因为非静态成员方法/变量都必须依赖具体的对象才能够被调用。

（3）虽然在静态方法中不能访问非静态成员方法和非静态成员变量，但是在非静态成员方法中是可以访问静态成员方法/变量的。如图 7-3 所示，在 print2 方法中不能访问非静态成员方法 print1 和非静态成员变量 str2，但是可以访问静态成员变量 str1。

```
1  package com.test;
2
3  public class test {
4      private static String str1 = "staticProperty";
5      private String str2 = "property";
6
7      public void print1() {
8          System.out.println(str1);
9          System.out.println(str2);
10         print2();
11     }
12
13     public static void print2() {
14         System.out.println(str1);
15         System.out.println(str2);
16         print1();
17     }
18  }
19
```

图 7-3

2. void 关键字

void 关键字表示什么也不返回，当一个方法不需要返回值时，可以使用 void 关键字，代码如下：

```
public static void getName() {
    String name = "username";
    System.out.println(name);
}
```

（三）参考答案：C

7.2.4　2021 年-第 4 题

在使用 FileInputStream 流对象的 read()方法读取数据时，可能会产生下列哪种类型的异常？（　　）

A．ClassNotFoundException　　　　B．FileNotFoundException

C．RuntimeException　　　　　　　D．IOException

（一）考核知识和技能

1．FileInputStream

2．read()方法

（二）解析

1．FileInputStream

（1）FileInputStream 流用于从文件中读取数据，可以用 new 关键字来创建对象。

（2）有多种构造方法用于创建对象。

（3）可以使用字符串类型的文件名来创建一个输入流对象用于读取文件。

```
InputStream f = new FileInputStream("C:/java/hello");
```

（4）也可以使用一个文件对象来创建一个输入流对象用于读取文件，首先使用 File() 方法来创建一个文件对象。

```
File f = new File("C:/java/hello");
InputStream in = new FileInputStream(f);
```

2．read()方法

read()方法用于从 InputStream 对象中读取指定字节的数据，并返回整数值。在返回下一字节数据时，如果已经到结尾，则返回-1。

```
public int read(int r)throws IOException{}
```

（三）参考答案：D

7.2.5　2021 年-第 5 题

下列异常处理语句编写正确的是（　　）。

A．try{System.out.println(2/0) ;}

B．try(System.out.println(2/0);) catch(Exception e) (System.out.println(e.getMessage());)

C．try{System.out.println(2/0) ;} catch(Exception e) {System.out.println(e.getMessage());}

D．try{System.out.println(2/0) ;}finally(Exception e) {System.out.println(e.getMessage());}

（一）考核知识和技能

1．Java 异常处理

2．捕获异常

（二）解析

1．Java 异常处理

（1）异常是指程序中的一些错误，但并不是所有的错误都是异常，而且有时错误是可以避免的。

（2）发生异常的原因有很多，通常包括以下几类。

① 用户输入了非法数据。

② 要打开的文件不存在。

③ 网络通信时连接中断，或者 JVM 内存溢出。

（3）要想理解 Java 异常处理是如何工作的，就需要掌握 3 种类型的异常。

① 检查性异常：最具有代表性的检查性异常是由用户错误或问题引起的异常，这是程序员无法预见的。例如，要打开一个不存在的文件时，一个异常就发生了。检查性异常在编译时不能被简单地忽略。

② 运行时异常：运行时异常是可以被程序员避免的异常。与检查性异常相反，运行时异常在编译时可以被忽略。

③ 错误：错误不是异常，而是脱离程序员控制的问题。错误在代码中通常被忽略。例如，当栈溢出时，一个错误就发生了，在编译时也检查不出来。

2．捕获异常

使用 try 关键字和 catch 关键字可以捕获异常。try/catch 代码块通常存放在异常可能发生的地方。

try/catch 代码块中的代码被称为保护代码，使用 try/catch 的语法如下：

```
try
{
    // 程序代码
}catch(ExceptionName e1)
{
    //catch 块
}
```

catch 语句包含要捕获异常类型的声明。当保护代码块中发生一个异常时，try 后面的 catch 块就会被检查。

如果发生的异常在 catch 块中，那么异常就会被传递到该 catch 块，这和传递一个参数到方法是一样的。

（三）参考答案：C

7.2.6 2021 年-第 6 题

在下列对长度为 5 的数组 a 的定义中，正确的是（　　）。

A．int[5] a=new int[];　　　　　　B．int a[5]=new int[5];

C．int a[]={21,4,2,11,23};　　　　　D．int[] a=new int[4];

（一）考核知识和技能

1．Java 数组

2．声明数组变量

3．创建数组

（二）解析

1．Java 数组

数组对每一门编程语言来说都是重要的数据结构之一。当然，不同的编程语言对数组的实现及处理也不尽相同。

Java 语言中提供的数组用于存储固定大小的同类型元素。

2．声明数组变量

首先必须声明数组变量，然后才能在程序中使用数组。声明数组变量的语法如下：

```
int[] a;          // 首选方法
```
或
```
int a[];          // 效果相同，但不是首选方法
```

3．创建数组

Java 语言使用 new 操作符来创建数组，语法如下：

```
int[] a = new a[arraySize];
```
或
```
int[] a = {value0, value1, ..., valuek};
```

（三）参考答案：C

7.2.7　2021 年-第 7 题

阅读以下程序代码，运行后的结果是（　　）。

```
class TestApp {
    public static void main(String[] args) {
        int x = 5;
        switch (x) {
            case 1:
            case 2:
            case 3:
                System.out.println("一季度");
                break;
            case 4:
            case 5:
            case 6:
                System.out.println("二季度");
                break;
            default:
                System.out.println("三季度以上");
                break;
        }
    }
}
```

A．一季度　　　　　　　　　　　　B．二季度
C．三季度以上　　　　　　　　　　D．无输出

（一）考核知识和技能

switch case 语句

（二）解析

switch case 语句用于判断一个变量与一系列值中的某个值是否相等，每个值都被称为一个分支。

（1）switch case 语句语法格式如下：

```
switch(expression){
    case value :
       //语句
       break; //可选
    case value :
       //语句
       break; //可选
    //可以有任意数量的 case 语句
    default : //可选
       //语句
}
```

（2）switch case 语句有如下规则。

① switch 语句中的变量类型可以是 byte、short、int 或 char。自 Java SE 7 开始，switch 语句就支持字符串 String 类型了，同时<case>标签必须为字符串常量或字面量。

② switch 语句可以拥有多个 case 语句。每个 case 后跟一个要比较的值和冒号。

③ case 语句中值的数据类型必须与变量的数据类型相同，并且只能是常量或字面常量。

④ 当变量的值与 case 语句的值相等时，才开始执行 case 语句之后的语句，直到 break 语句出现才跳出 switch 语句。

⑤ 当遇到 break 语句时，switch 语句终止执行，程序会跳转到 switch 语句后面的语句开始执行。case 语句不是必须包含 break 语句，如果没有 break 语句出现，则程序会继续执行下一条 case 语句，直到出现 break 语句为止。

⑥ switch 语句可以包含一个 default 分支，该分支一般是 switch 语句的最后一个分支（可以在任何位置，但建议在最后一个）。default 分支在没有 case 语句的值和变量值相等的情况下执行。default 分支不需要 break 语句。

（3）switch case 语句在执行时，一定会先进行匹配，匹配成功后返回当前 case 的值，然后根据是否存在 break 语句，判断是否继续输出或跳出判断。示例代码如下：

```java
public class Test {
    public static void main(String args[]){
        int i = 5;
        switch(i){
            case 0:
                System.out.println("0");
            case 1:
                System.out.println("1");
            case 2:
                System.out.println("2");
            default:
                System.out.println("default");
        }
    }
}
```

运行效果如图 7-4 所示。

```
default
```

图 7-4

（三）参考答案：B

7.2.8　2021 年-第 8 题

在 JDBC API 中，下列哪个接口或类用于连接数据库？（　　）

A．ResultSet　　　　　　　　　　B．Connection
C．Statement　　　　　　　　　　D．DriverManager

（一）考核知识和技能

1. Java MySQL 连接
2. ResultSet 接口
3. Connection 接口
4. Statement 接口
5. DriverManager 类

（二）解析

1. Java MySQL 连接

Java 使用 JDBC 连接数据库。JDBC 是一种用于执行 SQL 语句的 Java API（应用程序接口），是连接数据库和 Java 应用程序的纽带。

2. ResultSet 接口

数据库结果集的数据表，结果表中的数据通常通过查询数据库的语句生成。

3. Connection 接口

Connection 接口位于 java.sql 包中，是与数据库连接的对象，只有在获得特定的数据库连接对象时，才可以访问数据库并进行数据库操作。

4. Statement 接口

Statement 接口是 Java 程序执行数据库操作的重要接口，在已经建立数据库连接的基础上，向数据库发送要执行的 SQL 语句，用于执行不带参数的简单 SQL 语句。

5. DriverManager 类

DriverManager 类包含了与数据库交互操作的方法，该类中的方法全部由数据库厂商提供。

（三）参考答案：B

7.2.9 2021 年-第 9 题

给定代码：

在第 4 行插入下面哪个 EL 表达式能够输出"星期三"？（   ）

```
1. <%
2. requested.setAttribute("vals",new String[] {"星期一","星期二","星期三","星期四"});
3. %>
4. <% -- 此处插入代码 --%>
```

A．${vals.[3] } B．${vals ["2"]}
C．${vals.3} D．${vals[2]}

（一）考核知识和技能

1. JSP 脚本程序
2. request 对象

（二）解析

1. JSP 脚本程序

JSP 脚本程序可以包含任意数量的 Java 语句、变量、方法或表达式，只要在脚本语言中就是有效的。

JSP 脚本程序的语法格式如下：

```
<% 代码片段 %>
```

2. request 对象

request 对象是 javax.servlet.http.HttpServletRequest 类的实例。设置 request 对象属性的语法如下：

```
setAttribute(String name,Object o)
```

参数说明如下。

- name：要设置的属性名称。
- o：该属性的属性值。

例如：

```
<% request.setAttribute("name",new String[]{"春天","夏天","秋天","冬天"}); %>
<% ${name[2]}; %>
```

运行效果如图 7-5 所示。

秋天

图 7-5

（三）参考答案：D

7.2.10 2021 年-第 10 题

有一段 Java 应用程序，它的主类名是 A1，那么保存它的源文件名可以是（　　）。

A．A1.java　　　　B．A1.class　　　　C．A1　　　　D．A1.txt

（一）考核知识和技能

Java 源文件

（二）解析

Java 源文件名的后缀为.java，Java 编译后的文件扩展名为.class。class 文件全称为 Java class 文件，主要在平台无关性和网络移动性这两方面使 Java 更适合网络。

编译好的 Java 源程序后缀为.java。

（三）参考答案：A

7.2.11 2021 年-第 11 题

已知 x 和 y 均为 boolean 型变量，则 x&&y 的值为 true 的条件是（　　）。

A．至少其中一个为 true　　　　B．至少其中一个为 false
C．x 和 y 均为 true　　　　　　D．x 和 y 均为 false

（一）考核知识和技能

Java 逻辑运算符

（二）解析

Java 逻辑运算符的基本运算如表 7-2 所示，假设布尔变量 A 为真，布尔变量 B 为假。

表 7-2

操作符	描述	实例
&&	逻辑与运算符。当且仅当两个操作数都为真时，条件才为真	（A && B）为假
||	逻辑或操作符。如果两个操作数中任何一个为真，则条件为真	（A || B）为真
!	逻辑非运算符。用于反转操作数的逻辑状态，如果条件为 true，则使用逻辑非运算符后得到 false	!（A && B）为真

（三）参考答案：C

7.2.12　2021 年-第 12 题

下列描述中正确的是（　　）。

A．ArrayList 中的元素无序不可重复

B．HashSet 中的元素有序可重复

C．HashMap 中的元素以键-值成对出现

D．HashMap 中的键可以重复，值不可以重复

（一）考核知识和技能

1．ArrayList

2．HashSet

3．HashMap

（二）解析

1．ArrayList

ArrayList 类是一个可以动态修改的数组，与普通数组的区别是它没有固定大小的限制，可以添加或删除元素。

ArrayList 继承于 AbstractList，并实现了 List 接口。

ArrayList 类位于 java.util 包中，使用前需要先引入，语法格式如下：

```
import java.util.ArrayList; // 引入 ArrayList 类
ArrayList<E> objectName =new ArrayList<>();   // 初始化
```

示例代码如下：

```java
import java.util.ArrayList;
public class Test {
    public static void main(String[] args) {
        ArrayList<String> sites = new ArrayList<String>();
        sites.add("Google");
        sites.add("Runoob");
        sites.add("Taobao");
        sites.add("Weibo");
        System.out.println(sites);
    }
}
```

运行效果如图 7-6 所示。

```
[Google, Runoob, Taobao, Weibo]
```

图 7-6

2．HashSet

HashSet 是基于 HashMap 来实现的，是一个不允许有重复元素的集合。

HashSet 允许有 null 值。

HashSet 是无序的，即不会记录插入的顺序。

HashSet 不是线程安全的，如果多个线程尝试同时修改 HashSet，则最终结果是不确定的。用户必须在多线程访问时显式同步对 HashSet 的并发访问。

HashSet 实现了 Set 接口。

HashSet 类位于 java.util 包中，使用前需要先引入，语法格式如下：

```
import java.util.HashSet; // 引入 HashSet 类
```

创建一个 HashSet 对象 sites，用于保存字符串元素。

```
HashSet<String> sites = new HashSet<String>();
```

示例代码如下：

```java
import java.util.HashSet;

public class Test {
    public static void main(String[] args) {
        HashSet<String> sites = new HashSet<String>();
        sites.add("Google");
        sites.add("Runoob");
        sites.add("Taobao");
        sites.add("Zhihu");
        sites.add("Runoob");  // 重复的元素不会被添加
        System.out.println(sites);
    }
}
```

运行效果如图 7-7 所示。

```
[Google, Runoob, Zhihu, Taobao]
```

图 7-7

3．HashMap

HashMap 是一个散列表，它存储的是键-值对（key-value）映射。

HashMap 实现了 Map 接口，并根据键的 HashCode 值存储数据，具有很快的访问速度，最多允许一条记录的键为 null，且不支持线程同步。

HashMap 是无序的，即不会记录插入的顺序。

HashMap 继承于 AbstractMap，并实现了 Map、Cloneable 和 java.io.Serializable 接口。

HashMap 类位于 java.util 包中，使用前需要先引入，语法格式如下：

```
import java.util.HashMap; // 引入 HashMap 类
```

创建一个 HashMap 对象 Sites，整型（Integer）的 key 和字符串（String）类型的 value。

```
HashMap<Integer, String> Sites = new HashMap<Integer, String>();
```

示例代码如下:

```java
import java.util.HashMap;
public class Test {
    public static void main(String[] args) {
        // 创建 HashMap 对象 Sites
        HashMap<Integer, String> Sites = new HashMap<Integer, String>();
        // 添加键-值对
        Sites.put(1, "Google");
        Sites.put(2, "Runoob");
        Sites.put(3, "Taobao");
        Sites.put(4, "Zhihu");
        System.out.println(Sites);
    }
}
```

运行效果如图 7-8 所示。

{1=Google, 2=Runoob, 3=Taobao, 4=Zhihu}

图 7-8

(三)参考答案:C

7.2.13 2021 年-第 13 题

试图编译并运行如下代码时,运行结果是(　　)。

```java
class Mammal {
  Mammal() {
      System.out.println("Four");
  }

  public void ears() {
      System.out.println("Two");
  }
}

class Dog extends Mammal {
  Dog() {
      super.ears();
      System.out.println("Three");
  }
}

public class Scottie extends Dog {
  public static void main(String argv[]) {
      System.out.println("One");
      Scottie h = new Scottie();
  }
}
```

A. One, Three, Two, Four　　　　　B. One, Four, Three, Two
C. One, Four, Two, Three　　　　　D. 编译错误

(一)考核知识和技能

1. Java 对象和类
2. Java 构造方法

3. Java 继承

（二）解析

1. Java 对象和类

对象：对象是类的一个实例，具有状态和行为。

类：类是一个模板，用于描述一类对象的行为和状态。

2. Java 构造方法

每个类都有构造方法，如果没有显式地为类定义构造方法，那么 Java 编译器会为该类提供一个默认的构造方法。

在创建一个对象时，至少要调用一个构造方法。构造方法的名称必须与类同名，一个类可以有多个构造方法。示例代码如下：

```java
public class Puppy{
    public Puppy(){
    }
    public Puppy(String name){
        // 这个构造器仅有一个参数：name
    }
}
```

3. Java 继承

继承是 Java 面向对象编程技术的一块基石，因为它允许创建分等级层次的类。

继承就是子类继承父类的特征和行为，使子类对象（实例）具有父类的实例域和方法，或者子类从父类继承方法，使子类具有与父类相同的行为。

Java 继承关键字如下。

（1）extends 关键字：在 Java 中，类的继承是单一继承。也就是说，一个子类只能拥有一个父类，所以 extends 只能继承一个类。

（2）super 关键字：我们可以通过 super 关键字实现对父类成员的访问，用于引用当前对象的父类。

（3）this 关键字：指向自己的引用。

示例代码如下：

```java
class Animal {
  void eat() {
    System.out.println("animal : eat");
  }
}

class Dog extends Animal {
  void eat() {
    System.out.println("dog : eat");
  }
  void eatTest() {
    this.eat();    // this 调用自己的方法
    super.eat();   // super 调用父类方法
  }
}
```

```
public class Test {
  public static void main(String[] args) {
    Animal a = new Animal();
    a.eat();
    Dog d = new Dog();
    d.eatTest();
  }
}
```

运行效果如图 7-9 所示。

```
animal : eat
dog : eat
animal : eat
```

图 7-9

（三）参考答案：C

7.3 多选题

7.3.1 2021 年-第 1 题

下列选项中关于 AOP 的说法正确的是（　　）。

A．AOP 是在程序运行期间，不修改源码对已有方法进行增强
B．AOP 即面向切面编程，是对面向对象编程的延续
C．AOP 即面向切面编程，是对面向对象编程的替代
D．AOP 底层使用动态代理技术实现

（一）考核知识和技能

AOP（面向切面编程）

（二）解析

AOP（Aspect Oriented Programming）也就是面向切面编程。AOP 作为面向对象编程的一种补充，已经成为一种比较成熟的编程方式。其实，AOP 出现的时间并不太长，并且 AOP 和 OOP 互为补充。面向切面编程可以将程序运行过程分解为各个切面。

AOP 专门用于处理系统分布在各个模块（不同方法）中交叉关注点的问题，在 JavaEE 应用中，经常通过 AOP 来处理一些具有横切性质的系统级服务，如事务管理、安全检查、缓存、对象池管理等。AOP 已经成为一种非常常用的解决方案。

AOP 实现可以分为两类。

（1）静态 AOP 实现：AOP 框架在编译阶段对程序进行修改，即实现对目标类的增强，生成静态的 AOP 代理类，以 AspectJ 为代表。

（2）动态 AOP 实现：AOP 框架在运行阶段动态生成 AOP 代理，以实现对目标对象的增强，以 Spring AOP 为代表。

（三）参考答案：ABD

7.3.2　2021 年-第 2 题

根据开发的需要，开发人员需要在当前页面中包含 menu.jsp，下列哪个选项能够实现此功能？（　　）

A．<%@include file="menu.jsp" %>　　B．<jsp:include page="menu.jsp" />
C．<%@import file="menu.jsp"/>　　　D．<jsp:import value="menu.jsp"/>

（一）考核知识和技能

1. JSP 指令
2. JSP 行为

（二）解析

1. JSP 指令

JSP 指令用于设置与整个 JSP 页面相关的属性。JSP 指令描述如表 7-3 所示。

表 7-3

指令	描述
<%@ page ... %>	定义页面的依赖属性，如脚本语言、error 页面、缓存需求等
<%@ include ... %>	包含其他文件
<%@ taglib ... %>	引入标签库的定义，可以是自定义标签

2. JSP 行为

JSP 行为标签使用 XML 语法结构来控制 servlet 引擎。它能够动态地插入一个文件，重用 JavaBean 组件，并引导用户去另一个页面，从而为 Java 插件产生相关的 HTML 等。

JSP 行为标签语法如下：
`<jsp:action_name attribute="value" />`

JSP 常用行为标签如表 7-4 所示。

表 7-4

行为标签	描述
jsp:include	用于在当前页面中包含静态资源或动态资源
jsp:useBean	寻找和初始化一个 JavaBean 组件
jsp:setProperty	设置 JavaBean 组件的值
jsp:getProperty	将 JavaBean 组件的值插入到 output 中
jsp:forward	从一个 JSP 文件向另一个文件传递一个包含用户请求的 request 对象
jsp:plugin	用于在生成的 HTML 页面中包含 Applet 和 JavaBean 对象
jsp:element	动态创建一个 XML 元素
jsp:attribute	定义动态创建的 XML 元素的属性
jsp:body	定义动态创建的 XML 元素的主体
jsp:text	用于封装模板数据

（三）参考答案：AB

7.3.3 2021年-第3题

下面关于 Java 语言中的方法说法错误的是（   ）。
A．Java 中方法的参数传递是地址调用，而不是传值调用
B．方法体是对方法的实现，包括变量声明和 Java 的合法语句
C．如果程序定义了一个或多个构造方法，在创建对象时，也可以用系统自动生成空的构造方法
D．类的私有方法可以被其子类直接访问

（一）考核知识和技能

1．Java 方法
2．Java 方法的优点
3．Java 方法的定义
4．构造方法
5．Java 访问控制修饰符

（二）解析

1．Java 方法

Java 方法是语句的集合，它们组合在一起执行一个功能。
（1）Java 方法是解决一类问题的步骤的有序组合。
（2）Java 方法包含在类或对象中。
（3）Java 方法在程序中被创建，在其他地方被引用。

2．Java 方法的优点

（1）使程序变得更简短、更清晰。
（2）有利于程序维护。
（3）可以提高程序开发的效率。
（4）提高了代码的重用性。

3．Java 方法的定义

Java 方法包含一个方法头和一个方法体，Java 方法的组成部分如下。
（1）修饰符：可选，用于告诉编译器如何调用该方法，定义了该方法的访问类型。
（2）返回值类型：方法返回值的数据类型。有些方法没有返回值，在这种情况下，返回值的数据类型是关键字 void。
（3）方法名：方法的实际名称。方法名和参数列表共同构成方法签名。
（4）参数列表：参数像一个占位符。当方法被调用时，传递值给参数，这个值被称为实参或变量。参数列表是指方法的参数类型、顺序和参数的个数。参数是可选的，方法可以不包含任何参数。
（5）方法体：方法体包含具体的语句，用于定义该方法的功能。
Java 方法的组成部分如图 7-10 所示。

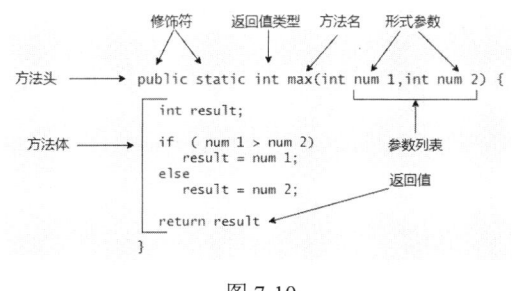

```
                 修饰符  返回值类型  方法名    形式参数
方法头 ——→ public static int max(int num 1,int num 2) {
              int result;
方法体 ——→    if ( num 1 > num 2 )        参数列表
                result = num 1;
              else                        返回值
                result = num 2;
              return result
            }
```

图 7-10

4．构造方法

（1）当一个对象被创建时，构造方法用于初始化该对象。构造方法和它所在类的名字相同，但构造方法没有返回值。

（2）通常会使用构造方法为一个类的实例变量赋初值，或者执行其他必要的步骤来创建一个完整的对象。

（3）不管是否自定义构造方法，总之所有的类都有构造方法，因为 Java 自动提供了一个默认构造方法。默认构造方法的访问修饰符和类的访问修饰符相同（类为 public，构造方法也为 public；类改为 protected，构造方法也改为 protected）。

（4）一旦定义了自己的构造方法，默认构造方法就会失效。

5．Java 访问控制修饰符

（1）默认访问修饰符：不使用任何关键字，使用默认访问修饰符声明的变量和方法，对同一个包内的类是可见的。接口中的变量都隐式声明为 public static final，而接口中的方法在默认情况下访问权限为 public。

（2）私有访问修饰符：private 私有访问修饰符是最严格的访问级别，所以被声明为 private 的方法、变量和构造方法只能被所属类访问，并且类和接口都不能声明为 private。声明为私有访问类型的变量只能通过类中公共的 getter 方法被外部类访问。

（3）公有访问修饰符：public 被声明为 public 的类、方法、构造方法和接口，能被任何其他类访问。

（4）受保护的访问修饰符：当 protected 子类与基类在同一个包中时，被声明为 protected 的变量、方法和构造器能被同一个包中的任何其他类访问；当 protected 子类与基类不在同一个包中时，在子类中，子类实例可以访问其从基类继承而来的 protected 方法，而不能访问基类实例的 protected 方法。

（三）参考答案：ACD

7.3.4　2021 年-第 4 题

给定下面的类定义，下面的哪个方法可以合法地直接替换//Here？（　　）

```
public class ShrubHill{
    public void foregate(String sName){}
    //Here
}
```

A．public int foregate(String sName){}

B．public void foregate(StringBuffer sName){}

C. public void foreGate(String sName){}

D. private void foregate(String sType){}

（一）考核知识和技能

1．构造方法

2．StringBuilder 类

（二）解析

1．构造方法

当一个对象被创建时，构造方法用于初始化该对象。构造方法和它所在类的名字相同，但构造方法没有返回值。

2．StringBuilder 类

（1）当对字符串进行修改时，需要使用 StringBuffer 类和 StringBuilder 类。

（2）和 String 类不同的是，StringBuffer 类和 StringBuilder 类的对象能够被多次修改，并且不产生新的未使用对象。

（三）参考答案：BC

7.3.5　2021 年-第 5 题

关于 Spring MVC 文件上传，下列选项中说法正确的是（　　）。

A．Controller 类中文件上传的方法形参必须是 MultipartFile 类型

B．表单 enctype 属性值必须是"multipart/form-data"

C．页面表单发送的可以是 POST 请求或者 GET 请求

D．必须在 springmvc.xml 中配置多媒体文件解析器

（一）考核知识和技能

1．Spring MVC 框架

2．Spring MVC 文件上传

（二）解析

1．Spring MVC 框架

Spring MVC 是 Spring 提供的一个基于 MVC 设计模式的轻量级 Web 开发框架，本质上相当于 Servlet。

Spring MVC 框架的优点如下。

（1）清晰的角色划分。Spring MVC 框架在 Model、View 和 Controller 这 3 方面提供了一个非常清晰的角色划分，真正做到了各司其职、各负其责。

（2）灵活的配置功能，可以把类当作 Bean 并通过 XML 进行配置。

（3）提供了大量的控制器接口和实现类。开发者可以使用 Spring 提供的控制器实现类，也可以自己实现控制器接口。

（4）真正做到与 View 层的实现无关。Spring MVC 框架不会强制开发者使用 JSP，开发者可以根据项目需求使用 Velocity、FreeMarker 等技术。

（5）国际化支持。

（6）面向接口编程。

（7）与 Spring 框架无缝集成。

2．Spring MVC 文件上传

Spring MVC 框架的文件上传基于 commons-fileupload 组件，并在该组件基础上做了进一步的封装，简化了文件上传的代码实现，取消了不同上传组件上的编程差异。

（1）导入 jar 文件。

使用 Apache Commons FileUpload 组件上传文件，需要导入 commons-io-2.4.jar 文件和 commons-fileupload-1.2.2.jar 文件（可以在 Apache 官网下载）。

（2）配置 MultipartResolver 解析器。

使用 CommonsMultipartResolver 配置 MultipartResolver 解析器。

（3）编写文件上传表单页面。

负责文件上传表单的编码类型必须是"multipart/form-data"类型。

基于表单的文件上传需要使用 enctype 属性，并将它的值设置为 multipart/form-data，同时将表单的提交方式设置为 POST。

（4）创建 POJO 类。

创建*.opjo 包，并在该包下创建 File 类，在该 POJO 类中声明一个 MultipartFile 类型的属性封装被上传的文件信息，属性名与文件选择页面 filleUpload.jsp 中 file 类型的表单参数名 myfile 相同。

（5）编写控制器。

创建*.controller 包，并在该包下创建 FileUploadController 控制类。

（6）创建成功显示页面*.jsp。

（三）参考答案：ABD

7.3.6　2021 年-第 6 题

以下关于构造方法的描述正确的是（　　）。

A．构造方法的返回类型只能是 void 型

B．构造方法是类的一种特殊方法，它的方法名必须与类名相同

C．构造方法的主要作用是完成对类的对象的初始化工作

D．一般在创建新对象时，系统会调用构造方法

（一）考核知识和技能

构造方法

（二）解析

（1）当一个对象被创建时，构造方法用于初始化该对象。构造方法和它所在类的名字相同，但构造方法没有返回值。

（2）通常会使用构造方法为一个类的实例变量赋初值，或者执行其他必要的步骤来创建一个完整的对象。

（3）不管是否自定义构造方法，总之所有的类都有构造方法，因为 Java 自动提供了一个默认构造方法。默认构造方法的访问修饰符和类的访问修饰符相同（类为 public，构造方法也为 public；类改为 protected，构造方法也改为 protected）。

（4）一旦定义了自己的构造方法，默认构造方法就会失效。

（三）参考答案：BCD

7.3.7　2021 年-第 7 题

下列关于 JSTL 中条件标签的说法正确的是（　　）。

A．<c:if>标签用来进行条件判断

B．<c:switch>标签代表一个条件分支

C．<c:forEach>标签用于循环迭代

D．<c:otherwise>代表<c:choose>的最后选择，不可以独立使用

（一）考核知识和技能

JSP 标准标签库（JSTL）

（二）解析

JSP 标准标签库（JSTL）是一个 JSP 标签集合，封装了 JSP 应用的通用核心功能。

JSTL 支持通用的、结构化的任务，如迭代、条件判断、XML 文档操作、国际化标签、SQL 标签等。JSTL 描述如表 7-5 所示。

表 7-5

标签	描述
<c:if>	和我们在一般程序中使用的 if 一样
<c:forEach>	基础迭代标签，接受多种集合类型
<c:choose>	本身只当作<c:when>标签和<c:otherwise>标签的父标签
<c:otherwise>	<c:choose>标签的子标签,用在<c:when>标签后,当<c:when>标签判断为 false 时被执行

（三）参考答案：ACD

7.3.8　2021 年-第 8 题

现有如下五个声明：

哪行无法通过编译？（　　）

```
Line1: int a_really_really_really_long_variable_name=5 ;
Line2: int  _hi=6;
Line3: int  2big=7;
Line4: int $dollars=8;
Line5: int %opercent=9;
```

A．Line1　　　　B．Line2　　　　C．Line3　　　　D．Line4　　　　E．Line5

（一）考核知识和技能

Java 变量命名规范

（二）解析

（1）必须以字母、下画线或美元符号开头。
（2）除了开头，后面的部分可以由字母、下画线、美元符号及数字组成。
（3）变量名不限制长度，只要能表达清楚命名的含义即可。
（4）变量名不可以和 Java 关键字冲突。

（三）参考答案：CE

7.4 判断题

7.4.1 2021 年-第 1 题

使用 File 对象无法判断一个文件是否存在。（   ）

（一）考核知识和技能

Java File 类

（二）解析

（1）Java File 类以抽象的方式表示文件名和目录路径名。该类主要用于文件和目录的创建、文件的查找和文件的删除等操作。
（2）File 对象代表磁盘中实际存在的文件和目录。
（3）File 对象的 public boolean exists()方法用于判断文件或目录是否存在。

（三）参考答案：错

7.4.2 2021 年-第 2 题

MyBatis 中的配置文件 SqlMapConfig.xml，在配置 mappers、properties、typeAliases 时，不需要注意顺序，可以任意配置。（   ）

（一）考核知识和技能

SqlMapConfig.xml 顺序

（二）解析

SqlMapConfig.xml 配置的内容和顺序如下。
- properties（属性）。
- settings（全局配置参数）。
- typeAliases（类型别名）。
- typeHandlers（类型处理器）。
- objectFactory（对象工厂）。

- plugins（插件）。
- environments（环境集合属性对象）。
- environment（环境子属性对象）。
- transactionManager（事务管理）。
- dataSource（数据源）。
- mappers（映射器）。

（三）参考答案：错

7.4.3　2021年-第3题

static 关键字修饰的方法中，既可以调用 static 修饰的属性和方法，也可以调用非 static 修饰的方法。（　　）

（一）考核知识和技能

static 修饰符

（二）解析

静态变量：static 关键字用于声明独立于对象的静态变量，无论一个类实例化多少对象，它的静态变量只有一份拷贝。静态变量也被称为类变量。局部变量不能被声明为 static 变量。

静态方法：static 关键字用于声明独立于对象的静态方法。静态方法不能使用类的非静态变量。静态方法先从参数列表中得到数据，然后计算这些数据。

（三）参考答案：错

7.4.4　2021年-第4题

接口和抽象类的区别是接口中的方法都是抽象方法，接口中的属性都是静态常量，而抽象方法中可以有具体方法。（　　）

（一）考核知识和技能

1. Java 抽象类
2. Java 接口

（二）解析

1. Java 抽象类

（1）抽象类不能被实例化，如果被实例化，就会报错，编译也就无法通过。只有抽象类的非抽象子类可以创建对象。

（2）抽象类中不一定包含抽象方法，但是有抽象方法的类必定是抽象类。

（3）抽象类中的抽象方法只是声明，并不包含方法体，就是不给出方法的具体实现，也就是方法的具体功能。

（4）构造方法。类方法（用 static 关键字修饰的方法）不能声明为抽象方法。

（5）抽象类的子类必须给出抽象类中抽象方法的具体实现，除非该子类也是抽象类。

2．Java 接口

（1）接口中的每一个方法都是隐式抽象的，接口中的方法会被隐式地指定为 public abstract 方法（只能是 public abstract，其他修饰符都会报错）。

（2）接口中可以包含变量，但是接口中的变量会被隐式地指定为 public static final 变量（只能用 public 修饰，使用 private 修饰会报编译错误）。

（3）接口中的方法是不能在接口中实现的，只能由实现接口的类来实现接口中的方法。

（三）参考答案：对

第 8 章 静态网站制作（高级）

8.1 考点分析

2019—2021 年高级理论卷的静态网站制作相关试题的考核知识和技能如表 8-1 所示，三次考试的平均分值为 36 分。

表 8-1

真题	题型 单选题	题型 多选题	题型 判断题	总分值	考核知识和技能
2019 年高级理论卷	5	2	0	14	列表标签、文本属性、区块、基本数据类型、数组、事件种类、jQuery 选择器等
2020 年高级理论卷	16	5	3	48	HTML 基础语法、CSS 基础语法、选择器、列表属性、border-radius 属性、transform 属性、JavaScript 基础语法、length 属性、定时器、createTextNode()方法、appendChild()方法、value 属性、jQuery 选择器、$(":input")、$(":contains(text)")选择器、text()方法、val()方法、attr()方法、append()方法、width()方法、get()方法、Bootstrap 容器、栅格系统、AJAX 的特点、XMLHttpRequest 对象、Canvas 等
2021 年高级理论卷	14	5	4	46	HTML 列表元素、HTML5 新特性、CSS 样式表、list-style-type 属性、word-wrap 属性、box-shadow 属性、2D 转换、var 关键字、length 属性、定时器、val()方法、attr()方法、css()方法、append()方法、width()方法、height()方法、事件处理函数、Bootstrap 容器、Bootstrap 表格样式、XMLHttpRequest 对象、Less 语法、Canvas 等

8.2 单选题

8.2.1 2019 年-第 1 题

给某段文字设置下画线，应该设置（　　）属性。

A．text-transform　　B．text-align　　C．text-indent　　D．text-decoration

（一）考核知识和技能

CSS 文本属性

（二）解析

常见的 CSS 文本属性如下。

（1）text-transform：大小写转换。
（2）text-align：水平对齐方式。
（3）text-indent：首行缩进。
（4）text-decoration：文本修饰。其中，text-decoration 有 5 个可能的值。
① none：无表现。
② underline：为元素加下画线，和 HTML 中的<u>元素一样。
③ overline：为元素加上画线。
④ line-through：在文本中间画一个贯穿线，等价于 HTML 中的<s>元素和<strike>元素。
⑤ blink：让文本闪烁，类似于 Netscape 支持的 blink 标记。

text-decoration 示例代码如下：

```
<p style="text-decoration:none;">text-decoration:none </p>
<p style="text-decoration:underline">text-decoration:none </p>
<p style="text-decoration:overline">text-decoration:none </p>
<p style="text-decoration:line-through">text-decoration:none </p>
<p style="text-decoration:blink">text-decoration:blink </p>
```

运行效果如图 8-1 所示。

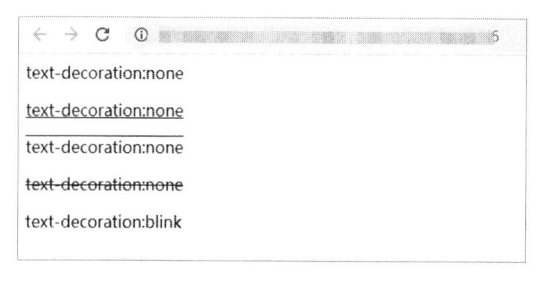

图 8-1

综上所述，text-decoration 属性为文本修饰，可以为文字设置下画线。

（三）参考答案：D

8.2.2 2019 年-第 6 题

以下哪个标签是 HTML 中的无序列表？（　　）
A．<div>　　　　B．<dl>　　　　C．<ul>　　　　D．<ol>

（一）考核知识和技能

1．有序列表
2．无序列表
3．自定义列表

（二）解析

1. 有序列表

有序列表始于<ol>标签，每个列表项始于<li>标签。示例代码如下：

```
<h4>一个有序列表：</h4>
<ol>
    <li>咖啡</li>
    <li>牛奶</li>
    <li>茶</li>
</ol>
```

运行效果如图 8-2 所示。

2. 无序列表

无序列表始于<ul>标签，每个列表项始于<li>标签。示例代码如下：

```
<h4>一个无序列表：</h4>
<ul>
    <li>咖啡</li>
    <li>茶</li>
    <li>牛奶</li>
</ul>
```

运行效果如图 8-3 所示。

3. 自定义列表

自定义列表始于<dl>标签，每个自定义列表项始于<dt>标签，每个自定义列表项的定义始于<dd>标签。示例代码如下：

```
<dl>
<dt>Coffee</dt>
<dd>Black hot drink</dd>
<dt>Milk</dt>
<dd>White cold drink</dd>
</dl>
```

运行效果如图 8-4 所示。

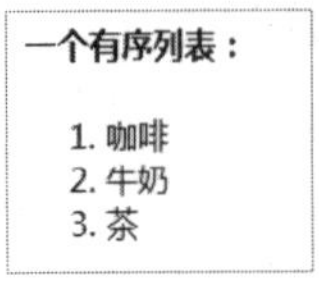

```
一个有序列表：

1. 咖啡
2. 牛奶
3. 茶
```

图 8-2

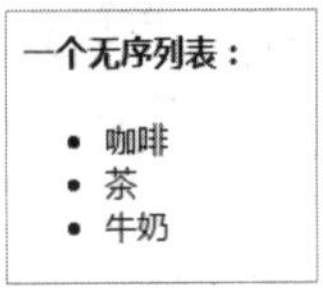

```
一个无序列表：

• 咖啡
• 茶
• 牛奶
```

图 8-3

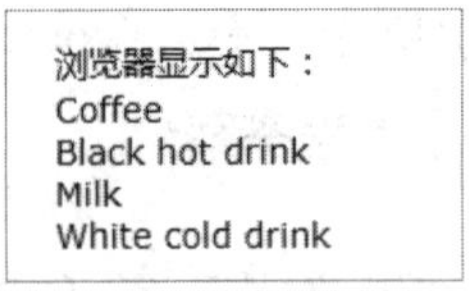

```
浏览器显示如下：
Coffee
    Black hot drink
Milk
    White cold drink
```

图 8-4

综上所述，<ul>标签为无序列表。

（三）参考答案：C

8.2.3 2019 年-第 14 题

下列哪个选项可以使元素的上内边距为 10px？（　　）

A．padding:5px 10px;   B．margin:10px 5px;

C. margin:10px;   D. padding:10px;

（一）考核知识和技能

1. CSS 盒模型
2. CSS padding 属性定义元素的内边距
3. CSS margin 属性定义元素的外边距

（二）解析

1. CSS 盒模型

CSS 盒模型包含元素内容（content）、内边距（padding）、边框（border）、外边距（margin）这 4 个要素，结构如图 8-5 所示。

2. CSS padding 属性定义元素的内边距

（1）单独设置。

可以通过对应的边距单词加上方向进行某个方向内边距的单独设置，如 padding-top、padding-right、padding-bottom、padding-left。示例代码如下：

```
<head>
    <style>
    div{
        width: 100px; height: 100px; background: green;
        padding-top: 10px;    /* 上内边距为 10px */
        padding-right: 20px;  /* 右内边距为 20px */
        padding-bottom: 30px; /* 下内边距为 30px */
        padding-left: 40px;   /* 左内边距为 40px */
    }
    </style>
</head>
<body>
    <div>div1</div>
</body>
```

运行效果如图 8-6 所示。

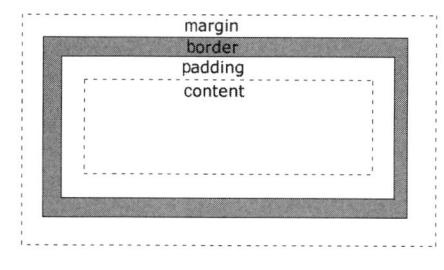

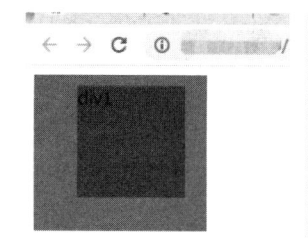

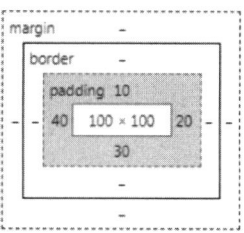

图 8-5   图 8-6

（2）直接设置的语法格式如下：

```
padding:top right bottom left;
```

① 设置 1 个参数时，同时作用于上、右、下、左，示例：padding:10px;。
② 设置 2 个参数时，作用于上下、左右，示例：padding:10px 20px;。

③ 设置 3 个参数时，作用于上、左右、下，示例：padding:10px 20px 30px;。

④ 设置 4 个参数时，作用于上、右、下、左，示例：padding:10px 20px 30px 40px;。

代码如下：

```
<head>
    <style>
    div{
      width: 100px;
      height: 100px;
      background: green;
      padding: 40px;      /* 内边距为 40px */
    }
    </style>
</head>
<body>
    <div>div1</div>
</body>
```

运行效果如图 8-7 所示。

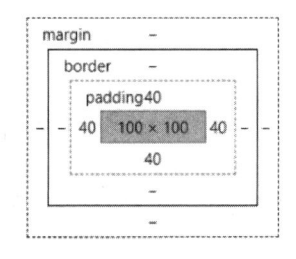

图 8-7

3．CSS margin 属性定义元素的外边距

单边外边距属性：margin 简写属性用于在一个声明中设置所有外边距属性。

综上所述，padding:10px;内边距设置可以同时作用于上、右、下、左。

（三）参考答案：D

8.2.4 2019 年-第 19 题

下列哪个不是 JavaScript 的事件类型？（　　）

A．动作事件　　　　　　　　B．鼠标事件
C．键盘事件　　　　　　　　D．HTML 页面事件

（一）考核知识和技能

事件类型

（二）解析

（1）HTML 事件。常见的 HTML 事件如表 8-2 所示。

表 8-2

事件	描述
onerror	在错误发生时运行的脚本
onhaschange	当前 URL 的锚部分（以"#"号开始）发生改变时触发
onload	在页面结束加载之后触发
onresize	在浏览器窗口被调整大小时触发

（2）鼠标事件。常见的鼠标事件如表 8-3 所示。

表 8-3

事件	描述
onclick	当元素上发生鼠标单击时触发
ondblclick	当元素上发生鼠标双击时触发
onmousedown	在元素上按下鼠标按键时触发
onscroll	当元素滚动条被滚动时运行的脚本

（3）键盘事件。常见的键盘事件如表 8-4 所示。

表 8-4

事件	描述
onkeydown	在键盘按键被按下时触发
onkeypress	在键盘按键被按下时触发，但不识别功能键，如 Ctrl、Shift、箭头等
onkeyup	在键盘按键被松开时触发

（4）表单事件。常见的表单事件如表 8-5 所示。

表 8-5

事件	描述
onchange	在元素值被改变时运行的脚本
oninput	当元素获得用户输入时运行的脚本
onsubmit	在提交表单时触发

（5）HTML5 事件（拖放事件、音/视频事件）。

（6）触摸屏和移动设备事件。

综上所述，动作事件不是 JavaScript 的事件类型。

（三）参考答案：A

8.2.5　2019 年-第 29 题

jQuery 中可以正确获取 id 为 test 的元素的方法是（　　）。

A．$("test")　　　B．$("#test")　　　C．$(".test")　　　D．&("#test")

（一）考核知识和技能

jQuery 选择器

(二)解析

(1) jQuery 选择器允许对 HTML 元素组或单个元素进行操作。

(2) jQuery 选择器基于元素的 id、类、类型、属性、属性值等"查找"(或选择)HTML 元素。它基于已经存在的 CSS 选择器,除此之外,还有一些自定义的选择器。

(3) jQuery 中的所有选择器都以美元符号开头:$()。

(4) 常见的 jQuery 选择器如下。

① jQuery 元素选择器。

jQuery 使用 CSS 选择器来选取 HTML 元素。

- $("p"):选取<p>元素。
- $("p.intro"):选取所有 class=intro 的<p>元素。
- $("p#demo"):选取所有 id=demo 的<p>元素。

② jQuery 属性选择器。

jQuery 使用 XPath 表达式来选择带有给定属性的元素。

- $("[href]"):选取所有带有 href 属性的元素。
- $("[href='#']"):选取所有 href 值等于#的元素。
- $("[href!='#']"):选取所有 href 值不等于#的元素。
- $("[href$='.jpg']"):选取所有 href 值以.jpg 结尾的元素。

综上所述,可以正确获取 id 为 test 的元素的方法是$("#test")。

(三)参考答案:B

8.2.6 2020 年-第 5 题

说明:高级理论卷 **2020** 年单选题-第 **5** 题与 **2021** 年单选题-第 **15** 题相同,仅以此题为代表进行解析。

以下关于 Canvas 的说法正确的是( )。

A. clearRect(width,height,left,top)可以清除宽为 width、高为 height、左上角顶点在 (left,top)点的矩形区域内的所有内容

B. drawImage()方法有 4 种原型

C. fillText()第 3 个参数 maxWidth 为可选参数

D. fillText()方法能够在画布中绘制字符串

(一)考核知识和技能

1. <canvas>标签
2. Canvas 坐标
3. Canvas 路径
4. Canvas 文本
5. Canvas 图像
6. Canvas 清空画布

(二)解析

1. <canvas>标签

<canvas>标签用于绘制图形,可以通过多种方法使用 Canvas 绘制路径、盒、圆形、字符,以及添加图像。由于<canvas>标签本身是没有绘图能力的,因此所有的绘制工作必须在 JavaScript 内部完成。示例代码(HTML)如下:

```
<canvas id="myCanvas" width="200" height="100" style="border:1px solid #000000;">
</canvas>
```

示例代码(JavaScript)如下:

```
//找到<canvas>标签
var c=document.getElementById("myCanvas");
//创建 context 对象
//getContext("2d")对象是内建的 HTML5 对象,拥有多种绘制路径、矩形、圆形、字符,以及添加图像的方法
var ctx=c.getContext("2d");
//绘制一个红色的矩形
ctx.fillStyle="#FF0000";
ctx.fillRect(0,0,150,75);
```

运行效果如图 8-8 所示。

2. Canvas 坐标

Canvas 是一个二维网格,Canvas 的左上角坐标为(0,0)。上述代码中 fillRect(0,0,150,75) 的含义是在画布上绘制一个 150×75 的矩形,并从左上角(0,0)开始绘制。

3. Canvas 路径

我们可以使用以下两种方法在 Canvas 上绘制线条。

(1) moveTo(x,y)用于定义线条开始坐标。

(2) lineTo(x,y)用于定义线条结束坐标。

示例代码(HTML)如下:

```
<canvas id="myCanvas" width="200" height="100" style="border:1px solid #000000;">
</canvas>
```

示例代码(JavaScript)如下:

```
var c=document.getElementById("myCanvas");
var ctx=c.getContext("2d");
//定义开始坐标(0,0)和结束坐标(200,100)
ctx.moveTo(0,0);
ctx.lineTo(200,100);
//使用 stroke()方法绘制线条
ctx.stroke();
```

运行效果如图 8-9 所示。

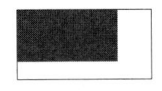

图 8-8   图 8-9

4. Canvas 文本

我们可以使用 fillText(text,x,y)方法和 strokeText(text,x,y)方法在 Canvas 上绘制文本，参数描述如表 8-6 所示。

表 8-6

参数	描述
text	规定在画布上输出的文本
x	开始绘制文本的 x 坐标位置（相对于画布）
y	开始绘制文本的 y 坐标位置（相对于画布）
maxWidth	可选。允许的最大文本宽度，以像素为单位

（1）fillText(text,x,y)方法用于在 Canvas 上绘制实心的文本。

示例代码（HTML）如下：

```
<canvas id="myCanvas" width="200" height="100" style="border:1px solid #000000;">
</canvas>
```

示例代码（JavaScript）如下：

```
//使用 Arial 字体在画布上绘制一个高度为 30px 的文字（实心）
var c=document.getElementById("myCanvas");
var ctx=c.getContext("2d");
ctx.font="30px Arial";
ctx.fillText("Hello World",10,50);
```

运行效果如图 8-10 所示。

（2）strokeText(text,x,y)方法用于在 Canvas 上绘制空心的文本。

示例代码（HTML）如下：

```
<canvas id="myCanvas" width="200" height="100" style="border:1px solid #000000;">
</canvas>
```

示例代码（JavaScript）如下：

```
//使用 Arial 字体在画布上绘制一个高度为 30px 的文字（空心）
var c=document.getElementById("myCanvas");
var ctx=c.getContext("2d");
ctx.font="30px Arial";
ctx.strokeText("Hello World!!!",10,50);
```

运行效果如图 8-11 所示。

图 8-10

图 8-11

5. Canvas 图像

（1）drawImage(img,x,y)方法可以把一幅图像放置到画布上，参数描述如表 8-7 所示。

表 8-7

参数	描述
img	规定要使用的图像、画布或视频
sx	可选。开始剪切的 x 坐标位置
sy	可选。开始剪切的 y 坐标位置
swidth	可选。被剪切图像的宽度
sheight	可选。被剪切图像的高度
x	在画布上放置图像的 x 坐标位置
y	在画布上放置图像的 y 坐标位置
width	可选。要使用的图像的宽度（伸展或缩小图像）
height	可选。要使用的图像的高度（伸展或缩小图像）

（2）drawImage()方法有 3 种原型。

① drawImage(img,x,y)：在画布指定位置上绘制原图。

② drawImage(img,x,y,width,height)：在画布指定位置上按原图大小绘制指定大小的图。

③ drawImage(img,sx,sy,swidth,sheight,x,y,width,height)：剪切图像，并在画布上定位被剪切的部分。

示例代码（HTML）如下：

```
<p>要使用的图片:</p>
<img id="scream" src="2.jpg">
<p>画布:</p>
<canvas id="myCanvas" width="250" height="300" style="border:1px solid #d3d3d3;">
</canvas>
```

示例代码（JavaScript）如下：

```
//先在画布上对图像进行定位，然后规定图像的宽度和高度
var c=document.getElementById("myCanvas");
var ctx=c.getContext("2d");
var img=document.getElementById("scream");
img.onload = function(){
  ctx.drawImage(img,10,10,150,180);
}
```

运行效果如图 8-12 所示。

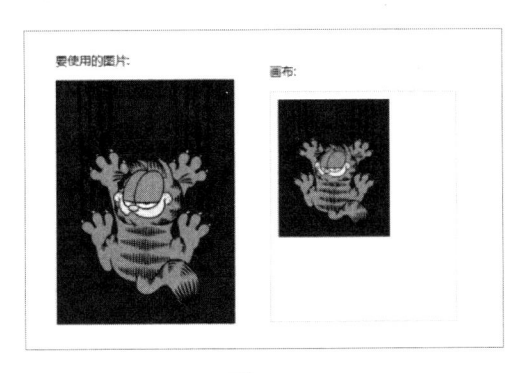

图 8-12

（3）剪切图片，并在画布上对被剪切的部分进行定位，示例代码（JavaScript）如下：

```javascript
//剪切图片，并在画布上对被剪切的部分进行定位
var c=document.getElementById("myCanvas");
var ctx=c.getContext("2d");
var img=document.getElementById("scream");
img.onload = function(){
  ctx.drawImage(img,90,130,50,60,10,10,50,60);
}
```

运行效果如图 8-13 所示。

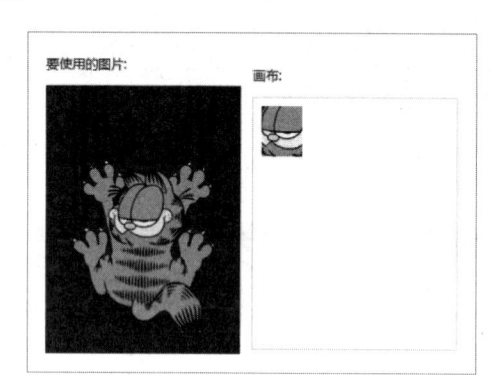

图 8-13

6．Canvas 清空画布

我们可以使用 clearRect(x,y,width,height)方法清空给定矩形内的指定像素，参数描述如表 8-8 所示。

表 8-8

参数	描述
x	要清除的矩形左上角的 x 坐标
y	要清除的矩形左上角的 y 坐标
width	要清除的矩形的宽度，以像素为单位
height	要清除的矩形的高度，以像素为单位

示例代码（HTML）如下：

```html
<canvas id="myCanvas" width="200" height="100" style="border:1px solid #000000;">
</canvas>
```

示例代码（JavaScript ）如下：

```javascript
var c=document.getElementById("myCanvas");
var ctx=c.getContext("2d");
ctx.fillStyle="#FF0000";
ctx.fillRect(0,0,150,75);
//清空给定矩形内的指定像素
ctx.clearRect(20,20,100,50);
```

运行效果如图 8-14 所示。

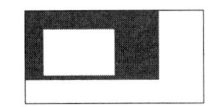

图 8-14

综上所述，clearRect(x,y,width, height)方法可以清除左上角 x、y 坐标、宽度 width 和高度 height 的矩形。drawImage()方法有 3 种原型。fillText()方法的第 4 个参数 maxWidth 为可选参数。

（三）参考答案：D

8.2.7　2020 年-第 10 题

关于 JavaScript 的变量说法错误的是（　　）。

A．变量命名可以是字母或下画线开头，其他字符可以是数字、字母或下画线

B．变量命名不能使用 JavaScript 中的关键字

C．不可以用 var 同时声明多个变量

D．可以不先声明变量而直接对其进行赋值

（一）考核知识和技能

1．变量声明

2．命名规范

3．JavaScript 关键字

（二）解析

1．变量声明

（1）使用 var 关键字声明变量，在变量声明后，该变量是空的（没有值），需要向变量赋值，可以使用等号"="进行赋值。

（2）在声明变量时对其赋值，示例代码（JavaScript）如下：

```
var a;
a=1;
console.log(a)

var a1=2;
console.log(a1)
```

运行效果如图 8-15 所示。

（3）先赋值再声明变量，示例代码（JavaScript）如下：

```
b=3;
var b;
console.log(b)
```

运行效果如图 8-16 所示。

图 8-15   图 8-16

（4）同时声明多个变量，示例代码（JavaScript）如下：

```
var x,y,z;
x=10;
y=11;
z=12;
console.log(x,y,z)
```

运行效果如图 8-17 所示。

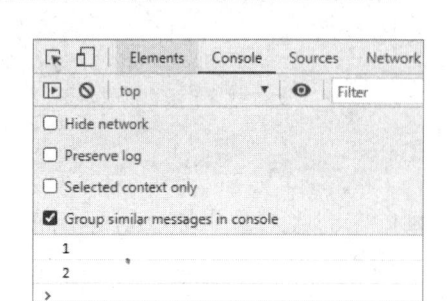

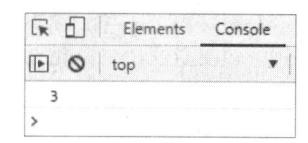

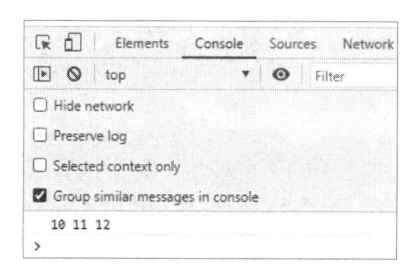

图 8-17

2．命名规范

变量名由字母、下画线或$开头，后面跟任意数量的字母、数字、下画线或$，变量名区分大小写。

3．JavaScript 关键字

JavaScript 关键字用于标识要执行的操作，关键字不能作为变量名使用。常见的 JavaScript 关键字如表 8-9 所示。

表 8-9

break	case	catch	continue
default	delete	do	else
finally	for	function	if
in	instanceof	new	return
switch	this	throw	try
typeof	var	void	while
with			

综上所述，可以用 var 同时声明多个变量。

（三）参考答案：C

8.2.8　2020 年-第 12 题

说明：高级理论卷 2020 年单选题-第 12 题与 2021 年单选题-第 19 题相同，仅以此题为代表进行解析。

如何使用 CSS3 旋转对象？（　　）

A．object-rotation: 30deg;　　　　B．transform: rotate(30deg);

C．rotate-object: 30deg;　　　　　D．transform: rotate-30deg-clockwise;

（一）考核知识和技能

transform 属性

（二）解析

（1）transform 属性应用于元素的 2D 或 3D 转换，允许用户对元素进行旋转、缩放、移动、倾斜等操作，语法如下：

```
transform: none|transform-functions;
```

transform 属性的值和描述如表 8-10 所示。

表 8-10

值	描述
none	定义不进行转换
rotate()	旋转。rotateX()表示沿 X 轴旋转；rotateY()表示沿 Y 轴旋转
skew()	倾斜。skewX()表示沿 X 轴倾斜；skewY()表示沿 Y 轴倾斜
scale()	比例放大缩小。scaleX()表示设置沿 X 轴缩放；scaleY()表示设置沿 Y 轴缩放
translate(x,y)	位移。translateX(x)表示沿 X 轴位移；translateY(y)表示沿 Y 轴位移

（2）使用 rotate()方法旋转示例：

```
<head>
  <meta charset="UTF-8">
  <title></title>
  <style>
    div{
      width:200px;
      height:100px;
      background-color:yellow;
      transform:rotate(7deg);
    }
  </style>
</head>
<body>
  <div>Hello</div>
</body>
```

运行效果如图 8-18 所示。

图 8-18

综上所述，transform 属性应用于元素的 2D 或 3D 转换，rotate()为旋转方法。

（三）参考答案：B

8.2.9　2020 年-第 13 题

关于 HTML 和 CSS 以下说法错误的是（　　）。
A．HTML 标签中属性的值一定要用双引号或单引号括起来
B．HTML 空元素要有结束的标签或于开始的标签后加上 "/"
C．CSS 的选择器命名可以以数字开头
D．结构与样式完全分离时，结构代码中不涉及任何的样式元素，如 font、bgColor 等

（一）考核知识和技能

1．HTML 语法
2．CSS 引入方式
3．CSS 选择器命名规则

（二）解析

1．HTML 语法

（1）HTML 标签如下。
① 双标签：由开始标签和结束标签构成，如<body></body>、<p></p>等。
② 单标签：由单个标签构成，通过在结尾添加斜杠（/）进行封闭，如<meta />、
等。

（2）HTML 空元素。

没有内容的 HTML 元素被称为空元素。空元素是在开始标签中关闭的。例如，
就是一个没有关闭标签的空元素（
标签定义换行）。

在 XHTML、XML 和未来版本的 HTML 中，所有元素都必须被关闭。

在开始标签中添加斜杠（如
）是关闭空元素的正确方法，HTML、XHTML 和 XML 都接受这种方式。虽然
在所有的浏览器中都是有效的，但是使用
是更长远的保障。

2．CSS 引入方式

（1）CSS 引入方式包括内联样式、内部样式表和外部样式表。这 3 种引入方式的区别如表 8-11 所示。

表 8-11

引入方式	描述	结构与文档
内联样式	使用元素标签的 style 属性，引入 CSS 设置该元素的样式。当样式仅需要在一个元素上应用时，可以使用内联样式	没有实现分离
内部样式表	使用<style>标签在 HTML 文档中定义内部样式表。当单个 HTML 文档需要特殊的样式时，可以使用内部样式表	没有彻底分离
外部样式表	可以先建立 CSS 样式表文件（以.css 结尾），然后在 HTML 文档中使用<link>标签链接 CSS 样式表，或者使用@import url("样式表名")链接 CSS 样式表	完全分离

（2）下列代码可以实现结构与样式完全分离。

HTML 页面代码如下：

```
<head>
  <link rel="stylesheet" type="text/css" href="css.css">
  <title>Document</title>
</head>
<body>
  <div class="box"></div>
</body>
```

CSS 文件代码（命名为 css.css）如下：

```
.box{font-size: 20px;background-color: red; color: #fff;}
```

运行效果如图 8-19 所示。

图 8-19

3．CSS 选择器命名规则

（1）字符采用：在实际项目中，建议只采用字符[a-zA-Z0-9]，再加上连字符（-）和下画线（_），避免使用中文。

（2）慎用数字：CSS 选择器以字母开头，避免以数字开头，避免使用纯数字，以保证兼容。以数字开头的类名、ID 仅在 IE6/IE7/IE8 下被识别，在其他浏览器下不会被识别（忽略该规则）。

（3）区分 ID 和 class：一个 ID 在文档中只能使用一次，但 class 类名可以在文档中多次使用。

（4）语义化标签：语义化标签是一个很大的话题。简单来说，语义化标签就是让 CSS 选择器的命名能够反映页面结构的功能区块。例如，内容区域的 class 类名定义为 content，页脚区域的 class 类名定义为 footer。语义化标签的一个优点是让网页结构一目了然，另一个优点是提升了网页对一些特殊浏览设备的友好性。

综上所述，CSS 的选择器命名不可以以数字开头。

（三）参考答案：C

8.2.10　2020 年-第 17 题

关于 CSS 样式表描述不正确的是（　　）。
A．CSS 样式表规则由选择器和声明组成
B．选择器包括标签选择器、类别选择器和 id 选择器
C．HTML 中部分标签可以作为 CSS 标签选择器
D．用@import url("样式表名")完成外部样式表的导入

（一）考核知识和技能

1．CSS 语法规则
2．CSS 选择器
3．CSS 引入

（二）解析

1．CSS 语法规则

CSS 语法规则主要由两部分构成：选择器、一条或多条声明，如图 8-20 所示。

```
选择器    属性         值
  ↓       ↓          ↓
  p {
      color      :  red;       声明1
      font-size  :  24px;      声明2
  }
```

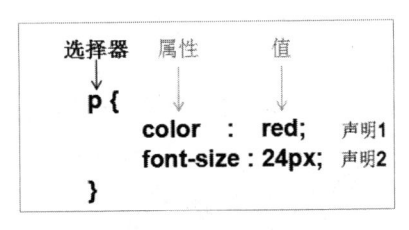

图 8-20

（1）选择器：需要改变样式的 HTML 元素。
（2）声明：由属性和值组成，以分号";"结束。声明组用大括号"{}"括起来。
（3）属性：希望设置的样式属性，每个属性都有一个值，属性和值用":"分隔。

2．CSS 选择器

（1）通配符选择器：显示为一个星号"*"，该选择器可以与任何元素匹配。
（2）元素选择器：也叫作标签选择器，选择器的名字代表 HTML 页面上的元素，选择的是页面上所有这种类型的元素。
（3）id 选择器：为标有特定 id 的 HTML 元素指定样式，id 选择器用"#+id"来定义。
（4）类选择器：以英文点号"."开头，后面跟着元素的类名（class 属性值），也可以为指定的 HTML 元素使用类选择器。

3．CSS 引入

CSS 引入方式可参考 8.2.9 节。

（1）@import url()机制是不同于<link>标签的，<link>标签是在加载页面前把 CSS 加载完毕，而@import url()是在读取完文件后再加载的。
（2）@import url()引入方法的示例代码（HTML）如下：

```
<head>
  <meta charset="UTF-8">
  <title></title>
```

```
<style type="text/css">
   @import url('./style.css');
</style>
</head>
<body>
  <p>Hello World</p>
</body>
```

@import url()引入方法的示例代码 CSS（style.css 文件）如下：

```
p{
  color: red;
}
```

运行效果如图 8-21 所示。

综上所述，HTML 中的所有标签都可以作为 CSS 标签选择器，故选项 C 是错误的。

（三）参考答案：C

图 8-21

8.2.11　2020 年-第 18 题

说明：高级理论卷 2020 年单选题-第 18 题与 2021 年单选题-第 8 题相同，仅以此题为代表进行解析。

在 Bootstrap 中，下面哪个类用于固定宽度并支持响应式布局的容器？（　　）

A．container　　　B．center　　　C．containers　　　D．containerFluid

（一）考核知识和技能

Bootstrap 容器

（二）解析

Bootstrap 容器是 Bootstrap 中最基本的布局基础，容器会根据屏幕大小来选择合适的宽度，这是全自动的。

（1）Bootstrap 基本容器 container 在宽度大于或等于 576px 时，左右两侧会出现空白，反之则占用全部宽度。

```
<div class="container bg-dark" style="height:100vh;"></div>
```

Bootstrap 基本容器的使用效果如图 8-22 所示。

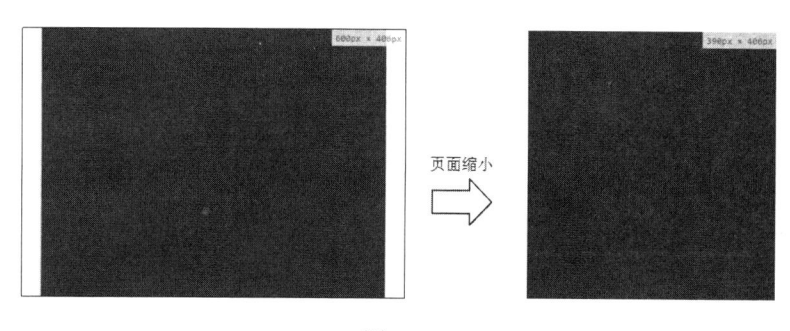

图 8-22

（2）Bootstrap 全宽容器 container-fluid 在任意宽度下均会占用整个宽度。

`<div class="container-fluid bg-dark" style="height:100vh;"></div>`

Bootstrap 全宽容器的使用效果如图 8-23 所示。

图 8-23

综上所述，container 类用于固定宽度并支持响应式布局的容器。

（三）参考答案：A

8.2.12 2020 年-第 19 题

说明：高级理论卷 2020 年单选题-第 19 题与 2021 年单选题-第 11 题类似，仅以此题为代表进行解析。

关于 LESS 的语法，下列说法错误的是（   ）。

A．可以传递参数的 class，就像函数一样

B．class 中不能嵌套 class

C．可以编辑颜色

D．在 CSS 中可以使用表达式赋值

（一）考核知识和技能

1．CSS 预处理语言

2．Less

3．Less 变量

4．Less 赋值

5．Less 混合

6．Less 嵌套

（二）解析

1．CSS 预处理语言

CSS 只是一门描述性语言，不能定义变量，也不能嵌套，并且不利于维护和复用。CSS 预处理语言（Less、Sass）扩充了 CSS 语言，增加了变量、混合、嵌套、函数等功能。Less 代码可以转换为相同的 CSS 代码，如图 8-24 所示。

```
@width: 10px;
@height: @width + 10px;

#header {
  width: @width;
  height: @height;
}
```
Less 代码

```
#header {
  width: 10px;
  height: 20px;
}
```
CSS 代码

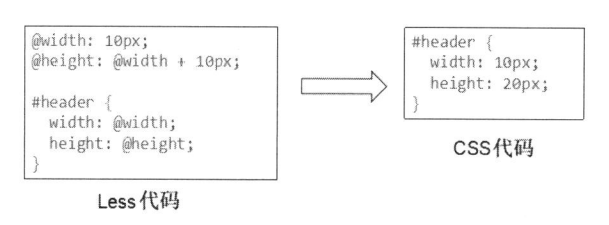

图 8-24

2．Less

Less 是一门 CSS 预处理语言，它扩充了 CSS 语言，增加了变量、混合（mixin）、函数等功能，让 CSS 更易维护、扩充和复用。

3．Less 变量

在 Less 中使用@符号定义变量，如图 8-25 所示。

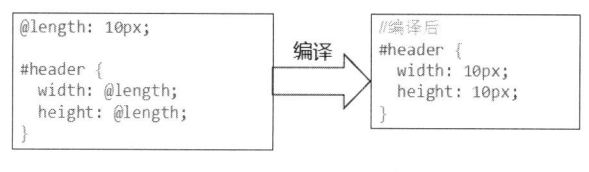

```
@length: 10px;

#header {
  width: @length;
  height: @length;
}
```
编译 →
```
//编译后
#header {
  width: 10px;
  height: 10px;
}
```

图 8-25

4．Less 赋值

在 Less 中除了可以使用固定的数值，还可以使用表达式对变量进行赋值，如图 8-26 所示。

```
@width: 10px;
@height: @width + 10px;
@color:#ff0000 + #0000ff;

#header {
  width: @width;
  height: @height;
  color:@color;
}
```
编译 →
```
//编译后
#header {
  width: 10px;
  height: 20px;
  color: #ff00ff;
}
```

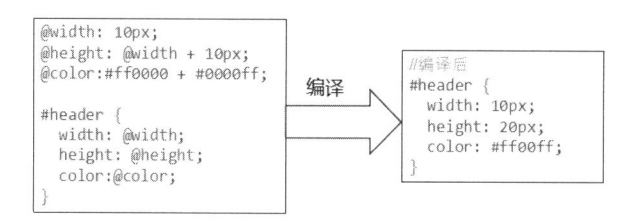

图 8-26

5．Less 混合

混合是指一种将一组属性从一个规则集包含（或混入）到另一个规则集的方法，类似于函数。混合参数：.public(@w:默认值,@h:默认值...){}，如图 8-27 所示。

```
//@w 表示宽度, @h 表示高度
.public(@w,@h:20px) {
  width:@w;
  height: @h;
}
#header {
  .public(10px);   //调用
}
```
编译 →
```
//编译后
#header {
  width: 10px;
  height: 20px;
}
```

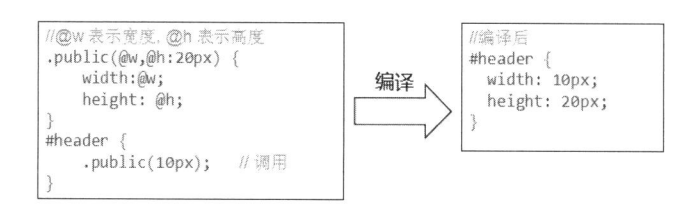

图 8-27

6．Less 嵌套

Less 提供嵌套，可以将选择器嵌套使用，编译后会变成后代选择器，如图 8-28 所示。

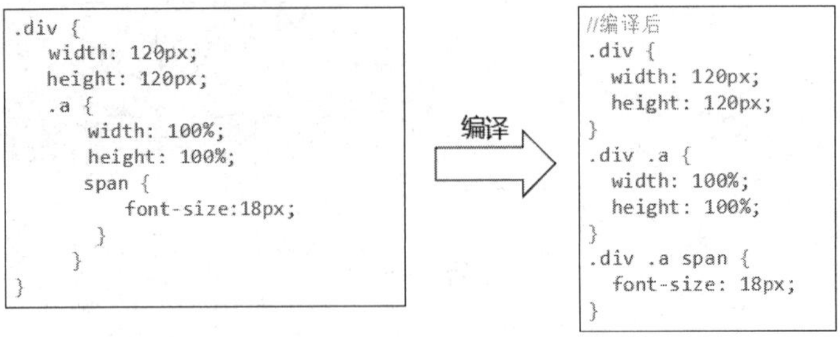

```
.div {
    width: 120px;
    height: 120px;
    .a {
        width: 100%;
        height: 100%;
        span {
            font-size:18px;
        }
    }
}
```

编译

```
//编译后
.div {
    width: 120px;
    height: 120px;
}
.div .a {
    width: 100%;
    height: 100%;
}
.div .a span {
    font-size: 18px;
}
```

图 8-28

综上所述，使用 Less 嵌套可以在 class 中嵌套 class。

（三）参考答案：B

8.2.13　2020 年-第 23 题

说明：高级理论卷 2020 年单选题-第 23 题与 2021 年单选题-第 20 题相同，仅以此题为代表进行解析。

关于 HTML5 说法错误的是（　　）。

A．Canvas 是 HTML 中你可以绘制图形的区域

B．SVG 表示可缩放矢量图形

C．querySelector 的功能类似于 jQuery 的选择器

D．queryString 是 HTML5 查找字符串的新方法

（一）考核知识和技能

1．Canvas

2．SVG

3．querySelector()方法

4．字符串方法

（二）解析

1．Canvas

<canvas>标签用于绘制图形，详情请参考 8.2.6 节。

2．SVG

可缩放矢量图形（Scalable Vector Graphics，SVG）是使用 XML 来描述二维图形和绘图程序的语言，示例代码（HTML）如下：

```
<svg xmlns="http://www.w3.org/2000/svg" version="1.1">
  <rect width="300"
   height="100"
   style="fill:rgb(0,0,255);stroke-width:1;stroke:rgb(0,0,0)" />
</svg>
```

运行效果如图 8-29 所示。

3．querySelector()方法

JavaScript 的 querySelector()方法用于返回文档中匹配指定 CSS 选择器的一个元素。

示例代码（HTML）如下：

```
<p id="demo">id="demo" 的 p 元素</p>
```

示例代码（JavaScript）如下：

```
document.querySelector("#demo").innerHTML = "Hello World!";
```

运行效果如图 8-30 所示。

图 8-29

图 8-30

4．字符串方法

常用的字符串方法如表 8-12 所示。

表 8-12

方法	描述
charAt()	返回在指定位置的字符
charCodeAt()	返回在指定位置的字符的 Unicode 编码
concat()	连接两个或更多字符串，并返回新的字符串
indexOf()	返回某个指定的字符串值在字符串中首次出现的位置
slice()	提取字符串的片段，并在新的字符串中返回被提取的部分
split()	把字符串分割为字符串数组

示例代码（JavaScript）如下：

```
var str="HELLO WORLD";
console.log(str.charAt(0));
```

运行效果如图 8-31 所示。

图 8-31

综上所述，queryString 不是 HTML5 查找字符串的新方法。

（三）参考答案：D

8.2.14　2020 年-第 25 题

在 jQuery 中，如果需要匹配包含文本的元素，那么可以使用下面哪个方法来实现？（　　）

A．text()　　　　　　　　　　B．contains()

C．input()　　　　　　　　　　D．attr(name)

(一)考核知识和技能

1. text()方法
2. jQuery 选择器
3. attr()方法

(二)解析

1. text()方法

text()方法语法如下:

```
text([val|fn])
```

text()方法用于获取所有匹配元素的内容,结果是由所有匹配元素包含的文本内容组合的文本。text()方法对 HTML 文档和 XML 文档都有效。

2. jQuery 选择器

(1)$(":input"):查找所有<input>元素。

(2)$(":contains(text)"):jQuery 选择器选取包含指定字符串的元素,参数 text 为规定要查找的文本。该字符串可以是直接包含在元素中的文本,或者被包含在子元素中。

示例:查找所有包含 John 的<div>元素。

HTML 代码如下:

```
<div>John Resig</div>
<div>George Martin</div>
<div>Malcom John Sinclair</div>
<div>J. Ohn</div>
```

jQuery 代码如下:

```
console.log($("div:contains('John')"));
```

运行效果如图 8-32 所示。

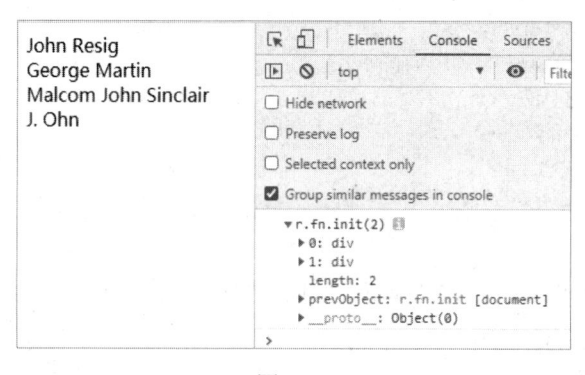

图 8-32

3. attr()方法

attr()方法语法如下:

```
attr(name|properties|key,value|fn)
```

attr()方法用于设置或返回被选元素的属性和值。

- 获取元素的属性:$(selector).attr('name');
- 设置元素的属性:$(selector).attr(key, value);

示例代码如下：
```
// 返回文档中所有图像的 src 属性值
$("img").attr("src");

//为所有图像设置 src 属性
$("img").attr("src","test.png");

//为所有图像设置 src 属性和 alt 属性
$("img").attr({ src: "test.png", alt: "Test Image" });
```
综上所述，jQuery 中没有 input() 方法。

（三）参考答案：B

8.2.15 2020 年-第 29 题

关于 DOM 方法 append() 和 appendChild() 的区别，下面说法错误的是（　　）。

A．append() 方法可以直接追加字符串为文本节点，比如 append("text")，appendChild() 方法不行

B．append() 方法可以直接追加 HTML 片段字符串为元素节点，比如 append("<p>test</p>")，appendChild() 方法不行

C．append() 方法支持追加多个参数，appendChild() 方法只能追加一个

D．append() 方法没有返回值，而 appendChild() 方法会返回追加进去的那个节点

（一）考核知识和技能

1．append() 方法
2．appendChild() 方法
3．createTextNode() 方法

（二）解析

1．append() 方法

append() 方法用于在被选元素的结尾插入指定内容，语法如下：
```
$(selector).append(content,function(index,html))
```
append() 方法参数如表 8-13 所示。

表 8-13

参数	描述
content	必需。规定要插入的内容（可包含 HTML 标签） 可能的值： HTML 元素 jQuery 对象 DOM 元素
function(index,html)	可选。规定返回待插入内容的函数 index：返回集合中元素的 index 位置 html：返回被选元素的当前 HTML

HTML 代码如下：

```
<div id="box"></div>
```

jQuery 和 JavaScript 代码如下：

```
// 使用 HTML 标签创建文本
var txt1="<p>文本-1。</p>";
// 使用 jQuery 创建文本
var txt2=$("<p></p>").text("文本-2。");
var txt3=document.createElement("p");
// 使用 DOM 创建文本 text with DOM
txt3.innerHTML="文本-3。";
$("#box").append(txt1,txt2,txt3);
```

运行效果如图 8-33 所示。

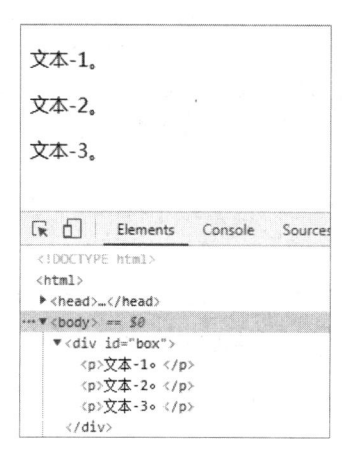

图 8-33

2．appendChild()方法

appendChild()方法用于向节点的子节点列表末尾添加新的子节点，语法如下：

```
node.appendChild(node)
```

appendChild()方法参数如表 8-14 所示。

表 8-14

参数	类型	描述
node	节点对象	必需。添加的节点对象

返回值类型如表 8-15 所示。

表 8-15

返回值类型	描述
节点对象	添加的节点

HTML 代码如下：

```
<div id="box"></div>
```

JavaScript 代码如下：

```
var ele = document.createElement("p");
```

```
document.getElementById("box").appendChild(ele);
```

运行效果如图 8-34 所示。

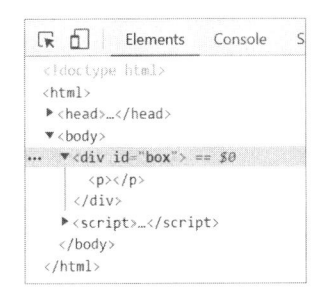

图 8-34

3．createTextNode()方法

createTextNode()方法用于创建文本节点，语法如下：

```
document.createTextNode(text)
```

createTextNode()方法参数如表 8-16 所示。

表 8-16

参数	类型	描述
text	String	必需。文本节点的文本

HTML 代码如下：

```
<div id="box"></div>
```

JavaScript 代码如下：

```
var ele = document.createElement("p");
var t = document.createTextNode("<h1>插入文本</h1>");
document.getElementById("box").appendChild(ele);
document.getElementById("box").appendChild(t);
```

运行效果如图 8-35 所示。

图 8-35

综上所述，appendChild()方法可以直接追加 HTML 片段字符串为元素节点。

（三）参考答案：B

8.2.16　2021年-第3题

在 jQuery 中，如果要获取元素属性，那么可以使用以下哪一个函数？（　　）

A．text()　　　　　B．contains()　　　　C．input()　　　　D．attr(name)

（一）考核知识和技能

jQuery 常用获取属性的方法

（二）解析

jQuery 常用获取属性的方法有两种。
（1）attr()方法可以获取并返回指定属性的值，语法：$(selector).attr("属性名")。
（2）prop()方法可以返回被选元素的属性值，语法：$(selector).prop("属性名")。
综上所述，获取元素属性的函数为 attr(name)。

（三）参考答案：D

8.2.17　2021年-第4题

在 CSS3 中，如何强制元素内长单词换行？（　　）

A．text-wrap:break-word;　　　　　　B．text-wrap:force;
C．word-wrap:break-word;　　　　　　D．text-width:set;

（一）考核知识和技能

1．CSS 设置文字的强制换行
2．CSS 设置文字的强制不换行

（二）解析

1．CSS 设置文字的强制换行

（1）white-space:normal;属性用于设置文字的自动换行。
（2）word-break:break-all;属性用于设置文字的强制换行，只对英文起作用，以字母作为换行依据。
（3）word-wrap:break-word;属性用于设置文字的强制换行，只对英文起作用，以单词作为换行依据。
（4）white-space:pre-wrap;属性用于设置文字的强制换行，只对中文起作用。

2．CSS 设置文字的强制不换行

（1）white-space:nowrap;属性用于设置文字禁止换行（强制不换行）。
（2）overflow:hidden;属性用于隐藏多余的内容，不让多出来的内容撑破容器。
（3）text-overflow:ellipsis;属性用于设置多出的内容以省略号"…"表示。
注：text-overflow:ellipsis;属性主要用于 IE 等浏览器中，Opera 浏览器则需要考虑兼容性。
只有使用-o-text-overflow:ellipsis; 属性才可以实现效果，而在 Firefox 浏览器中没有这个功能，只能把多出来的内容隐藏起来。

综上所述，强制元素内长单词换行的是 word-wrap: break-word;。

（三）参考答案：C

8.2.18　2021 年-第 6 题

说明：高级理论卷 2021 年单选题-第 6 题与 2020 年单选题-第 2 题相同，仅以此题为代表进行解析。

在以下 CSS 语句中，哪一个可以使列表（ul、ol）不显示项目符号？（　　）

A．list-style-type: no-bullet;　　　B．list: none;
C．list-style-type: none;　　　　　D．bulletpoints: none;

（一）考核知识和技能

1．HTML 的列表元素

2．CSS 列表属性

3．list-style-type 属性定义及用法

（二）解析

1．HTML 的列表元素

（1）无序列表。

无序列表的每一项前缀都显示为图形符号，使用<ul>标签定义无序列表，使用<li>标签定义列表项。<ul>标签的 type 属性用于定义图形符号的样式，属性值为 disc（点）、square（方块）、circle（圆）和 none（无）等。

（2）有序列表。

有序列表的前缀通常为数字或字母，使用<ol>标签定义有序列表，使用<li>标签定义列表项。同样，<ol>标签的 type 属性用于定义图形符号的样式，属性值为 1（数字）、A（大写字母）、I（大写罗马数字）、a（小写字母）和 i（小写罗马数字）等。

（3）自定义列表。

自定义列表是一种特殊的列表，它的内容不仅是一列项目，更是项目及其注释的组合。自定义列表用<dl>标签定义，自定义列表内部可以有多个列表项标题，每个列表项标题都用<dt>标签定义，列表项标题内部也可以包含多个列表项描述，并用<dd>标签定义。

2．CSS 列表属性

（1）list-style：设置列表项的复合属性，包含项目符和定位。

（2）list-style-image：设置列表项的图片，值为图片 url。

（3）list-style-position：设置列表项的定位，包含值 inside 和 outside。

（4）list-style-type：设置列表项样式，可以是项目符号（无序列表）和顺序符号（有序列表）。

3．list-style-type 属性定义及用法

（1）none：无标记。

（2）disc：默认。标记是实心圆。

（3）circle：标记是空心圆。

（4）square：标记是实心方块。

（5）decimal：标记是数字。

（6）lower-roman：小写罗马数字（i、ii、iii、iv、v 等）。

（7）upper-roman：大写罗马数字（I、II、III、IV、V 等）。

（8）lower-alpha：小写英文字母 The marker is lower-alpha（a、b、c、d、e 等）。

（9）upper-alpha：大写英文字母 The marker is upper-alpha（A、B、C、D、E 等）。

（10）Inherit：继承父元素的位置。

综上所述，列表（ul、ol）不显示项目符号应该设置为 list-style-type: none;。

（三）参考答案：C

8.2.19 2021 年-第 7 题

说明：高级理论卷 2021 年单选题-第 7 题与 2020 年单选题-第 30 题类似，仅以此题为代表进行解析。

在 jQuery 中，若要获取当前窗口的高度值，则可以使用下列哪个函数？（　　）

A．width() 　　　　　　　　　　　B．width(val)

C．height() 　　　　　　　　　　　D．height(val)

（一）考核知识和技能

1．jQuery 获取窗口宽度的方法

2．jQuery 获取窗口高度的方法

（二）解析

（1）jQuery 获取窗口宽度的方法：$(window).width()。

（2）jQuery 获取窗口高度的方法：$(window).height()。

综上所述，获取当前窗口的高度值函数为 height()。

（三）参考答案：C

8.2.20 2021 年-第 12 题

说明：高级理论卷 2021 年单选题-第 12 题与 2020 年单选题-第 20 题相同，仅以此题为代表进行解析。

以下 JavaScript 语句中，关于定时器的写法正确的是（　　）。

A．var timer = setInterval(1000,function(){});

B．var timer = setTimer(function(){},1000);

C．var timer = setInterval(function atime(){},1000);

D．var timer = setTimeout(atime,1000);

（一）考核知识和技能

JavaScript 定时器

（二）解析

（1）setTimeout()定时器。

setTimeout()方法用于设置一个定时器，该定时器在定时器到期后执行调用函数，语法如下：

```
window.setTimeout(调用函数, [延迟的毫秒数]);
```

设置一个定时器，让其5秒后弹出"你好"，代码如下：

```
setTimeout(function(){
    alert('你好');
},5000);
```

（2）setInterval()定时器。

setInterval()方法用于重复调用一个函数，每隔相同的一段时间就调用一次回调函数，语法如下：

```
window.setInterval(回调函数, [间隔的毫秒数]);
```

设置一个定时器，让其每隔1秒就打印一个"你好"，代码如下：

```
setInterval(function(){
    console.log('你好')
},1000);
```

综上所述，定时器的写法如下：

var timer = setTimeout(atime,1000);

var timer = setInterval(atime,1000);

（三）参考答案：D

8.2.21　2021年-第13题

说明：高级理论卷2021年单选题-第13题与2020年单选题-第15题相同，仅以此题为代表进行解析。

关于AJAX的说法正确的是（　　）。

A．AJAX的传输方式和form表单没有任何区别

B．onreadystatechange是设置一个事件驱动发送数据

C．readyState的值为3表示请求处理中

D．open()方法在GET方式下必须设置信息头

（一）考核知识和技能

1．AJAX的传输方式和form表单的区别

2．onreadystatechange事件

3．AJAX发送消息的open()方法

（二）解析

1．AJAX的传输方式和form表单的区别

（1）AJAX提交为异步进行，网页不需要刷新，而form表单提交需要刷新。

（2）AJAX必须用js来实现，而form表单不是必须的。

（3）AJAX 需要使用程序来对其进行数据处理，而 form 表单提交是根据表单结构自动完成的，不需要代码干预。

2．onreadystatechange 事件

当请求被发送到服务器时，我们需要执行一些基于响应的任务。每当 readyState 属性改变时，就会触发 onreadystatechange 事件。readyState 属性存有 XMLHttpRequest 的状态信息。

XMLHttpRequest 对象的 3 个重要属性如表 8-17 所示。

表 8-17

属性	描述
onreadystatechange	存储函数（或函数名），每当 readyState 属性改变时，就会调用该函数
readyState	存有 XMLHttpRequest 的状态信息。从 0~4 发生变化 0：请求未初始化 1：服务器连接已建立 2：请求已接收 3：请求处理中 4：请求已完成，且响应已就绪
status	200：OK 404：未找到页面

在 onreadystatechange 事件中，我们规定当服务器响应已做好被处理的准备时所执行的任务。当 readyState 等于 4 且状态为 200 时，表示响应已就绪。

需要注意的是，onreadystatechange 事件被触发 4 次（0-4），分别是 0-1、1-2、2-3、3-4，对应 readyState 的每个变化。

3．AJAX 发送消息的 open()方法

open()方法共有 5 个参数：发送方式、目标地址、是否异步、用户名、密码，语法格式如下：

```
XMLHttpRequest.open(method: string, url: string, async: boolean, username?: string, password?: string)
```

（1）method：get、post、put、delete。

（2）url。

① 纯地址：（http/https）://（ip 和端口号/域名和端口号）。

② 带参数的地址：?get 传参和#哈希两种格式。

（3）async：布尔值，默认为 true，设置为 false 时为同步。

（4）username 和 password：当提交 AJAX 时，如果对方允许该域完成 AJAX 通信，但是需要在通信前鉴权，就需要用户名和密码。

综上所述，readyState 的值为 3 表示请求处理中。

（三）参考答案：C

8.2.22　2021 年-第 16 题

以下不属于 HTML5 新特性的是（　　）。

A．文档类型声明简化
B．音/视频原生支持
C．地理定位
D．美化图片

（一）考核知识和技能

HTML5 新特性

（二）解析

HTML5 新特性如下。

（1）语义化标签。
（2）增强型表单。
（3）新增视频 <video> 标签和音频 <audio>标签。
（4）Canvas 绘图。
（5）SVG 绘图。
（6）地理定位。
（7）拖放 API。
（8）Web Worker。
（9）Web Storage。
（10）WebSocket。

综上所述，美化图片不属于 HTML5 新特性。

（三）参考答案：D

8.2.23　2021 年-第 25 题

在 jQuery 中，如果想在一个指定的元素前添加内容，那么下面哪个函数可以实现该功能？（　　）

A．append(content)　　　　　　B．appendTo(content)
C．before(content)　　　　　　D．after(content)

（一）考核知识和技能

jQuery 中插入 HTML 元素的函数

（二）解析

（1）append()函数：在被选元素的结尾插入元素或内容。
（2）prepend()函数：在被选元素的开头插入元素或内容。
（3）after()函数：在被选元素之后插入内容。
（4）before()函数：在被选元素之前插入内容。

综上所述，如果想在一个指定的元素前添加内容，那么实现该功能的函数是

before(content)。

（三）参考答案：C

8.2.24　2021 年-第 27 题

说明：高级理论卷 **2021 年单选题-第 27 题**与 **2020 年单选题-第 7 题**类似，仅以此题为代表进行解析。

在下列 jQuery 代码中，可以检查<input type="hidden" id="username" name="username" />元素在网页上是否存在的是（　　）。

A．if($("#username").exist()) {　　//do something...　　}
B．if($("#username").length() > 0) {　　//do something...　　}
C．if($("#username").size > 0) {　　//do something...　　}
D．if($("#username").length > 0) {　　//do something...　　}

（一）考核知识和技能

用 jQuery 检查元素在网页上是否存在

（二）解析

用 jQuery 检查某个元素在网页上是否存在时，应该根据获取元素的长度来判断，代码如下：

```
if($("#tt").length > 0) {
    //元素存在时执行的代码
}
```

综上所述，可以检查<input type="hidden" id="username" name="username" />元素在网页上是否存在的代码是 if($("#username").length > 0) {　　//do something...　　}。

（三）参考答案：D

8.3　多选题

8.3.1　2019 年-第 13 题

以下哪个是 JavaScript 的基本数据类型？（　　）

A．String　　　　B．Array　　　　C．Number　　　　D．Boolean

（一）考核知识和技能

1．数据类型

2．Array 对象

（二）解析

1．数据类型

ECMAScript 变量有两种不同的数据类型，即基本类型和引用类型，也有其他名称，如原始类型和对象类型。

（1）基本类型。

基本类型包括 Undefined、Boolean、Number、String、Null。基本类型的访问是按值访问的，就是说用户可以操作保存在变量中的实际的值。

基本类型有以下几个特点。

① 基本类型的值是不可变的。

② 基本类型的比较是值的比较。

③ 基本类型的变量存放在栈区（栈区是指内存中的栈内存），如图 8-36 所示。

栈区	
name	jozo
city	guangzhou
age	22

图 8-36

（2）引用类型。

引用类型包括 Function、Array、Object 等，引用类型有以下几个特点。

① 引用类型的值是可变的。

② 引用类型的比较是引用的比较。

③ 引用类型的值是同时保存在栈内存和堆内存中的对象。

示例代码如下：

```
var person1 = {};
var person2 = {};
console.log(person1 == person2);
// false
```

运行效果如图 8-37 所示。

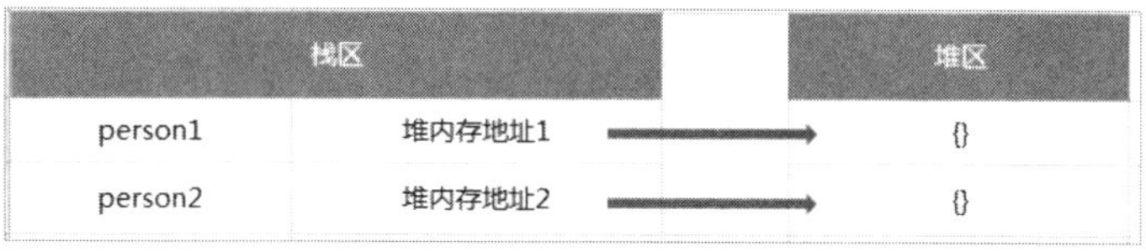

图 8-37

2．Array 对象

（1）数组可以使用字面量[]或 new Array()来定义。在定义时可以赋值，也可以先定义后赋值。

（2）数组元素可以通过下标访问 arr[n]，下标 n 从 0 开始。

（3）length 属性用于获取数组元素个数（数量），length 属性是一个动态的值，等于键名中的最大整数加 1。

（4）数组的遍历可以使用 for 循环、while 循环、for...in、forEach()等。

综上所述，Array 为引用类型数据。

（三）参考答案：ACD

8.3.2　2019年-第14题

以下是行内元素的有（　　）。

A．span　　　　　　B．input　　　　　　C．ul　　　　　　D．p

（一）考核知识和技能

1．块级元素

2．内联元素

3．行内块元素

（二）解析

1．块级元素

（1）每个块级元素都独自占一行。

（2）块级元素的高度、宽度、行高和边距都是可以设置的。

2．内联元素（也称行内元素）

（1）多个内联元素可以占同一行。

（2）内联元素的高度、宽度、行高及顶部和底部边距不可设置。

（3）内联元素的宽度就是它包含的文字或图片的宽度，且不可改变。

3．行内块元素

结合了块级元素和内联元素的优点，既可以设置长度和宽度，让 padding 和 margin 生效，又可以和其他内联元素并排。

各种常见元素分类如表 8-18 所示。

表 8-18

块级元素	内联元素	行内块元素
div	a	img
hr	span	input
ul、li	strong	textarea
dl、dt、dd	label	
h1-h6		
p		

示例代码如下：

```
<p style="background: red;width: 100px;"> 块级元素 </p>
<p style="background: blue;"> 块级元素　</p>
<span style="background: red;width: 100px;">内联元素</span>
<span style="background: blue;">内联元素</span>
<br/><br/>
<input type="button" value="行内块" style="width: 100px;"/>
<input type="button" value="行内块"/>
```

运行效果如图 8-38 所示。

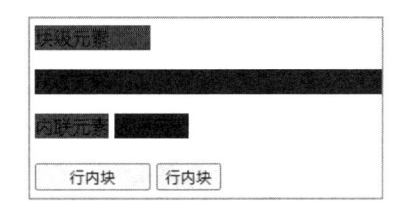

图 8-38

综上所述，span 和 input 为行内元素。

（三）参考答案：AB

8.3.3　2020 年-第 3 题

在 Bootstrap 中，下面哪些选项是栅格参数类前缀？（　　）
A．.col-xs-1　　　　B．.col-sm-1　　　　C．.col-ng-1　　　　D．.col-md-1

（一）考核知识和技能

1．Bootstrap 栅格系统
2．列排列

（二）解析

1．Bootstrap 栅格系统

（1）Bootstrap 4 的栅格系统基于 flexbox 流式布局构建，完全支持响应式标准。

（2）Bootstrap 栅格系统使用一系列容器（container）的行（row）与列（col）来布局和对齐内容。

示例代码如下：

```
<div class="container">
   <div class="row">
      <div class="col bg-primary"> 1 of 2 </div>
      <div class="col bg-success"> 2 of 2 </div>
   </div>
   <div class="row"></div>
</div>
```

运行效果如图 8-39 所示。

图 8-39

2．列排列

（1）在 Bootstrap 栅格系统中，通过对应屏幕大小类加上数字即可指定列大小，如.col-4。

（2）一行被平均分为 12 列，当行内列数大于 12 时，会另起一行排列元素。

示例代码如下：

```
<div class="container">
   <div class="row">
      <div class="col-4 bg-primary">占四列</div>
```

```
            <div class="col-4">占四列</div>
            <div class="col-4 bg-primary">占四列</div>
        </div>
        <div class="row">
            <div class="col-10 bg-primary">占十列</div>
            <div class="col-4 bg-success">占四列</div>
        </div>
</div>
```

运行效果如图 8-40 所示。

图 8-40

（3）Bootstrap 4 的栅格系统包括 5 层预定义类，即特小、小、中、大和特大，用于构建复杂的响应式布局。栅格参数如图 8-41 所示。

	超小屏幕 新增规格 <576px	小屏幕 次小屏 ≥576px	中等屏幕 窄屏 ≥768px	大屏幕 桌面显示器 ≥992px	超大屏幕 大桌面显示器 ≥1200px
.container 最大宽度	None (auto)	540px	720px	960px	1140px
类前缀	.col-	.col-sm-	.col-md-	.col-lg-	.col-xl-
列（column）数	12				

图 8-41

（4）Bootstrap 3 的栅格系统包括 4 层预定义类，即特小（.col-xs-<768px）、小（.col-sm-≥768px）、中（.col-md-≥970px）、大（.col-lg-≥1200px）。

综上所述，.col-lg-在大屏幕（≥992px）中用于构建复杂的响应式布局。

（三）参考答案：ABD

8.3.4　2020 年-第 5 题

请选取文本是"一级标题"的 div 对象的代码是（　　）。

```
<body>
  <form>
    <div class="big">一级标题</div>
    <div class="small">二级标题</div>
  </form>
</body>
```

  A．$("div.big");　　　　　　　　B．$("div .big");
  C．$("div:contains('一级标题')");　　D．$("form>div.big");

（一）考核知识和技能

jQuery 选择器

（二）解析

（1）id 选择器。

$("#id")：根据给定的 id 匹配元素。

（2）类选择器。

$(".big")：根据给定的 CSS 类名匹配元素。

（3）元素选择器。

① $("div")：选取带有指定标签名的元素。

② $("div.big")：选取给定 CSS 类名的指定元素。

HTML 代码如下：

```
<h2 class="intro">aa</h2>
<p class="intro">bb</p>
```

jQuery 代码如下：

```
console.log($("p.intro"))
```

运行效果如图 8-42 所示。

（4）后代选择器。

$("div .big")：选取指定元素的后代的所有元素。

（5）子代选择器。

$("form>div.big")：根据给定的父元素匹配所有的子元素。

（6）内容过滤选择器。

$("div:contains('xxx')")：选取包含指定字符串的元素。

HTML 代码如下：

```
<h2 class="intro">aa</h2>
<p class="intro">bb</p>
<p>cc</p>
```

jQuery 代码如下：

```
console.log($("p:contains('cc')"))
```

运行效果如图 8-43 所示。

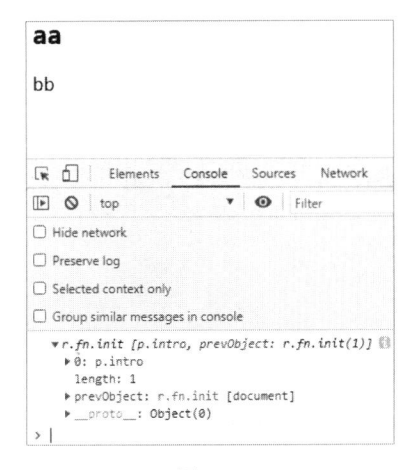

图 8-42

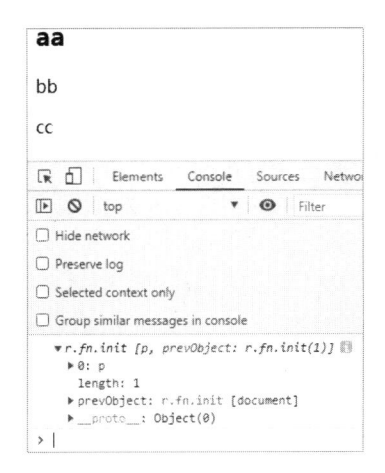

图 8-43

（三）参考答案：ACD

8.3.5　2020 年-第 6 题

说明：高级理论卷 2020 年多选题-第 6 题与 2021 年多选题-第 9 题相同，仅以此题为代表进行解析。

下面有关样式表的说法正确的是（　　）。

A．通过样式表，用户可以使用自己的设置来覆盖浏览器的常规设置
B．样式表不能重用
C．每个样式表只能链接到一个文档
D．样式表可以用来设置字体、颜色等

（一）考核知识和技能

1．CSS 基础
2．字体
3．颜色

（二）解析

（1）通过样式表，用户可以使用自己的设置来覆盖浏览器的常规设置，如为浏览器窗口添加背景颜色，代码如下：

```
<head>
  <meta charset="UTF-8">
  <title></title>
  <style type="text/css">
    body{
      background-color: skyblue;
    }
  </style>
</head>
<body>
</body>
```

运行效果如图 8-44 所示。

（2）样式表可以重用（配置公共样式文件）。
（3）多个 HTML 页面可以使用公共样式文件。
（4）样式表可以用来设置字体、颜色等。

```
h1{
  text-align: center;
}
p{
  color:red;
  font-size: 16px;
  font-family:"Times New Roman", Times, serif;
  font-style:italic;
  background-color: skyblue;
  text-align: center;
}
```

HTML 示例代码如下：

```
<h1>CSS 属性</h1>
```

```
<p>字体颜色</p>
```

运行效果如图 8-45 所示。

图 8-44　　　　　　　　　　　　图 8-45

综上所述，通过样式表，用户可以使用自己的设置来覆盖浏览器的常规设置，并且样式表可以用来设置字体、颜色等。

（三）参考答案：AD

8.3.6　2020 年-第 12 题

说明：高级理论卷 2020 年多选题-第 12 题与 2021 年多选题-第 4 题相同，仅以此题为代表进行解析。

关于 JavaScript 自定义事件描述正确的是（　　）。

A．原生提供了 3 个方法实现自定义事件
B．createEvent()方法是设置事件类型
C．initEvent()方法初始化事件
D．clickEvent 触发事件

（一）考核知识和技能

1．JavaScript 事件
2．创建 Event 事件对象
3．事件初始化
4．触发事件

（二）解析

1．JavaScript 事件

（1）HTML DOM 事件。

HTML DOM 事件允许 JavaScript 在 HTML 文档元素中注册不同的事件处理程序。事件通常与函数结合使用，且函数不会在事件发生前被执行。示例代码如下：

```
<button onclick="sayHello()">输出</button>
<script>
function sayHello(){
    console.log("HelloWorld");
}
</script>
```

运行效果如图 8-46 所示。

（2）自定义 DOM 事件：与浏览器本身触发的事件相反，此类事件通常被称为合成事件。

自定义 DOM 事件，用户单击按钮事件监听的示例代码如下：

```
<div id="d1">
事件 Event
</div>
var e = document.createEvent('Event');//创建一个 Event 对象 e
e.initEvent('myevent',true,true);//进行事件初始化
var d1 = document.getElementById('d1');//获取 DOM 元素
d1.addEventListener('myevent',function(event){
   alert('我监听到了自定义事件'+event.type);
},false);//绑定监听器
d1.dispatchEvent(e);//触发该事件
```

运行效果如图 8-47 所示。

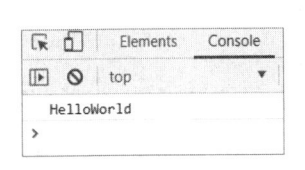

图 8-46

图 8-47

2．创建 Event 事件对象

使用 document 的 createEvent()方法可以创建一个 Event 事件对象。createEvent()方法接收一个参数表示事件的构造器，如 Event、MouseEvent、UIEvent、CustomEvent。

```
var e = document.createEvent('Event');//创建一个 Event 对象 e
```

3．事件初始化

使用 initEvent()方法可以进行事件初始化，接收的参数分别表示事件的类型、是否冒泡、是否可以用 preventDefault()函数禁止默认行为，并定义自定义事件名称。

```
e.initEvent('myevent',true,true);//进行事件初始化
```

4．触发事件

注册监听器 addEventListener 并触发 dispatchEvent 事件，用于监听自定义事件。

```
var element = document.getElementById('element');//获取 DOM 元素
element.addEventListener('myevent',function(event){
   alert('我监听到了自定义事件'+event.type);
},false);//绑定监听器
element.dispatchEvent(e);//触发该事件
```

综上所述，使用 createEvent()、initEvent()、dispatchEvent()这 3 个方法可以实现自定义事件。

（三）参考答案：ABC

8.3.7　2021 年-第 12 题

说明：高级理论卷 2021 年多选题-第 12 题与 2020 年多选题-第 10 题类似，仅以此题为代表进行解析。

HTML 文本框代码<input type="text" name="username" id="username">，以下使用 jQuery 选择器选取 username 文本框输入值的内容的代码中，正确的是（　　）。

A．$("#username").val();　　　　B．$("input")[0].value;

C．$(":input[name]").val();　　　D．$("input[name=username]").val();

（一）考核知识和技能

jQuery 获取文本框内容的方法

（二）解析

（1）根据 id 取值（id 属性），代码如下：

```
function getUserName(){
    var username= $("#username").val();
}
```

（2）根据类取值（class 属性），代码如下：

```
function getUserName(){
    var username= $(".username").val();
}
```

（3）根据 name 取值，代码如下：

```
function getUserName(){
    var username= $("input[name='username']").val();
}
```

```
function getUserName(){
    var username= $("input[id='username']").val();
}
```

综上所述，获取文本框的值有以下几种方式。

- $("#username").val();
- $(".username").val();
- $("input")[0].value;
- $(":input[name]").val();
- $("input[name=username]").val();

（三）参考答案：ABCD

8.3.8　2021 年-第 14 题

下列函数中，属于 jQuery 的事件处理函数的有（　　）。

A．bind(type)　　B．click()　　C．change()　　D．one(type)

（一）考核知识和技能

jQuery 的事件处理函数

(二)解析

(1) on(events,fn)函数:在选择元素上绑定一个或多个事件的事件处理函数。

(2) off(events[,fn])函数:在选择元素上移除一个或多个事件的事件处理函数。

on()函数和off()函数的示例代码如下:

```html
<body>
    <button id="btn1">按钮 1</button>
    <button id="btn2">按钮 2</button>
    <script src="jquery.min.js"></script>
    <script>
var i = 0;
//给按钮1绑定单击事件,单击时执行事件处理函数
$("#btn1").on("click",function(){
    i++;
    console.log("单击了按钮"+i+"次");
})
//给按钮2绑定单击事件,单击时执行事件处理函数
$("#btn2").on("click",function(){
    $("#btn1").off('click');   //移除按钮1的单击事件
    console.log("移除按钮1的单击事件");
})
    </script>
</body>
```

运行效果如图 8-48 所示。

图 8-48

需要注意的是,bind()函数在 jQuery 3.0 版本中已经被移除,官方建议使用 on()函数替代。

(3) click(fn)函数和 change(fn)函数:jQuery 提供了一些简写事件处理函数,这些事件处理函数可以把一个事件处理程序绑定到同名事件上。

示例代码如下:

```html
<body>
    <input type="search" />
    <button>搜索</button>
    <script src="jquery.min.js"></script>
    <script>
```

```
//给输入框绑定 change 事件,当输入框的内容被修改后执行事件处理函数
$("input").change(function(){
    console.log("输入框的内容被改变");
})
//给按钮绑定单击事件,单击时执行事件处理函数
$("button").click(function(){
    console.log("单击了按钮");
})
</script>
</body>
```

运行效果如图 8-49 所示。

（4）one(events,fn)函数：在选择元素上绑定一个一次性的事件处理函数。

示例代码如下：

```
<body>
    <button>按钮</button>
    <script src="jquery.min.js"></script>
    <script>
    var i = 0;
    //给按钮绑定单击事件,第一次单击时执行事件处理函数
    $("button").one("click",function(){
        i++;
        console.log("单击了按钮"+i+"次");
    })
    </script>
</body>
```

运行效果如图 8-50 所示。

图 8-49

图 8-50

综上所述，选项中属于 jQuery 的事件处理函数的有 click()、change()和 one()。

（三）参考答案：BCD

8.4 判断题

8.4.1 2020 年-第 4 题

CSS3 中的 border-radius 属性可以带 4 个参数，并且以顺时针的方向解析：左上、右上、右下、左下。（　　）

(一)考核知识和技能

1. border -*- radius 属性
2. border-radius 属性

(二)解析

(1) border -*- radius 属性:可以分别设置 4 个不同方向的圆角半径。

① border-top-left-radius:设置左上角。
② border-top-right-radius:设置右上角。
③ border-bottom-right-radius:设置右下角。
④ border-bottom-left-radius:设置左下角。

示例代码如下:

```
.div1{border-top-left-radius:50px;}
.div2{border-top-right-radius:50px;}
.div3{border-bottom-right-radius:50px;}
.div4{border-bottom-left-radius:50px;}
```

运行效果如图 8-51 所示。

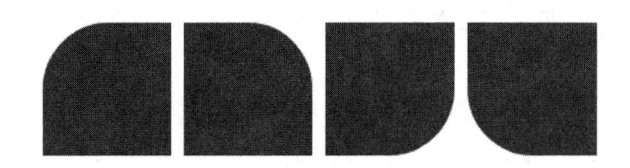

图 8-51

(2) border-radius 属性:复合属性,可以直接设置 4 个角的圆角边框。

语法如下:

```
border-radius: 1-4 length|% / 1-4 length|%;
```

每个半径的 4 个值的顺序为:左上角、右上角、右下角、左下角。如果省略左下角,则表示左下角的值与右上角的值相同;如果省略右下角,则表示右下角的值与左上角的值相同;如果省略右上角,则表示右上角的值与左上角的值相同。

border-radius 属性的值和描述如表 8-19 所示。

表 8-19

值	描述
length	定义弯道的形状
%	使用%定义角落的形状

① 设置 1 个参数:直接作用于 1、2、3、4 四个角。
② 设置 2 个参数:分别作用于 13、24 两个角。
③ 设置 3 个参数:分别作用于 1、24、3 三个角。
④ 设置 4 个参数:分别作用于 1、2、3、4 四个角。

示例代码如下:

```
div{
    width: 100px;
```

```
height: 100px;
border-radius: 10px;
background-color: red;
}
```
运行效果如图 8-52 所示。

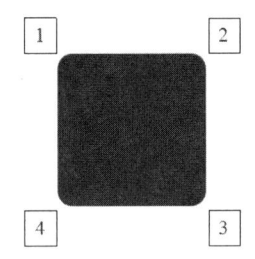

图 8-52

综上所述，border-radius 属性有 4 个参数，并且以顺时针方向解析，分别为左上、右上、右下、左下。

（三）参考答案：对

8.4.2　2020 年-第 5 题

jQuery 中$(this).get(0)的写法和$(this)[0]的写法是等价的。（　　）

（一）考核知识和技能

1. jQuery 杂项方法：get()
2. jQuery 选择器：$(this)

（二）解析

1. jQuery 杂项方法：get()

get()方法用于获取由选择器指定的 DOM 元素，语法如下：

```
$(selector).get(index)
```

get()方法参数如表 8-20 所示。

表 8-20

参数	描述
index	可选。规定要获取哪个匹配的元素（通过 index 编号）

HTML 代码如下：
```
<p>这是一个段落。</p>
```

jQuery 代码如下：
```
console.log($("p").get(0))
```

运行效果如图 8-53 所示。

2. jQuery 选择器：$(this)

$(this)用于选取当前 HTML 元素。

通过 jQuery 的各种选择器和方法取得的结果集合会被包装在 jQuery 对象中，需要通过下标获取指定元素。

HTML 代码如下：

```
<p>这是一个段落。</p>
```

jQuery 代码如下：

```
$("p").each(function(){
  console.log($(this))
  console.log($(this)[0])
  console.log($(this).get(0))
})
```

运行效果如图 8-54 所示。

图 8-53

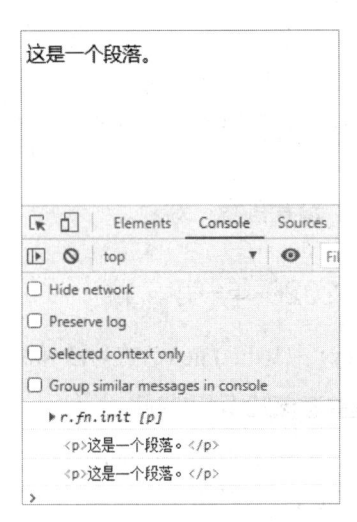

图 8-54

（三）参考答案：对

8.4.3　2021 年-第 1 题

CSS3 中的 box-shadow 属性最多可以有 5 个参数，分别表示水平阴影位置、垂直阴影位置、模糊距离、阴影大小、阴影颜色。（　　）

（一）考核知识和技能

box-shadow 属性

（二）解析

box-shadow 属性语法如下：

```
box-shadow: h-shadow v-shadow blur spread color inset
```

- h-shadow：必需。水平阴影位置，允许负值。
- v-shadow：必需。垂直阴影位置，允许负值。
- blur：可选。模糊距离，不能为负数。
- spread：可选。阴影大小。

- color：可选。阴影颜色。
- inset：可选。设置阴影向内。

综上所述，CSS3 中 box-shadow 属性最多可以有 6 个参数。

（三）参考答案：错

8.4.4　2021 年-第 2 题

CSS 导入式引用样式表的语法是@import url(css/example.css)。（　　）

（一）考核知识和技能

外部样式表

（二）解析

（1）链接式，语法如下：

```
<head>
  <link href="CSS 文件的路径" type="text/CSS" rel="stylesheet" />
</head>
```

在该语法中，<link>标签需要放在<head>头部标签中，并且必须指定<link>标签的 3 个属性，具体如下。

① href：定义所链接外部样式表文件的 URL，可以是相对路径，也可以是绝对路径。

② type：定义所链接文档的类型，这里需要指定为 text/CSS，表示链接的外部文件为 CSS 样式表。

③ rel：定义当前文档与被链接文档之间的关系，这里需要指定为 stylesheet，表示被链接的文档是一个样式表文件。

（2）导入式，语法如下：

```
<style type="text/css">
  @import url("CSS 文件路径");
</style>
```

综上所述，CSS 导入式引用样式表的语法是@import url(css/example.css)。

（三）参考答案：对

8.4.5　2021 年-第 4 题

JavaScript 中 var 关键字声明的变量只在代码块作用域有效。（　　）

（一）考核知识和技能

var 关键字作用域

（二）解析

var 关键字只有全局作用域和函数作用域，全局作用域是在代码的任何位置都能访问 var 声明的变量，而函数作用域只能在变量声明的当前函数内部访问变量，在函数外部则无法访问函数内部声明的变量。

综上所述，JavaScript 中 var 关键字声明的变量只在代码块作用域有效。

（三）参考答案：对

8.4.6　2021 年-第 5 题

jQuery 中的 CSS 函数用于改变 HTML 元素的 CSS 属性。（　　）

（一）考核知识和技能

CSS 函数

（二）解析

jQuery 的 css()方法用于设置或读取 HTML 元素的 CSS 属性。

（1）返回 CSS 属性。

返回指定的 CSS 属性的值，语法如下：

```
css("propertyname");
```

（2）设置 CSS 属性。

设置指定的 CSS 属性，语法如下：

```
css("propertyname","value");
```

（3）设置多个 CSS 属性。

设置多个 CSS 属性，语法如下：

```
css({"propertyname":"value","propertyname":"value",...});
```

综上所述，jQuery 中的 CSS 函数用于改变 HTML 元素的 CSS 属性。

（三）参考答案：对

第 9 章 ES9 编程

9.1 考点分析

2019—2021 年高级理论卷的 ES9 编程相关试题的考核知识和技能如表 9-1 所示，三次考试的平均分值为 12 分。

表 9-1

真题	题型 单选题	题型 多选题	题型 判断题	总分值	考核知识和技能
2019 年高级理论卷	0	1	0	2	let 关键字和 const 关键字、箭头函数等
2020 年高级理论卷	4	5	1	20	const 关键字、对象的解构赋值、数值的扩展、Number.isNaN()、数组扩展、函数扩展、箭头函数、对象的扩展、Symbol、变量导入、babel 等
2021 年高级理论卷	4	3	0	14	const 关键字、数组的解构赋值、数值的扩展、Number.isNaN()、数组扩展、对象的扩展、Symbol、Set 数据结构等

9.2 单选题

9.2.1 2020 年-第 11 题

在 JavaScript ES6 的数组扩展中，不属于用于数组遍历的方法的是（　　）。

A．keys()　　　　B．entries()　　　　C．values()　　　　D．find()

（一）考核知识和技能

1．Object.keys()方法
2．Object.values()方法
3．Object.entries()方法
4．find()方法

（二）解析

1．Object.keys()方法

Object.keys(obj)方法用于遍历数组，示例代码如下：

```
let obj = {
  name:"张三",
  sex:"男",
  age:20,
  height:150
}
for ( let key of Object.keys(obj)){
  console.log(key)
}
```

运行效果如图 9-1 所示。

2．Object.values()方法

Object.values()方法用于返回对象中自有的枚举属性值的数组，示例代码如下：

```
let obj = {
  name:"张三",
  sex:"男",
  age:20,
  height:150
}
for ( let val of Object.values(obj)){
  console.log(val)
}
```

运行效果如图 9-2 所示。

3．Object.entries()方法

Object.entries()方法用于返回对象中自有的枚举属性键-值对的数组，示例代码如下：

```
let obj = {
  name:"张三",
  sex:"男",
  age:20,
  height:150
}
for ( let val of Object.entries(obj)){
  console.log(val)
}
```

运行效果如图 9-3 所示。

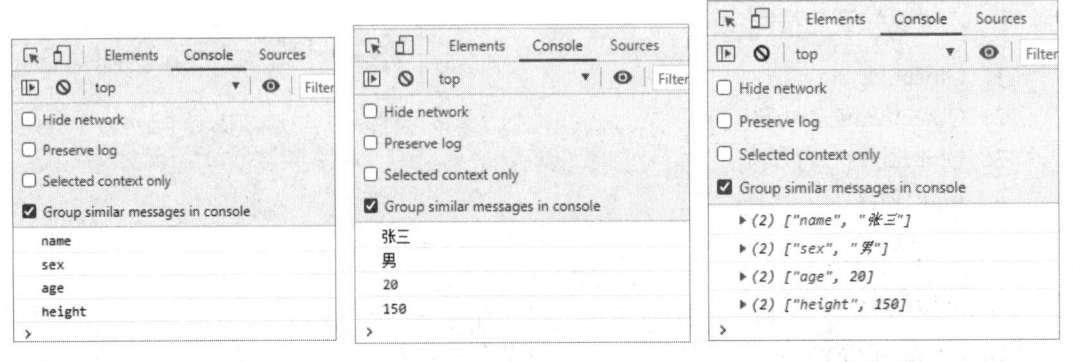

图 9-1

图 9-2

图 9-3

4．find()方法

（1）find()方法用于返回通过测试（函数内判断）的数组的第一个元素的值。

（2）find()方法为数组中的每个元素都调用一次函数执行，当数组中的元素在测试条件返回 true 时，find()返回符合条件的元素，之后的值不会再调用执行函数，如果没有符合条件的元素，则返回 undefined。

（3）find()方法语法如下：

```
array.find(function(currentValue, index, arr),thisValue)
```

find()方法参数描述如表 9-2 所示。

表 9-2

参数	描述
function(currentValue, index, arr)	必需。数组每个元素需要执行的函数。 currentValue：必需。当前元素 index：可选。当前元素的索引值 arr：可选。当前元素所属的数组对象
thisValue	可选。传递给函数的值一般用"this"值。 如果这个参数为空，则"undefined"会传递给"this"值

综上所述，find()不属于用于数组遍历的方法。

（三）参考答案：D

9.2.2　2020 年-第 16 题

说明：高级理论卷 2020 年单选题-第 16 题与 2021 年单选题-第 26 题类似，仅以此题为代表进行解析。

JavaScript 中关于关键字 const，下列说法错误的是（　　）。

A．用于声明常量，声明后不可修改　　B．不会发生变量提升现象

C．不能重复声明同一个变量　　　　　D．可以先声明，不赋值

（一）考核知识和技能

1．ES5 作用域

2．块级作用域

3．let 关键字和 const 关键字

（二）解析

1．ES5 作用域

在 ES5 中，变量的作用域包括全局作用域和局部作用域，变量用 var 关键字定义。

由于 ES5 中的变量可以未声明先使用或者变量作用域发生泄漏，因此带来了很多不合理的场景。

（1）内层变量可能会覆盖外层变量，示例代码如下：

```
var tmp = new Date();
function f() {
```

```
    console.log(tmp);
    if (false) {
      var tmp = 'hello world';
    }
  }
  console.log(f()); // undefined
```

运行效果如图 9-4 所示。

（2）计数的循环变量泄漏为全局变量，示例代码如下：

```
var s = 'hello';
for (var i = 0; i < s.length; i++) {
  console.log(s[i]);
}
console.log(i); // 5
```

运行效果如图 9-5 所示。

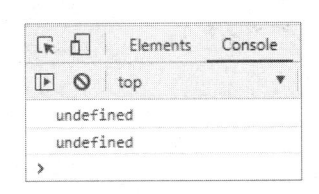

图 9-4

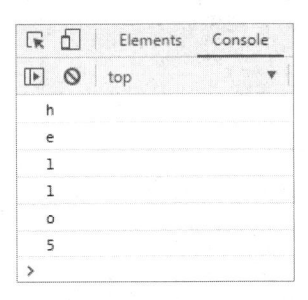

图 9-5

2. 块级作用域

ES6 为 JavaScript 新增了块级作用域，块级作用域用 "{}" 括起来。

3. let 关键字和 const 关键字

ES6 为块级作用域新增了 let 关键字和 const 关键字。其中，let 关键字用于定义变量，const 关键字用于定义常量。

（1）代码块内有效。let 关键字和 const 关键字定义的变量只在代码块内有效，示例代码如下：

```
{
  let a = 10;
  const b = 11;
  var c = 1;
}
console.log(a); // ReferenceError: a is not defined.
console.log(b); // ReferenceError: b is not defined.
console.log(c); // 1
```

（2）不存在变量提升。使用 let 关键字和 cosnt 关键字定义的变量在声明之前无法被调用。在声明时，let 关键字可以先声明不赋值，但 const 关键字必须赋初值，示例代码如下：

```
// var 的情况
console.log(foo); // 输出 undefined
var foo = 2;
```

```
// let 的情况
console.log(bar); // 报错 ReferenceError
let bar;
// const 的情况
console.log(def ); // 报错 ReferenceError
const def = 2;
```

（3）不允许重复声明。let 关键字和 const 关键字不允许在相同作用域内重复声明同一个变量，如图 9-6 所示。

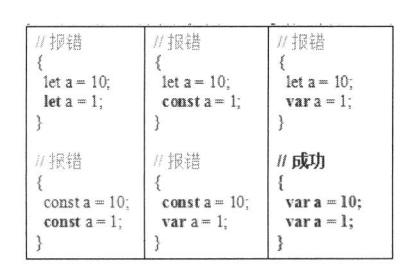

// 报错
{
　let a = 10;
　let a = 1;
}
	// 报错
	{
	　let a = 10;
	　const a = 1;
	}
		// 报错
		{
		　let a = 10;
		　var a = 1;
		}

// 报错
{
　const a = 10;
　const a = 1;
}
	// 报错
	{
	　const a = 10;
	　var a = 1;
	}
		// 成功
		{
		　var a = 10;
		　var a = 1;
		}

图 9-6

（4）常量初始化后无法修改。使用 const 关键字声明常量时必须赋初值且之后无法修改，示例代码如下：

```
const PI = 3.1415;
PI = 3;
// TypeError: Assignment to constant variable
```

综上所述，使用 const 关键字声明变量时必须赋值。

（三）参考答案：D

9.2.3　2020 年-第 27 题

说明：高级理论卷 2020 年单选题-第 27 题与 2021 年单选题-第 18 题相同，仅以此题为代表进行解析。

JavaScript ES6 中关于数值的扩展，window.isNaN("abc")和 Number.isNaN("abc")的结果分别是（　　）。

A．true　　false　　B．false　　true　　C．true　　true　　D．false　　false

（一）考核知识和技能

1．isNaN()函数
2．Number.isNaN()方法

（二）解析

1．isNaN()函数

isNaN()函数用于检查其参数是否为非数字值。如果参数值为 NaN、字符串、对象或 undefined 等非数字值，则返回 true，否则返回 false，示例代码如下：

```
console.log(isNaN(10))
console.log(isNaN("10"))
console.log(isNaN("blue"))
```

```
console.log(isNaN(true))
console.log(isNaN(NaN))
```

运行效果如图 9-7 所示。

2．Number.isNaN()方法

Number.isNaN()方法用于检查一个值是否为 NaN。当判断传入的参数是 NaN 时，返回 true，否则全部返回 false，示例代码如下：

```
console.log(Number.isNaN(NaN))
console.log(Number.isNaN(15))
console.log(Number.isNaN('15'))
console.log(Number.isNaN(true))
console.log(Number.isNaN(9/NaN))
console.log(Number.isNaN('true' / 0))
console.log(Number.isNaN('true' / 'true'))
```

运行效果如图 9-8 所示。

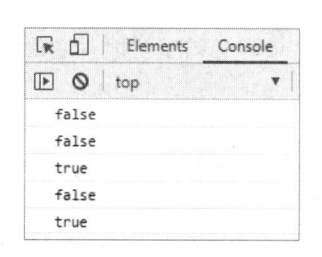

图 9-7

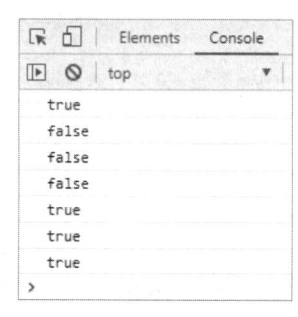

图 9-8

综上所述，window.isNaN("abc")的结果为 true，isNaN()为 JavaScript 全局函数。Number.isNaN("abc")的结果为 false，Number.isNaN()是 ES6 中 Number 对象新增的方法。

（三）参考答案：A

9.2.4　2020 年-第 28 题

在 JavaScript 对象的解构赋值中，var {a,b,c} = { "c":10, "b":9, "a":8 }语句执行后，a、b、c 的值分别是（　　）。

A．10　9　8　　　　　　　　　　　　B．8　9　10
C．undefined　9　undefined　　　　　D．null　9　null

（一）考核知识和技能

JavaScript 解构赋值

（二）解析

解构赋值语法是一种 JavaScript 表达式，通过解构赋值可以将属性/值从对象或数组中取出，并赋值给其他变量。解构赋值包括数组的解构赋值与对象的解构赋值两种形式。

1．数组的解构赋值

（1）变量声明且赋值时的解构。

在实际操作中，以"[ ]"包裹的形式为数组的解构，可以在实现声明同时完成解构赋值的操作。示例代码如下：

```
let [a, b, c] = [1, 2, 3];
console.log(a);
console.log(b);
console.log(c);
```

上述代码表示，可以从数组中提取值，并按照对应位置，对变量进行赋值，这种写法属于"模式匹配"，只要等号两边的模式相同，左边的变量就会被赋予对应的值。

运行效果如图 9-9 所示。

（2）如果解构失败，那么变量的值等于 undefined。示例代码如下：

```
var [ a,b,c ] = [ 1,2 ];
console.log(a);
console.log(b);
console.log(c);
```

2．对象的解构赋值

（1）对象的解构与数组的解构有一个重要的不同：数组的元素是按次序排列的，变量的取值由它的位置决定；而对象的属性没有次序，变量必须与属性同名，才能取到正确的值。示例代码如下：

```
let { foo, bar } = { foo: 'aaa', bar: 'bbb' };
console.log(foo);
console.log(bar);
```

运行效果如图 9-10 所示。

（2）如果解构失败，那么变量的值等于 undefined。示例代码如下：

```
let {foo} = {bar: 'baz'};
console.log(foo);
console.log(bar);
```

运行效果如图 9-11 所示。

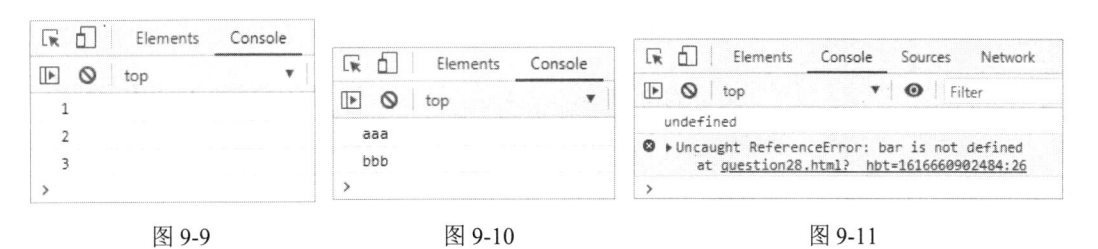

图 9-9

图 9-10

图 9-11

综上所述，在对象的解构赋值中，变量必须与属性同名，与属性次序没有关系。

（三）参考答案：B

9.2.5 2021 年-第 21 题

在 JavaScript 数组的解构赋值中，var [a,b,c] = [1,2];语句执行后，a、b、c 的值分别是（　　）。

A．抛出异常　　　　　　　　　　B．1　2　2
C．1　2　undefined　　　　　　　D．1　2　NaN

（一）考核知识和技能

JavaScript 解构赋值

（二）解析

有关 JavaScript 解构赋值的相关内容请参考 9.2.4 节。

综上所述，var [a,b,c] = [1,2];语句执行后，a、b、c 的值分别是 1、2、undefined。

（三）参考答案：C

9.2.6　2021 年-第 24 题

JavaScript ES6 使用数组扩展的 fill()函数，[1,2,3,4].fill(4)语句的结果是（　　）。

A．[4,4,4]　　　　B．[4,4,4,4]　　　　C．[1,2,3,4]　　　　D．[1,2,3]

（一）考核知识和技能

fill()函数

（二）解析

（1）fill()函数用于将一个固定值替换数组的元素，可以将一个数组中的部分或全部内容替换为一个你想要的固定值。

（2）fill()函数语法如下：

```
array.fill(value, start, end)
```

（3）fill()函数对应的参数如下。

① value：必需。填充的固定值。

② start：可选。开始填充位置。

③ end：可选。停止填充位置（默认为 array.length）。

综上所述，[1,2,3,4].fill(4)语句的结果是[4,4,4,4]。

（三）参考答案：B

9.3　多选题

9.3.1　2019 年-第 2 题

以下写法属于 ES6 语法的是（　　）。

A．块级作用域 let　　B．对象 Object　　C．常量 const　　D．箭头函数

（一）考核知识和技能

ES6 语法特性

（二）解析

ECMAScript 6.0（简称 ES6）是 JavaScript 语言的下一代标准，ES6 在 2015 年 6 月被正式发布，在 ES6 中引入了许多新的语法特性。ECMAScript 标准在每年的 6 月份都会被正式发布一次，作为当年的正式版本，各年份对应的 ECMAScript 标准版本如下。

- 2015 年：ES6。
- 2016 年：ES7。
- 2017 年：ES8。
- 2018 年：ES9。
- 2019 年：ES10。
- 2020 年：ES11。
- 2021 年：ES12。
- 2022 年：ES13。

（1）let 命令。

ES6 新增了 let 命令，用于声明变量，它的用法类似于 var 关键字，但是所声明的变量只在 let 命令所在的代码块内有效，示例代码如下：

```
{
    var a = 10;
    let b = 1;
    console.log(a);
    console.log(b);
}
console.log(a);
console.log(b); //本行代码会报错（let 变量只能在其作用域中使用）
```

运行效果如图 9-12 所示。

（2）const 命令。

const 命令用于声明一个只读的常量，一旦声明，常量的值就不能改变，示例代码如下：

```
const PI = 3.1415926;
console.log(PI);
PI = 3; //本行代码会报错（不可以修改常量的值）
```

运行效果如图 9-13 所示。

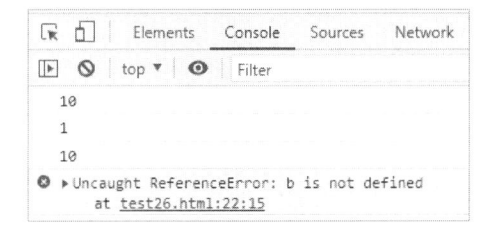

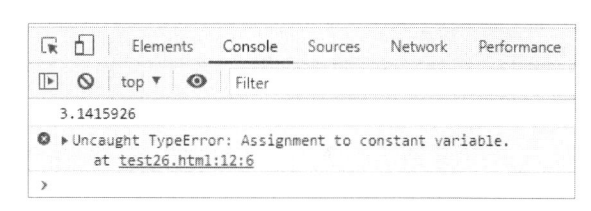

图 9-12

图 9-13

（3）箭头函数。

ES6 允许使用箭头符号（=>）定义函数，示例代码如下：

```
var f1 = v => v;
// 等同于
var f2 = function (v) {
    return v;
};
f1(1)  //返回 1
f2(2)  //返回 2
```

综上所述，选项中属于 ES6 语法的是块级作用域 let、常量 const、箭头函数。对象 Object 不是 ES6 的语法，ES6 只对它进行了扩展。

（三）参考答案：ACD

9.3.2　2020 年-第 4 题

关于 JavaScript 箭头函数的描述，正确的是（　　）。
A．使用箭头符号（=>）定义
B．参数超过 1 个的话，需要用小括号()括起来
C．函数体语句超过 1 条的时候，需要用大括号{ }括起来，用 return 语句返回
D．函数体内的 this 对象，绑定使用时所在的对象

（一）考核知识和技能

1．ES6 箭头函数
2．this 对象

（二）解析

1．ES6 箭头函数

（1）ES6 使用箭头符号（=>）定义函数，具有简洁表达的优点，适合在需要匿名函数的地方使用。匿名函数可以转换为如下箭头函数。
```
var f = v => v;
```
（2）如果箭头函数不需要参数或需要多个参数，那么需要用小括号()括起来，示例代码如下：
```
var f = () => 5;
// 等同于
var f = function () { return 5 };
var sum = (num1, num2) => num1 + num2;
// 等同于
var sum = function(num1, num2) {
  return num1 + num2;
};
```
（3）如果箭头函数的代码块部分多于一条语句，那么需要用大括号{}括起来，并且用 return 语句返回，示例代码如下：
```
var sum = (num1, num2) => {
  let all = num1 + num2;
  return all;
}
// 等同于
var sum = function(num1, num2) {
  let all = num1 + num2;
  return all;
};
```
（4）箭头函数不可以作为构造函数，即不能对箭头函数使用 new 关键字创建对象。
```
let a = ()=>123;
```

```
let b = new a();
```

如果对箭头函数使用 new 关键字，则会报错，如图 9-14 所示。

```
Uncaught TypeError: a is not a constructor
    at index.html?__hbt=1598956876806:29
```

图 9-14

2．this 对象

（1）使用 function 创建的函数 this 对象在调用时确定。this 在 setTimeout()函数中被调用，而 setTimeout()函数属于全局对象 Window，所以此时该 this 指向全局对象 Window，示例代码如下：

```
var age = 10
function Person(){
  this.age = 0;
  //设置定时器
  setTimeout(function(){
    console.log(this);
    console.log(this.age);
  }, 1000);
}
var p = new Person();
```

运行效果如图 9-15 所示。

（2）箭头函数 this 对象在编译时确定，默认绑定上一层作用域的 this 且不能被修改，箭头函数上一级作用域为 Person 函数，则该 this 指向 Person 函数的 this 对象，示例代码如下：

```
var age = 10
function Person(){
  this.age = 0;
  //设置定时器
  setTimeout(() => {
    console.log(this);
    console.log(this.age);
  }, 1000);
}
var p = new Person();
```

运行效果如图 9-16 所示。

```
▶ Window
10
>
```

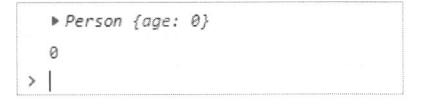

图 9-15

```
▶ Person {age: 0}
0
> |
```

图 9-16

综上所述，函数体内的 this 对象，并不是绑定使用时所在的对象。

（三）参考答案：ABC

9.3.3　2020年-第11题

说明：高级理论卷2020年多选题-第11题与2021年多选题-第8题相同，仅以此题为代表进行解析。

JavaScript ES6 中关于 Symbol 的说法，正确的是（　　）。
A．是 ES6 新增的一种数据类型
B．Symbol() === Symbol()结果为 false
C．Symbol('same') === Symbol('same')结果为 true
D．当 Symbol 值作为对象的属性名的时候，不能用点运算符获取对应的值

（一）考核知识和技能

Symbol

（二）解析

（1）ES6 引入了一种新的原始数据类型 Symbol，用于表示独一无二的值。Symbol 是 JavaScript 语言的第 7 种数据类型，前 6 种分别为 Undefined、Null、Boolean、String、Number、Object。

（2）Symbol 值通过 Symbol 函数生成。也就是说，对象的属性名可以有两种类型，一种是原来就有的字符串，另一种是新增的 Symbol 类型。凡是属性名属于 Symbol 类型就都是独一无二的，可以保证不会与其他属性名产生冲突，示例代码如下：

```
let s = Symbol();
console.log(typeof s);
```

运行效果如图 9-17 所示。

（3）Symbol 函数可以接收一个字符串作为参数，表示对 Symbol 实例的描述，示例代码如下：

```
let s1 = Symbol('foo');
let s2 = Symbol('bar');
console.log(s1);
console.log(s2);
```

运行效果如图 9-18 所示。

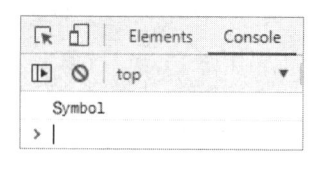

图 9-17

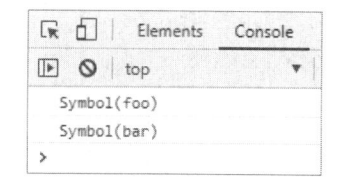

图 9-18

（4）Symbol 函数的返回值是不相等的。
① 没有参数的情况，示例代码如下：

```
// 没有参数的情况
let s1 = Symbol();
let s2 = Symbol();
console.log(s1===s2);
```

运行效果如图 9-19 所示。

图 9-19

② 有参数的情况，示例代码如下：

```
let s3 = Symbol('foo');
let s4 = Symbol('foo');
console.log(s3===s4);
```

运行效果如图 9-20 所示。

（5）作为属性名的 Symbol，由于每一个 Symbol 值都是不相等的，也就意味着 Symbol 值可以作为标识符，用于对象的属性名，就能保证不会出现同名的属性，示例代码如下：

```
let mySymbol = Symbol();
let a = {
    [mySymbol]: 'Hello!'
};
console.log(a[mySymbol]);
```

运行效果如图 9-21 所示。

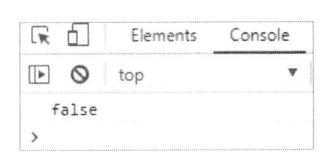

图 9-20

图 9-21

综上所述，Symbol 函数的返回值是不相等的。

（三）参考答案：ABD

9.3.4　2020 年-第 14 题

说明：高级理论卷 2020 年多选题-第 14 题与 2021 年多选题-第 2 题相同，仅以此题为代表进行解析。

关于 JavaScript 对象的扩展，说法正确的是（　　）。

A．ES6 中对象的表示法更加简洁
B．对象的属性名可以是表达式
C．对象的方法名不可以是表达式
D．当属性名为表达式的时候，需要使用[ ]标识

（一）考核知识和技能

对象的扩展

（二）解析

（1）属性的简洁表示法。

ES6 允许在大括号中直接写入变量和函数，以此作为对象的属性和方法。示例代码如图 9-22 所示。

```
const foo = 'bar';
const baz = {foo};         ⇒    const baz = {foo: foo};
console.log(baz);
```

图 9-22

（2）属性名表达式。

JavaScript 定义对象的属性，有标识符和表达式两种作为对象的属性名方法。当表达式作为属性名时，需要把表达式放在中括号内。示例代码如图 9-23 所示。

```
//标识符作为属性名
var obj1 = {
    foo1: true,
    abc1: 123
};
console.log(obj1)
```

```
//当表达式作为属性名时,把表达式放在中括号内
let propKey = 'foo2';
let obj2 = {
    [propKey]: true,
    ['a' + 'bc2']: 123
};
console.log(obj2)
```

图 9-23

运行效果如图 9-24 所示。

（3）表达式还可以定义方法名，示例代码如下：

```
let obj = {
  ['h' + 'ello']() {
    return 'hi';
  }
};
console.log(obj.hello())
```

运行效果如图 9-25 所示。

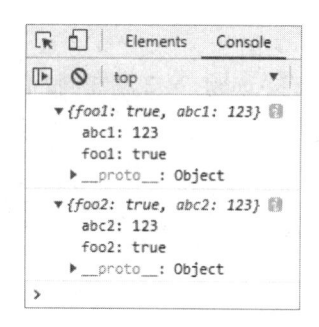

图 9-24

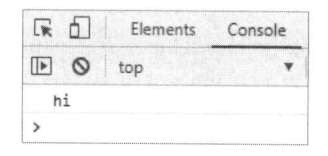

图 9-25

综上所述，对象的方法名可以是表达式。

（三）参考答案：ABD

9.3.5　2021年-第7题

JavaScript ES6 中关于 Set 数据结构的说法正确的是（　　）。
A．创建一个实例需要用 new 关键字
B．结构成员都是唯一的，不允许重复
C．使用 add()方法添加已经存在的成员会报错
D．初始化时接收数组作为参数

（一）考核知识和技能

1．Set 声明
2．Set 添加操作方法

（二）解析

1．Set 声明

Set 类似于数组，但是 Set 类成员的值都是唯一的，没有重复的值。Set 使用 add()方法添加元素，并且不会添加重复的值，所以 Set 可以对数组进行去重操作。通过 new Set()构造函数来声明 Set，并且可以使用 for...of 进行遍历，初始化时接收数组作为参数。

2．Set 添加操作方法

Set 的添加操作方法是 add()，由于 Set 类成员的值都是唯一的，因此没有重复的值。

综上所述，Set 数据结构创建一个实例需要用 new 关键字。结构成员都是唯一的，不允许重复。使用 add()方法添加已经存在的成员，会自动忽略相同的值，仅保留一个相同的值。初始化时接收数组作为参数。

（三）参考答案：ABD

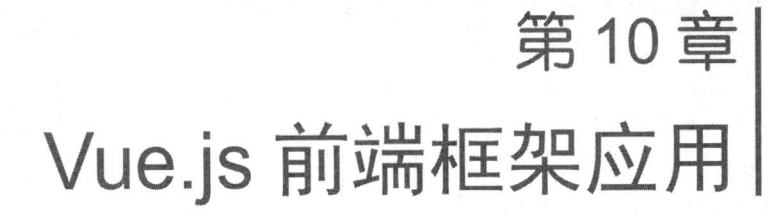

第 10 章 Vue.js 前端框架应用

10.1 考点分析

2019—2021 年高级理论卷的 Vue.js 前端框架应用相关试题的考核知识和技能如表 10-1 所示,三次考试的平均分值约为 27 分。

表 10-1

真题	题型 单选题	题型 多选题	题型 判断题	总分值	考核知识和技能
2019 年高级理论卷	16	8	5	58	Vue 框架、Vue 实例、Vue 模板语法、Vue 组件、Vue 路由、Vue 动画、Vue CLI 等
2020 年高级理论卷	4	1	1	12	Vue 框架、Vue 实例、Vue 指令、Vue 路由、Vuex 等
2021 年高级理论卷	3	2	0	10	Vue 框架、Vue 实例、生命周期函数(钩子函数)、Vue 模板指令、Vue 组件、Vue 路由、Vuex 状态管理、Vue 脚手架等

10.2 单选题

10.2.1 2019 年-第 3 题

在 Vue 构造器中有一个 el 参数,它是 DOM 元素中的(　　)。

A．属性　　　　　　　　　　B．名称
C．id　　　　　　　　　　　D．class

(一)考核知识和技能

1. Vue 构造器
2. el 属性

(二)解析

1. Vue 构造器

(1) Vue 是一个构造器,通过 Vue 构造器来实例化一个对象,如 var vm = new Vue({});
(2) 当实例化 Vue 时,需要传入一个参数(选项对象)。

（3）选项对象可以包含数据（data）、挂载元素（el）、方法（methods）、模板（template）、生命周期函数等。

（4）扩展 Vue 构造器，从而用预定义选项创建可复用的组件构造器，所有组件都是被扩展的 Vue 实例，使用 Vue.extend({})来扩展。

2．el 属性

（1）el 参数用于提供一个在页面上已经存在的 DOM 元素作为 Vue 实例的挂载目标。

（2）既可以是 CSS 选择器，也可以是一个 HTML 元素实例。

```
<div id="app"></div>
<script>
  var vm = new Vue({
    el: '#app'
  })
</script>
```

综上所述，el 参数是 DOM 元素中的 id。

（三）参考答案：C

10.2.2　2019 年-第 4 题

以下获取动态路由{ path: '/user/:id' }中 id 的值正确的是（　　）。

A．this.$route.params.id　　　　　　B．this.route.params.id

C．this.$router.params.id　　　　　　D．this.router.params.id

（一）考核知识和技能

1．路由对象

2．路由传参

（二）解析

1．路由对象

一个路由对象用于表示当前激活的路由的状态信息，既包含了当前 URL 解析得到的信息，又包含了 URL 匹配到的路由记录。

（1）$route.path：用于返回当前路由的路径，如"/foo/bar"。

```
// 路由路径:
path:'user/zhangsan'
// path 属性:
 this.$route.path // 打印: user/zhangsan
```

（2）$route.params：一个 key/value 对象，包含了动态片段和全匹配片段，如果没有路由参数，则是一个空对象。

```
// 路由路径:
path:'user/:id'
// params 属性:
this.$route.params // {id:'传给:id 的值'}
```

（3）$route.query：一个 key/value 对象，表示 URL 查询参数。如果路径/foo?user=1，则$route.query.user == 1；如果没有查询参数，则是一个空对象。

```
// 路由路径：
path:'user/zhangsan?age=14'
// path 属性：
this.$route.path // {age:14}
```

2. 路由传参

（1）传递参数：query 传参、params 传参。

（2）接收参数：this.$route.query、this.$route.params。

（3）通过 props 传递参数：this 或 this.$props。

综上所述，$route 为"路由信息对象"，包括 path、params、hash、query、fullPath、matched、name 等路由信息参数。$router 为"路由实例对象"，包括路由的跳转方法 push() 和 go()，以及钩子函数等。

（三）参考答案：A

10.2.3　2019 年-第 5 题

当<style>标签具有（　　）属性时，其 CSS 将仅应用于当前组件中的元素。

A．component　　　　　　　　B．class

C．scoped　　　　　　　　　　D．scope

（一）考核知识和技能

1. 单文件组件
2. 组件作用域的 CSS

（二）解析

当单文件组件中的<style>标签具有 scoped 属性时，它的 CSS 只作用于当前组件中的元素。

综上所述，当<style>标签具有 scoped 属性时，其 CSS 将仅应用于当前组件中的元素。

（三）参考答案：C

10.2.4　2019 年-第 7 题

在 Vue 中，我们可以通过（　　）来监听响应数据的变化。

A．computed　　　　　　　　B．methods

C．watch　　　　　　　　　　D．created

（一）考核知识和技能

1. Vue 实例选项
2. Vue 生命周期钩子函数

(二)解析

1. Vue 实例选项

(1) computed 计算属性。

在 HTML 标签元素中使用插值表达式能够使数据的处理变得更加灵活。但是，在模板中放入太多的逻辑会让模板过重且难以维护。对于任何复杂逻辑，都应该使用计算属性。计算属性只有在它的相关依赖发生改变时，才会重新求值，即数据改变才会执行函数。示例代码如下：

```
<div id="app">
  <p>原始数据：{{ msg }}</p>
  <p>处理后的数据：{{ newMsg}}</p>
</div>
var vm = new Vue({
  el: '#app',
  data: {
    msg: 'Hello'
  },
  computed: {
    newMsg: function() {
      // "this" 指向 vm 实例
      return this.msg + " word"
    }
  }
})
```

运行效果如图 10-1 所示。

(2) methods 属性。

在 Vue.js 中，所有的函数方法都被放在 methods 属性中。在 Vue 实例外部可以直接通过 vm 实例访问这些方法，或者通过指令调用 methods 属性中的方法。在 methods 方法中可以直接使用 this.属性名访问 data 中的数据，其中，this 表示 Vue 实例对象。示例代码如下：

```
var vm = new Vue({
  data: {
    a: 1
  },
  methods: {
    plus: function(){
      return this.a++
    }
  }
})
console.log(vm.plus());
```

运行效果如图 10-2 所示。

图 10-1　　　　　　　　　　　图 10-2

（3）watch 侦听属性。

Vue 提供了一种更通用的方式来观察和响应 Vue 实例上的数据变动，即 watch 侦听属性。watch 侦听属性用于观察和响应 Vue 实例上的数据变动。watch 用于监听 Vue 实例中的数据，当数据发生改变时，watch 就会自动触发。示例代码如下：

```
<div id="app">
  <input type="text" v-model="msg" />
</div>
var vm = new Vue({
 el: '#app',
 data: {
   msg: "hello"
 },
 watch: {
   msg: function(val) {
     console.log(val)
   }
 }
})
```

运行效果如图 10-3 所示。

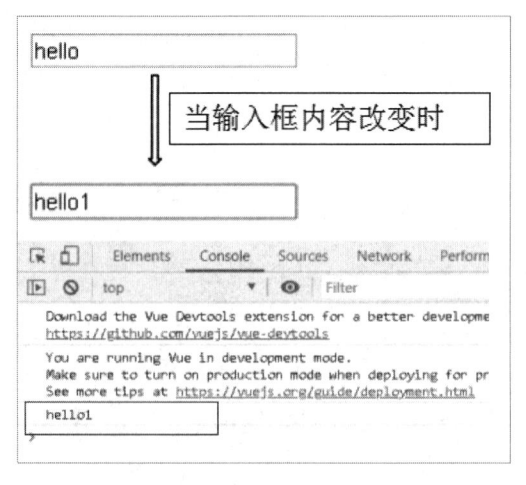

图 10-3

2．Vue 生命周期钩子函数

每个 Vue 实例在被创建时都要经过一系列的初始化过程。例如，需要设置数据监听、编译模板、将实例挂载到 DOM 并在数据变化时更新 DOM 等。同时，在这个过程中也会运行一些叫作生命周期的钩子函数，这给了用户在不同阶段添加自己代码的机会。

生命周期过程如图 10-4 所示。

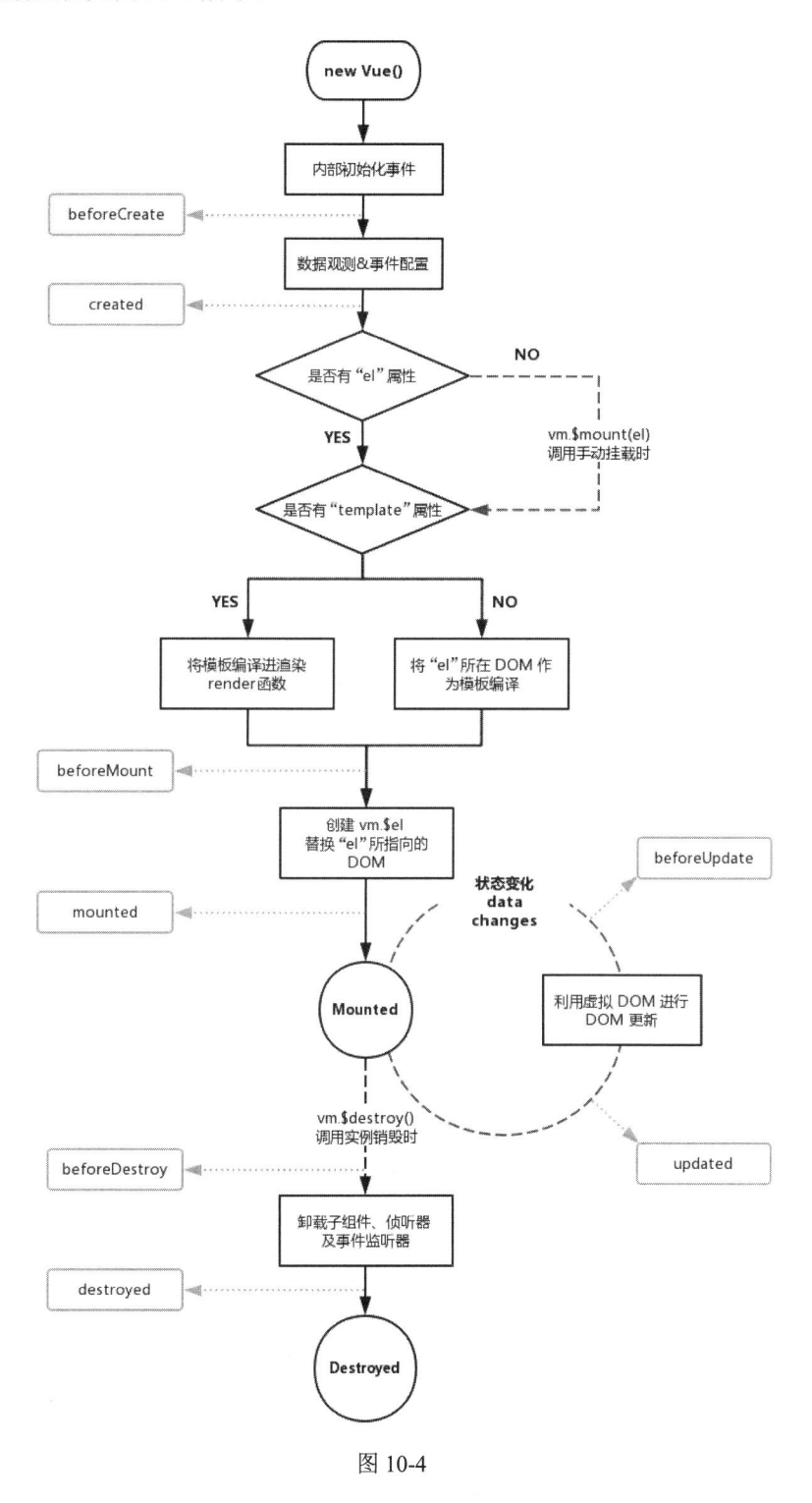

图 10-4

示例代码如下:

```
new Vue({
  data: {
    a: 1
  },
  //created 钩子在实例被创建之后调用.
  created: function () {
    // "this" 指向 vm 实例
    console.log('a is: ' + this.a)
  }
})
// => "a is: 1"
```

综上所述,在 Vue 中可以通过 watch 来监听响应数据的变化。

(三)参考答案:C

10.2.5 2019 年-第 9 题

使用命令行安装 vue-cli 时,查看 Vue 版本的命令是(　　)。

A．vue -S　　　　B．vue -V　　　　C．vue -W　　　　D．vue -X

(一)考核知识和技能

1．Vue CLI

2．查看 Vue 版本命令

(二)解析

1．Vue CLI

Vue CLI 是用于快速 Vue.js 开发的完整系统,是基于 Webpack 构建的,它可以快速构建 Vue 的基于模块化项目。Webpack 是前端资源模块化管理和打包工具。

(1)安装工具。

下载 Vue CLI(2.0 版本):npm install -g vue-cli。

(2)创建项目。

创建项目命令为 vue init 模板名、项目名。

Vue CLI 官方提供了 5 种模板:Webpack、Webpack-simple、simple、browserify、browserify-simple,Vue CLI 脚手架常用的模板为 Webpack。

2．查看 Vue 版本命令

在命令行输入 vue -V 可以查看 Vue 版本,运行效果如图 10-5 所示。

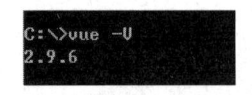

图 10-5

综上所述,vue -V 命令可以查看 Vue 版本。

(三)参考答案:B

10.2.6 2019年-第10题

<router-link>组件支持用户在具有路由功能的应用中单击导航，通过 to 属性指定目标地址，默认渲染成带有正确链接的（　　）标签。

A．<a>　　　　　　B．<b>　　　　　　C．<link>　　　　　　D．<router>

（一）考核知识和技能

1．路由的使用

2．<router-link>

（二）解析

1．路由的使用

我们首先需要将组件（components）映射到路由（routes），然后告诉 Vue Router 在哪里渲染它们。下面是一个基本例子，主要分 4 步进行。

（1）定义/引入（路由）组件。

（2）定义路由配置。

（3）创建 router 实例，并传 routes 配置。

（4）创建和挂载根实例。

```html
<!--HTML 代码：-->
<div id="app">
  <h1>Hello App!</h1>
  <p>
    <!-- 使用<router-link>组件来导航. -->
    <!-- 通过传入"to"属性指定链接. -->
    <!-- <router-link> 默认会被渲染成一个 "<a>" 标签 -->
    <router-link to="/foo">Go to Foo</router-link>
    <router-link to="/bar">Go to Bar</router-link>
  </p>
  <!-- 路由出口 -->
  <!-- 路由匹配到的组件将渲染在这里 -->
  <router-view></router-view>
</div>
```

```js
//（1）定义（路由）组件
// 可以从其他文件 import 进来
const Foo = { template: '<div>foo</div>' }
const Bar = { template: '<div>bar</div>' }
//（2）定义路由配置
// 每个路由应该映射一个组件。 其中，"component"可以是通过 Vue.extend()创建的组件构造器，或者只是一个组件配置对象
const routes = [
  { path: '/foo', component: Foo },
  { path: '/bar', component: Bar }
]
//（3）创建 router 实例，并传"routes"配置
// 还可以传别的配置参数，不过先这么简单着吧
```

```
const router = new VueRouter({
  routes //（缩写）相当于 routes: routes
})
//（4）创建和挂载根实例
// 记得要通过 router 配置参数注入路由，从而让整个应用都具有路由功能
const app = new Vue({
  router
}).$mount('#app')
```

运行效果如图 10-6 所示。

此时可以单击"Go to Foo"或"Go to Bar"链接进行切换，运行效果如图 10-7 所示。

图 10-6

图 10-7

2. <router-link>

<router-link>组件支持用户在具有路由功能的应用中单击导航，具有以下属性。

（1）to 属性。

通过 to 属性指定目标地址，默认渲染成带有正确链接的<a>标签，表示目标路由的链接。当被单击后，内部会立刻把 to 的值传递到 router.push()，所以这个值可以是一个字符串，也可以是描述目标位置的对象。

```
<!-- 字符串 -->
<router-link to="home">Home</router-link>
<!-- 渲染结果 -->
<a href="home">Home</a>
<!-- 使用 v-bind 的 JS 表达式 -->
<router-link :to="'home'">Home</router-link>
<!-- 同上 -->
<router-link :to="{ path: 'home' }">Home</router-link>
```

（2）tag 属性。

我们有时候想要<router-link>渲染成某种标签，如<button>标签，就可以使用 tag 属性来指定，同样它还是会监听单击、触发导航。

综上所述，<router-link>组件通过 to 属性指定目标地址，默认渲染成带有正确链接的<a>标签。

（三）参考答案：A

10.2.7　2019 年-第 12 题

完整的 v-on 语法<a v-on:click="doSomething"></a>可以缩写为（　　）。

A．<a onclick="doSomething"></a>　　　B．<a :click="doSomething"></a>

C．<a @click="doSomething"></a>　　　D．<a click="doSomething"></a>

（一）考核知识和技能

1. 事件绑定
2. 属性绑定

（二）解析

v-on：事件处理器，通过监听 DOM 事件来触发一些 JavaScript 代码，我们通常用它来调用 JavaScript 的方法。v-on 可以简写为@。示例代码如下：

```
<!-- 方法处理器 -->
<button v-on:click="doThis"></button>
<!-- 缩写 -->
<button @click="doThis"></button>
```

综上所述，v-on 可以简写为@。

（三）参考答案：C

10.2.8　2019 年-第 15 题

若执行下面代码输出"Hello Vue.js!"，则<p>标签内的代码是（　　）。

```
<div id="app">
    <p>21</p>
</div>
<script>
new Vue({
  el: '#app',
  data: {
    message: 'Hello Vue.js!'
  }
})
</script>
```

A．message　　　　　　　　　　B．{{ message }}
C．(message)　　　　　　　　　D．" {{ message }} "

（一）考核知识和技能

文本插值

（二）解析

最基本的数据绑定形式为文本插值，它使用的是 Mustache 语法（双大括号）：

```
<span> {{ msg }} </span>
```

双大括号标签会被替换为相应组件实例中 msg 属性的值，所以每次 msg 属性更改时它也会同步更新。

文本插值示例代码如下：

```
<div id="app">
    <p>{{ msg }}</p>
</div>
<script>
let vm = new Vue({
```

```
    el: '#app',
    data: {
      msg: 'Hello Vue.js!'
    }
  })
</script>
```

运行效果如图 10-8 所示。

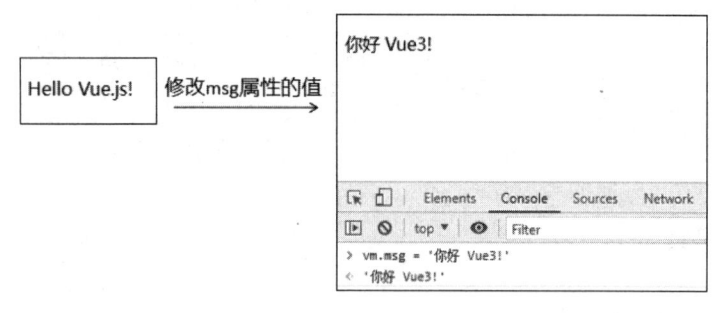

图 10-8

综上所述，根据题干中的代码和代码的执行结果可知，<p>标签内的代码是 {{ message }}。

（三）参考答案：B

10.2.9　2019 年-第 17 题

Vue 是一套用于构建用户界面的渐进式框架，只关注（　　），采用自底向上增量开发的设计。

A．表现层　　　　B．数据层　　　　C．视图层　　　　D．控制层

（一）考核知识和技能

1．Vue.js 渐进式框架

2．MVVM 模型

（二）解析

1．Vue.js 渐进式框架

Vue.js 是一套用于构建用户界面的渐进式框架。与其他大型框架不同的是，Vue 被设计为自底向上逐层应用。Vue 的核心库只关注视图层，不仅易于上手，还便于与第三方库或既有项目整合。

2．MVVM 模型

MVVM 最早由微软提出，借鉴了桌面应用程序的 MVC 思想。在前端页面中，将 Model 用纯 JavaScript 对象表示；View 负责显示，两者做到了最大限度的分离。View 和 Model 关联起来就是 ViewModel。ViewModel 负责把 Model 的数据同步到 View 并显示出来，还负责把 View 的修改同步回 Model。MVVM 模型如图 10-9 所示。

View ⇄ ViewModel ⇄ Model

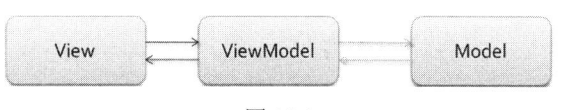

图 10-9

综上所述，Vue 只关注视图层，故此题选 C。

（三）参考答案：C

10.2.10　2019 年-第 21 题

Vue 中子组件向父组件传递数据需要使用的是（　　）。

A．emit　　　　　　B．\$emit　　　　　　C．props　　　　　　D．\$props

（一）考核知识和技能

父子组件通信

（二）解析

1. 父组件通过 props 向子组件传递数据

props 是用户可以在组件上注册的一些自定义属性。当一个值传递给一个属性时，它就会变成那个组件实例的一个值。

父组件示例代码如下：

```
<template>
  <div>
    <h1>我是父组件</h1>
    <Son :msg='message'></Son >
  </div>
</template>
<script>
import Son from './son.vue'
export default {
  components: {Son},
  data(){
    return {message: '来自父组件的消息'}
  }
}
</script>
```

子组件示例代码如下：

```
<template>
  <h2>我是子组件，收到{{ msg }}</h2>
</template>
<script>
  export default {
    props: ['msg'] //子组件自定义属性
  }
</script>
```

运行效果如图 10-10 所示。

图 10-10

2. 子组件通过$emit 修改父组件数据

父组件示例代码如下：

```
<template>
  <div>
    <h1>我是父组件</h1>
    <p>{{ msg }}</p>
    <Son @changeFather="getMsg"></Son >
  </div>
</template>
<script>
import Son from './son.vue'
export default {
  components: {Son},
  data(){
      return {msg: '等待修改'}
  },
  methods: {
      getMsg(val) {
          this.msg = val;
      }
  }
}
</script>
```

子组件示例代码如下：

```
<template>
  <button @click="$emit('changeFather', '来自子组件的消息')">我是子组件</button>
</template>

<script>
</script>
```

运行效果如图 10-11 所示。

图 10-11

综上所述，Vue 中子组件向父组件传递数据需要使用$emit。

(三) 参考答案：B

10.2.11 2019年-第23题

在使用 Vue 过渡时，需要使用下列哪个标签？（　　）
A．animation　　　　B．animate　　　　C．transform　　　　D．transition

（一）考核知识和技能

1．CSS3 动画

2．过渡<transition>标签

（二）解析

1．CSS3 动画

在 CSS3 中，使用下列属性可以添加某种效果，从而将一种样式转变为另一种样式，而无须使用 Flash 动画或 JavaScript 代码。

（1）transform 属性用于向元素应用 2D 或 3D 转换。该属性允许用户对元素进行旋转、缩放、移动或倾斜等操作。

```
.a{
    width: 100px;
    height: 100px;
    background-color: #FF0000;
    transition: width 2s;
}
.a:hover{
    width: 300px;
}
```

（2）animation 属性是一个简写属性，用于设置动画属性。

```
.b{
    width: 100px;
    height: 100px;
    background-color: red;
    animation:myAnimation 3s;
}
@keyframes myAnimation{
    from{background-color: red;}
    to{background-color: yellow;}
}
```

2．过渡<transition>标签

（1）Vue 在插入、更新或移除 DOM 时，提供了多种不同方式的应用过渡效果。

（2）Vue 提供了 transition 的封装组件。在下列情形中，可以给任何元素和组件添加进入/离开过渡。

① 条件渲染（使用 v-if）。

② 条件展示（使用 v-show）。

③ 动态组件。

④ 组件根节点。

示例代码如下：

```
<!-- 简单元素 -->
<transition>
  <div v-if="ok">toggled content</div>
</transition>

<!-- 动态组件 -->
<transition>
 <component :is="view"></component>
</transition>
```

（3）<transition>标签只会把过渡效果应用到其包裹的内容上，而不会额外渲染 DOM 元素，也不会出现在可被检查的组件层级中。

（4）<transition>标签可以作为单个元素或组件的过渡效果。

（5）过渡典型示例：开始页面上显示"hello word"，当单击按钮时，"hello word"逐渐消失。

```
<!-- HTML 代码 -->
<div id="app">
  <button v-on:click="ok = !ok">按钮</button>
  <transition name="fade" duration="5000">
    <div v-if="ok">hello word</div>
  </transition>
</div>
// JS 代码
new Vue({
 el: "#app",
 data: {
   ok: true
 }
})
/* CSS 代码 */
.fade-enter-active, .fade-leave-active {
   transition: opacity .5s;
}
.fade-enter, .fade-leave-to{
   opacity: 0;
}
```

运行效果如图 10-12 所示。

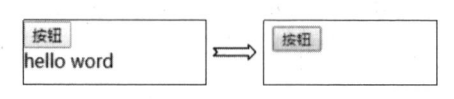

图 10-12

综上所述，Vue 过渡需要使用<transition>标签。

（三）参考答案：D

10.2.12　2019 年-第 24 题

在 Vue 中，以下实例 div style 为（　　）。

```
<div id="app">
    <div v-bind:style="{ color: activeColor, fontSize: fontSize+'px' }">
Vue.js</div>
</div>
<script>
new Vue({
  el: '#app',
  data: {
    activeColor: 'green',
    fontSize: 30
  }
})
</script>
```

A. Vue.js

B. Vue.js

C. Vue.js

D. Vue.js

（一）考核知识和技能

1. 属性绑定指令 v-bind
2. 绑定 class
3. 绑定内联样式

（二）解析

1. 属性绑定指令 v-bind

v-bind 指令可以动态地绑定一个或多个属性。在绑定 class 或 style 时，支持其他类型的值，如数组或对象，语法如下：

```
<div v-bind:src="imageSrc"></div>
```

2. 绑定 class

（1）对象语法：

```
<div v-bind:class="{ active: isActive }"></div>

<script type="text/javascript">
  new Vue({
    el: '#app',
    data: {
      isActive: true
    }
  })
</script>
```

渲染结果如下：

```
<div class="active"></div>
```

（2）数组语法：

```
<div v-bind:class="[activeClass,errorClass]"></div>

<script type="text/javascript">
  new Vue({
    el: '#app',
    data: {
      activeClass: 'active',
      errorClass: 'text-danger'
    }
  })
</script>
```

渲染结果如下：

```
<div class="active text-danger"></div>
```

3．绑定内联样式

（1）对象语法：

```
<div v-bind:style="{ color: activeColor }"></div>
```

（2）数组语法：

```
<div v-bind:style="[baseStyles,overridingStyles]"></div>
```

综上所述，该实例 div style 为\<div style="color: green; font-size: 30px;"\>Vue.js\</div\>。

（三）参考答案：B

10.2.13 2019 年-第 25 题

我们可以在 Vue.js 的官网上直接下载 vue.min.js 并用（　　）标签引入。

A．\<script\>　　　　B．\<vue\>　　　　C．\<import\>　　　　D．\<link\>

（一）考核知识和技能

1．Vue 的开发版本和生产版本

2．Vue 文件引入方式

（二）解析

1．Vue 的开发版本和生产版本

（1）Vue 开发版本。

Vue 开发版本包含完整的警告和调试模式，下载的包为 vue.js。

（2）Vue 生产版本。

Vue 生产版本删除了警告，下载的包为 vue.min.js。37.51KB min+gzip——经过压缩会使内容更小。

2．Vue 文件引入方式

（1）直接下载并用\<script\>标签引入。

将 Vue 文件下载到当前项目的根目录下，并用\<script\>标签引入。

```
<script src="./vue.js"></script>
```

在生产环境中，我们可以把 vue.js 换为 vue.min.js，这会带来比在开发环境下更小的体积和更快的速度。

（2）CDN。

通过<script>标签引入线上 Vue 框架。

```
<script src="https://cdn.jsdelivr.net/npm/vue/dist/vue.js"></script>
```

（3）直接用 import 引入。

使用 npm 下载 Vue.js 框架后，可以通过 ES6 的 import 导入 Vue 模块。

```
import Vue from 'vue'
```

综上所述，我们可以在 Vue.js 的官网上直接下载 vue.min.js 并用<script>标签引入，故此题选 A。

（三）参考答案：A

10.2.14　2019 年-第 26 题

下面代码输出正确的是（　　）。

```
<script type="text/javascript">
  var data = { site: "www.baidu.com", alexa: 10000}
  var vm = new Vue({
    el: '#vue_det',
    data: data
  })
  data.alexa = 1234
  document.write(vm.alexa)
</script>
```

  A．1234   B．10000   C．vm.alexa   D．报错

（一）考核知识和技能

1．data 属性

2．对象属性操作

（二）解析

1．data 属性

（1）data 属性是 Vue 实例的数据对象。

（2）当一个 Vue 实例被创建时，它会将 data 中的所有属性加入到 Vue 的响应式系统中。当这些属性的值发生改变时，视图会产生"响应"，即匹配更新为新的值。

（3）在实例被创建后，可以通过 vm.$data 访问原始数据对象。Vue 实例也代理了 data 上所有的属性，因此访问 vm.a 等价于访问 vm.$data.a。当原始数据对象中的值发生改变时，Vue 实例上的数据也会发生变化。

（4）data 只能是数据，不推荐观察拥有状态行为的对象。示例代码如下：

```
var data = { a: 1 }
var vm = new Vue({data: data})
vm.a == data.a == vm.$data.a // => true
```

```
vm.a = 2
data.a // => 2

data.a = 3
vm.a // => 3
```

2．对象属性操作

（1）点表示法：对象名.属性名。

（2）方括号表示法：对象名["属性名"]。

示例代码如下：

```
var data = { a: 1 }

data.a // => 1
data["a"] // => 1
```

综上所述，输出结果为"1234"。

（三）参考答案：A

10.2.15　2019年-第28题

在 Vue 中，实现非父子组件通信的一种解决方案是下面哪一种？（　　）

A．event　　　　　　B．emit　　　　　　C．Bus　　　　　　D．EventBus

（一）考核知识和技能

非父子组件通信

（二）解析

Vue 非父子组件通信（EventBus）的原理为组件之间共用同一个 Vue 实例（new Vue()），通过此实例进行事件传递参数，在其他组件中监听此事件并接收参数实现通信。

（1）创建一个用于共享实例的 Bus.js，示例代码如下：

```
import Vue from 'vue';
export default new Vue();
```

（2）要通信的组件共同引入 Bus.js。

（3）Bus.$emit 用于触发一个自定义事件。

（4）Bus.$on 用于监听一个自定义事件。

综上所述，EventBus 可以实现非父子组件通信。

（三）参考答案：D

10.2.16　2019年-第30题

执行下面的代码后，页面的渲染效果是（　　）。

```
<div id="app">
    <input type="radio" id="runoob" value="Vue" v-model="picked">
    <label for="runoob">Vue.js<label>
    <br>
    <input type="radio" id="google" value="js" v-model="picked">
```

```
    <label for="google">javascript<label>
    <br>
    <span>选中值为：{{ picked }}</span>
</div>
<script>
new Vue({
  el: '#app',
  data: {
    picked: 'Vue'
  }
})
</script>
```

    A. ● Vue.js ○ javascript 选中值为：Vue.js   B. ○ Vue.js ● javascript 选中值为：Vue.js   C. ● Vue.js ○ javascript 选中值为：Vue   D. ● Vue.js ○ javascript 选中值为：runoob

（一）考核知识和技能

1. 表单输入绑定：v-model
2. 文本插值

（二）解析

1. 表单输入绑定：v-model

（1）使用 v-model 指令，可以在表单 <input>、<textarea> 和 <select> 元素上创建双向数据绑定，并根据控件类型自动选取正确的方法来更新元素。虽然有些神奇，但 v-model 本质上不过是语法糖，它负责监听用户的输入事件以便更新数据。

（2）v-model 会忽略所有表单元素的 value、checked 和 selected 属性的初始值而将 Vue 实例的数据作为数据来源，可以通过 JavaScript 在组件的 data 选项中声明初始值。

在文本框上使用 v-model 指令的示例代码如下：

```
<div id="app">
    <input type="text" value="你好" v-model="msg">
    <p>输入框中的值是：{{ msg }}</p>
</div>
<script>
new Vue({
  el: '#app',
  data: {
    msg: 'Hello',
  }
})
</script>
```

运行效果如图 10-13 所示。

在单选按钮上使用 v-model 指令的示例代码如下：

```
<div id="app">
    <input type="radio" value="1" v-model="gender">
    <label>男<label>
    <br>
    <input type="radio" value="2" v-model="gender">
```

```
    <label>女<label>
    <br>
    <span>选中值为：{{ gender }}</span>
</div>
<script>
new Vue({
  el: '#app',
  data: {
    gender: 2
  }
})
</script>
```

运行效果如图 10-14 所示。

图 10-13

图 10-14

2．文本插值

相关内容可参考 10.2.8 节。

综上所述，两个单选按钮都使用 v-model 指令绑定 picked 属性，而 picked 属性的值为 Vue，与第一个单选按钮的 value 属性值相同，所以会默认选中第一个单选按钮。然后使用文本插值语法，在<span>标签中显示 picked 属性的值。

（三）参考答案：C

10.2.17 2020 年-第 1 题

Vuex 是一个专为 Vue.js 应用程序开发的状态管理模式，Vuex 不包括（   ）。
A．state   B．getter   C．mutation   D．model

（一）考核知识和技能

1．Vuex 简介
2．Vuex 核心概念
3．Vuex 基本使用

（二）解析

1．Vuex 简介

Vuex 是一个专为 Vue.js 应用程序开发的状态管理模式。Vuex 采用集中式存储管理应用的所有组件的状态，并以相应的规则保证状态以一种可预测的方式发生变化。当应用遇到多个组件共享状态时，可以使用 Vuex。

Vuex 工作原理如下。

在 Vue 组件中，首先通过 dispatch 来触发 actions 提交修改数据的操作，然后通过 actions commit 来触发 mutations，以此修改数据 mutations 接收到的 commit 请求，其次会自动通过

Mutate 来修改 state（数据中心里面的数据状态）中的数据，最后由 store 触发每一个调用它的组件的更新。Vuex 工作原理如图 10-15 所示。

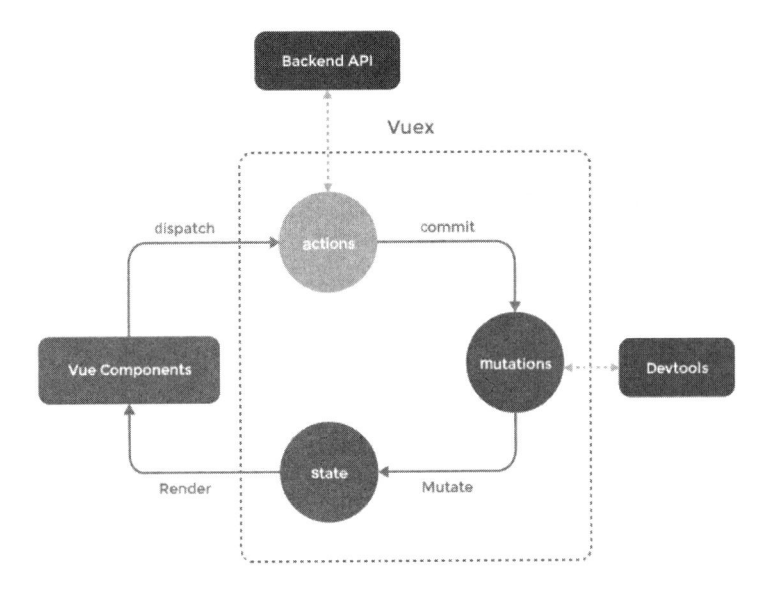

图 10-15

2．Vuex 核心概念

（1）state。

state 属性用于存储应用状态数据的对象，与 Vue 组件中的 data 属性类似。Vuex 使用 state 来存储应用中需要共享的状态。为了让 Vue 组件在 state 更改后也随之更改，需要基于 state 创建计算属性。

```
//状态管理数据存放
const state = {
  user: "",
}
```

（2）getter。

getter 属性类似于 Vue 中的计算属性，根据其他 getter 或 state 计算返回值，并且只有当它的依赖值发生改变时才会被重新计算。

```
//状态管理数据获取
const getters = {
  getState(state) {
    return state;
  }
}
```

（3）mutation。

mutation 属性是一组方法，是改变 store 中状态的执行者，只能是同步操作。

Vuex 中的 mutation 非常类似于事件，每个 mutation 都有一个字符串的事件类型（type）和一个回调函数（handler），这个回调函数就是用户实际进行状态更改的地方，并且它会接收 state 作为第一个参数。

```
//状态管理修改方法
const mutations = {
  SETSTATE(state, user) {
    state.user = user;
  }
}
```

(4) action。

action 属性也是一组方法，可以包含异步操作。想要异步地更改状态，就需要使用 action 属性。action 并不是直接改变 state，而是发起 mutation。

```
//状态管理修改请求
const actions = {
  setStateUser(context, user) {
    context.commit("SETSTATE", user);
  }
};
```

(5) Module：模块（module）。

我们可以将 store 分割为模块（module），每个模块拥有自己的 state、getters、mutations 和 actions，甚至可以嵌套子模块——从上到下进行同样方式的分割。

```
const moduleA = {
state: { ... },
mutations: { ... },
actions: { ... },
getters: { ... }
}

const moduleB = {
state: { ... },
mutations: { ... },
actions: { ... }
}

const store = new Vuex.Store({
modules: {
a: moduleA,
b: moduleB
}
})

store.state.a // -> moduleA 的状态
store.state.b // -> moduleB 的状态
```

3．Vuex 基本使用

(1) 创建 Vuex 实例对象，并将对象注册到 Vuex 的 Store()方法中。

```
//创建 Vuex 实例对象，并将对象注册到 Vuex 的 Store()方法中
const store = new Vuex.Store({
  state,
  mutations,
  actions,
```

```
    getters
});
```

（2）将 store 对象注册在 Vue 实例上。

```
var vm = new Vue({
    el:"#app",
    store:store
})
```

综上所述，Vuex 不包括 model。

（三）参考答案：D

10.2.18　2020 年-第 6 题

vue-router 有几种导航钩子？（　　）

A. 5　　　　　　B. 4　　　　　　C. 3　　　　　　D. 2

（一）考核知识和技能

vue-router 路由钩子函数

（二）解析

vue-router 提供的导航守卫主要是通过跳转或取消的方式来守卫导航的，有多种机会植入路由导航过程中：全局路由、单个路由、组件内路由。

（1）全局路由钩子函数。

① beforeEach（全局前置守卫）钩子函数是全局的 before 钩子函数，在每一个路由改变时都执行一次。

```
const router = new VueRouter({ ... })
router.beforeEach((to, from, next) => {
  // ...
})
```

② afterEach（全局后置守卫）钩子函数用于页面加载之前，router.afterEach 钩子函数用于页面加载之后。

```
router.afterEach((to, from) => {
  // ...
})
```

（2）单个路由钩子函数。

beforeEnter（路由内钩子）在路由配置上直接定义 beforeEnter 守卫。

```
const router = new VueRouter({
    routes: [
      {
        path: '/foo',
        component: Foo,
        beforeEnter: (to, from, next) => {
          // ...
        }
      }
    ]
})
```

（3）路由组件内的守卫，组件内路由钩子函数。

beforeRouteEnter（进入路由前）、beforeRouteUpdate（路由复用同一个组件时）、beforeRouteLeave（离开当前路由时）。

```
const Foo = {
  template: `...`,
    beforeRouteEnter (to, from, next) {
      // 在渲染该组件的对应路由被 confirm 前调用
      // 不能获取组件实例 "this"
      // 因为当守卫执行前，组件实例还没被创建
    },
    beforeRouteUpdate (to, from, next) {
      // 在当前路由改变，但是该组件被复用时调用
      // 举例来说，对于一个带有动态参数的路径/foo/:id，在/foo/1和/foo/2 之间跳转时
      // 由于会渲染同样的 Foo 组件，因此组件实例会被复用，而这个钩子就会在这种情况下被调用
      // 可以访问组件实例 "this"
    },
    beforeRouteLeave (to, from, next) {
      // 导航离开该组件的对应路由时调用
      // 可以访问组件实例 "this"
    }
}
```

综上所述，vue-router 有 3 种导航钩子。

（三）参考答案：C

10.2.19 2021 年-第 17 题

说明：高级理论卷 2021 年单选题-第 17 题与 2020 年单选题-第 26 题相同，仅以此题为代表进行解析。

下列关于 Vue 的模板指令和用法的说法中，错误的是（　　）。

A．v-for：循环渲染列表　　　　　　B．v-if：条件渲染

C．v-input：双向绑定　　　　　　　D．v-bind:class：绑定属性

（一）考核知识和技能

1．Vue 的模板指令

2．Vue 指令应用

（二）解析

1．Vue 的模板指令

Vue 是目前前端开发的三大主流框架之一。Vue 提供了丰富的指令，如 Vue 事件绑定指令、数据绑定指令、样式绑定指令、双向绑定指令、v-for 循环指令、v-if 选择指令等。Vue 的所有指令都是用在 HTML 元素中的，用于控制 HTML 元素的显示效果。本题涉及的 4 个指令如下。

(1) v-for：循环显示指令，用于对数组、集合、对象、整数等进行遍历。
```
<p v-for="item in 5">{{item}}</p>
```
(2) v-if：条件显示指令，用于控制元素根据条件进行显示。
```
<div v-if="flag"></div>
```
(3) v-model：双向数据绑定指令，用于将表单元素和 Vue 的 data 中的数据进行双向数据绑定（Vue 没有提供 v-input 指令，但可以编写这个自定义指令）。
```
<p><input type="text" v-model="msg"></p>
<p>{{msg}}</p>
```
(4) v-bind:class：用于绑定 class 属性，实现样式绑定。
```
<div class="item" v-for="book in booklist">
  <img v-bind:src="book.image">
  <span v-bind:class="{'active' : book.active}">{{book.bookname}}</span>
</div>
```

2．Vue 指令应用

综合应用 v-for、v-if 和 v-bind:class 指令，设计如下图书显示案例，并显示每本图书的图片和名称，以及热销图书样式的不同。

（1）综合应用以上指令，设计图书显示页面，代码如下：
```
<style>
.active {
   color: #FF0000
}
</style>
......
<div id="example">
   <p><button @click="flag=!flag">显示图书</button></p>
   <div v-if="flag">
      <div class="item" v-for="book in booklist">
        <img v-bind:src="book.image">
        <span v-bind:class="{'active' : book.active}">{{book.bookname}}</span>
      </div>
   </div>
</div>
<script src="./js/vue.js"></script>
<script type="text/javascript">
   var vm = new Vue({
      el: '#example',
      data: {
        flag: false,
        booklist: [{    //定义图书信息数组，数组有三条记录，后两条省略。
          bookname: '零基础学 JavaScript',
          image: 'images/javascript.png',
          price: 56.7,
          active: true
        },......]
      }
   })
</script>
```

（2）图书显示效果如图 10-16 所示，单击"显示图书"按钮，图书信息的显示与隐藏将切换进行。

图 10-16

综上所述，v-input 不是 Vue 的模板指令，v-model 才是双向数据绑定指令。

（三）参考答案：C

10.2.20　2021 年-第 28 题

下列关于 Vue 项目目录结构和用途说明中，错误的是（　　）。

A．components 目录存放组件　　　　　B．router 目录定义路由相关的配置
C．main.js 是入口文件　　　　　　　　D．store 目录存放图片等资源

（一）考核知识和技能

1．Vue 脚手架搭建项目
2．Vue 项目的目录结构和用途

（二）解析

1．Vue 脚手架搭建项目

在前端项目开发中，目前行业内都用脚手架快速创建 Vue 项目的基础架构。脚手架简称 Vue/Cli，目前脚手架的最新版本为 5.XX。

（1）脚手架的安装。在安装 node 后，打开 cmd 就可以用一条命令安装脚手架（这里指定脚手架的版本为 4.5.13），命令如下：

```
npm install @vue/cli@4.5.13 -g
```

如果安装脚手架特别慢，建议按 Ctrl+C 组合键，停止安装，先把 npm 命令的镜像做修改。npm 镜像默认在国外，可以修改为淘宝镜像，命令如下：

```
npm config set registry https://registry.npm.taobao.org
```

然后重新运行安装命令，安装脚手架。

（2）脚手架创建 Vue 项目。在脚手架安装成功后，就可以创建项目，命令如下：

```
vue create shop-demo
```

我们可以选择 Vue2、Vue3 或手动创建项目。具体项目搭建的相关配置，要根据实际需要进行选择。我们一般选择手动创建项目，并将 vue-router 和 Vuex 选中，把配置信息放

入 package.json 中。

(3) 在项目创建完成后，可以运行如下命令进入项目根目录。

```
cd shop-demo
```

(4) 在进入项目根目录后，可以运行如下命令启动项目。

```
npm run serve
```

2. Vue 项目的目录结构和用途

(1) 用脚手架搭建的 Vue 项目的目录结构如图 10-17 所示（脚手架版本为 4.5.13，基于 Vue2 配置）。

图 10-17

(2) Vue 项目的各个目录和文件的用途。

① node_modules：存放的是项目依赖包，包括很多基础依赖包，以及自己安装的依赖包。

② public：静态资源文件，与 assets 不同的是，public 不会被 Webpack 打包，资源使用的是绝对路径。

③ src：项目的源代码，包括各种路由、组件、静态资源等。

- assets：静态资源文件夹，资源使用的是相对路径。
- components：Vue 中的单文件组件。
- router：路由目录，目录下的 index.js 是路由文件，里面是路由的具体代码实现。
- store：Vuex 目录，目录下的 index.js 是 Vuex 文件，里面是 Vuex 仓库的具体代码实现。
- views：Vue 中的单文件组件，一般将代表整个页面的组件存放到此处；将代表页面局部信息的组件存放到 components 中。

- App.vue：整个 Vue 的根组件。
- main.js：Vue 的入口文件。

④ package.json：项目的配置信息被存放到此处，如项目开发依赖、运行依赖的各种工具包的版本信息等。

⑤ dist：使用 npm run build 命令打包后会生成该目录。

综上所述，components 目录存放组件，router 目录定义路由相关的配置，main.js 是入口文件，store 是 Vuex 仓库，存放各组件共享的状态信息。

（三）参考答案：D

10.2.21　2021 年-第 30 题

说明：高级理论卷 **2021 年单选题-第 30 题**与 **2020 年单选题-第 8 题**相同，仅以此题为代表进行解析。

下列关于 Vue 的描述中，错误的是（　　）。

A．代码必须编译后才能运行　　　　B．支持服务端渲染
C．MVVM 设计模式　　　　　　　　D．双向绑定

（一）考核知识和技能

1．Vue 框架的核心理念
2．Vue 的设计模式

（二）解析

1．Vue 框架的核心理念

（1）Vue.js 是目前主流的前端框架，Vue.js 的出现使前后端分离项目开发更加高效。Vue.js 的核心理念为数据驱动视图和组件化。

随着前端行业的不断发展，目前在项目前后端分离开发中，前端人员和后端人员变成了"平起平坐"的局面。前端人员负责编写页面、根据接口，并通过 AJAX 或 Axios 技术拿到数据渲染页面；后端人员负责编写接口、操作数据库、提供服务。Vue.js 提供了丰富的指令，不需要操作 DOM 就可以用循环、拼接等方式渲染页面，这就是数据驱动视图。

另外，Vue.js 具有双向数据绑定功能，当 JS 中的数据发生变化时，页面视图会自动改变，只需要注意数据的变化，而不需要操作 DOM 元素，这也是数据驱动视图。

组件化理念是指将整个页面看作一个大组件，其中的每个元素或者功能都可以当作子组件，每一个组件都可以重复调用。

（2）在前后端分离中，后端一般提供 RESTful API，并经常将数据以 JSON 格式返回；而前端一般使用 SPA（Single Page Application，单页面应用程序）。在传统的网站中，不同页面之间的切换都是直接从服务器加载整个新的页面，而在 SPA 模型中，通过动态地重写页面的部分与用户交互，从而避免了过多的数据交换，响应速度自然相对更快。

Vue 不仅支持 SPA，还支持 SSR。SSR 是 Server-Side Rendering（服务器端渲染）的缩写。简单来说，SSR 是先将组件或页面通过服务器生成 HTML 字符串，再发送到浏览器，最后将静态标记"混合"为客户端上完全交互的应用程序。渲染时请求页面，返回的 body 中已经

存在服务器生成的 HTML 结构，之后只需结合 CSS 显示出来，这不仅节省了访问时间，还优化了资源的请求。相对于 SPA 来说，SSR 首屏页面的渲染更快，但是服务器压力也更大。

2．Vue 的设计模式

Vue.js（读音/vju:/，类似于 view）是一套构建用户界面的渐进式框架，它是基于 MVVM 模型设计的。

（1）MVVM 模型的设计原理。

MVVM 全称为 Model-View-ViewModel。Model 层表示数据部分，主要负责业务数据；View 层表示视图部分，即 DOM 元素，负责视图的处理。ViewModel 是连接视图与数据的数据模型，负责监听 Model 或 View 的修改。

MVVM 模式提供对 View 和 ViewModel 的双向数据绑定，这使得 ViewModel 的状态改变可以自动传递给 View。典型的情况是，ViewModel 通过使用 observer 模式（观察者模式）来将 ViewModel 的变化通知 Model。

在 MVVM 模型中，视图（View）和数据（Model）是不能直接通信的，视图模型（ViewModel）相当于一个观察者，监控双方的动作，并及时通知双方进行相应的操作。当 Model 发生变化时，ViewModel 能够监听到这种变化，并及时通知 View 做出相应的修改，反之亦然。MVVM 设计模式如图 10-18 所示。

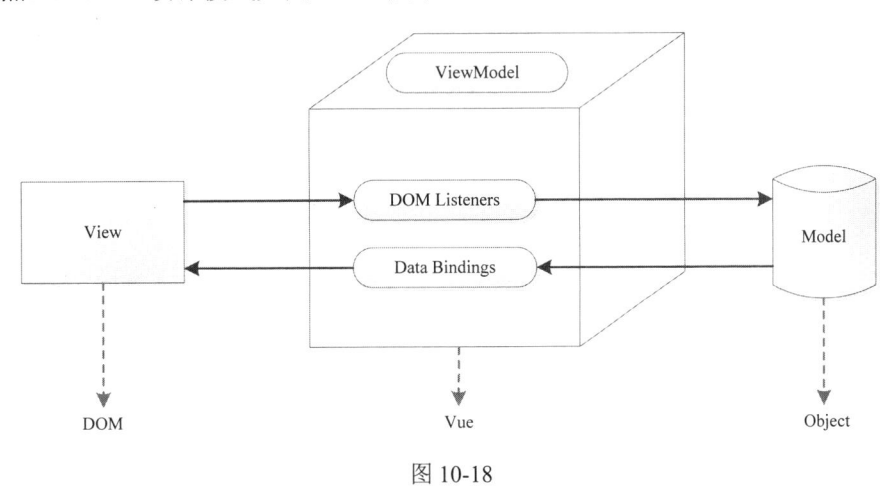

图 10-18

（2）MVVM 优点。

MVVM 具有低耦合、可重用性、独立开发、可测试等优点，其中最关键的是低耦合。视图（View）可以独立于 Model 变化和修改。开发人员可以专注于业务逻辑和数据的开发，设计人员可以专注于页面设计。

综上所述，Vue 支持服务器端渲染，采用 MVVM 设计模式，支持双向数据绑定。Vue 中的代码都是前端代码，交互代码依然是 JavaScript，所以不需要编译，浏览器可以直接识别、直接运行。

（三）参考答案：A

10.3 多选题

10.3.1 2019年-第1题

Vue 中关于 v-on 的修饰符，下列描述正确的是（   ）。
A．.stop 阻止单击事件冒泡　　　　　B．.prevent 阻止单击事件冒泡
C．.prevent 提交事件不再重载页面　　D．修饰符可以串联

（一）考核知识和技能

1．事件冒泡和捕获
2．事件修饰符

（二）解析

1．事件冒泡和捕获

（1）事件冒泡：事件开始时从最具体的元素（文档树中最深的节点）开始触发，然后向上传播至没有那么具体的元素（文档）。

（2）事件捕获：事件捕获则刚好相反，是最不具体的元素最先收到事件，而最具体的元素最后收到事件。有如下 HTML 页面：

```
<!DOCTYPE html>
<html>
    <head>
        <title>事件冒泡和捕获</title>
    </head>
    <body>
        <button>按钮</button>
    </body>
</html>
```

在单击页面中的 `<button>` 元素后，click 事件会按以下顺序发生。
- 事件冒泡：`<button>` → `<body>` → `<html>` → document。
- 事件捕获：document → `<html>` → `<body>` → `<button>`。

上述事件的触发顺序如图 10-19 所示。

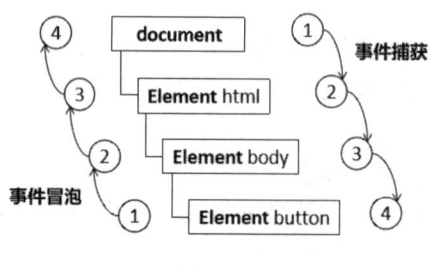

图 10-19

2．事件修饰符

Vue.js 为 v-on 指令提供了事件修饰符，修饰符是用 . 表示的指令后缀，本题涉及的修饰符如下。

（1）.prevent：阻止事件的默认行为。
（2）.stop：阻止事件冒泡。

prevent 事件修饰符的示例代码如下：

```html
<div id="app">
   <form>
       <!-- 单击按钮1时,会提交表单并重载页面 -->
       <input type="submit" value="按钮1" v-on:click="hello('按钮1')"/>
       <!-- 单击按钮2时,阻止提交表单行为 -->
       <input type="submit" value="按钮2" v-on:click.prevent="hello('按钮2')"/>
   </form>
</div>
<script>
new Vue({
   el: '#app',
   methods: {
      hello(msg){
          console.log(`单击了${msg}`);
      }
   }
});
</script>
```

运行效果如图 10-20 所示。

图 10-20

stop 事件修饰符和修饰符串联使用的示例代码如下：

```html
<div id="app" v-on:click="hello('div')">
   <p v-on:click="hello('p')">
      <!-- 单击事件冒泡 -->
      <button v-on:click="hello('按钮1')">按钮1</button>
      <!-- 阻止单击事件冒泡 -->
      <button v-on:click.stop="hello('按钮2')">按钮2</button>
      <!-- 阻止单击事件冒泡,但会刷新页面 -->
      <a href="" v-on:click.stop="hello('链接1')">链接1</a>
      <!-- 阻止单击事件冒泡和刷新页面 -->
      <a href="" v-on:click.stop.prevent="hello('链接2')">链接2</a>
   </p>
</div>
<script>
```

```
new Vue({
    el: '#app',
    methods: {
        hello(msg){
            console.log(`单击了${msg}`);
        }
    }
});
</script>
```

运行效果如图 10-21 所示。

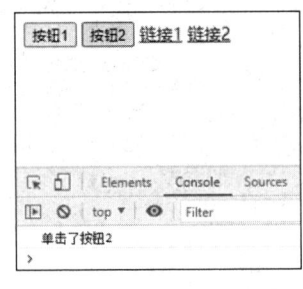

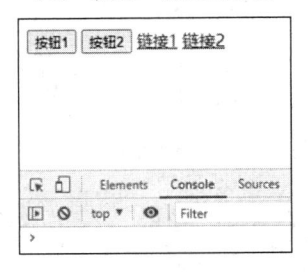

图 10-21

综上所述，.stop 修饰符可以阻止事件冒泡。.prevent 修饰符可以阻止事件的默认行为，当放在表单提交按钮上时，可以阻止单击按钮后提交表单重载页面。在使用修饰符时，可以多个修饰符串联使用。

（三）参考答案：ACD

10.3.2　2019 年-第 3 题

下列关于 v-if 和 v-show 的描述正确的是（　　）。

A．v-if 与 v-show 都可以动态控制 DOM 元素显示隐藏

B．v-if 不可以动态控制 DOM 元素显示隐藏

C．v-if 显示隐藏是将 DOM 元素整个添加或删除

D．v-show 隐藏则是为该元素添加 css--display:none，DOM 元素还在

(一)考核知识和技能

1. v-if
2. v-show

(二)解析

1. v-if

v-if 指令用于条件性地渲染一块内容。这块内容只会在指令的表达式返回 true 值时被渲染,当为 false 值时,整个 DOM 元素会从页面中删除。示例代码如下:

```html
<div id="app">
  <p v-if="seen">你可以看见我</p>
  <p v-if="no">你看不见我</p>
</div>

new Vue({
  el:'#app',
  data:{
    seen: true,
    no: false
  },
})
```

运行效果如图 10-22 所示。

图 10-22

2. v-show

v-show 指令用于根据条件展示元素,用法跟上面一样。不同的是,v-show 的显示隐藏是通过 display 实现的,并没有从页面中删除 DOM 元素。示例代码如下:

```html
<div id="app">
  <p v-show="seen">你可以看见我</p>
  <p v-show="no">你看不见我</p>
</div>

new Vue({
  el:'#app',
  data:{
    seen: true,
```

```
    no: false
  }
})
```

运行效果如图 10-23 所示。

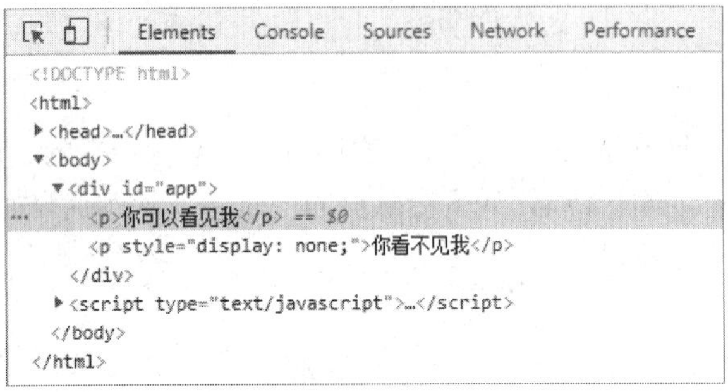

图 10-23

综上所述，此题选择 ACD。

（三）参考答案：ACD

10.3.3　2019 年-第 4 题

下面代码输出的结果有哪些？（　　）

```
<ul id="example-2">
  <li v-for="(item,index) in items">
  {{ parentMessage}} - {{ index }} - {{ item.message}}
  </li>
</ul>
var example2 = new Vue({
  el:'#example-2',
  data:{
    parentMessage: 'hello',
    items: [
      { message: 'Jack'},
      { message: 'Rose'}
    ]
  }
})
```

A．Hello-0-Jack　　B．Hello-1-Jack　　C．Hello-0-Rose　　D．Hello-1-Rose

（一）考核知识和技能

1．列表渲染 v-for

2．参数 item、index

（二）解析

v-for 指令是根据一组数组的选项列表进行渲染的。v-for 指令需要使用 item in items 形式的特殊语法，items 是源数据数组，item 是数组元素迭代的别名。示例代码如下：

`<!-- 遍历数组：items 为数组，item 为数组中的项，index 为数组索引 -->`

```html
<div v-for="(item, index) in items"></div>
<!-- 遍历对象：object 为对象，val 为对象中的值，key 为对象中的键 -->
<div v-for="(val, key) in object"></div>
<!-- 遍历对象：object 为对象，val 为对象中的值，name 为对象中的键，index 为对象索引 -->
<div v-for="(val, name, index) in object"></div>
```

（1）遍历数组：第1个参数代表项，第2个参数代表索引。

```html
<div id="app">
    <div v-for="(item,index) in items">
        <div>{{index}}-{{item.name}}-{{item.age}}</div>
    </div>
</div>
<script type="text/javascript">
new Vue({
    el: '#app',
    data: {
        items:[
            {name:'zhangsan',age:14},
            {name:'lisi',age:15}
        ]
    }
})
</script>
```

（2）遍历对象：第1个参数代表值，第2个参数代表键，第3个参数代表索引。

```html
<div id="app">
    <div v-for="(val,name,index) in items">
        <div>{{index}}-{{name}}--{{val}}</div>
    </div>
</div>
<script>
new Vue({
    el:'#app',
    data:{
        items:{
            name:'zhangsan',
            age:14
        }
    }
})
</script>
```

综上所述，输出结果为"Hello-0-Jack""Hello-1-Rose"。

（三）参考答案：AD

10.3.4　2019年-第5题

vue-cli 初始化后，生成的目录结构中包含了很多个文件夹及文件，其中 src 文件夹下包含以下哪几项？（　　）

A．assets：放置一些图片，如 logo 等

B．components：目录里面放了一个组件文件，可以不用

C．App.vue：项目入口文件，我们也可以直接将组件写到这里，而不使用 components 目录
D．main.js：项目的核心文件

(一) 考核知识和技能

1．Vue CLI 项目的目录结构
2．入口文件的概述
3．组件间的关系

(二) 解析

1．Vue CLI 项目的目录结构

通过 Vue CLI 创建的项目目录结构和 src 文件夹下包含的内容如图 10-24 所示。

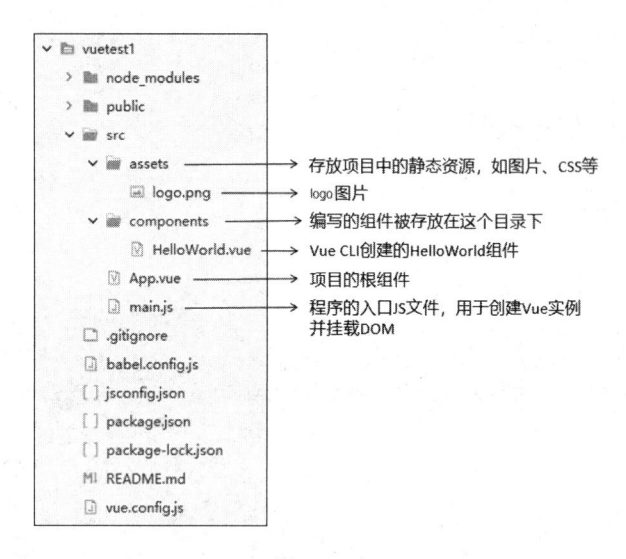

```
vuetest1
├── node_modules
├── public
├── src
│   ├── assets              → 存放项目中的静态资源，如图片、css等
│   │   └── logo.png        → logo图片
│   ├── components          → 编写的组件被存放在这个目录下
│   │   └── HelloWorld.vue  → Vue CLI创建的HelloWorld组件
│   ├── App.vue             → 项目的根组件
│   └── main.js             → 程序的入口JS文件，用于创建Vue实例
│                             并挂载DOM
├── .gitignore
├── babel.config.js
├── jsconfig.json
├── package.json
├── package-lock.json
├── README.md
└── vue.config.js
```

图 10-24

2．入口文件的概述

在 Vue CLI 构建的项目中，main.js 是程序的入口文件，定义了 Vue 实例，引入了根组件 App.vue，并将其挂载到 index.html 中 id 为 "app" 的节点上。

各个文件的作用说明如下。

(1) main.js：程序的入口文件，初始化 Vue 实例并使用需要的插件。

(2) App.vue：主要组件。所有的页面都是在 App.vue 下进行切换的，也可以理解为所有的路由是 App.vue 的子组件。

(3) index.html：页面入口。

3．组件间的关系

App.vue 是项目的根组件，components 目录下存放的是项目的相关子组件，可以在 App.vue 根组件中引用子组件，也可以直接编写 HTML 代码而不使用子组件。

App.vue 不使用子组件的示例代码如下：

```
<template>
  <div id="app">
```

```
  <img alt="Vue logo" src="./assets/logo.png">
  <h2>你好 Vue.js!</h2>
  <p>Vue 是一套用于构建用户界面的渐进式框架。与其他大型框架不同的是，Vue 被设计为可以自底向上逐层应用。</p>
  </div>
</template>
<script>
export default {
  name: 'App'
}
</script>
<style>
#app {
 /* 此处省略 CSS 样式代码 */
}
</style>
```

运行效果如图 10-25 所示。

图 10-25

综上所述，src 文件夹下包含 assets、components、App.vue、main.js 这 4 项。

（三）参考答案：ABCD

10.3.5　2019 年-第 7 题

关于下面自定义组件说法正确的是（　　）。

```
Vue.component('mycomponent', {
  template: '<h1>自定义组件!</h1>'
})
```

A．mycomponent 是组件名
B．使用<mycomponent></mycomponent>调用组件
C．template 下不可以有多个标签
D．template 下只能有一个根节点

(一)考核知识和技能

1. 全局注册组件
2. 局部注册组件

(二)解析

1. 全局注册组件

在以下示例代码中,这些组件是全局注册的。也就是说,它们在注册之后可以用在任何新创建的 Vue 根实例(new Vue)的模板中。

```html
<!-- HTML 代码 -->
<div id="app">
 <component-a></component-a>
 <component-b></component-b>
 <component-c></component-c>
</div>
```

```js
// JS 代码
Vue.component('component-a', { template:'<h1>a</h1>' })
Vue.component('component-b', { template:'<h2>b</h2>' })
Vue.component('component-c', { template:'<h3>c</h3>' })
new Vue({ el: '#app' })
```

运行效果如图 10-26 所示。

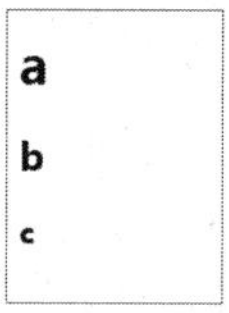

记住,全局注册的行为必须在 Vue 根实例(通过 new Vue)创建之前发生,在所有子组件中也是如此。也就是说,这 3 个组件在各自内部也都可以相互使用。

图 10-26

2. 局部注册组件

全局注册往往是不够理想的。比如,你使用一个像 Webpack 这样的构建系统,全局注册所有的组件意味着即便你已经不再使用一个组件了,但它仍然会被包含在你最终的构建结果中。这造成了用户下载的 JavaScript 的无谓的增加。在这种情况下,首先可以通过一个普通的 JavaScript 对象来定义组件。

```js
var ComponentD = { /* ... */ }
```

然后在 components 选项中定义你想使用的组件。

```js
new Vue({
el: '#app',
// 局部注册组件
 components: {
 'component-d': ComponentD
 }
})
```

对 components 对象中的每个 property 来说,property 名就是自定义元素的名字,property 值就是这个组件的选项对象。

综上所述,template 下可以有多个标签。

(三)参考答案:ABD

10.3.6 2019 年-第 11 题

下列关于<div v-bind:class="[errorClass ,isActive ? activeClass : ' ']"></div>描述正确的是（　　）。

A．这是使用三元表达式来切换样式
B．errorClass 是始终存在的，isActive 为 true 时添加 activeClass 类
C．errorClass 是始终存在的，isActive 为 false 时添加 activeClass 类
D．activeClass 是始终存在的，isActive 为 true 时添加 errorClass 类

（一）考核知识和技能

1．v-bind:class 属性
2．数组语法
3．三元表达式

（二）解析

1．v-bind:class 属性和数组语法

相关内容可参考 10.2.12 节。

2．三元表达式

我们可以根据条件切换列表中的 class。

```
<div v-bind:class="[isActive ? activeClass : '', errorClass]"></div>
```

综上所述，题干中的代码是使用三元表达式来切换样式的，并且 errorClass 始终存在，当 isActive 状态发生变更（值为 true）时，添加 activeClass 类。

（三）参考答案：AB

10.3.7 2019 年-第 12 题

每个 Vue 应用都需要通过实例化 Vue 来实现。下面实例化 Vue 代码正确的是（　　）。

A．var vm = new Vue({//选项})　　B．let vm = new Vue({//选项})
C．var vm = new Vue(//选项)　　　D．let vm = new Vue(//选项)

（一）考核知识和技能

1．变量声明
2．Vue 实例化

（二）解析

1．变量声明

相关内容可参考 8.2.7 节。

2．Vue 实例化

（1）通过 new 关键字，创建一个 Vue 实例。

```
var vm = new Vue()
let vm = new Vue()
```

（2）给 Vue 实例传递一个选项对象作为参数。

```
var vm = new Vue({ //选项 })
let vm = new Vue({ //选项 })
```

ES6 的 let 用法类似于 var，但所声明的变量，只在 let 命令所在的代码块内有效。

综上所述，此题选择 AB。

（三）参考答案：AB

10.3.8　2019 年-第 15 题

以下选项中可以进行路由跳转的是（　　）。

A．push()　　　　　B．replace()　　　　C．<router-link>　　D．jump()

（一）考核知识和技能

1．声明式导航

2．编程式导航

（二）解析

1．声明式导航

声明式导航使用<router-link>创建<a>标签来定义导航链接。

2．编程式导航

（1）this.$router.push(location, onComplete?, onAbort?)。

在 Vue 实例内部，可以通过$router 访问路由实例，因此用户可以调用 this.$router.push() 方法。

当单击<router-link>时，这个方法会在内部调用，所以说，单击<router-link :to="...">等同于调用 this.$router.push(...)。

该方法的参数可以是一个字符串路径，也可以是一个描述地址的对象。示例代码如下：

```
// 字符串
this.$router.push('home')
// 对象
this.$router.push({ path: 'home' })
```

（2）router.replace(location, onComplete?, onAbort?)。

和 router.push 类似，唯一不同的就是，它不会向 history 添加新记录，而是跟它的方法名一样——替换掉当前的 history 记录。

（3）router.go(n)。

router.go(n)方法的参数是一个整数，表示在 history 记录中向前或后退多少步，类似于 window.history.go(n)。

综上所述，jump()不能实现路由跳转。

（三）参考答案：ABC

10.3.9 2021年-第3题

说明：高级理论卷 2021 年多选题-第 3 题与 2020 年多选题-第 1 题相同，仅以此题为代表进行解析。

下列关于 Vue 路由传参的说法中，正确的是（　　）。
A．使用 query 方法传入的参数，在组件中使用 this.$route.query 读取
B．使用 params 方式传入的参数，在组件中使用 this.$route.params 读取
C．使用 query 方法传入的参数，在组件中使用 this.$router.query 读取
D．使用 params 方式传入的参数，在组件中使用 this.$router.params 读取

（一）考核知识和技能

1．路由的基本使用
2．路由相关概念辨析
3．路由传参

（二）解析

1．路由的基本使用

路由是 Vue 中提供的一种实现组件切换的机制。路由的使用分 4 步进行。

（1）导入 vue-router.js。

```
<script src="vue-router.js"></script>
```

（2）创建路由对象，关键要定义出路由规则，并指定路由地址与组件之间的对应关系。

```
// 创建组件
var login = {
    template: '<h1>登录组件</h1>'
}
//创建路由对象
var routerObj = new VueRouter({
    routes: [
        // 配置路由匹配规则
        {path: '/login', component: login }
    ]
})
```

（3）路由的挂载，将路由对象挂载到 Vue 上。

```
var vm = new Vue({
    el: '#app',
    // 将路由规则对象注册到 vm 实例上
    router: routerObj
})
```

（4）使用路由。

```
<div id="app">
    <router-link to="/login" tag="span">前往登录</router-link>
    <router-view></router-view>
</div>
```

2. 路由相关概念辨析

（1）router 是一个机制，充当管理路由的管理者角色。$router 表示 Vue 上挂载的路由对象。

（2）route 是一条路由，单数形式。$route 表示当前路由。

（3）routes 是一组路由，它把 route 的每一条路由组合起来，形成一个数组。有时表示路由对象的路由规则。

3. 路由传参

一条路由规则对应一个组件，这叫作静态路由。当路由地址上面携带参数时，就实现了多条路由对应同一个组件，这叫作动态路由。动态路由的适用性更广。比如，不同的用户登录以后，显示个人信息，我们只需编写一个用户信息组件，就能根据不同用户的名字，呈现结构相同但内容不同的界面，而不需要为每个用户编写一个用户信息组件。动态路由传递参数有两种方式，即 query 方式和 params 方式。

（1）query 方式传参。这种传参方式就是用?和&把参数信息拼接起来，直接放到路由地址后，最终在浏览器中呈现出来。

```
<router-link to="/userinfo?name=admin&type=1">我的信息</router-link>
```

query 方式传递的参数，在组件中这样来搜集：

```
<template >
    <div>
        姓名：{{this.$route.query.name}}
    </div>
</template>
```

（2）params 方式传参。这种传参方式需要经过以下 3 步才能完成。

第 1 步：在路由地址中，对参数进行申明。在申明时，参数变量前要加 ":"。

```
// 创建路由对象
    var router = new VueRouter({
     routes: [{
      path: '/user/:id/:name'
      component: userinfo
     }]
    })
```

第 2 步：传递参数。与 query 方式相比，params 方式传递参数更加简洁。

```
<router-link to="/userinfo/10/admin">我的信息</router-link>
```

第 3 步：在组件中搜集参数。与 query 方式相比，略有不同。

```
var userinfo = {
    template: `<h3>id: {{$route.params.id}}
              name: {{$route.params.name}}
              </h3>`
}
```

params 传参效果如图 10-27 所示。

单击"登录"链接前　　单击"登录"链接后

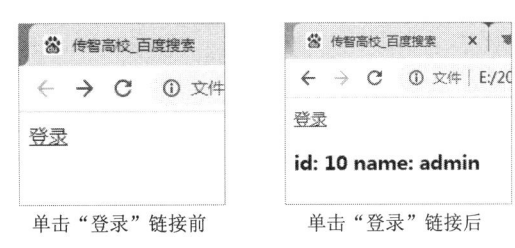

图 10-27

综上所述，在路由传参中，参数要用 this.$route 去搜集。query 方式用 this.$route.query.XXX 搜集参数，params 方式用 this.$route.params.XXX 搜集参数。

（三）参考答案：AB

10.3.10　2021 年-第 15 题

在 Vue 实例的生命周期中有许多生命周期钩子，用于在不同阶段执行自定义函数，以下属于生命周期钩子的有（　　）。

A．created　　　　　　　　　　B．mounted
C．update　　　　　　　　　　 D．updated

（一）考核知识和技能

1．Vue 生命周期函数的概念
2．Vue 生命周期函数的应用

（二）解析

1．Vue 生命周期函数的概念

每个 Vue 实例在被创建时都要经过一系列的初始化过程。例如，需要设置数据监听、编译模板、将实例挂载到 DOM 并在数据变化时更新 DOM 等。同时，在这个过程中也会运行一些叫作生命周期的钩子函数，这给了用户在不同阶段添加自己代码的机会。这些生命周期函数，在 Vue 实例到达这些阶段时会自动运行。常用的生命周期函数如表 10-2 所示。

表 10-2

钩子	说明	备注
beforeCreate	创建实例对象之前执行	实例创建
created	创建实例对象之后执行	
beforeMount	页面挂载成功之前执行	页面挂载
mounted	页面挂载成功之后执行	
beforeUpdate	组件更新之前执行	数据更新
updated	组件更新之后执行	
beforeDestroy	实例销毁之前执行	实例销毁
destroyed	实例销毁之后执行	

2．Vue 生命周期函数的应用

在有些时候，我们需要表达页面一打开就进行的工作，可以通过 created、beforeMount、mounted 这 3 个钩子中的某一个调用对应的功能函数来实现，示例代码如下：

```
<script src="axios.min.js"></script>
 <script>
        var vm=new Vue({
            el:"#app",
            data:{
                msg:""
            },
            methods: {
                getjoke:function(){
                    axios.get("https://autumnfish.cn/api/joke").
                    then(response=>{
                        this.msg=response.data;
                    },err=>{
                        console.log(err);
                    });
                }
            },
            created(){    //created、beforeMount、mounted 这 3 个钩子都可以实现
                this.getjoke();
            }
        })
 </script>
```

运行效果如图 10-28 所示。

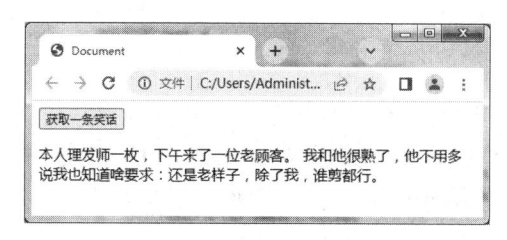

图 10-28

综上所述，created、mounted 和 updated 都是钩子函数，update 不是钩子函数。

（三）参考答案：ABD

10.4 判断题

10.4.1 2019 年-第 1 题

v-list 可以绑定数据到数组来渲染一个列表。（   ）

（一）考核知识和技能

1. Vue.js 指令
2. v-for：列表渲染

（二）解析

Vue.js 常用指令如下。

（1）v-model：多用于表单元素实现双向数据绑定。

（2）v-for：列表渲染。

（3）v-show：显示内容。

（4）v-hide：隐藏内容。

（5）v-if：条件渲染。

（6）v-else-if：条件渲染。

（7）v-else：条件渲染。

（8）v-bind：动态属性绑定。

（9）v-on：事件处理。

（10）v-text：解析文本。

（11）v-html：解析 HTML 标签。

（12）v-once：进入页面时，只渲染一次，后面不再进行渲染。

综上所述，列表渲染的指令为 v-for，没有 v-list 指令。

（三）参考答案：错

10.4.2　2019 年-第 2 题

Vue 组件中的 data 不能是函数。（　　）

（一）考核知识和技能

Vue 组件中的 data

（二）解析

Vue 组件中的 data 必须是一个函数。

当定义<button-counter>组件时，你可能会发现它的 data 并不是像下面这样直接提供一个对象。

```
data: {
  count: 0
}
```

取而代之的是，一个组件的 data 选项必须是一个函数，这样每个实例可以维护一份被返回对象的独立的拷贝。

```
data: function () {
  return {
    count: 0
  }
}
```

综上所述，Vue 组件中的 data 是函数。

（三）参考答案：错

10.4.3　2019 年-第 3 题

Vue 提供了内置的过渡封装组件，该组件用于包裹要实现过渡效果的组件。（　　）

（一）考核知识和技能

过渡<transition>标签

（二）解析

过渡<transition>标签的相关内容可参考 10.2.11 节。

综上所述，Vue 提供了内置的过渡封装组件。

（三）参考答案：对

10.4.4　2019 年-第 4 题

v-else、v-else-if 必须跟在 v-if 或者 v-else-if 之后。（　　）

（一）考核知识和技能

条件渲染：v-if、v-else、v-else-if

（二）解析

（1）v-if：用于条件性地渲染一块内容。这块内容只会在指令的表达式返回 true 值时被渲染。示例代码如下：

```
<div id="app">
  <p v-if="seen">你可以看见我</p>
  <p v-if="no">你看不见我</p>
</div>

new Vue({
  el:'#app',
  data:{
    seen: true,
    no: false
  },
})
```

运行效果如图 10-29 所示。

（2）v-else：用于表示 v-if 的 else 块，当 v-if 条件不成立时，执行 else。示例代码如下：

```
<div v-if="Math.random() > 0.5">
  Now you see me
</div>
<div v-else>
  Now you don't
</div>
```

v-else 元素必须紧跟在带 v-if 或 v-else-if 元素的后面，否则它不会被识别。

（3）v-else-if：是 2.1.0 版本新增的，顾名思义，用作 v-if 的 else-if 块，可以链式的多次使用。示例代码如下：

```
<div id="app">
```

```
  <div v-if="type === 'A'">A</div>
  <div v-else-if="type === 'B'">B</div>
  <div v-else-if="type === 'C'">C</div>
  <div v-else>Not A/B/C</div>
</div>

new Vue({
  el: '#app',
  data: {
    type: 'C'
  }
})
```

运行效果如图 10-30 所示。

图 10-29

图 10-30

综上所述，v-else、v-else-if 必须跟在 v-if 或者 v-else-if 之后。

（三）参考答案：对

10.4.5　2019 年-第 5 题

我们可以在实例中使用 directive 选项来注册局部指令，这样指令只能在这个实例中使用。（　　）

（一）考核知识和技能

1. directive：自定义指令
2. 局部指令

（二）解析

除了默认设置的核心指令（v-model 和 v-show），Vue 也允许注册自定义指令。

需要注意的是，在 Vue2.0 中，代码复用的主要形式和抽象是组件。然而，在有些情况下，用户仍然需要对纯 DOM 元素进行底层操作，这时就会用到自定义指令。

（1）注册一个全局自定义指令 v-focus，该指令的功能是在页面加载时，元素自动获取焦点。示例代码如下：

```
<div id="app">
  <p>页面载入时，input 元素自动获取焦点：</p>
  <input v-focus>
</div>

// 注册一个全局自定义指令 v-focus
Vue.directive('focus', {
  // 将绑定元素插入到 DOM 中
  inserted: function(el) {
```

```
      // 聚焦元素
      el.focus()
    }
  })
new Vue({
  el: '#app'
})
```

运行效果如图 10-31 所示。

（2）我们也可以在实例使用 directives 选项来注册局部指令，这样指令只能在这个实例中使用。示例代码如下：

```
<div id="app">
  <p>页面载入时，input 元素自动获取焦点：</p>
  <input v-focus>
</div>

new Vue({
  el: '#app',
  directives: {
    // 注册一个局部的自定义指令 v-focus
    focus: {
      // 指令的定义
      inserted: function (el) {
        // 聚焦元素
        el.focus()
      }
    }
  }
})
```

运行效果如图 10-32 所示。

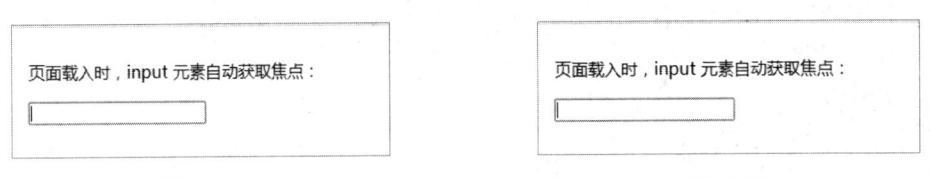

图 10-31

图 10-32

综上所述，我们可以在实例中使用 directive 选项来注册局部指令，这样指令只能在这个实例中使用。

（三）参考答案：对

10.4.6　2020 年-第 2 题

Vue 中 listener 监听的是你定义的变量，当你定义的变量的值发生变化时，会调用对应的方法。（　　）

（一）考核知识和技能

watch 监听属性

（二）解析

一个对象，键是需要观察的表达式；值是对应回调函数，也可以是方法名，或者包含选项的对象。Vue 实例会在实例化时调用$watch()，遍历 watch 对象的每一个属性。也就是说，watch 选项能够监听值的变化。

引入 Vue.js 代码如下：

```
<script src="https://unpkg.com/vue/dist/vue.js"></script>
```

HTML 代码如下：

```
<div id="app">
  <p>Number: {{ msg}}</p>
  <p>Number: <input type="text" v-model="newMsg"></p>
</div>

new Vue({
 el: '#app',
 data: {
   msg: 'Hello word',
   newMsg: '',
 },
 watch: {
   newMsg(newVal, oldVal) {
        // 监听 newMsg 属性的数据变化并更新数据
     this.msg= newVal
   }
 }
})
```

运行效果如图 10-33 所示。

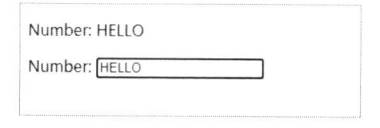

图 10-33

综上所述，在 Vue 中使用 watch 监听自定义的变量，并调用对应的方法。

（三）参考答案：错

第 11 章 动态网站制作（高级）

11.1 考点分析

2019—2021 年高级理论卷的动态网站制作相关试题的考核知识和技能如表 11-1 所示，三次考试的平均分值为 14 分。

表 11-1

真题	题型 单选题	题型 多选题	题型 判断题	总分值	考核知识和技能
2019 年高级理论卷	9	4	0	26	PHP 配置文件、PHP 基本语法、文件导入、面向对象、魔术方法、Laravel 框架、闪存数据 flash()等
2020 年高级理论卷	3	1	0	8	数据库的备份与还原、PHP 基本语法、数组、数学函数、字符串函数等
2021 年高级理论卷	2	2	0	8	MySQL 数据库的备份与还原、PHP 开始和结束标记、PHP 数组排序函数、跨域等

11.2 单选题

11.2.1 2019 年-第 2 题

说明：高级理论卷 **2019 年单选题-第 2 题**与 **2020 年单选题-第 4 题**类似，仅以此题为代表进行解析。

数学运算函数中能产生随机数的函数是（　　）。

A．round()　　　　B．ceil()　　　　C．rand()　　　　D．abs()

（一）考核知识和技能

PHP 数学函数

（二）解析

（1）round()函数。

round()函数可以对浮点数进行四舍五入。

（2）ceil()函数。

ceil()函数可以向上舍入为最接近的整数。

（3）rand()函数。

rand()函数用于生成随机整数。

（4）abs()函数。

abs()函数用于返回一个数的绝对值。

综上所述，rand()函数可以生成一个随机整数。

（三）参考答案：C

11.2.2　2019年-第8题

关于配置文件说法错误的是（　　）。

A．Apache 的配置文件是 apache.ini　　B．MySQL 的配置文件是 my.ini

C．PHP 的配置文件是 php.ini　　D．配置文件更改，必须重启服务

（一）考核知识和技能

1．PHP 配置文件

2．Apache 配置文件

3．MySQL 配置文件

（二）解析

1．PHP 配置文件

PHP 配置文件（php.ini）在 PHP 启动时被读取。对于服务器模块版本的 PHP，在 Web 服务器启动时被读取。

PHP 配置文件目录地址如图 11-1 所示。

2．Apache 配置文件

httpd.conf 是 Apache 的配置文件，它被存放在 Apache 根目录下的 conf 文件夹中，在 Apache 启动时被读取。

Apache 配置文件目录地址如图 11-2 所示。

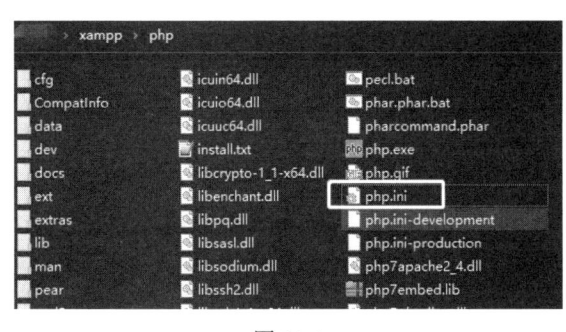

图 11-1

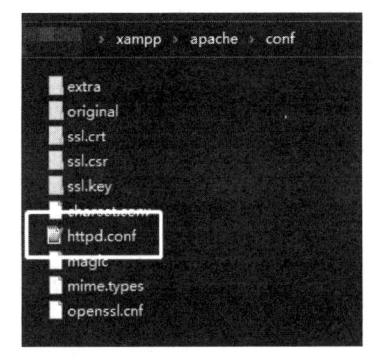

图 11-2

3．MySQL 配置文件

my.ini 是 MySQL 数据库中使用的配置文件，修改这个文件可以达到更新配置的目的。my.ini 被存放在 MySQL 安装目录下的 bin 文件夹中。

MySQL 配置文件目录地址如图 11-3 所示。

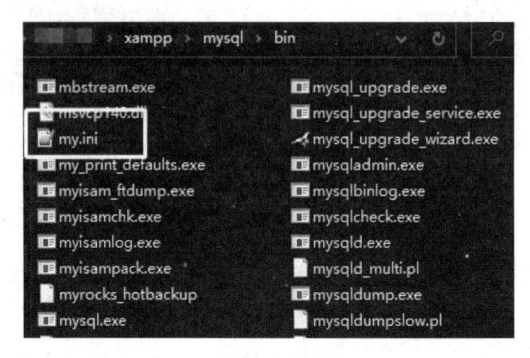

图 11-3

综上所述，Apache 的配置文件为 httpd.conf，不是 apache.ini。

（三）参考答案：A

11.2.3　2019 年-第 11 题

类的构造函数的魔术方法是（　　）。

A．__wakeup()　　　B．__clone()　　　C．__destruct()　　　D．__construct()

（一）考核知识和技能

1．PHP 魔术方法
2．常见的魔术方法及其作用
3．PHP 构造函数

（二）解析

1．PHP 魔术方法

__autoload()、__construct()、__destruct()、__call()、__callStatic()、__get()、__set()、__isset()、__unset()、__sleep()、__wakeup()、__toString()、__invoke()、__set_state()、__clone()、__debugInfo()等方法在 PHP 中被称为魔术方法（magic methods）。在命名自己的类方法时不能使用这些方法名，除非想使用其魔术功能。

需要注意的是，PHP 将所有以__（两个下画线）开头的类方法保留为魔术方法。所以在定义类方法时，除了上述魔术方法，建议不要以__为前缀。

2．常见的魔术方法及其作用

（1）__construct()：构造方法，当类被实例化时自动调用。
（2）__destruct()：析构方法，当对象被销毁时自动调用。
（3）__clone()：当对象被复制后自动调用。
（4）__get()：读取不可访问属性的值时自动调用。
（5）__set()：为不可访问属性赋值时自动调用。

3．PHP 构造函数

构造函数是类中一种特殊的方法，通常用于初始化类中的成员变量。PHP 主要有两种编写构造函数的方式。

（1）通过魔术方法__construct()实现构造函数。

（2）通过与类同名的方法实现构造函数。

综上所述，__construct()是 PHP 类的构造函数的魔术方法，当类被实例化时自动调用。

（三）参考答案：D

11.2.4　2019 年-第 13 题

找出错误的 PHP 变量名（　　）。

A．$4s   B．$_bool
C．$SCHOOL   D．$user_name

（一）考核知识和技能

1．PHP 变量

2．PHP 标识符

（二）解析

1．PHP 变量

（1）PHP 是一门弱类型语言，不必向 PHP 声明该变量的数据类型。
（2）PHP 会根据变量的值，自动把变量转换为正确的数据类型。
（3）变量在第一次被赋值时创建。
（4）变量以"$"符号开头，后面跟着变量的名称，即标识符。

使用变量的示例代码如下：

```php
<?php
    $_name = '望庐山瀑布<br />';
    $author = '李白<br />';
    $content_1 = '日照香炉生紫烟，遥看瀑布挂前川。<br />';
    $content2_ = '飞流直下三千尺，疑是银河落九天。<br />';
    echo $_name;
    echo $author;
    echo $content_1;
    echo $content2_;
```

2．PHP 标识符

PHP 标识符是变量的名称（函数和类名也是标识符）。

（1）标识符可以是任何长度。
（2）标识符必须以字母或下画线开头。
（3）标识符只能包含字母、数字和下画线（A-z、0-9 和_）。
（4）标识符是区分大小写的（$y 和$Y 是两个不同的变量）。

综上所述，PHP 变量名不能以数字开头，并且只能由字母、数字和下画线组成。

（三）参考答案：A

11.2.5　2019年-第16题

关于PHP运行环境的说法错误的是（　　）。

A．PHP是语言引擎
B．Apache是Web服务器
C．MySQL是数据库
D．PHP、Apache、MySQL三个工具不可以分别安装

（一）考核知识和技能

1．B/S结构
2．PHP集成环境
3．PHP语言

（二）解析

1．B/S结构

B/S结构是浏览器+服务器的结构，该结构如图11-4所示。

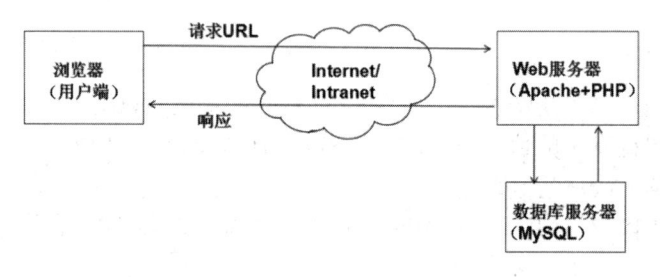

图11-4

2．PHP集成环境

（1）XAMPP。

XAMPP（Apache+MySQL+PHP+PERL）是一个功能强大且完全免费的集成软件包。XAMPP开源软件包易于安装和使用，它支持Windows、Linux、Solaris、Mac OS X等多种操作系统。

（2）phpStudy。

phpStudy是一个PHP调试环境的程序集成包，只需一次性安装，无须配置即可使用，是非常方便、好用的PHP调试环境。该程序不仅包括PHP调试环境，还包括开发工具、开发手册等。

（3）PHPWAMP。

PHPWAMP是Windows系统下运行的完全绿色的PHP集成开发环境，是目前最便捷也是最快速的PHP集成开发环境，拥有开发模式和运营模式，可以用作服务器环境，适用于各种Windows系统。

3．PHP语言

（1）PHP（Hypertext Preprocessor，超文本预处理器）是一种通用开源脚本语言。
（2）PHP是服务器端脚本语言，可以在服务器上执行。

（3）PHP 文件可以包含文本、HTML、JavaScript 代码和 PHP 代码，代码的解析结果以纯 HTML 形式返回浏览器。

（4）PHP 文件的默认文件扩展名为.php。

综上所述，PHP 集成环境可以同时将 PHP、Apache 和 MySQL 三个工具一起安装，但是不使用集成环境，也可以分别下载安装，再进行配置即可。

（三）参考答案：D

11.2.6　2019 年-第 18 题

以下关于类中的关键字说法错误的是（　　）。

A．定义抽象类关键字 abstract　　B．定义接口的关键字 interface
C．定义类的关键字 classes　　　　D．继承的关键字 extends

（一）考核知识和技能

1．类的定义
2．类的继承
3．接口的创建
4．抽象类

（二）解析

1．类的定义

类的定义格式：修饰符 class 类名{类体}。

（1）class 是类的关键字。

（2）类名是类的名称，通常使用驼峰式来命名，即单词之间不以空格、连接号或底线连接，每一个单词的首字母都采用大写形式。

（3）类名后面必须连接一对大括号，大括号中的内容就是类体。

```
<?php
    class Student {
}
```

2．类的继承

PHP 使用 extends 关键字来继承一个类，PHP 不支持多继承。子类定义格式如下：

```
class Child extends Parent {
    // 代码部分
}
```

被继承的类称为父类，继承的类称为子类。

```
<?php
// 动物
class Animal {
}
// 兔子
class Rabbit extends Animal {
}
```

3. 接口的创建

使用接口（interface）可以指定某个类必须实现哪些方法，但不需要定义这些方法的具体内容。接口是通过 interface 关键字来定义的，与定义一个标准的类相同，但其中定义所有的方法都是空的。

接口中定义的所有方法都必须是公有的，这是接口的特性。

```
interface IAnimal {
    // 行为方法，描述各种动物的特性
    public function behavior();
}
```

4. 抽象类

任何一个类，如果它里面至少有一个方法被声明为抽象的，那么这个类就必须被声明为抽象的，关键字为 abstract。被定义为抽象的方法只是声明了其调用方式（参数），不能定义其具体的功能实现。

```
// 抽象类
abstract class Animal {
    protected $name;
    protected $food;
    function __construct($name, $food){
        $this->name = $name;
        $this->food = $food;
    }
    // 抽象方法
    public abstract function eat();
}
```

综上所述，定义类的关键字为 class，不是 classes。

（三）参考答案：C

11.2.7 2019 年-第 20 题

下面哪个是 Laravel 闪存数据的方法？（　　）

A. $request->input()　　　　　　B. $request->flash()
C. $request->path()　　　　　　 D. $request->fullUrl()

（一）考核知识和技能

1. Laravel 获得用户输入
2. path()方法
3. fullUrl()方法
4. flash()方法

（二）解析

1. Laravel 获得用户输入

（1）我们可以从 Illuminate\Http\Request 实例中访问用户输入，对所有请求方式的输入访问接口都是一致的，通过参数名称作为函数参数来访问。

```
$name = $request->input('name');
```

（2）我们可以使用 Illuminate\Http\Request 实例上的动态属性来访问用户输入。

```
$name = $request->name;
```

2．path()方法

Request 实例中包含该方法，它可以获取当前用户访问的路径。例如，对于 http://localhost/test?b=37521 请求，path()方法会返回 test。

3．fullUrl()方法

Request 实例中包含该方法，它可以获取请求的完整 URL。例如，用户请求的路径为 http://localhost:8000/test?id=10，那么 fullUrl()方法会返回"http://localhost:8000/test?id=1"。

4．flash()方法

由于 HTTP 协议是无状态的，因此 Laravel 提供了一种用于临时保存用户数据的方法会话（Session），并附带支持多种会话后端驱动，可以通过统一的 API 进行使用。我们可以使用 session()方法来访问会话实例，但当想存入一条缓存的数据，让它只在下一次的请求内有效时，则可以使用 flash()方法。flash()方法接收两个参数：第一个为会话的键，第二个为会话的值。

（1）在控制器中定义闪存：session()->flash('success', '成功');。

（2）我们可以使用 session()->get('success')通过键名来取出对应会话中的数据。

综上所述，input()方法用于获取用户的输入，path()方法和 fullUrl()方法是获取请求路径相关的，flash()方法用于闪存数据。

（三）参考答案：B

11.2.8　2019 年-第 22 题

PHP 中读取目录的函数是（　　）。

A．mkdir()　　　　　　　　　　B．readdir()
C．opendir()　　　　　　　　　 D．closedir()

（一）考核知识和技能

PHP 文件函数

（二）解析

1．mkdir()函数

mkdir()函数用于创建目录，如果成功，则返回 true；如果失败，则返回 false。
mkdir()函数语法如下：

```
mkdir(path,mode,recursive,context)
```

（1）path 参数是必需的，用于规定要创建的目录的名称。

（2）mode 参数是可选的，用于规定权限，默认为 0777（允许全局访问）。

（3）recursive 参数是可选的，用于规定是否设置递归模式，默认为递归模式。

（4）context 参数是可选的，用于规定文件句柄的环境。

2．readdir()函数

readdir()函数用于返回目录中下一个文件的文件名。

3．opendir()函数

opendir()函数用于打开目录句柄。

opendir()函数语法如下：

```
opendir(path,context);
```

（1）path 参数是必需的，用于规定要打开的目录路径。

（2）context 参数是可选的，用于规定目录句柄的环境。

4．closedir()函数

closedir()函数用于关闭目录句柄。

综上所述，mkdir()函数用于创建目录，opendir()函数用于打开目录句柄，closedir()函数用于关闭目录句柄。

（三）参考答案：B

11.2.9　2019 年-第 27 题

以下哪个函数用于去除字符串首尾空白符？（　　）

A．strlen()　　　　B．strtolower()　　　　C．trim()　　　　D．substr()

（一）考核知识和技能

PHP 字符串函数

（二）解析

1．strlen()函数

strlen()函数用于返回字符串的长度（字节）。

```
<?php
echo strlen("Hello world!");
?>
```

2．strtolower()函数

strtolower()函数可以将字符串中的大写字母转换为小写字母。

strtolower()函数原型如下：

```
strtolower(string)
```

string 参数是必需的，用于规定要转换的字符串。

3．trim()函数

（1）trim()函数用于移除字符串两侧的空白字符或其他预定义字符。

（2）ltrim()函数用于移除字符串左侧的空白字符或其他预定义字符。

（3）rtrim()函数用于移除字符串右侧的空白字符或其他预定义字符。

返回值：返回已修改的字符串。

示例代码如下：

```php
<?php
$str = " Hello World! ";
echo "Without trim: " . $str;
echo "<br>";
echo "With trim: " . trim($str);
?>
```

运行效果如图 11-5 所示。

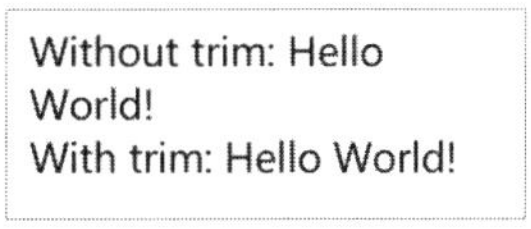

> Without trim: Hello World!
> With trim: Hello World!

图 11-5

4．substr()函数

substr()函数用于返回字符串的一部分。

substr()函数原型如下：

```
substr(string,start,length)
```

（1）string 参数是必需的，用于规定要返回其中一部分的字符串。

（2）start 参数是必需的，用于规定在字符串的何处开始。如果值为正数，则在字符串的指定位置开始；如果值为负数，则在字符串结尾的指定位置开始；如果值为 0，则在字符串中的第 1 个字符处开始。

（3）length 参数是可选的，用于规定要返回的字符串长度，默认一直到字符串的结尾。如果值为正数，则从 start 参数所在的位置返回剩余字符串；如果值为负数，则从字符串末端返回。

综上所述，strlen()函数用于返回字符串的长度，strtolower()函数可以将字符串中的大写字母转换为小写字母，substr()函数用于返回字符串的一部分。

（三）参考答案：C

11.2.10　2020 年-第 9 题

说明：高级理论卷 2020 年单选题-第 9 题与 2021 年单选题-第 9 题相同，仅以此题为代表进行解析。

关于 MySQL 备份文件的说法错误的是（　　）。

A．备份数据库的命令是 mysqldump　　B．备份数据库的文件扩展名必须是.sql

C．可以还原数据库的命令是 mysql　　　D．可以同时备份一个或多个数据库

（一）考核知识和技能

MySQL 数据库备份与还原

（二）解析

1．MySQL 数据库备份

（1）MySQL 可以通过 mysqldump 命令备份数据库，语法如下：

```
mysqldump -u [用户名] -p [数据库名] [数据表名]> [备份文件名称]
```

（2）若要备份所有的数据库，则需添加--all-databases 参数，语法如下：
```
mysqldump -u root -p --all-databases > bak.sql
```
（3）备份指定名称的数据库，当仅备份一个数据库时，--databases 可以省略。例如：
```
mysqldump -u root -p music_web > bak.sql
mysqldump -u root -p --databases music_web new_music > bak.sql
```
（4）如果不使用--databases 选项，则备份输出信息中不会包含 CREATE DATABASE 或 USE 语句。不使用--databases 选项备份的数据文件，在后期进行数据还原操作时，如果该数据库不存在，则必须先创建该数据库。

（5）备份数据库的文件扩展名并不一定是.sql，可以是其他任意的扩展名。例如：
```
mysqldump -u root -p music_web > sql.bak
```

2．MySQL 数据库还原

（1）MySQL 可以使用 mysql 命令读取备份文件，实现数据还原功能，语法如下：
```
mysql -u root -p music_web < D:/bak.sql;
```
（2）使用 source 命令导入备份文件，也能实现数据还原功能，语法如下：
```
source D:/bak.sql;
```
综上所述，备份数据库的文件扩展名并不一定是.sql。

（三）参考答案：B

11.2.11　2020 年-第 21 题

在 PHP 中，以下哪项不能把字符串$s1 和$s2 组成一个字符串？（　　）

A．$s1 + $s2　　　　　　　　　　B．"{$s1}{$s2}"
C．$s1.$s2　　　　　　　　　　　 D．implode("", array($s1,$s2))

（一）考核知识和技能

1．PHP 变量定义
2．PHP 类型转换
3．PHP 数组定义
4．PHP 字符串变量解析
5．PHP 字符串函数

（二）解析

1．PHP 变量定义

PHP 中的变量用一个美元符号后面跟变量名来表示。变量名只能由数字、字母和下画线组成，并且只能由字母和下画线开头，变量名区分大小写。
```
<?php
$s1 = 123;
$s2 = '1abc';
```
2．PHP 类型转换

PHP 是一门弱类型语言，在变量定义中不需要明确的类型定义，变量类型是根据使用该变量的值决定的。

（1）类型强制转换：在要转换的变量前加上用括号括起来的目标类型即可进行强制转换。

语法：(目标类型)变量名。

（2）隐式类型转换：指 PHP 自动转换变量的类型，通常发生在使用运算符时多个变量类型不一致的情况下。

① 算术运算符会将两边的变量转换为数字类型进行运算，代码如下：

```
<?php
$s1 = 123;
$s2 = '1abc';
var_dump($s1+$s2);
```

运行效果如图 11-6 所示。

② 字符串连接符会将两边的变量转换为字符串类型进行运算，代码如下：

```
<?php
$s1 = 123;
$s2 = '1abc';
var_dump($s1.$s2);
```

运行效果如图 11-7 所示。

图 11-6

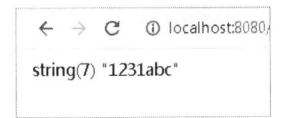

图 11-7

3．PHP 数组定义

（1）array()语法。

PHP 可以用 array()语言结构来新建一个数组。它接收任意数量用逗号分隔的键（key）—值（value）对。其中，键的值可以省略，此时会用从 0 开始依次递增的数字赋予键的值。

（2）[]语法。

自 PHP 5.4 开始，可以使用短数组定义语法，用[]替代 array()，其他语法格式和 array()一致。

4．PHP 字符串变量解析

当字符用双引号定义时，其中的变量会被解析，分为简单和复杂两种语法规则。

（1）简单语法是当 PHP 解析器遇到一个美元符号（$）时，它去组合尽可能多的标识以形成一个合法的变量名。

（2）复杂语法不是因为其语法复杂，而是因为它可以使用复杂的表达式。它使用大括号{}将复杂的表达式括起来。

5．PHP 字符串函数

（1）implode()函数可以用指定的间隔符$glue 将一维数组$pieces 中的元素拼接成字符串。

（2）explode()函数可以将字符串转换为一维数组函数。

综上所述，+号为算术运算符，无法进行字符串连接运算。

（三）参考答案：A

11.2.12　2021 年-第 29 题

说明：高级理论卷 2021 年单选题-第 29 题与 2019 年多选题-第 9 题类似，仅以此题为代表进行解析。

以下哪一种写法不是 PHP 代码块的起始/结束符？（　　）

A．<% %>　　　　　B．<?php ?>　　　　　C．/* */　　　　　D．<? ?>

（一）考核知识和技能

PHP 开始和结束标记

（二）解析

（1）以"<?php"开始和以"?>"结束是自 PHP 3.0 开始使用的标准标记，这是 PHP 推荐使用的标记。

（2）以"<?"开始和以">"结束是 PHP/FI 2.0 使用的标记，但目前已经被替换。

（3）以"<?"开始和以"?>"结束是自 PHP 3.0 开始使用的标记，可以通过 php.ini 配置文件中的 short_open_tag 选项打开，但不推荐使用。

（4）以"<script language="php">"开始和以"</script>"结束是自 PHP 3.0 开始使用的标记，目前已经废弃。

（5）以"<%"开始和以"%>"结束是自 PHP 3.0.4 开始使用的标记，最初是为习惯 ASP 或 ASP.NET 编程风格的人设计的，目前已经废弃。

综上所述，"/* */"不是 PHP 的开始和结束标记，而是 PHP、C、Java、C#、CSS 等代码的注释方式。

（三）参考答案：C

11.3　多选题

11.3.1　2019 年-第 6 题

PHP 定义数组的正确方式有（　　）。

A．$a[ ]=10;$a[ ]=20;　　　　　B．$a=array(" 10 " , " 20 ");
C．$a=[10,20];　　　　　　　　D．$a=new int[ ];

（一）考核知识和技能

1．数组
2．数组的创建

（二）解析

（1）数组是一个能在单个变量中存储多个值的特殊变量。

（2）在 PHP 中，array()函数用于创建数组。

（3）通过中括号[]定义数组。

```
$data = [
'start_time' => '123',
'end_time' =>'456'
];
```

自 PHP 5.4 开始，可以使用短数组定义语法，用[]替代 array()。

综上所述，创建数组可以使用 array()函数，也可以使用[]简化的方法。其中，$a[]=10;表示在数组的最后添加一个元素为 10 的元素。

（三）参考答案：ABC

11.3.2　2019 年-第 8 题

下面哪些是 PHP 注释符？（　　）

A.　;
B.　<!--　-->
C.　//
D.　/*　*/

（一）考核知识和技能

PHP 注释

（二）解析

PHP 单行注释以 "//" 开头，多行注释使用 "/*　*/"。

```
<!DOCTYPE html>
<html>
<body>
<?php
// 这是PHP单行注释

/*
这是
PHP多行
注释
*/
?>
</body>
</html>
```

综上所述，"<!--　-->" 是 HTML 页面的注释方式。"//" 是 PHP 的单行注释方式，"/* */" 是 PHP 的多行注释方式。

（三）参考答案：CD

11.3.3　2019 年-第 10 题

PHP 关于包含文件的说法正确的有（　　）。

A.　require 和 include 都可以用于包含文件

B．require 包含文件不存在时，会提示严重错误

C．include 包含文件不存在时，后续代码不再执行

D．require_once 对同一文件只包含一次

（一）考核知识和技能

文件导入

（二）解析

（1）include 语句和 require 语句用于在当前程序中导入其他文件中的指定代码。两种语句的用法与功能相似，但是处理错误的方式不同。

（2）require 语句会产生一个致命错误（E_COMPILE_ERROR），在错误发生后脚本会被立刻停止执行。

（3）include 语句会产生一个警告（E_WARNING），在错误发生后脚本仍然会被执行。

（4）include_once 语句会在文件导入前，检测该导入文件是否已经在该页面的其他部分被引用，若该文件已经被引用，则不会再引用该文件。require_once 语句在使用前，会先检查所需引用的文件是否已经在该程序的其他部分被引用，若该文件已经被引用，则不会重复引用该文件。

综上所述，在 include 包含文件时，出现异常只会产生一个警告，后面的脚本依然会被执行。

（三）参考答案：ABD

11.3.4　2021年-第5题

说明：高级理论卷**2021**年多选题-第**5**题与**2020**年多选题-第**7**题类似，仅以此题为代表进行解析。

以下 PHP 函数中，是数组排序函数的有（　　）。

A．ksort()　　　　B．sort()　　　　C．rsort()　　　　D．key()

（一）考核知识和技能

PHP 数组排序函数

（二）解析

PHP 中内置的数组排序函数如表 11-2 所示。

表 11-2

函数	描述
sort()	对数组进行升序排列
rsort()	对数组进行降序排列
asort()	根据关联数组的值，对数组进行升序排列
ksort()	根据关联数组的键，对数组进行升序排列
arsort()	根据关联数组的值，对数组进行降序排列
krsort()	根据关联数组的键，对数组进行降序排列

（1）使用 sort()函数对人名进行升序排列，示例代码如下：

```php
<?php
    $names=array("zhangsan","lisi","wangwu");
    sort($names);

    $clength=count($names);
    for($s=0;$s<$clength;$s++)
    {
        echo $names[$s];
        echo "<br>";
    }
?>
```

上述代码运行后会在页面按照人名升序输出以下内容。

lisi

wangwu

zhangsan

（2）使用 ksort()函数对关联数组按照键名进行升序排列，示例代码如下：

```php
<?php
    $age=array("zhangsan"=>"35","lisi"=>"37","wangwu"=>"43");
    ksort($age);
    foreach($age as $x=>$x_value)
    {
        echo "Key=" . $x . ", Value=" . $x_value;
        echo "<br />";
    }
?>
```

上述代码运行后会在页面按照键名升序输出以下内容。

Key=lisi, Value=37

Key=wangwu, Value=43

Key=zhangsan, Value=35

（3）使用 rsort()函数对人名进行降序排列，示例代码如下：

```php
<?php
    $names=array("zhangsan","lisi","wangwu");
    rsort($names);

    $clength=count($names);
    for($s=0;$s<$clength;$s++)
    {
        echo $names[$s];
        echo "<br>";
    }
?>
```

上述代码运行后会在页面按照人名降序输出以下内容。

zhangsan

wangwu

lisi

综上所述，ksort()、sort()和rsort()都是PHP数组排序函数，但key()函数不是排序函数。key()函数是PHP中的一个内置函数，用于返回内部指针当前指向的给定数组元素的索引。

（三）参考答案：ABC

11.3.5　2021年-第6题

下列关于跨域的描述正确的是（　　）。
A. 跨域是由于浏览器安全限制　　B. 跨域可以通过JSONP解决
C. 跨域可以通过添加请求头信息解决　　D. 跨域是前后端分离开发时的常见问题

（一）考核知识和技能

跨域

（二）解析

1）跨域的本质

"跨域"实质上是浏览器跨域限制，是出于数据安全的考虑由Netscape提出的限制浏览器访问跨域数据的策略，这是一种约定，正式名称为"浏览器同源策略"，目前已经被大多数浏览器支持。

本质上，浏览器同源策略，即不允许浏览器访问跨域的Cookie，AJAX请求跨域接口等。也就是说，凡是访问与自己不在相同域的数据或接口时，浏览器都是不允许的。最常见的例子：对于前后端完全分离的Web项目，前端页面通过rest接口访问数据时，会出现如下问题。

（1）不允许发送POST请求：在发送POST请求之前会发送OPTIONS请求，HTTP响应状态码为403（Forbidden）。

（2）允许发送GET请求：HTTP响应状态码为200，但是不能读取服务器返回的数据。

2）浏览器跨域限制存在的原因

目前各个主流浏览器都存在跨域限制，为什么一定要存在这个限制呢？如果没有跨域限制会出现什么问题？浏览器同源策略的提出本来就是为了避免数据安全问题，即限制来自不同源的"document"或脚本对当前"document"读取或设置某些属性。

如果没有这个限制，那么会出现什么问题呢？

（1）可能a.com的一段JavaScript脚本，在b.com未曾加载此脚本时，就可以随意涂改b.com的页面。

（2）在浏览器中打开某电商网站（域名为b.com），同时打开另一个网站（a.com），那么在a.com域名下的脚本就可以读取b.com域名下的Cookie，如果Cookie中包含隐私数据，那么后果不堪设想。

（3）因为可以随意读取任意域名下的Cookie数据，所以很容易发起CSRF攻击。

所以，同源策略是保证浏览器安全的基础，同源策略一旦出现漏洞被绕过，将会带来非常严重的后果，很多基于同源策略制定的安全方案都将失去效果。

3）解决跨域问题的方法

（1）JSONP。

在浏览器中，<script>、<img>、<iframe>和<link>等标签都可以跨域加载资源，而不受同源策略的限制。这些带 src 属性的标签在每次加载时，实际上是由浏览器发起了一次 GET 请求。与 XMLHttpRequest 不同的是，通过 src 属性加载的资源，浏览器限制了 JavaScript 的权限，使其不能读/写返回的内容。

JSONP 就是利用这个特性，通过 JavaScript 标签加载资源的方式请求跨域接口数据，间接绕开了浏览器同源策略的限制。具体来说，就是在 DOM 中通过动态创建 JavaScript 标签，并给标签设置 src 属性，在访问请求参数中传递需要回调的函数名。同时，服务端在响应 JSONP 请求时，返回一个函数调用的 JavaScript 代码，并将结果数据作为实参传入函数调用，这对客户端来说，服务器的响应数据其实是回调函数的参数，是 JavaScript 对象，而不是字符串，因此避免了使用 JSON.parse 的步骤。

（2）CORS（Cross-Origin Resource Sharing）。

CORS 是一个解决浏览器跨域限制的 W3C 标准，全称为"跨域资源共享"。CORS 允许浏览器向跨域服务器发出 XMLHttpRequest 请求，从而克服了 AJAX 只能同源使用的限制。具体来说，根据 CORS 标准定义，服务端需要在浏览器的跨域请求响应中包含指定消息头，而浏览器会根据响应消息头知道是否可以访问跨域资源。

（3）WebSocket。

WebSocket 是一种通信协议，使用 ws://（非加密）和 wss://（加密）作为协议前缀。该协议不实行同源政策，只要服务器支持，就可以通过它进行跨源通信。

综上所述，跨域是前后端分离开发时的常见问题，跨域本质上就是浏览器的安全限制，可以通过前后端的方式解决。例如，JSONP 或 jQuery 的 AJAX 等方式，或者后端 CORS 技术等。通过添加请求头信息是无法解决跨域问题的。

（三）参考答案：ABD

第 12 章 Node.js 高性能服务器应用

12.1 考点分析

2020—2021 年高级理论卷的 Node.js 高性能服务器应用相关试题的考核知识和技能如表 12-1 所示，两次考试的平均分值为 6 分（2019 年未考 Node.js 高性能服务器应用的相关内容）。

表 12-1

真题	单选题	多选题	判断题	总分值	考核知识和技能
2020 年高级理论卷	1	1	0	4	Node.js 的特点、事件模块等
2021 年高级理论卷	2	2	0	8	Node.js 的特点、Node.js 模块加载、事件模块、HTTP 模块等

12.2 单选题

12.2.1 2020 年-第 22 题

说明：高级理论卷 **2020** 年单选题-第 **22** 题与 **2021** 年单选题-第 **2** 题相同，仅以此题为代表进行解析。

Node.js 的特点不包括下列哪个？（　　）

A．单线程　　　　B．多线程　　　　C．非阻塞 I/O　　　　D．事件驱动

（一）考核知识和技能

Node.js 的特点

（二）解析

Node.js 具有 3 个特点，分别是单线程、非阻塞 I/O 和事件驱动。

（1）单线程。

在 Java、PHP 或.NET 等服务器端语言中，会为每一个客户端连接创建一个新的线程，每个线程大约需要耗费 2MB 内存。也就是说，理论上，一个 8GB 内存的服务器可以同时

连接的最大用户数为 4000 个左右。若要让 Web 应用程序支持更多的用户，就需要增加服务器的数量，这样 Web 应用程序的硬件成本自然就上升了。

Node.js 不是为每个客户端连接创建一个新的线程，而是仅使用一个线程。当有用户连接时，就会触发一个内部事件，通过非阻塞 I/O、事件驱动机制，让 Node.js 程序宏观上也是并行的。使用 Node.js 可以让一个 8GB 内存的服务器同时处理超过 4 万名用户的连接。

另外，单线程还带来了操作系统完全不再有线程创建、销毁的时间开销等优点，如图 12-1 所示。

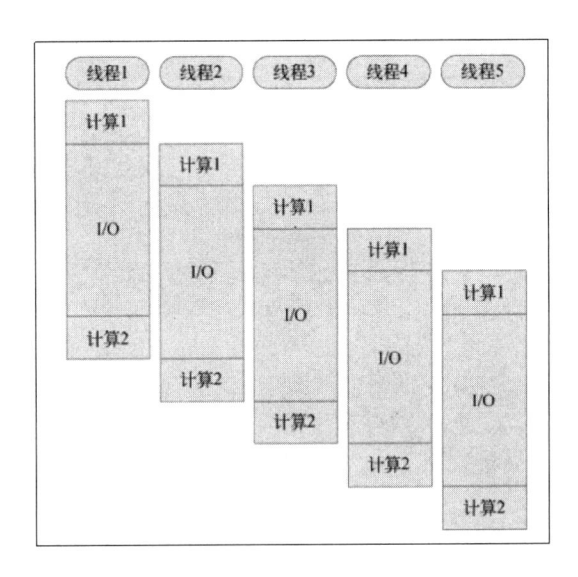

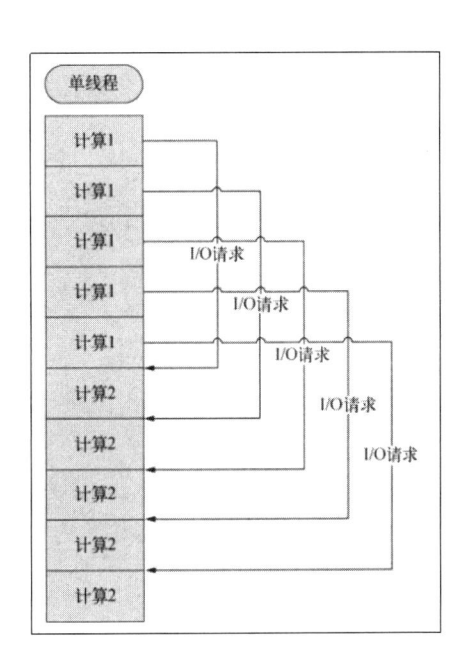

图 12-1

（2）非阻塞 I/O。

Node.js 中采用了非阻塞 I/O 机制，当某个 I/O 执行完毕时，将以事件的形式通知执行 I/O 操作的线程，线程执行这个事件的回调函数。比如，在执行了访问数据库的代码之后，将立即执行后面的代码，并把数据库返回结果的处理代码放在回调函数中，从而提高了程序的执行效率。

（3）事件驱动。

在 Node 中，客户端请求建立连接、提交数据等行为，会触发相应的事件。在 Node 中，在一个时刻只能执行一个事件回调函数，但是在执行一个事件回调函数的途中，可以转而处理其他事件（比如，又有新用户连接了），然后返回继续执行原事件的回调函数，这种处理机制被称为"事件环"机制。

用事件驱动完成服务器的任务调度，如图 12-2 所示。

综上所述，Node.js 的特点包括单线程、非阻塞 I/O、事件驱动。

（三）参考答案：B

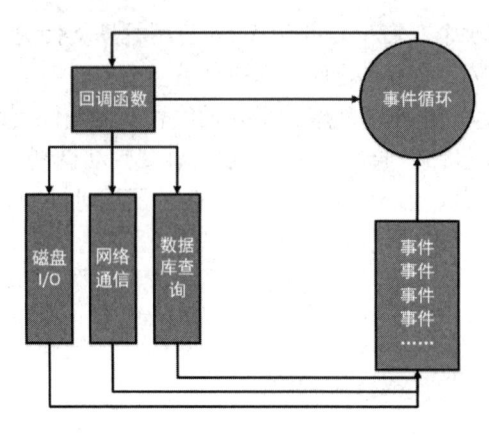

图 12-2

12.2.2　2021 年-第 23 题

在 Node.js 环境中，使用 JavaScript 加载 HTTP 模块，下面哪种说法是正确的？（　　）
A．HTTP 模块是全局的，无须加载，直接使用即可
B．使用 module 方法
C．使用 exports 方法
D．使用 require("http")

（一）考核知识和技能

模块加载

（二）解析

（1）HTTP 模块是内置的，但要使用该模块，是需要引入加载的。

（2）在 Node 环境中，一个 .js 文件就被称为一个模块（module），通过 module 对象可以访问当前模块的一些相关信息，但最多的用途是替换当前模块的导出对象。

（3）exports 对象是当前模块的导出对象，用于导出模块公有方法和属性。

（4）Node.js 提供了 require() 方法用于加载模块，如果我们要加载 HTTP 模块，那么我们提供模块名字即可。例如：var http = require("http");。

（三）参考答案：D

12.3　多选题

12.3.1　2020 年-第 2 题

说明：高级理论卷 2020 年多选题-第 2 题与 2021 年多选题-第 1 题相同，仅以此题为代表进行解析。

要想在 Node.js 中监听事件，可以用下列哪些方法？（　　）
A．emitter.addListener　　　　　　　　B．emitter.on

C. emitter.once　　　　　　　　D. emitter.emit

（一）考核知识和技能

1. Node.js 事件模块
2. 为指定事件绑定监听函数
3. 为事件绑定只能执行一次的监听函数
4. 删除监听函数
5. 获取指定事件所有的监听函数

（二）解析

1. Node.js 事件模块

Events 事件模块是 Node.js 的核心模块之一，提供了 EventEmitter 类型，Node.js 中所有可以触发事件的对象都最终继承于这个对象，引入该模块的代码如下：

```
const emitter = require('events');
```

2. 为指定事件绑定监听函数

on()方法和 addListener()方法的效果相同，它们有两个参数：第一个参数为监听的事件，第二个参数为回调函数。

```
const emitter = new events();
emitter.on('event', () => {
  console.log('这是on方法');
});
emitter.addListener('event', () => {
  console.log('这是addEventListener方法');
});
emitter.emit('event');//emit()函数可以触发指定事件
```

3. 为事件绑定只能执行一次的监听函数

once()方法可以为事件绑定只能执行一次的监听函数，它有两个参数：第一个参数为监听的事件，第二个参数为回调函数。

```
const emitter= new events();
emitter.once('event', () => {
  console.log('这是once方法');
});
emitter.emit('event');
emitter.emit('event');
```

4. 删除监听函数

（1）removeListener()函数可以删除指定事件的指定监听函数，它有两个参数：第一个参数为指定的事件，第二个参数为指定的监听函数。

（2）removeAllListeners()函数可以删除指定事件的所有监听函数，它只需要一个参数，即指定的事件名称。

```
let eventFunc =  () => {
  console.log('这是eventFunc方法');
}
```

```
emitter.once('event',eventFunc);
emitter.removeListener('event',eventFunc);
emitter.emit('event');

emitter.once('event',()=>{
    console.log('这是监听函数 1');
});
emitter.once('event',()=>{
    console.log('这是监听函数 2');
});
emitter.removeAllListeners('event');
emitter.emit('event');
```

5．获取指定事件所有的监听函数

listeners()函数可以获取指定事件所有的监听函数，它只需要一个参数，即指定的事件名称。

```
let event = ()=>{
    console.log('这是监听函数');
}

emitter.once('event',event);
console.log(emitter.listeners('event'));
```

综上所述，addListener、on、once 均为监听事件方法，而 emit 为触发事件方法。

（三）参考答案：ABC

12.3.2　2021 年-第 11 题

在 Node.js 环境下，使用 HTTP 模块创建 HTTP Server，需要调用以下哪些函数？（　　）
A．http.createClient　　B．http.createServer　　C．http.Server.listen　　D．http.get

（一）考核知识和技能

HTTP Server

（二）解析

（1）http.createClient 用于构建一种新的 HTTP 客户端，但该方法已经过时了，新版本使用 http.request()方法来代替它。

（2）http.createServer 用于创建一个 HTTP 服务器，并将 requestListener 作为 request 事件的监听函数。

（3）http.Server.listen 是 HTTP 模块中 Server 类的内置应用程序编程接口，用于检查服务器是否在侦听连接。

（4）http.get()方法和 http.request()方法的不同之处在于，http.get()方法只以 GET 方式请求，并且会自动调用 req.end()方法来结束请求。

（三）参考答案：BC

第 13 章 网站架构设计与性能优化

13.1 考点分析

2020—2021 年高级理论卷的网站架构设计与性能优化相关试题的考核知识和技能如表 13-1 所示，两次考试的平均分值为 11 分（2019 年未考网站架构设计与性能优化的相关内容）。

表 13-1

真题	题型 单选题	题型 多选题	题型 判断题	总分值	考核知识和技能
2020 年高级理论卷	2	1	1	8	Webpack 概念、Webpack 配置文件、Webpack 性能优化、Webpack 常见的 Plugin 等
2021 年高级理论卷	5	1	1	14	Webpack 概念、Webpack 配置文件、Webpack 常见的 Plugin、Webpack 资源加载、CSS 浏览器兼容性、CSS 去冗余、WebP 图片格式、CDN、passive 事件监听器等

13.2 单选题

13.2.1 2020 年-第 3 题

说明：高级理论卷 2020 年单选题-第 3 题与 2021 年单选题-第 14 题类似，仅以此题为代表进行解析。

关于 Webpack 中常见的 Plugin 描述错误的是（　　）。

A．define-plugin：定义环境变量

B．commons-chunk-plugin：提取公共代码

C．uglifyjs-webpack-plugin：通过 UglifyES 压缩 ES6 代码

D．copy-webpack-plugin：自动移除目录插件

（一）考核知识和技能

1. Plugin 插件介绍
2. Plugin 插件用法

（二）解析

1. Plugin 插件介绍

Plugin 插件是 Webpack 的支柱功能，Webpack 自身也是通过插件构建的，插件的目的在于解决 loader（loader 可以对模块的源代码进行转换）无法实现的其他功能。

2. Plugin 插件用法

（1）由于插件可以携带参数或选项，因此必须在 Webpack 配置中向 plugins 属性传入 new 实例。

```
const HtmlWebpackPlugin = require('html-webpack-plugin');
const webpack = require('webpack');
module.exports = {
  ...
  module: {
    loaders: [
      {
        test: /\.(js|jsx)$/,
        loader: 'babel-loader'
      }
    ]
  },
  plugins: [
    new webpack.optimize.UglifyJsPlugin(), //访问内置的插件
    new HtmlWebpackPlugin({template: './src/index.html'})  //访问第三方插件
  ]
};
```

（2）define-plugin。

define-plugin 插件允许在编译时创建配置的全局常量，这在需要区分开发模式与生产模式并进行不同的操作时，非常有用。

（3）commons-chunk-plugin。

commons-chunk-plugin 插件是一种选择加入功能，它可以创建一个单独的文件（称为块）。该文件由多个入口点之间共享的通用模块组成，通过将公共模块与捆绑软件分开，可以将生成的分块文件最初加载一次，并存储在缓存中以备后用。这会提升页面速度，因为浏览器可以快速地从缓存中提供共享代码，而不是每次访问新页面时都被迫加载更大的包。

（4）uglifyjs-webpack-plugin。

uglifyjs-webpack-plugin 插件使用 uglify-js 压缩 JavaScript。

（5）copy-webpack-plugin。

copy-webpack-plugin 插件可以将单个文件或整个目录（已存在）复制到构建目录。

（6）html-webpack-plugin。

html-webpack-plugin 插件可以根据模板自动生成 HTML 代码，并自动引用 CSS 和.js 文件。

综上所述，copy-webpack-plugin 插件可以将单个文件或整个目录（已存在）复制到构建目录。

（三）参考答案：D

13.2.2　2021 年-第 1 题

下面哪一项不属于 Web 页面性能方面的最佳实践？（　　）

A．尽量使用更先进的图片格式，比如 WebP
B．使用 passive 事件监听器
C．静态文件使用 CDN
D．使用 document.write()

（一）考核知识和技能

1．Web 页面性能和技巧
2．passive 事件监听器

（二）解析

（1）我们一般要减少请求数或者合并资源，压缩图片的大小（但尽量不影响图片质量），以便提升 Web 页面性能。WebP 是谷歌开发的一种图像格式，与 JPEG 图像格式相比，WebP 最多可以减少图片文件大小的 34%，从而能够显著地优化页面加载时间和带宽使用情况。

（2）目前，Chrome 浏览器使用 passive 事件监听器来提升页面的滑动性能。开发者通过一个新的 passive 属性来告诉浏览器，当前页面内注册的事件监听器内部是否会调用 preventDefault() 函数来阻止事件的默认行为，以便浏览器根据这个信息更好地做出决策来优化页面性能。当 passive 属性的值为 true 时，代表该监听器内部不会调用 preventDefault() 函数来阻止默认滑动行为，Chrome 浏览器称这种类型的监听器为被动（passive）监听器。

（3）静态文件使用 CDN，可以提升网站静态资源的速度。

（4）使用 document.write() 会出现性能问题，影响网页的渲染速度，write 得越多渲染越慢。

（三）参考答案：D

13.2.3　2021 年-第 5 题

说明：高级理论卷 2021 年单选题-第 5 题与 2020 年单选题-第 14 题相同，仅以此题为代表进行解析。

Webpack 可以通过更改下列哪一个文件来设定各项功能？（　　）

A．webpack.babel.js　　　　　　B．webpack.server.js
C．webpack.js　　　　　　　　　D．webpack.config.js

（一）考核知识和技能

Webpack 的配置设定

（二）解析

（1）babel 是在 webpack.base.config.js 中添加配置的，而不是 webpack.babel.js 的文件。

（2）server 用于构建一个开发环境，使我们的开发变得更加方便。webpack-dev-server 是一个简单的、小型的 Web 服务器，并且能够实时重载，它需要在 webpack.config.js 文件中进行配置。

（3）Webpack 配置文件中并没有 webpack.js 文件。

（4）我们可以通过 webpack.config.js 文件来设定各项基础功能。

（三）参考答案：D

13.2.4　2021 年-第 10 题

下列关于 CSS 浏览器兼容性说法中，错误的是（　　）。

A．新版 IE 浏览器对 CSS 兼容性最好

B．部分较新的 CSS 属性在 Firefox 浏览器中需要使用-moz-前缀

C．为了兼容旧版本 IE 浏览器，可以在页面中使用 IE 独有的条件注释

D．部分较新的 CSS 属性在 Opera 浏览器中需要使用-o-前缀

（一）考核知识和技能

CSS 浏览器兼容知识及使用

（二）解析

（1）新版 IE 浏览器对 CSS 兼容性不是最好的，目前浏览器兼容性最好的应该是 Chrome 浏览器。

（2）各个浏览器的属性前缀分别为 Firefox（-moz-）、IE（-ms-）、Chrome（-webkit-）、Opera（-o-），所以选项 B 和选项 D 是正确的。

（3）旧版本 IE 浏览器可以使用 IE 独有的条件注释，从而让不同版本的 IE 浏览器识别。

（三）参考答案：A

13.2.5　2021 年-第 22 题

下列关于 CSS 去冗余的说法中，错误的是（　　）。

A．为了减少 CSS 代码量，可以拆分 CSS 属性，如 margin 拆分为 margin-top、margin-right、margin-bottom 和 margin-left

B．为了减少 CSS 代码量，可以使用简洁的属性值，颜色的十六进制数#ffffff 可以简写为#fff

C．为了减少 CSS 代码量，可以使用简洁的属性值，小数数值 0.5 可以简写为.5，如.5em

D．为了加快网页加载速度，带给用户友好的用户体验，减少 CSS 代码量尤为重要

（一）考核知识和技能

CSS 去冗余

（二）解析

选项 A 是错的，为了减少 CSS 代码量，可以采用 CSS 复合型写法，如 margin 应该写为 maring:top,left,bottom,right;，这样可以有效减少代码量。

（三）参考答案：A

13.3 多选题

13.3.1 2020 年-第 8 题

利用 Webpack 从哪些方面可以优化前端的性能？（　　）

A．压缩代码　　　　　　　　　　B．CDN 加速
C．删除死代码　　　　　　　　　D．提取公共代码

（一）考核知识和技能

Webpack 性能优化

（二）解析

（1）对图片进行压缩和优化。

我们可以使用 image-webpack-loader 插件对打包后的图片进行压缩和优化。例如，降低图片分辨率、压缩图片体积等。

（2）删除无用的 CSS 样式。

我们可以使用 purgecss-webpack-plugin 插件去除未使用的 CSS，它一般与 glob、glob-all 配合使用。此插件必须和 CSS 代码抽离插件 mini-css-extract-plugin 配合使用。

（3）以 CDN 方式加载资源。

我们可以在项目中以 CDN 方式加载资源，这样就不用对资源进行打包了，从而大大减小打包后的文件体积。这里需要用到 add-asset-html-cdn-webpack-plugin 插件。

```
const AddAssetHtmlCdnPlugin = require('add-asset-html-cdn-webpack-plugin')
module.exports ={
    // ...
    plugins: [
        new AddAssetHtmlCdnPlugin(true,{
            'jquery':'https://cdn.bootcss.com/jquery/3.4.1/jquery.min.js'
        })
    ],
    //在配置文件中标注 jQuery 是外部的，这样就不会打包 jQuery 了
    externals:{
        'jquery':'$'
    }
}
```

（4）提取公共代码。

CommonsChunkPlugin 插件是一种选择加入功能，它可以创建一个单独的文件（称为块）。该文件由多个入口点之间共享的通用模块组成，通过将公共模块与捆绑软件分开，可以将生成的分块文件最初加载一次，并存储在缓存中以备后用。这会提升页面速度，因为浏览器可以快速地从缓存中提供共享代码，而不是每次访问新页面时都被迫加载更大的包。

综上所述，Webpack 插件的使用可以优化前端的性能：压缩代码、CDN 加速、删除死代码、提取公共代码。

（三）参考答案：ABCD

13.3.2　2021 年-第 10 题

下列关于 Webpack 加载资源方式的描述中，正确的是（　　）。

A. 遵循 ES Module 标准的 import 声明

B. 遵循 CommomJS 标准的 require 函数

C. 遵循 AMD 标准的 define 函数和 require 函数

D. 可以使用@import 指令和 url 函数

（一）考核知识和技能

Webpack 加载资源方式

（二）解析

Webpack 加载资源方式包含 4 个选项的内容。

（三）参考答案：ABCD

13.4　判断题

2020 年-第 1 题

说明：高级理论卷 2020 年判断题-第 1 题与 2021 年判断题-第 3 题相同，仅以此题为代表进行解析。

Webpack 是一个现代 JavaScript 应用程序的静态模块打包器。（　　）

（一）考核知识和技能

1. Webpack 介绍
2. Webpack 核心概念

（二）解析

1. Webpack 介绍

Webpack 是一个现代 JavaScript 应用程序的静态模块打包器（module bundler）。当 Webpack 处理应用程序时，它会递归地构建一个依赖关系图（dependency graph），其中包含应用程序需要的每个模块，然后将所有这些模块打包为一个或多个包（bundle），它能把各种资源、图片等都作为模块来使用和处理。

2．Webpack 核心概念

（1）Entry 入口：告诉 Webpack 应该打包哪个模块。

（2）Output 出口：告诉 Webpack 在哪里输出它所创建的包，以及如何命名这些文件。

（3）Loader：Webpack 本身只能理解 JavaScript 和 JSON 文件，但 Loader 可以让 Webpack 处理其他类型的文件，如 CSS 等。

（4）Plugin 插件：插件的范围从打包优化和压缩，一直到重新定义环境中的变量。插件接口功能极其强大，可以处理各种各样的任务。

（5）Module 模块技术：每个模块都具有比完整程序更小的接触面，从而使校验、调试、测试变得轻而易举。精心编写的模块提供了可靠的抽象和封装界限，使得应用程序中的每个模块都具有条理清晰的设计和明确的目的。

综上所述，此题说法正确。

（三）参考答案：对

第 14 章
2019 年实操试卷（中级）

14.1 试题一

14.1.1 题干和问题

阅读下列说明、效果图，打开"考生文件夹\40005"文件夹中的文件，阅读 HTML 代码并进行静态网页开发，在第（1）至（15）空处填写正确的代码，操作完成后保存文件。

【说明】

实现"电商网"的商品列表页，项目采用 Flex 布局，包含 list.html 文件、img 文件夹、css 文件夹。其中，img 文件夹包含 41.jpg、42.jpg 和 43.jpg；css 文件夹包含 shop.css 文件。

商品列表页使用 Flex 布局，PC 端和移动端能够自适应显示，内容分为以下两部分。

第一部分是【页头】，包括网页标题、搜索框和注册链接。网页标题"电商网"使用了盒模型；搜索框使用了表单文本框，文本框内显示"搜索"两个字。

第二部分是【商品列表】，商品列表栏的每个列表项中包括商品名称、商品价格、商品数量和一张商品缩略图。

【效果图】

（1）list.html 文件在 PC 端的显示效果如图 14-1 所示。

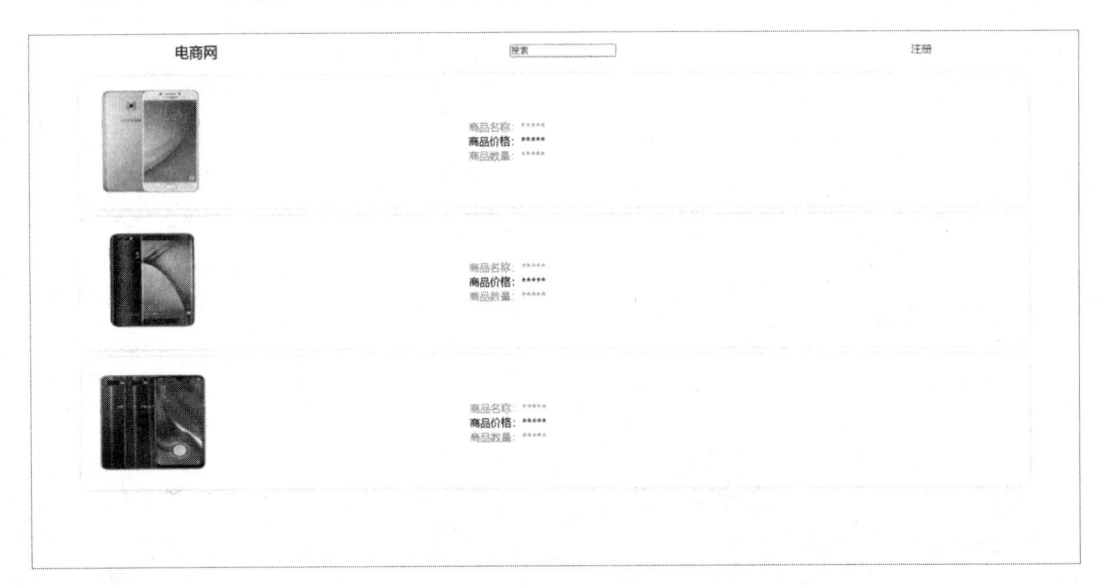

图 14-1

（2）list.html 文件在移动端的显示效果如图 14-2 所示。

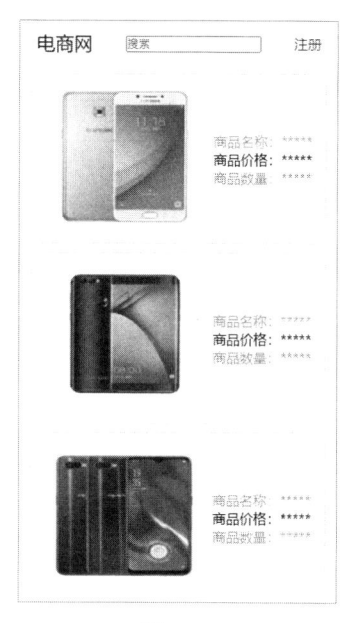

图 14-2

【问题】（30 分，每空 2 分）

进行静态网页开发，补全代码。

（1）打开"考生文件夹\40005"文件夹中的 list.html 文件，在第（1）至（7）空处填入正确的内容，完成后保存 list.html 文件。

```
<!DOCTYPE html>
<html>
    <head>
        <meta charset="UTF-8">
        <title>电商网</title>
        <(1) name="viewport" content="width=device-width,initial-scale=1,minimum-scale=1,maximum-scale=1,user-scalable=no" />
        <link rel="stylesheet" type="text/css" href="(2)" />
    </head>
    <body>
        <div id="top">
            <div class="brand">电商网</div>
            <(3) action="" method="get">  <!--第(3)空-->
                <input type="search" (4)="搜索" />  <!--<input type="search" (4)="搜索" />-->
            </(3)>  <!--第(3)空-->
            <a href="">注册</a>
        </div>
        <div class="content">
            <div class="pic_info">
                <!--商品的图片展示-->
                <div class="pic_box">
```

```
                    <img （5）="img/41.jpg" alt="商品"/> <!--第（5）空-->
                </div>
                <ul>
                    <li>商品名称：*****</li>
                    <li>商品价格：*****</li>
                    <li>商品数量：*****</li>
                </ul>
            </div>
        </div>
        <!--后面商品列表项的结构同上-->
        <div class="（6）"> <!--第（6）空-->
            <div class="pic_info">
                <!--商品的图片展示-->
                <div class="pic_box">
                    <img （5）="img/42.jpg" alt="商品"/> <!--第（5）空-->
                </div>
                <ul>
                    <li>商品名称：*****</li>
                    <li>商品价格：*****</li>
                    <li>商品数量：*****</li>
                </ul>
            </div>
        </div>
        <div class="content">
            <div class="pic_info">
                <!--商品的图片展示-->
                <div class="pic_box">
                    <img （5）="img/43.jpg" alt="商品"/> <!--第（5）空-->
                </div>
                <（7）> <!--第（7）空-->
                    <li>商品名称：*****</li>
                    <li>商品价格：*****</li>
                    <li>商品数量：*****</li>
                </（7）> <!--第（7）空-->
            </div>
        </div>
    </body>
</html>
```

（2）打开"考生文件夹\40005\css"文件夹中的 shop.css 文件，在第（8）至（15）空处填入正确的内容，完成后保存 shop.css 文件。

```
/*通配符选择器*/
*{
    margin: 0;
    padding: 0;
    list-style: none;
    text-decoration: none;
}
#top{
```

```
    width: 100%;
    height: 50px;
    display: (8); /*设置弹性布局*/  /*display: (8);*/
    align-items: (9);  /*align-items: (9);*/
    justify-content: space-around;
}
.brand{
    font-size: 22px;
}
/*使用CSS3的属性选择器设置搜索框的尺寸*/
#top input[(10)]{width:160px;}  /*#top input[(10)]{width:160px;}*/
.content{
    width:90%;
    margin: 10px auto;
    padding: 5px;
    (11):1px #EEEEEE solid;  /*(11):1px #EEEEEE solid;*/
    /*圆角边框*/
    (12): 15px; /*(12): 15px;*/
    /*边框阴影*/
    (13): 0px 0px 8px 0px #EEEEEE;  /*(13): 0px 0px 8px 0px #EEEEEE;*/
}
.pic_info img{
    (14): 15px;  /*(14): 15px;*/
    width: 100%;
}
.pic_info{
    display: (8); /*设置弹性布局*/  /*display: (8);*/
    align-items: center;
}
.pic_box{
    flex:0.7;
}
.pic_info ul{
    flex:1;
}
.pic_info li:nth-child(2n-1){
    /*设置透明度*/
    (15): 0.6;  /*(15): 0.6;*/
    color: red;
}
.pic_box img{
    width: 180px;
    height: 150px;
}
```

注意：除了删除编号（1）至（15）并填入正确的内容，不能修改或删除文件中的其他任何内容。

14.1.2 考核知识和技能

（1）<meta>标签。
（2）外部样式表的引入方式。
（3）表单标签<form>。
（4）<input>标签的 placeholder 属性。
（5）图像标签<img>的 src 属性。
（6）class 全局属性。
（7）无序列表标签<ul>。
（8）弹性布局。
（9）视口。
（10）CSS 属性选择器。
（11）边框。
（12）圆角边框。
（13）盒阴影。
（14）内边距。
（15）透明度 opacity 属性。

14.1.3 list.html 文件【第（1）空】

此空考查基本结构标签：<meta>标签。

（1）<meta>标签：提供关于 HTML 的元数据，不会显示在页面中，一般用于向浏览器传递信息或命令，作为搜索引擎，或者用于其他 Web 服务。

（2）name 属性主要用于描述网页，如网页的关键字、叙述、视口等。与之对应的属性值为 content，content 中的内容是对 name 属性填入类型的具体描述，通常用于搜索引擎抓取。此空用于控制网页在不同终端显示的效果，因此可以使用 viewport 属性值。

（3）<meta>标签中 name 属性的语法格式如下：

```
<meta name="viewport" content="width=device-width,initial-scale=1,
minimum-scale=1,maximum-scale=1,user-scalable=no" />
```

<meta>标签的属性如表 14-1 所示。

表 14-1

属性	说明
width	设置 viewport 的宽度，值为一个正整数或字符串"device-width"
initial-scale	设置页面的初始缩放值，值为一个数字，可以是小数。1 为正常视口
minimum-scale	允许用户进行缩放的最小缩放值，值为一个数字，可以是小数
maximum-scale	允许用户进行缩放的最大缩放值，值为一个数字，可以是小数
height	设置 layout viewport 的高度，这个属性很少使用
user-scalable	是否允许用户进行缩放，值为 no 或 yes，no 代表不允许，yes 代表允许

综上所述，第（1）空填写 meta。

14.1.4　list.html 文件【第（2）空】

此空考查链接外部样式表标签的属性。
（1）CSS 样式表的引入方式。

```
<!--1.外部样式表-->
<head>
<link rel="stylesheet" type="text/css" href="style.css" />
</head>
```

```
<!--2.内部样式表-->
<head>
<style type="text/css">
body {background-color: white}
</style>
</head>
```

```
<!--3.内联样式表-->
<p style="color: red">
    ......
</p>
```

（2）根据项目的目录结构，CSS 样式表文件所在的 css 文件夹和 HTML 文件同级。
综上所述，第（2）空填写 css/shop.css。

14.1.5　list.html 文件【第（3）、（4）空】

第（3）空考查表单标签<form>，第（4）空考查<input>标签的 placeholder 属性。

1. 表单标签<form>

（1）action 属性：属性值为 URL，规定当提交表单时向何处发送表单数据。
（2）method 属性：属性值为 GET 或 POST，规定用于发送表单数据（form-data）的 HTTP 方法。

2. <input>标签的属性（HTML5）

（1）type="search"：定义用于输入搜索字符串的文本字段。
（2）placeholder 属性：规定帮助用户填写输入字段的提示。
综上所述，第（3）空填写 form，第（4）空填写 placeholder。

14.1.6　list.html 文件【第（5）空】

此空考查图像标签<img>的 src 属性。
在 HTML 中，图像由<img>标签定义，图像路径属性为 src，语法格式如下：

```
<img src="图像的URL" alt="图像的替代文本"/>
```

（1）src 属性：若要在页面上显示图像，则需要使用源属性 src，src 属性的值为图像的 URL。
（2）alt 属性：如果无法显示图像，则浏览器将显示 alt 属性中的替代文本。
综上所述，第（5）空填写 src。

14.1.7　list.html 文件【第（6）空】

此空考查类属性值。

打开 list.html 文件，结合此空的上下文查看，发现存在 3 个相同的 div 块级元素包含的图文形式的商品。结合相应代码段的匹配，可以看出此处的类属性值与上下文相同。

综上所述，第（6）空填写 content。

14.1.8　list.html 文件【第（7）空】

此空考查无序列表标签<ul>。

打开 list.html 文件，结合此空的上下文查看，发现存在 3 个相同的 div 块级元素包含的图文形式的商品。结合相应代码段的匹配，可以看出此处为无序列表。

综上所述，第（7）空填写 ul。

14.1.9　shop.css 文件【第（8）、（9）空】

这两空考查弹性布局。

1．弹性布局

设置弹性布局的语法格式为 display:flex。

2．弹性容器

（1）flex-direction：指定弹性子元素在父容器中的位置。

（2）flex-wrap：规定弹性容器是单行或多行的，同时横轴的方向决定了新行堆叠的方向。

（3）justify-content：定义弹性子元素在弹性容器主轴的对齐方式。

（4）align-items：定义弹性子元素在弹性容器交叉轴的对齐方式。

3．弹性元素

flex：设置弹性盒子的子元素如何分配空间（复合属性）。

Flexbox 弹性盒模型如图 14-3 所示。

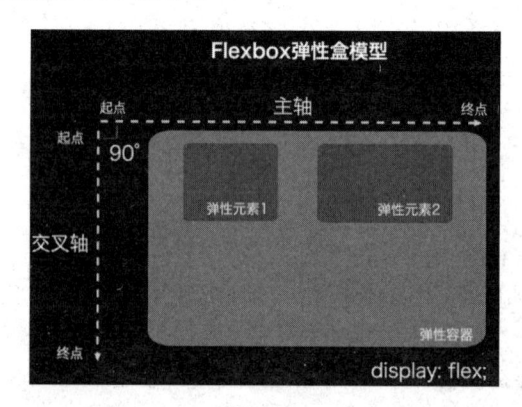

图 14-3

从效果图和图 14-3 可以看出，弹性子元素为垂直水平居中。

综上所述，第（8）空填写 flex，第（9）空填写 center。

14.1.10　shop.css 文件【第（10）空】

此空考查 CSS 属性选择器。

CSS 属性选择器可以根据元素的属性及属性值来选择元素，语法格式如下：

（1）[attribute]。

（2）[attribute=value]。

```
/*选择 type 属性值为"text"的 input 元素*/
input[type="text"]{
   ......
}
```

综上所述，第（10）空填写 type="search"。

14.1.11　shop.css 文件【第（11）～（13）空】

第（11）～（13）空考查 CSS 边框和 CSS3 边框。

1．CSS 边框

CSS 边框用于设置元素边框的宽度、样式和颜色。

2．CSS3 边框

（1）圆角边框：border-radius。

（2）盒阴影：box-shadow。

圆角边框和盒阴影在题目中的显示效果如图 14-4 所示。

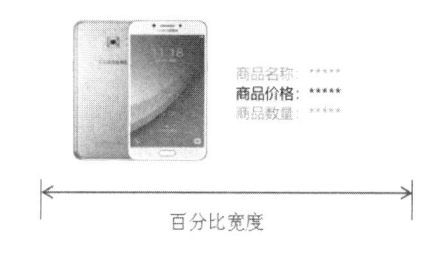

图 14-4

```
/*CSS 边框 border: 线条宽度 线形 线条颜色*/
border:border-width border-style border-color;
```

```
/*CSS3 圆角边框 border-radius: 圆角弧度*/
border-radius: 15px;
```

```
/*CSS3 盒阴影 box-shadow: 水平位置 垂直位置 模糊距离 阴影大小 阴影颜色*/
box-shadow: 10px 10px 5px #888888;
```

综上所述，第（11）空填写 border，第（12）空填写 border-radius，第（13）空填写 box-shadow。

14.1.12　shop.css 文件【第（14）空】

此空考查 CSS 盒模型。

CSS 盒模型包含以下 4 个要素。

(1) margin（外边距）。

(2) border（边框）。

(3) padding（内边距）。

(4) content（内容）。

内边距在题目中的显示效果如图 14-5 所示。

```
div {
    border: 25px solid green;
    padding: 25px;
    margin: 25px;
}
```

CSS 盒模型如图 14-6 所示。

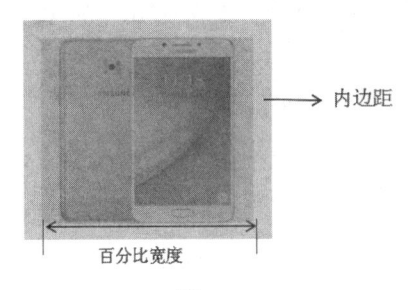

图 14-5

图 14-6

综上所述，第（14）空填写 padding。

14.1.13　shop.css 文件【第（15）空】

此空考查 opacity 属性。

1. CSS3 的 :nth-child() 选择器

:nth-child() 选择器用于匹配属于其父元素的第 n 个子元素，不论元素的类型，n 可以是数字、关键字或公式。

```
p:nth-child(2n-1){
    background:#ff0000;
}
```

```
p:nth-child(odd){
    background:#ff0000;
}
```

显示效果如图 14-7 所示。

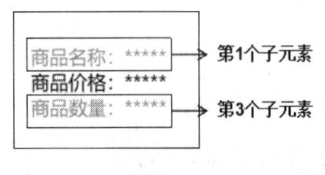

图 14-7

2. CSS3 中的 opacity 属性

opacity 属性用于设置 div 元素的不透明级别，属性值的范围从 0.0（完全透明）到 1.0（完全不透明）。

```
div{
    opacity:0.5;
}
```

综上所述，第（15）空填写 opacity。

14.1.14 参考答案

本题参考答案如表 14-2 所示。

表 14-2

小题编号	参考答案
1	meta
2	css/shop.css
3	form
4	placeholder
5	src
6	content
7	ul
8	flex
9	center
10	type="search"
11	border
12	border-radius
13	box-shadow
14	padding
15	opacity

14.2 试题二

14.2.1 题干和问题

阅读下列说明、效果图和 MySQL 数据库操作，打开"考生文件夹\40006\stu_result"文件夹中的文件，阅读代码并进行动态网页开发，在第（1）至（20）空处填写正确的代码，操作完成后保存文件。

【说明】

编写一个学生成绩管理系统，使用 PHP 编程，采用 MySQL 数据库和 MySQLi 编程。项目名称为 stu_result，包括用户成绩管理主页文件 index.php、添加用户成绩页面文件 insert.php、处理添加成绩文件 insert_server.php，以及连接数据库文件 conn.php、创建数据库脚本文件 db.sql 和初始化数据脚本文件 init.sql。

【效果图】

（1）用户成绩管理主页文件 index.php。

使用表格显示用户成绩，一条信息显示为一行，内容包括序号、姓名、年龄、成绩和操作，如图 14-8 所示。

（2）添加用户成绩页面文件 insert.php。

使用<table>标签编写表单，共两列，第一列为字段标签，第二列为输入框，分别显示姓名、年龄和成绩，如图 14-9 所示。

表单页面提交请求到 insert_server.php 文件中，并使用 MySQLi 类实现 MySQL 数据库操作，添加记录。

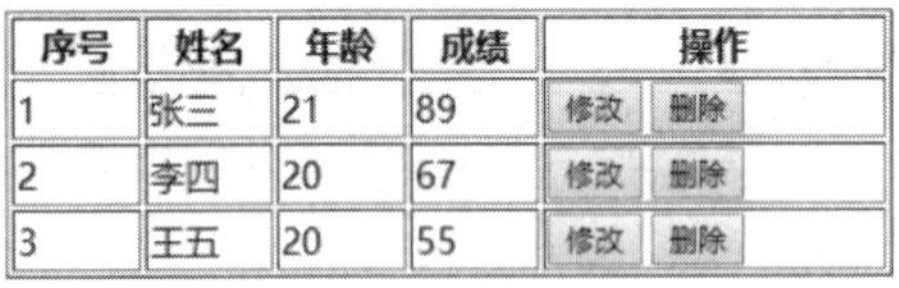

序号	姓名	年龄	成绩	操作
1	张三	21	89	修改 删除
2	李四	20	67	修改 删除
3	王五	20	55	修改 删除

图 14-8

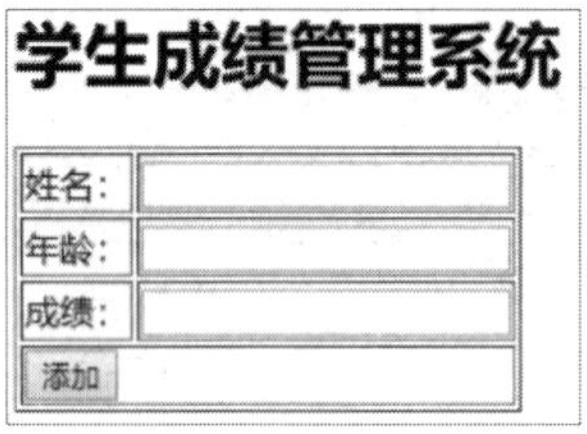

图 14-9

【MySQL 数据库操作：创建数据库脚本文件 db.sql】

系统使用 MySQL 数据库，数据库名为 stu_result，表名为 result。result 表包括序号、姓名、年龄和成绩字段。其中，序号为自增字段和主键。

【MySQL 数据库操作：初始化数据脚本文件 init.sql】

在 MySQL 数据库中，向 stu_result 数据库的 result 表中插入用户成绩数据，以便在用户成绩管理主页文件 index.php 上显示成绩列表信息。

【代码：连接数据库文件 conn.php】

（1）创建变量$servername 数据库地址、$username 用户名、$password 密码、$dbname 数据库名。

（2）设置字符集。

（3）检测连接。

【代码：用户成绩管理主页文件 index.php】

index.php 文件中包含连接数据库的 conn.php 文件，执行 SQL 语句查询所有的成绩信息，并通过 while 循环以表格的形式显示。

【代码：添加用户成绩页面文件 insert.php】

显示添加用户成绩页面。

【代码：处理添加成绩文件 insert_server.php】

insert_server.php 文件中包含连接数据库的 conn.php 文件，执行 SQL 语句并将接收到的姓名、年龄和成绩字段插入到数据库中。

【问题】（30 分，每空 1.5 分）

（1）打开“考生文件夹\40006”文件夹中的 readme.txt 文件，并根据提示进行动态网页开发，补全代码。

① 按照要求补全 db.sql 文件和 init.sql 文件中的语法，并在 MySQL 中先运行 db.sql 文件，再运行 init.sql 文件。

② 按照要求补全试题二中 PHP 文件的代码。

③ 将该题中的 httpd-vhosts.conf 文件复制到"xampp\apache\conf\extra"文件夹中，同时修改"xampp\apache\conf"文件夹中的 httpd.conf 文件。

- 去掉 LoadModule rewrite_module modules/mod_rewrite.so 语句前面的#号注释。
- 去掉 Include conf/extra/httpd-vhosts.conf 语句前面的#号注释。

④ 重新启动 XAMPP 中的 Apache 服务器（在 XAMPP 控制面板的 Apache 一行中，先单击"Stop"按钮，再单击"Start"按钮）。

⑤ 在 xampp\htdocs 目录下新建 stuscore 文件夹。

⑥ 将试题二 stu_result 目录下的所有文件放置到"xampp\htdocs\stuscore"文件夹中，并在浏览器中输入 http://localhost/stuscore/测试运行，显示学生成绩信息列表。

注意：路径是否正确。

考生文件夹\40006\httpd-vhosts.conf 文件：

```
# Virtual Hosts
#
# Required modules: mod_log_config

# If you want to maintain multiple domains/hostnames on your
# machine you can setup VirtualHost containers for them. Most configurations
# use only name-based virtual hosts so the server doesn't need to worry about
# IP addresses. This is indicated by the asterisks in the directives below.
#
# Please see the documentation at
# <URL:http://httpd.apache.org/docs/2.4/vhosts/>
# for further details before you try to setup virtual hosts.
#
# You may use the command line option '-S' to verify your virtual host
# configuration.

#
# Use name-based virtual hosting.
#
##NameVirtualHost *:80
#
# VirtualHost example:
# Almost any Apache directive may go into a VirtualHost container.
# The first VirtualHost section is used for all requests that do not
# match a ##ServerName or ##ServerAlias in any <VirtualHost> block.
#
##<VirtualHost *:80>
    ##ServerAdmin webmaster@dummy-host.example.com
    ##DocumentRoot "D:/xampp/htdocs/dummy-host.example.com"
    ##ServerName dummy-host.example.com
    ##ServerAlias www.dummy-host.example.com
    ##ErrorLog "logs/dummy-host.example.com-error.log"
```

```
    ##CustomLog "logs/dummy-host.example.com-access.log" common
##</VirtualHost>
```

（2）打开"考生文件夹\40006\stu_result"文件夹中的 db.sql 文件，在第（1）至（2）空处填入正确的内容，完成后保存该文件。

```
DROP DATABASE IF EXISTS stu_result;
CREATE DATABASE stu_result;
USE stu_result;
CREATE TABLE IF NOT EXISTS `result` (
 `id` int(11) NOT NULL (1) COMMENT '序号', /*`id` int(11) NOT NULL (1) COMMENT '序号',*/
 `name` varchar(64) NOT NULL COMMENT '姓名',
 `age` int(11) NOT NULL COMMENT '年龄',
 `result` varchar(255) NOT NULL COMMENT '成绩',
   (2) (`id`)     /*(2) (`id`) */
) ENGINE=InnoDB  DEFAULT CHARSET=utf8
```

（3）打开"考生文件夹\40006\stu_result"文件夹中的 init.sql 文件，在第（3）空处填入正确的内容，完成后保存该文件。

```
USE stu_result;
/*(3) INTO `result` (`id`, `name`, `age`, `result`) VALUES(1, '张三', 21,
'89'),(2, '李四', 20, '67'),(3, '王五', 20, '55');*/
(3) INTO `result` (`id`, `name`, `age`, `result`) VALUES(1, '张三', 21, '89'),(2,
'李四', 20, '67'),(3, '王五', 20, '55');
```

（4）打开"考生文件夹\40006\stu_result"文件夹中的 conn.php 文件，在第（4）至（7）空处填入正确的内容，完成后保存该文件。

```
<?php
$servername="127.0.0.1";
$username="root";
$password="123456";
$dbname="(4)";  /*$dbname="(4)";*/
//创建连接
$conn=new  mysqli( (5) ,$username, (6) ,$dbname);    /*$conn=new
mysqli((5),$username,(6),$dbname);*/
@mysqli_set_charset((7),"utf8");   /*@mysqli_set_charset((7),"utf8");*/
//检测连接
if($conn->connect_error){
    die("连接失败: ".$conn->connect_error);
}
?>
```

（5）打开"考生文件夹\40006\stu_result"文件夹中的 index.php 文件，在第（8）至（11）空处填入正确的内容，完成后保存该文件。

```
<!DOCTYPE html>
<html>
<head>
    <meta charset="utf-8">
    <title></title>
    <link rel="stylesheet" type="text/css" href="style.css">
```

```
        <script type="text/javascript" src="index.js"></script>
</head>
<body>
<h1>学生成绩管理系统</h1>
<table>
<?php
(8)("conn.php");    /*(8)("conn.php");*/
$sql="select * from (9)";   /*$sql="select * from (9)";*/
$result=$conn->query($sql);
if($result->(10)>0){    /*if($result->(10)>0){*/
    while($row=$result->fetch_assoc()){
?>
        <tr>
            <td><?php echo $row["id"]; ?></td>
            <td><?php echo $row["(11)"]; ?></td>   <!--第(11)空-->
            <td><?php echo $row["age"]; ?></td>
            <td><?php echo $row["result"]; ?></td>
            <td>
                <button onclick="toUpdate(this)">修改</button>
                <button onclick="remove(this)">删除</button>
            </td>
        </tr>
<?php
    }
}
?>
</table>
</body>
</html>
<script type="text/javascript">
    function remove(ele){
        let id=ele.parentElement.parentElement.children[0].innerText;
        window.location.href="remove_server.php?id="+id;
    }
    function toUpdate(ele){
        let id=ele.parentElement.parentElement.children[0].innerText;
        window.location.href="update.php?id="+id;
    }
</script>
```

考生文件夹\40006\stu_result\style.css 文件：

```
h1{text-align: center;}
table{
    width: 600px;
    border: 1px solid #000000;
    text-align: center;
    margin:0 auto;
}
th,td{
    padding:5px;
    border:1px solid #000000;
```

```css
}
.button{
    width: 280px;
    margin:0 2px;
}
```

考生文件夹\40006\stu_result\index.js 文件：

```javascript
function getAjax(){
    var xmlhttp;
    xmlhttp=new XMLHttpRequest();
    return xmlhttp;
}
```

（6）打开"考生文件夹\40006\stu_result"文件夹中的 insert.php 文件，在第（12）至（15）空处填入正确的内容，完成后保存该文件。

```html
<!DOCTYPE html>
<html>
<head>
    <meta charset="utf-8">
    <title>添加用户</title>
    <link rel="stylesheet" type="text/css" href="style.css">
    <script type="text/javascript" src="index.js"></script>
</head>
<body>
<h1>学生成绩管理系统</h1>
<table>
    <tr>
        <td>姓名：</td>
        <td><input type="text" name="name"></td>
    </tr>
    <tr>
        <td>年龄：</td>
        <td><input type="text" name="（12）"></td>   <!--<td><input type="text" name="（12）"></td>-->
    </tr>
    <tr>
        <td>成绩：</td>
        <td><input type="text" name="result"></td>
    </tr>
    <tr>
        <td colspan="2"><button onclick="（13）">添加</button></td>   <!--<td colspan="2"><button onclick="（13）">添加</button></td>-->
    </tr>
</table>
</body>
</html>
<script>
    function insert(){
        let name=document.getElementsByName("name")[0].value;
        let age=document.getElementsByName("age")[0].value;
        let result=document.getElementsByName("result")[0].value;
```

```
        let ajax=getAjax();
        ajax.open("POST","(14)",false);    /*ajax.open("POST","(14)",false);*/
    ajax.setRequestHeader("Content-type","application/x-www-form-urlencoded
;charset=UTF-8");
        ajax.(15)("name="+name+"&age="+age+"&result="+result);   /*ajax.(15)
("name="+name+"&age="+age+"&result="+result);*/
        window.location.href="index.php";
    }
</script>
```

（7）打开"考生文件夹\40006\stu_result"文件夹中的 insert_server.php 文件，在第（16）至（20）空处填入正确的内容，完成后保存该文件。

```
<?php
include("conn.php");
$name=$_POST["name"];
$age=$_POST["age"];
$result=$_POST["result"];
//预处理及绑定
$stmt=$conn->(16)("insert into result(name,age,result)(17)(?,?,?)");
//$stmt=$conn->(16)("insert into result(name,age,result)(17)(?,?,?)");
$stmt->(18)("sii",$name,$age,$result);         //$stmt->(18)
("sii",$name,$age,$result);
//执行
$stmt->(19)();   //$stmt->(19)();
if($conn->affected_rows){
    echo "添加成功";
}else{
    echo "Error:".$conn->error;
}
$stmt->close();
$conn->(20)();    //$conn->(20)();
?>
```

注意：除了删除编号（1）至（20）并填入正确的内容，不能修改或删除文件中的其他任何内容。

14.2.2　考核知识和技能

（1）事件处理函数。

（2）原生 AJAX。

（3）主键。

（4）自增字段。

（5）select 语句。

（6）insert 语句。

（7）require 语句和 include 语句。

（8）MySQLi 操作数据库。

（9）MySQLi 预处理方式。

14.2.3　db.sql 文件【第（1）、（2）空】

【MySQL 数据库操作：创建数据库脚本文件 db.sql】

系统使用 MySQL 数据库，数据库名为 stu_result，表名为 result。result 表包括序号、姓名、年龄和成绩字段。其中，序号为自增字段和主键。

（1）数据库创建脚本包括数据库的创建（create database）和表的创建（create table）。

（2）在设计数据库表时，实体表通常使用与业务无关的 id 自增字段作为主键。

（3）如果希望在每次插入新记录时，自动地创建主键字段的值，可以在表中创建一个 auto-increment 字段，又称自增字段。MySQL 使用 AUTO_INCREMENT 关键字来执行 auto-increment 任务。AUTO_INCREMENT 关键字默认的开始值为 1，每插入一条新记录递增 1。

（4）主键又称为主关键字，主关键字（primary key）是表中的一个或多个字段，它的值用于唯一地标识表中的某一条记录。MySQL 使用 PRIMARY KEY（字段名）来设置一张表中的主键约束。

（5）使用 comment 属性添加字段或列的注释。

（6）进入 MySQL 命令行界面，使用 source 命令导入 db.sql 脚本文件，可以在 MySQL 数据库中创建一个 stu_result 数据库。

创建成功如图 14-10 和图 14-11 所示。

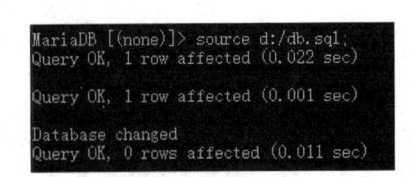

图 14-10 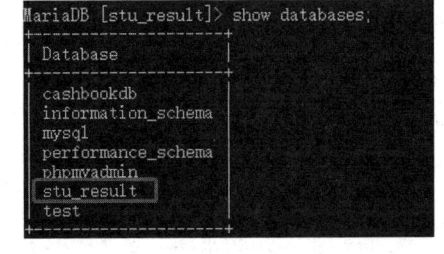　　　　　　　　　　图 14-11

（7）使用 desc table_name 命令查看 result 表的结构，如图 14-12 所示。

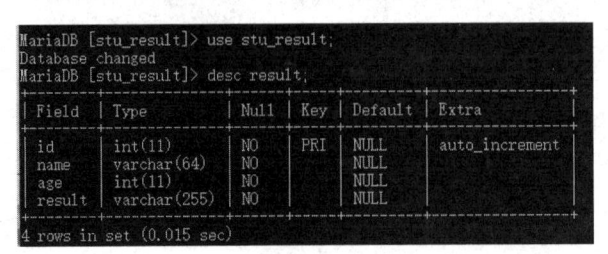

图 14-12

综上所述，第(1)空填写 AUTO_INCREMENT（不区分大小写），第(2)空填写 PRIMARY KEY（不区分大小写）。

14.2.4　init.sql 文件【第（3）空】

init.sql 脚本文件是一个数据库初始化数据的脚本，执行该脚本后会向数据库中插入 3 条记录。

（1）插入一条数据的语法格式如下：

```
INSERT INTO table_name ( field1, field2,...fieldN ) VALUES ( value1,
value2,...valueN );
```

（2）插入多条数据时，在 VALUES 后面使用逗号间隔，语法格式如下：

```
INSERT INTO table_name ( field1, field2,...fieldN ) VALUES ( value1,
value2,...valueN ), (value1, value2,...valueN)……;
```

使用 source 命令执行 init.sql 脚本，具体操作如图 14-13 所示，执行成功如图 14-14 所示。

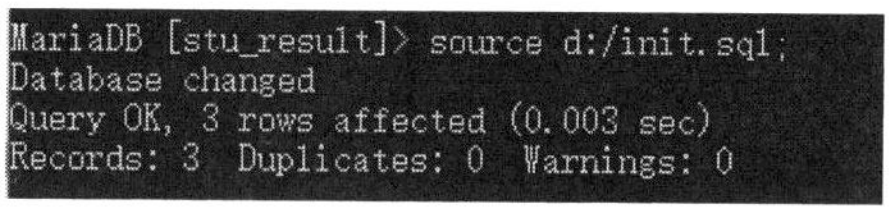

```
MariaDB [stu_result]> source d:/init.sql;
Database changed
Query OK, 3 rows affected (0.003 sec)
Records: 3  Duplicates: 0  Warnings: 0
```

图 14-13

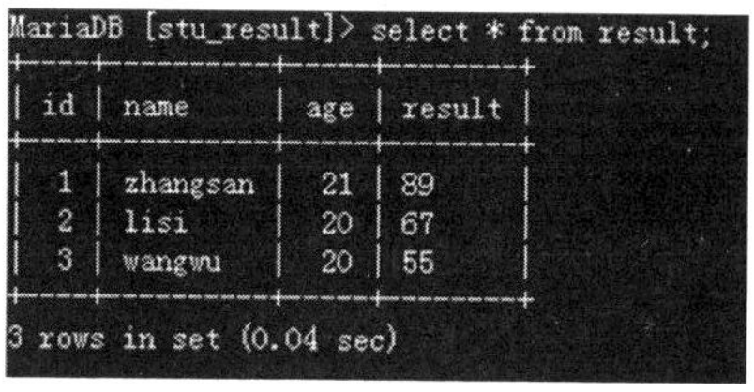

```
MariaDB [stu_result]> select * from result;
+----+----------+-----+--------+
| id | name     | age | result |
+----+----------+-----+--------+
|  1 | zhangsan |  21 | 89     |
|  2 | lisi     |  20 | 67     |
|  3 | wangwu   |  20 | 55     |
+----+----------+-----+--------+
3 rows in set (0.04 sec)
```

图 14-14

综上所述，第（3）空填写 INSERT（不区分大小写）。

14.2.5　conn.php 文件【第（4）～（7）空】

（1）MySQLi 操作数据库有两种方式，使用 MySQLi 类进行操作，或者使用 MySQLi 函数进行操作。这两种操作方式可以混合使用，其 MySQLi 类的连接对象可以作为 MySQLi 函数中的连接变量。

（2）new mysqli()为创建一个 MySQLi 类的对象，该对象代表 PHP 与 MySQL 数据库之间的一个连接。构造函数的参数依次为服务器、登录用户名、登录密码、连接数据库、端口号（默认为 3306，可不填）、特定的 socket 参数（默认不填）。

```
mysqli::__construct (
    [ string $host = ini_get("mysqli.default_host")
    [, string $username = ini_get("mysqli.default_user")
    [, string $passwd = ini_get("mysqli.default_pw")
    [, string $dbname = ""
    [, int $port = ini_get("mysqli.default_port")
    [, string $socket = ini_get("mysqli.default_socket") ]]]]]] )
```

（3）若在构造函数时不连接数据库，则可以使用 mysqli::connect()函数来连接数据库，其参数与构造函数的参数相同。

（4）在数据库操作中要注意字符集统一，这样才不会出现乱码。因此，在使用代码操作数据库时，必须设置本次连接的字符集与当前数据库（UTF-8）和 PHP 页面（UTF-8）的字符集一致。

数据库表字符集：

```
CREATE TABLE IF NOT EXISTS `result` (
```

```
......
) ENGINE=InnoDB  DEFAULT CHARSET=utf8;
```

PHP 页面字符集：

```
<head>
    <meta charset="utf-8">
</head>
```

设置连接字符集的方式如下。

① 面向对象方式为$conn->set_charset('utf8');。

② 面向过程方式为 mysqli_set_charset($conn,"utf8");。

（5）由于操作数据库共享资源容易出现异常，因此可以使用错误抑制符"@"。

（6）数据库连接测试。

① 在 conn.php 文件中添加一段代码用于测试连接。

② 在浏览器中运行 conn.php 文件，可以显示连接信息。

```
......
//测试连接
if ($conn -> connect_error) {
    die("连接失败： " . $conn -> connect_error);
} else {
    echo "<pre>";
    var_dump($conn);
}
```

运行效果如图 14-15 所示。

```
object(mysqli)#1 (19) {
    ["affected_rows"]=>
    int(0)
    ["client_info"]=>
    string(79) "mysqlnd 5.0.12-dev - 20150407 - $Id: 7cc7cc96e675f6d72e5cf0f267f48e167c2abb23 $"
    ["client_version"]=>
    int(50012)
    ["connect_errno"]=>
    int(0)
    ["connect_error"]=>
    NULL
    ["errno"]=>
    int(0)
    ["error"]=>
    string(0) ""
    ["error_list"]=>
    array(0) {
    }
    ["field_count"]=>
    int(0)
    ["host_info"]=>
    string(20) "127.0.0.1 via TCP/IP"
    ["info"]=>
    NULL
    ["insert_id"]=>
    int(0)
    ["server_info"]=>
    string(21) "5.5.5-10.4.10-MariaDB"
    ["server_version"]=>
    int(100410)
    ["stat"]=>
    string(133) "Uptime: 32041  Threads: 7  Questions: 60  Slow queries: 0  Opens: 21  Flush tables: 1  Open tables: 1
    ["sqlstate"]=>
```

图 14-15

综上所述，第（4）空填写 stu_result，第（5）空填写$servername，第（6）空填写$password，第（7）空填写$conn。

14.2.6　index.php 文件【第（8）～（11）空】

1．index.php 文件

执行该文件可以从数据库的 result 表中将所有记录查询出来，并使用表格显示在网页上，效果如图 14-16 所示。

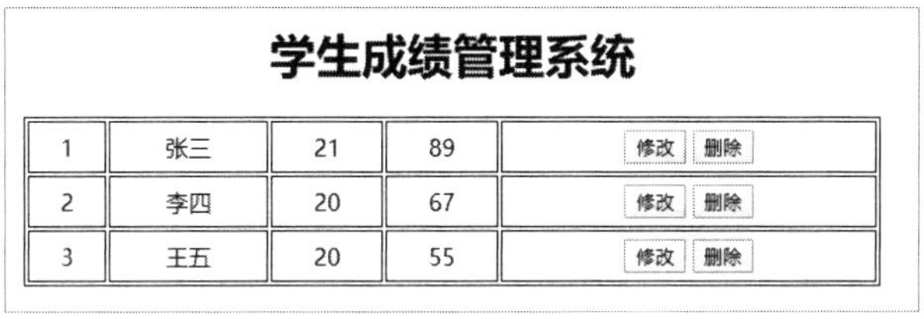

学生成绩管理系统

1	张三	21	89	修改 删除
2	李四	20	67	修改 删除
3	王五	20	55	修改 删除

图 14-16

```
<!DOCTYPE html>
<html>
<head>
    <meta charset="utf-8">
    <title></title>
    <link rel="stylesheet" type="text/css" href="style.css">
    <script type="text/javascript" src="index.js"></script>
</head>
<body>
<h1>学生成绩管理系统</h1>
<table>
<?php
(8) include_once("conn.php");   /*(8)("conn.php");*/
$sql="select * from (9)result";   /*$sql="select * from (9)";*/
$result=$conn->query($sql);
if($result->(10)num_rows >0){     /*if($result->(10)>0){*/
    while($row=$result->fetch_assoc()){
?>
        <tr>
            <td><?php echo $row["id"]; ?></td>
            <td><?php echo $row["(11)name"]; ?></td>   <!--第(11)空-->
            <td><?php echo $row["age"]; ?></td>
            <td><?php echo $row["result"]; ?></td>
            <td>
                <button onclick="toUpdate(this)">修改</button>
                <button onclick="remove(this)">删除</button>
            </td>
        </tr>
<?php
    }
}
?>
 </table>
 </body>
</html>
```

2．select 语句

（1）数据表的数据操作主要包含数据的增、删、改、查。

（2）查询数据的语法格式如下：

```
SELECT column_name|*, FROM table_name [WHERE Clause][LIMIT N][ OFFSET M]
```

（3）查询语句可以查询指定的字段值 column_name，也可以一次性查询表中所有的字段值，查询所有的字段值需要使用*号。

（4）根据本题的题干和查询语句（select 语句）的语法格式可知，第 9 空为数据库表名 result。

3．数据查询操作的基本步骤

（1）连接数据库。

使用 PHP 的 include 语句或 require 语句载入 conn.php 文件，实现数据库的连接操作。

```
include("conn.php");
```

（2）定义查询 SQL 语句。

```
$sql="select * from result";
```

（3）执行 SQL 语句，获得返回查询的记录集。

```
$result=$conn->query($sql);
```

（4）解析记录集。

使用 while 循环，逐条解析记录集中的数据。

```
while($row = $result-> fetch_assoc()){}
```

（5）关闭数据库连接。

```
$conn->close();
```

4．index.php 文件中的数据库操作

（1）连接数据库：导入 conn.php 文件。

include 语句和 require 语句用于在当前程序中导入其他文件中的指定代码。include_once 语句和 require_once 语句可以防止多次包含相同的数据库，避免函数被重复定义而产生错误。

（2）定义查询 SQL 语句。

（3）执行 SQL 语句，从数据库中取出记录集并赋值给变量$result。

（4）解析记录集。

使用 num_rows 属性判断返回的记录集的行数，如果返回的是多行数据，则使用 while 循环依次获取记录集中的每一行数据：$row=$result->fetch_assoc()，并循环输出到页面上。

常用的获取记录集数据的方法如表 14-3 所示。

表 14-3

面向对象	面向过程	说明
fetch_row()	mysqli_fetch_row()	以索引数组的方式返回一行数据
fetch_assoc()	mysqli_fetch_assoc()	以关联数组的方式返回一行数据
fetch_array()	mysqli_fetch_array()	以数组的方式返回一行数据
fetch_object()	mysqli_fetch_object()	以对象的方式返回一行数据

（5）关闭数据库连接。
```
$conn->close();
```
综上所述，第（8）空填写 include（include_once、require、require_once 均可），第（9）空填写 result，第（10）空填写 num_rows，第（11）空填写 name。

14.2.7 insert.php 文件【第（12）～（15）空】

1. insert.php 文件

```
<html>
<head>
    <meta charset="utf-8">
    <title>添加用户</title>
    <link rel="stylesheet" type="text/css" href="style.css">
    <script type="text/javascript" src="index.js"></script>
</head>
<body>
<h1>学生成绩管理系统</h1>
<table>
    <tr>
        <td>姓名：</td>
        <td><input type="text" name="name"></td>
    </tr>
    <tr>
        <td>年龄：</td>
        <td><input type="text" name="（12）age"></td>       <!--<td><input type="text" name="（12）"></td>-->
    </tr>
    <tr>
        <td>成绩：</td>
        <td><input type="text" name="result"></td>
    </tr>
    <tr>
        <td colspan="2"><button onclick="（13）insert">添加</button></td>
<!--<td colspan="2"><button onclick="（13）">添加</button></td>-->
    </tr>
</table>
<script>
function insert(){
    var name=document.getElementsByName("name")[0].value;
    var age=document.getElementsByName("age")[0].value;
    var result=document.getElementsByName("result")[0].value;
    var ajax=getAjax();
    ajax.open("POST","（14）insert_server.php",false）
    ajax.setRequestHeader("Content-type","application/x-www-form-urlencoded;charset=UTF-8");
    ajax.（15）send("name="+name+"&age="+age+"&result="+result);
    window.location.href="index.php";
```

```
}
</script>
```

2. 动态网页请求方式

动态网页请求方式有两种，即 form 表单和 AJAX 异步方式。

（1）form 表单直接请求 insert_server.php 文件处理页面。

（2）AJAX 异步方式请求通过 JS 获得页面数据，并将表单数据拼接为参数字符串，然后调用 send()函数发送请求。本系统采用 AJAX 异步方式，如图 14-17 所示。

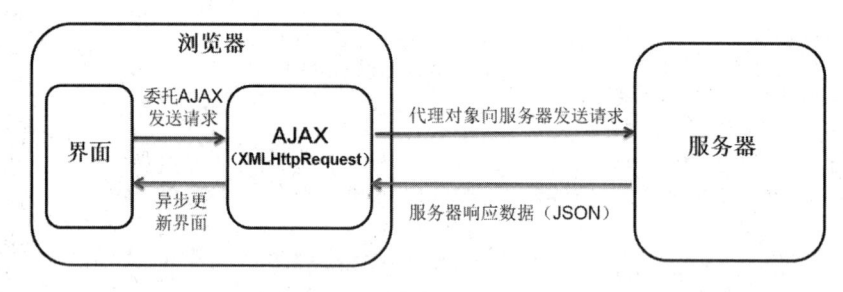

图 14-17

3. AJAX 发送请求步骤（不需要对返回进行处理）

（1）创建 AJAX 引擎 XMLHttpRequest 对象。

```
ajax=new XMLHttpRequest();
```

（2）使用 ajax.open()函数设置请求方法、请求 URL，以及同步或异步方式。

```
ajax.open("POST","insert_server.php",false);
```

（3）使用 ajax.setRequestHeader()函数设置请求头相关参数。

```
ajax.setRequestHeader("Content-type","application/x-www-form-urlencoded;charset=UTF-8");
```

（4）调用 ajax.send()方法，发送请求。

4. 在 insert.php 文件中发送添加试题请求

（1）创建 XMLHttpRequest 对象。

在代码中调用 index.js 文件中的 getAjax()函数来获得 XMLHttpRequest 对象。

```
function getAjax() {
    var xmlhttp;
    xmlhttp=new XMLHttpRequest();
    return xmlhttp;
}
```

（2）open(method,url,async)：规定请求的类型、URL，以及是否异步处理请求。

① method：请求的类型，GET 或 POST。

② url：文件在服务器上的位置。

③ async：true（异步）或 false（同步）处理请求。

在题目中介绍了提交 insert_server.php 文件处理，由于 insert.php 文件和 insert_server.php 文件在同一个目录下，因此使用相对路径可以直接填写 insert_server.php 或 ./insert_server.php。

（3）添加用户成绩页面文件 insert.php。

……

表单页面提交请求到 insert_server.php 文件，并使用 MySQLi 类实现 MySQL 数据库操作，添加记录。

在 insert_server.php 文件中，接收请求的是 $_POST 变量，因此，该请求为 POST 请求。

（4）将下列代码设置为表单请求，并设置编码格式为 UTF-8。

```
ajax.setRequestHeader("Content-type","application/x-www-form-urlencoded;charset=UTF-8");
```

（5）send()：将请求发送到服务器。

当为 POST 请求时，将参数传入 send(string/object)。

（6）页面中的 JS 函数 function insert()调用 DOM 的 getElementsByName()方法来获得表格中的数据，元素的 name 属性分别为 name、age 和 result。

```
function insert(){
    var name=document.getElementsByName("name")[0].value;
    var age=document.getElementsByName("age")[0].value;
    var result=document.getElementsByName("result")[0].value;
}
```

综上所述，第（12）空填写 age，第（13）空填写 insert()，第（14）空填写 insert_server.php，第（15）空填写 send。

14.2.8 insert_server.php 文件【第（16）～（20）空】

1. insert_server.php 文件

```
<?php
include("conn.php");
$name=$_POST["name"];
$age=$_POST["age"];
$result=$_POST["result"];
//预编译及绑定
$stmt=$conn-> ( 16 ) prepare("insert into result(name,age,result) ( 17 ) values(?,?,?)");
$stmt-> (18) bind_param("sii",$name,$age,$result);
$stmt-> (19) execute();
if($conn->affected_rows){
    echo "添加成功";
}else{
    echo "Error:".$conn->error;
}
$stmt->close();
$conn-> (20) close();
?>
```

2. 预编译语句

（1）第（17）空为预编译 SQL 语句，预编译语句就是将 SQL 语句中的值用占位符替代，可以视为将 SQL 语句模板化或参数化，一般称这类语句为 Prepared Statements。预编译语句可以一次编译、多次运行，省去了解析优化等过程。预编译语句能防止 SQL 注入。

（2）在创建 SQL 语句模板时，预留的值使用参数"?"标记。

（3）结合 insert into 语句的语法，此处应该为 values。

3. 以 MySQLi 预编译方式进行数据库数据插入操作

（1）连接数据库。

通过导入 conn.php 文件，获得$conn 连接对象。

（2）创建预编译 SQL 语句（增、删、改、查），使用占位符替代数据。

```
$stmt = $conn -> prepare(insert into result(name,age,result) values(?,?,?));
```

（3）绑定预编译 SQL 语句中的参数值。

```
$stmt -> bind_param("sis", $name, $age, $result);
```

（4）执行预编译 SQL 语句，获得返回记录集（查询）或执行状态。

```
$stmt -> execute();
```

（5）判断是否成功插入记录。

```
if($conn->affected_rows){}
```

（6）关闭预编译语句和数据库连接。

```
$stmt -> close();

$conn->close();
```

4. 在 insert_server.php 文件中使用预编译方式插入记录

（1）第（16）空为获得 mysqli_stmt 对象，需要调用 MySQLi 对象的 prepare()函数，传入的是预编译 SQL 语句，该语句为插入语句，语法格式为 insert into 表名(字段) values(值)。

（2）第（18）空为绑定参数函数 bind_param()，该函数绑定了 SQL 语句的参数，并告知数据库参数的类型与值("sis",$name,$age,$result)。

参数类型包括以下 4 种。

① i - integer（整型）。

② d - double（双精度浮点型）。

③ s - string（字符串）。

④ b - BLOB（binary large object：二进制大对象）。

（3）第（19）空为执行编译语句，即 execute()函数。

（4）第（20）空为关闭连接，即 close()函数。

综上所述，第（16）空填写 prepare，第（17）空填写 values，第（18）空填写 bind_param，第（19）空填写 execute，第（20）空填写 close。

14.2.9 参考答案

本题参考答案如表 14-4 所示。

表 14-4

小题编号	参考答案
1	AUTO_INCREMENT（不区分大小写）
2	PRIMARY KEY（不区分大小写）
3	INSERT（不区分大小写）
4	stu_result
5	$servername

续表

小题编号	参考答案
6	$password
7	$conn
8	include（include_once、require、require_once 均可）
9	result
10	num_rows
11	name
12	age
13	insert()
14	insert_server.php
15	send
16	prepare
17	values
18	bind_param
19	execute
20	close

14.3 试题三

14.3.1 题干和问题

根据下列数据库表的设计，打开"考生文件夹\40007"文件夹中的文件，完成对数据库表的操作，在第（1）至（10）空处填写正确的代码，操作完成后保存文件。

【说明】

试题管理系统是用于试题录入的管理系统，试题管理系统中的数据库则用于对系统中的试题等相关数据进行存储和管理，包括试题表（t_question）和选项表（t_option），一个试题包括多个选项，因此试题与选项是一对多的关系。

试题表的详细信息如表 14-5 所示。

表 14-5

名称	字段名	数据类型	备注
ID	ID	int(11)	主键，自增，每次增量为 1
题型	Type	int(11)	0 表示单选，1 表示多选，不能为空
题干	ItemContent	varchar(50)	不能为空
题点分析	Analysis	varchar(200)	可以为空
删除标识	Del	int(11)	0 表示正常，1 表示已删除，默认值为 0
分值	Point	int(11)	试题的分值，默认值为 0

选项表的详细信息如表 14-6 所示。

表 14-6

名称	字段名	数据类型	备注
ID	ID	int(11)	主键，自增，每次增量为 1
试题 ID	QuestionID	int(11)	外键，参照试题表，不能为空
选项号	Num	int(11)	0 表示 A，1 表示 B，2 表示 C，3 表示 D，不能为空
选项内容	OptionContent	varchar(100)	不能为空
标识是否为正确选项	IsTrue	int(11)	0 表示不是正确选项，1 表示是正确选项，不能为空
删除标识	Del	int(11)	0 表示正常，1 表示已删除，默认值为 0

【问题】（20 分，每空 2 分）

打开并阅读"考生文件夹\40007"文件夹中的 readme.txt 文件和问题.txt 文件，按照题目要求进行数据库表的操作，在问题.txt 文件中作答，在答案填写区域填入正确的内容，完成后保存问题.txt 文件。

问题.txt 文件内容如下。

【问题 1】创建试题表（t_question）的视图，只显示 ID 与 ItemContent，填写第（1）空。

```
Create (1) v_question AS select ID,ItemContent from t_question;
```

【问题 2】在试题表（t_question）的 ID 列按降序创建一个唯一索引，填写第（2）至（3）空。

```
Create (2) Index QueID on t_question(ID (3));
```

【问题 3】修改试题表（t_question）的字段名，将 Score 改为 Point，填写第（4）至（5）空。

```
Alter table t_question (4) Score (5) int default '0';
```

【问题 4】事务控制，开启事务，将试题表（t_question）中 ID 为 1 的记录的 Del 字段值修改为 1，然后进行事务回滚，查看修改结果，填写第（6）空。

```
start transaction;
Update t_question set Del=1 where ID=1;
(6);
Select * from t_question;
```

【问题 5】创建一个存储过程，新增一道试题，先分别向试题表和选项表中添加一条记录，然后调用存储过程，最后删除该存储过程，填写第（7）至（10）空。

```
Delimiter $$
Create procedure xinzeng()
BEGIN
Insert into t_question(Type,ItemContent,Analysis,Del) values(0,'新增试题','存储过程',0);
Insert into t_option(QuestionID,Num,OptionContent,IsTrue) values('1','0','新增选项','1');
END
$$
//调用存储过程
(9) xinzeng();
//删除存储过程
(10) PROCEDURE IF Exists xinzeng;
```

readme.txt 文件内容如下。

在 MySQL 中创建 testing 数据库，字符集为 utf8，排序规则为 utf8_general_ci，在创建完数据库后运行 test.sql 文件。本题后续操作都在 testing 数据库中进行。

14.3.2 考核知识和技能

（1）alter 语句。
（2）索引。
（3）事务。
（4）存储过程。
（5）视图。

14.3.3 问题.txt 文件【第（1）空】

【问题 1】创建试题表（t_question）的视图，只显示 ID 与 ItemContent，填写第（1）空。

```
Create (1) v_question AS select ID,ItemContent from t_question;
```

1. 定义视图

视图是虚拟表，本身不存储数据，而是按照指定的方式进行查询。

定义视图的语法格式如下：

```
CREATE VIEW <视图名>[(<列名>[,<列名>]...)] AS <子查询>[with check option];
```

2. 创建视图

创建名为 v_question 的视图，通过查询语句展示 t_question 表中的 ID 与 ItemContent 字段，效果如图 14-18 所示。

图 14-18

3. 查询视图

使用 select 语句查询 v_question 视图（select * from v_question），效果如图 14-19 所示。

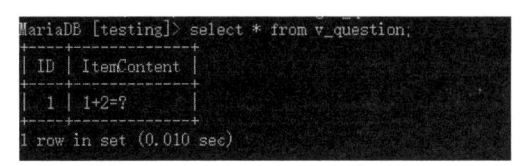

图 14-19

综上所述，第（1）空填写 view（不区分大小写）。

14.3.4 问题.txt 文件【第（2）、（3）空】

【问题 2】在试题表（t_question）的 ID 列按降序创建一个唯一索引，填写第（2）至（3）空。

```
CREATE （2） INDEX QueID ON t_question(ID （3））;
```

1．索引

MySQL 索引的建立对 MySQL 的高效运行是非常重要的，索引可以大大提高 MySQL 的检索速度。

2．唯一索引

索引列的值必须唯一，但允许有空值。创建唯一索引往往不是为了提高访问速度，而是为了避免数据重复。

创建唯一索引的 3 种常见方式如下。

（1）直接创建唯一索引，语法格式如下：

```
CREATE UNIQUE INDEX indexName ON tableName(tableColumns(length))
```

（2）在修改表结构时，添加唯一索引，语法格式如下：

```
ALTER TABLE tableName ADD UNIQUE [indexName] (tableColumns(length))
```

（3）在创建表时，添加唯一索引，语法格式如下：

```
CREATE TABLE tableName (
   [ ... ],
   UNIQUE [indexName] (tableColumns(length))
)
```

3．降序排序

MySQL 中默认升序（ASC）排序，即值从小到大排序。若要让某个字段降序排序，则要使用 DESC 关键字。

注意：排序关键字不区分大小写。

由于此处要创建一个唯一索引且 ID 是降序排序的，因此第（2）空是唯一索引，第（3）空是降序排序的，效果如图 14-20 所示。

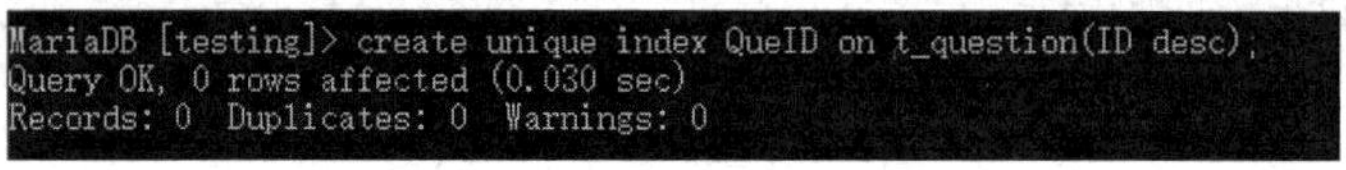

```
MariaDB [testing]> create unique index QueID on t_question(ID desc);
Query OK, 0 rows affected (0.030 sec)
Records: 0  Duplicates: 0  Warnings: 0
```

图 14-20

综上所述，第（2）空填写 unique（不区分大小写），第（3）空填写 desc（不区分大小写）。

14.3.5　问题.txt 文件【第（4）、（5）空】

【问题 3】修改试题表（t_question）的字段名，将 Score 改为 Point，填写第（4）至（5）空。

```
ALTER table t_question （4） Score （5） int default '0';
```

（1）表的操作。

当数据库表创建完成后，有以下 3 种主要的修改表结构的方法。

① 修改表名，语法格式如下：

```
ALTER TABLE 旧表名 RENAME 新表名;
```

② 修改字段名，语法格式如下：

```
ALTER TABLE 表名 CHANGE 旧字段名 新字段名 新数据类型;
```

③ 修改字段类型，语法格式如下：

```
ALTER TABLE 表名 MODIFY 字段名 数据类型;
```

（2）此处是修改表中的字段名，因此使用 CHANGE（不区分大小写）关键字，语法格式如下：

```
ALTER TABLE 表名 CHANGE 旧字段名 新字段名 新数据类型;
```

```
ALTER table t_question （4） Score （5） int default '0';
```

对照语法格式可知，第（4）空为 CHANGE（不区分大小写）。因为 Score 为旧字段名，所以第（5）空为新字段名，即 Point，后面是字段的类型和默认值设置。

（3）在命令行进行验证，效果如图 14-21 所示。

```
MariaDB [testing]> desc t_question;
+-------------+--------------+------+-----+---------+----------------+
| Field       | Type         | Null | Key | Default | Extra          |
+-------------+--------------+------+-----+---------+----------------+
| ID          | int(11)      | NO   | PRI | NULL    | auto_increment |
| Type        | int(11)      | NO   |     | NULL    |                |
| ItemContent | varchar(50)  | NO   |     | NULL    |                |
| Analysis    | varchar(200) | YES  |     | NULL    |                |
| Del         | int(11)      | NO   |     | 0       |                |
| Score       | int(11)      | NO   |     | 0       |                |
+-------------+--------------+------+-----+---------+----------------+
6 rows in set (0.011 sec)

MariaDB [testing]> alter table t_question change Score Point int default '0';
Query OK, 0 rows affected (0.049 sec)
Records: 0  Duplicates: 0  Warnings: 0

MariaDB [testing]> desc t_question;
+-------------+--------------+------+-----+---------+----------------+
| Field       | Type         | Null | Key | Default | Extra          |
+-------------+--------------+------+-----+---------+----------------+
| ID          | int(11)      | NO   | PRI | NULL    | auto_increment |
| Type        | int(11)      | NO   |     | NULL    |                |
| ItemContent | varchar(50)  | NO   |     | NULL    |                |
| Analysis    | varchar(200) | YES  |     | NULL    |                |
| Del         | int(11)      | NO   |     | 0       |                |
| Point       | int(11)      | YES  |     | 0       |                |
+-------------+--------------+------+-----+---------+----------------+
6 rows in set (0.012 sec)
```

图 14-21

综上所述，第（4）空填写 change（不区分大小写），第（5）空填写 Point。

14.3.6　问题.txt 文件【第（6）空】

【问题 4】事务控制，开启事务，将试题表（t_question）中 ID 为 1 的记录的 Del 字段值修改为 1，然后进行事务回滚，查看修改结果，填写第（6）空。

```
start  transaction;
 UPDATE t_question SET Del=1 WHERE ID=1;
 （6）;
SELECT * FROM t_question;
```

1．事务

MySQL 事务主要用于处理操作量大、复杂度高的数据操作，它可以保证所有操作的一致性和数据的准确性。在 MySQL 中，只有使用了 InnoDB 数据库引擎的数据库或数据表才支持事务。

2．MySQL 事务处理

MySQL 事务处理主要有以下两种方法。

（1）使用 BEGIN、ROLLBACK、COMMIT 关键字实现事务。

① BEGIN 或 START TRANSACTION 表示开始一个事务。
② ROLLBACK 表示事务回滚。
③ COMMIT 表示事务确认。
（2）直接使用 SE 关键字改变 MySQL 的自动提交模式。
① SET AUTOCOMMIT=0 表示禁止自动提交。
② SET AUTOCOMMIT=1 表示开启自动提交。

3．"问题 4"的事务处理

（1）开启事务。

```
start transaction;
```
或者
```
begin
```

（2）事务的过程体的操作如下。

```
UPDATE t_question SET Del=1 WHERE ID=1;
```

（3）事务的回滚。

题目中在 UPDATE 操作后回滚，表示取消了从事务的开启（start transaction）到当前位置的所有操作。因此，此空为回滚操作"rollback"。

（4）查看修改结果。

```
SELECT * FROM t_question;
```

4．验证事务

首先开启事务，更新 t_question 表，设置 ID 为 1 的 Del 值为 1，然后查询 t_question 表的所有记录，再次事务回滚，最后查询 t_question 表的所有记录，效果如图 14-22 所示。

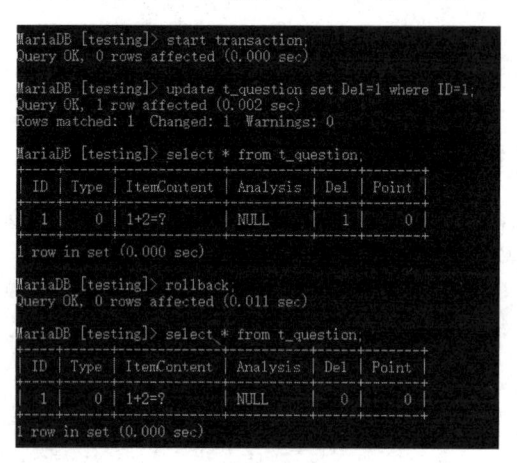

图 14-22

综上所述，第（6）空填写 rollback（不区分大小写）。

14.3.7　问题.txt 文件【第（7）～（10）空】

【问题 5】创建一个存储过程，新增一道试题，先分别向试题表和选项表中添加一条记录，然后调用存储过程，最后删除该存储过程，填写第（7）至（10）空。

```
Delimiter $$
Create (7) xinzeng()
BEGIN
  Insert into t_question(Type,ItemContent,Analysis,Del) values(0,'新增试题','存储过程',0);
  Insert into t_option(QuestionID,Num,OptionContent,IsTrue) values('1','0','新增选项','1');
END
(8)
//调用存储过程
(9) xinzeng();
//删除存储过程
(10) PROCEDURE IF Exists xinzeng;
```

1. 存储过程

存储过程（stored procedure）是指一种在数据库中存储复杂程序，以便由外部程序调用的数据库对象。

存储过程是为了完成特定功能的 SQL 语句集，经编译创建后保存在数据库中。用户可以通过指定存储过程的名称并给定参数（需要时）来调用执行。

存储过程在思想上很简单，就是数据库 SQL 语言层面的代码封装与重用。

2. MySQL 存储过程的操作

（1）创建存储过程。

① 声明语句结束符可以自定义为"DELIMITER $$"。

② 声明存储过程的语法格式如下：

```
CREATE PROCEDURE <过程名> ([过程参数[,...]]) [特性...] <过程体>
```

③ 存储过程的开始和结束符号如下：

```
BEGIN .... END $$
```

（2）还原语句结束符如下：

```
DELIMITER
```

（3）调用存储过程的语法格式如下：

```
CALL <过程名>
```

（4）删除存储过程的语法格式如下：

```
DROP PROCEDURE <过程名>
```

3. "问题 5"中的存储过程

（1）创建存储过程。

```
Delimiter $$
Create (7) xinzeng()
BEGIN
   Insert into t_question(Type,ItemContent,Analysis,Del) values(0,'新增试题','存储过程',0);
   Insert into t_option(QuestionID,Num,OptionContent,IsTrue) values('1','0','新增选项','1');
END
```

因此，第（7）空在创建存储过程时使用 PROCEDURE 关键字。BEGIN 和 END 之间为存储体，存储体中包含两条插入的 SQL 语句。

（2）Delimiter $$。

Delimiter 用来修改结束符号，因为存储过程中的存储体在定义时通常有多条语句，所以使用";"作为结束符号。

在定义存储过程时，先更换为其他结束符号，在定义完存储过程后，再将结束符号改为";"，最后执行存储过程，就可以保持存储过程的正常执行。

因此，第（8）空为存储过程的结束符号，即上述的"$$"。

（3）调用存储过程。

我们可以使用 CALL 关键字来调用存储过程（CALL xinzeng();）。

（4）删除存储过程。

我们通常需要先判断某一存储过程是否存在，再进行删除，语法格式如下：

```
FROP PROCEDURE IF EXISTS <存储过程>
```

因此，第（10）空填写 drop（不区分大小写）。

4．验证存储过程

（1）存储过程的创建如图 14-23 所示。

图 14-23

（2）恢复结束符如图 14-24 所示。

（3）调用存储过程如图 14-25 所示。

图 14-24

图 14-25

（4）查询存储过程的执行结果如图 14-26 所示。

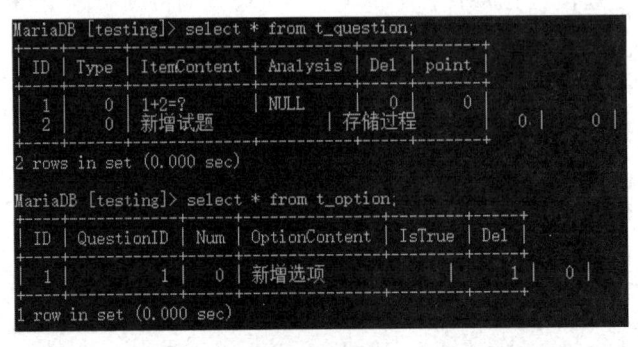

图 14-26

（5）删除存储过程如图 14-27 所示。

```
MariaDB [testing]> drop procedure if exists xinzeng;
Query OK, 0 rows affected (0.014 sec)

MariaDB [testing]> call xinzeng();
ERROR 1305 (42000): PROCEDURE testing.xinzeng does not exist
MariaDB [testing]> _
```

图 14-27

综上所述，第（7）空填写 procedure（不区分大小写），第（8）空填写$$，第（9）空填写 call（不区分大小写），第（10）空填写 drop（不区分大小写）。

14.3.8 参考答案

本题参考答案如表 14-7 所示。

表 14-7

小题编号	参考答案
1	view（不区分大小写）
2	unique（不区分大小写）
3	desc（不区分大小写）
4	change（不区分大小写）
5	Point
6	rollback（不区分大小写）
7	procedure（不区分大小写）
8	$$
9	call（不区分大小写）
10	drop（不区分大小写）

14.4 试题四

14.4.1 题干和问题

阅读下列说明、效果图，打开“考生文件夹\40008”文件夹中的文件，进行 Laravel 项目开发，在第（1）至（10）空处填写正确的代码，操作完成后保存文件。

【说明】

编写一个在线答题系统，共有 4 道数学题，每道题有 3 个选项，并且都为单选题。每道题 25 分，总分为 100 分。每做完一题，单击“下一题”按钮，会自动提交当前题目答案，并显示下一题的内容，最后一题的按钮为“提交”，单击“提交”按钮，即可显示答对的题数和得分情况。

【效果图】

效果如图 14-28 和图 14-29 所示。

图 14-28　　　　　　　　　　　　　　　　图 14-29

文件设计如表 14-8 所示。

表 14-8

文件	说明
Routes\web.php	路由文件
Resources\views\quiz.blade.php	答题模板页面，对应图 14-28
Resources\views\result.blade.php	结果模板页面，对应图 14-29
App\Http\Controllers\QuizController.php	Quiz 控制类文件

【创建 Laravel 工程 quiz，配置虚拟域名】

打开 Apache 服务器的配置文件 xampp\apache\conf\extra\httpd-vhosts.conf。

【配置路由】

编写 quiz\routes\web.php 文件。

（1）进入答题系统路由。

（2）提交当前题目的答案，进入下一题。

（3）提交最后一题，并显示答题结果。

【编写控制类 QuizController】

编写 quiz\app\Http\Controllers\QuizController 文件。

（1）定义试题数据。

（2）定义保存到 Session 中的属性名常量。

（3）创建 getQuestion()函数，参数为题号，读取试题内容。

（4）编写 start()函数，读取题目内容，并传递给模板页面。

（5）编写 next()函数，获取下一道题的题目内容。

（6）编写 submit()函数，从 Session 中取出用户的答案数组，计算数组元素个数，并计算得分。

（7）返回 result.blade.php 模板页面，传入答对的题数和得分。

【编写页面样式文件 quiz.css】

在"quiz\public\css"文件夹中创建 quiz.css 文件。

【编写模板文件 quiz.blade.php】

（1）在"quiz\resources\view"文件夹中创建 quiz.blade.php 文件，用于显示答题页面。

（2）导入 CSS 文件时，使用内置 URL 类的方法来引入 CSS 文件，CSS 文件默认存放在 public 目录下。

【编写模板文件 result.blade.php】

在 "quiz\resources\view" 文件夹中创建 result.blade.php 文件，用于显示答题结果页面，包括答对的题数和最终得分。

【问题】（20 分，每空 2 分）

（1）打开"考生文件夹\40008"文件夹中的 readme.txt 文件，根据提示进行 Laravel 项目开发。

① 配置虚拟域名，将该题中的 httpd-vhosts.conf 文件复制到 "xampp\apache\conf\extra" 文件夹中，同时修改 "xampp\apache\conf" 文件夹中的 httpd.conf 文件。

- 去掉 LoadModule rewrite_module modules/mod_rewrite.so 语句前面的#号注释。
- 去掉 Include conf/extra/httpd-vhosts.conf 语句前面的#号注释。

② 重新启动 XAMPP 中的 Apache 服务器（在 XAMPP 控制面板 Apache 一行中，先单击"Stop"按钮，再单击"Start"按钮）。

③ 虚拟路径已指定到 "Z:\40008\quiz\public" 目录，请直接在该目录中作答，作答完毕后可以在浏览器中直接输入 http://localhost/测试结果。

（2）打开"考生文件夹\40008\quiz\routes"文件夹中的 web.php 文件，在第（1）空处填入正确的内容，完成后保存该文件。

```
<?php
Route::get('/', "QuizController@start");
Route::post("/quiz/next/{qid}","QuizController@next");
Route::post("/quiz/submit","QuizController@ (1) ");   /*Route::post("/quiz/submit","QuizController@ (1) ");*/
```

（3）打开"考生文件夹\40008\quiz\app\Http\Controllers"文件夹中的 QuizController.php 文件，在第（2）至（7）空处填入正确的内容，完成后保存该文件。

```
<?php
namespace App\Http\Controllers;

use Illuminate\Http\ (2) ;  //use Illuminate\Http\ (2) ;

class QuizController extends (3)   //class QuizController extends (3) ;
{
    //static (4) =array(
    static (4) =array(
        array("10 + 4 = ?","12","14","16","B"),
        array("20 - 9 = ?","7","13","11","C"),
        array("7 * 3 = ?","21","24","25","A"),
        array("8 / 2 = ?","10","2","4","C")
    );
    const PARAM_ANSWERS="answers";
    private function getQuestion($qid){
        $question=self::$questions[$qid];
        $options=array();
        for($i=1;$i<4;$i++){
            $val=chr(ord("A")+$i-1);
```

```php
            $options[$val]=$val.".".$question[$i];
        }

        return array(
            "qid"=>$qid+1,
            "stem"=>$question[0],
            "options"=>$options,
            "last"=>(count(self::$questions)==$qid+1)?true:false
        );
    }

    public function start(Request $request){
        //读取第一道题
        $question=$this->getQuestion(0);
        //清空 Session
        $request->session()->(5)(self::PARAM_ANSWERS);   //$request->session()->(5)(self::PARAM_ANSWERS);
        //创建用来保存用户答案的属性
        $request->session()->put(self::PARAM_ANSWERS,array());
        //显示 quiz 模板
        return view("quiz",$question);
    }

    public function (6)(Request $request,$qid){    //public function (6)(Request $request,$qid){
        //获取用户上一道题的答案
        $choice=$request->input("choices");
        //将用户的答案保存到 Session 中
        $answers=$request->session()->get(self::PARAM_ANSWERS);
        array_push($answers,$choice);
        $request->session()->put(self::PARAM_ANSWERS,$answers);
        //获取下一道题的内容
        $question=$this->getQuestion($qid);
        return view("quiz",$question);
    }

    public function submit(Request $request){
        //从 Session 中取出前面的答案,并清空
        $answers=$request->session()->get(self::PARAM_ANSWERS);
        $request->session()->forget(self::PARAM_ANSWERS);

        //获取用户最后一道题的答案,并更新答案列表
        $choice=$request->input("choices");
        array_push($answers,$choice);

        //计算正确答案的数量
        $question_count=count(self::$questions);
        $right_num=0;
        for($i=0;$i<$question_count;$i++){
            if($answers[$i]==self::$questions[$i][4]){
```

```
                (7)++;      //(7)++;
            }
        }
        $score=100*($right_num/$question_count);
        //返回 result 模板页面
        return view("result",["score"=>$score,"right_num"=>$right_num]);
    }
}
```

(4) 打开"考生文件夹\40008\quiz\resources\views"文件夹中的 quiz.blade.php 文件，在第（8）至（9）空处填入正确的内容，完成后保存该文件。

```
<!DOCTYPE html>
<html>
<head>
    <meta charset="utf-8"/>
    <link rel="stylesheet" type="text/css" href="{{URL::(8)('css/quiz.css')}}">
    <!--第(8)空-->
</head>
<body>
<h1>在线答题</h1>
<div class="box">
    <h2 id="test_status">第{{$qid}}题</h2>
    <div id="test">
        <form method="post" action="{{!$last?'/quiz/next/'.$qid:'/quiz/submit'}}">
            {!!csrf_field()!!}
            <h3>{{$stem}}</h3>
            @foreach($options as $key=>$value)
            <input type="radio" name="(9)" value="{{$key}}">{{$value}}</input><br>   <!--第(9)空-->
            @endforeach
            <br>
            @if(!$last)
            <button type="submit">下一题</button>
            @else
            <button type="submit">提交</button>
            @endif
        </form>
    </div>
</div>
</body>
</html>
```

(5) 打开"考生文件夹\40008\quiz\resources\views"文件夹中的 result.blade.php 文件，在第（10）空处填入正确的内容，完成后保存该文件。

```
<!DOCTYPE html>
<html>
<head>
    <meta charset="utf-8"/>
    <link rel="stylesheet" type="text/css" href="{{URL::asset('css/quiz.css')}}">
```

```
</head>
<body>
<h1>在线答题</h1>
<div class="box">
    <div>
        <h2 id="test_status">答题结束</h2>
        <div id="test">
            共答对{{$right_num}}题,获得{{ (10) }}分    <!--第(10)空-->
        </div>
    </div>
    <br>
    <button type="button" onclick="window.location='/';">重做</button>
</div>
</body>
</html>
```

注意:除了删除编号(1)至(10)并填入正确的内容,不能修改或删除文件中的其他任何内容。

14.4.2 考核知识和技能

(1)路由。
(2)控制器。
(3)Blade 模板。
(4)请求。
(5)Session。

14.4.3 web.php 文件【第(1)空】

(1)【问题】中的第(1)空所在代码段如下。

```
Route::get('/', "QuizController@start");
Route::post("/quiz/next/{qid}","QuizController@next");
/*Route::post("/quiz/submit","QuizController@ (1) ");*/
Route::post("/quiz/submit","QuizController@ (1) submit");
```

编写 quiz\routes\web.php 文件。
① 进入答题系统路由。
② 提交当前题目的答案,进入下一题。
③ 提交最后一题,并显示答题结果。

【编写控制类 QuizController】
 ……
⑥ 编写 submit()函数,从 Session 中取出用户的答案数组,计算数组元素个数,并计算得分。

路由文件的位置如图 14-30 所示。

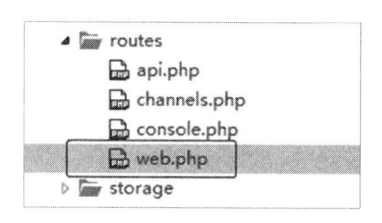

图 14-30

（2）Laravel 路由中路由名称访问控制器中方法的定义格式如下：

Route::请求类型('路由名称', "控制器名称@方法名");

（3）控制器文件 app\Controllers\QuizController.php 中有 3 个 public 方法，分别为 start() 方法、submit()方法和一个未知方法。

start()方法已经被第 1 个路由调用，所以第 3 个路由调用的是 submit()方法。

综上所述，第（1）空填写 submit。

14.4.4　QuizController.php 文件【第（2）～（7）空】

（1）【问题】中的第（2）空所在代码段如下。

【问题】use Illuminate\Http\（2）;

① 这行代码由语法可知为命名空间引入。

② 填写此空需要对 Laravel 框架比较熟悉，并且可以通过下方代码进行推断。在 Laravel 框架中，Illuminate\Http 命名空间下最常用的类是 Request 类，用于保存 HTTP 请求的相关信息，包括用户提交的参数。

③ 在下方的代码中，唯一用到的需要引入的类就是 Request 类，它可以在控制器的成员方法定义参数时使用，如下面第（6）空代码处所示。

因此，第（2）空为 Request，即引入 Request 类。

（2）【问题】中的第（3）空所在代码段如下。

【问题】class QuizController extends（3）{}

此空考查的知识点为 Laravel 控制器的创建，并且需要满足以下要求。

① 所处命名空间需为 App\Http\Controllers。

② 控制器类名称需与文件名称保持一致。

③ 需要继承基类 Controller。

注意：最新版本的 Laravel 控制器可以不继承基类，但无法使用各种便利的方法，如 validate 表单验证等，所以建议继承基类。

因此，这行代码为控制器的继承操作，第（3）空为 Controller，即继承基类 Controller。

（3）【问题】中的第（4）空所在代码段如下。

【问题】static （4）=array(
　　　　array("10 + 4 = ?","12","14","16","B"),
　　　//代码省略
　　);

① static 关键字：声明类属性或方法为静态，默认访问权限为 public，并且静态属性不可以由对象通过->操作符来访问，只能通过 self 操作符来访问。

② 搜索本控制器代码，可以得到两个通过 self 操作符访问的属性，即 self::$questions

和 self::PARAM_ANSWERS。

③ 其中，后者明显为常量的访问方式，常量在类中需要使用 const 关键字来定义。

因此，第（4）空为$questions。

（4）【问题】中的第（5）空所在代码段如下。

```
【问题】//清空 Session
$request->session()->(5)(self::PARAM_ANSWERS);
```

① 由注释内容可知，这行代码的功能为清空 Session。

② Laravel 中 Request 类的 Session 清空操作如下。

```
session()->forget(session 字段名称); //删除指定项
session()->flush(); //删除所有数据
```

因此，第（5）空相关代码中调用方法需要参数，所以为删除指定项方法 forget()，即第（5）空为 forget。

（5）【问题】中的第（6）空所在代码段如下。

```
【问题】public function (6)(Request $request,$qid){//省略}
```

注意：Laravel 框架控制器类中访问权限为 public 的方法一般为路由访问方法。

① 路由文件 routes\web.php 的内容如下。

```
Route::get('/', "QuizController@start");
Route::post("/quiz/next/{qid}","QuizController@next");
Route::post("/quiz/submit","QuizController@submit");
```

② QuizController 控制器内总共被调用了 start、next 和 submit 这 3 个方法，检查整个控制器中的方法，start 和 submit 方法均存在。

因此，第（6）空为 next。

（6）【问题】中的第（7）空所在代码段如下。

```
【问题】//计算正确答案的数量
$question_count=count(self::$questions);
$right_num=0;
for($i=0;$i<$question_count;$i++){
    if($answers[$i]==self::$questions[$i][4]){
        (7) ++;
    }
}
$score=100*($right_num/$question_count);
```

① 这段代码为计算正确答案的数量，由成绩计算步骤$score=100*($right_num/$question_count)可知，$right_num 为正确答案数，$question_count 为问题总数。

② for 循环中进行累加操作的变量为正确答案数变量，即$right_num。

因此，第（7）空为$right_num。

综上所述，第（2）空填写 Request，第（3）空填写 Controller，第（4）空填写$questions，第（5）空填写 forget，第（6）空填写 next，第（7）空填写$right_num。

14.4.5　quiz.blade.php 文件【第（8）、（9）空】

（1）【问题】中的第（8）空所在代码段如下。

```
【问题】<link rel="stylesheet" type="text/css" href="{{URL::(8)('css/quiz.css')}}">
```

在 Laravel 的 Blade 模板中引入静态 CSS 资源的方式如下。

① 相对路径引入。

使用 URL::asset()方法，在方法参数中提供要引入的 CSS 文件的相对路径。在默认情况下，相对路径是相较于 Laravel 项目 public 目录的路径。示例如下：

```
<link rel="stylesheet" type="text/css" href="{{ URL::asset('文件路径') }}">
```

② 绝对路径引入。

不使用 URL::asset()方法，直接提供文件的绝对路径引入文件。示例如下：

```
<link rel="stylesheet" type="text/css" href="http://127.0.0.1/css/quiz.css">
```

注意：使用 URL::asset()方法或 asset()辅助函数只是为了生成完整的文件路径，所以可以直接提供完整的文件路径引入文件。

由第（8）空所在代码段可知，第（8）空为 URL 类下面的静态方法，并且能够引入静态资源，格式为{{URL::asset('文件路径')}}。因此，第（8）空为 asset。

（2）【问题】中的第（9）空所在代码段如下。

```
【问题】@foreach($options as $key=>$value)
    <input type="radio" name="(9)" value="{{$key}}">{{$value}}</input><br>
    @endforeach
```

这段代码为 Blade 模板的 foreach 指令循环$options 变量，显示问题的所有选项，并且每个选项都是 type 类型为 radio 的单选按钮。

① 由 form 表单中的 action 属性可知，当第（9）空的问题是最后一个问题时，提交至"/quiz/submit"路由；当第（9）空的问题不是最后一个问题时，提交至"/quiz/next/$qid"路由。

```
<form method="post" action="{{!$last?'/quiz/next/'.$qid:'/quiz/submit'}}">
    <!-- 代码省略 -->
</form>
```

② "/quiz/next/$qid"路由调用 submit()方法，代码如下：

```
public function submit(Request $request,$qid){
    //获取用户上一道题的答案
    $choice=$request->input("choices");
    //将用户的答案保存到 Session 中
    $answers=$request->session()->get(self::PARAM_ANSWERS);
    array_push($answers,$choice);
    $request->session()->put(self::PARAM_ANSWERS,$answers);
    //获取下一道题的内容
    $question=$this->getQuestion($qid);
    return view("quiz",$question);
}
```

由$choice=$request->input("choices");（获取用户上一道题的答案）可知，用户提交过来的表单中有一个名为 choices 的表单项，而模板代码的 form 表单中只有一个表单项，即用户选择的答案，所以第（9）空为 choices。

```
@foreach($options as $key=>$value)
    <input type="radio" name="choices" value="{{$key}}">{{$value}}</input><br>
@endforeach
```

综上所述，第（8）空填写 asset，第（9）空填写 choices。

14.4.6　result.blade.php 文件【第（10）空】

QuizController 控制器中的 submit()方法代码如下。

```php
public function submit(Request $request){
    //从 Session 中获取前面的答案，并清空
    $answers=$request->session()->get(self::PARAM_ANSWERS);
    $request->session()->forget(self::PARAM_ANSWERS);
    //获取用户最后一道题的答案，并更新答案列表
    $choice=$request->input("choices");
    array_push($answers,$choice);
    //计算正确答案的数量
    $question_count=count(self::$questions);
    $right_num=0;
    for($i=0;$i<$question_count;$i++){
        if($answers[$i]==self::$questions[$i][4]){
            $right_num++;
        }
    }
    $score=100*($right_num/$question_count);
    //返回 result 模板页面
    return view("result",["score"=>$score,"right_num"=>$right_num]);
}
```

由 view()函数可知，控制器向模板传输了两个变量，即$score 和$right_num。其中，$score 为用户成绩。

注意：Laravel 模板中调用的变量名与关联数组中的索引名相同。

综上所述，第（10）空填写$score。

14.4.7　参考答案

本题参考答案如表 14-9 所示。

表 14-9

小题编号	参考答案
1	submit
2	Request
3	Controller
4	$questions
5	forget
6	next
7	$right_num
8	asset
9	choices
10	$score

第 15 章
2020 年实操试卷（中级）

15.1 试题一

2020 年实操试卷（中级）试题一与 2021 年实操试卷（中级）试题二相似，该题解析详见 16.2 节。

15.2 试题二

15.2.1 题干和问题

阅读下列说明、效果图，打开"考生文件夹\40016"文件夹中的文件，阅读代码并进行静态网页开发，在第（1）至（15）空处填写正确的代码，操作完成后保存文件。

【说明】

（1）在 index.php 文件中显示商品列表，每个商品列表后面的购物车栏中有一个"+"按钮，单击"+"按钮，可以请求 addCart.php 文件向购物车中添加一个商品。在商品列表下方有一个"购物车"超链接，单击该超链接可以进入购物车页面（cart.php），如图 15-1 所示。

图 15-1

（2）在商品列表页面中单击"购物车"超链接，进入购物车页面（cart.php）。在购物车页面可以更改购买数量，单击"结算"按钮，请求 updCart.php 文件计算购物车内的商品总价，进入确认订单页面（order.php），如图 15-2 所示。

图 15-2

（3）在确认订单页面（order.php）中，显示各个商品的售价和数量，以及商品总量和总价，如图 15-3 所示。在地址输入框中填写订单地址，单击"提交"按钮，即可生成订单并进入订单页面（done.php）。

图 15-3

（4）在订单页面（done.php）中，显示地址信息和所购买的商品信息，如图 15-4 所示。

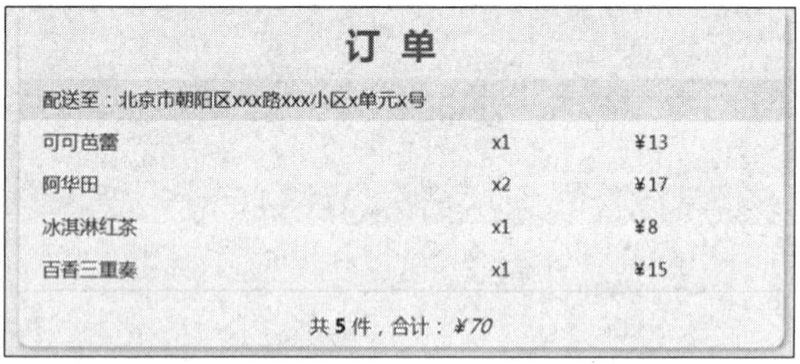

图 15-4

【问题】（30 分，每空 2 分）
根据注释，补全代码。
（1）打开"考生文件夹\40016"文件夹中的 css/style.css 文件，根据说明和提示补全第（1）至（2）空处的代码，完成后保存该文件。

```
* {
    margin: 0;
    padding: 0;
}
body {
```

```css
    background-color: #eeeeee;
}
a {
    color: rgb(79, 24, 209);
    text-decoration: none;
}
.container {
    width: 50%;
    margin: 0 auto;
}
h1, p {
    text-align: center;
    font-size: 1.8em;
    letter-spacing: .6em;
    margin: 10px 0;
    color: #02082891;
}
table {
    width: 100%;
    text-align: center;
    margin: 10px auto 0;
    border-collapse: collapse;
}
table tr+tr {
    background-color: #fff;
    margin-bottom: 10px;
    box-shadow: 2px 2px 3px #dddddd;
    border-bottom: 1px solid #dddddd;
}
th {
    background: #785fa97d;
    font: 1.2em 微软雅黑;
    color: #fff;
}
th, td {
    padding: 5px;
}
.price, .num {
    color: red;
    text-align: left;
    position: relative;
}
.price {
    color: red;
    left:3.3em;
}
.num {
    color: blue;
    left: 4.2em;
}
.cart-count {
```

```css
    width: 80%;
    margin: 0 auto;
    overflow: hidden;
    margin-top: 20px;
}
.cart-count .count {
    float: left;
}
.cart-count .count .goods-nums {
    color: red;
}
.cart-count .to-cart {
    float: right;
    display: block;

}
a.btn {
    display: inline-block;
    width: 1.5em;
    height: 1.5em;
    background: #dddddd;
    (1): none;/* 第（1）空  去掉<a>标签内容的下画线 */
    (2): 5px; /* 第（2）空  四个方向做同一圆角处理 */
}
.sub {
    color: red;
    font-weight: bold;
}
.add {
    color: blue;
    font-weight: bold;
}
input {
    width: 150px;
    padding: 5px 0;
}
span {
    font-size: 14px;
    padding: 0 8px;
}

.address textarea {
    width: 100%;
    height: 4em;
    display: block;
    margin: 10px 0;
    padding: 10px;
    box-sizing: border-box;
    outline: none;
}
.address, .address input {
```

```css
    display: block;
    text-align: center;
    margin: 0 auto;
}
.total {
    color: red;
}
.order-details {
    background-color: #fff;
    border-radius: 10px;
    box-shadow: 2px 2px 5px #aaa;
    color: rgb(58, 56, 56);
}
.order-details h1 {
 padding-top: 10px;
 background-color: #eeeeee;
}
.order-details ul{
    width: 100%;
    margin: 0 auto;
    padding: 0;
    list-style: none;
}
.order-details li {
    line-height: 35px;
}
.order-details li:first-child {
    background-color: #0000ff1a;
    padding: 0 20px;
}
.order-details li+li {
    background-color: #ff000012;
    padding: 0 20px;
}
.order-details li:last-child {
    background-color: #0072ff14;
    padding: 0;
    text-align: center;
}
.order-details li:last-child:before {
    content: '';
    display: block;
    padding-top: 10px;
    border-top:1px solid #e4e4e4;
}
.order-details li span {
    float: right;
    width: 100px;
}
.order-details strong {
    color: blue;
```

```
}
.order-details em {
    color: red;
}
```

(2) 打开"考生文件夹\40016"文件夹中的 index.php 文件,根据说明和提示补全第(3)至(4)空处的代码,完成后保存该文件。

```
<?php
  // 商品信息
  $products = array(
    array("id"=>"1" ,"name"=>"可可芭蕾" ,"price"=>13.00),
    array("id"=>"2" ,"name"=>"阿华田" ,"price"=>17.00),
    array("id"=>"3" ,"name"=>"冰淇淋红茶" ,"price"=>8.00),
    array("id"=>"4" ,"name"=>"百香三重奏" ,"price"=>15.00)
  );

  session_start(); // 初始化 Session

  if(!empty($_SESSION['cart'])){
    $order = $_SESSION['cart'];
    $sum = array_sum(array_column($order, "num")); // 统计购物车内的商品数量
  }else{
    $sum=0;
  }
?>

<!DOCTYPE html>
<html>
<head>
    <meta charset="utf-8">
    <title>商品列表</title>
    <link rel="stylesheet" href="./css/style.css">
</head>
<body>
    <div class="container">
        <h1>商品列表</h1>
        <hr>
        <table>
            <tr>
                <th>商品名</th>
                <th>售价</th>
                <th>购物车</th>
            </tr>
            <!-- 遍历商品数组,显示商品信息 -->
            <?php foreach ((3) as $key => $value) :?>   <!-- 第(3)空 -->
            <tr>
                <td><?php echo $value['name'] ?></td>
                <!-- 商品名 -->
                <td class="price">¥<?php echo $value['price'] ?></td>
```

```html
            <!-- 售价 -->
            <td><a class="btn" title="添加到购物车" (4)="addCart.php?upd=add&id=<?php echo $value['id']; ?>&name=<?php echo $value['name']; ?>&price=<?php echo $value['price']; ?>">+</a></td> <!-- 第(4)空 -->
        </tr>
        <?php endforeach; ?>
    </table>
    <!-- 显示购物车内的总商品数 -->
    <div class="cart-count">
        <div class="count">
            您总共选择了<span class="goods-nums"><?php echo $sum;?></span>件商品
        </div>
        <a class="to-cart" title="跳转到我的购物车" (4)="cart.php?upd=cart">→购物车</a> <!-- 第(4)空 -->
    </div>
</div>
</body>
</html>
```

（3）打开"考生文件夹\40016"文件夹中的 addCart.php 文件，根据说明和提示补全第（5）至（6）空处的代码，完成后保存该文件。

```php
<?php
session_start();                    // 初始化 Session
$id = $_GET['id'];                  // 获取商品id
$name = $_GET['name'];              // 获取商品名
$price = $_GET['price'];            // 获取商品售价
$upd = $_GET['upd'];                // 获取操作码

if($upd == "add") {
    // Session 中 cart 变量不存在，直接存入数组
    if(empty($_SESSION['cart'])) {
        $order = array();
        $order_item = array(
            'id' => $id,
            'name' => $name,
            'price' => $price,
            'num' => 1
        );
        array_push($order, $order_item);
        $_SESSION['cart'] = (5);    // 第(5)空
    } else {
        // Session 存在，判断购物车中是否已有该商品
        $order = (6);   // 第(6)空
        if(in_array($id, array_column($order, 'id'))) {
            $key = array_search($id, array_column($order, 'id'));
            $order[$key]['num'] += 1;   // 若有，则该商品数量加1
        } else {
            // 若没有，则存入数组
```

```php
            $order_item = array(
                'id' => $id,
                'name' => $name,
                'price' => $price,
                'num' => 1
            );
            array_push($order, $order_item);
        }
        $_SESSION['cart'] = $order;
    }
    header('Location:index.php');
}

if($upd == "cart") {
    if(!empty($_SESSION['cart'])) {
        header('Location:cart.php');
    } else {
        header('Location:index.php');
    }
}
```

（4）打开"考生文件夹\40016"文件夹中的 cart.php 文件，根据说明和提示补全第（7）至（8）空处的代码，完成后保存该文件。

```php
<!DOCTYPE html>
<?php
    session_start();
    $order = $_SESSION['cart'];
    $num = 0;
?>
<html>
<head>
    <meta charset="utf-8">
    <link rel="stylesheet" type="text/css" href="css/style.css">
    <title>我的购物车</title>
</head>
<body>
    <div class="container">
        <h1>购物车</h1>
        <hr>
        <a href="index.php" title="返回商品列表">←商品列表</a>
        <table>
            <tr>
                <th>商品名</th>
                <th>售价</th>
                <th>数量</th>
            </tr>
            <!-- 遍历商品数组，显示商品信息 -->
            <?php foreach ($order as $key => $value) :?>
            <tr>
                <td><?php echo $value['name'] ?></td>
```

```
                <!-- 商品名 -->
                <td class="price">¥<?php echo $value['price'] ?></td>
                <!-- 售价 -->
                <td>
                    <a class="btn sub" href="updCart.php?upd=0&id=<?php echo $value['id']; ?>">-</a>
                    <?php echo $value['num']; ?>
                    <!-- 商品数量 -->
                    <a class="btn add" href="updCart.php?upd=1&id=<?php echo $value['id']; ?>">+</a>
                </td>
            </tr>
            <?php endforeach; ?>
            <tr>
                <td colspan="4">
                    <form action="updCart.php" method="(7)">  <!-- 第(7)空 -->
                        <input type="(8)" value="结算">  <!-- 第(8)空 -->
                    </form>
                </td>
            </tr>
        </table>
    </div>
</body>
</html>
```

（5）打开"考生文件夹\40016"文件夹中的 updCart.php 文件，根据说明和提示补全第（9）空处的代码，完成后保存该文件。

```
<?php
session_start();           // 初始化 Session
$upd = $_GET['upd'];       // 获取操作码
$id = $_GET['id'];         // 获取商品 id
$order = $_SESSION['cart'];
foreach ($order as $key => $value) {
    if($value['id'] == $id) {
        (9) ($upd) {     // 第(9)空 更改购物车内的商品数量
            case 0:
                if($value['num'] > 1) {
                    $order[$key]['num'] -= 1;    // 数量减1
                } else {
                    unset($order[$key]);          // 数量为0的情况下移除该数组
                }
                break;
            case 1:
                $order[$key]['num'] += 1;    // 数量加1
                break;
            default:
                break;
        }
        header("location:cart.php");
    }
```

```
    if($upd == "") {
        $sum += $value['price'] * $value['num'];    // 计算购物车内的商品总价
        header("location:order.php");                // 跳转到确认订单页面
    }
}
$_SESSION['num'] = array_sum(array_column($order, "num"));    // 购物车内的商品总量
$_SESSION['sum'] = $sum;                                      // 购物车内的商品总价
$_SESSION['cart'] = $order;                                   // 购物车内的商品信息
```

（6）打开"考生文件夹\40016"文件夹中的 order.php 文件，根据说明和提示补全第（10）至（12）空处的代码，完成后保存该文件。

```
<!DOCTYPE html>
<?php
    session_start();
    $order = $_SESSION['cart'];     // 购物车内的商品信息
    $sum = $_SESSION['sum'];        // 购物车内的商品总价
    $num = $_SESSION['num'];        // 购物车内的商品总量
?>
<html>
<head>
    <meta charset="utf-8">
    <link rel="stylesheet" type="text/css" href="css/style.css">
    <title>我的订单</title>
</head>
<body>
    <div class="container">
        <h1>确认订单</h1>
        <hr>
        <a href="index.php" title="返回商品列表">←商品列表</a>
        <table>
            <tr>
                <th>商品名</th>
                <th>售价</th>
                <th>数量</th>
            </tr>
            <!-- 遍历商品数组，显示商品信息 -->
            <?php foreach ($order as $key => $value) :?>
            <tr>
                <!-- 商品名 -->
                <td><?php echo $value['name'] ?></td>
                <!-- 商品售价 -->
                <td class="price">¥<?php echo $value['price'] ?></span></td>
                <!-- 商品数量 -->
                <td class="num"><?php echo $value['num']; ?></td>
            </tr>
            <?php endforeach; ?>
            <!-- 显示商品总量和商品总价 -->
            <tr>
```

```
                <td colspan="3">
                    <span>共<?php echo $num; ?>件</span>    <!-- 商品总量 -->
                    小计：<span class="total">￥<?php echo $sum; ?></span>
<!-- 商品总价 -->
                </td>
            </tr>
        </table>
        <!-- 订单地址 -->
        <form (10)="done.php" method="(11)" class="address">  <!-- 第（10）空
和第（11）空 -->
            <(12) name="address" placeholder="请输入邮寄地址" cols="60"
required></textarea>    <!-- 第（12）空 -->
            <input type="submit" name="提交订单">
        </form>
    </div>
</body>
</html>
```

（7）打开"考生文件夹\40016"文件夹中的 done.php 文件，根据说明和提示补全第（13）至（15）空处的代码，完成后保存该文件。

```
<!DOCTYPE html>
<?php
    session_start();
    $order = $_SESSION['cart'];      // 购物车内的商品信息
    $sum = $_SESSION['sum'];         // 购物车内的商品总价
    $num = $_SESSION['num'];         // 购物车内的商品总量
?>
<html>
<head>
    <meta charset="utf-8">
    <link rel="stylesheet" type="text/css" href="css/style.css">
    <title>我的最终订单</title>
</head>
<body>
    <div class="container">
        <div class="order-details">
            <h1>订单</h1>
            <(13)>    <!-- 第（13）空 -->
                <li>配送至：<?php echo $_POST['(14)']; ?></li>  <!-- 第（14）空 -->
                <!-- 显示商品信息、商品总量和商品总价 -->
                <?php foreach ((15) as $key => $value) :?>   <!-- 第（15）空 -->
                <li>
                    <?php echo $value['name']; ?>    <!-- 商品名 -->
                    <span>￥<?php echo $value['price']; ?></span>   <!-- 商品
售价 -->
                    <span>x<?php echo $value['num']; ?></span>  <!-- 商品数量 -->
                </li>
                <?php endforeach; ?>
                <!-- 商品总量和商品总价 -->
```

```
            <li>共 <strong><?php echo $num; ?></strong> 件，合计：<em>￥<?php echo $sum; ?></em></li>
            </(13)>    <!-- 第（13）空 -->
        </div>
    </div>
</body>
</html>
```

注意：除了删除编号（1）至（15）并填入正确的内容，不能修改或删除文件中的其他任何内容。

15.2.2　考核知识和技能

（1）text-decoration 属性。
（2）border-radius 属性。
（3）foreach 遍历数组。
（4）<a>标签的 href 属性。
（5）PHP 的 Session 操作。
（6）表单的请求方式。
（7）<input>元素的 type 属性。
（8）PHP 超全局变量$_GET 和$_POST。
（9）switch 语句。
（10）<textarea>元素。
（11）<ul>标签。

15.2.3　css/style.css 文件【第（1）、（2）空】

这两空考查 CSS 的 text-decoration 属性和 border-radius 属性。

1．text-decoration 属性

text-decoration 属性用来设置或删除文本的装饰：无装饰（none）、下画线（underline）、上画线（overline）和分割线（line-through）。

通过设置 text-decoration:none 可以去掉超链接的下画线效果。

2．border-radius 属性

border-radius 属性用来为元素添加圆角边框。
综上所述，第（1）空填写 text-decoration，第（2）空填写 border-radius。

15.2.4　index.php 文件【第（3）、（4）空】

这两空考查 PHP 的 foreach 遍历数组和<a>标签。

1．foreach 遍历数组

foreach 语法结构提供了遍历数组的简单方式。foreach 仅能用于数组和对象，如果应用于其他数据类型的变量或者未初始化的变量，那么会出现错误提示信息。foreach 遍历数组

有两种语法格式。

第一种：
```
foreach (iterable_expression as $value)
   statement
```
第二种：
```
foreach (iterable_expression as $key => $value)
   statement
```
第一种格式遍历给定的 iterable_expression 迭代器。在每次循环中，当前单元的值都被赋给变量$value。

第二种格式和第一种格式类似，只增加了当前单元的键名，并且也会在每次循环中被赋给变量$key。

foreach 遍历数组的两种格式示例代码如下：
```
$arr = ['PHP5','PHP7','PHP8'];
foreach ($arr as $val)
   echo $val.'<br>';

foreach ($arr as $key => $val)
   echo $key.' '.$val.'<br>';
```
运行效果如图 15-5 所示。

2．<a>标签

<a>标签用于定义超链接，当单击该超链接时，会从当前页面跳转到指定位置。
```
<a href="">超链接</a>
```
效果如图 15-6 所示。

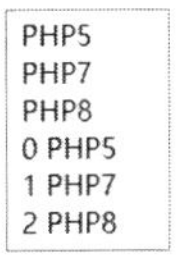

图 15-5

图 15-6

<a>标签的 href 属性用于指定超链接目标的 URL。

（1）绝对 URL：指向另一个站点。

（2）相对 URL：指向站点内的某个文件。

（3）锚 URL：指向页面中的锚点，语法格式为#标签 id。
```
<a href="https://www.baidu.com/">百度</a>
<a href="demo1.html">demo1 页面</a>
<a href="#top">返回顶部</a>
```
综上所述，第（3）空填写$products，第（4）空填写 href。

15.2.5　addCart.php 文件【第（5）、（6）空】

这两空考查 Session。

1．Session

客户端和服务器通常使用 HTTP 进行通信，但是 HTTP 本身是无状态的，客户端只需要简单地向服务器请求下载某些文件，无论是客户端还是服务器都没有必要记录彼此之前的行为，所以每一次请求都是独立的。Session 的作用则是在客户端和服务器之间保持状态。

2．Session 操作

（1）在 PHP 中，session_start()函数可以用来启动 Session。

（2）在 PHP 中，全局数组$_SESSION 可以用来存储 Session 数据。

```php
<?php
 session_start();                       //启动 Session
 $_SESSION['account'] = 'jack';         //设置 Session
 echo $_SESSION['account'];             //获取 Session
?>
```

结构如图 15-7 所示。

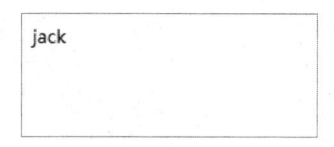

图 15-7

综上所述，第（5）空填写$order，第（6）空填写$_SESSION['cart']。

15.2.6　cart.php 文件【第（7）、(8) 空】

这两空考查表单、<input>表单元素和 PHP 超全局变量。

1．表单

表单有两个必要属性：action 属性决定表单的提交地址，method 属性决定表单的请求方式。表单的请求方式有以下两种。

（1）GET 请求。

通过 GET 方法从表单发送的信息对任何人都是可见的（所有变量名和值都显示在 URL 中）。GET 方法对所发送信息的数量也是有限制的，大约 2000 个字符。GET 请求效果如图 15-8 所示。

（2）POST 请求。

通过 POST 方法从表单发送的信息对其他人是不可见的（所有名称或值都会被嵌入到 HTTP 请求的主体中），并且对所发送信息的数量也是没有限制的。POST 请求效果如图 15-9 所示。

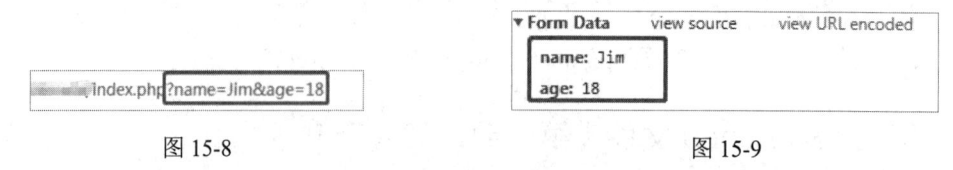

图 15-8　　　　　　　　　　图 15-9

2．<input>表单元素

<input>元素是很重要的表单元素，其 type 属性有许多不同的属性值，根据相应的值定义不同的表单控件。

```
<form>
    <input type="text" /><br>        <!-- 文本输入框 -->
    <input type="password" /><br>    <!-- 密码输入框 -->
    <input type="radio" /><br>       <!-- 单选按钮 -->
    <input type="checkbox" /><br>    <!-- 复选框 -->
    <input type="file" /><br>        <!-- 文件上传 -->
    <input type="submit" /><br>      <!-- 表单提交按钮 -->
    <input type="reset" /><br>       <!-- 表单重置按钮 -->
</form>
```

运行效果如图 15-10 所示。

3．PHP 超全局变量

超全局变量$_GET 和$_POST 用于收集表单数据（form-data）。

（1）超全局变量$_GET。

通过$_GET 可以获取 GET 请求的参数。

例如：$_GET['name'];

```
<?php
  echo "GET 方式接收到的数据为: ".$_GET['id'];
?>
```

运行效果如图 15-11 所示。

图 15-10    图 15-11

（2）超全局变量$_POST。

通过$_POST 可以获取 POST 请求的参数。

例如：$_POST['name'];

```
<form action="getpost.php" method="post">
  <input type="text" name="username" id="name" value="" />
  <input type="submit"  value="提交" />
</form>

<?php
  echo "POST 方式接收到的内容为: ". $_POST['username'];
?>
```

运行效果如图 15-12 所示。

图 15-12

综上所述，第（7）空填写 get，第（8）空填写 submit。

15.2.7　updCart.php 文件【第（9）空】

此空考查 PHP 的 switch 语句。

switch 语句类似于具有同一个表达式的一系列 if 语句。很多场景需要将同一个变量（或表达式）与很多不同的值进行比较，并根据它等于哪个值来执行不同的代码，这正是 switch 语句的用途。

```php
<?php
switch ($i) {
    case 0:
        echo "i equals 0";
        break;
    case 1:
        echo "i equals 1";
        break;
    case 2:
        echo "i equals 2";
        break;
}
?>
```

综上所述，第（9）空填写 switch。

15.2.8　order.php 文件【第（10）～（12）空】

第（10）～（12）空考查表单元素。

提示：第（10）空和第（11）空考查的知识点已经在第（7）空和第（8）空的解析中讲解过，此处不再赘述。

<textarea>元素用于定义多行文本框，语法格式如下：

```html
<textarea rows="10" cols="30"></textarea>
```

<textarea>元素属性如下。

（1）cols 属性：规定文本框的列数，即宽度。

（2）rows 属性：规定文本框的行数，即高度。

（3）disabled 属性：禁用文本框。

综上所述，第（10）空填写 action，第（11）空填写 post，第（12）空填写 textarea。

15.2.9　done.php 文件【第（13）～（15）空】

第（13）～（15）空考查 PHP 的 foreach 遍历数组、表单和<ul>标签。

提示：第（14）空考查的知识点$_POST 已经在第（7）空和第（8）空的解析中讲解过，此处不再赘述；第（15）空考查的知识点 foreach 遍历数组已经在第（3）空的解析中讲解过，此处不再赘述。

1. <ul>标签

<ul>标签定义无序列表。

```html
<ul>
    <li>咖啡</li>
```

```
<li>茶</li>
<li>牛奶</li>
</ul>
```

运行效果如图 15-13 所示。

2．<ol>标签

<ol>标签定义有序列表。

```
<ol>
    <li>咖啡</li>
    <li>茶</li>
    <li>牛奶</li>
</ol>
```

运行效果如图 15-14 所示。

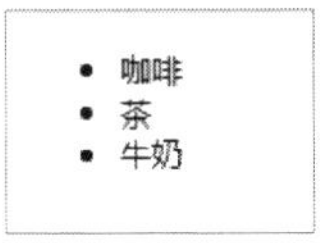

图 15-13

图 15-14

通过查看 done.php 文件引入的 css/style.css 样式文件中的代码，可以找到.order-details ul 后代选择器相关的 CSS 代码；对比 done.php 文件第（13）空上下文代码，可以推断出第（13）空为<ul>标签。

综上所述，第（13）空填写 ul，第（14）空填写 address，第（15）空填写$order。

15.2.10 参考答案

本题参考答案如表 15-1 所示。

表 15-1

小题编号	参考答案
1	text-decoration
2	border-radius
3	$products
4	href
5	$order
6	$_SESSION['cart']
7	get
8	submit
9	switch
10	action
11	post
12	textarea
13	ul
14	address
15	$order

15.3　试题三

2020 年实操试卷（中级）试题三与 2021 年实操试卷（中级）试题三相似，该题解析详见 16.3 节。

15.4　试题四

15.4.1　题干和问题

阅读下列说明、效果图，打开"考生文件夹\40015"文件夹中的文件，阅读代码并进行网页开发，在第（1）至（12）空处填写正确的代码，操作完成后保存文件。

【说明】

创建天气预报页面，适配移动端访问，使用 AJAX 请求 PHP 文件，获取北京、上海、广州、深圳和武汉这 5 个城市的天气信息，每次请求 PHP 文件都会随机生成天气信息。

天气信息的内容如下。

```
{
    "name":"北京",
    "min":"6°C",
    "max":"24°C",
    "weather":"多云转阴"
}
```

单击"北京"按钮，使用 JavaScript 操作 DOM 将获取的天气信息实时更新至页面。

【效果图】

页面效果如图 15-15 所示。

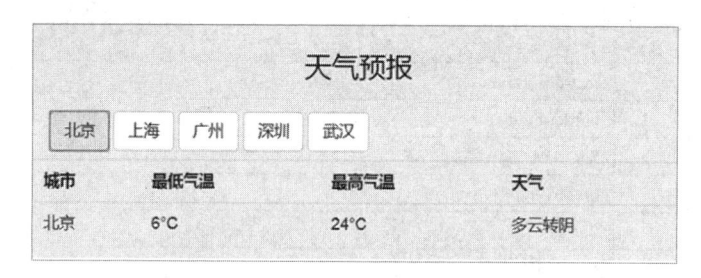

图 15-15

【问题】（24 分，每空 2 分）

根据注释，补全代码。

（1）打开"考生文件夹\40015"文件夹中的 index.html 文件，根据项目效果图和提示补全第（1）至（10）空处的代码，完成后保存该文件。

```
<!DOCTYPE html>
<html>
<head>
```

```html
<meta charset="utf-8">
<meta name="viewport" content="width=device-width, initial-scale= 1.0">
<title>天气预报</title>
<link rel="stylesheet" href="css/bootstrap.css">
<style type="text/css">
    * {
        margin: 0;
        padding: 0;
    }
    body {
        background-color: rgb(235,239,248);
        padding: 10px;
    }
    h3 {
        text-align: center;
        margin: 20px 0;
    }
    nav {
      display: flex;
      justify-content: (1);/* 第(1)空  各项之间留有等间距的空白 */
      align-items: (2);/* 第(2)空 居中对齐弹性盒的各项元素 */
      margin-bottom: 1em;
    }
    .btn button:active {
        width: 4.5rem;/*当单击按钮时，宽度变为4.5rem */
    }
</style>
</head>
<body>
<header>
    <h4>天气预报</h4>
</header>
<nav class="btn">
<button class="btn btn-default" onclick = "(3)(this.value)" value = "北京">北京</button>  <!--第(3)空-->
<button class="btn btn-default" onclick = "(3)(this.value)" value = "上海">上海</button>  <!--第(3)空-->
<button class="btn btn-default" onclick = "(3)(this.value)" value = "广州">广州</button>  <!--第(3)空-->
<button class="btn btn-default" onclick = "(3)(this.value)" value = "深圳">深圳</button>  <!--第(3)空-->
<button class="btn btn-default" onclick = "(3)(this.value)" value = "武汉">武汉</button>  <!--第(3)空-->
<br /><br />
</nav>
```

```
<section>
    <table width="100%" class="table">
        <tr>
            <td>城市</td>
            <td>最低气温</td>
            <td>最高气温</td>
            <td>天气</td>
        </tr>
        <tr>
            <td></td>
            <td></td>
            <td></td>
            <td></td>
        </tr>
    </table>
</section>
</body>
</html>
<script>
    function load(value) {
        var xmlHttp;
        if (window.XMLHttpRequest ) {
            xmlHttp= new (4);    // 第(4)空
        }
        xmlHttp.onreadystatechange=function() {
            if (xmlHttp.readyState == (5) && xmlHttp.status == (6)) { // 第(5)空和第(6)空
                /*天气信息实时更新*/
                var json = JSON.(7)(xmlHttp.responseText);    // 第(7)空
                document.getElementsByTagName("td")[4].(8) = json.name;   // 第(8)空
                document.getElementsByTagName("td")[5].(8) = json.min;    // 第(8)空
                document.getElementsByTagName("td")[6].(8) = json.max;    // 第(8)空
                document.getElementsByTagName("td")[7].(8) = json.weather; // 第(8)空
            }
        }
        xmlHttp.(9)("GET", "./listWeather.php?city="+ value, true); // 第(9)空
        xmlHttp.(10)();    // 第(10)空
    }
</script>
```

（2）打开"考生文件夹\40015"文件夹中的 listWeather.php 文件，根据项目效果图和提示补全第（11）至（12）空处的代码，完成后保存该文件。

```
<?php
$city = (11)['city'];  /* 第(11)空 */
$data = array(
    0 => array(
```

```php
            "name" => "北京",
            "min" => rand(0,20)."°C",
            "max" => rand(20,40)."°C",
            "weather" => "多云转阴"
    ),
    1 => array(
        "name" => "上海",
        "min" => rand(0, 20)."°C",
        "max" => rand(20, 40)."°C",
        "weather" => "晴"
    ),
    2 => array(
        "name"=> "广州",
        "min" => rand(0, 20)."°C",
        "max" => rand(20, 40)."°C",
        "weather" => "小雨转晴"
    ),
    3 => array(
        "name" => "深圳",
        "min" => rand(0, 20)."°C",
        "max" => rand(20, 40)."°C",
        "weather" => "晴"
    ),
    4 => array(
        "name" => "武汉",
        "min"  => rand (0, 20)."°C",
        "max" => rand(20, 40)."°C",
        "weather" => "晴"
    )
);
if ($city == "北京"){
    echo (12)($data[0]);  /* 第(12)空 */
}else if($city == "上海"){
    echo (12)($data[1]);  /* 第(12)空 */
}else if($city == "广州"){
    echo (12)($data[2]);  /* 第(12)空 */
}else if($city == "深圳"){
    echo (12)($data[3]);  /* 第(12)空 */
}else{
    echo (12)($data[4]);  /* 第(12)空 */
}
?>
```

注意：除了删除编号（1）至（12）并填入正确的内容，不能修改或删除文件中的其他任何内容。

15.4.2 考核知识和技能

(1) 弹性布局。
(2) 事件处理函数。
(3) JS 原生 AJAX。
(4) JSON.parse()方法。
(5) innerHTML 属性。
(6) PHP 超全局变量$_GET 和$_REQUEST。
(7) json_encode()函数。

15.4.3 index.html 文件【第(1)、(2)空】

这两空考查弹性布局。

1．弹性布局

设置弹性布局的语法格式为 display:flex。

2．弹性容器

(1) flex-direction：指定弹性子元素在父容器中的位置。

(2) justify-content：定义弹性子元素在弹性容器主轴的对齐方式，属性值有 flex-start、flex-end、center、space-between 和 space-around。这 5 种属性值的显示效果如图 15-16 所示。

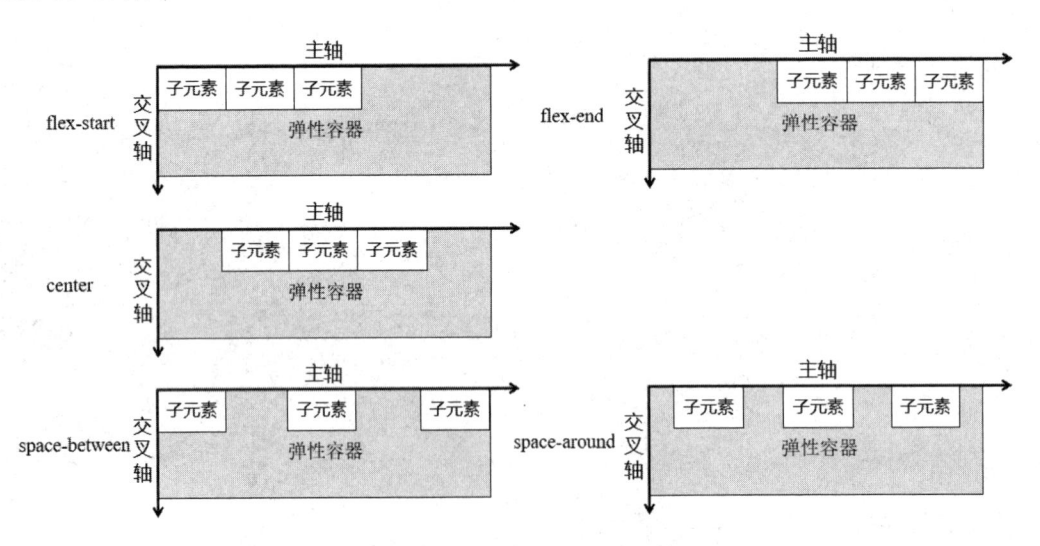

图 15-16

(3) align-items：定义弹性子元素在弹性容器交叉轴的对齐方式，属性值有 flex-start、flex-end、center、stretch 和 baseline。这 5 种属性值的显示效果如图 15-17 所示。

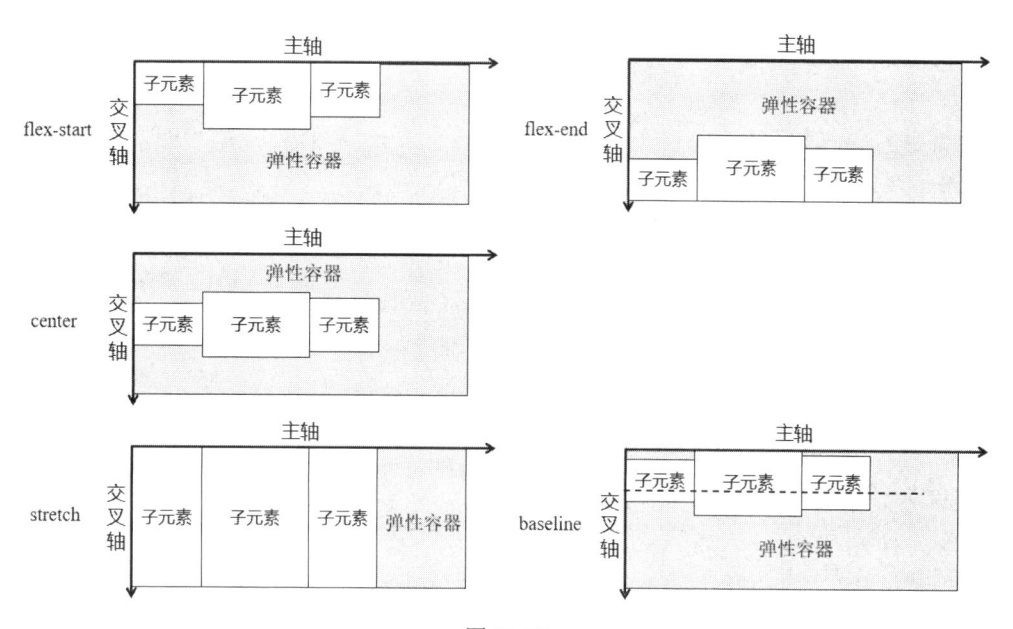

图 15-17

（4）flex-wrap：规定弹性容器是单行或多行的，同时横轴的方向决定了新行堆叠的方向。

3．弹性元素

flex：设置弹性盒子的子元素如何分配空间（复合属性）。

Flexbox 弹性盒模型如图 15-18 所示。

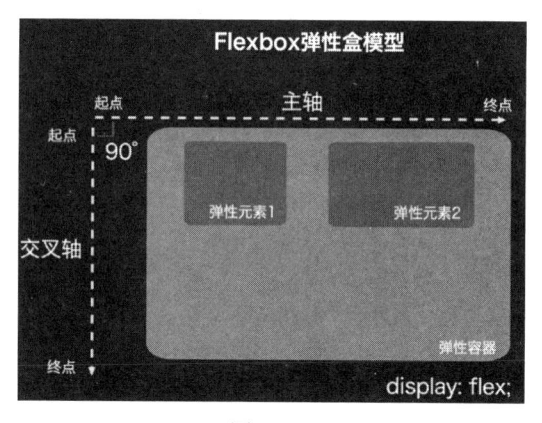

图 15-18

根据第（1）、（2）空的代码和注释内容可知，第（1）空考查的是 justify-content 属性的值，当把值设置为 space-between 时，可以使主轴各项元素之间留有等间距的空白；第（2）空考查的是 align-items 属性的值，当把值设置为 center 时，可以使交叉轴的各项元素居中对齐。

综上所述，第（1）空填写 space-between，第（2）空填写 center。

15.4.4 index.html 文件【第（3）空】

此空考查 JavaScript onclick 事件。

1. JavaScript onclick 事件

（1）事件的概念。

网页中的每一个元素都可以产生某些触发 JavaScript 函数的事件，可以认为事件是能被 JavaScript 侦测到的一种行为。

（2）事件类型主要有以下几种。

① 鼠标事件，如 click 单击事件、dbclick 双击事件。

② 键盘事件，如 keydown 按下键盘事件、keyup 释放键盘事件。

③ HTML 表单事件，如 onsubmit 提交事件。

④ Window 对象事件，如 load 页面加载完成事件。

（3）事件绑定。

在 HTML 标签上绑定事件：可以适应不同的浏览器，一次只能绑定一个。

2．JavaScript 函数

（1）函数的定义。

① 函数声明：被声明的函数不会直接执行，当它们被调用时才会执行。

② 函数表达式：函数表达式可以存储在变量中，在变量中存储函数表达式后，此变量可以用作函数。

（2）函数的参数。

形参：定义函数时的参数为形参。

实参：调用函数时实际传递出去的参数为实参。

（3）函数的调用。

以"函数名(参数)"形式调用函数。

（4）函数的返回值。

① 使用 return 关键字返回。

② 当函数无明确返回值时，返回的值为"undefined"。

onclick 鼠标单击事件：

```
<button onclick="load(this.value);" value="单击">单击</button>
```

```
function load(value) {
    alert(value);
}
```

运行效果如图 15-19 所示。

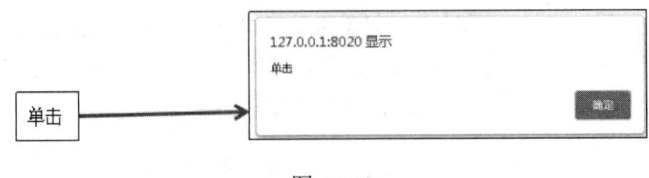

图 15-19

综上所述，第（3）空填写 load。

15.4.5 index.html 文件【第（4）空】

此空考查 XMLHttpRequest 对象。

1. XMLHttpRequest 对象

（1）XMLHttpRequest 对象是 AJAX 的核心。

（2）XMLHttpRequest 对象用于在后台与服务器交换数据。

2. 创建 XMLHttpRequest 对象

```
if (window.XMLHttpRequest ) {
   xmlHttp= new XMLHttpRequest();   // 第（4）空
}
```

综上所述，第（4）空填写 XMLHttpRequest()。

15.4.6 index.html 文件【第（5）、（6）空】

这两空考查 onreadystatechange 事件。

1. onreadystatechange 事件

当请求被发送到服务器时，需要执行一些基于响应的任务。

（1）每当 readyState 属性值被改变时，就会触发 onreadystatechange 事件。

（2）readyState 属性存有 XMLHttpRequest 对象的状态信息，从 0~4 发生变化。

0：未初始化。尚未调用 open()方法。

1：已打开。已调用 open()方法，尚未调用 send()方法。

2：已发送。已调用 send()方法，尚未收到响应。

3：接收中。已经收到部分响应。

4：完成。已经收到所有响应，可以使用了。

2. status 属性

status 属性保存响应的 HTTP 状态码。常见的 HTTP 状态码如表 15-2 所示。

表 15-2

HTTP 状态码	描述
200	表示从客户端发来的请求在服务器被正常处理了
301	永久性重定向，表示请求的资源已经被分配了新的 URI，以后应使用资源现在所指的 URI
302	临时性重定向，表示请求的资源已经被分配了新的 URI，希望用户（本次）能使用新的 URI 访问
304	未修改，所请求的资源未修改，服务器在返回此状态码时，不会返回任何资源。客户端通常会缓存访问过的资源，通过提供一个头信息指出客户端希望只返回在指定日期之后修改的资源
403	表示对请求资源的访问被服务器拒绝了。未获得文件系统的访问授权、访问权限出现某些问题（从未授权的发送源 IP 地址试图访问）等情况都可能是发生 403 的原因
404	表示服务器上没有该资源，或者说服务器找不到客户端请求的资源
500	表示服务器在执行请求时发生了错误，也有可能是 Web 应用存在的 bug 或某些临时的故障

onreadystatechange 事件的示例代码如下：

```
var xmlHttp = new XMLHttpRequest();   //创建 XMLHttpRequest 对象
```

```
xmlHttp.onreadystatechange = function(){
    //当触发 onreadystatechange 事件时，判断是否收到所有响应且响应状态正常
    if(xmlHttp.readyState == 4 && xmlHttp.status == 200){
        // 正常返回
    }
}
xmlHttp.open("GET", "./listWeather.php", true); //以 GET 方式异步请求 listWeather.php
xmlHttp.send(); //发送请求
```

综上所述，第（5）空填写 4，第（6）空填写 200。

15.4.7　index.html 文件【第（7）空】

此空考查 JSON 数据方法。

1. 获取服务器响应数据

（1）以字符串格式获取服务器响应数据：xmlHttp.responseText。

（2）以 XML 格式获取服务器响应数据：xmlHttp.responseXML。

2. JSON.parse()方法

JSON 通常用于与服务器交换数据，在接收服务器数据时一般为字符串，可以使用 JSON.parse()方法将数据转换为 JavaScript 对象，语法格式如下：

```
JSON.parse(text[, reviver])
```

JSON.parse()方法参数说明如下。

（1）text：必要参数，一个有效的 JSON 字符串。

（2）reviver：可选参数，一个转换结果的函数，将为对象的每个成员调用此函数。

```
var json = JSON.parse(xmlHttp.responseText);
```

综上所述，第（7）空填写 parse。

15.4.8　index.html 文件【第（8）空】

此空考查元素内容操作。

1. getElementsByTagName()方法

getElementsByTagName()方法可以返回带有指定标签名的对象的集合，可以通过下标来操作某个指定的元素（返回的集合中下标从 0 开始）。

```
<div>Hello World!</div>
<div>Hello World!</div>
<script>
//操作第 2 个<div>标签
document.getElementsByTagName("div")[1].innerHTML = "Hello 123!";
</script>
```

运行效果如图 15-20 所示。

2. 元素内容操作

（1）innerHTML 属性。

获取或设置元素内容最简单的方法是使用 innerHTML 属性。

innerHTML 属性可以获取或替换 HTML 元素的内容，也可以获取或改变任何 HTML 元素，包括<html>元素和<body>元素。

（2）innerText 属性。

获取或设置元素文本内容可以使用 innerText 属性。

```
<div id="test">Hello World!</div><br />
<div id="test1">Hello World!</div>
<script>
document.getElementById("test").innerHTML = "Hello innerHTML!";
document.getElementById("test1").innerText = "Hello innerText!";
</script>
```

运行效果如图 15-21 所示。

图 15-20

图 15-21

综上所述，第（8）空填写 innerHTML。

15.4.9　index.html 文件【第（9）、（10）空】

这两空考查 XMLHttpRequest 对象的 open()方法和 send()方法。

发送请求到服务器使用 XMLHttpRequest 对象的 open()方法和 send()方法。

（1）open()方法：规定请求的类型、URL，以及是否异步处理请求，语法格式如下：

```
open(method,url,async);
```

open()方法参数说明如下。

① method：请求的类型，GET 或 POST。

② url：文件在服务器上的位置。

③ async：是否异步处理请求，true（异步）或 false（同步）。

（2）send()方法：将请求发送到服务器。

当请求类型为 POST 时，将参数传入 send(string/object)。

```
xmlHttp.open("GET", "./listWeather.php?city="+ value, true);    // 第（9）空
xmlHttp.send();    // 第（10）空
```

综上所述，第（9）空填写 open，第（10）填写 send。

15.4.10　listWeather.php 文件【第（11）空】

此空考查 PHP 超全局变量。

（1）$_GET：通过 URL 参数（又称查询字符串）传递给当前脚本的变量的数组。

```
<?php
print_r($_GET);
```

运行效果如图 15-22 所示。

（2）$_POST：当 HTTP POST 请求的 Content-Type 是 application/x-www-form-urlencoded

或 multipart/form-data 时，会将变量以关联数组的形式传入当前脚本。

```html
<form action="23-2.php" method="post">
   <input type="text" name="username" />
   <input type="password" name="password" />
   <input type="submit" />
</form>
```

```php
<?php
print_r($_POST);
```

运行效果如图 15-23 所示。

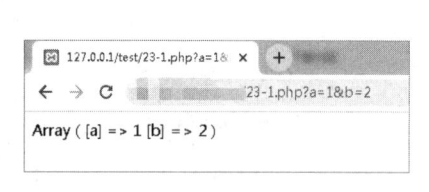

图 15-22

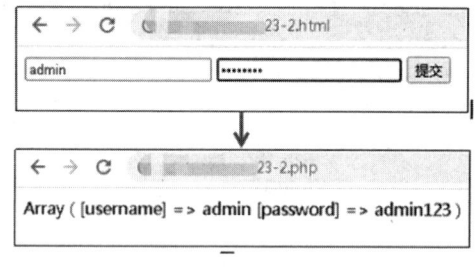

图 15-23

（3）$_REQUEST：默认情况下包含$_GET、$_POST 和$_COOKIE 的数组。

```html
<form action="23-3php" method="post">
   <input type="text" name="username" />
   <input type="password" name="password" />
   <input type="submit" />
</form>
```

```php
<?php
print_r($_REQUEST);
```

运行效果如图 15-24 所示。

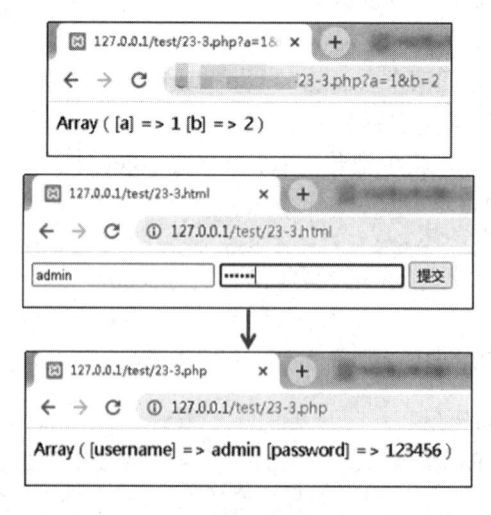

图 15-24

综上所述，第（11）空填写$_GET 或$_REQUEST。

15.4.11　listWeather.php 文件【第（12）空】

此空考查 PHP 的 json_encode()函数。

json_encode()函数用于对变量进行 JSON 编码，该函数如果执行成功，则返回 JSON 数据，否则返回 false。

```php
<?php
    $arr = array('a' => 1, 'b' => 2, 'c' => 3, 'd' => 4, 'e' => 5);
    echo json_encode($arr);
?>
```

运行结果如下：

{"a":1,"b":2,"c":3,"d":4,"e":5}

综上所述，第（12）空填写 json_encode。

15.4.12　参考答案

本题参考答案如表 15-3 所示。

表 15-3

小题编号	参考答案
1	space-between
2	center
3	load
4	XMLHttpRequest()
5	4
6	200
7	parse
8	innerHTML
9	open
10	send
11	$_GET 或$_REQUEST
12	json_encode

第 16 章
2021 年实操试卷（中级）

16.1 试题一

16.1.1 题干和问题

阅读下列说明、效果图，打开"考生文件夹\40029\novels"文件夹中的文件，阅读代码并进行静态网页开发，在第（1）至（10）空处填写正确的代码，操作完成后保存文件。

【说明】

实现一个小说网首页，页面中显示网站介绍和热门小说列表，如图 16-1 所示。项目名称为 novels，包含首页 index.html、列表第 1 页 list1.html 和列表第 2 页 list2.html。

具体要求：页面包含 logo、导航栏、搜索框、网站介绍和小说列表，单击右下角的列表翻页超链接显示不同的小说列表，如图 16-2 所示。

【效果图】

图 16-1

图 16-2

【问题】（20 分，每空 2 分）

（1）打开"考生文件夹\40029\novels"文件夹中的 index.html 文件，根据代码结构和注释，在第（1）至（3）空处填入正确的内容，完成后保存该文件。

```html
<!DOCTYPE html>
<html>
<head>
    <meta charset="UTF-8">
    <title>小说网首页</title>
    <link rel="stylesheet" type="text/css" href="css/index.css">
    <link rel="stylesheet" type="text/css" href="css/reset.css">
</head>
<body>
<header>
    <div class="container headBar">
        <!-- logo -->
        <div class="logo"></div>
        <!-- 导航栏 -->
        <nav>
            <a href="" class="navItem active">首页</a>
            <a href="" class="navItem">分类</a>
            <a href="" class="navItem">排行榜</a>
            <a href="" class="navItem">个性小说</a>
        </nav>
        <!-- 搜索框 -->
        <form class="search-wrap">
            <input type="search" spellcheck="true">
            <button type="submit">搜索</button>
        </form>
    </div>
</header>
```

```
<article class="container">
    <!-- 网站介绍 -->
    <div class="fiction-text">
        <h1>网站介绍</h1>
        <p>
            小说网创建于 2008 年，原名一起看小说网，是集创作、阅读于一体的在线小说网站。我们以"让每个人都享受创作的乐趣" 为出发点，提供玄幻奇幻、都市言情、武侠仙侠、青春校园、穿越架空、惊悚悬疑、经典文学、二次元等小说，读者可在线阅读及免费下载。
        </p>
    </div>
    <!-- 小说列表-->
    <section class="iframeWrap">
        <(1)    (2)="Iframe"    src="list1.html"    style="border: 0;" frameborder="0"></(1)><!-- 第（1）和第（2）空 -->
    </section>
    <!-- 分页栏 -->
    <section class="pageWrap">
        <ul class="page">
            <li><a href="list1.html" (3)="Iframe" class="pageItem">1</a></li><!-- 第（3）空 -->
            <li><a href="list2.html" (3)="Iframe" class="pageItem">2</a></li><!-- 第（3）空 -->
        </ul>
    </section>
</article>
<footer>
    <a href="">关于小说</a> |
    <a href="">友情链接</a> |
    <a href="">联系我们</a> |
    <a href="">帮助中心</a>
</footer>
</body>
</html>
```

（2）打开"考生文件夹\40029\novels\css"文件夹中的 reset.css 文件，根据代码结构和注释，在第（4）至（6）空处填入正确的内容，完成后保存该文件。

```
/* 边距初始化 */
* {
    margin: 0;
    (4): 0;/* 第（4）空 */
}

/* 超链接样式初始化,取消默认下画线 */
a {
    (5): none;/* 第（5）空 */
}

/* <li>标签样式初始化,取消默认<li>标签前面的符号 */
ul li {
```

```
(6): none;/* 第（6）空 */
}
```

（3）打开"考生文件夹\40029\novels\css"文件夹中的 index.css 文件，根据代码结构和注释，在第（7）至（10）空处填入正确的内容，完成后保存该文件。

```
a {
    color: #333333;
}

/* 固定宽度居中 */
.container {
    width: 84%;
    (7): 0 auto;/* 第（7）空 */
}

/* 页头 */
header {
    height: 60px;
    background: linear-gradient(to right, red, orange);
    font-size: 1.2em;
}

.headBar {
    display: flex;
    align-items: center;
}

/* logo */
.logo {
    width: 145px;
    height: 45px;
    background: url(../image/logo.jpg) no-repeat center;
    background-size: cover;
}

/*导航栏*/
nav {
    width: 600px;
}

.navItem {
    display: inline-block;
    line-height: 60px;
    padding: 0 20px;
    color: #ffffff;
}

/* 当前选中的导航栏 */
.navItem.active {
    background: #555555;
```

```css
    font-weight: 700;
}

/*搜索框*/
.search-wrap input {
    border: 0;
    width: 15rem;
    line-height: 1.75rem;
    outline-style: none;
    padding-left: 0.625rem;
    border-radius: 5px;
}

.search-wrap button {
    width: 3.125rem;
    height: 1.75rem;
    border: 0;
    background-color: #555555;
    color: #ffffff;
    border-radius: 5px;
}

/* 网站介绍 */
.fiction-text {
    (8): 2;  /* 将文本划分成2列   第（8）空 */
    (9): 40px;  /* 指定列之间的距离 第（9）空 */
    column-rule-style: solid;
    column-rule-width: 1px;
    padding: 0 70px;
    margin-top: 40px;
}

/*网站介绍标题*/
.fiction-text h1 {
    column-span: all;
    text-align: center;
    margin-bottom: 20px;
}

/* iframe 区域 */
.iframeWrap {
    width: 100%;
    overflow: hidden;
}

iframe {
    width: 103%;
    height: 450px;
}
```

```css
/*分页*/
.pageWrap {
    overflow: hidden;
}

.pageItem {
    width: 100px;
    height: 20px;
    margin-right: 20px;
}

ul.page {
    margin: 20px 0;
    float: right;
}

ul.page li {
    display: inline;
}

ul.page li a {
    padding: 8px 16px;
    border: 1px solid #cccccc;
}

/*未访问的超链接*/
ul.page li a:link {
    color: #333333;
}

/*已访问的超链接*/
ul.page li a:visited {
    color: #333333;
}

/*当鼠标指针悬停在超链接上时*/
ul.page li a:(10) {/* 第(10)空 */
    color: #FB6638;
}

/*被选择的超链接*/
ul.page li a:active {
    color: #FB6638;
}

/*页脚*/
footer {
    width: 100%;
    height: 50px;
```

```
    line-height: 50px;
    text-align: center;
    background-color: #E9E9E9;
}
footer a {
    margin: 0 20px;
}
```

注意：除了删除编号（1）至（10）并填入正确的内容，不能修改或删除文件中的其他任何内容。

16.1.2　考核知识和技能

（1）<iframe>标签。
（2）超链接<a>标签。
（3）内边距样式属性。
（4）文本装饰样式属性。
（5）列表项标记样式属性。
（6）外边距样式属性。
（7）多列样式属性。
（8）伪类选择器。

16.1.3　index.html 文件【第（1）空】

此空考查<iframe>标签。

（1）题目分析：页面中显示了不同热门小说列表的区域，小说列表分别对应 list1.html 和 list2.html。

（2）HTML 中的<iframe>标签用于在网页内显示网页。

（3）<iframe>标签的语法格式如下：

`<iframe src="URL"></iframe>`

① URL 指向嵌入网页的位置。

② <iframe>标签的 frameborder 属性用于规定是否显示<iframe>周围的边框，设置其属性值为"0"可以移除边框。

`<iframe src="demo.html" frameborder="0"></iframe>`

综上所述，第（1）空填写 iframe。

16.1.4　index.html 文件【第（2）、（3）空】

这两空考查<a>标签和<iframe>标签的组合使用。

| 1 | 2 |

图 16-3

（1）题目分析：单击如图 16-3 所示的页号超链接，会在<iframe>标签中显示相应页号的小说列表。

（2）超链接<a>标签的 target 属性用于规定在何处打开被链接文档。

```
<a href="URL" target="_blank">链接文本</a>
```

其中，target="_blank"表示在新窗口中打开被链接文档。target 属性的属性值如表 16-1 所示。

表 16-1

属性值	描述
_blank	在新窗口中打开被链接文档
_self	默认。在相同的框架或窗口中打开被链接文档
_parent	在父框架集中打开被链接文档
_top	在整个窗口中打开被链接文档
framename	在指定的框架中打开被链接文档

（3）<iframe>标签可用作超链接的目标，使用<iframe>标签作为链接的目标时，<a>标签的 target 属性必须引用<iframe>标签的 name 属性。

```
<iframe src="demo.html" name="iframe"></iframe>
<a href="URL" target="iframe">链接文本</a>
```

综上所述，第（2）空填写 name，第（3）空填写 target。

16.1.5　reset.css 文件【第（4）空】

此空考查内边距样式属性。

（1）题目分析：reset.css 文件是重置浏览器标签样式的文件，其作用是重新定义标签样式，覆盖浏览器的 CSS 默认属性。注释中的边距初始化是指清除元素的默认 margin 和 padding，即将所有元素的外边距和内边距都设置为 0。

（2）CSS 的 padding 属性用于定义元素边框和元素内容之间的距离，如图 16-4 所示。

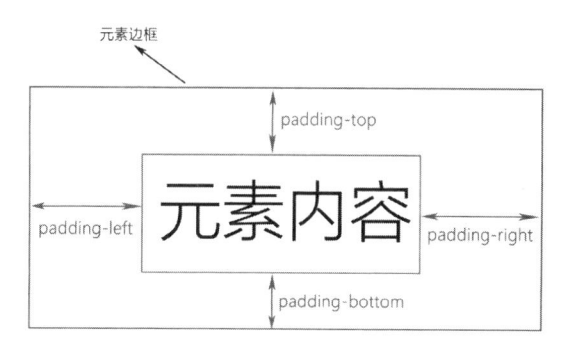

图 16-4

（3）CSS 具有为元素的每一侧指定内边距的属性。
- padding-top：设置元素的上内边距。
- padding-right：设置元素的右内边距。
- padding-bottom：设置元素的下内边距。
- padding-left：设置元素的左内边距。

所有的内边距属性都可以设置如表 16-2 所示的值。

表 16-2

值	描述
length	以 px、pt、cm 等单位指定内边距
%	以包含元素宽度的百分比指定内边距
inherit	从父元素继承内边距的值

（4）padding 属性为简写属性，有 1~4 个属性值。

```
padding:10px 20px 30px 40px;
```

① 上述代码设置上内边距为 10px，右内边距为 20px，下内边距为 30px，左内边距为 40px。

```
padding:10px 20px 30px;
```

② 上述代码设置上内边距为 10px，左、右内边距为 20px，下内边距为 30px。

```
padding:10px 20px;
```

③ 上述代码设置上、下内边距为 10px，左、右内边距为 20px。

```
padding:10px;
```

④ 上述代码设置所有的内边距都是 10px。

综上所述，第（4）空填写 padding。

16.1.6　reset.css 文件【第（5）空】

此空考查 text-decoration 属性。

（1）题目分析：超链接样式初始化，取消默认下画线。

（2）text-decoration 属性用于添加对文本的修饰，如下画线、上画线、删除线等。text-decoration 属性的属性值如表 16-3 所示。

表 16-3

属性值	描述
none	移除文本的修饰效果
underline	默认。定义文本下的一条线
overline	定义文本上的一条线
line-through	定义穿过文本中间的一条线
inherit	从父元素继承 text-decoration 属性的值

综上所述，第（5）空填写 text-decoration。

16.1.7　reset.css 文件【第（6）空】

此空考查 list-style 属性。

（1）题目分析：标签样式初始化，取消<li>标签前面的默认符号。

（2）list-style 属性为简写属性，它可以在一条声明中设置所有的列表项标记属性。

```
li {
  list-style: circle inside ;
}
```

（3）对于 list-style 属性，可以按照顺序设置如下属性值：list-style-type、list-style-position、list-style-image，具体的属性值如表 16-4 所示。

表 16-4

属性值	描述
list-style-type	设置列表项标记的类型
list-style-position	设置在何处放置列表项标记
list-style-image	使用图像来替换列表项标记

综上所述，第（6）空填写 list-style。

16.1.8 index.css 文件【第（7）空】

此空考查外边距样式属性。

（1）题目分析：实现网页中主体内容所在区域的水平居中显示。

（2）CSS 的 margin 属性用于定义元素周围的距离，即设置元素所有外边距的宽度，或者设置每一侧外边距的宽度，如图 16-5 所示。

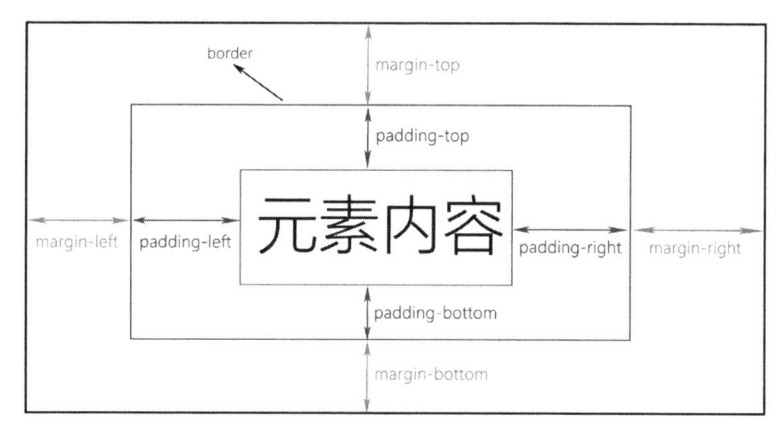

图 16-5

（3）CSS 具有为元素的每一侧指定外边距的属性。

- margin-top：设置元素的上外边距。
- margin-right：设置元素的右外边距。
- margin-bottom：设置元素的下外边距。
- margin-left：设置元素的左外边距。

所有的外边距属性都可以设置如表 16-5 所示的值。

表 16-5

值	描述
auto	由浏览器自动计算外边距
length	以 px、pt、cm 等单位指定外边距
%	以包含元素宽度的百分比指定外边距
inherit	从父元素继承外边距的值

（4）margin 属性为简写属性，有 1~4 个属性值。

```
margin:10px 20px 30px 40px;
```

① 上述代码设置上外边距为 10px，右外边距为 20px，下外边距为 30px，左外边距为 40px。

```
margin:10px 20px 30px;
```

② 上述代码设置上外边距为 10px，左、右外边距为 20px，下外边距为 30px。

```
margin:10px 20px;
```

③ 上述代码设置上、下外边距为 10px，左、右外边距为 20px。

```
margin:10px;
```

④ 上述代码设置所有的外边距都是 10px。

（5）margin:0 auto 和 margin:0 auto 0 auto 的效果一致，都用于设置元素的上下间距为 0，左右间距自动填充，以实现元素在父元素中水平居中。

综上所述，第（7）空填写 margin。

16.1.9　index.css 文件【第（8）、（9）空】

这两空考查多列样式属性。

（1）CSS 多列布局允许定义多列文本，所有的多列样式属性如表 16-6 所示。

表 16-6

属性	描述
column-count	指定元素应划分的列数
column-fill	指定如何填充列
column-gap	指定列之间的间隔距离
column-rule	用于设置所有 column-rule-* 属性的简写属性
column-rule-color	指定列之间边框的颜色
column-rule-style	指定列之间边框的样式
column-rule-width	指定列之间边框的宽度
column-span	指定元素应跨越多少列
column-width	指定列的宽度
columns	用于设置 column-width 和 column-count 属性的简写属性

（2）column-count 属性用于指定某个元素应划分的列数，语法格式如下：

```
column-count: number|auto;
```

column-count 属性的属性值如表 16-7 所示。

表 16-7

属性值	说明
number	数值，元素内容将被划分的列数
auto	由其他属性决定列数，例如："column-width"

（3）column-gap 属性用于指定列之间的间隔距离，语法格式如下：

```
column-gap: length|normal;
```

column-gap 属性的属性值如表 16-8 所示。

表 16-8

属性值	说明
length	一个指定的长度，用于设置列之间的距离
normal	指定列与列之间的距离为一个常规的间隔距离，W3C 建议的值为 1em

综上所述，第（8）空填写 column-count，第（9）空填写 column-gap。

16.1.10　index.css 文件【第（10）空】

此空考查伪类选择器。

（1）CSS 伪类用于定义元素的特殊状态，包括设置鼠标指针悬停在元素上的样式、超链接已访问和未访问时的样式等。

（2）伪类选择器的语法格式如下：

```
selector:pseudo-class {property:value;}
```

其中，selector 为选择器，pseudo-class 为伪类。

（3）超链接的 4 种状态对应的伪类选择器的写法及顺序如下：

```
a:link {property:value;}         /* 未访问的链接 */
a:visited {property:value;}      /* 已访问的链接 */
a:hover {property:value;}        /* 鼠标指针划过链接 */
a:active {property:value;}       /* 已选中的链接 */
```

综上所述，第（10）空填写 hover。

16.1.11　参考答案

本题参考答案如表 16-9 所示。

表 16-9

小题编号	参考答案
1	iframe
2	name
3	target
4	padding
5	text-decoration
6	list-style
7	margin
8	column-count
9	column-gap
10	hover

16.2 试题二

16.2.1 题干和问题

阅读下列说明、效果图，打开"考生文件夹\40034\category"文件夹中的文件，阅读代码并进行静态网页开发，在第（1）至（10）空处填写正确的代码，操作完成后保存文件。

【说明】

实现酒类商品的分类信息界面，项目采用 Bootstrap 框架构建，分类信息界面使用导航栏和栅格系统布局，PC 端和移动端能够自适应显示，界面分为以下 3 部分。

（1）顶部：包括导航栏、折叠导航栏、下拉列表。其中，导航栏显示在 PC 端界面中，折叠导航栏显示在移动端界面中，下拉列表中显示葡萄酒的类别。

（2）信息栏：信息栏左侧显示产地（中国、法国、美国、加拿大）；信息栏右侧显示酒的详细信息（名称、描述、价格、是否包邮、单瓶净含量、酒精度）。

（3）底部：版权信息。

【效果图】

PC 端的显示效果如图 16-6 所示。

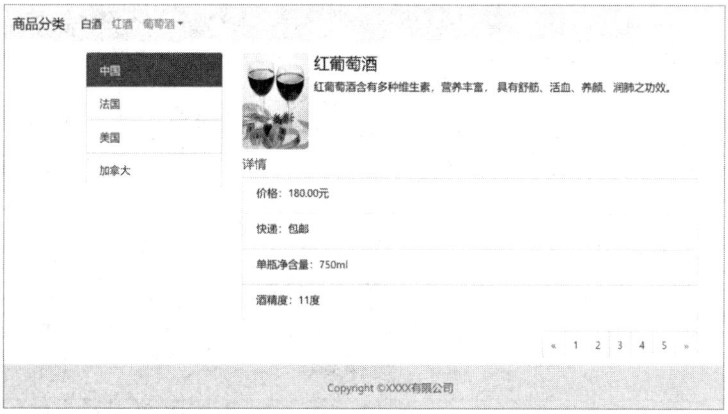

图 16-6

移动端的显示效果如图 16-7 所示。

图 16-7

【问题】（20 分，每空 2 分）

（1）打开"考生文件夹\40034\category"文件夹中的 index.html 文件，根据代码结构和注释，在第（1）至（8）空处填入正确的内容，完成后保存该文件。

```
<!DOCTYPE html>
<html>
    <head>
        <meta charset="UTF-8">
        <link rel="stylesheet" href="css/bootstrap.min.css">
        <link rel="stylesheet" href="css/category.css">
        <title>分类信息</title>
    </head>
    <body>
        <script src="js/jquery-3.4.1.min.js"></script>
        <script src="js/bootstrap.min.js"></script>
        <header>
        <!-- 导航栏 -->
        <nav class="(1) (1)-expand-lg (1)-light bg-light"> <!-- 第（1）空 -->
            <a class="navbar-brand" href="#">商品分类</a>
                <button class="navbar-toggler" type="button" data-toggle="collapse" data-target="#Nav">
                    <span class="navbar-toggler-icon"></span>
                </button>
            <!-- 折叠导航栏 -->
            <div class="(2) navbar-(2)" id="Nav"><!-- 第（2）空 -->
                <ul class="navbar-nav">
                    <li class="nav-item active">
                        <a class="nav-link" href="#">白酒<span class="sr-only">(current)</span></a>
                    </li>
                    <li class="nav-item">
                      <a class="nav-link" href="#">红酒</a>
                    </li>
                    <!-- 下拉列表-->
                    <li class="nav-item dropdown">
                        <a class="nav-link dropdown-toggle" href="#" id="Dropdown" data-toggle="dropdown">葡萄酒</a>
                        <div class="dropdown-menu">
                            <a class="dropdown-item" href="#">白葡萄酒</a>
                            <a class="dropdown-item" href="#">红葡萄酒</a>
                            <a class="dropdown-item" href="#">黄葡萄酒</a>
                        </div>
                    </li>
                </ul>
            </div>
        </nav>
        </header>
        <div class="container mt-3">
            <div class="(3)"><!-- 栅格系统，创建行/水平的列组  第（3）空-->
```

```html
            <aside class="col-lg-3 col-12 d-lg-block d-none">
                <!-- 使用列表组件排序 -->
                <button type="button" class="list-group-item list-group-item-action (4)" disabled><!-- 高亮按钮  第（4）空 -->
                    中国
                </button>
                <button type="button" class="list-group-item list-group-item-action ">
                    法国
                </button>
                <button type="button" class="list-group-item list-group-item-action ">
                    美国
                </button>
                <button type="button" class="list-group-item list-group-item-action ">
                    加拿大
                </button>
            </aside>
            <!-- 移动端产地筛选栏 -->
            <aside class="col-lg-3 col-12 d-block d-lg-none mb-2">
                <!-- 使用列表组件排序 -->
                <div class="list-group d-flex flex-row justify-content-between align-items-center">
                    <button type="button" class="list-group-item list-group-item-action active" disabled>
                        中国
                    </button>
                    <button type="button" class="list-group-item list-group-item-action ">
                        法国
                    </button>
                    <button type="button" class="list-group-item list-group-item-action ">
                        美国
                    </button>
                    <button type="button" class="list-group-item list-group-item-action ">
                        加拿大
                    </button>
                </div>
            </aside>
            <section class="col-lg-9 col-12">
                <!-- 媒体对象 -->
                <div class="media">
                    <img src="images/wine.jpg" class="media-object0" width="100px">
                    <div class="media-body ml-2">
                        <h4 class="media-heading">红葡萄酒</h4>
```

```
                        <p>红葡萄酒含有多种维生素，营养丰富，具有舒筋、活血、养颜、润
肺之功效。</p>
                    </div>
                </div>
                <h4 class="title">详情</h4>
                <!-- 列表组件 -->
                <ul class="(5)"><!-- 第（5）空 -->
                    <li class="list-group-item item">
                        <h5 class="mt-0"><span>价格：</span>180.00 元</h5>
                    </li>
                    <div class="list-group-item item">
                        <h5 class="mt-0"><span>快递：</span>包邮</h5>
                    </div>
                    <div class="list-group-item item">
                        <h5 class="mt-0"><span>单瓶净含量：</span>750ml</h5>
                    </div>
                    <li class="list-group-item item">
                        <h5 class="mt-0"><span>酒精度：11 度</span></h5>
                    </li>
                </ul>
                <div class="float-right mt-3">
                <!-- 分页 -->
                <ul class="(6)"><!-- 第（6）空 -->
                    <li class="page-item (7)"><!-- 禁用选项 第（7）空 -->
                        <a class="(8)" href="#" tabindex="-1"
                        aria-disabled="true"><!-- 第（8）空 -->
                        <span aria-hidden="true">&laquo;</span>
                        </a>
                    </li>
                    <li class="page-item"><a class="(8)" href="#">1</a>
                    </li><!-- 第（8）空 -->
                    <li class="page-item"><a class="(8)" href="#">2</a>
                    </li><!-- 第（8）空 -->
                    <li class="page-item"><a class="(8)" href="#">3</a>
                    </li><!-- 第（8）空 -->
                    <li class="page-item"><a class="(8)" href="#">4</a>
                    </li><!-- 第（8）空 -->
                    <li class="page-item"><a class="(8)" href="#">5</a>
                    </li><!-- 第（8）空 -->
                    <li class="page-item">
                        <a class="(8)" href="#"><!-- 第（8）空 -->
                            <span aria-hidden="true">&raquo;</span>
                            <span class="sr-only">Next</span>
                        </a>
                    </li>
                </ul>
                </div>
            </section>
        </div>
```

```
        </div>
        <!-- 版权信息 -->
        <footer class="jumbotron">
          <p class="text-muted" align="center">Copyright ©XXXX 有限公司</p>
        </footer>
    </body>
</html>
```

（2）打开"考生文件夹\40034\category\css"文件夹中的 category.css 文件，根据代码结构和注释，在第（9）至（10）空处填入正确的内容，完成后保存该文件。

```
body {
  overflow: hidden;
}
.media img {
  width: 100px;
  (9): 5px; /* 圆角    第(9)空*/
}
.title {
  margin: 10px 0;
  font-size: 18px;
  color: (10)(0,123,255); /* 颜色  第(10)空 */
  cursor: pointer;
}
section .item h5 {
  font-weight: normal;
  font-size: 16px;
}
.jumbotron {
  width: 100%;
  height: 4em;
  padding: 0;
  line-height: 4em;
  position: fixed;
  bottom: 0;
  margin-bottom: 0;
}
.jumbotron p{
  margin-bottom: 0;
}
```

注意：除了删除编号（1）至（10）并填入正确的内容，不能修改或删除文件中的其他任何内容。

16.2.2 考核知识和技能

（1）Bootstrap 4 的导航栏组件。

（2）Bootstrap 栅格系统。

（3）Bootstrap 4 列表组。

（4）Bootstrap 4 的分页。

（5）边框样式属性。
（6）颜色样式属性。

16.2.3　index.html 文件【第（1）空】

此空考查 Bootstrap 4 的导航栏组件。

（1）Bootstrap 提供导航栏组件，导航栏通常被用作导航的容器，包括站点名称和基本的导航定义样式。使用 Bootstrap 4 创建一个默认导航栏的步骤如下。

① 向<nav>标签添加.navbar 类和.navbar-expand-xl|lg|md|sm 类，用于创建响应式的导航栏。

② 添加类名为 navbar-brand 的<a>元素用于放置站点名称文本，这可以让文本看起来更大一号。

③ 添加带有.navbar-nav 类的无序列表，在无序列表中添加带有.nav-item 类的<li>元素，在<li>元素中使用带有.nav-link 类的<a>元素定义链接。

（2）navbar-expand-xx 类用于设置响应式折叠断点，即当屏幕尺寸小于断点时，菜单会被垂直折叠起来，此系列类的类名和具体描述如表 16-10 所示。

表 16-10

类名	描述
navbar-expand-sm	屏幕尺寸≥576px 时水平铺开，否则垂直堆叠
navbar-expand-md	屏幕尺寸≥768px 时水平铺开，否则垂直堆叠
navbar-expand-lg	屏幕尺寸≥992px 时水平铺开，否则垂直堆叠
navbar-expand-xl	屏幕尺寸≥1200px 时水平铺开，否则垂直堆叠

（3）导航栏的文字默认为蓝色，使用.navbar-light 类设置文字为与浅色背景对应的颜色，使用.navbar-dark 类设置文字为与深色背景对应的颜色。

综上所述，第（1）空填写 navbar。

16.2.4　index.html 文件【第（2）空】

此空考查折叠导航栏。

（1）题目分析：当屏幕宽度小于 992px 时，导航栏会自动把所有导航栏组件隐藏，并在右侧显示一个汉堡按钮，在单击该按钮时，会显示所有导航栏组件，从而实现响应式导航栏效果，如图 16-8 所示。

图 16-8

（2）创建可折叠的响应式导航栏需要完成以下两个步骤。

① 将需要折叠的导航栏组件放入 div 容器中，为该 div 添加 class="collapse

navbar-collapse"并设置 id 值。

② 在打开导航栏的按钮上添加 class="navbar-toggler"、data-toggle="collapse" 和 data-target="#包含导航栏组件的容器 id"。

综上所述，第（2）空填写 collapse。

16.2.5　index.html 文件【第（3）空】

此空考查 Bootstrap 栅格系统。

（1）Bootstrap 内置了一套响应式、移动设备优先的流式栅格系统，随着屏幕设备或视口尺寸的增加，系统最多可分为 12 列。

（2）栅格系统根据终端对设备进行划分，以支持开发人员针对不同的终端设备编写相应的代码。Bootstrap 4 栅格系统有以下 5 种类型。

① .col-：针对所有设备。

② .col-sm-：屏幕宽度大于或等于 576px。

③ .col-md-：屏幕宽度大于或等于 768px。

④ .col-lg-：屏幕宽度大于或等于 992px。

⑤ .col-xl-：屏幕宽度大于或等于 1200px。

（3）栅格就是网格，页面的布局是通过若干行和列组合创建的。在 Bootstrap 4 中，使用栅格系统的基本规则如下。

① 为栅格布局容器添加 .container（固定宽度）或 .container-fluid（全屏宽度）类。

② 在栅格布局容器中添加类名为 row 的容器，实现行的创建。

③ 在行中创建列组，使用 .col-*-* 类设置列的响应规则，并将内容放置在列中。

栅格系统的语法格式如下。

```
<div class="container">
  <div class="row">
    <div class="col-*-*"></div>
    <div class="col-*-*"></div>
    <div class="col-*-*"></div>
  </div>
</div>
```

.col-*-* 类中的第一个星号（*）表示响应的设备：sm、md、lg 或 xl；第二个星号（*）表示一个数字，同一行的数字相加为 12。

综上所述，第（3）空填写 row。

16.2.6　index.html 文件【第（4）、（5）空】

这两空考查 Bootstrap 4 列表组。

（1）题目分析：实现产地列表中"中国"按钮的高亮显示效果，如图 16-9 所示。葡萄酒详情的显示也使用列表效果。

（2）列表组提供了一种非常规整的排列形式，可以使用 .list-group 和 .list-group-item 样式来实现，代码如下：

```
<ul class="list-group">
```

```html
  <li class="list-group-item">第一项</li>
  <li class="list-group-item">第二项</li>
  <li class="list-group-item">第三项</li>
</ul>
```

运行效果如图 16-10 所示。

（3）将图 16-10 对应的代码改为如下内容也可以实现一样的效果。

```html
<button class="list-group-item list-group-item-action ">第一项</button>
<button class="list-group-item list-group-item-action ">第二项</button>
<button class="list-group-item list-group-item-action ">第三项</button>
```

若要实现其中一项为高亮激活状态，如图 16-11 所示，则需要通过添加.active 类来设置激活状态的列表项，代码如下：

```html
<button class="list-group-item list-group-item-action active">第一项</button>
<button class="list-group-item list-group-item-action">第二项</button>
<button class="list-group-item list-group-item-action">第三项</button>
```

图 16-9　　　　　　　　图 16-10　　　　　　　　图 16-11

综上所述，第（4）空填写 active，第（5）空填写 list-group。

16.2.7　index.html 文件【第（6）～（8）空】

第（6）～（8）空考查 Bootstrap 4 的分页。

（1）分页在 Web 页面中很常用，Bootstrap 为分页提供了一系列类，使用下列步骤即可创建基本的分页。

① 在<ul>元素中添加 pagination 类，用于在页面上显示分页。
② 在<ul>元素中添加类名为 page-item 的<li>元素，用于定义链接。
③ 在<li>元素中添加<a>标签，为<a>标签添加 page-link 类。

示例代码如下：

```html
<ul class="pagination">
  <li class="page-item"><a class="page-link" href="#">上一页</a></li>
  <li class="page-item"><a class="page-link" href="#">1</a></li>
  <li class="page-item"><a class="page-link" href="#">2</a></li>
  <li class="page-item"><a class="page-link" href="#">3</a></li>
  <li class="page-item"><a class="page-link" href="#">4</a></li>
  <li class="page-item"><a class="page-link" href="#">下一页</a></li>
</ul>
```

运行效果如图 16-12 所示。

（2）修改上述代码，为其中一个分页链接项添加 disabled 类，用于设置该链接不可单击。

```html
<ul class="pagination">
```

```html
<li class="page-item disabled"><a class="page-link" href="#">上一页</a></li>
<li class="page-item"><a class="page-link" href="#">1</a></li>
<li class="page-item"><a class="page-link" href="#">2</a></li>
<li class="page-item"><a class="page-link" href="#">3</a></li>
<li class="page-item"><a class="page-link" href="#">4</a></li>
<li class="page-item"><a class="page-link" href="#">下一页</a></li>
</ul>
```

运行效果如图 16-13 所示，可以看出，"上一页"链接无法单击。

图 16-12   图 16-13

综上所述，第（6）空填写 pagination，第（7）空填写 disabled，第（8）空填写 page-link。

16.2.8　category.css 文件【第（9）空】

此空考查边框样式属性。

（1）题目分析：实现图片外边框的圆角效果（4 个圆角），如图 16-14 所示。

图 16-14

（2）border-radius 属性用于设置元素的外边框圆角，它是一个简写属性，用于设置 4 个 border-*-radius 属性，如表 16-11 所示。

表 16-11

属性	描述
border-top-left-radius	设置左上角圆角
border-top-right-radius	设置右上角圆角
border-bottom-right-radius	设置右下角圆角
border-bottom-left-radius	设置左下角圆角

（3）在 border-radius 属性中使用一个半径值时确定一个圆形边角，使用两个半径值时确定一个椭圆边角。border-radius 属性的语法格式如下：

```
border-radius: 1-4 length|% / 1-4 length|%;
```

border-radius 属性的属性值如表 16-12 所示。

表 16-12

属性值	描述
length	以数值方式定义圆角的形状
%	以百分比定义圆角的形状

圆角半径的 4 个值的顺序：左上角、右上角、右下角、左下角，如图 16-15 所示。

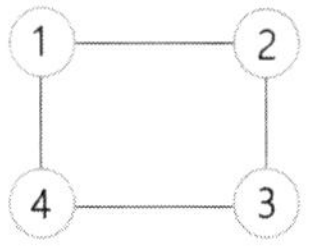

border-radius 属性如果省略左下角，则表示左下角的值与右上角的值相同；如果省略右下角，则表示右下角的值与左上角的值相同；如果省略右上角，则表示右上角的值与左上角的值相同。例如：

```
border-radius: 2px;
```

等价于

```
border-top-left-radius:2px;
border-top-right-radius:2px;
border-bottom-right-radius:2px;
border-bottom-left-radius:2px;
```

图 16-15

综上所述，第（9）空填写 border-radius。

16.2.9　category.css 文件【第（10）空】

此空考查颜色样式属性。

（1）CSS 颜色值可以通过以下方法指定。

① 颜色的名称：如 red、blue、green 等（不区分大小写）。

② 十六进制颜色：用#RRGGBB 或#RGB 指定十六进制颜色。以#RRGGBB 格式为例，RR、GG 和 BB 十六进制整数分别指定红色、绿色和蓝色的分量。

③ 带透明度的十六进制颜色：用#RRGGBB 指定十六进制颜色，在 BB 后增加两个额外的数字表示透明度。

④ RGB 颜色：以 rgb()函数指定颜色值。

⑤ RGBA 颜色：以 rgba()函数指定颜色值和透明度。

（2）由 rgb()函数指定颜色值的语法格式如下：

```
rgb(red, green, blue);
```

函数参数（red、green、blue）表示分别定义红色、绿色、蓝色的强度，参数值可以是 0~255 之间的整数或百分比（0%~100%）。

综上所述，第（10）空填写 rgb。

16.2.10　参考答案

本题参考答案如表 16-13 所示。

表 16-13

小题编号	参考答案
1	navbar
2	collapse
3	row
4	active
5	list-group
6	pagination
7	disabled
8	page-link
9	border-radius
10	rgb

16.3 试题三

16.3.1 题干和问题

阅读下列说明、效果图，打开"考生文件夹\40030\comments"文件夹中的文件，阅读代码并进行静态网页开发，在第（1）至（15）空处填写正确的代码，操作完成后保存文件。

【说明】

实现一个留言页面，页面包括留言列表、留言输入框、发布留言按钮 3 部分，效果如图 16-16 所示。项目名称为 comments，包含首页 index.html。

具体要求如下。

（1）在留言输入框中可以输入留言信息，输入完毕后单击"发布留言"按钮，可以将留言输入框中的信息添加到留言列表中，同时清空留言输入框中的内容，如图 16-17 所示。

（2）用户在单击留言输入框获取焦点时，留言列表处于隐藏状态，留言输入框的高度从 80px 变为 200px，如图 16-18 所示。

（3）输入留言信息，单击"发布留言"按钮后，留言列表恢复显示状态，留言输入框的高度变回 80px，输入的留言信息会显示在留言列表的第 1 行。

【效果图】

图 16-16

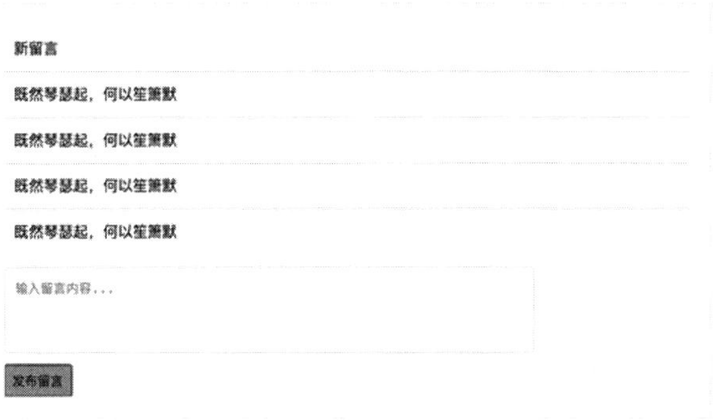

图 16-17

图 16-18

【问题】（30 分，每空 2 分）

根据注释，补全代码。

（1）打开"考生文件夹\40030\comments"文件夹中的 index.html 文件，根据代码结构和注释，在第（1）至（9）空处填入正确的内容，完成后保存该文件。

```
<!DOCTYPE html>
<html>
  <head>
    <meta charset="UTF-8">
    <title>留言页面</title>
    <link rel="stylesheet" href="style.css" type="text/css">
  </head>
  <body>
    <div id="wrapper">
      <!-- 留言显示区域 -->
      <div class="comment">
        <ul class="message">
          <li>
            <p class="content">既然琴瑟起，何以笙箫默</p>
          </li>
          <li>
            <p class="content">既然琴瑟起，何以笙箫默</p>
          </li>
          <li>
            <p class="content">既然琴瑟起，何以笙箫默</p>
          </li>
```

```html
            <li>
                <p class="content">既然琴瑟起，何以笙箫默</p>
            </li>
            <li>
                <p class="content">既然琴瑟起，何以笙箫默</p>
            </li>
        </ul>
        <!-- 留言发布区域 -->
        <div class="sendMessageWrap">
            <!-- 留言输入框 -->
            <textarea (1)="输入留言内容..." id="messageContent"></textarea>
<!-- 第(1)空 -->
            <!-- 发布留言按钮 -->
            <button id="sendMessage">发布留言</button>
        </div>
    </div>
</div>
  <script src="jquery.min.js"></script>
  <script src="jquery-ui.min.js"></script>
  <script>
      $('#messageContent').on('(2)',function(){  //绑定事件 第(2)空
        //切换效果
        $('.message').(3)('blind',500);     //第(3)空
        setTimeout(function(){
          //留言输入框的高度变高动画
          $('textarea').(4)({   //第(4)空
            (5):'200px' //第(5)空
          },300)
        },500)
      })
      $('#sendMessage').on('(6)',function(){ //绑定事件  第(6)空
        //百叶窗切换效果
        $('.message').(3)('blind',500)    //第(3)空
      })
      $('#sendMessage').on('(6)',function(){ //绑定事件  第(6)空
        //留言输入框的高度还原
        $('textarea').(4)({  //第(4)空
          (5):'80px'  //第(5)空
        },300);
      })
      $('#sendMessage').on('(6)',function(){ //绑定事件  第(6)空
        var $html = "<li><div class='content'>"+$('#messageContent').
(7)()+"</div></li>"; //取值并拼接字符串  第(7)空
        if($("#messageContent").(7)()!=''){  //第(7)空
          (9)(function(){//第(9)空
          //显示到留言列表第1行
          $('.message').(8)($html);//第(8)空
          //当内容为空时，不能添加到留言区域
```

```
              $("textarea").val("");
            },1000) //1秒后执行
          }
        })
      </script>
  </body>
</html>
```

（2）打开"考生文件夹\40030\comments"文件夹中的 style.css 文件，根据代码结构和注释，在第（10）至（15）空处填入正确的内容，完成后保存该文件。

```
* {
    margin: 0;
    padding: 0;
}
ul,li {
    list-style: none;
}
textarea {
    resize: none;
    outline: none;
}
/*居中显示*/
#wrapper {
    width: 50%;
    border: 1px (10) #cccccc; /* 点状线边框 第（10）空 */
    margin: 50px auto;
    padding: 20px;
}
/* 留言显示区域 */
.comment {
    position: relative;
    overflow: hidden;
}
.message {
    width: 106%;
    height: 200px;
    overflow: auto;
}
.message li {
    border-bottom: 1px (11) #cccccc;/* 实线边框 第（11）空 */
    padding: 10px;
    display: (12);  /* 弹性盒子布局 第（12）空 */
    (13): space-between;  /* 主轴（横轴）方向上的对齐方式 第（13）空 */
}
/* 留言输入框 */
.content {
    width: 80%;
    line-height: 1.5;
    font-size: 14px;
}
```

```
/* 留言发布区域 */
.sendMessageWrap {
    margin-top: 20px;
}
/* 发布 */
.sendMessageWrap input,.sendMessageWrap textarea {
    display: block;
    width: 500px;
    height: 80px;
    font-size: 12px;
    border: 1px (11) #cccccc;/* 实线边框 第（11）空 */
    (14): 5px; /* 圆角 第（14）空 */
    padding: 10px;
    (15): border-box; /* 内边距和边框都在已设定的宽度和高度内 第（15）空 */
    margin: 10px 0;
}
/* 发布留言按钮 */
.sendMessageWrap button {
    border: 0;
    background-color: deepskyblue;
    padding: 6px 8px;
    (14): 5px;/* 圆角 第（14）空 */
    font-size: 12px;
}
```

注意：除了删除编号（1）至（15）并填入正确的内容，不能修改或删除文件中的其他任何内容。

16.3.2 考核知识和技能

（1）表单控件。

（2）事件绑定。

（3）jQuery UI 特效。

（4）jQuery 自定义动画。

（5）CSS 尺寸属性。

（6）标签内容操作。

（7）插入 HTML 元素。

（8）内置函数。

（9）CSS 边框属性。

（10）弹性盒子。

（11）CSS3 新增盒模型属性。

（12）盒模型属性。

16.3.3 index.html 文件【第（1）空】

此空考查表单控件。

1. 题目分析

表单控件<textarea>在题目效果图中的显示效果如图 16-19 所示。

图 16-19

```
<!-- 留言发布区域 -->
<div class="sendMessageWrap">
  <!-- 留言输入框 -->
  <textarea (1)="输入留言内容..." id="messageContent"></textarea> <!-- 第(1)空 -->
  <!-- 发布留言按钮 -->
  <button id="sendMessage">发布留言</button>
</div>
```

从代码上看，第（1）空需要填入的是表单控件<textarea>的一个属性，属性值的内容为提示信息，即"输入留言内容…"，该属性值的类型为 text。

2. <textarea>新增属性

HTML5 表单控件<textarea>新增属性如表 16-14 所示。

表 16-14

属性	值	描述
placeholder	text	文本区域内显示的提示信息，输入内容时消失
autofocus	autofocus	页面加载时文本区域自动获取焦点
form	form_id	文本区域所属的表单
maxlength	number	文本区域的最大字符数
wrap	hard/soft	表单提交时文本区域中的文本是否保留换行符

综上所述，第（1）空填写 placeholder。

16.3.4 index.html 文件【第（2）、（6）空】

这两空考查事件绑定。

1. 题目分析

（1）当留言输入框获取焦点时，实现切换效果和高度变高动画效果。

`$('#messageContent').on('(2)',function(){ //绑定事件 第（2）空 })`

（2）单击"发布留言"按钮，分别实现百叶窗切换效果、输入框的高度还原效果和显示留言列表效果。

`$('#sendMessage').on('(6)',function(){ //绑定事件 第（6）空 })`

2. on()方法

on()方法用于对指定的元素进行特定事件的绑定，语法如下：

```
$(selector).on(event,[childSelector],[data],fn)
```

参数说明如下。

- event：事件类型。
- childSelector：可选参数，只给绑定元素的子元素添加事件处理程序。
- data：可选参数，传递给事件对象的额外数据。
- fn：绑定元素上运行的事件函数。

3．事件类型

常见的事件类型如表 16-15 所示。

表 16-15

事件类型	常用事件
鼠标事件	click、dbclick、mouseover、mouseout、mousemove、mouseup、mousedown、mouseenter、mouseleave、hover
键盘事件	keypress、keydown、keyup
表单事件	submit、change、focus、blur
文档事件	load、unload
窗口事件	resize、scroll

综上所述，第（2）空填写 focus，第（6）空填写 click。

16.3.5　index.html 文件【第（3）空】

此空考查 jQuery UI 特效。

1．题目分析

（1）当留言输入框获取焦点时，实现留言列表的显示/隐藏切换效果。

（2）单击"发布留言"按钮，实现留言列表的显示/隐藏切换效果。

```
//百叶窗切换效果
$('.message'). (3) ('blind',500)    //第（3）空
```

2．jQuery 动画 toggle()：切换显示/隐藏

语法如下：

```
$(selector).toggle([speed],[callback])
```

参数说明如下。

- speed：可选参数，显示或隐藏的速度，单位是毫秒。
- callback：可选参数，显示或隐藏完成后所执行的函数名称。

3．jQuery UI 特效 toggle()：自定义效果切换显示/隐藏

语法如下：

```
$(selector).toggle(effect,[options],[duration],[complete])
```

参数说明如下。

- effect：使用哪一种特效。
- options：可选参数，特效具体的设置。

- duration：可选参数，动画运行时间。
- complete：可选参数，动画完成时调用的函数。

4．百叶窗特效：blind

direction 参数：百叶窗拉动的方向。默认值为 up，可能的值为 up、down、left、right、vertical、horizontal。

例如：

```
//百叶窗向左切换效果
$('.message'). toggle('blind',{direction: 'left'},500);
```

综上所述，第（3）空填写 toggle。

16.3.6　index.html 文件【第（4）、(5) 空】

这两空考查 jQuery 自定义动画和 CSS 尺寸属性。

1．题目分析

（1）当留言输入框获取焦点时，留言输入框的高度会在 300 毫秒内从 80px 变为 200px。

```
//留言输入框的高度变高动画
$('textarea'). (4) ({    //第（4）空
  (5):'200px'    //第（5）空
},300)
```

（2）单击"发布留言"按钮，留言输入框的高度会在 300 毫秒内从 200px 变为 80px。

```
//留言输入框的高度还原
$('textarea'). (4) ({    //第（4）空
  (5):'80px'    //第（5）空
},300);
```

2．jQuery 自定义动画 animate()方法

animate()方法用于改变元素样式的自定义动画效果，语法如下：

```
$(selector).animate(params,[speed],[callback])
```

参数说明如下。

- params：一个或多个样式属性。
- speed：可选参数，动画速度，单位是毫秒。
- callback：可选参数，回调函数，动画完成时执行的函数。

3．CSS 样式设置元素高度：height 属性

语法：height 属性:属性值。

属性值：auto、长度、百分比、inherit。

综上所述，第（4）空填写 animate，第（5）空填写 height。

16.3.7　index.html 文件【第（7）空】

此空考查标签内容操作。

1. 题目分析

获取留言输入框内容，如果内容不为空，则将输入的留言信息显示到留言列表第 1 行。

```
var    $html    =    "<li><div    class='content'>"+$('#messageContent'). (7)
()+"</div></li>"; //取值并拼接字符串   第（7）空
if($("#messageContent").(7) ()!=''){   //第（7）空 }
```

2．标签内容操作

（1）$(selector).val([value])：设置或返回所选元素的 value 值。
（2）$(selector).html([value])：设置或返回所选元素的内容（包括 HTML 标记）。
（3）$(selector).text([value])：设置或返回所选元素的文本内容。

综上所述，第（7）空填写 val。

16.3.8　index.html 文件【第（8）空】

此空考查插入 HTML 元素。

1．题目分析

如果留言输入框的内容不为空，则将获取的留言信息显示到留言列表第 1 行，如图 16-20 所示。

```
//显示到留言列表第 1 行
$('.message'). (8) ($html);        //第（8）空
```

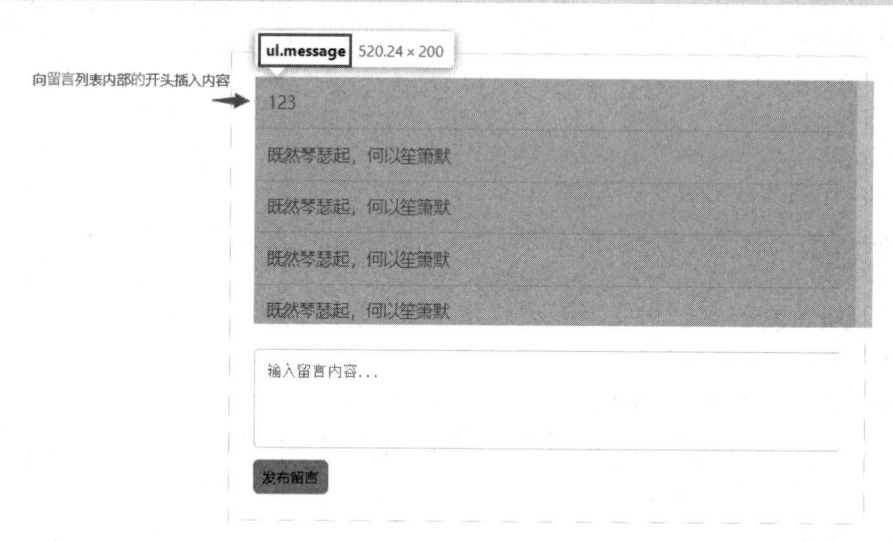

图 16-20

2．插入 HTML 元素

插入 HTML 元素有以下两种方法。
（1）append()方法用于向匹配元素内部的结尾追加内容。
（2）prepend()方法用于向匹配元素内部的开头插入内容，语法如下：

```
$(selector).prepend(content,[function(index,html)])
```

参数说明如下。
- content：要插入的内容。
- function(index,html)：可选参数，返回待插入内容函数。

综上所述，第（8）空填写 prepend。

16.3.9　index.html 文件【第（9）空】

此空考查内置函数中的定时器函数。

1．题目分析

如果留言输入框的内容不为空，则 1 秒后获取的留言信息会显示到留言列表第 1 行。

```
(9) (function(){      //第（9）空
 //显示到留言列表第 1 行
 $('.message').prepend($html);//第（8）空
 //当内容为空时，不能添加到留言区域
 $("textarea").val("");
} ,1000) //1 秒后执行
```

2．定时器函数

（1）setInterval()函数：每隔指定的周期调用函数，不停地执行。

（2）setTimeout()函数：在指定的周期后调用函数，只执行一次，语法如下。

```
setTimeout (fn, milliseconds)
```

参数说明如下。
- fn：要调用的函数。
- milliseconds：时间间隔，单位是毫秒。

综上所述，第（9）空填写 setTimeout。

16.3.10　style.css 文件【第（10）、（11）空】

这两空考查 CSS 边框属性。

1．题目分析

（1）留言显示区的边框样式为 1 像素灰色点状线，如图 16-21 所示。

```
#wrapper {
    border: 1px (10) #cccccc; /* 点状线边框 第（10）空 */
}
```

（2）留言列表中每条留言的下边框样式都为 1 像素灰色实线，如图 16-21 所示。

```
.message li {
    border-bottom: 1px (11) #cccccc;/* 实线边框 第（11）空 */
}
```

（3）留言输入框的边框样式为 1 像素灰色实线，如图 16-21 所示。

```
.sendMessageWrap input,.sendMessageWrap textarea {
    border: 1px (11) #cccccc;/* 实线边框 第（11）空 */
}
```

图 16-21

2．边框样式

（1）边框样式属性如表 16-16 所示。

表 16-16

边框样式属性	
border：所有边框属性	
border-top：上边框属性	border-bottom:：下边框属性
border-right：右边框属性	border-left：左边框属性

（2）常见的边框线样式如表 16-17 所示。

表 16-17

常见的边框线样式	
none：无边框	hidden：无边框
dotted：点状线边框	dashed：虚线边框
solid：实线边框	double：双线边框
groove：3D 凹槽边框	ridge：3D 凸槽边框
insert：3D 凹入边框	outset：3D 凸起边框
inherit：从父元素继承边框样式	

综上所述，第（10）空填写 dotted，第（11）空填写 solid。

16.3.11　style.css 文件【第（12）、（13）空】

这两空考查弹性盒子。

1．题目分析

留言列表采用了弹性布局，列表中的内容在主轴方向两端对齐。

```
.message li {
    display: (12); /* 弹性盒子布局 第（12）空 */
    (13): space-between; /* 主轴（横轴）方向上的对齐方式 第（13）空 */
}
```

2．弹性盒子

弹性盒子的属性和属性值如表 16-18 所示。

表 16-18

属性	描述	属性值
display	指定元素的盒子类型	flex
flex-direction	弹性盒子中子元素的排列方式	row（默认值）、column、row-reverse、initial、column-reverse、inherit
justify-content	弹性盒子中元素在主轴（横轴）方向上的对齐方式	flex-start、flex-end、center、space-between、space-around、space-evenly、initial、inherit
align-items	弹性盒子中元素在侧轴（纵轴）方向上的对齐方式	stretch、center、baseline、flex-start、flex-end、initial、inherit

综上所述，第（12）空填写 flex，第（13）空填写 justify-content。

16.3.12　style.css 文件【第（14）空】

此空考查 CSS3 新增盒模型属性。

1．题目分析

（1）将留言输入框的边框设置为圆角样式。

（2）将"发布留言"按钮的边框设置为圆角样式。

```
(14)：5px; /* 圆角 第（14）空 */
```

效果如图 16-22 所示。

图 16-22

2．border-radius 属性

border-radius 属性用于设置圆角边框，具体内容如表 16-19 所示。

表 16-19

属性	描述	属性值
border-radius	设置 4 个圆角边框	有 1 个属性值时，表示 4 个圆角相同；有 2 个属性值时，表示左上角和右下角相同，右上角和左下角相同；有 3 个属性值时，表示右上角和左下角相同；有 4 个属性值时，表示 4 个角分别对应 4 个值

属性	描述	属性值
border-top-left-radius	设置左上角圆角边框	长度/百分比
border-top-right-radius	设置右上角圆角边框	
border-bottom-right-radius	设置右下角圆角边框	
border-bottom-left-radius	设置左下角圆角边框	

综上所述，第（14）空填写 border-radius。

16.3.13　style.css 文件【第（15）空】

此空考查盒模型属性。

1．题目分析

留言输入框的总高度和宽度包含内边距和边框。

```
(15): border-box; /* 内边距和边框都在已设定的宽度和高度内  第（15）空 */
```

2．盒模型属性：box-sizing

（1）box-sizing 属性：规定盒模型的宽度和高度是否包含元素的内边距和边框，语法格式如下。

```
box-sizing:content-box|border-box|inherit
```

（2）属性值的说明如下。

- content-box：默认值，定义的宽度和高度不包含内边距和边框，盒模型显示的宽度为 width 值+padding 值+border 值，显示的高度为 height 值+padding 值+border 值。
- border-box：定义的宽度和高度包含内边距和边框，盒模型显示的宽度为 width 值，显示的高度为 height 值。
- inherit：从父元素继承 box-sizing 属性的值。

综上所述，第（15）空填写 box-sizing。

16.3.14　参考答案

本题参考答案如表 16-20 所示。

表 16-20

小题编号	参考答案
1	placeholder
2	focus
3	toggle
4	animate
5	height
6	click
7	val
8	prepend
9	setTimeout
10	dotted

续表

小题编号	参考答案
11	solid
12	flex
13	justify-content
14	border-radius
15	box-sizing

16.4 试题四（PHP+Laravel）

16.4.1 题干和问题

阅读下列说明、效果图，打开"考生文件夹\40032"文件夹中的文件，阅读代码并进行动态网站开发，在第（1）至（15）空处填写正确的代码，操作完成后保存文件。

【说明】

项目的名称为 vipdata，主要实现了一个后台管理功能，具体功能包括登录、注册，以及合作用户数据的展示、修改和删除。

具体要求：访问注册页面，如图 16-23 所示；填写注册信息后单击"注册"按钮，提示注册成功信息，如图 16-24 所示；访问或跳转到登录页面，如图 16-25 所示；输入账号和密码后，单击"登录"按钮，如果账号和密码正确，则显示欢迎提示信息，如图 16-26 所示；登录成功后，显示合作用户数据，包括编号、公司、合作日期和操作，并且右上角显示登录用户的名称，如图 16-27 所示；单击某条合作用户数据的"更新"按钮，将跳转至数据更新页面，并显示公司名称和合作日期，如图 16-28 所示；我们可以修改公司名称和合作日期，如图 16-29 所示，单击"保存"按钮。修改成功后，将显示更新后的合作用户数据列表，如图 16-30 所示；单击某条合作用户数据的"删除"按钮，可以删除相关数据，删除成功后，将显示更新后的合作用户数据列表，如图 16-31 所示。

【效果图】

图 16-23

图 16-24

图 16-25

图 16-26

图 16-27

图 16-28

图 16-29

图 16-30

图 16-31

【问题】（30 分，每空 2 分）

根据注释，补全代码。

（1）打开"考生文件夹\40032\laravel\app\Http\Controllers"文件夹中的 UserController.php 文件，根据代码结构和注释，在第（1）至（5）空处填入正确的内容，完成后保存该文件。

```php
<?php
namespace App\Http\Controllers;

use App\Models\User;
use Illuminate\Auth\AuthenticationException;
use Illuminate\Http\Request;
use Illuminate\Support\Facades\Auth;
use Illuminate\Support\Facades\Hash;

class UserController extends Controller
{

    function login(Request $request)
    {
        $data = (1)->only(['username', 'password']);/* 第(1)空 */
```

```php
    if (Auth::attempt($data, true)) {
        $user = (2) ::user();/* 第(2)空 */
        return $this->success($user);
    }

    return response()->json("用户名或者密码错误! ", 403);
}

public function register(Request $request)
{
    $data=$request->only(['username', 'password', 'password_confirmation','phone','email']);
    // 验证器
    $this->(3)($request, [/* 第(3)空 */
        'username' => 'required|max:20|unique:users',
        'password' => 'required|max:16|confirmed',
        'phone' => 'required',
        'email' => 'required',
    ]);

    unset($data['password_confirmation']);

    $data['password'] = Hash::make($data['password']);

    $user = (4) User($data);/* 第(4)空 */
    $user->(5)();/* 第(5)空 */

    return $this->success($user);
}
}
```

（2）打开"考生文件夹\40032\laravel\app\Http\Controllers"文件夹中的CooperateController.php文件，根据代码结构和注释，在第（6）至（10）空处填入正确的内容，完成后保存该文件。

```php
<?php
namespace App\Http\Controllers;

use App\Models\Cooperate;
use Illuminate\Http\Request;

class CooperateController extends Controller
{
    function list()
    {
        return Cooperate::all();
    }

    function get(Cooperate $cooperate
```

```
{
    return (6)->success($cooperate);/* 第（6）空 */
}

function update(Cooperate $cooperate, Request (7))/* 第（7）空 */
{
    $cooperate->(8) = $request->only('name')['name'];/* 第（8）空 */
    $cooperate->(9) = $request->only('date')['date'];/* 第（9）空 */

    (10)->save();/* 第（10）空 */
    return $this->success();
}


function trash(Cooperate $cooperate)
{
    $cooperate->delete();
    return $this->success();
}
}
```

（3）打开"考生文件夹\40032\web"文件夹中的 login.html 文件，根据代码结构和注释，在第（11）至（15）空处填入正确的内容，完成后保存该文件。

```
<!DOCTYPE html>
<html lang="zh">
    <head>
        <meta charset="UTF-8">
        <meta name="viewport" content="width=device-width, initial-scale=1.0">
        <meta http-equiv="X-UA-Compatible" content="ie=edge">
        <link rel="stylesheet" type="text/css" href="css/bootstrap.min.css" />
        <script      src="js/jquery-3.3.1.min.js"      type="text/javascript" charset="utf-8"></script>
        <title>登录</title>
    </head>
    <body>
        <div class="navbar navbar-default">
            <div class="container">
                <div class="navbar-header">
                    <a href="" class="navbar-brand">
                        <span class="text-primary"></span>
                    </a>
                </div>
                <div class="navbar-text navbar-right">
                    <a href="register.html" class="navbar-link">注册</a>
                </div>
            </div>
        </div>

        <div class="container" style="margin-top: 40px;">
```

```html
            <div class="row">
                <div class="col-md-5 col-md-offset-3">
                    <h3 class="text-center text-primary">欢迎登录</h3>
                </div>
            </div>
            <form action="" method="">
                <div class="row">
                    <div class="col-md-5 col-md-offset-3">
                        <div class="form-group">
                            <label for="username"></label>
                            <div class="input-group">
                                <div class="input-group-addon">
                                    <span class="glyphicon glyphicon-user text-info"></span>
                                </div>
                                <input type="text" name="username" id="username" value="" placeholder="请输入账号" class="form-control" />
                            </div>
                        </div>
                    </div>
                </div>
                <div class="row">
                    <div class="col-md-5 col-md-offset-3">
                        <div class="form-group">
                            <label for="password"></label>
                            <div class="input-group">
                                <div class="input-group-addon">
                                    <span class="glyphicon glyphicon-lock text-info"></span>
                                </div>
                                <input type="password" name="password" id="password" value="" placeholder="请输入密码" class="form-control" />
                            </div>
                        </div>
                    </div>
                </div>

                <div class="row">
                    <div class="col-md-5 col-md-offset-3">
                        <div class="form-group form-group-lg">
                            <button id="login-submit" type="button" class="btn btn-primary btn-block">登录</button>
                        </div>
                    </div>
                </div>
            </form>
        </div>
    </body>
    <script type="text/javascript">
        //为登录按钮添加单击事件
```

```
        $("#login-submit").(11)(function (){/* 第（11）空 */
    $.ajax({     //提交 AJAX 请求
        "type":"(12)",/* 第（12）空 */
        "dataType":"json",
        "url":"/laravel/public/api/user/login",
        "data":{
            username:$("#username").val(),
            password:$("#password").val()
        },
        "success":function(json){
            console.log(json)
            //浏览器本地存储
            (13).username = json.data.username;/* 第（13）空 */
            (14).api_token = json.data.api_token;/* 第（14）空 */
            alert("欢迎您, " + json.data.username);
            window.location.href = "data.html";
        },
        //失败后执行的方法
        (15):function () {/* 第（15）空 */
            alert("用户名或密码错误，请重新登录！");
        }
    });
});
</script>
</html>
```

注意：除了删除编号（1）至（15）并填入正确的内容，不能修改或删除文件中的其他任何内容。

16.4.2 考核知识和技能

（1）Laravel 获取当前 HTTP 请求。

（2）Laravel 用户认证。

（3）Laravel 验证器。

（4）类的实例化。

（5）Laravel 的数据保存方法。

（6）Laravel 在控制器中使用$this 关键字调用类的成员函数。

（7）对象属性赋值。

（8）PHP 类实例化对象的引用。

（9）jQuery 事件。

（10）jQuery ajax()方法规定请求的类型。

（11）HTML5 常用 API 中的 localStorage。

（12）jQuery ajax()方法请求失败的回调函数 error()。

16.4.3 UserController.php 文件【第（1）空】、CooperateController.php 文件【第（7）空】

这两空考查 Laravel 获取当前 HTTP 请求：Illuminate\Http\Request。

1. 获取请求

若要通过依赖注入的方式来获取当前 HTTP 请求的实例，则应在控制器方法中引入 Illuminate\Http\Request 类，传入的请求实例将通过服务容器自动注入。

```php
<?php
namespace App\Http\Controllers;
use Illuminate\Http\Request;

class UserController extends Controller
{
    /**
     * 存储一个新的用户
     *
     * @param  Request  $request
     * @return Response
     */
    public function store(Request $request)
    {
        $name = $request->input('name');
    }
}
```

2. 获取部分输入数据

如果需要获取输入数据的子集，则可以用 only 和 except 方法，这两个方法都接收 array 或动态列表作为参数。

```
$input = $request->only(['username', 'password']);
$input = $request->only('username', 'password');
$input = $request->except(['credit_card']);
$input = $request->except('credit_card');
```

综上所述，第（1）空填写$request，第（7）空填写$request。

16.4.4 UserController.php 文件【第（2）空】

此空考查 Laravel 用户认证。

1. 快速认证

Laravel 自带几个预构建的认证控制器，它们被放置在 App\Http\Controllers\Auth 命名空间内。其中，RegisterController 处理新用户注册，LoginController 处理用户认证，ForgotPasswordController 处理用于重置密码的邮件链接，而 ResetPasswordController 包含重置密码的逻辑。这些控制器都使用 trait 来引入必要的方法。对大多数应用而言，开发人员根本不需要修改这些控制器。

我们还可以自定义用户认证和注册的看守器。要实现这一功能，需要在 LoginController、

RegisterController 和 ResetPasswordController 中定义 guard 方法。guard 方法需要返回一个看守器实例。

```
use Illuminate\Support\Facades\Auth;

protected function guard()
{
    return Auth::guard('guard-name');
}
```

2. 检索认证用户

为了修改新用户在注册时需要填写的表单字段，或者自定义如何将新用户存储到数据库中，可以修改 RegisterController 类。RegisterController 类负责验证和创建新用户。RegisterController 类的 validator 方法包含了验证新用户的规则，我们可以根据需要自定义该方法。RegisterController 类的 create 方法负责使用 Eloquent ORM 在数据库中创建新的 App\User 记录，我们可以根据数据库的需要自定义该方法。

```
//可以通过 Auth facade 来访问已认证的用户
use Illuminate\Support\Facades\Auth;
//获取当前通过认证的用户
$user = Auth::user();
//获取当前通过认证的用户 ID
$id = Auth::id();
```

综上所述，第（2）空填写 Auth。

16.4.5　UserController.php 文件【第（3）空】

此空考查 Laravel 验证器：Illuminate\Http\Request 对象提供的 validate 方法。

编写验证器逻辑，代码如下：

```
/**
 * 保存一篇新的博客文章
 *
 * @param  Request  $request
 * @return Response
 */
public function store(Request $request)
{
    $validatedData = $request->validate([
        'title' => 'required|unique:posts|max:255',
        'body' => 'required',
    ]);
}
```

综上所述，第（3）空填写 validate。

16.4.6　UserController.php 文件【第（4）空】

此空考查类的实例化：new 关键字的使用。

1. 实例化对象

将类实例化为对象非常容易，只需使用 new 关键字并在后面加上一个和类名同名的方法即可。如果在实例化对象时无须为对象传递参数，则在 new 关键字后面直接使用类名即可，无须再加上括号。

对象的实例化格式如下：

```
变量名= new 类名(参数列表);
```

或

```
变量名= new 类名;
```

参数说明如下。

- 变量名：通过类创建的一个对象的引用名称，可以通过这个名称访问对象的成员。
- new：关键字，表明要创建一个新的对象。
- 类名：表示新对象的类型。
- 参数列表：指定类的构造方法用于初始化对象的值，如果在类中没有定义构造函数，则 PHP 会自动创建一个不带参数的默认构造函数。

```php
<?php
    class Students{
    }
    $person1 = new Students();
    $person2 = new Students;
    $person3 = new Students;
    var_dump($person1);
    echo '<br>';
    var_dump($person2);
    echo '<br>';
    var_dump($person3);
?>
```

2. 访问对象中的成员

对象中包含成员属性和成员方法，访问对象中的成员和访问数组中的元素类似，只能通过对象的引用来访问对象中的成员，但还要使用一个特殊的运算符号"->"来完成对象成员的访问。访问对象中的成员的语法格式如下：

```
变量名= new 类名(参数);      //实例化一个类
变量名->成员属性=值;          //为成员属性赋值
变量名->成员属性;             //直接获取成员属性的值
变量名->成员方法();           //访问对象中的成员方法
```

```php
<?php
    class Website{
        public $name, $url, $title;
        public function demo(){
            echo '成员方法 demo()';
        }
    }
    $student = new Website();
    $student -> name = 'C语言中文网';
```

```
    $student -> url = 'http://c.biancheng.net/php/';
    $student -> title = '实例化对象';
    echo $student -> name.'<br>';
    echo $student -> url.'<br>';
    echo $student -> title.'<br>';
    $student -> demo();
?>
```

综上所述，第（4）空填写 new。

16.4.7　UserController.php 文件【第（5）空】

此空考查 Laravel 的数据保存方法，即 save()方法。

Eloquent 为新模型添加关联提供了便捷的方法。例如，若需要添加一个新的 Comment 到一个 Post 模型中，则不用在 Comment 中手动设置 post_id 属性，可以直接使用关联模型的 save()方法将 Comment 直接插入。

```
$comment = new App\Comment(['message' => 'A new comment.']);
$post = App\Post::find(1);
$post->comments()->save($comment);
```

需要注意的是，我们并没有使用动态属性的方式访问 comments 关联。相反，我们调用 comments()方法来获得关联实例。save()方法将自动添加适当的 post_id 值到 Comment 模型中。

综上所述，第（5）空填写 save。

16.4.8　CooperateController.php 文件【第（6）空】

此空考查 Laravel 在控制器中使用$this 关键字调用类的成员函数。

```
//定义一个基础类，并放入BaseController
<?php
namespace App\Http\Controllers\Api;

use App\Common\Base;
use App\Http\Controllers\Controller;
class BaseController extends Controller
{
    /**
     * apiResponse function
     *
     * @param array|object $data
     * @param string $message
     * @param int $code
     * @return mixed
     */
    protected function apiResponse($data = [], $message = "成功", $code = 200)
    {
        $result = [
            'code' => $code,
            'message' => $message,
            'data' => $data
```

```
        ];
        return response($result);
    }

    /**
     * apiError function
     *
     * @return mixed
     */
    protected function apiError()
    {
        $result = [
            'code' => 404,
            'message' => 'Not Found',
            'data' => []
        ];
        return response($result);
    }
}

//在它的继承类中就可以直接调用
<?php

namespace App\Http\Controllers\Api;

use Illuminate\Http\Request;
use App\Service\UserService;
use App\Common\Auth;

/**
 * 用户
 */
class UserController extends BaseController
{
    /**
     * 创建一个新资源
     *
     * @return \Illuminate\Http\Response
     */
    public function create()
    {
        return $this->apiError();
    }
}
```

综上所述，第（6）空填写 $this。

16.4.9　CooperateController.php 文件【第（8）、（9）空】

这两空考查 PHP 对象的操作：对象属性赋值。

```
<?php
    class mao{                    //定义猫类
```

```php
        public $age;            //定义多个成员属性
        protected $weight;
        private $color;
    }
    $mao1=new mao();            //实例化一个对象
    echo '输出对象$mao1 的 age 属性: '.$mao1->age;
    $mao1->age=3;               //为对象的 age 属性赋值
    echo '<br />再次输出$mao1 的 age 属性: '.$mao1->age;
?>
```

综上所述，第（8）空和第（9）空分别填写 name 和 date。

16.4.10 CooperateController.php 文件【第（10）空】

此空考查 PHP 类实例化对象的引用。

```php
<?php
class a{
   var $abc="ABC";
}
$b=new a;
$c=$b;
echo $b->abc;//这里输出 ABC
echo $c->abc;//这里输出 ABC $b->abc="DEF";
echo $c->abc;//这里输出 DEF
?>
```

综上所述，第（10）空填写$cooperate。

16.4.11 login.html 文件【第（11）空】

此空考查 jQuery 事件。

1. 定义和用法

当单击元素时，会发生 click 事件。

当鼠标指针停留在元素上方，按下再松开鼠标左键时，就会发生一次 click 事件。

click()方法触发 click 事件，或者规定当发生 click 事件时运行的函数。

2. 触发 click 事件

触发 click 事件的语法格式如下：

$(selector).click()

实例：

```html
<html>
<head>
<script type="text/javascript" src="/jquery/jquery.js"></script>
<script type="text/javascript">
$(document).ready(function(){
  $("button").click(function(){
    $("p").slideToggle();
  });
```

```
  $("p").dblclick(function(){
    $("button").click();
  });
});
</script>
</head>
<body>
<button>单击这里进行切换</button>
<p>双击本段落会触发上面这个按钮的click事件。</p>
</body>
</html>
```

综上所述，第（11）空填写 click。

16.4.12　login.html 文件【第（12）空】

此空考查 jQuery ajax()方法规定请求的类型。

1. 定义和用法

ajax()方法用于执行 AJAX（异步 HTTP）请求。

所有类型的 AJAX 请求都可以使用 jQuery 的 ajax()方法，该方法通常用于其他方法不能完成的请求。

实例：使用 AJAX 请求改变<div>元素的文本。

```
$("button").click(function(){
    $.ajax({url:"demo_test.txt",success:function(result){
        $("#div1").html(result);
    }});
});
```

2. 语法

```
$.ajax({
    url: 请求地址,
    type: 请求类型,
    ... ...
})
```

ajax()方法的参数是一个选项对象，其中包含一个或多个名称-值对，用于规定 AJAX 的请求方式。其中，type 规定请求的类型（常见的类型有 GET 或 POST）。

综上所述，第（12）空填写 POST。

16.4.13　login.html 文件【第（13）、（14）空】

这两空考查 HTML5 中常用 API 的 localStorage。

1. HTML5 Web 存储

HTML5 Web 存储提供了两个在客户端存储数据的对象，即 window.localStorage 和 window.sessionStorage。

在使用 Web 存储时，请检测 localStorage 和 sessionStorage 的浏览器支持。

```
if (typeof(Storage) !== "undefined") {
```

```
        // 针对localStorage/sessionStorage 的代码
} else {
    // 抱歉！不支持Web Storage
}
```

2. localStorage 对象

localStorage 对象存储的是没有截止日期的数据。当浏览器被关闭时，数据不会被删除，在下一天、下一周或下一年中都是可用的。

```
<!DOCTYPE html>
<html>
    <body>
        <div id="result"></div>
        <script>
            // 检查浏览器的支持情况
            if (typeof(Storage) !== "undefined") {
                // 使用 localStorage 存储数据：创建名称-值对
                localStorage.setItem("lastname", "Gates");
                // 获取 localStorage 存储的数据，并显示到<div>元素中
                document.getElementById("result").innerHTML = localStorage.getItem("lastname");
            }
            else {
                document.getElementById("result").innerHTML = "抱歉！您的浏览器不支持 Web Storage ...";
            }
        </script>
    </body>
</html>
```

综上所述，第（13）空和第（14）空都填写 localStorage。

16.4.14　login.html 文件【第（15）空】

此空考查 jQuery ajax()方法请求失败的回调函数 error()。

1. 定义

jQuery 的 ajax()方法可以接收一个名为 error 的回调函数，当 AJAX 请求失败时，这个函数会被调用。在这个回调函数中，我们应该向用户提供某种形式的反馈，告知用户发生了错误。

2. 语法

```
$.ajax({
    "type":"请求类型",
    "url":"请求地址",
    "success":function(res){
        //请求成功后的回调函数
    },
    "error":function () {
        //请求失败后的回调函数
```

```
    }
}));
```
　　实例：请求一个不存在的文件。
```
$.ajax({
    "type":"GET",
    "url":"http://127.0.0.1/test1.php",
    "success":function(res){
        //请求成功后的回调函数
    },
    "error":function () {
        //请求失败后的回调函数
        console.log("AJAX 请求失败");
    }
}));
```
　　运行效果如图 16-32 所示。

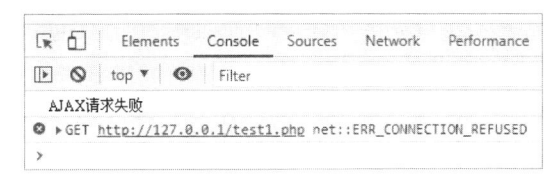

图 16-32

　　综上所述，第（15）空填写 error。

16.4.15 参考答案

本题参考答案如表 16-21 所示。

表 16-21

小题编号	参考答案
1	$request
2	Auth
3	validate
4	new
5	save
6	$this
7	$request
8	name
9	date
10	$cooperate
11	click
12	POST
13	localStorage
14	localStorage
15	error

16.5 试题四（PHP+ThinkPHP）

16.5.1 题干和问题

阅读下列说明、效果图，打开"考生文件夹\40033"文件夹中的文件，阅读代码并进行动态网站开发，在第（1）至（15）空处填写正确的代码，操作完成后保存文件。

【说明】

项目的名称为vipdata，主要实现了一个后台管理功能，具体功能包括登录、注册，以及合作用户数据的展示、修改和删除。

具体要求：访问注册页面，如图16-33所示；填写注册信息后单击"注册"按钮，提示注册成功信息，如图16-34所示；访问或跳转到登录页面，如图16-35所示；输入账号和密码后，单击"登录"按钮，如果账号和密码正确，则显示欢迎提示信息，如图16-36所示；登录成功后，显示合作用户数据，包括编号、公司、合作日期和操作，并且右上角显示登录用户的名称，如图16-37所示；单击某条合作用户数据的"更新"按钮，将跳转至数据更新页面，并显示公司名称和合作日期，如图16-38所示；我们可以修改公司名称和合作日期，如图16-39所示，单击"保存"按钮。修改成功后，将显示更新后的合作用户数据列表，如图16-40所示；单击某条合作用户数据的"删除"按钮，可以删除相关数据，删除成功后，将显示更新后的合作用户数据列表，如图16-41所示。

【效果图】

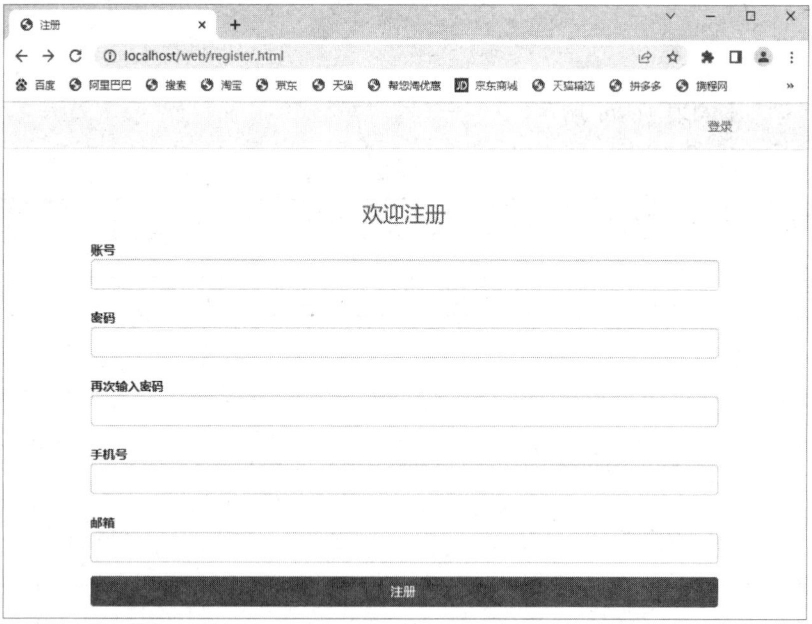

图 16-33

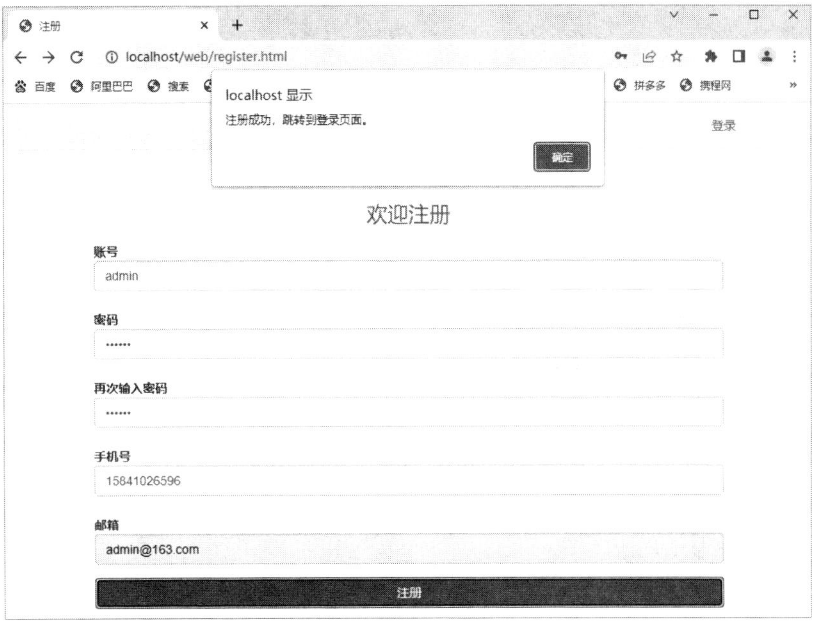
注册
localhost/web/register.html
百度
阿里巴巴
搜索
拼多多
携程网
localhost 显示
注册成功，跳转到登录页面。
确定
登录
欢迎注册
账号
admin
密码
再次输入密码
手机号
15841026596
邮箱
admin@163.com
注册

图 16-34

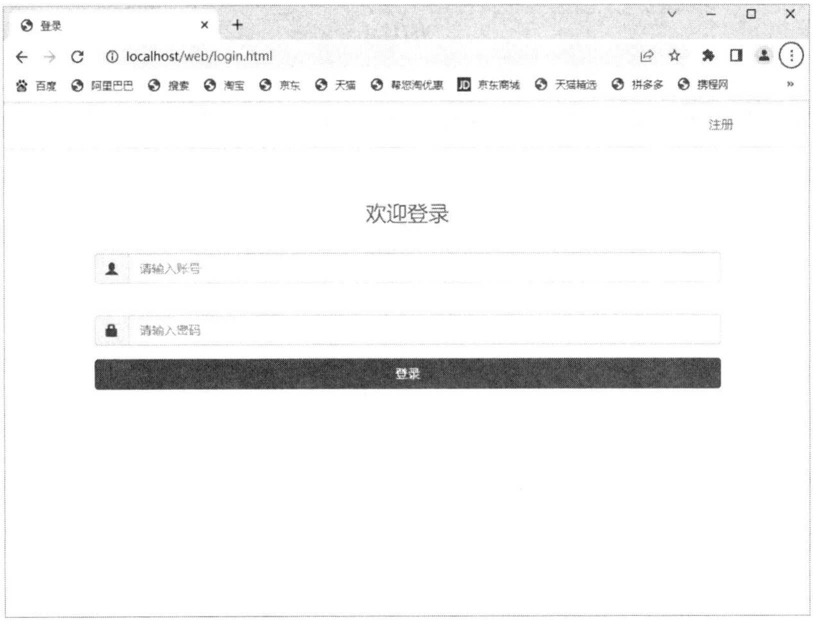
登录
localhost/web/login.html
百度
阿里巴巴
搜索
淘宝
京东
天猫
帮您淘优惠
京东商城
天猫精选
拼多多
携程网
注册
欢迎登录
请输入账号
请输入密码
登录

图 16-35

图 16-36

图 16-37

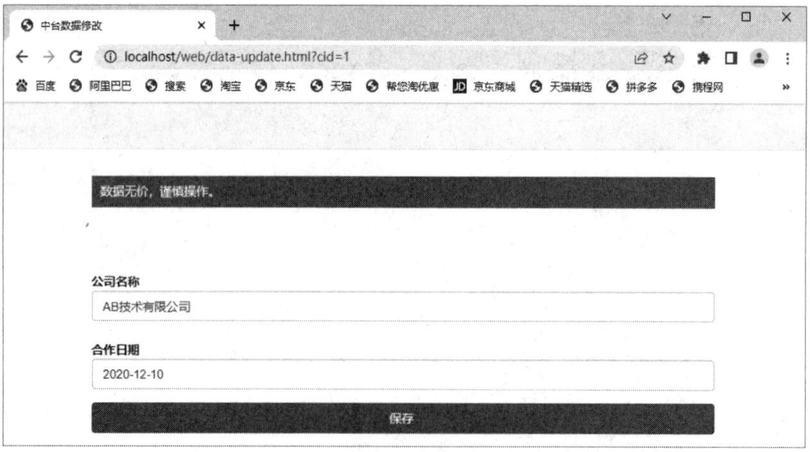

图 16-38

图 16-39

图 16-40

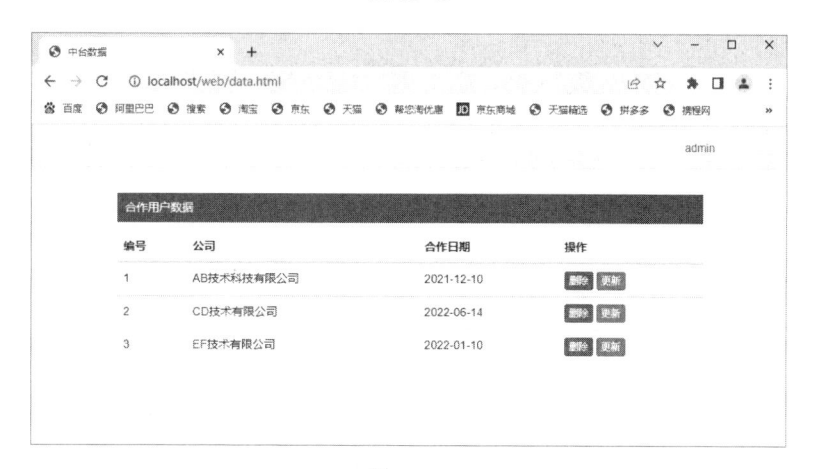

图 16-41

【问题】（30 分，每空 2 分）
（1）打开"考生文件夹\40033\thinkphp5\application\index\controller"文件夹中的 UserController.php 文件，根据代码结构和注释，在第（1）至（5）空处填入正确的内容，完成后保存该文件。

```php
<?php
namespace app\index\controller;
use think\Controller;
use think\Request;
use think\Validate;
use app\index\model\User;

class UserController extends Controller
{

    function login(Request $request)
    {
        $data = (1)->only(['username', 'password']);   // 第(1)空

        $user=User::where('username',$data['username'])->find();
        if($user){
            if(password_verify($data['password'], $user->password)){
                $token= (2) (uniqid(microtime(),true));   // 第(2)空
                $user->api_token=$token;
                $user->save();
                $msg=['data'=>''];
                $msg['data']=$user;
                return json($msg);
            }
        }
        return json("用户名或者密码错误! ",403);

    }

    public function register(Request $request)
    {
        $data = $request->only(['username', 'password',
'password_confirmation','phone','email']);
        // 验证器
        $validate=new (3);      // 第(3)空
        $validate->rule([
            'username' => 'require|max:20|unique:users',
            'password' => 'require|max:16',
            'password_confirmation'=>'require|confirm:password',
            'phone' => 'require',
            'email' => 'require'
        ]);
        if (!$validate->check($data)) {
            return response()->json("error", 403);
        }
        unset($data['password_confirmation']);

        $data['password'] = password_hash($data['password'],
PASSWORD_DEFAULT);
```

```
        $user = (4) User($data);      // 第(4)空
        $user->(5)();    // 第(5)空

        return $this->success($user);
    }
}
```

（2）打开"考生文件夹\40033\thinkphp5\application\index\controller"文件夹中的 CooperateController.php 文件，根据代码结构和注释，在第（6）至（10）空处填入正确的内容，完成后保存该文件。

```
<?php
namespace app\index\controller;
use think\Controller;
use app\index\model\Cooperate;
use think\Request;

class CooperateController extends Controller
{

    function list()
    {
        return Cooperate::all();
    }

    function get(Request $request)
    {
        $id=$request->param("cidValue");
        $cooperate=Cooperate::get($id);
        $msg=['data'=>''];
         (6) ['data']=$cooperate;       // 第(6)空
        return json($msg);
    }

    function update( Request (7) ) // 第(7)空
    {
        $id=$request->param("cidValue");
        $cooperate=Cooperate::get($id);

        $cooperate->(8) = $request->param('name');    // 第(8)空
        $cooperate->(9) = $request->param('date');    // 第(9)空
         (10) ->save();          // 第(10)空
        return $this->success("更新成功");
    }

    function trash(Request $request)
    {
        $id=$request->param("cid");
        $cooperate=Cooperate::get($id);
        $cooperate->delete();
        return $this->success("删除成功");
```

    }
}

（3）打开"考生文件夹\40033\web"文件夹中的 login.html 文件，根据代码结构和注释，在第（11）至（15）空处填入正确的内容，完成后保存该文件。

```
<!DOCTYPE html>
<html lang="zh">
    <head>
        <meta charset="UTF-8">
        <meta name="viewport" content="width=device-width, initial-scale=1.0">
        <meta http-equiv="X-UA-Compatible" content="ie=edge">
        <link rel="stylesheet" type="text/css" href="css/bootstrap.min.css" />
        <script src="js/jquery-3.3.1.min.js" type="text/javascript" charset="utf-8"></script>
        <title>登录</title>
    </head>
    <body>
        <div class="navbar navbar-default">
            <div class="container">
                <div class="navbar-header">
                    <a href="" class="navbar-brand"><span class="text-primary"></span></a>
                </div>
                <div class="navbar-text navbar-right">
                    <a href="register.html" class="navbar-link">注册</a>
                </div>
            </div>
        </div>

        <div class="container" style="margin-top: 40px;">
            <div class="row">
                <div class="col-md-5 col-md-offset-3">
                    <h3 class="text-center text-primary">欢迎登录</h3>
                </div>
            </div>
            <form action="" method="">
                <div class="row">
                    <div class="col-md-5 col-md-offset-3">
                        <div class="form-group">
                            <label for="username"></label>
                            <div class="input-group">
                                <div class="input-group-addon">
                                    <span class="glyphicon glyphicon-user text-info"></span>
                                </div>
                                <input type="text" name="username" id="username" value="" placeholder="请输入账号" class="form-control" />
                            </div>
                        </div>
                    </div>
```

```html
                </div>
                <div class="row">
                    <div class="col-md-5 col-md-offset-3">
                        <div class="form-group">
                            <label for="password"></label>
                            <div class="input-group">
                                <div class="input-group-addon">
                                    <span class="glyphicon glyphicon-lock text-info"></span>
                                </div>
                                <input type="password" name="password" id="password" value="" placeholder="请输入密码" class="form-control" />
                            </div>
                        </div>
                    </div>
                </div>

                <div class="row">
                    <div class="col-md-5 col-md-offset-3">
                        <div class="form-group form-group-lg">
                            <button id="login-submit" type="button" class="btn btn-primary btn-block">登录</button>
                        </div>
                    </div>
                </div>
            </form>
        </div>
    </body>
    <script type="text/javascript">
        //为登录按钮添加单击事件
        $("#login-submit").(11)(function (){    // 第（11）空
            $.ajax({    //提交 AJAX 请求
                "type":"(12)",     // 第（12）空
                "dataType":"json",
                "url":"/thinkphp5/public/api/user/login",
                "data":{
                    username:$("#username").val(),
                    password:$("#password").val()
                },
                "success":function(json){
                    console.log(json)
                    //浏览器本地存储
                    (13).username = json.data.username;          // 第（13）空
                    (14).api_token = json.data.api_token;   // 第（14）空
                    alert("欢迎您, " + json.data.username);
                    window.location.href = "data.html";
                },
                //失败后执行的方法
                (15):function () {      // 第（15）空
                    alert("用户名或密码错误，请重新登录!");
```

```
            }
        });
    });
</script>
</html>
```

注意：除了删除编号（1）至（15）并填入正确的内容，不能修改或删除文件中的其他任何内容。

16.5.2 考核知识和技能

（1）ThinkPHP5 请求对象调用。
（2）PHP 中的 md5()函数。
（3）ThinkPHP5 中的验证规则定义。
（4）类的实例化。
（5）ThinkPHP 的数据存储方法。
（6）关联数组赋值。
（7）对象属性赋值。
（8）PHP 类实例化对象的引用。
（9）jQuery 事件。
（10）jQuery ajax()方法规定请求的类型。
（11）HTML5 常用 API 中的 localStorage。
（12）jQuery ajax()方法请求失败的回调函数 error()。

16.5.3　UserController.php 文件【第（1）空】

此空考查 ThinkPHP5 请求对象调用：think\Request 类。

1. 构造方法注入

```
<?php
namespace app\index\controller;

use think\Request;

class Index
{
    /**
     * @var \think\Request Request 实例
     */
    protected $request;

    /**
     * 构造方法
     * @param Request $request Request 对象
     * @access public
     */
    public function __construct(Request $request)
```

```
{
    $this->request = $request;
}

public function index()
{
    return $this->request->param('name');
}
}
```

2．操作方法注入

```
<?php

namespace app\index\controller;

use think\Controller;
use think\Request;

class Index extends Controller
{

    public function index(Request $request)
    {
        return $request->param('name');
    }
}
```

综上所述，第（1）空填写$request。

16.5.4　UserController.php 文件【第（2）空】

此空考查 PHP 中的 md5()函数。

1．md5()函数

md5()函数是一个 PHP 函数，用于加密字符串，它可以计算出一个字符串的 MD5 哈希。

md5()函数有两个参数：第一个参数为需要计算 MD5 哈希的字符串，此参数必须存在；另一个参数为可选参数，可以对输出进行选择。

md5()函数示例：

```
<?php
$str = "Hello";
echo md5($str);
?>
输出：8b1a9953c4611296a827abf8c47804d7
```

2．在 ThinkPHP5 中使用 md5()函数

md5()函数是一个 PHP 函数，虽然 ThinkPHP5 中没有封装，但是直接使用 md5()函数是被支持的。

综上所述，第（2）空填写 md5。

16.5.5　UserController.php 文件【第（3）空】

此空考查 ThinkPHP5 中的验证规则定义。

1. 属性定义

属性定义方式仅限于验证器，通常类似于下面的方式。

```php
<?php
namespace app\index\validate;

use think\Validate;

class User extends Validate
{
    protected $rule = [
      'name'  => 'require|max:25',
      'age'   => 'number|between:1,120',
      'email' => 'email',
    ];

}
```

2. 方法定义

如果使用的是独立验证（手动调用验证类进行验证）方式，则通常使用 rule()方法进行验证规则的设置，举例说明如下。

```php
$validate = new \think\Validate;
$validate->rule('age', 'number|between:1,120')
->rule([
    'name'  => 'require|max:25',
    'email' => 'email'
]);

$data = [
    'name'  => 'thinkphp',
    'email' => 'thinkphp@qq.com'
];

if (!$validate->check($data)) {
    dump($validate->getError());
}
```

综上所述，第（3）空填写 Validate。

16.5.6　UserController.php 文件【第（4）空】

此空考查类的实例化：new 关键字的使用。

1. 实例化对象

将类实例化为对象非常容易，只需使用 new 关键字并在后面加上一个和类名同名的方法即可。如果在实例化对象时无须为对象传递参数，则在 new 关键字后面直接使用类名即可，无须再加上括号。

对象的实例化格式如下：

```
变量名= new 类名(参数列表);
```

或

```
变量名= new 类名;
```

参数说明如下。
- 变量名：通过类创建的一个对象的引用名称，可以通过这个名称访问对象的成员。
- new：关键字，表明要创建一个新的对象。
- 类名：表示新对象的类型。
- 参数列表：指定类的构造方法用于初始化对象的值，如果在类中没有定义构造函数，则 PHP 会自动创建一个不带参数的默认构造函数。

```php
<?php
    class Students{
    }
    $person1 = new Students();
    $person2 = new Students;
    $person3 = new Students;
    var_dump($person1);
    echo '<br>';
    var_dump($person2);
    echo '<br>';
    var_dump($person3);
?>
```

2．访问对象中的成员

对象中包含成员属性和成员方法，访问对象中的成员和访问数组中的元素类似，只能通过对象的引用来访问对象中的成员，但还要使用一个特殊的运算符号"->"来实现对象成员的访问。访问对象中的成员的语法格式如下：

```
变量名=new 类名(参数);      //实例化一个类
变量名->成员属性=值;         //为成员属性赋值
变量名->成员属性;            //直接获取成员属性的值
变量名->成员方法();          //访问对象中的成员方法
```

```php
<?php
    class Website{
        public $name, $url, $title;
        public function demo(){
            echo '成员方法 demo()';
        }
    }
    $student = new Website();
    $student -> name = 'C语言中文网';
    $student -> url = 'http://c.biancheng.net/php/';
    $student -> title = '实例化对象';
    echo $student -> name.'<br>';
    echo $student -> url.'<br>';
    echo $student -> title.'<br>';
```

```
    $student -> demo();
?>
```

综上所述，第（4）空填写 new。

16.5.7　UserController.php 文件【第（5）空】

此空考查 ThinkPHP 的数据存储方法，即 save()方法。

1. ThinkPHP5 中的 save()方法

在 ThinkPHP5 中，save()方法用于向指定数据表中添加一条记录，该方法每次仅能向表中添加一条新记录，若要添加多条记录，则可重复执行。save()方法是 Model 类中较为复杂的方法之一，因为 save()方法不仅用于新增数据，还用于更新数据。

save()方法的基本语法格式如下。

第一种格式：将数据直接写在 save()方法的参数中，模型对象-> save(数组);。

第二种格式：先生成数据对象，然后使用 save()方法直接写入表中，模型对象-> data(数组) -> save();。

第一种格式实例：

```
$user = new User;
$user->save([
    'name' => 'thinkphp',
    'email' => 'thinkphp@qq.com'
]);
```

第二种格式实例：

```
$user = new User;
$user->name= 'thinkphp';
$user->email= 'thinkphp@qq.com';
$user->save();
```

2. 直接更新数据

更改字段内容后使用 save()方法更新数据，这种方式是最佳的更新方式。

```
$user = User::get(1);
$user->name   = 'thinkphp';
$user->email  = 'thinkphp@qq.com';
$user->save();
```

save()方法返回影响的记录数。

综上所述，第（5）空填写 save。

16.5.8　CooperateController.php 文件【第（6）空】

此空考查 PHP 数组操作：关联数组赋值。

1. PHP 数组类型

数组就是一个由键-值对组成的语言结构，键类似于酒店的房间号，值类似于酒店房间内存储的物品。如果你入住某个酒店，服务员会告诉你房间号是多少，但具体房间内存储了什么，就需要进入房间内才知道。

```php
<?php
$arr=[];      //设置某个变量为一个空数组
?>
```

PHP 有两种数组,即索引数组和关联数组。索引和关联两个词都是针对数组的键而言的。

2. 关联数组赋值

关联数组赋值有以下两种方式。

第一种方式:在数组变量的名字后面跟一个中括号,以这种方式赋值。在关联数组中,中括号内的键一定是字符串。例如:

```
$arr['apple']='苹果';
```

第二种方式:使用 array()创建一个空数组,并使用=>符号来分隔键和值,左侧表示键,右侧表示值。关联数组中的键一定是字符串。例如:

```
array('apple'=>'苹果');
```

综上所述,第(6)空填写$msg。

16.5.9　CooperateController.php 文件【第(7)空】

此空考查 ThinkPHP5 请求对象调用:操作方法注入。

1. 构造方法注入

```php
<?php
namespace app\index\controller;

use think\Request;

class Index
{
    /**
     * @var \think\Request Request 实例
     */
    protected $request;

    /**
     * 构造方法
     * @param Request $request Request 对象
     * @access public
     */
    public function __construct(Request $request)
    {
        $this->request = $request;
    }

    public function index()
    {
        return $this->request->param('name');
    }
}
```

2. 操作方法注入

```php
<?php
namespace app\index\controller;

use think\Controller;
use think\Request;

class Index extends Controller
{
    public function index(Request $request)
    {
        return $request->param('name');
    }
}
```

综上所述，第（7）空填写$request。

16.5.10　CooperateController.php 文件【第（8）、（9）空】

这两空考查 PHP 对象的操作：对象属性赋值。

```php
<?php
    class mao{                          //定义猫类
        public $age;                    //定义多个成员属性
        protected $weight;
        private $color;
    }
    $mao1=new mao();                    //实例化一个对象
    echo '输出对象$mao1 的 age 属性：'.$mao1->age;
    $mao1->age=3;                       //为对象的 age 属性赋值
    echo '<br />再次输出$mao1 的 age 属性：'.$mao1->age;
?>
```

综上所述，第（8）空和第（9）空分别填写 name 和 date。

16.5.11　CooperateController.php 文件【第（10）空】

此空考查 PHP 类实例化对象的引用。

```php
<?php
class a{
    var $abc="ABC";
}
$b=new a;
$c=$b;
echo $b->abc;//这里输出 ABC
echo $c->abc;//这里输出 ABC  $b->abc="DEF";
echo $c->abc;//这里输出 DEF
?>
```

综上所述，第（10）空填写$cooperate。

16.5.12　login.html 文件【第（11）空】

此空考查 jQuery 事件。

1. 定义和用法

当单击元素时，会发生 click 事件。

当鼠标指针停留在元素上方，按下再松开鼠标左键时，就会发生一次 click 事件。

click()方法触发 click 事件，或者规定当发生 click 事件时运行的函数。

2. 触发 click 事件

触发 click 事件的语法格式如下：

```
$(selector).click()
```

实例：

```
<html>
<head>
<script type="text/javascript" src="/jquery/jquery.js"></script>
<script type="text/javascript">
$(document).ready(function(){
  $("button").click(function(){
    $("p").slideToggle();
  });
  $("p").dblclick(function(){
    $("button").click();
  });
});
</script>
</head>
<body>
<button>单击这里进行切换</button>
<p>双击本段落会触发上面这个按钮的 click 事件。</p>
</body>
</html>
```

综上所述，第（11）空填写 click。

16.5.13　login.html 文件【第（12）空】

此空考查 jQuery ajax()方法规定请求的类型。

1. 定义和用法

ajax()方法用于执行 AJAX（异步 HTTP）请求。

所有类型的 AJAX 请求都可以使用 jQuery 的 ajax()方法，该方法通常用于其他方法不能完成的请求。

实例：使用 AJAX 请求改变<div>元素的文本。

```
$("button").click(function(){
  $.ajax({url:"demo_test.txt",success:function(result){
    $("#div1").html(result);
```

```
    }});
});
```

2．语法

```
$.ajax({
    url: 请求地址,
    type: 请求类型,
    ... ...
})
```

ajax()方法的参数是一个选项对象，其中包含一个或多个名称-值对，用于规定 AJAX 的请求方式。其中，type 规定请求的类型（常见的类型有 GET 或 POST）。

综上所述，第（12）空填写 POST。

16.5.14　login.html 文件【第（13）、（14）空】

这两空考查 HTML5 常用 API 中的 localStorage。

1．HTML5 Web 存储

HTML5 Web 存储提供了两个在客户端存储数据的对象，即 window.localStorage 和 window.sessionStorage。

在使用 Web 存储时，请检测 localStorage 和 sessionStorage 的浏览器支持。

```
if (typeof(Storage) !== "undefined") {
    // 针对 localStorage/sessionStorage 的代码
} else {
    // 抱歉！不支持 Web Storage
}
```

2．localStorage 对象

localStorage 对象存储的是没有截止日期的数据。当浏览器被关闭时，数据不会被删除，在下一天、下一周或下一年中都是可用的。

```
<!DOCTYPE html>
<html>
    <body>
        <div id="result"></div>
    <script>
        // 检查浏览器支持情况
        if (typeof(Storage) !== "undefined") {
            // 使用 localStorage 存储数据：创建名称-值对
            localStorage.setItem("lastname", "Gates");
            // 获取 localStorage 存储的数据，并显示到<div>元素中
            document.getElementById("result").innerHTML = localStorage.getItem("lastname");
        }
        else {
            document.getElementById("result").innerHTML = "抱歉！您的浏览器不支持 Web Storage ...";
        }
```

```
    </script>
    </body>
</html>
```

综上所述，第（13）空和第（14）空都填写 localStorage。

16.5.15 login.html 文件【第（15）空】

此空考查 jQuery ajax()方法请求失败的回调函数 error()。

1．定义

jQuery 的 ajax()方法可以接收一个名为 error 的回调函数，当 AJAX 请求失败时，这个函数会被调用。在这个回调函数中，我们应该向用户提供某种形式的反馈，告知用户发生了错误。

2．语法

```
$.ajax({
    "type":"请求类型",
    "url":"请求地址",
    "success":function(res){
        //请求成功后的回调函数
    },
    "error":function () {
        //请求失败后的回调函数
    }
});
```

实例：请求一个不存在的文件。

```
$.ajax({
    "type":"GET",
    "url":"http://127.0.0.1/test1.php",
    "success":function(res){
        //请求成功后的回调函数
    },
    "error":function () {
        //请求失败后的回调函数
        console.log("AJAX 请求失败");
    }
});
```

综上所述，第（15）空填写 error。

16.5.16 参考答案

本题参考答案如表 16-22 所示。

表 16-22

小题编号	参考答案
1	$request
2	md5

续表

小题编号	参考答案
3	Validate
4	new
5	save
6	$msg
7	$request
8	name
9	date
10	$cooperate
11	click
12	POST
13	localStorage
14	localStorage
15	error

16.6 试题四（Java+SSM）

16.6.1 题干和问题

阅读下列说明、效果图，打开"考生文件夹\400034\shop"文件夹中的文件，使用 SSM 框架进行动态网页开发，在第（1）至（15）空处填写正确的代码，操作完成后保存文件。

【说明】

实现一个商品管理平台，用户可以在平台上对数据库中的商品信息进行添加、修改和删除操作。其中，数据库脚本为 shopdb.sql，数据库名称为 shopdb。平台包括"商品管理平台""商品添加""商品修改"3 个页面。

（1）"商品管理平台"页面为首页，主体内容为商品列表，每个商品都有"修改"和"删除"两个按钮。单击"修改"按钮将跳转至"商品修改"页面。单击"删除"按钮则会删除当前商品。在首页底部有一个"添加"按钮，单击"添加"按钮将跳转至"商品添加"页面。"商品管理平台"页面效果如图 16-42 所示。

（2）单击"添加"按钮后跳转至"商品添加"页面，可以填写添加商品的基本信息。单击"商品添加"页面底部的"添加"按钮后，可以判断数据库中是否存在编号相同的商品，如果存在，则跳转回"商品添加"页面并显示错误信息；如果不存在，则将商品添加到数据库并跳转至首页。"商品添加"页面效果如图 16-43 所示。

（3）单击"修改"按钮后跳转至"商品修改"页面，可以修改商品的基本信息。单击"商品修改"页面底部的"修改"按钮后，将修改后的商品信息保存到数据库并跳转至首页。"商品修改"页面效果如图 16-44 所示。

【效果图】

图 16-42

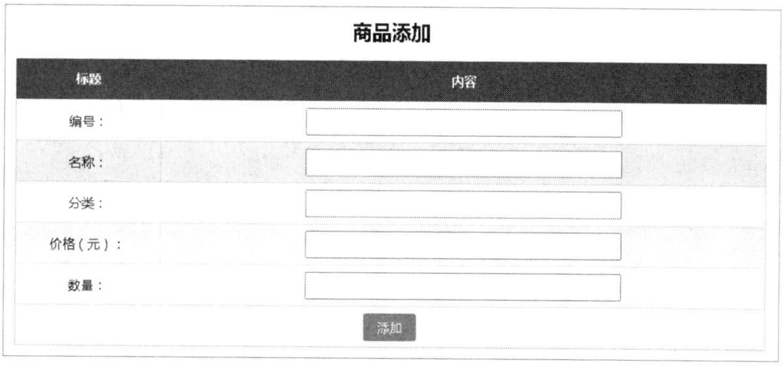

图 16-43

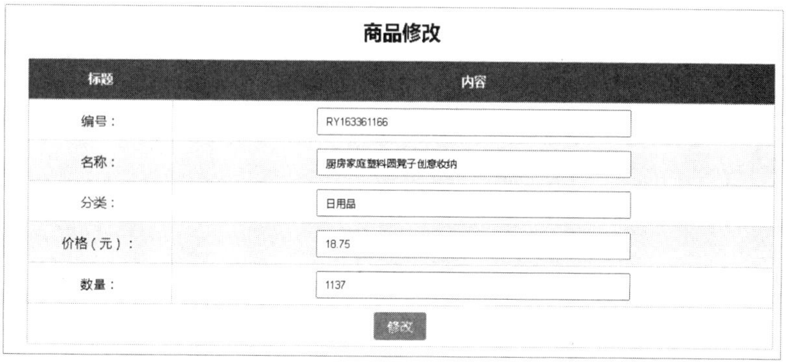

图 16-44

【问题】(30 分，每空 2 分)

根据注释，补全代码。

(1) 打开"考生文件夹\40034\shop\src\com\shop\controller"文件夹中的 ShopController.java 文件，根据代码结构和注释，在第 (1) 至 (8) 空处填入正确的内容，完成后保存该文件。

```
package com.shop.controller;

import java.util.List;
```

```java
import javax.servlet.http.HttpServletRequest;

import org.springframework.beans.factory.annotation.Autowired;
import org.springframework.stereotype.Controller;
import org.springframework.ui.Model;
import org.springframework.web.bind.annotation.GetMapping;
import org.springframework.web.bind.annotation.PathVariable;
import org.springframework.web.bind.annotation.PostMapping;
import org.springframework.web.bind.annotation.RequestMapping;

import com.shop.mapper.(1); // 第(1)空
import com.shop.po.Goods;

@Controller
public class (2) { // 第(2)空
    @Autowired
    private (1) goodsMapper = null;

    /**
     * 商品管理平台首页
     */
    @GetMapping(value = "/")
    public String index(Model model) {
        List<Goods> goodsList = this.goodsMapper.selectGoodsList();
        model.addAttribute("goodsList", goodsList);
        return "(3)"; // 第(3)空
    }

    /**
     * 显示创建商品添加页
     *
     * @return
     */
    @GetMapping(value = "/add")
    public String create() {
        return "page/add";
    }

    /**
     * 保存新增的商品信息
     */
    // 第(4)空
    @(4)(value = "/add")
    public String save((5) request, Model model) { // 第(5)空
        // 接收新增的商品信息
        String code = request.getParameter("code");
        String name = request.getParameter("name");
        String type = request.getParameter("type");
        float price = Float.parseFloat(request.getParameter("price"));
```

```java
        int number = Integer.parseInt(request.getParameter("number"));
        // 判断商品编号是否已存在
        Goods goods = this.goodsMapper.getGoodsByCode(code);
        if (goods != null) {
            // 第(6)空
            model.addAttribute("(6)", "此商品已存在!");
            return "page/add";
        }
        // 保存新增的商品信息
        goods = new Goods();
        goods.setCode(code);
        goods.setName(name);
        goods.setType(type);
        goods.setPrice(price);
        goods.setNumber(number);
        // 保存商品
        boolean result = this.goodsMapper.insertOne(goods);
        if (result) {
            // 第(7)空
            return "(7):/";
        } else {
            model.addAttribute("(6)", "添加商品失败!");
            return "page/add";
        }
    }

    /*
     * 编辑商品信息
     */
    @GetMapping(value = "/update/{id}")
    public String edit(@PathVariable int id, Model model) {
        Goods goods = this.goodsMapper.getGoodsById(id);
        model.addAttribute("goods", goods);
        return "page/change";
    }

    /*
     * 保存更新的商品信息
     */
    @(4)(value = "/update/{id}")
    public String (8)((5) request, @PathVariable int id, Model model) { // 第(8)空
        // 接收更新的商品信息
        String code = request.getParameter("code");
        String name = request.getParameter("name");
        String type = request.getParameter("type");
        float price = Float.parseFloat(request.getParameter("price"));
        int number = Integer.parseInt(request.getParameter("number"));
        // 更新指定的商品信息
```

```
        Goods goods = new Goods();
        goods.setId(id);
        goods.setCode(code);
        goods.setName(name);
        goods.setType(type);
        goods.setPrice(price);
        goods.setNumber(number);
        // 更新商品
        this.goodsMapper.updateOne(goods);
        return "(7):/";
    }

    /*
     * 删除指定资源
     */
    @GetMapping(value = "/del/{id}")
    public String delete(@PathVariable int id) {
        this.goodsMapper.deleteById(id);
        return "(7):/";
    }
}
```

（2）打开"考生文件夹\40034\shop\src\com\shop\mapper"文件夹中的 GoodsMapper.java 文件，根据代码结构和注释，在第（9）至（10）空处填入正确的内容，完成后保存该文件。

```
package com.shop.mapper;

import java.util.List;

import org.apache.ibatis.annotations.Delete;
import org.apache.ibatis.annotations.Insert;
import org.apache.ibatis.annotations.Select;
import org.apache.ibatis.annotations.Update;

import com.shop.po.Goods;

/**
 * 商品数据库操作接口
 */
public interface GoodsMapper {
    // 第(9)空
    @(9)("select * from t_goods")
    public List<Goods> selectGoodsList();

    // 第(10)空
    @(9)("select * from t_goods where code=(10)")
    public Goods getGoodsByCode(String code);

    @(9)("select * from t_goods where id=#{id}")
    public Goods getGoodsById(int id);
```

```
    @Insert("insert       into       t_goods(code,name,type,price,number)
values((10),#{name},#{type},#{price},#{number})")
    public boolean insertOne(Goods goods);

    @Update("update t_goods set code=(10), name=#{name}, type=#{type},
price=#{price}, number=#{number} where id=#{id}")
    public boolean updateOne(Goods goods);

    @Delete("delete from t_goods where id=#{id}")
    public boolean deleteById(int id);
}
```

（3）打开"考生文件夹\40034\shop\WebContent\WEB-INF\jsp"文件夹中的 index.jsp 文件，根据代码结构和注释，在第（11）至（13）空处填入正确的内容，完成后保存该文件。

```
<%@ page language="java" contentType="text/html; charset=UTF-8"
    pageEncoding="UTF-8"%>
<%@ page import="com.shop.po.Goods"%>
<%@ page import="java.util.List"%>
<%
String basePath = request.getScheme() + "://" + request.getServerName() + ":"
+ request.getServerPort()
        + request.getContextPath() + "/";
%>

<%
List<Goods> goodsList = null;
if (request.getAttribute("goodsList") != null) {
    goodsList = (List<Goods>) request.getAttribute("goodsList");
}
%>

<!DOCTYPE html>
<html lang="zh">
<head>
<base href="<%=basePath%>">
<meta charset="UTF-8">
<meta name="viewport" content="width=device-width, initial-scale=1.0">
<meta http-equiv="X-UA-Compatible" content="ie=edge">
<title>商品管理平台</title>
<link rel="stylesheet" type="text/css" href=" (11) " /> <!-- 第（11）空 -->
</head>
<body>
    <div id="con">
        <h5 class="tit">商品管理平台</h5>
        <div class="table_con">
            <table>
                <thead>
                    <tr>
                        <th>编号</th>
                        <th>名称</th>
```

```
                    <th>分类</th>
                    <th>价格</th>
                    <th>数量</th>
                    <th>操作</th>
                </tr>
            </thead>
            <tbody>
                <%
                （12）(Goods g : goodsList) { <!-- 第（12）空 -->
                %>
                <tr>
                    <td><%=g.getCode()%></td>
                    <td><%=g.getName()%></td>
                    <td><%=g.getType()%></td>
                    <td><%=g.getPrice()%></td>
                    <td><%=g.getNumber()%></td>
                    <td>
                        <div>
                            <a href="/update/<%=g.getId()%>">
                                <button type="button" class="change_btn">修改</button>
                            </a> <a href="/del/<%=g.getId()%>">
                                <button type="button" class="del_btn">删除</button>
                            </a>
                        </div>
                    </td>
                </tr>
                （13） <!-- 第（13）空 -->
                <tr>
                    <td colspan="6"><a href="/add">
                        <button type="button" class="add_btn">添加</button>
                    </a></td>
                </tr>
            </tbody>
        </table>
    </div>
</body>
</html>
```

（4）打开"考生文件夹\40034\shop\WebContent\WEB-INF\jsp\page"文件夹中的 add.jsp 文件，根据代码结构和注释，在第（14）至（15）空处填入正确的内容，完成后保存该文件。

```
<%@ page language="java" contentType="text/html; charset=UTF-8"
    pageEncoding="UTF-8"%>
<%
String basePath = request.getScheme() + "://" + request.getServerName() + ":"
+ request.getServerPort()
    + request.getContextPath() + "/";
%>
```

```jsp
<%
String (15) = null;
if (request.getAttribute("message") != null) {
    (15) = (String) request.getAttribute("message");
}
%>
<!DOCTYPE html>
<html lang="zh">
<head>
<base href="<%=basePath%>">
<meta charset="UTF-8">
<meta name="viewport" content="width=device-width, initial-scale=1.0">
<meta http-equiv="X-UA-Compatible" content="ie=edge">
<title>商品添加</title>
<link rel="stylesheet" type="text/css" href="css/index.css" />
</head>

<body>
    <div id="con">
        <h5 class="tit">商品添加</h5>
        <div class="table_con">
            <table>
                <thead>
                    <tr>
                        <th>标题</th>
                        <th>内容</th>
                    </tr>
                </thead>
                <tbody>
                    <form action="/add" method="(14)"> <!-- 第(14)空 -->
                    <tr>
                        <td>编号：</td>
                        <td><input class="input" type="text" name="code" value=""
                            required="required" /></td>
                    </tr>
                    <tr>
                        <td>名称：</td>
                        <td><input class="input" type="text" name="name" value=""
                            required="required" /></td>
                    </tr>
                    <tr>
                        <td>分类：</td>
                        <td><input class="input" type="text" name="type" value=""
                            required="required" /></td>
                    </tr>
                    <tr>
                        <td>价格（元）：</td>
```

```
                        <td><input class="input" type="number" step="0.01"
                            name="price" value="" required="required"
/></td>
                    </tr>
                    <tr>
                        <td>数量: </td>
                        <td><input class="input" type="number" name="number"
                            value="" required="required" /></td>
                    </tr>
                    <%
                    (15)(message != null) {<!-- 第(15)空 -->
                    %>
                    <tr>
                        <td colspan="2">
                            <span class="text-warning"><%=message %></span>
                        </td>
                    </tr>
                    <%
                    }
                    %>
                    <tr>
                        <td colspan="2">
                            <button type="submit" class="add_btn">添加</button>
                        </td>
                    </tr>
                </form>
            </tbody>
        </table>
    </div>
</body>
</html>
```

注意：除了删除编号（1）至（15）并填入正确的内容，不能修改或删除文件中的其他任何内容。

16.6.2 考核知识和技能

（1）Java 工具类调用 mapper 层。
（2）创建 Java 的 Controller 类。
（3）Java 方法返回页面路径。
（4）Java 用于映射 URL 到控制器类的方法。
（5）Java Request 请求。
（6）Java 往前端传递数据。
（7）Java 重定向。
（8）Java 更新商品信息的方法。
（9）Java SSM 框架的 SQL 查询注释。
（10）Java 防 SQL 注入的占位符。

（11） Java CSS 引入地址。
（12） JSP for 循环。
（13） 表单 POST 提交方式。
（14） JSP if 判断。

16.6.3　ShopController.java 文件【第（1）空】

此空考查 Java 工具类调用 mapper 层。

1. 导入 mapper 包

包（package）是一个为了方便管理组织 Java 文件的目录结构。包内包含一组类，可以使用 import 关键字来导入一个包。

```
package com.shop.controller;

import java.util.List;
import javax.servlet.http.HttpServletRequest;

import org.springframework.beans.factory.annotation.Autowired;
import org.springframework.stereotype.Controller;
import org.springframework.ui.Model;
import org.springframework.web.bind.annotation.GetMapping;
import org.springframework.web.bind.annotation.PathVariable;
import org.springframework.web.bind.annotation.PostMapping;
import org.springframework.web.bind.annotation.RequestMapping;

import com.shop.mapper.GoodsMapper; // 第（1）空
import com.shop.po.Goods;
```

2. 调用 mapper 层的 GoodsMapper 类

定义和调用 mapper 层的 GoodsMapper 类，代码如下：

```
@Controller
public class (2) { // 第（2）空
    @Autowired
    private GoodsMapper goodsMapper = null;
}
```

综上所述，第（1）空填写 GoodsMapper。

16.6.4　ShopController.java 文件【第（2）空】

此空考查创建 Java 的 Controller 类。

创建 ShopController 类，代码如下：

```
@Controller
public class ShopController { // 第（2）空
    @Autowired
    private GoodsMapper goodsMapper = null;
}
```

综上所述，第（2）空填写 ShopController。

16.6.5　ShopController.java 文件【第（3）空】

此空考查 Java 方法返回页面路径。

创建 index 方法，并返回 index 页面。

```
@GetMapping(value = "/")
    public String index(Model model) {
        List<Goods> goodsList = this.goodsMapper.selectGoodsList();
        model.addAttribute("goodsList", goodsList);
        return "index"; // 第（3）空
    }
```

综上所述，第（3）空填写 index。

16.6.6　ShopController.java 文件【第（4）空】

此空考查 Java 用于映射 URL 到控制器类的方法。

Spring MVC 框架的新特性提供了对 Restful 风格的支持，可以使用@PostMapping 处理 POST 请求。

```
@PostMapping(value = "/add")
```

```
@PostMapping(value = "/update/{id}")
```

综上所述，第（4）空填写 PostMapping。

16.6.7　ShopController.java 文件【第（5）空】

此空考查 Java Request 请求。

HttpServletRequest 对象代表客户端的请求，当客户端通过 HTTP 协议访问服务器时，HTTP 请求头中的所有信息都被封装在这个对象中，通过这个对象提供的方法，可以获得客户端请求的所有信息。

在 save()方法中携带 HttpServletRequest 请求参数，代码如下：

```
public String save(HttpServletRequest request, Model model) { // 第（5）空

}
```

综上所述，第（5）空填写 HttpServletRequest。

16.6.8　ShopController.java 文件【第（6）空】

此空考查 Java 往前端传递数据。

Java 往前端传递数据时需要使用 addAttribute(name,value,ns)方法，参数说明如下。

- name：必需参数，规定添加的属性名称。
- value：可选参数，规定添加的属性值。
- ns：可选参数，规定添加的属性命名空间。

在 addAttribute()方法中添加往前端传递信息的属性名称，代码如下：

```
public String save(HttpServletRequest request, Model model) {
        String code = request.getParameter("code");
```

```
        String name = request.getParameter("name");
        String type = request.getParameter("type");
        float price = Float.parseFloat(request.getParameter("price"));
        int number = Integer.parseInt(request.getParameter("number"));
        // 判断商品编号是否已存在
        Goods goods = this.goodsMapper.getGoodsByCode(code);
        if (goods != null) {
            model.addAttribute("message", "此商品已存在！");
            return "page/add";
        }
}
```

综上所述，第（6）空填写 message。

16.6.9　ShopController.java 文件【第（7）空】

此空考查 Java 重定向。

使用 redirect 重定向传递参数，代码如下：

```
@GetMapping(value = "/del/{id}")
    public String delete(@PathVariable int id) {
        this.goodsMapper.deleteById(id);
        return "redirect:/";
    }
```

综上所述，第（7）空填写 redirect。

16.6.10　ShopController.java 文件【第（8）空】

此空考查 Java 更新商品信息的方法。

创建 Java 更新商品信息的方法，代码如下：

```
public String update(HttpServletRequest request, @PathVariable int id, Model model) {

}
```

综上所述，第（8）空填写 update。

16.6.11　GoodsMapper.java 文件【第（9）空】

此空考查 Java SSM 框架的 SQL 查询注释。

在 Java SSM 框架中，如果需要 SQL 查询，那么可以使用 MyBatis 框架的@Select 方法。

```
@Select("select * from t_goods")
```

综上所述，第（9）空填写 Select。

16.6.12　GoodsMapper.java 文件【第（10）空】

此空考查 Java 防 SQL 注入的占位符。

SQL 注入是最常见的网络攻击方式之一，我们可以在 SQL 语句的参数中使用占位符来防止 SQL 注入。

```
@Select("select * from t_goods where code=#{code}")
```
综上所述，第（10）空填写#{code}。

16.6.13　index.jsp 文件【第（11）空】

此空考查 Java CSS 引入地址。

CSS 引入，代码如下：

```
<link rel="stylesheet" type="text/css" href="/css/index.css" />
```

综上所述，第（11）空填写/css/index.css。

16.6.14　index.jsp 文件【第（12）、（13）空】

这两空考查 JSP for 循环。

使用 for 循环输出数组数据，代码如下：

```
<%
for(Goods g : goodsList) {
%>
<tr>
    <td><%=g.getCode()%></td>
    <td><%=g.getName()%></td>
    <td><%=g.getType()%></td>
    <td><%=g.getPrice()%></td>
    <td><%=g.getNumber()%></td>
    <td>
        <div>
            <a href="/update/<%=g.getId()%>">
              <button type="button" class="change_btn">修改</button>
            </a>
            <a href="/del/<%=g.getId()%>">
              <button type="button" class="del_btn">删除</button>
            </a>
        </div>
    </td>
</tr>
<%}%>
```

综上所述，第（12）空填写 for，第（13）空填写<%}%>。

16.6.15　add.jsp 文件【第（14）空】

此空考查表单 POST 提交方式。

使用 POST 方式发送表单数据，代码如下：

```
<form action="/add" method="post">

</form>
```

综上所述，第（14）空填写 POST。

16.6.16　add.jsp 文件【第（15）空】

此空考查 JSP if 判断。

使用 if 语句判断 message 是否有值，代码如下：

```
<%
   if (message != null) {
%>
<tr>
  <td colspan="2"><span class="text-warning"><%=message %></span></td>
</tr>
<%}%>
```

综上所述，第（15）空填写 if。

16.6.17　参考答案

本题参考答案如表 16-23 所示。

表 16-23

小题编号	参考答案
1	GoodsMapper
2	ShopController
3	index
4	PostMapping
5	HttpServletRequest
6	message
7	redirect
8	update
9	Select
10	#{code}
11	/css/index.css
12	for
13	<%}%>
14	POST
15	if

第 17 章
2019 年实操试卷（高级）

17.1 试题一

17.1.1 题干和问题

阅读下列说明、效果图，打开"考生文件夹\20001\game"文件夹中的文件，阅读 HTML 代码并进行静态网页开发，在第（1）至（10）空处填写正确的代码，操作完成后保存文件。

【说明】

实现某游戏网站首页的页面效果，现在我们需要编写该网站效果图的部分代码。

项目名称为 game，包含首页 index.html、css 文件夹和 images 文件夹。其中，css 文件夹包含 style.css 文件。images 文件夹包含的内容如图 17-1 所示。

```
∨  images
    baidu.gif
    btn.gif
    btn-on.gif
    errorpaneltop.gif
    foot.jpg
    history.gif
    leftbg.gif
    leftbottom.gif
    lefttop.gif
    mainbg.gif
    mainbtnon.gif
    mainnav.jpg
    maintop.gif
    member.gif
    palintro.gif
    panelbg.gif
    panelbot.gif
    search.gif
    sidebg.gif
    sidetop.gif
<> index.html
```

图 17-1

当鼠标指针悬停到导航文字上时，导航文字会出现背景图片，效果如图 17-2 所示。

图 17-2

首页的页面效果如图 17-3 所示。

【效果图】

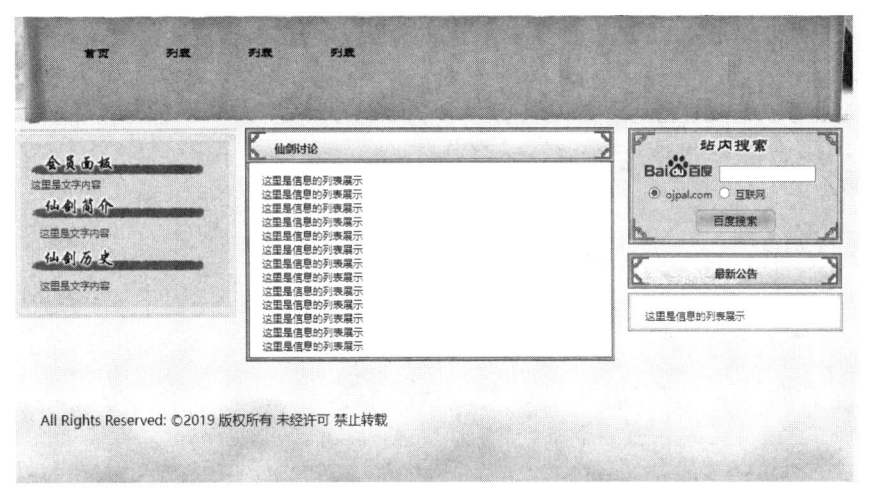

图 17-3

【问题】（20 分，每空 2 分）

根据注释，补全代码。

（1）打开"考生文件夹\20001\game"文件夹中的 index.html 文件，在第（1）至（3）空处填入正确的内容，完成后保存该文件。

```html
<!DOCTYPE html>
<html>
<head>
<meta http-equiv="Content-Type" content="text/html; charset=utf-8" />
<link href=" （1） " rel="stylesheet" type="text/css" />  <!--<link href=" （1） " rel="stylesheet" type="text/css" /> -->
<title>站点首页</title>
</head>
<body>
<div>
 <div id="header">
   <div id="mainnav">
    <ul>
      <li><a href="http://www.ojpal.com">首页</a></li>
      <li><a href="http://www.ojpal.com">列表</a></li>
      <li><a href="http://www.ojpal.com">列表</a></li>
      <li><a href="http://www.ojpal.com">列表</a></li>
    </ul>
   </div>
 </div>
</div>
```

```html
<div id="container">
  <div id="leftnavi">
    <div><img src="images/lefttop.gif" /></div>
    <div id="leftcon">
      <div class="member">
      <h3>会员面板</h3>
        <div class="userpanel">
          <p>这里是文字内容</p>
        </div>
      </div>
      <div class="palintro">
        <h3>仙剑简介</h3>
        <p>这里是文字内容</p>
      </div>
      <div class="history">
        <h3>仙剑历史</h3>
        <p>这里是文字内容</p>
      </div>
    </div>
    <div><img src="images/leftbottom.gif" /></div>
  </div>
  <div id="content">
    <div class="contentdiv">
      <h4>仙剑讨论</h4>
      <ul class="msgtitlelist">
      <li><a href="http://www.ojpal.com">这里是信息的列表展示</a></li>
      <li><a href="http://www.ojpal.com">这里是信息的列表展示</a></li>
      <li><a href="http://www.ojpal.com">这里是信息的列表展示</a></li>
      <li><a href="http://www.ojpal.com">这里是信息的列表展示</a></li>
      <li><a href="http://www.ojpal.com">这里是信息的列表展示</a></li>
      <li><a href="http://www.ojpal.com">这里是信息的列表展示</a></li>
      <li><a href="http://www.ojpal.com">这里是信息的列表展示</a></li>
      <li><a href="http://www.ojpal.com">这里是信息的列表展示</a></li>
      <li><a href="http://www.ojpal.com">这里是信息的列表展示</a></li>
      <li><a href="http://www.ojpal.com">这里是信息的列表展示</a></li>
      <li><a href="http://www.ojpal.com">这里是信息的列表展示</a></li>
      <li><a href="http://www.ojpal.com">这里是信息的列表展示</a></li>
      </ul>
    </div>
  </div>
  <div id="side">
    <div class="search">
      <div>
          < （2） name="f1" onsubmit="">  <!--第（2）空-->
          <img src="images/baidu.gif" />
          <input name=word size="30" maxlength="100" class="searchinput"><br />
          <input name=tn type=hidden value="bds">
          <input name=cl type=hidden value="3">
```

```
                <input name=ct type=hidden />
                <input name=si type=hidden value="ojpal.com">
                <input name=s type=radio checked class="searchcheck"> ojpal.com
                <input name=s type=radio class="searchcheck"> 互联网<br>
                    <input class="searchbtn" type="submit"  （3）="百
度搜索">  <!--<input class="searchbtn" type="submit"  （3）="百度搜索">-->
        </（2）>  <!--第（2）空-->
      </div>
    </div>
    <div class="sidecon">
      <h3>最新公告</h3>
      <ul class="msgtitlelist">
        <li><a href="#">这里是信息的列表展示</a> </li>
      </ul>
    </div>
  </div>
</div>
<div id="foot">
  <div class="copyright">
    <p>All Rights Reserved: ©2019</a> 版权所有 未经许可 禁止转载</p>
  </div>
</div>
</div>
</body>
</html>
```

（2）打开"考生文件夹\20001\game\css"文件夹中的style.css文件，在第（4）至（10）空处填入正确的内容，完成后保存该文件。

```
/*综合设置*/
body {margin:0; padding:0; background:#fdebef; color:#27100f;}
a {font-size:12px; color:#27100f; text-decoration:none;}
 （4）{text-decoration:underline;}  /*设置所有超链接文本在悬停状态下添加下画线*/
/* （4）{text-decoration:underline;}*/
img,img a {border:none;}
p,h1,h2,h3,h4,h5,form,ul,li,button {margin:0; padding:0;}
fieldset {border:none;}
 （5）{border:1px solid #9c8059;}  /*设置表单文本框控件的边框*/  /* （5）{border:1px
solid #9c8059;} */
h1,h2,h3,h4,h5 {color:#3c0a0c;}
ul {list-style:none;}
#header,#foot,#container {margin:0 auto; width:1002px;}
/*#leftnavi { （6）; width:265px; background:url(leftbg.gif) repeat-y;
margin-top:5px;} */
/*#content { （6）; width:440px; padding:5px 6px 5px 11px;} */
/*#side { （6）; width:258px; padding:5px 0 0 10px;} */
#leftnavi { （6）; width:265px; background:url(../images/leftbg.gif) repeat-y;
margin-top:5px;}
#content { （6）; width:440px; padding:5px 6px 5px 11px;}
#side { （6）; width:258px; padding:5px 0 0 10px;}
```

```css
#foot{clear:both; background:url(../images/foot.jpg) no-repeat left bottom;
font-weight:normal !important;}
/*头部*/
#mainnav{width:900px; height:60px; background:url(../images/mainnav.jpg)
no-repeat; padding:34px 52px 31px 50px;}
#mainnav ul {width:890px; height:35px;}
#mainnav ul li {float:left; list-style:none; padding:0; width:11%;
text-align:center;}
#mainnav ul li a,#mainnav ul li a:visited {
    text-decoration:none;
    （7）:"华文隶书","隶书";  /*第（7）空*/
    font-size:16px;
    font-weight:bold;
    color:#3c0a0c;
    display:block;
    margin:0 9px;
    padding:2px 0;
}
#mainnav ul li a:hover {
    background:url(../images/mainbtnon.gif) （8） left bottom; /*设置背景图片不
重复*/
    /* background:url(../images/mainbtnon.gif) （8） left bottom; */
    color:#FFF;
    （7）:"华文隶书","隶书";}  /*第（7）空*/
/*左侧导航*/
#leftcon { (9); width:245px;} /*设置内边距上、下、左、右的值为7px、0px、20px、0px*/
/*#leftcon { (9); width:245px;}*/
#leftcon .member h3,#leftcon .palintro h3,#leftcon .history h3 {width:207px;
height:27px; text-indent:-9999px;}
#leftcon .member h3 {background:url(../images/member.gif) no-repeat left top;}
#leftcon .palintro h3 {background:url(../images/palintro.gif) no-repeat left
top;}
#leftcon .history h3 {background:url(../images/history.gif) no-repeat left
top;}
#leftcon p {font-size:12px; color:#4c3a1c; line-height:14px; margin:10px;}
#leftcon .member p {font-size:12px; line-height:1.8em; margin:0;}
/*中间内容*/
.contentdiv {background:url(../images/mainbg.gif) no-repeat left bottom;
margin-bottom:10px;}
.contentdiv h4 {background:url(../images/maintop.gif) no-repeat left top;
padding:15px 0 11px 35px; font-size:13px; color:#3c0a0c; font-weight:bold;}
/*右侧内容*/
#side div { (10):10px;} /*设置距离底端外边距10px*/  /*#side div { (10):10px;}*/
.search{background:url(../images/search.gif) no-repeat; height:106px;
width:218px; padding:30px 20px 0 20px; font-size:12px;}
.search img {margin:0 5px 0 0;}
.searchinput {width:110px;}
.searchbtn{background:transparent url(../images/btn.gif) no-repeat left top;
height:26px; width:97px; line-height:26px; text-align:center; border:none;
margin:10px 0 5px 60px;}
```

```css
.searchcheck {border:none; margin-top:6px; text-align:right;}
.sidecon  {background:url(../images/sidebg.gif) no-repeat left bottom; padding:0;}
.sidecon h3 {background:url(../images/sidetop.gif) no-repeat left top; text-align:center; font-size:13px; color:#3c0a0c; padding:15px 0 23px 0;}
.models-sideblock {padding:0 0 0 10px;}
/*底部广告*/
.footad{border:1px #9c8559 solid; width:1000px; margin:0 auto; background:#e2d2a8 url(../images/support.gif) no-repeat left center;}
.footad div{border:3px #e2d2a8 solid; background:#FFF; width:964px; margin:0 0 0 30px; height:90px; padding:0 auto;}
/*底部*/
.copyright {padding:40px 30px 0 30px; height:85px; width:942px;}
.copyright p {line-height:24px;}
/*文章*/
#wenleft{float:left; width:191px; background:url(../images/wenleftbg.gif) repeat-y; margin-top:5px;}
#wencon {float:left; width:514px; padding:5px 6px 5px 11px;}
/*帖子展示*/
.msgtitlelist {padding:10px; font-size:12px; list-style:none; padding-left:20px; line-height:16px; font-weight:normal;}
.msgtitlelist li {overflow:hidden; color:#6e462c;}
.msgtitlelist li cite {float:right; font-style:normal; overflow:hidden;}
.msgtitlelist li b {color:#330000;}
.msgtitlelist .smalltxt {font-size:10px; padding-left:8px; color: #993300;}
```

注意：除了删除编号（1）至（10）并填入正确的内容，不能修改或删除文件中的其他任何内容。

17.1.2　考核知识和技能

（1）CSS 样式表引入。

（2）表单<form>标签。

（3）<input>标签的 value 属性。

（4）CSS 选择器。

（5）:hover 伪类选择器。

（6）浮动 float。

（7）background 属性。

（8）font-family 属性。

（9）内边距 padding。

（10）外边距 margin。

17.1.3　index.html 文件【第（1）空】

此空考查 CSS 样式表引入。

1. 外部样式表

```
<head>
```

```
    <link rel="stylesheet" type="text/css" href="style.css">
</head>
```

2．内部样式表

```
<head>
    <style type="text/css">
        body {background-color: white}
    </style>
</head>
```

3．内联样式表

```
<p style="color: red">
    XXXX
</p>
```

综上所述，第（1）空填写 css/style.css 或 ./css/style.css。

17.1.4　style.css 文件【第（4）、(5) 空】

这两空考查 CSS 样式初始化和 CSS 选择器。

1．CSS 样式初始化

一般网站都会进行初始化，主要原因有两个。

（1）不同浏览器对某些标签的默认属性值是不同的，CSS 样式初始化可以消除浏览器之间的页面差异。

（2）统一整个网页内元素的风格和样式。

CSS 样式初始化的示例如图 17-4 所示。

```
统一默认属性值 ←    body {margin:0; padding:0; background:#fdebef; color:#27100f;}
                   a {font-size:12px; color:#27100f; text-decoration:none;}
                   （4）{text-decoration:underline;} /*设置所有超链接文本在悬停状态下添加下画线*/
                   img,img a {border:none;}
                   p,h1,h2,h3,h4,h5,form,ul,li,button {margin:0; padding:0;}
统一元素样式 ←      fieldset{border:none;}
                   （5）{border:1px solid #9c8059;} /*设置表单文本框控件的边框*/
                   h1,h2,h3,h4,h5 {color:#3c0a0c;}
                   ul {list-style:none;}
```

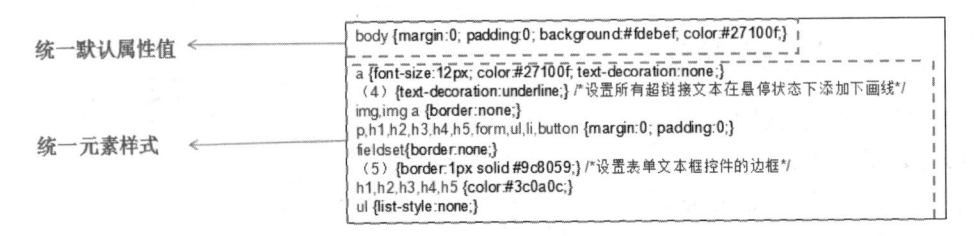

图 17-4

2．CSS 选择器

CSS 选择器用于选择元素。

```
.intro {color:#FF0000;}        /* 类选择器，选择所有 class="intro"的元素 */
p {color:#FF0000;}             /* 元素选择器，选择所有<p>元素 */
div p {color:#FF0000;}         /* 后代选择器，选择<div>元素内的所有<p>元素 */
div>p {color:#FF0000;}         /* 子代选择器，选择所有父级元素是<div>元素的<p>元素 */
```

3．CSS 伪类选择器

CSS 伪类用来添加一些选择器的特殊效果，链接的不同状态都可以以不同的方式显示。

```
a:link {color: #FF0000}        /* 未访问的链接 */
a:visited {color: #00FF00}     /* 已访问的链接 */
a:hover {color: #FF00FF}       /* 鼠标指针移动到链接上 */
```

```
a:active {color: #0000FF}    /* 选定的链接 */
```

综上所述，第（4）空填写 a:hover，第（5）空填写 input 或 form input。

17.1.5　style.css 文件【第（7）、（8）空】

这两空考查 background 属性和 font-family 属性。

（1）导航栏采用浮动布局，如图 17-5 所示。

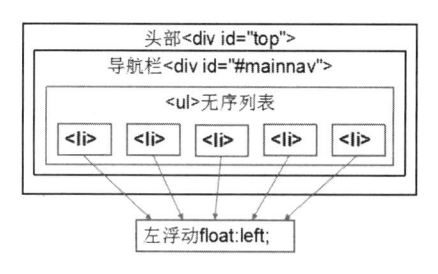

图 17-5

（2）HTML 代码如下：

```
<div id="mainnav">
    <ul>
      <li>
        <a href="http://www.ojpal.com">首页</a>
      </li>
      <li>
        <a href="http://www.ojpal.com">列表</a>
      </li>
      <!--......-->
    </ul>
</div>
```

（3）鼠标指针悬停时的效果如图 17-6 所示。

图 17-6

（4）background 属性为简写属性，用于在一个声明中设置所有的背景属性。background 属性值及描述如表 17-1 所示。

表 17-1

属性值	描述
background-color	规定使用的背景颜色
background-position	规定背景图像的位置
background-size	规定背景图像的尺寸

属性值	描述
background-repeat	规定如何重复背景图像
background-origin	规定背景图像的定位区域
background-clip	规定背景的绘制区域
background-attachment	规定背景图像是否固定,或者随着页面的其余部分滚动
background-image	规定使用的背景图像

(5) font-family 属性用于规定元素所使用的字体系列。

```
p {
  font-family:"Times New Roman",Georgia,Serif;
}
```

综上所述,第(7)空填写 font-family,第(8)空填写 no-repeat。

17.1.6 index.html 文件【第(2)、(3)空】

这两空考查表单<form>标签,以及<input>标签的 value 属性。

(1) 表单<form>标签具有 onsubmit 属性,通过该属性绑定表单提交事件需要执行的脚本代码。

```
onsubmit="JavaScriptCode"
```

(2) <input>标签为表单输入框,通过其属性可以控制输入框的显示样式。

① type="submit":定义提交按钮,提交按钮会把表单数据发送到服务器。

② value 属性:用于为<input>标签设定值,对于不同的输入类型,value 属性的值也不同。

- type 值为"button"、"reset"和"submit"时,value 属性定义按钮上显示的文本。
- type 值为"text"、"password"和"hidden"时,value 属性定义输入字段的初始值。
- type 值为"checkbox"、"radio"和"image"时,value 属性定义与输入相关联的值。

(3) 广告图的布局方式如图 17-7 所示。

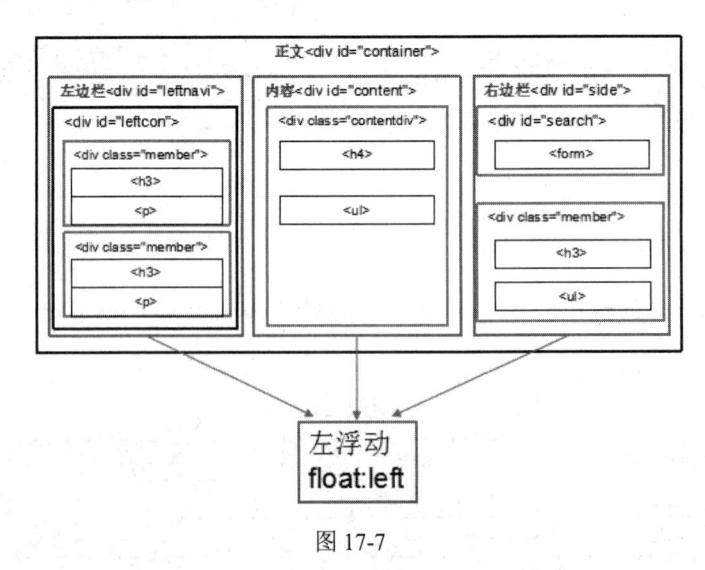

图 17-7

综上所述,第(2)空填写 form,第(3)空填写 value。

17.1.7　style.css 文件【第（6）空】

此空考查浮动 float。

（1）页面效果如图 17-8 所示。

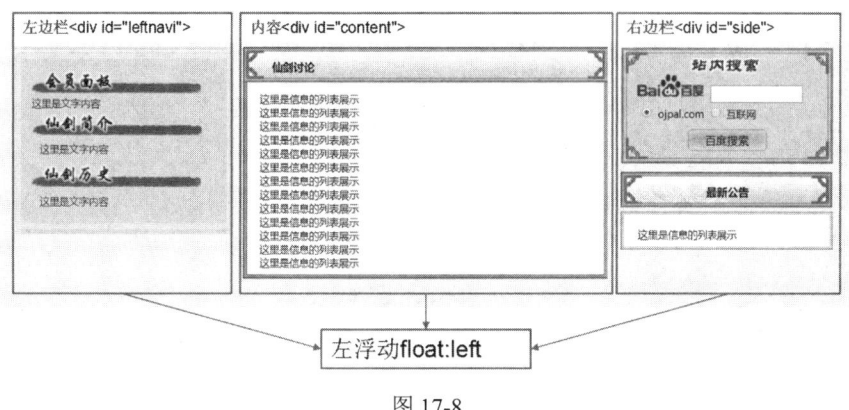

图 17-8

（2）浮动 float 用于定义元素在哪个方向浮动，包括 none、left、right，前两种运行效果如图 17-9 所示。

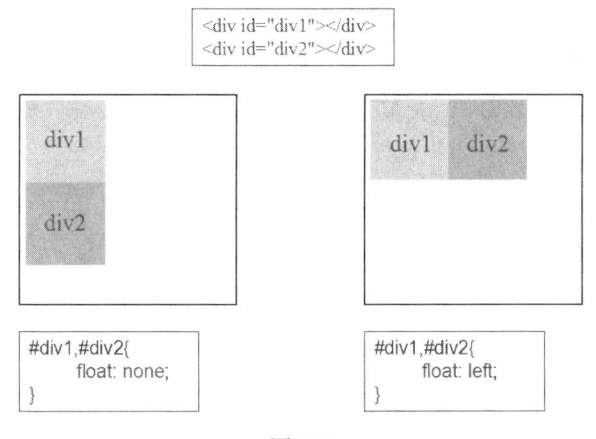

图 17-9

综上所述，第（6）空填写 float:left。

17.1.8　style.css 文件【第（9）、（10）空】

这两空考查内边距 padding 和外边距 margin。

1. CSS 内边距 padding 属性

padding 属性用于设置元素边框与元素内容之间的空白区域。

（1）只设置一个参数，内边距示例代码如下：

```
/*各边都有相同的内边距*/
p {padding: 10px;}
```

(2) 设置 4 个参数，内边距示例代码如下：

```
/*按照上、右、下、左的顺序分别设置各边的内边距*/
p {padding: 7px 0 0 20px;}
```

元素盒模型如图 17-10 所示。

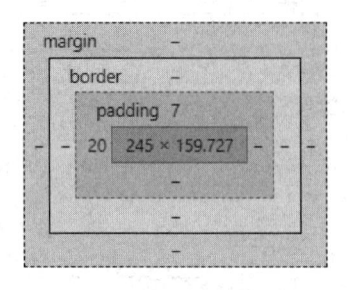

图 17-10

(3) 单独设置内边距，示例代码如下：

```
h2 {
  padding-top: 7px;
  padding-right: 0px;
  padding-bottom: 0px;
  padding-left: 20px;
}
```

2. CSS 外边距 margin 属性

margin 属性用于设置围绕在元素边框的空白区域。

(1) 只设置一个参数，外边距示例代码如下：

```
/*各边都有相同的外边距*/
p {margin: 10px;}
```

(2) 设置 4 个参数，外边距示例代码如下：

```
/*按照上、右、下、左的顺序分别设置各边的外边距*/
p {margin: 7px 0 0 20px;}
```

(3) 单独设置外边距，示例代码如下：

```
h2 {
  margin-top: 7px;
  margin-right: 0px;
  margin-bottom: 0px;
  margin-left: 20px;
}
```

综上所述，第（9）空填写 padding:7px 0 0 20px 或 padding:7px 0px 0px 20px，第（10）空填写 margin-bottom。

17.1.9 参考答案

本题参考答案如表 17-2 所示。

表 17-2

小题编号	参考答案
1	css/style.css 或 ./css/style.css
2	form
3	value
4	a:hover
5	input 或 form input
6	float:left
7	font-family
8	no-repeat
9	padding:7px 0 0 20px 或 padding:7px 0px 0px 20px
10	margin-bottom

17.2 试题二

2019 年实操试卷（高级）试题二与 2019 年实操试卷（中级）试题四相似，该题解析详见 14.4 节。

17.3 试题三

17.3.1 题干和问题

阅读下列说明、效果图，打开"考生文件夹\20003\shoppingCard"文件夹中的文件，阅读代码并进行前端页面开发，在第（1）至（15）空处填写正确的代码，操作完成后保存文件。

【说明】

使用 Vue.js 在页面中实现了一个简单的购物车效果，不仅可以增加和减少购买数量，也可以删除某个商品，还可以统计购物车内商品的总价。

项目名称为 shoppingCard，包含页面 shoppingCard.html 和 js 文件夹。其中，js 文件夹包含 vue.js 文件。

【效果图】

页面效果如图 17-11 所示。

图 17-11

【问题】（30分，每空2分）

打开"考生文件夹\20003\shoppingCard"文件夹中的 shoppingCard.html 文件，根据注释，补全代码，在第（1）至（15）空处填入正确的内容，完成后保存该文件。

```html
<!DOCTYPE html>
<html>
    <head>
        <meta charset="UTF-8">
        <title></title>
        <style type="text/css">
            [v-cloak] {display: none;}
            table {width: 600px;border: 1px solid red;text-align: center;}
            thead {background-color: red;color: white;}
            p {font-size: 20px;color: red;font-weight: bold;}
        </style>
    </head>
    <div id="app" v-cloak>
        <table border="" cellspacing="0" cellpadding="">
            <thead>
                <tr>
                    <td>商品名称</td>
                    <td>商品单价</td>
                    <td>购买数量</td>
                    <td>操作</td>
                </tr>
            </thead>
            <tbody>
                <tr （1）=" （2） ">
                    <!--使用内置指令遍历购物车商品-->
                    <td> （3） </td>
                    <!--插入商品名称的值-->
                    <td> （4） </td>
                    <!--插入商品价格的值-->
                    <td>
                        <button @click="reduce(index)" :disabled="good.count===1">-</button>
                         （5） 
                        <!--插入商品数量的值-->
                        <button （6） ="add(index)">+</button>
                        <!--单击调用方法-->
                    </td>
                    <td><button （6） ="deletegood(index)">删除</button></td>
                </tr>
            </tbody>
        </table>
        <p :style="{display:show}">总价: {{totalPrice}}</p>
    </div>
    <script src="js/vue.js"></script>
    <script type="text/javascript">
```

```
var vm = new Vue({
    7): "#app",
    (8): {(
        9): [{
            name: "充电宝",
            price: 20,
            count: 1
        },
        {
            name: "洗发水",
            price: 12,
            count: 1
        },
        {
            name: "纸巾",
            price: 21,
            count: 1
        },
        {
            name: "肥皂",
            price: 18,
            count: 1
        },
        ],
        show: "block"
    },
    (10): {(
        11) { /*删除商品的函数*/
            this.goods.splice(index, 1);
        },
        showed() {
            this.show = "block";
        },
        reduce(index) {
            this.goods[index].count--;
        },
        add(index) {
            this.goods[index].count++;
        }
    },
    (12): { /*使用计算属性*/ (
        13): function() { /*计算总价的函数*/
            var prices = 0;
            for(var i = 0; i < (14); i++) {
                prices += this.goods[i].price * this.goods[i].count;
            }(
            15) prices; /*返回总价*/
        }
    }
}
```

```
        });
    </script>
</html>
```

注意：除了删除编号（1）至（15）并填入正确的内容，不能修改或删除文件中的其他任何内容。

17.3.2 考核知识和技能

（1）el 选项对象。
（2）data 选项对象。
（3）methods 选项对象。
（4）调用 methods 方法。
（5）Vue 实例数据对象的名称。
（6）computed（计算属性）。
（7）函数及函数返回值。
（8）数组 length 属性。
（9）v-for 指令。
（10）文本插值{{ }}。
（11）v-on 指令。
（12）return 语句。

17.3.3 shoppingCard.html 文件【第（7）、（8）空】

这两空考查 Vue 选项对象：el、data。

1．el 选项对象

el 选项对象提供一个在页面上已存在的 DOM 元素作为 Vue 实例的挂载目标，可以是 CSS 选择器，如 class 选择器、id 选择器。

2．data 选项对象

Vue 实例中的数据存放在 data 选项对象中。当这些属性的值发生改变时，视图也会产生相应的"响应"，即匹配更新为新的值。

综上所述，第（7）空填写 el，第（8）空填写 data。

17.3.4 shoppingCard.html 文件【第（10）、（11）空】

这两空考查 Vue 选项对象 methods 和调用 methods 方法。

1．methods 选项对象

Vue 实例通过 methods 选项对象进行统一的方法管理，可以通过 VM 实例访问这些方法，或者在指令表达式中使用，方法中的 this 自动被绑定为 Vue 实例。

2．调用 methods 方法

依据删除按钮@click="deletegood(index)"代码，删除按钮事件并调用 methods 删除方法，执行函数。

综上所述，第（10）空填写 methods，第（11）空填写 deletegood(index)。

17.3.5 shoppingCard.html 文件【第（9）空】

此空考查 Vue 实例数据对象的名称。

依据 Vue 实例中 methods 对象的上下文可知，Vue 实例数据对象的名称为 goods。

综上所述，第（9）空填写 goods。

17.3.6 shoppingCard.html 文件【第（12）～（15）空】

第（12）～（15）空考查 computed（计算属性）、函数及函数返回值、数组 length 属性。

1. computed（计算属性）

在 Vue 中，对于数据的复杂计算，通常用 computed 进行统一管理。需要注意的是，computed 中的函数名不能和 data 中的数据名重复。

2．函数及函数返回值

通过上下文 html 中绑定的计算函数名可知，此处填写的计算函数为 totalPrice，computed 计算属性中的计算函数需要有返回值。

3．数组 length 属性

通过循环体出现的 this.goods[i].price 代码可知，该循环体的内容为 goods 数组长度，即 this.goods.length。

综上所述，第（12）空填写 computed，第（13）空填写 totalPrice，第（14）空填写 this.goods.length，第（15）空填写 return。

17.3.7 shoppingCard.html 文件【第（1）、（2）空】

这两空考查 Vue 列表渲染指令，即 v-for 指令。

v-for 指令可以用来渲染数组和对象，常用的语法格式为 v-for="参数 in 数组/对象"。

（1）当渲染数组时，第 1 个参数代表数组项，第 2 个参数代表索引。

```
<div v-for="(item,index) in items"></div>
<script type="text/javascript">
    let vm = new Vue({
        el:'#app',
        data:{
            items:[
                {name:'zhangsan',age:14},
                {name:'lisi',age:15}
            ]
        }
    })
</script>
```

（2）当渲染对象时，第 1 个参数代表值，第 2 个参数代表键，第 3 个参数代表索引。

```
<div v-for="(val,name,index) in obj"></div>
```

```
<script type="text/javascript">
    let vm = new Vue({
        el:'#app',
        data:{
            obj:{name:'zhangsan',age:14}
        }
    })
</script>
```

综上所述，第（1）空填写 v-for，第（2）空填写(good,index) in goods。

17.3.8　shoppingCard.html 文件【第（3）～（5）空】

第（3）～（5）空考查 Vue 模板语法：插值表达式{{}}。

数据绑定常见的形式为使用 Mustache 语法（双大括号）的文本插值。

```
<span>Message:{{ msg }}</span>
```

Mustache 标签会被替代为对应数据对象上 msg 属性的值，无论何时，绑定的数据对象上 msg 属性发生了改变，插值处的内容都会更新。

综上所述，第（3）空填写{{good.name}}，第（4）空填写{{good.price}}，第（5）空填写{{good.count}}。

17.3.9　shoppingCard.html 文件【第（6）空】

此空考查 Vue 绑定事件指令，即 v-on 指令。

在 Vue 中，通过 v-on 指令可以为 DOM 绑定事件。v-on 可以缩写为@。

```
<!-- 方法处理器 -->
<button v-on:click="doThis"></button>
<!-- 缩写 -->
<button @click="doThis"></button>
```

综上所述，第（6）空填写@click 或 v-on:click。

17.3.10　参考答案

本题参考答案如表 17-3 所示。

表 17-3

小题编号	参考答案
1	v-for
2	(good,index) in goods
3	{{good.name}}
4	{{good.price}}
5	{{good.count}}
6	@click 或 v-on:click
7	el
8	data
9	goods

续表

小题编号	参考答案
10	methods
11	deletegood(index)
12	computed
13	totalPrice
14	this.goods.length
15	return

17.4 试题四

17.4.1 题干和问题

阅读下列说明、效果图，打开"考生文件夹\20004\course"文件夹中的文件，阅读代码并进行前端网页开发，在第（1）至（10）空处填写正确的代码，操作完成后保存文件。

【说明】

某课程网站的课程列表页如图 17-12 所示，当单击某课程后，会跳转到课程详情页，如图 17-13 所示。要求使用 vue-cli 实现课程列表页和课程详情页。项目名称为 course，该项目的 src 文件夹中包括 components 文件夹、assets 文件夹、router 文件夹、app.vue 文件和 main.js 文件。其中，components 文件夹中包括 index.vue、detail.vue 和 layout.vue 文件。

【效果图】

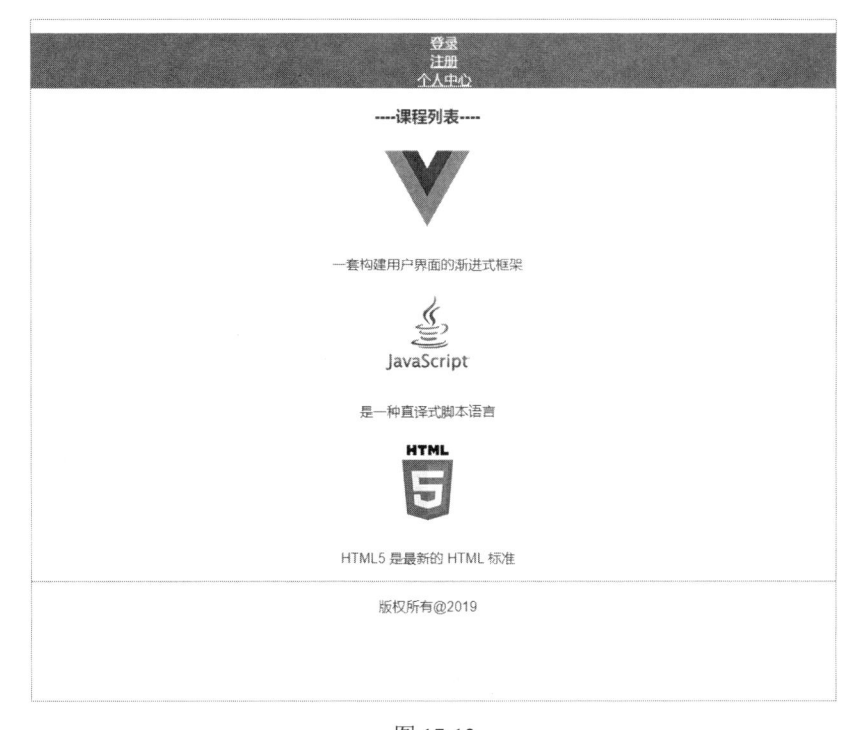

图 17-12

图 17-13

【问题】（20 分，每空 2 分）

根据注释，补全代码。

（1）打开"考生文件夹\20004\course\src\router"文件夹中的 index.js 文件，在第（1）至（4）空处填入正确的内容，完成后保存该文件。

```
import Vue from 'vue'
(1);//引入路由插件    /*第(1)空 */
//主体
//import App from './components/app.vue';
//路由切换页面
import index from '@/components/index'
import detail from '@/components/detail'
import layout from '@/components/layout'

//使用路由插件
(2);   /*第(2)空 */

//创建路由对象并配置路由规则
/*(3) new Router({ */
(3) new Router({
  routes: [
    {
      path: '/',
      name: 'index',
      component: index
    },
    {
      path: '/detail',
      name: 'detail',
      (4)    //使用详情页组件   /*第(4)空 */
    },
    {
      path: '/layout',
      name: 'layout',
      component: layout
    }
  ]
})
```

（2）打开"考生文件夹\20004\course\src"文件夹中的 app.vue 文件，在第（5）空处填入正确的内容，完成后保存该文件。

```
<template>
```

```
    <div id="app">
        <router-view class="bg"></router-view>
    </div>
</template>
<script>
    export default {
        data(){
            return {

            }
        }
    }
</script>
<!--<style （5）>-->
<style （5）>
    .bg{
        height: 100px;
        background-color: white;
    }
</style>
```

（3）打开"考生文件夹\20004\course\src\components"文件夹中的 index.vue 文件，在第（6）至（10）空处填入正确的内容，完成后保存该文件。

```
<template>
    <div id="app">
        <layout></layout>
        <div class="example">
            <h3>----课程列表----</h3>
            <div class="list-group">
                <div class="list-group-item" v-for="course in courseList">
                    <!-- <div @click=" （6）"> -->
                    <div @click=" （6）">
                        <h4 class="list-group-item-heading">
                        <!-- <img :src=" （7）"/> -->
                        <img :src=" （7）"/> <!--动态显示课程图片-->
                        </h4>
                        <!--<p class="list-group-item-text text-muted"> （8）</p> -->
                        <p class="list-group-item-text text-muted"> （8）</p>
                    </div>
                </div>
            </div>
        </div>
        <div class="container">
            <hr>
            <p class="text-muted small">版权所有@2019</p>
        </div>
    </div>
</template>
<script>
```

```
import layout from './layout'
    export default {
        name: 'Index',
        components: {
            layout
        },
        /*(9){
               (10) { */
          (9){
              (10) {
                courseList: [{
                        title: 'Vue 课程',
                        src: require('../../static/img/logos.png'),
                        description: '一套构建用户界面的渐进式框架',
                    },
                    {
                        title: 'JavaScript 课程',
                        src:require('../../static/img/js.jpg'),
                        description: '是一种直译式脚本语言',

                    },
                    {
                        title: 'HTML 课程',
                        src: require('../../static/img/html.jpg'),
                        description: 'HTML5 是最新的 HTML 标准',
                    }
                ],
            }
        },
        methods: {
            itemDetail(item) {
                window.sessionStorage.setItem('logoSrc',item.src);
     window.sessionStorage.setItem('description',item.description);
                this.$router.push({path: '/detail'});
            }
        }
    }
</script>
<style scoped>
.example{
    text-align: center;
}
</style>
```

注意：除了删除编号（1）至（10）并填入正确的内容，不能修改或删除文件中的其他任何内容。

17.4.2 考核知识和技能

（1）export default 命令。
（2）Vue CLI。
（3）Vue Router。
（4）路由配置。
（5）单文件组件 scoped 属性。
（6）组件实例 data 选项。
（7）实例方法调用。
（8）v-bind 指令缩写。
（9）文本插值{{ }}。

17.4.3 course\src\router\index.js 文件【第（1）～（4）空】

第（1）～（4）空考查 ES6 导入/导出、路由插件使用、定义路由。

1. ES6 导入/导出

（1）ES6 Module 概述。
JavaScript 并没有模块（Module）体系，因此无法将一个大程序拆分为互相依赖的小文件。为了解决这个问题，ES6 引入了模块。

（2）ES6 模块。
① 常规导出/导入。
导出：export <模块名>。
导入：import {<模块名>} from "<文件名>"。
② 默认导出/导入。
导出：export default <模块名>。
导入：import <模块名> from "<文件名>"。
（3）通过入口文件：main.js 导入路由文件，使用默认导入。

```
import Vue from 'vue'
import App from './App'
import router from './router'
```

2. 路由插件使用

Vue 通过全局方法 Vue.use()使用插件，它需要在调用 new Vue()启动引用之前完成。

```
// 调用"MyPlugin.install(Vue)"
Vue.use(MyPlugin)

new Vue({
  // ...组件选项
})
```

3. 定义路由

```
import index from '@/components/index'
import detail from '@/components/detail'
```

```
import layout from '@/components/layout'

export default new Router({
  routes: [
    {
      path: '/',
      name: 'index',
      component: index
    },
    {
      path: '/detail',
      name: 'detail',
      (4)//使用详情页组件 /*第(4)空 */
    },
    {
      path: '/layout',
      name: 'layout',
      component: layout
    }
  ]
})
```

每个组件都应该映射一个路径，即将导入的组件（components）映射到路由（routes）。

综上所述，第（1）空填写 import Router from 'vue-router'，第（2）空填写 Vue.use(Router)，第（3）空填写 export default，第（4）空填写 component:detail。

17.4.4　course\src\app.vue 文件【第（5）空】

此空考查 Vue 单文件组件中的 CSS 作用域。

在 Vue 中，单文件组件是没有 CSS 作用域的，这意味着同一个 CSS 命名，彼此之间会产生冲突和污染。通过为 style 添加一个 scoped 属性，组件内的 CSS 会自动添加一个唯一的属性（如 data-v-21e5b78），这样每一个单文件组件的 CSS 便不会重名，从而具有了各自的作用域。

综上所述，第（5）空填写 scoped。

17.4.5　course\src\components\index.vue 文件【第（9）、（10）空】

这两空考查 Vue 中组件的 data 选项。

Vue 中组件的 data 选项必须是一个函数，当一个组件被创建好后，就可能被用在各个地方，而不管组件被复用多少次，组件中的 data 数据都应该是相互隔离、互不影响的。

基于此，一个组件的 data 选项必须是一个函数，并返回一个对象。

综上所述，第（9）空填写 data()，第（10）空填写 return。

17.4.6　course\src\components\index.vue 文件【第（6）空】

此空考查 Vue 单击事件调用 methods 方法。

根据 methods 方法中的函数，此空应填写 itemDetail(course)，函数中的参数为 v-for 循环数组项 course。

综上所述，第（6）空填写 itemDetail(course)。

17.4.7　course\src\components\index.vue 文件【第（7）、（8）空】

第（7）空考查 Vue 属性绑定指令：v-bind 指令，第（8）空考查插值表达式{{ }}。

1. v-bind 指令

通过 v-bind 指令可以绑定属性，该指令可以缩写为":"。

```
<!-- 绑定一个属性 -->
<img v-bind:src="imageSrc">
<!-- 缩写 -->
<img :src="imageSrc">
```

2. 插值表达式{{ }}

数据绑定常见的形式为使用 Mustache 语法（双大括号）的文本插值。

```
<!-- Mustache -->
<span>Message: {{ msg }}</span>
```

综上所述，第（7）空填写 course.src，第（8）空填写{{course.description}}。

17.4.8　参考答案

本题参考答案如表 17-4 所示。

表 17-4

小题编号	参考答案
1	import Router from 'vue-router'
2	Vue.use(Router)
3	export default
4	component:detail
5	scoped
6	itemDetail(course)
7	course.src
8	{{course.description}}
9	data()
10	return

第 18 章
2020 年实操试卷（高级）

18.1 试题一

2020 年实操试卷（高级）试题一与 2021 年实操试卷（中级）试题一相似，该题解析详见 16.1 节。

18.2 试题二

18.2.1 题干和问题

打开"考生文件夹\20010\mobilePhoto"文件夹中的文件，阅读说明并参考效果图，进行静态网页开发，在第（1）至（10）空处填入正确的代码，操作完成后保存文件。

【说明】

制作手机相册页面，手机相册页面在加载完成后具备 Y 轴的旋转动画效果，点击每张照片都可以将其放大查看。如果当前照片处于放大状态，则点击其他图片时，已放大的图片会还原为原始大小，点击已放大的图片自身也会使其还原为原始大小。放大和缩小的过程要求有动画过渡效果。

【效果图】

手机相册页面效果如图 18-1 所示。

相册图片放大后的效果如图 18-2 所示。

图 18-1   图 18-2

【问题】（20 分，每空 2 分）

（1）打开"考生文件夹\20010\mobilePhoto"文件夹中的 index.html 文件，在第（1）至（3）空处填入正确的代码，完成后保存当前文件。

```
<!DOCTYPE html>
<html>
    <head>
        <(1) charset="utf-8">        <!-- 第（1）空 -->
```

```html
        <(1)name="viewport" content="width=device-width,initial-scale=1.0" />
<!-- 第(1)空 -->
        <title></title>
        <link href="css/style.css" rel="stylesheet" type="text/css" />
        <link rel="stylesheet" type="text/css" href="css/bootstrap.min.css"/>
        <script type="text/javascript" src="js/jquery.js"></script>
        <script type="text/javascript" src="js/bootstrap.min.js"></script>
        <!-- 引入 index.js 文件 -->
        <script type="text/javascript" src="(2)"></script><!-- 第(2)空 -->
    </head>
    <body>
        <header class="header-bar">
            <div class="back-icon">
                <svg width="2em" height="2em" viewBox="0 0 16 16" class="bi bi-x" fill="currentColor" xmlns="http://www.w3.org/2000/svg">
  <path fill-rule="evenodd" d="M11.854 4.146a.5.5 0 0 1 0 .708l-7 7a.5.5 0 0 1-.708-.708l7-7a.5.5 0 0 1 .708 0z"/>
  <path fill-rule="evenodd" d="M4.146 4.146a.5.5 0 0 0 0 .708l7 7a.5.5 0 0 0 .708-.708l-7-7a.5.5 0 0 0-.708 0z"/>
</svg>
<!-- <svg width="2em" height="2em" viewBox="0 0 16 16" class="bi bi-chevron-left" fill="currentColor" xmlns="http://www.w3.org/2000/svg">
  <path fill-rule="evenodd" d="M11.354 1.646a.5.5 0 0 1 0 .708L5.707 8l5.647 5.646a.5.5 0 0 1-.708.708l-6-6a.5.5 0 0 1 0-.708l6-6a.5.5 0 0 1 .708 0z"/>
</svg> -->
            </div>
            <ul class="nav justify-content-center" >
              <li class="nav-item">
                <a class="nav-link active" href="#">照片</a>
              </li>
              <li class="nav-item">
                <a class="nav-link" href="#">相册</a>
              </li>
              <li class="nav-item">
                <a class="nav-link" href="#">视频</a>
              </li>
            </ul>
        </header>
        <ul id="img_box">
            <li (3)="img_scale(this)"><img src="img/01.jpg"></li> <!-- 第(3)空 -->
            <li (3)="img_scale(this)"><img src="img/02.jpg"></li> <!-- 第(3)空 -->
            <li (3)="img_scale(this)"><img src="img/03.jpg"></li> <!-- 第(3)空 -->
            <li (3)="img_scale(this)"><img src="img/04.jpg"></li> <!-- 第(3)空 -->
            <li (3)="img_scale(this)"><img src="img/05.jpg"></li> <!-- 第(3)空 -->
            <li (3)="img_scale(this)"><img src="img/06.jpg"></li> <!-- 第(3)空 -->
        </ul>
        <footer class="footer-box">
            <ul class="nav nav-pills nav-justified">
              <li class="nav-item">
                <a class="nav-link" href="#">
```

```html
                    <svg width="1.2em" height="1.2em" viewBox="0 0 16 16" class="bi bi-justify" fill="currentColor" xmlns="http://www.w3.org/2000/svg">
                        <path fill-rule="evenodd" d="M2 12.5a.5.5 0 0 1 .5-.5h11a.5.5 0 0 1 0 1h-11a.5.5 0 0 1-.5-.5zm0-3a.5.5 0 0 1 .5-.5h11a.5.5 0 0 1 0 1h-11a.5.5 0 0 1-.5-.5zm0-3a.5.5 0 0 1 .5-.5h11a.5.5 0 0 1 0 1h-11a.5.5 0 0 1-.5-.5zm0-3a.5.5 0 0 1 .5-.5h11a.5.5 0 0 1 0 1h-11a.5.5 0 0 1-.5-.5z"/>
                    </svg>
                </a>
            </li>
            <li class="nav-item">
                <a class="nav-link " href="#">
                    <svg width="1.2em" height="1.2em" viewBox="0 0 16 16" class="bi bi-app" fill="currentColor" xmlns="http://www.w3.org/2000/svg">
  <path fill-rule="evenodd" d="M11 2H5a3 3 0 0 0-3 3v6a3 3 0 0 0 3 3h6a3 3 0 0 0 3-3V5a3 3 0 0 0-3-3zM5 1a4 4 0 0 0-4 4v6a4 4 0 0 0 4 4h6a4 4 0 0 0 4-4V5a4 4 0 0 0-4-4H5z"/>
                    </svg>
                </a>
            </li>
            <li class="nav-item">
                <a class="nav-link" href="#">
                    <svg width="1.2em" height="1.2em" viewBox="0 0 16 16" class="bi bi-chevron-left" fill="currentColor" xmlns="http://www.w3.org/2000/svg">
  <path fill-rule="evenodd" d="M11.354 1.646a.5.5 0 0 1 0 .708L5.707 8l5.647 5.646a.5.5 0 0 1-.708.708l-6-6a.5.5 0 0 1 0-.708l6-6a.5.5 0 0 1 .708 0z"/>
                    </svg>
                </a>
            </li>
        </ul>
    </footer>
</body>
</html>
```

（2）打开"考生文件夹\20010\mobilePhoto\css"文件夹中的 style.css 文件，在第（4）至（6）空处填入正确的代码，完成后保存当前文件。

```css
* {
    margin: 0;
    padding: 0;
}
li {
    list-style: none;
}
.header-bar{
    background-color: #0069D9;
    height:3rem;
}
.nav-link{
    color: #fff;
    font-size: 1.2rem;
```

```css
}
.back-icon{
    position: absolute;
    top:0.3em;
    left:0.3rem;
    color: #fff;
}
#img_box {
    /* 弹性布局 */
    display: （4）;  /* 第（4）空 */
    flex-flow: wrap;
}

#img_box li {
    width: 50%;
    height: 50%;
}

#img_box li img {
    width: 100%;
    height: 100%;
}

.rotateY {
    /* Y轴旋转360° */
    transform: （5）(360deg);          /* 第（5）空 */
    transition: transform 2s;
}

.scale {
    /* 修改元素大小 */
    transform: （6）(2);/* 第（6）空 */
    z-index: 99;
}

#img_box li {
    width: 50%;
    height: 50%;
    transform-origin: left top;
    transition: transform 0.5s;
}

#img_box li:nth-child(2n) {
    transform-origin: right top;
}
.footer-box{
    position:fixed;
    bottom: 0;
    left: 0;
    background-color: #0069D9;
```

```
    width: 100%;
}
.footer-box a{
    color: #fff;
}
.footer-box .nav-item{
    width:33%
}
```

（3）打开"考生文件夹\20010\mobilePhoto\js"文件夹中的 index.js 文件，在第（7）至（10）空处填入正确的代码，完成后保存当前文件。

```
window.(7) = function () {    // 第（7）空
    document.(8)("img_box").setAttribute("class", "rotateY"); // 第（8）空
}

function img_scale(e) {
    if (e.getAttribute("class") == "scale") {
        e.setAttribute("class", "");
        return
    }
    let liElm = document.(8)("img_box").getElementsByTagName("li"); // 第（8）空
    for (let index = 0; index < liElm.length; index++) {
        liElm[(9)].(10)("class", "");     // 第（9）空和第（10）空
    }
    e.(10)("class", "scale"); // 第（10）空
}
```

注意：除了删除编号（1）至（10）并填入正确的内容，不能修改或删除文件中的其他任何内容。

18.2.2 考核知识和技能

（1）HTML <meta> 标签。
（2）引入 JavaScript 外部脚本文件。
（3）鼠标单击事件 onclick。
（4）弹性布局。
（5）Y 轴旋转 rotateY()。
（6）缩放 scale()。
（7）页面加载完成事件 onload。
（8）获取元素 getElementById()。
（9）数组索引。
（10）设置属性 setAttribute()。

18.2.3 index.html 文件【第（1）空】

此空考查 HTML <meta> 标签。
（1）<meta> 标签用于定义字符编码，示例代码如下：

```
<meta charset="utf-8" />
```

（2）设置视口，常用的针对移动网页优化过的页面的 viewport，<meta>标签大致如下：

```
<meta name="viewport" content="width=device-width, initial-scale=1.0,user-scalable=no" />
```

在设置视口时，width 用于定义视口的宽度，其值可以为像素值或设备宽度 device-width；initial-scale 用于定义初始缩放比例；user-scalable 用于定义是否允许用户手动缩放页面，其默认值为 yes。

综上所述，第（1）空填写 meta。

18.2.4　index.html 文件【第（2）空】

此空考查引入 JavaScript 外部脚本文件。

（1）<script>标签通过 src 属性引入 JavaScript 外部脚本文件，示例代码如下：

```
<!DOCTYPE html>
<html>
  <head>
    <meta charset="utf-8">
    <title></title>
    <script type="text/javascript" src="js/index.js"></script>
  </head>
  <body>
    ...
  </body>
</html>
```

（2）相对路径。如果以斜杠"/"开头，则表示网站的根目录；以当前目录为起点，推算资源的位置。"."表示当前目录，如./index.js（当前目录下的 index.js 文件）；".."表示上级目录，如../index.js（上级目录下的 index.js 文件）。目录结构如图 18-3 所示。

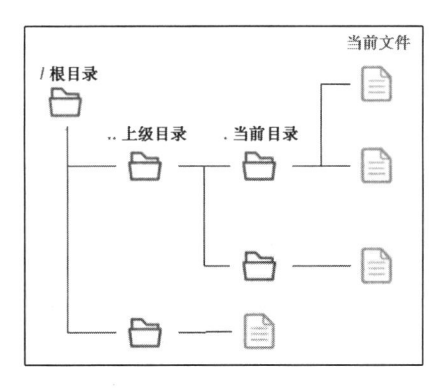

图 18-3

综上所述，第（2）空填写 js/index.js 或./js/index.js。

18.2.5　index.html 文件【第（3）空】

此空考查鼠标单击事件 onclick。

由题干可知，图片被点击后会触发放大或缩小的效果，因此图片处应该被添加了单击事件。

onclick 事件表示在单击鼠标时触发，示例代码如下：

```
<button onclick="alert('单击按钮')">按钮</button>
```

运行效果如图 18-4 所示。

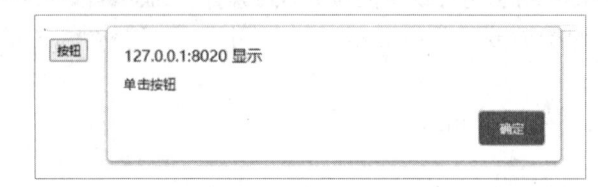

图 18-4

综上所述，第（3）空填写 onclick。

18.2.6　style.css 文件【第（4）空】

此空考查弹性布局。

（1）采用弹性布局的元素，被称为弹性容器，简称容器。容器中的所有子元素自动成为容器成员，被称为弹性元素。容器默认存在两根轴，即水平主轴（main axis）和垂直交叉轴（cross axis）。

（2）弹性容器示例代码如下：

```
<head>
    <style>
        .box{
            display: flex;
        }
        /*省略<div>元素的宽度、高度和边框设置*/
    </style>
</head>
<body>
    <div class="box">
        <div>1</div>
        <div>2</div>
        <div>3</div>
    </div>
</body>
```

页面效果如图 18-5 所示。

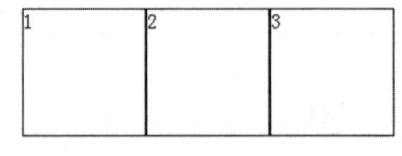

图 18-5

综上所述，第（4）空填写 flex。

18.2.7 style.css 文件【第（5）、（6）空】

这两空考查 CSS3 transform 属性。

（1）transform 属性应用于元素的 2D 或 3D 转换，允许用户对元素进行旋转、缩放、移动、倾斜等操作，语法格式如下：

```
transform: none|transform-functions;
```

transform 属性的值和描述如表 18-1 所示。

表 18-1

值	描述
none	定义不进行转换
rotate()	旋转。rotateX()表示沿 X 轴旋转；rotateY()表示沿 Y 轴旋转
skew()	倾斜。skewX()表示沿 X 轴倾斜；skewY()表示沿 Y 轴倾斜
scale()	比例放大缩小。scaleX()表示设置沿 X 轴缩放；scaleY()表示设置沿 Y 轴缩放
translate(x,y)	位移。translateX(x)表示沿 X 轴位移；translateY(y)表示沿 Y 轴位移

（2）rotate()用于设置元素旋转，示例代码如下：

```html
<head>
  <meta charset="UTF-8">
  <title></title>
  <style>
    div{
      width:200px;
      height:100px;
      background-color:yellow;
      transform:rotate(7deg);
    }
  </style>
</head>
<body>
  <div>Hello</div>
</body>
```

页面效果如图 18-6 所示。

（3）scale()可以设置元素放大，示例代码如下：

```html
<!DOCTYPE html>
<html>
  <head>
    <meta charset="UTF-8">
    <title></title>
    <style>
    div{
      width:200px;
      height:100px;
      background-color:yellow;
      margin-top:100px ;
    }
```

```
    div:hover{
      transform:scale(2);
    }
    </style>
  </head>
  <body>
    <div>Hello world!!!</div>
  </body>
</html>
```

页面效果如图 18-7 所示。

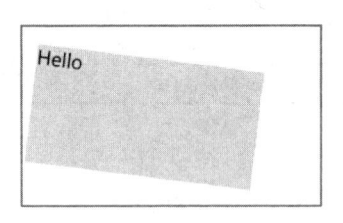

图 18-6

图 18-7

综上所述，第（5）空填写 rotateY，第（6）空填写 scale。

18.2.8　index.js 文件【第（7）空】

此空考查页面加载完成事件 onload。

（1）因为此空的匿名函数内部代码需要进行 DOM 操作，所以可以推断为页面加载完成事件绑定。

（2）onload 事件在文档对象加载完成之后触发，示例代码如下：

```
<!DOCTYPE html>
<html>
  <head>
    <meta charset="UTF-8">
    <title></title>
  </head>
  <body>

  </body>
  <script type="text/javascript">
    window.onload=function(){
      alert('页面已经载入!')
    }
  </script>
</html>
```

运行效果如图 18-8 所示。

图 18-8

综上所述，第（7）空填写 onload。

18.2.9　index.js 文件【第（8）～（10）空】

第（8）～（10）空考查 DOM 操作和数组的遍历。

1. DOM 操作

（1）获取节点。

① 通过 id 获取节点，获取到的元素对象是唯一的，因为 id 是唯一标识。示例代码如下：

`document.getElementById(idName)　//通过 id 获取元素，返回一个元素对象`

② 通过类名获取节点，获取到的元素对象是一组的，并以数组的方式返回。示例代码如下：

`document.getElementsByClassName(className)　//通过 class 获取元素，返回元素对象数组`

③ 通过标签名获取节点，参数为标签类型，如 p、div 等，可能存在多个 p 标签，因此返回值为一个数组，包括所有满足条件的元素。示例代码如下：

`document.getElementsByTagName(tagName)　//通过标签名获取元素，返回元素对象数组`

（2）第（8）空可以直接对 DOM 操作获取的元素修改属性，因此该方法返回的是元素对象。由上述方法可知，只有 getElementId() 方法返回一个元素对象，其余方法都返回数组，因此第（8）空填写 getElementById。

`document.(8)("img_box").setAttribute("class", "rotateY");　// 第（8）空`

（3）获取或设置元素的属性值。

① 获取元素的属性值：element.getAttribute(attributeName)。

例如：通过 id 选择器选择对应元素，并使用 getAttribute() 获取该元素的 href 属性。

```
<body>
    <a id="baidu" href="http://www.baidu.com">百度</a>
    <script>
        var ele = document.getElementById("baidu");
        var value = ele.getAttribute("href");
        console.log(value);
    </script>
</body>
```

运行效果如图 18-9 所示。

② 设置元素的属性值：element.setAttribute(attributeName,value)。

例如：通过 id 选择器选择对应元素，并使用 setAttribute() 设置该元素的 href 属性。

```
<body>
    <a id="baidu" href="http://www.baidu.com">百度</a>
    <script>
        var ele = document.getElementById("baidu");
        ele.setAttribute("href","http://www.qq.com");
```

```
</script>
</body>
```

运行效果如图 18-10 所示。

2．数组的遍历

数组的遍历，即按顺序依次访问所有数组元素。

我们可以使用 for 循环进行数组遍历，从第一个元素（下标为 0）到最后一个元素（下标为数组长度减 1）依次输出数组元素，每输出一次，i 增加 1。示例代码如下：

```
var arr = ["a", "b", "c"];
for(var i=0;i<arr.length;i++){
    console.log(arr[i]);
}
```

运行效果如图 18-11 所示。

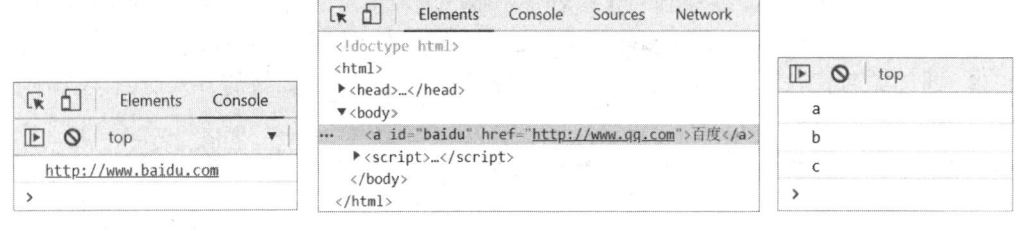

图 18-9　　　　　　　　图 18-10　　　　　　　　图 18-11

综上所述，第(8)空填写 getElementById，第(9)空填写 index，第(10)空填写 setAttribute。

18.2.10　参考答案

本题参考答案如表 18-2 所示。

表 18-2

小题编号	参考答案
1	meta
2	js/index.js 或 ./js/index.js
3	onclick
4	flex
5	rotateY
6	scale
7	onload
8	getElementById
9	index
10	setAttribute

18.3 试题三

18.3.1 题干和问题

打开"考生文件夹\20011\food-page"文件夹中的文件，阅读说明并参考效果图，进行静态网页开发，在第（1）至（15）空处填入正确的代码，操作完成后保存文件。

【说明】

使用 Vue 创建美食网项目，要求单击菜品可以将其加入购物车，购物车内的菜品数量会自动更新，并且能够计算出购物车内菜品的总价格和总数量。

【效果图】

购物车页面效果如图 18-12 所示。

图 18-12

首页效果如图 18-13 所示。

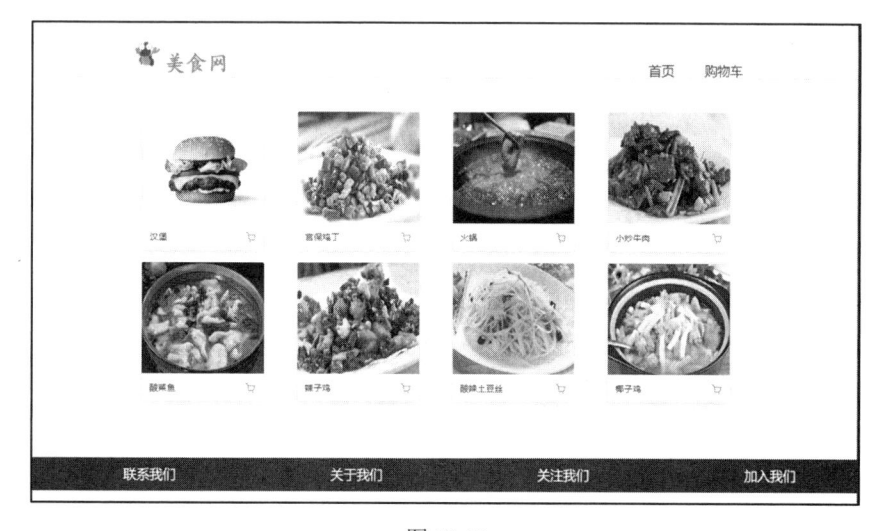

图 18-13

【问题】（30 分，每空 2 分）

（1）打开"考生文件夹\20011\food-page\src"文件夹中的 App.vue 文件，在第（1）空处填入正确的代码，完成后保存当前文件。

```
<template>
  <div class="wrapper">
    <Header></Header>
    <(1)/>       <!-- 第(1)空 -->
    <Footer></Footer>
  </div>
</template>
<script>
export default {
  name: 'App'
}
</script>
<style>
* {margin: 0 ;padding: 0;}
</style>
```

（2）打开"考生文件夹\20011\food-page\src\components"文件夹中的 Header.vue 文件，在第（2）至（4）空处填入正确的代码，完成后保存当前文件。

```
<template>
    <div class="header">
        <(2)>   <!-- 第(2)空 -->
            <!--页头 logo-->
            <el-col :span="2">

            </el-col>
            <el-col :span="15">
                <div class="logo">
                    <img src="../assets/logo.jpg">
                    <span class="title">美食网</span>
                </div>
            </el-col>
            <!--页头导航-->
            <el-col :span="1.5" class="navList">
                <!--首页-->
                <(3) to="/home">   <!-- 第(3)空 -->
                    <p class="nav-label">首页</p>
                <//(3)>   <!-- 第(3)空 -->
            </el-col>
            <el-col :span="1.5" class="navList">
                <!--购物车-->
                <(3) to="/cart">   <!-- 第(3)空 -->
                    <p class="nav-label">购物车</p>
                <//(3)>   <!-- 第(3)空 -->
            </el-col>
        <//(2)>   <!-- 第(2)空 -->
    </div>
```

```
</template>
<script>
   export default {
       name: "Header"
   }
</script>
<style>
   /*页头*/
   .header {width: 100%;height: 70px;border-bottom: 1px solid #e9e9e9;padding-top: 30px}
   /*页头 logo 图片*/
   .header .logo img {height: 60px;}
   /* 标题 */
   .title {font-size: 40px;font-family: "楷体";font-weight: bold;color: #409EFF;}
   /*导航链接*/
   /* 第（4）空 */
   .(4) a {text-decoration: none;display: inline-block;padding-top: 40px;font-size: 24px}
   /*导航内容*/
   /* 第（4）空 */
   .(4) p {color: #333;}
</style>
```

（3）打开"考生文件夹\20011\food-page\src\router"文件夹中的 index.js 文件，在第（5）空处填入正确的代码，完成后保存当前文件。

```
import Vue from 'vue'
import Router from 'vue-router'
Vue.use(Router)

import FoodHome from '@/components/FoodHome'
import Cart from '@/components/Cart'
export default new Router({
  routes: [
    {
      path: '/',
      redirect: '/(5)'          //第（5）空
    },
    {
      path: '/home',
      name: 'FoodHome',
      component: FoodHome,
    },
    {
      path: '/cart',
      name: 'Cart',
      component: Cart
    }
  ]
})
```

（4）打开"考生文件夹\20011\food-page\src\store"文件夹中的 index.js 文件，在第（6）至（7）空处填入正确的代码，完成后保存当前文件。

```
import Vue from 'vue'
import Vuex from 'vuex'
Vue.use(Vuex);
const state = {foodList : [],carData: []}
const mutations = {
    //官方建议方法名称使用大写形式
    SETSTATEFOOD(state,data){state.foodList = data;},
    SETSTATEDATA(state,data){state.carData = data;}
};
const actions = {
    setStateFood(context,data){context.(6)('SETSTATEFOOD',data);}, //第（6）空
    setStateData(context,data){context.(6)('SETSTATEDATA',data);}  //第（6）空
};
const (7) = {   //第（7）空
    getState(state){return state;}
}
export default new Vuex.Store({state,mutations,actions,getters});
```

（5）打开"考生文件夹\20011\food-page\src\components"文件夹中的 FoodHome.vue 文件，在第（8）至（9）空处填入正确的代码，完成后保存当前文件。

```
<template>
    <div class="wrapper-home">
        <!--卡片内容-->
        <el-row type="flex" :gutter="10">
            <el-col :span="4.8" v-for="(item,index) in $store.getters.getState.foodList" :key="'item' + index">
                <el-card :body-style="{padding:'0px'}">
                    <!--食物图片-->
                    <div class="img-warp"><img :src="item.src" class="image"></div>
                    <!--食物信息-->
                    <div style="padding:14px;">
                        <span>{{item.name}}</span>
                        <(8) type="text" class="button" icon="el-icon-shopping-cart-2" @click="handleAdd(index)">  <!-- 第(8)空 -->
                        </(8)>          <!-- 第(8)空 -->
                    </div>
                </el-card>
            </el-col>
        </el-row>
    </div>
</template>
<script>
    export default {
        data() {
            return {
                foodList: [
```

```
                {id:1,name:'汉堡',src:'static/img/1.png',price:18},
                {id:2,name:'宫保鸡丁',src:'static/img/2.png',price:19},
                {id:3,name:'火锅',src:'static/img/3.png',price:38},
                {id:4,name:'小炒牛肉',src:'static/img/4.png',price:20},
                {id:5,name:'酸菜鱼',src:'static/img/5.png',price:25},
                {id:6,name:'辣子鸡',src:'static/img/6.png',price:28},
                {id:7,name:'酸辣土豆丝',src:'static/img/7.png',price:15},
                {id:8,name:'椰子鸡',src:'static/img/8.png',price:30},
            ],
            carData:[]
        }
    },
    created() {
        //设置Vuex中的foodList数据
        this.$store.dispatch('setStateFood',this.foodList);
    },
    methods: {
        //单击菜品，将其加入购物车
        handleAdd(index) {
            //获取状态管理中的carData数据
            this.carData = this.$store.getters.getState.carData;
            //判断购物车内有无单击的菜品
            if(JSON.(9)(this.carData).indexOf(JSON.(9)(this.foodList[index].name))>0){
                //第(9)空
                //遍历购物车找到单击的菜品，并将其数量加1
                this.carData.forEach((elm,foodIndex) => {
                    if (elm.id == this.foodList[index].id) {
                        elm.count +=1;
                    }
                })
            } else {
                //添加菜品到购物车内，数量为1
                this.foodList[index].count = 1;
                this.carData.push(this.foodList[index]);
            }
            //将购物车数据保存到状态管理中
            this.$store.dispatch('setStateData',this.carData);
            //设置路由跳转
            this.$router.push({path:'/cart'})
        }
    }
}
</script>
<style>
    /*内容居中*/
    .wrapper-home{width:80%;margin:0 10%;padding-top:60px;box-sizing:border-box;min-height:calc(100vh - 200px);}
    /*卡片样式*/
```

```
            .xwrapper-home,.is-always-shadow {width: 225.5px;}
            .el-row.el-row--flex {flex-wrap: wrap;}
            .el-col {padding-left: 55px !important;margin-bottom: 20px;}
            /*图片*/
            .img-warp {width: 225.5px;height: 200px;}
            .img-warp img {width:100%;height:100%;}
            /*图标*/
            .button{padding: 0;float:right;font-size:20px;}
</style>
```

（6）打开"考生文件夹\20011\food-page\src\components"文件夹中的 Cart.vue 文件，在第（10）至（15）空处填入正确的代码，完成后保存当前文件。

```
<template>
    <div class="order-wrapper">
        <h4 class="order-title">购物清单</h4>
        <(10) :data="data" class="tab-wrap" ref="multipleTable" v-bind:key="restId">
<!--第（10）空-->
            <el-table-column prop="src" label="图片" width="100">
                <template slot-scope="scope">
                    <img :src="scope.row.src" width="40" height="40" class="head_pic">
                </template>
            </el-table-column>
            <el-table-column prop="name" label="菜名" width="200">
</el-table-column>
            <el-table-column label="数量">
                <template slot-scope="scope">
                    <input    type="button"    @click="numReduce(scope.$index)" value="-" :disabled="data[scope.$index].count == 1">
                    <input type="text" v-model="data[scope.$index].count"><input type="button" @click="numAdd(scope.$index)" value="+">
                </template>
            </el-table-column>
            <el-table-column prop="price" label="单价（元）">
                <template slot-scope="scope">
                    <p class="red-text">¥<span>{{(11)}}</span></p>  <!--第(11)空-->
                </template>
            </el-table-column>
            <el-table-column label="金额（元）">
                <template slot-scope="scope">
                    <p class="red-text"> ¥ <span>{{data[scope.$index].count * data[scope.$index].price}}</span></p>
                </template>
            </el-table-column>
            <el-table-column label="操作">
                <template slot-scope="scope">
                    <p class="delete" @click="del(scope.$index)">
                        <i class="el-icon-delete"></i>
                    </p>
                </template>
```

```
            </el-table-column>
        </(10)>      <!--第(10)空-->
<!--统计信息-->
        <div class="order-info">
            <p class="fr text-price red-text">¥<span>{{getTotal.(12)}}</span></p>      <!--第(12)空-->
            <p class="fr text-num"><span>{{getTotal.totalNum}}</span>件商品总计(不含配送费): </p>
        </div>
    </div>
</template>
<script>
    export default {
        data() {
            (13) {            // 第(13)空
                data: this.$store.getters.getState.carData,
                getTotal: {totalPrice: 0,totalNum: 0},
                restId: 1
            }
        },
        methods:{
          //计算总价格和总数量
          getAllTotal(){
              let totalPrice = 0,totalNum = 0;
              //遍历被选中的数据
              this.data.forEach((elm,index) => {
                  totalPrice = totalPrice+elm.count*elm.price;
                  totalNum = totalNum+elm.count;
              });
              this.getTotal.totalPrice = totalPrice;
              this.getTotal.totalNum = totalNum;
          },
          //增加数量
          numAdd(index){
            this.restId++;
            this.data[index].count++;
            this.$options.methods.getAllTotal.call(this);
          },
          //减少数量
          numReduce(index){
            this.restId--;
            this.data[index].count--;
            this.$options.methods.getAllTotal.call(this);
          },
          //删除单条数据
          del(index){
            this.data.(14)(index,1);           // 第(14)空
            this.$options.methods.getAllTotal.call(this);
          }
        },
```

```
        created() {
            this.(15)();        // 第（15）空
        }
    }
</script>
<style>
    .fr {float:right;}
    .fl {float:left;}
    .red-text {color:#e94826;font-weight: 600;}
    .order-wrapper {margin:20px auto 0;width: 80%;min-height: calc(100vh - 200px);}
    /*标题*/
    .order-title {line-height: 60px;padding-left: 80px;border: 1px solid #ebeef5;border-top:2px solid #409eff;}
    .food-name{font-size:30px}
    /*table 表格*/
    .tab-wrap {border:1px solid #ebeef5;}
    input[type='button']{width:20px;height:20px;}
    input[type='text']{width:50px;height:18px;}
    /*统计信息*/
    .order-info{height:40px;line-height:40px;background-color:antiquewhite;color:#333;font-size:20px;padding:0 20px;}
    .text-price{font-size: 16px;}
    .text-num span{color:#e94826;font-weight:600;}
    .el-table td{font-size:20px}
    /*删除按钮*/
    .delete i {padding:0 5px;cursor:pointer;}
    /*删除选中按钮*/
    .deleteSelect{cursor: pointer;}
    .deleteSelect i {margin-right:5px;}
</style>
```

注意：除了删除编号（1）至（15）并填入正确的内容，不能修改或删除文件中的其他任何内容。

18.3.2 考核知识和技能

（1）<router-view>组件。

（2）<router-link>组件。

（3）路由重定向。

（4）Vuex 插件的 mutations 属性和 getters 属性。

（5）Element UI 的布局。

（6）Element UI 的 Button 按钮组件。

（7）Element UI 的 Table 表格组件。

（8）JSON.stringify()方法。

（9）组件内部函数方法调用。

（10）文本插值{{ }}。

（11）数组 splice()方法。
（12）后代选择器。

18.3.3　food-page\src\App.vue 文件【第（1）空】

此空考查<router-view>组件。

<router-view>组件是一个渲染路径匹配到的视图组件。<router-view>渲染的组件还可以内嵌自己的<router-view>，根据嵌套路径渲染嵌套组件，其他属性（非<router-view>使用的属性）都是直接传递给渲染的组件，很多时候，每个路由的数据都包含在路由参数中。

综上所述，第（1）空填写 router-view。

18.3.4　food-page\src\components\Header.vue 文件【第（3）空】

此空考查<router-link>组件。

（1）<router-link>组件用于设置一个导航链接，从而切换不同的 HTML 内容。其中，to 属性表示目标路由的链接。当目标路由的链接被单击后，组件内部会立刻把 to 的值传给 router.push()方法，因此这个值可以是一个字符串或描述目标位置的对象。

渲染结果如图 18-14 所示。

```
<router-link to="home">Home</router-link>   渲染结果   <a href="home">Home</a>
```

图 18-14

（2）<router-link>组件的 to 属性可以使用 JS 表达式或对象来赋值，并且可以携带参数。

```
<!-- 使用v-bind的JS表达式 -->
<router-link v-bind:to="'foo'">Home</router-link>
<!-- 命名的路由 -->
<router-link :to="{ name: 'bar', params: { userId: 123 }}">User</router-link>
<!-- 携带查询参数，下面的结果为/register?plan=private -->
<router-link :to="{ path: 'foo', query: { plan: 'private' }}">Register</router-link>
```

综上所述，第（3）空填写 router-link。

18.3.5　food-page\src\router\index.js 文件【第（5）空】

此空考查路由重定向。

路由重定向是指用户在访问地址 A 时，强制用户跳转到地址 C，从而展示特定的组件页面。通过路由规则的 redirect 属性指定一个新的路由地址，可以很方便地设置路由重定向。

（1）重定向也是通过 routes 配置完成的，下列代码实现了从/a 重定向到/b。

```
const router = new VueRouter({
  routes: [
    { path: '/a', redirect: '/b'}
  ]
})
```

（2）重定向的目标也可以是一个命名的路由。

```
const router = new VueRouter({
```

```
routes: [
  { path: '/a', redirect: { name: 'foo'}}
]
})
```

综上所述，由题目可知，用户默认访问首页，即/home 路由，因此第（5）空填写 home。

18.3.6　food-page\src\store\index.js 文件【第（6）、（7）空】

这两空考查 Vuex 插件的 mutations 属性和 getters 属性。

1．mutations 属性

mutations 属性用于提交更改数据，并使用 store.commit 方法更改 state 存储的状态（mutations 同步函数）。

2．getters 属性

getters 是 store 的计算属性，用于对 state 进行加工，是派生出来的数据。与 computed 计算属性相同，getters 返回的值会根据它的依赖被缓存起来，且只有当它的依赖值发生改变时才会被重新计算。

综上所述，第（6）空填写 commit，第（7）空填写 getters。

18.3.7　food-page\src\components\Header.vue 文件【第（2）空】

此空考查 Element UI 的布局。

Element UI 的布局是指通过将容器分为基础的 24 分栏，设置元素的对应属性控制其占用的分栏数，从而迅速、简便地创建布局。

1．混合布局

通过行组件 row 和列组件 col，以及 col 组件的 span 属性就可以自由地组合布局了。

```
<style type="text/css">
p{
    border-radius: 4px;
    min-height: 36px;
}
</style>

<div id="app">
    <el-row>
        <el-col :span="12">
            <p style="background-color: #99a9bf;"></p>
        </el-col>
        <el-col :span="8">
            <p style="background-color: #d3dce6;"></p>
        </el-col>
        <el-col :span="2">
            <p style="background-color: #f9fafc;"></p>
        </el-col>
        <el-col :span="2">
            <p style="background-color: #e5e9f2;"></p>
```

```
        </el-col>
    </el-row>
</div>
<script>
    new Vue({
        el: '#app'
    })
</script>
```

页面效果如图 18-15 所示。

图 18-15

2．响应式布局

Element UI 参照了 Bootstrap 的响应式设计，预设了 5 个响应尺寸：xs、sm、md、lg 和 xl。

```
<div id="app">
    <el-row :gutter="10">
        <el-col :xs="8" :sm="6" :md="4" :lg="3" :xl="1">
            <p style="background-color: #99a9bf;"></p>
        </el-col>
        <el-col :xs="4" :sm="6" :md="8" :lg="9" :xl="11">
            <p style="background-color: #d3dce6;"></p>
        </el-col>
        <el-col :xs="4" :sm="6" :md="8" :lg="9" :xl="11">
            <p style="background-color: #f9fafc;"></p>
        </el-col>
        <el-col :xs="8" :sm="6" :md="4" :lg="3" :xl="1">
            <p style="background-color: #e5e9f2;"></p>
        </el-col>
    </el-row>
</div>
```

响应尺寸如表 18-3 所示。

表 18-3

参数	说明
xs	<768px 响应式栅格数或栅格属性对象
sm	≥768px 响应式栅格数或栅格属性对象
md	≥992px 响应式栅格数或栅格属性对象
lg	≥1200px 响应式栅格数或栅格属性对象
xl	≥1920px 响应式栅格数或栅格属性对象

综上所述，第（2）空填写 el-row。

18.3.8　food-page\src\components\FoodHome.vue 文件【第（8）空】

此空考查 Element UI 的 Button 按钮组件。

Button 按钮组件使用 type、plain、round 和 circle 属性来定义按钮样式。icon 属性可以设置带图标的按钮。

```
<div id="app">
    <el-row>
        <el-button>默认按钮</el-button>
        <el-button type="primary">主要按钮</el-button>
        <el-button type="primary" plain>朴素按钮</el-button>
        <el-button type="success" round>圆角按钮</el-button>
        <el-button type="info" icon="el-icon-shopping-cart-2" circle></el-button>
        <el-button type="danger">危险按钮</el-button>
    </el-row>
</div>
```

按钮效果如图 18-16 所示。

图 18-16

综上所述，由题目可知此处为按钮，因此第（8）空填写 el-button。

18.3.9　food-page\src\components\Cart.vue 文件【第（10）空】

此空考查 Element UI 的 Table 表格组件。

（1）Table 表格组件用于展示多条结构类似的数据，可以对数据进行排序、筛选、对比或其他自定义操作。

（2）当 el-table 元素中注入 data 对象数组后，在 el-table-column 元素中用 prop 属性来对应对象中的键名即可填入数据，用 label 属性来定义表格的列名，用 width 属性来定义表格的列宽。

```
<div id="app">
    <el-table :data="tableData" style="width: 100%">
        <el-table-column prop="date" label="日期" width="180"></el-table-column>
        <el-table-column prop="name" label="姓名" width="180"></el-table-column>
        <el-table-column prop="address" label="地址"></el-table-column>
    </el-table>
</div>
<script>
    new Vue({
    el: '#app',
    data() {
        return {
            tableData: [{date: '2016-05-02',name: '王小虎',address: '上海市普陀区金沙江路 1518 弄'},
            { date: '2016-05-04',name: '王小虎',address: '上海市普陀区金沙江路 1517 弄'}]
```

```
      }
    }
})
</script>
```

页面效果如图 18-17 所示。

图 18-17

综上所述，第（10）空填写 el-table。

18.3.10　food-page\src\components\FoodHome.vue 文件【第（9）空】

此空考查 JSON 对象方法。

（1）JSON.parse()方法可以将数据转换为 JavaScript 对象。

```
var obj = JSON.parse('{ "name":"runoob", "alexa":10000, "site":"www.runoob.com" }');
console.log(obj);
```

输出结果如图 18-18 所示。

（2）JSON.stringify()方法可以将 JavaScript 对象转换为字符串。

```
var obj = JSON.stringify({ "name":"runoob", "alexa":10000, "site":"www.runoob.com" });
console.log(obj);
```

输出结果如图 18-19 所示。

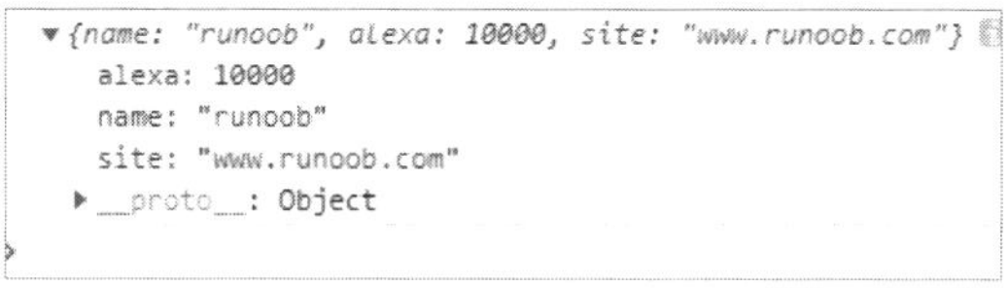

图 18-18 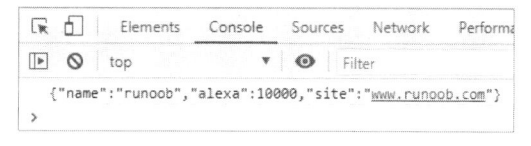　　　　　　　　　　　图 18-19

综上所述，第（9）空用于将 JavaScript 对象转换为 JSON 字符串并使用 indexOf()进行字符串查询，因此第（9）空填写 stringify。

18.3.11　food-page\src\components\Cart.vue 文件【第（11）～（15）空】

第（11）～（15）空考查 Vue.js 组件的数据定义、组件内部函数方法调用，以及数组 splice()方法。

1．Vue.js 组件的数据定义

在 Vue.js 中，当一个组件被定义后，data 必须被声明为返回一个初始数据对象的函数，因为组件可能被用来创建多个实例。如果 data 仍然是一个纯粹的对象，那么所有的实例将共享引用同一个数据对象。通过提供 data 函数，每次创建一个新实例后，我们就能够调用 data 函数，从而返回初始数据的一个全新副本数据对象。

2．组件内部函数方法调用

在组件中可以通过 this 对象访问自身方法。

3．数组 splice()方法

JavaScript 数组具有 splice()方法，该方法用于删除或添加数组中的元素。

（1）删除数组元素示例。

```
var fruits = ["Banana", "Orange", "Apple", "Mango"];
fruits.splice(2,1);
console.log(fruits);
```

输出结果如图 18-20 所示。

（2）添加数组元素示例。

```
var fruits = ["Banana", "Orange", "Apple", "Mango"];
fruits.splice(2,0,"Lemon","Kiwi");
console.log(fruits);
```

输出结果如图 18-21 所示。

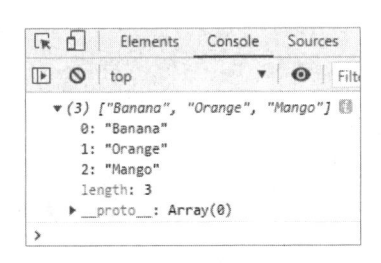

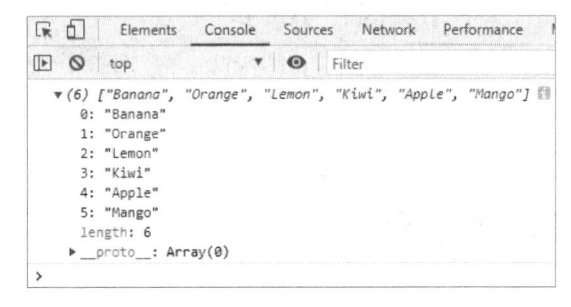

图 18-20　　　　　　　　　　图 18-21

综上所述，第（11）空填写 data[scope.$index].price，第（12）空填写 totalPrice，第（13）空填写 return，第（14）空填写 splice，第（15）空填写 getAllTotal。

18.3.12　food-page\src\components\Header.vue 文件【第（4）空】

此空考查 CSS 类选择器和后代选择器。

通过注释可知，第（4）空需要设置导航样式，并且通过 class 定位的导航链接 a 及导航内容 p 的父元素。

综上所述，第（4）空填写 navList。

18.3.13　参考答案

本题参考答案如表 18-4 所示。

表 18-4

小题编号	参考答案
1	router-view
2	el-row
3	router-link

续表

小题编号	参考答案
4	navList
5	home
6	commit
7	getters
8	el-button
9	stringify
10	el-table
11	data[scope.$index].price
12	totalPrice
13	return
14	splice
15	getAllTotal

18.4 试题四

18.4.1 题干和问题

打开"考生文件夹\20012"文件夹中的文件,阅读说明并参考效果图,进行静态网页开发,在第(1)至(15)空处填入正确的代码,操作完成后保存文件。

【说明】

项目分为前端 articles-manage 和后端 articles。前端页面采用 Vue CLI 构建。其中,添加文章页面用于添加文章;文章列表页面用于展示文章列表。后端页面采用 Node.js+Express 搭建。

【效果图】

添加文章页面效果如图 18-22 所示。

图 18-22

文章列表页面效果如图 18-23 所示。

移动端文章列表页面效果如图 18-24 所示。

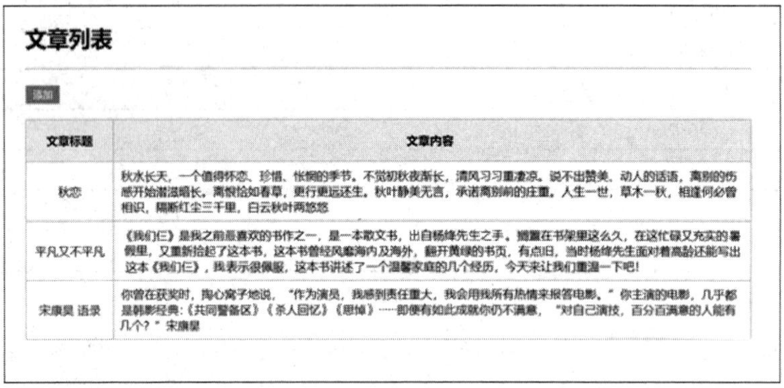

图 18-23 　　　　　　　　　　　　　　图 18-24

【问题】（30 分，每空 2 分）

（1）打开"考生文件夹\20012\articles\config"文件夹中的 db.js 文件，在第（1）至（2）空处填入正确的代码，完成后保存当前文件。

```
var mysql = require("mysql")
var pool = mysql.createPool({
  host:"127.0.0.1",
  user:"root",
  password:"1234",
  database:"article"
})
//数据库连接配置
function query(sql,params,callback){
  pool.(1)(function(err,connection){           //第（1）空
    connection.(2)(sql,params,function(err,rows){    //第（2）空
      callback(err,rows);
      connection.release();
    })
  })
} //对数据库进行增、删、改、查操作的基础
exports.query = query
```

（2）打开"考生文件夹\20012\articles\routes"文件夹中的 index.js 文件，在第（3）至（4）空处填入正确的代码，完成后保存当前文件。

```
var express = require('express');
var router = express.Router();
var article = require('./articles.js');
```

```
router.get('/articles/list',function(req,res){
  article.list(req,function(results){
    res.json({
      result:results,
      statusCode:200
    })
  })
})

router.(3)('/articles/article',function(req,res){       //第（3）空
  article.add(req,function(results){
    res.json({
      result:results,
      statusCode:200
    })
  })
})
module.exports =(4) ;           //第（4）空
```

（3）打开"考生文件夹\20012\articles\routes"文件夹中的 articles.js 文件，在第（5）至（6）空处填入正确的代码，完成后保存当前文件。

```
var db = require('../config/db.js');
  function add(req,callback){
      let sql = "(5) INTO article(title,content) VALUES(?,?)";       //第（5）空
      db.query(sql,[req.body["title"],req.body["content"]],function(error,results){
          if(error){
              console.log('[SELECT ERROR] - ',error.message);
              return;
          }
      callback(results);
      })
  }
  exports.add = add

  function list(req,callback){
    let sql = "SELECT * (6) article";        //第（6）空
    db.query(sql,function(error,results){
      if(error){
          console.log('[SELECT ERROR] - ',error.message);
          return;
      }
      callback(results);
    });
  }
  exports.list = list
```

（4）打开"考生文件夹\20012\articles-manage\src\components"文件夹中的 manageArticle.vue 文件，在第（7）至（10）空处填入正确的代码，完成后保存当前文件。

```
<template>
  <div class="container">
    <h1 class="a-title">文章列表</h1>
```

```
      <hr>
      <p class="addArticle">
        <router-link to="/add"><button>添加</button></router-link>
      </p>
      <!-- 文章列表-->
      <table class="newList">
        <tr>
          <th>文章标题</th>
          <th>文章内容</th>
        </tr>
        <tr (7)="(item,index) in news" :key="item.index">    <!-- 第(7)空 -->
          <td class="title">{{item.title}}</td>
          <td>{{item.content}}</td>
        </tr>
      </table>
    </div>
</template>
<script>
  export default {
    data() {
      return {
        news: []
      }
    },
    created() {
      //获取文章列表数据请求
      this.getList()
    },
    methods: {
      //请求列表，获取文章数据
      getList(){
        this.$(8).(9)('/articles/list').(10)(response => {    //第(8)空、第(9)空和第(10)空
          let res = response.data
          this.news = res.result
        })
      }
    }
  }
</script>
<style>
  .container{width:1000px; margin:0 auto}
  /* 标题 */
  .a-title{font-size: 30px; margin-top: 40px;}
  /* 添加按钮 */
  .button{width:48px; height: 26px; border: 1px solid #E9E9E9; background-color: dodgerblue; cursor: pointer; color: #fff}
  .addArticle{margin-top: 20px;}
  /* 表格 */
  .newList{margin-top: 20px;}
```

```
    table{border:1px solid #999; width: 100%; border-collapse: collapse;}
    table th,table td {border: 1px solid #999; padding: 8px 10px;}
    table th {height: 40px; background-color: antiquewhite;}
    table th :first-of-type{width: 20%;}
    .title{width:100px; text-align: center;}
</style>
```

（5）打开"考生文件夹\20012\articles-manage\src\components"文件夹中的 articleMobile.vue 文件，在第（11）空处填入正确的代码，完成后保存当前文件。

```
<template>
  <div class="container">
    <!-- 标题 -->
    <h1 class="a-title">文章列表</h1>
    <!-- 文章列表-->
    <ul>
      <li v-for="(item,index) in news":key="item.index">
        <div class="title">{{item.title}}</div>
        <div class="content">{{item.content}}</div>
      </li>
    </ul>
  </div>
</template>
<script>
  export default {
    data() {
      return {
        news: []
      }
    },
    created(){
      //获取文章列表数据请求
      this.getList()
    },
    methods: {
      //请求列表，获取文章数据
      getList(){
        this.$axios.get('(11)').then(response => {        //第（11）空
          let res = response.data
          this.news = res.result
        })
      }
    }
  }
</script>
<style>
  body{margin:0;padding:0}
  .container{width:100%}
  /* 标题 */
  .a-title{font-size:    1.5rem;height:3rem;line-height:    3rem;text-align: center;background-color: #1E90FF;color:#fff;}
```

```
  ul,li,h1{margin: 0;padding: 0;}
   ul li{border-bottom:1px solid #CCCCCC;padding:8px 10px;list-style: none;}
   li .title{margin-top:1rem;font-weight:700;text-align: center;}
   li .content{font-size:0.825em;}
</style>
```

（6）打开"考生文件夹\20012\articles-manage\src\components"文件夹中的 addArticle.vue 文件，在第（12）至（15）空处填入正确的代码，完成后保存当前文件。

```
<template>
  <!-- 内容区域 -->
  <div class="container">
    <!-- 标题 -->
    <h1 class ="a-title">添加文章</h1>
    <hr>
    <!-- 添加内容 -->
    <form @submit.prevent="submit">
      <table class="addTable">
        <tr>
          <td><span class="error" v-show="errorTip">内容不能为空</span></td>
          <td></td>
        </tr>
        <tr>
          <td>文章标题: </td>
          <td>
             <input type="text" placeholder="请输入标题" v-model="articleTitle">
          </td>
        </tr>
        <tr>
          <td>文章内容: </td>
          <td><textarea value="" placeholder="请输入文章内容" v-model="articleContent"/></td>
        </tr>
        <tr>
          <td></td>
          <td><input type="(12)" value="提交" class="submitbtn"></td>
    <!--第（12）空-->
        </tr>
      </table>
    </form>
  </div>
</template>
<script>
  export default {
    data() {
      return {
        articleTitle:'',
        articleContent:'',
        errorTip:false
      }
    },
```

```
    methods:{
      //表单提交
      submit(event) {
        //判断标题或内容是否为空
        if((!this.(13)) || (!this.articleContent)){      //第(13)空
          this.errorTip = true
          return
        }
        //添加数据
        this.$axios.post('/articles/article',{
          title:this.articleTitle,
          content:this.articleContent
        }).then(response=>{
          this.(14) = false              //第(14)空
          this.$router.(15)('/manage')         //第(15)空
        })
      }
    }
  }
</script>
<style>
  .container{width:1000px;margin:0 auto}
  /* 标题 */
  .a-title{font-size: 30px;margin-top: 40px;}
  /* 添加内容 */
  .addTable{margin-top: 20px;}
  /* 表单样式 */
  input,textarea{width:640px;border: 1px solid #999;border-radius:5px;margin: 8px 10px;padding: 5px 10px;box-sizing:border-box;}
  input{height: 30px;line-height: 30px;}
  textarea {height: 300px;line-height: 1.5;}
  /* 按钮 */
  .submitbtn{padding:    0;vertical-align:    middle;border:1px   solid #E9E9E9;background-color: dodgerblue;cursor:pointer;color: #fff;}
  /* 错误信息 */
  .error{color:red;padding: 5px 10px;}
</style>
```

注意：除了删除编号（1）至（15）并填入正确的内容，不能修改或删除文件中的其他任何内容。

18.4.2　考核知识和技能

（1）Express 路由和 Node.js 模块机制。

（2）MySQL 数据操作语句。

（3）v-for 指令。

（4）Axios。

（5）Axios get()。

（6）Axios then()。
（7）submit 表单提交。
（8）路由实例 router.push()方法。
（9）Node.js MySQL 模块。

18.4.3　articles\config\db.js 文件【第（1）、（2）空】

这两空考查 MySQL 模块操作数据库。

MySQL 模块是第三方模块，提供了连接和操作 MySQL 数据库的相关功能，一般通过 NPM 等包管理工具下载安装。

1. 引入 MySQL 模块并创建数据库连接

```
const mysql = require('mysql');                //引入 MySQL 模块
let connection = mysql.createConnection({      //创建数据库连接
   host :'127.0.0.1',                          //数据库地址
   user :'root',                               //用户名
   password:"",                                //密码
   database:"article"                          //数据库名称
})
```

2. 数据库连接池

数据库连接池负责分配、管理和释放数据库连接，它允许应用程序重复使用一个现有的数据库的连接，而不是重新创建一个。

（1）创建数据库连接池。

使用 createPool()方法可以创建一个数据库连接池。

```
const mysql = require('mysql');
//创建数据库连接池
let pool = mysql.createPool({
   host :'127.0.0.1',                          //数据库地址
   user :'root',                               //用户名
   password:"",                                //密码
   database:"article",                         //数据库名称
   connectionLimit:10                          //连接池数量
});
```

（2）获取数据库连接。

使用 getConnection()方法可以从连接池中获取一个连接，获取连接后可以使用连接对象的 query()方法执行 SQL 语句。

```
const mysql = require('mysql');
//创建数据库连接池
let pool = mysql.createPool(...);

//从连接池中获取一个连接
pool.getConnection((err, connection) => {
  if (err) {
    console.log('mysql 连接获取失败: '+err);
```

```
    } else {
      //执行 SQL 语句
      let sqlQuery="select * from s_score";
connection.query(sqlQuery,function(err,res){
        console.log(res);
      });
    }
});
```

（3）归还数据库连接。

在获取到的数据库连接对象中有 release() 方法，该方法可以将该数据库连接释放回连接池。如果不释放该连接，则该连接会一直被占用。

```
const mysql = require('mysql');
//创建数据库连接池
let pool = mysql.createPool(...);

//从连接池中获取一个连接
pool.getConnection((err, connection) => {
  if (err) {
    console.log('mysql 连接获取失败：'+err);
  } else {
    //归还数据库连接
    connection.release();
  }
});
```

综上所述，第（1）空填写 getConnection，第（2）空填写 query。

18.4.4　articles\routes\index.js 文件【第（3）、（4）空】

这两空考查 Express 路由和 Node.js 模块机制。

1. Express 路由定义

路由描述了如何处理针对 express 服务器的 HTTP 请求。路由是由一个特定的 HTTP 方法（GET、POST 等）和一个 URI（或者称为路径）组成的，其语法格式如下：

```
app.method(path,[middleware,]callback)
```

参数说明如下。

（1）method：HTTP 请求方法，如 GET、POST 等。

（2）path：一个服务器端的 URL 路径，/表示根目录。

（3）middleware：可选参数，表示回调函数执行前要应用的"中间件"函数。

（4）callback：当匹配到路由时要处理的函数，接收 request 和 response 参数。

```
//创建路由
app.get('/', (req, res) => res.send('Hello World!'));//GET 请求
app.post('/admin',(req,res)=>res.send('管理员登录'));//POST 请求
```

2. Express 路由响应

使用 Response 对象 res 的对应方法可以设置响应消息。

（1）res.send('response body')表示以文本的形式发送响应消息。

```
app.get('/', (req, res) =>{
   res.send('Hello World!')
});
```

（2）res.json(obj)表示以 JSON 格式的形式发送响应消息。

```
app.get('/', (req, res) =>{
   res.json({'code':200,'msg':'登录成功'})
});
```

3．Node.js 模块机制

Node.js 使用 CommonJS 的 Modules 规范实现了一套简单、易用的模块系统。

（1）使用 require()方法引入其他模块。

```
//引入文件系统模块 filesystem
const fs= require('fs');
console.log(fs);
```

运行效果如图 18-25 所示。

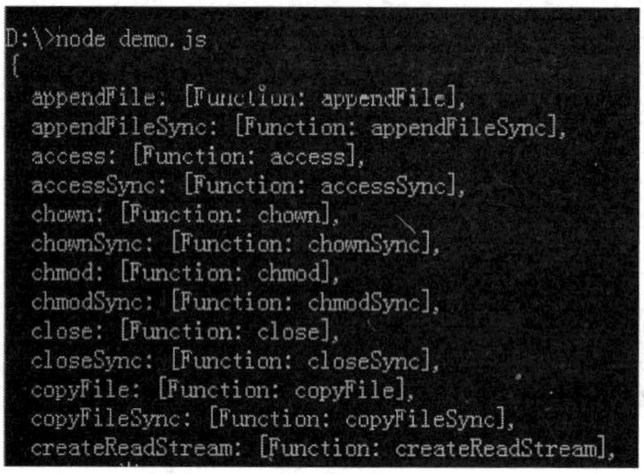

图 18-25

（2）提供 exports 对象用于导出当前模块的方法或变量，并且它是唯一导出的出口。

```
// 导出模块
exports.world = function() {
  console.log('Hello World');
}
```

综上所述，第（3）空填写 post，第（4）空填写 router。

18.4.5　articles\routes\articles.js 文件【第（5）、（6）空】

这两空考查 MySQL 数据操作语句。

1．插入数据

插入数据的语法格式如下：

```
INSERT INTO table_name ( field1, field2,...fieldN ) VALUES ( value1, value2,...valueN );
```

例如，向 admin 表中添加一条记录。

```
INSERT INTO admin(account,password) VALUES ('admin','admin');
```

2．查询数据

查询语句可以查询指定的字段值，也可以一次性查询表中所有的字段值，查询所有的字段值需要使用*号。

（1）查询指定的字段值。
```
SELECT account,password FROM admin;
```
（2）查询所有的字段值。
```
SELECT * FROM admin;
```
综上所述，第（5）空填写 insert 或 INSERT，第（6）空填写 from 或 FROM。

18.4.6　articles-manage\src\components\manageArticle.vue 文件【第（7）～（10）空】

第（7）～（10）空考查 v-for 指令和 Axios。

1. v-for 指令

（1）v-for 指令可以遍历数组，并通过更改循环变量的数量来选择是否获取元素的索引。
```
<div id="app">
 <ul>
  <li v-for="item in items" :key="item.message">
  值: {{ item.message }}
  </li>
 </ul>
 <hr >
 <ul>
  <li v-for="(item,index) in items" :key="item.message">
  值: {{ item.message }}-索引:{{index}}
  </li>
 </ul>
</div>

var vm = new Vue({
 el: '#app',
 data: {
  items: [
    { message: 'Foo' },
    { message: 'Bar' }
  ]
 }
})
```

运行效果如图 18-26 所示。

为了给 Vue 一个提示，以便它能跟踪每个节点的身份，从而对现有元素进行重用和重新排序，需要为每项提供一个唯一 key 属性，即 key ="val"，以提高列表性能。

（2）v-for 指令可以遍历对象，遍历得到的值的顺序依次为属性值 value、属性名称 name 和索引值 index。
```
<div id="app">
 <div v-for="(value, name, index) in object" :key="index">
 {{ index }}-{{ name }}-{{ value }}
 <!--索引值、属性名称、属性值-->
```

```
    </div>
  </div>

new Vue({
  el: '#app',
  data: {
    object: {
      title: '这是标题',
      author: '作者',
      publishedAt: '2016-04-10'
    }
  }
})
```

运行效果如图 18-27 所示。

- 值：Foo
- 值：Bar

- 值：Foo-索引:0
- 值：Bar-索引:1

图 18-26

```
0-title-这是标题
1-author-作者
2-publishedAt-2016-04-10
```

图 18-27

2. Axios

Axios 是一个基于 Promise 的 HTTP 客户库，可用于浏览器和 Node.js，本质上是对原生 XMLHttpRequests 的封装，只不过它是 Promise 的实现版本。

（1）Axios 引入。

Axios 引入方式主要有以下两种。

① CDN 引入和本地引入。

```
<!-- CDN 引入-->
<script src="https://unpkg.com/axios/dist/axios.min.js"></script>
<!-- 本地引入-->
<script src="axios.min.js"></script>
```

② NPM 安装

Axios 可以通过 NPM 进行安装。

```
npm install axios
```

（2）Axios 发送请求。

① GET 请求。

发送 GET 请求很简单，只需传入 URL 请求地址，使用 then()接收响应对象 res。res 有两个属性：res.data 表示服务器端响应数据，res.status 表示服务器端响应状态码。

传递 GET 请求参数有两种形式：第一种是直接在 URL 中附加参数，第二种是使用 parmas 属性添加 GET 参数。

```
//第一种形式
axios.get('/user?ID=12345').then(function (response) {
    console.log(response);
}).catch(function (error) {
```

```
    console.log(error);
  });
//第二种形式
axios.get('/user', {
  parmas: {
    ID: 12345
  }
}).then(function (response) {
  console.log(response);
}).catch(function (error) {
  console.log(error);
});
```

② POST 请求。

发送 POST 请求的数据不能通过 URL 传递。POST 方法中的第 1 个参数表示 URL 请求地址，第 2 个参数表示请求数据。需要注意的是，Axios 向服务器端发送的请求数据默认为 JSON 格式。

```
axios.post('/user', {
  firstName: 'Fred',
  lastName: 'Flintstone'
}).then(function (response) {
  console.log(response);
}).catch(function (error) {
  console.log(error);
});
```

3. Vue CLI 脚手架使用 Axios

（1）在 main.js 中，引入 Axios 模块并将其挂载到 Vue 对象的原型上。

```
Vue.prototype.$axios = axios;
```

（2）通过 this 对象调用 Axios。

```
this.$axios.post('/user', {
  firstName: 'Fred',
  lastName: 'Flintstone'
}).then(function (response) {
  console.log(response);
}).catch(function (error) {
  console.log(error);
});
```

在本项目中可知，获取文章列表接口为/articles/list，请求方式为 GET。

```
router.get('/articles/list',function(req,res){
  article.list(req,function(results){
    res.json({
      result:results,
      statusCode:200
    })
  })
})
```

综上所述，第（7）空填写 v-for，第（8）空填写 axios，第（9）空填写 get，第（10）空填写 then。

18.4.7　articles-manage\src\components\articleMobile.vue 文件【第（11）空】

此空考查 Axios，具体内容请参考 18.4.6 节的解析。

综上所述，第（11）空填写/articles/list。

18.4.8　articles-manage\src\components\addArticle.vue 文件【第（12）～（15）空】

第（12）～（15）空考查 submit 表单提交事件和路由实例。

1. Vue.js 事件绑定

（1）使用 v-on 指令可以监听 DOM 事件，并在事件触发时指定处理方法。v-on 指令可以简写为@。

```
<div id="app">
  <button v-on:click="handleBtnClick">单击加1</button>
  <button @click="handleBtnClick">v-on 简写为@</button>
  <p>按钮被单击了:{{ count }}次.</p>
</div>

var vm = new Vue({
  el: '#app',
  data: {
    count : 0
  },
  methods:{
    handleBtnClick(){//添加一个方法，用于处理单击事件
      this.count++;
    }
  }
})
```

运行效果如图 18-28 所示。

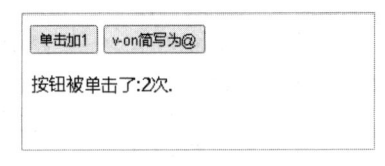

图 18-28

（2）使用事件修饰符可以修改事件的某些行为。

① .prevent：调用事件默认行为。

② .capture：添加事件侦听器时使用 capture 模式。

③ .self：只有当事件从侦听器绑定的元素本身触发时，才触发回调。

例如：可以使用@submit.prevent 修改表单的默认提交事件为指定的方法。

```
<!-- 修改表单的默认提交事件为 submit()方法-->
<form @submit.prevent="submit">
```

```
<!-- 省略内容 -->
</form>
```

2．表单元素<input>

<input>元素是很重要的表单元素，其 type 属性有许多不同的值，根据相应的值可以定义不同的表单控件。

```
<form>
    <input type="text" /><br>          <!-- 文本输入框 -->
    <input type="password" /><br>      <!-- 密码输入框 -->
    <input type="radio" /><br>         <!-- 单选按钮 -->
    <input type="checkbox" /><br>      <!-- 复选框 -->
    <input type="file" /><br>          <!-- 文件上传 -->
    <input type="submit" /><br>        <!-- 表单提交按钮 -->
    <input type="reset" /><br>         <!-- 表单重置按钮 -->
</form>
```

运行效果如图 18-29 所示。

图 18-29

3．路由实例

（1）全局路由实例$router。

router 是 VueRouter 的一个对象，通过 Vue.use(VueRouter)和 VueRouter 构造函数得到一个 router 的实例对象，这个对象是一个全局的对象，包含了所有路由所包含的许多关键的对象和属性。在 Vue 实例中，可以通过 Vue 实例自身的$router 属性访问路由实例。

① this.$router.push()方法可以实现路由跳转。

② this.$router.go()方法可以实现页面刷新、前进或后退。

（2）路由信息对象$route。

通过路由信息对象$route 可以获取当前路由的状态信息，包含当前 URL 的信息和 URL 匹配到的路由记录。

① this.$route.params 属性可以获取动态路径参数对象。

② this.$route.query 属性可以获取查询参数对象。

③ this.$route.path 属性可以获取当前路由的路径，如"/login"。

综上所述，第（12）空填写 submit，第（13）空填写 articleTitle，第（14）空填写 errorTip，第（15）空填写 push。

18.4.9 参考答案

本题参考答案如表 18-5 所示。

表 18-5

小题编号	参考答案
1	getConnection
2	query
3	post
4	router
5	insert 或 INSERT
6	from 或 FROM
7	v-for
8	axios
9	get
10	then
11	/articles/list
12	submit
13	articleTitle
14	errorTip
15	push

第 19 章 2021 年实操试卷（高级）

19.1 试题一

19.1.1 题干和问题

阅读下列说明、效果图，打开"考生文件夹\20025\goodsList"文件夹中的文件，阅读代码并进行静态网页开发，在第（1）至（10）空处填写正确的代码，操作完成后保存文件。

【说明】

制作一个商品列表网页，获取商品清单并显示在页面上。项目名称为 goodsList，包含首页 index.html 和服务端程序 server/app.js。

具体要求：运行服务端后，首页会通过 JSONP 请求服务端，并将服务端返回的商品清单显示在首页列表中，效果如图 19-1 所示。

【效果图】

商品列表

商品名	数量
iPhone	10
iPad	20

图 19-1

【问题】（20 分，每空 2 分）

根据注释，补全代码。

（1）打开"考生文件夹\20025\goodsList\views"文件夹中的 index.html 文件，根据代码结构和注释，在第（1）至（2）空处填入正确的内容，完成后保存该文件。

```
<!DOCTYPE html>
<html>
    <head>
        <meta charset="utf-8">
        <title>商品列表</title>
        <link rel="stylesheet" href="../public/css/index.css">
        <(1) src="../public/js/index.js"></(1)><!-- 第（1）空 -->
    </head>
    <body>
        <div>
            <div class="area">
```

```
                <h3>商品列表</h3>
                <table border="1px" (2)="0px"><!-- 将单元格之间的间距设置为 0px
第(2)空-->
                    <tr>
                        <td>商品名</td>
                        <td>数量</td>
                    </tr>
                </table>
            </div>
        </div>
    </body>
</html>
```

（2）打开"考生文件夹\20025\goodsList\public\js"文件夹中的 index.js 文件，根据代码结构和注释，在第（3）至（10）空处填入正确的内容，完成后保存该文件。

```
//动态创建<script>标签
function creatScript(src){
    var father = document.(3)('body');/* 第(3)空 */
    var script = document.createElement('script');
    script.(4)('type','text/javascript'); //设置元素属性  第(4)空
    script.(5) = src; //指定源  第(5)空
    father[0].appendChild(script);
};

//页面加载后，发送跨域请求
window.(6) = function(){  /* 第(6)空*/
    creatScript('http://127.0.0.1:8080/jsonp?callback=goods');
};

//回调的方法
function goods(data){
    let dom = document.(3)("table")[0]; /* 第(3)空*/
    (7)(data,dom);//创建表格   /* 第(7)空*/
}

function creatTab(note,dom){
    for(let i = 0;i < note.length; i++) {
        var row = dom.insertRow(dom.rows.length);
        let c1 = row.insertCell(0);
        c1.(8) = note[i].(9);  /* 第(8)空、第(9)空*/
        let c2 = row.insertCell(1);
        c2.(8) = note[i].(10);/* 第(8)空、第(10)空 */
    }
}
```

注意：除了删除编号（1）至（10）并填入正确的内容，不能修改或删除文件中的其他任何内容。

19.1.2 考核知识和技能

（1）<script>标签。
（2）cellspacing 属性。
（3）getElementsByTagName()方法。
（4）setAttribute()方法。
（5）src 属性。
（6）onload 事件。
（7）调用函数 creatTab。
（8）innerHTML 属性。
（9）根据对象的定义，调用其键 name 和 price。

19.1.3 index.html 文件【第（1）空】

此空考查使用<script>标签在 index.html 文件中引入 JavaScript 文件。

若网站中多个页面的运行需要依赖相同的 JavaScript 代码，则需要创建一个外部 JavaScript 文件，而不是重复编写相同的脚本。先将脚本文件以.js 扩展名进行保存，然后使用<script>标签中的 src 属性引用到页面中。<script>标签既可以包含脚本语句，也可以通过 src 属性指向外部脚本文件。

```
<script src="http://www.example.com/example.js"></script>
<script src="/scripts/example.js"></script>
```

src 属性：指定外部脚本文件的 URL，可能的值如下。
（1）绝对 URL：指向另一个网站（如 src="http://www.example.com/example.js"）。
（2）相对 URL：指向网站内的一个文件（如 src="/scripts/example.js"）。
综上所述，第（1）空填写 script。

19.1.4 index.html 文件【第（2）空】

此空考查表格中单元格之间的间距属性 cellspacing。

cellspacing 属性用于规定单元格之间的间距，以像素为单位，可以用来轻松地改变不同相邻单元格边缘之间的间距。若不设置该属性，则其默认值为 cellspacing="2"。

需要注意的是，HTML5 已经不支持 cellspacing 属性了，可以使用 CSS 代替。

```
<!DOCTYPE html>
<html>
<head>
<meta charset="utf-8">
<title>表格间距</title>
</head>
<body>
<p>默认单元格间距:</p>
<table border="1">
  <tr>
    <th>课程</th>
    <th>分数</th>
```

```
  </tr>
  <tr>
    <td>C++程序设计</td>
    <td>85</td>
  </tr>
</table>
</body>
</html>
```

上述代码中的 cellspacing 属性值为默认值，显示效果为单元格之间的间距为 2 像素，如图 19-2 所示。

```
<!DOCTYPE html>
<html>
<head>
<meta charset="utf-8">
<title>表格间距</title>
</head>
<body>
<p>单元格间距为 20:</p>
<table border="1" cellspacing="20">
  <tr>
     <th>课程</th>
     <th>分数</th>
  </tr>
  <tr>
     <td>PHP 程序设计</td>
     <td>90</td>
  </tr>
</table>
</body>
</html>
```

上述代码中的 cellspacing 属性值为 20，显示效果为单元格之间的间距为 20 像素，如图 19-3 所示。

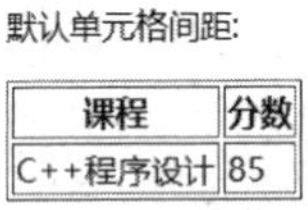

图 19-2

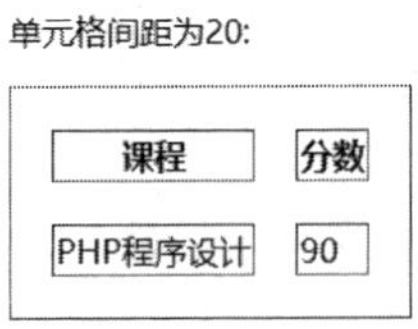

图 19-3

cellpadding 和 cellspacing 是在 table 表格中使用的属性，可以设置 table 表格单元格中的空白，有助于控制网页中表格的样式和布局。cellpadding 属性可以用来设置单元格所围绕的内容与单元格边界之间的距离。

综上所述，第（2）空填写 cellspacing。

19.1.5　index.js 文件【第（3）空】

此空考查通过 getElementsByTagName() 方法获取页面中的标签。

在 HTML DOM（Document Object Model）中，每一个元素都是节点：
- 文档是一个文档节点。
- 所有的 HTML 元素都是元素节点。
- 所有的 HTML 属性都是属性节点。
- 文本插入 HTML 元素是文本节点。
- 注释是注释节点。

getElementsByTagName()方法的功能是通过查找整个 HTML 文档中的任何 HTML 元素，传回指定名称的 HTML 元素节点，语法格式如下：

```
element.getElementsByTagName(tagname)
```

tagname 参数为字符串，表示想要获取的标签名。

提示：如果把特殊字符串"*"传递给 getElementsByTagName()方法，那么它将返回文档中所有元素的列表，元素排列的顺序就是它们在文档中的顺序。

```
document.getElementsByTagName('body')
document.getElementsByTagName('ul')
document.getElementsByTagName('p')
```

浏览器载入 HTML 文档后成为 Document 对象，Document 对象是 HTML 文档的根节点。上述代码用于获取页面中对应的标签对象，返回的是节点列表，元素的顺序是它们在文档中的顺序。

综上所述，第（3）空填写 getElementsByTagName。

19.1.6　index.js 文件【第（4）空】

此空考查使用 setAttribute()方法设置元素属性。

在 JavaScript 中，setAttribute()方法用来为元素添加指定的属性，并为其赋指定的值，如果这个指定的属性已经存在，那么仅设置或更改其值。setAttribute()方法的语法格式如下：

```
element.setAttribute(attributename, attributevalue)
```

attributename 参数为要设置的属性名，attributevalue 参数为要设置的属性值。

```
document.getElementsByTagName("INPUT")[0].setAttribute("type","button");
```

上述代码用于获取页面中的第一个<input>标签，并为其添加 type 属性，属性值为 button，表示设置为一个按钮。

```
var script = document.createElement('script');
script.setAttribute ('type','text/javascript');
```

上述代码使用 document.createElement('script')生成了一个<script>标签，并设置其 type 属性为 text/javascript，这也是页面引入 JavaScript 代码的方法。

综上所述，第（4）空填写 setAttribute。

19.1.7　index.js 文件【第（5）空】

此空考查动态载入外部脚本的 src 属性。

由于程序运行的需要，有时要通过动态修改<script>标签的 src 属性来载入一段外部脚本并执行，因此可以使用<script>标签的 src 属性指定外部脚本文件的 URL，浏览器首先根据 src 属性请求外部文件，然后将外部文件的内容插入<script>标签之间，语法如下：

```
scriptObject.src=URL
var script = document.createElement('script');
script.src='http://127.0.0.1:8080/jsonp?callback=goods';   // 从本地服务器获取
资源
```

上述代码设置 JavaScript 脚本文件的 URL 为 http://127.0.0.1:8080/jsonp?callback=goods。

综上所述，第（5）空填写 src。

19.1.8 index.js 文件【第（6）空】

此空考查窗口加载事件，即 onload 事件。

window.onload()是一个事件，在文档加载完成后能立即触发，并且能为该事件注册事件处理函数，可以将对对象或模块进行操作的代码存放在处理函数中，用于在网页加载完毕后立刻执行的操作，即当 HTML 文档加载完毕后，会立刻执行某个方法。window.onload()通常用于<body>元素，在页面完全载入后（包括图片、CSS 文件等）执行脚本代码。

```
window.onload = myfun;
```

上述代码表示在页面加载完成后 myfun 会被调用。

综上所述，第（6）空填写 onload。

19.1.9 index.js 文件【第（7）空】

此空考查调用函数 creatTab。

项目代码中定义了一个函数 creatTab(note,dom){}，用来根据参数中的数据对象 note，在页面指定的 dom 中创建一个表格。creatTab (data,dom)为调用该函数的语句，实参为 data 和 dom，与定义函数时的形参对应。

```
creatTab (data,dom);  // 调用函数

function creatTab(note,dom){   // 定义函数
    for(let i = 0;i < note.length; i++) {
        ……
    }
}
```

综上所述，第（7）空填写 creatTab。

19.1.10 index.js 文件【第（8）空】

此空考查通过 innerHTML 属性动态获取标签之间的内容。

innerHTML 属性用于设置或返回表格单元格的开始标签和结束标签之间的 HTML，几乎所有元素都有 innerHTML 属性，值为一个字符串。大部分浏览器都支持 innerHTML 属性。

```
document.getElementById('mySchool').innerHTML="CCIT";
document.getElementById('mySchool').href="http://www.ccit.js.cn";
document.getElementById('mySchool').target="_blank";
```

若页面中有一个超链接：<a id="mySchool">Microsoft</a>，则通过上述代码可以动态

设置其链接文字为 CCIT，链接地址为 http://www.ccit.js.cn，打开方式为_blank。

综上所述，第（8）空填写 innerHTML。

19.1.11　index.js 文件【第（9）空】

此空考查根据对象的定义，调用其键 name。

使用 Node.js 搭建服务器，创建了一个对象，其中包含两条数据，每条数据都包含商品名 name 和商品价格 price。当服务器接收到请求时，会将该对象响应到客户端，并通过一个表格将商品信息显示出来。

服务端 server/app.js 代码如下：

```
server.on('request',function(req,res){
    var urlPath = url.parse(req.url).pathname;
    var qs = querystring.parse(req.url.split('?')[1]);
    if(urlPath === '/jsonp' && qs.callback){
        res.writeHead(200,{'Content-Type':'application/json;charset=utf-8'});
        var goods = [
            {'name':'iPone','price':'10'},
            {'name':'iPad','price':'20'}
        ]
        data = JSON.stringify(goods);
        var callback = qs.callback+'('+data+')';
        res.end(callback);
    }
});
```

运行服务端后，首页会通过 JSONP 请求服务端，并将服务端返回的商品清单显示在首页列表中，效果如图 19-4 所示。

商品列表

商品名	数量
iPhone	10
iPad	20

图 19-4

index.js 代码如下：

```
//页面加载后，发送跨域请求
window.onload = function(){    /* 第（6）空*/
    creatScript('http://127.0.0.1:8080/jsonp?callback=goods');
};

//回调的方法
function goods(data){
    let dom = document.getElementsByTagName("table")[0];    /* 第（3）空*/
    creatTab(data,dom);//创建表格    /* 第（7）空*/
}

function creatTab(note,dom){
```

```
for(let i = 0;i < note.length; i++) {
    var row = dom.insertRow(dom.rows.length);
    let c1 = row.insertCell(0);
    c1.innerHTML = note[i].name;  /* 第（8）空、第（9）空*/
    let c2 = row.insertCell(1);
    c2.innerHTML = note[i].price;/* 第（8）空、第（10）空 */
    }
}
```

上述代码 creatTab(note,dom)中的参数为获取到的商品对象，根据显示的效果图，在 for 循环中遍历商品数据，调用其键 name 和 price 并显示在单元格中。表格中的第 1 列为商品名，根据 goods 对象的定义，应该调用键 name。

综上所述，第（9）空填写 name。

19.1.12　index.js 文件【第（10）空】

此空考查根据对象的定义，调用其键 price。

根据第（9）空的解析和效果图可知，表格中的第 2 列为数量，因此应该调用 goods 对象的另一个键 price。

综上所述，第（10）空填写 price。

19.1.13　参考答案

本题参考答案如表 19-1 所示。

表 19-1

小题编号	参考答案
1	script
2	cellspacing
3	getElementsByTagName
4	setAttribute
5	src
6	onload
7	creatTab
8	innerHTML
9	name
10	price

19.2　试题二

19.2.1　题干和问题

阅读下列说明、效果图，打开"考生文件夹\20027\svg"文件夹中的文件，阅读代码并进行静态网页开发，在第（1）至（10）空处填写正确的代码，操作完成后保存文件。

【说明】

在某页面中使用 SVG 绘制了两张图片，效果如图 19-5 所示。项目名称为 svg，包含首页 index.html。

具体要求：使用 SVG 先绘制一个向左的箭头，效果如图 19-6 所示；再绘制一个图 19-6 的镜像图片，箭头向右，效果如图 19-7 所示；最后在首页中引入 SVG 图形并显示。

【效果图】

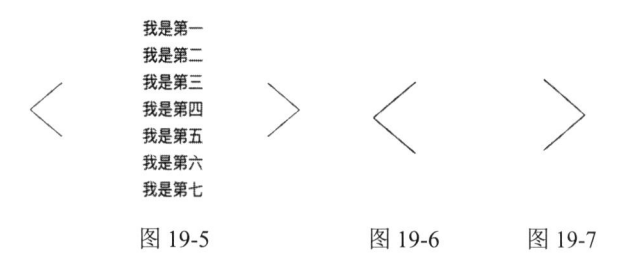

图 19-5　　　　　图 19-6　　　图 19-7

【问题】（20 分，每空 2 分）

根据注释，补全代码。

（1）打开"考生文件夹\20027\svg\css"文件夹中的 style.css 文件，根据代码结构和注释，在第（1）至（4）空处填入正确的内容，完成后保存该文件。

（2）打开"考生文件夹\20027\svg\img"文件夹中的 arrowLeft.svg 文件和 arrowRight.svg 文件，根据代码结构和注释，在第（5）至（10）空处填入正确的内容，完成后保存该文件。

style.css 文件代码如下：

```
ul,li {
  list-style: none;
  padding: 0;
  margin: 0;
}

li {
  width: 200px;
  height: 25px;
  line-height: 25px;
  text-align: center;
}

.btn {
  width: 50px;
  height: 75px;
  background-color: red;
  margin-top: 50px;
}

#listSplit{
  display: flex;
}
```

```
#upPage{
  background: (1)("../img/arrowLeft.svg") (2) 0px (3); /* 背景不重复，居中  第(1)
空、第(2)空、第(3)空 */
  background-size: (4); /* 图片自身的宽高比不变，缩放至图片自身  第(4)空*/
}

#nextPage{
  background: (1)("../img/arrowRight.svg") (2) 0px (3); /* 背景不重复，居中
第(1)空、第(2)空、第(3)空 */
  background-size: (4); /* 图片自身的宽高比不变，缩放至图片自身  第(4)空 */
}
```

arrowLeft.svg 文件代码如下：

```
<?(5) version="1.0" standalone="no"?><!-- XML 声明 第(5)空 -->

<!(6) svg PUBLIC "-//W3C//DTD SVG 1.1//EN"
"http://www.w3.org/Graphics/SVG/1.1/DTD/svg11.dtd"><!-- 第(6)空 -->

<(7) width="300" height="300" version="1.1"
xmlns="http://www.w3.org/2000/svg"><!-- 第(7)空 -->
    <(8) points="200,0 0,150 200,300"
(9)="fill:none;stroke:#000000;stroke-width:5" /><!-- 折线标签 第(8)空、第(9)
空 -->
</(7)><!-- 第(7)空 -->
```

arrowRight.svg 文件代码如下：

```
<?(5) version="1.0" standalone="no"?><!-- XML 声明 第(5)空 -->

<!(6) svg PUBLIC "-//W3C//DTD SVG 1.1//EN"
"http://www.w3.org/Graphics/SVG/1.1/DTD/svg11.dtd"><!-- 第(6)空 -->

<(7) width="300" height="300" version="1.1"
xmlns="http://www.w3.org/2000/svg"><!-- 第(7)空 -->
    <(8) points="200,0 0,150 200,300"
(9)="fill:none;stroke:#000000;stroke-width:5" (10)="rotate(180 100
150)"/><!-- 折线标签，镜像 第(8)空、第(9)空、第(10)空 -->
</(7)><!-- 第(7)空 -->
```

注意：除了删除编号（1）至（10）并填入正确的内容，不能修改或删除文件中的其他任何内容。

19.2.2　考核知识和技能

（1）背景相关的 CSS 样式设置。
（2）SVG 图形的规范。
（3）SVG 图形的具体绘制方法。

19.2.3 style.css 文件【第（1）～（4）空】

第（1）～（4）空考查背景相关的 CSS 样式设置。

1. 复合背景属性 background

复合背景属性 background 包含很多背景属性，其语法格式为 background:bg-color bg-image position/bg-size bg-repeat bg-origin bg-clip bg-attachment initial|inherit;。

```
background: #00ff00 url('smiley.gif') no-repeat fixed center;
```

background 属性值及说明如表 19-2 所示。

表 19-2

值	说明
background-color	设置使用的背景颜色
background-image	设置使用的一个或多个背景图像
background-position	设置背景图像的位置
background-size	设置背景图像的大小
background-repeat	设置如何重复背景图像
background-origin	设置背景图像的定位区域
background-clip	设置背景图像的绘制区域
background-attachment	设置背景图像是否固定，或者随着页面的其余部分滚动

2. 本题解析

（1）CSS background-image 属性。

background-image 属性用于设置一个元素的背景图像。在默认情况下，背景图像放置在元素的左上角，并向垂直和水平方向重复。background-image 属性值及说明如表 19-3 所示。

表 19-3

值	说明
url('URL')	图像的 URL
none	默认值。若无背景图像，则会显示
linear-gradient()	创建一个线性渐变的"图像"（从上到下）
radial-gradient()	创建一个径向渐变的"图像"（从中心向四周，发散的形状为圆形或椭圆形）
repeating-linear-gradient()	创建重复的线性渐变"图像"
repeating-radial-gradient()	创建重复的径向渐变"图像"
inherit	指定背景图像从父元素继承

（2）CSS background-repeat 属性。

background-repeat 属性用于设置如何重复背景图像。在默认情况下，背景图像向垂直和水平方向重复。background-repeat 属性值及说明如表 19-4 所示。

表 19-4

值	说明
repeat	默认值。背景图像向垂直和水平方向重复
repeat-x	只有水平位置会重复背景图像

续表

值	说明
repeat-y	只有垂直位置会重复背景图像
no-repeat	背景图像不会重复
inherit	指定 background-repeat 属性设置从父元素继承

（3）CSS background-position 属性。

background-position 属性用于设置背景图像的位置。background-position 属性值及说明如表 19-5 所示。

表 19-5

值	说明
水平方向：left、centert、right 垂直方向：top、center、bottom	如果仅指定了一个值，则另一个值默认为 center
x% y%	第 1 个值为水平位置，第 2 个值为垂直位置。左上角位置为 0%0%，右下角位置为 100%100%。如果仅指定了一个值，则其他值为 50%。默认值为 0%0%
xpos ypos	第 1 个值为水平位置，第 2 个值为垂直位置。左上角为 00，单位可以是像素（0px0px），也可以是任何其他 CSS 单位。如果仅指定了一个值，则其他值为 50%。我们可以混合使用% 和 positions 值
inherit	指定 background-position 属性设置从父元素继承

（4）CSS3 background-size 属性。

background-size 属性用于设置背景图像的大小。background-size 属性值及说明如表 19-6 所示。

表 19-6

值	说明
length	设置背景图像的宽度和高度。第 1 个值用于设置宽度，第 2 个值用于设置高度。如果只给出一个值，那么第 2 个值设置为 auto（自动）
percentage	计算相对背景定位区域的百分比。第 1 个值用于设置宽度，第 2 个值用于设置高度。如果只给出一个值，那么第 2 个值设置为 auto（自动）
cover	此时会保持图像的纵横比，并将图像缩放为完全覆盖背景定位区域的最小值
contain	此时会保持图像的纵横比，并将图像缩放为适合背景定位区域的最大值

综上所述，第（1）空填写 url，第（2）空填写 no-repeat，第（3）空填写 center，第（4）空填写 100%。

19.2.4　arrowLeft.svg 文件【第（5）、（6）空】

这两空考查 SVG 图形的规范。

1．SVG 语言

SVG 是一种基于 XML 的用于描述二维矢量图形和矢量点，以及阵混合图形的置标语言，是一种全新的矢量图形规范。

SVG 使用 XML 格式定义图像，可以直接在 HTML 页面中嵌入 SVG 标签，在<svg>标签中绘制图形。例如，在<svg>绘图区圆心为（100,50）的位置处绘制一个半径为 40 的红色的圆，圆的边框为 2px 的黑色实线。

```
<html>
<body>
   <h1>My first SVG</h1>
   <svg xmlns="http://www.w3.org/2000/svg" version="1.1">
     <circle  cx="100"  cy="50"  r="40"  stroke="black"  stroke-width="2" fill="red" />
   </svg>
</body>
</html>
```

2．本题解析

SVG 图形也可以单独定义为*.svg 的图片，在 HTML 页面中作为图片使用。但是，*.svg 文件定义图片时要遵循文档规范。

（1）XML 声明。

```
<?xml version="1.0" standalone="no"?>
```

上述代码声明这是一个 XML 文件，其中，standalone 属性用于规定*.svg 文件是否是独立的，standalone="no"表示 SVG 文档会引用一个外部文件，此处为 DTD 文件。

（2）引入 SVG DTD 文件。

```
<!DOCTYPE svg PUBLIC "-//W3C//DTD SVG 1.1//EN" "http://www.w3.org/Graphics/SVG/1.1/DTD/svg11.dtd">
```

上述代码表示引入 DTD 文件，包含所有允许的<SVG>元素，然后添加<svg>根元素，并根据实际需要绘制向量图。

例如：定义一个叫作 circle.svg 的图片文件。

```
<?xml version="1.0" standalone="no"?>
<!DOCTYPE svg PUBLIC "-//W3C//DTD SVG 1.1//EN" "http://www.w3.org/Graphics/SVG/1.1/DTD/svg11.dtd">
<svg xmlns="http://www.w3.org/2000/svg" version="1.1">
   <circle cx="100" cy="50" r="40" stroke="black" stroke-width="2" fill="red" />
</svg>
```

在 HTML 页面中，不仅可以使用 img 的 src 属性引入 SVG 图形，还可以在 div 元素上使用 CSS 样式将 SVG 图形作为背景使用。

```
<!DOCTYPE html>
<html lang="en">
<head>
   <meta charset="UTF-8">
   <meta http-equiv="X-UA-Compatible" content="IE=edge">
   <meta name="viewport" content="width=device-width, initial-scale=1.0">
   <title>Document</title>
   <style>
      body>*{
         float:left;
      }
   </style>
```

```
</head>
<body>
    <p>img 标记使用 SVG 图片：</p>
    <img src="./circle.svg" alt="">
    <p>div 背景上使用 SVG 图片：</p>
        <div style="width:300px;height:200px;background: url(./circle.svg) no-repeat 0px center"></div>
</body>
</html>
```

运行效果如图 19-8 所示。

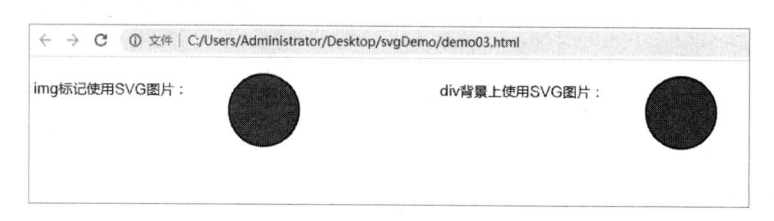

图 19-8

综上所述，第（5）空填写 xml，第（6）空填写 DOCTYPE。

19.2.5　arrowRight.svg 文件【第（7）～（10）空】

第（7）～（10）空考查 SVG 图形的具体绘制方法。

1. SVG 图形的绘制方法

（1）SVG 图形绘制的标记为<svg>标签对。与 Canvas 类似，它们都是用来绘制图形的。但是，Canvas 标记需要使用 JS 代码绘制图形，而 SVG 标记是结合 XML 格式和 CSS 样式来绘制图形的。

```
<svg xmlns="http://www.w3.org/2000/svg" version="1.1">
    ...
</svg>
```

SVG 标记后面的 xmlns 属性和 version 属性取值是固定的，可以省略。

（2）SVG 形状绘制方法。SVG 有一些预定义的形状元素，可以用来绘制图形，但标记需要写到<svg>标签对中。

常用的形状元素如下：
- 矩形<rect>。
- 圆形<circle>。
- 椭圆<ellipse>。
- 直线<line>。
- 折线<polyline>。
- 多边形<polygon>。
- 路径<path>。

另外，绘制形状的外观需要结合 CSS 样式来实现，具体样式属性如表 19-7 所示。

表 19-7

值	描述	值	描述
stroke	边框样式，类似 border	x	顶点的横坐标
stroke-width	边框宽度，类似 border-width	y	顶点的纵坐标
fill	填充颜色	width	宽度
style	以上样式的综合属性，类似 CSS	height	高度
cx	圆心的横坐标	x1	直线起点的横坐标
cy	圆心的纵坐标	y1	直线起点的纵坐标
r	圆的半径	x2	直线终点的横坐标
transform	变形（translate、rotate、scale 等）	y2	直线终点的纵坐标

例如：定义一根直线，代码如下。

```
<svg xmlns="http://www.w3.org/2000/svg" version="1.1">
  <line x1="0" y1="0" x2="200" y2="200" style="stroke:rgb(255,0,0);stroke-width:2" />
</svg>
```

2．本题解析

（1）本题的左箭头需要使用折线 polyline 实现，arrowLeft.svg 文件中的具体代码如下：

```
<polyline points="200,0 0,150 200,300"style="fill:none;stroke:#000000;stroke-width:5" />
```

（2）本题的右箭头需要左箭头旋转而来，arrowRight.svg 文件中的具体代码如下：

```
<polyline points="200,0 0,150 200,300"style="fill:none;stroke:#000000;stroke-width:5" transform="rotate(180 100 150)"/>
```

综上所述，第（7）空填写 svg，第（8）空填写 polyline，第（9）空填写 style，第（10）空填写 transform。

19.2.6　参考答案

本题参考答案如表 19-8 所示。

表 19-8

小题编号	参考答案
1	url
2	no-repeat
3	center
4	100%
5	xml
6	DOCTYPE
7	svg
8	polyline
9	style
10	transform

19.3 试题三

19.3.1 题干和问题

阅读下列说明、效果图，打开"考生文件夹\20026\calculator"文件夹中的文件，阅读代码并进行静态网页开发，在第（1）至（15）空处填写正确的代码，操作完成后保存文件。

【说明】

实现一个网页计算器，效果如图 19-9 所示。项目名称为 calculator，包含首页 index.html。

具体要求：可以单击虚拟键盘输入算式，效果如图 19-10 所示；单击"="按钮后计算算式结果，效果如图 19-11 所示；单击"AC"按钮清空输入。

【效果图】

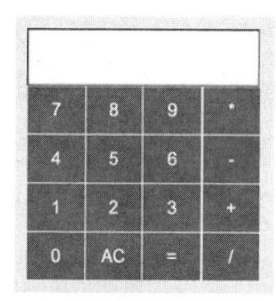

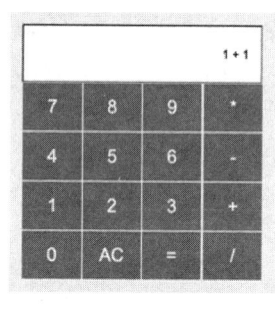

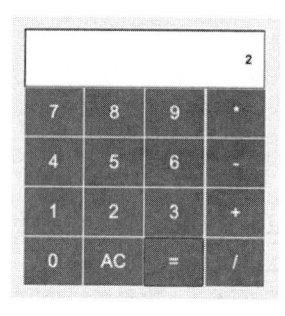

图 19-9　　　　　　图 19-10　　　　　　图 19-11

【问题】（30 分，每空 2 分）

根据注释，补全代码。

（1）打开"考生文件夹\20026\calculator"文件夹中的 index.html 文件，根据代码结构和注释，在第（1）至（3）空处填入正确的内容，完成后保存该文件。

（2）打开"考生文件夹\20026\calculator"文件夹中的 index.js 文件，根据代码结构和注释，在第（4）至（15）空处填入正确的内容，完成后保存该文件。

index.html 文件代码如下：

```
<!DOCTYPE html>
<html>
<head>
    <meta charset="UTF-8"/>
    <title>calculator</title>
    <link rel="stylesheet" type="text/css" href="index.css">
    <(1) type="text/javascript" charset="utf-8" src="index.js"></(1)><!--第（1）空 -->
</head>
<body>
    <div class="calculator">
        <input class="output" value="0" id="iputNum" (2)="(2)"></input><!-- 禁止输入框输入 --><!-- 第（2）空 -->
        <div class="numbers">
            <input type="button" value="7" (3)="numberClick(value)">    <!-- 第（3）空 -->
```

```html
            <input type="button" value="8" (3)="numberClick(value)">    <!-- 第(3)空 -->
            <input type="button" value="9" (3)="numberClick(value)">    <!-- 第(3)空 -->
            <input type="button" value="4" (3)="numberClick(value)">    <!-- 第(3)空 -->
            <input type="button" value="5" (3)="numberClick(value)">    <!-- 第(3)空 -->
            <input type="button" value="6" (3)="numberClick(value)">    <!-- 第(3)空 -->
            <input type="button" value="1" (3)="numberClick(value)">    <!-- 第(3)空 -->
            <input type="button" value="2" (3)="numberClick(value)">    <!-- 第(3)空 -->
            <input type="button" value="3" (3)="numberClick(value)">    <!-- 第(3)空 -->
            <input type="button" value="0" (3)="numberClick(value)">    <!-- 第(3)空 -->
            <input type="button" value="AC" (3)="cleanClick(value)">    <!-- 第(3)空 -->
            <input type="button" value="=" (3)="equalClick()"> <!-- 第(3)空 -->
        </div>
        <div class="operators">
            <input type="button" value="*" (3)="operatorClick(value)">  <!-- 第(3)空 -->
            <input type="button" value="-" (3)="operatorClick(value)">  <!-- 第(3)空 -->
            <input type="button" value="+" (3)="operatorClick(value)">  <!-- 第(3)空 -->
            <input type="button" value="/" (3)="operatorClick('/')">    <!-- 第(3)空 -->
        </div>
    </div>
</body>
</html>
```

index.js 文件代码如下：

```
(4) calculator {   //声明类   第(4)空

    (5)(value = null) {   //构造函数   第(5)空
        //分割算术数组
        this.number = value;
        this.result = 0;
    }

    compute() {
        this.result = Array.from(this.number);
        for (let index = 0; index < this.result.(6); index++) {   //循环第(6)空
            //计算乘除
```

```
                if (this.result[index] == "*" || this.result[index] == "/") {
                    //若最后输入的字符为运算字符，则默认在最后加 1
                    if (this.result[index + 1] == "") {
                        this.result[(7) + 1] = 1;/*第（7）空*/
                    }
                    if (this.result[index] == "*") {
                        //删除数组内已计算的数字，并添加计算后的数字
                        this.result.(8)(+index - 1, 3, +this.result[index - 1] * +this.result[index + 1]);/* 第（8）空 */
                    } else if (this.result[index] == "/") {
                        //删除数组内已计算的数字，并添加计算后的数字
                        this.result.(8)(+index - 1, 3, +this.result[index - 1] / +this.result[index + 1]);/* 第（8）空 */
                    }
                    index--;
                }
            //计算加减
                if (this.result[index] == "+" || this.result[index] == "-") {
                    if (this.result[index] == "+") {
                        //删除数组内已计算的数字，并添加计算后的数字
                        this.result.(8)(+index - 1, 3, +this.result[index - 1] + +this.result[index + 1]);/* 第（8）空 */
                    } else if (this.result[index] == "-") {
                        //删除数组内已计算的数字，并添加计算后的数字
                        this.result.(8)(+index - 1, 3, +this.result[index - 1] - +this.result[index + 1]);/* 第（8）空 */
                    }
                    index--;
                }
            }
        }
    }

    /* 添加方法 */
    Object.(9)(calculator.(10), {/* 第（9）空、第（10）空 */
        back() {
            return this.result;
        }
    })
    /* 获得输入框的值 */
    const get = () => {
        return document.(11)("iputNum").value;/* 第（11）空 */
    }
    /* 为输入框赋值 */
    const set = (value) => {
        document.(11)("iputNum").value = value;/* 第（11）空 */
    }

    /* 输入数字函数 */
```

```
(12) numberClick(value) {/* 第(12)空 */
    let val = get();
    //显示框为 0 时，输入 0 无效
    if (value == "0" && val == "0") {
        return;
    }
    if (val == "0") {
        //计算结果为 0 时，删除 0
        set(value);
    } else {
        //在显示框显示对应字符
        set(val + value);
    }
}

/* 输入字符函数 */
(12) operatorClick(value) {/* 第(12)空 */
    (13) val = get();//代码块内有效的变量/* 第(13)空 */
    //不可连续输入运算字符
    if (val[val.length - 1] == " ") {
        return;
    }
    //在显示框显示对应字符
    set(val + " " + value + " ");
}

/* 清空数据函数 */
(12) cleanClick() {/* 第(12)空*/
    set("0");
}

/* 计算函数 */
(12) equalClick() {/* 第(12)空 */
    if (get() == "") {
        (14); //结束程序/*第(14)空*/
    } else {
        (13) cal = new calculator();//代码块内有效的变量/*第(13)空*/
        cal.number = get().split(' ');
        cal.compute();
        set(Number.(15)(cal.back()));//转为数字输出/* 第(15)空 */
    }
}
```

index.css 文件代码如下：

```
.calculator {
    width: 405px;
    border: solid 1px;
    background: #ffefd5;
    margin: 50px;
    padding: 20px;
```

```
}
.output {
    width: 356px;
    padding: 20px;
    height: 50px;
    font-size: 20px;
    text-align: right;
    background: white;
}

.numbers {
    width: 300px;
    display: -webkit-inline-box;
    display: -ms-inline-flexbox;
    display: inline-flex;
    -ms-flex-wrap: wrap;
    flex-wrap: wrap;
}
input[type=button] {
    border: solid 1px white;
    width: 100px;
    height: 80px;
    background: grey;
    cursor: pointer;
    color: white;
    font-size: 30px;
}
.operators {
    display: -webkit-inline-box;
    display: -ms-inline-flexbox;
    display: inline-flex;
    width: 99px;
    -ms-flex-wrap: wrap;
    flex-wrap: wrap;
    position: relative;
    left: -3px;
}
```

注意：除了删除编号（1）至（15）并填入正确的内容，不能修改或删除文件中的其他任何内容。

19.3.2　考核知识和技能

（1）外部引入 JavaScript 代码。

（2）<input>元素的常见属性。

（3）元素中绑定 JavaScript 事件处理代码。

（4）JavaScript 中定义类及构造函数。

（5）JavaScript 中数组的常见属性及方法。

（6）ES6 中对象属性的合并和构造函数的 prototype 属性。

（7）JavaScript 中获取指定元素。

（8）JavaScript 中的自定义函数。

（9）JavaScript 中定义块级作用域变量。

（10）JavaScript 中结束函数的执行语句。

（11）JavaScript 中的数字转换函数。

19.3.3　index.html 文件【第（1）空】

此空考查外部引入 JavaScript 代码。

下面这个例子通过引用外部 js 文件输出"Hello World!"。

```
<!DOCTYPE html>
<html>
    <head>
        <meta charset="utf-8">
        <title></title>
        <script src="hello'.js"></script>
    </head>
    <body>
    </body>
</html>
```

同时在文本编辑器中编辑如下代码，并将其保存为 hello.js 文件。

```
document.write("Hello World!");
```

将上述 index.html 文件和 hello.js 文件放置在同一目录下，并使用浏览器打开 index.html 文件，会在页面上显示"Hello World!"。

外部引入 JavaScript 脚本文件的方式具有以下优点。

（1）将脚本程序同现有页面的逻辑结构及浏览器结果分离。通过外部脚本可以轻易实现多个页面共用完成同一功能的脚本文件，以便通过更新一个脚本文件的内容达到批量更新的目的。

（2）浏览器可以实现对目标脚本文件的高速缓存，避免由于引用相同功能的脚本代码而导致下载时间的增加。与 C 语言使用外部头文件（.h 文件等）相似，引入 JavaScript 脚本代码时，使用外部脚本文件的方式更符合结构化编程思想。

但这种方式也有不利的一面，主要表现在以下两方面。

（1）不是所有支持 JavaScript 脚本的浏览器都支持外部脚本，如 Netscape2 和 InternetExplorer3 及以下版本都不支持外部脚本。

（2）外部脚本文件功能过于复杂，或者其他原因导致的加载时间过长都有可能导致页面事件得不到处理或得不到正确处理，开发人员必须谨慎使用，并确保脚本加载完成后其中的函数才能被页面事件调用，否则浏览器会报错。

综上所述，引入外部 JavaScript 脚本文件的方法是效果与风险并存的，开发人员应权衡优缺点来决定是将脚本代码嵌入目标 HTML 文档中，还是通过引用外部脚本文件的方式来实现相同的功能。

一般来讲，将实现通用功能的 JavaScript 脚本代码作为外部脚本文件引用，而实现特有功能的 JavaScript 代码则直接嵌入 HTML 文档中的<head>与</head>标记对之间，并提前载入，以便及时、正确地响应页面事件。

综上所述，第（1）空填写 script。

19.3.4 index.html 文件【第（2）空】

此空考查<input>元素的常见属性。

<input>元素规定了用户可以在表单元素中输入数据的输入字段。输入字段可以通过多种方式改变，取决于 type 属性。<input>元素的常见属性如表 19-9 所示。

表 19-9

属性	值	描述
alt	text	定义图像输入的替代文本（只针对 type="image"）
autofocus	autofocus	规定当页面加载时<input>元素应该自动获得焦点
checked	checked	规定在页面加载时应该被预先选定的<input>元素（只针对 type="checkbox"或 type="radio"）
disabled	disabled	规定应该禁用的<input>元素
form	form_id	规定<input>元素所属的一个或多个表单
list	datalist_id	引用<datalist>元素，其中包含<input>元素的预定义选项
max	number date	规定<input>元素的最大值
maxlength	number	规定<input>元素中允许的最大字符数
min	number date	规定<input>元素的最小值
multiple	multiple	规定允许用户输入到<input>元素中的多个值
name	text	规定<input>元素的名称
pattern	regexp	规定用于验证<input>元素的值的正则表达式
placeholder	text	规定可描述输入<input>字段预期值的简短的提示信息
readonly	readonly	规定输入字段是只读的
required	required	规定必须在提交表单前填写输入字段
size	number	规定以字符数计的<input>元素的可见宽度
src	URL	规定显示为提交按钮的图像的 URL（只针对 type="image"）
step	number	规定<input>元素的合法数字间隔
type	取值的类型：button、checkbox、color、date、datetime、datetime-local、email、file、hidden、image、month、number、password、radio、range、reset、search、submit、tel、text、time、url、week	规定要显示的<input>元素的类型
value	text	指定<input>元素 value 的值

综上所述，第（2）空填写 disabled。

19.3.5 index.html 文件【第（3）空】

此空考查元素中绑定 JavaScript 事件处理代码。

HTML 元素可以使用 HTML 属性的形式绑定其所支持事件的事件处理程序。此时，属性值必须为能够执行的 JavaScript 代码，可以是具体的几条语句，也可以是页面其他区域定义的脚本。常用的事件属性如表 19-10 所示。

表 19-10

事件属性	描述
onclick	鼠标单击
ondbclick	鼠标双击
onfocus	元素获得焦点
onblur	元素失去焦点
onmousedown	鼠标按下
onmouseup	鼠标松开
onmousemove	鼠标移动
onmouseover	鼠标指针被移动到元素上
onmouseenter	鼠标指针进入元素
onmouseout	鼠标指针移出元素
onmouseleave	鼠标指针离开元素

需要注意的是，在 HTML 中，有些字符（"&""""<"">"）是预留的，具有特殊的含义。比如，小于号"<"用于表示 HTML 标签的开始，大于号">"用于表示 HTML 标签的结束。当通过 HTML 属性的形式来绑定事件处理程序时，如果在事件处理程序中用到了这些预留字符，并希望浏览器正确地解析该字符，那么就需要在 HTML 源码中插入字符实体。HTML 语法字符实体如表 19-11 所示。

表 19-11

HTML 语法字符	实体	说明
&	&amp;	和
"	&quot;	双引号
<	&lt;	小于号
>	&gt;	大于号

下面这个例子演示了 3 种 HTML 事件处理程序。

```html
<!DOCTYPE html>
<html>
    <head>
        <meta charset="utf-8" />
        <title></title>
    </head>
    <body>
        <input type="button" value="click me 1" onclick="console.log('click')"/>
        <input type="button" value="click me 2" onclick="console.log(&quot;click&quot;)"/>
```

```
        <input type="button" value="click me 3" onclick="showMessage()"/>
    </body>
    <script>
        function showMessage(){
            console.log('hello world');
        }
    </script>
</html>
```

上述代码中有 3 个按钮，它们都使用 HTML 属性 onclick 在 button 上绑定了单击事件的事件处理程序，在单击相应按钮时，它们都会在控制台上打印出一个字符串。在 JavaScript 中，字符串需要通过双引号或单引号包裹起来，如果直接使用双引号包裹字符串，那么这里会出现 4 个双引号，浏览器在解析时就会产生错误，因此这里进行了以下 3 种处理：在第 1 个按钮的事件处理程序中，用单引号代替双引号；第 2 个按钮使用了双引号的字符实体（"）；第 3 个按钮 onclick 的属性值调用了 <script> 标签中定义的 showMessage() 函数。这 3 种方式都能很好地解决 HTML 预留字符带来的问题。

这种通过 HTML 属性绑定事件处理程序方式的最大问题在于，HTML 与 JavaScript 之间存在强耦合，代码的复用性也较差，这也是很多开发人员不建议使用这种方式的主要原因。

综上所述，第（3）空填写 onclick。

19.3.6　index.js 文件【第（4）、(5) 空】

这两空考查 JavaScript 中定义类及构造函数。

类是用于创建对象的模板。ES6 版本后可以使用 class 关键字来定义一个类，类的主体代码在一对大括号"{}"中，可以在大括号"{}"中定义类成员的位置，如方法或构造函数。

每个类都包含了一个特殊的方法 constructor()，它是类的构造函数，这种方法用于创建和初始化一个由 class 创建的对象。

下面这个例子演示了使用 class 关键字创建一个名为 classname 的自定义类，同时使用构造函数初始化了两个属性。

```
class classname
{   constructor(id, name)
    {
        this.id = id;
        this.name = name;
    }
}
```

综上所述，第（4）空填写 class，第（5）空填写 constructor。

19.3.7　index.js 文件【第（6）～（8）空】

第（6）～（8）空考查 JavaScript 中数组的常见属性及方法。

数组的常见属性及方法如表 19-12 和表 19-13 所示。

表 19-12

属性	描述
constructor	返回创建数组对象的原型函数
length	设置或返回数组元素的个数
prototype	允许向数组对象添加属性或方法

表 19-13

方法	描述
concat()	连接两个或更多数组,并返回结果
copyWithin()	从数组的指定位置复制元素到数组的另一个指定位置中
entries()	返回数组的可迭代对象
every()	检测数值元素中的每个元素是否都符合条件
fill()	使用一个固定值来填充数组
filter()	检测数值元素,并返回符合条件的所有元素的数组
find()	返回符合传入测试(函数)条件的数组元素
findIndex()	返回符合传入测试(函数)条件的数组元素索引
forEach()	数组中的每个元素都执行一次回调函数
from()	通过给定的对象中创建一个数组
includes()	判断一个数组是否包含一个指定的值
indexOf()	搜索数组中的元素,并返回它所在的位置
isArray()	判断对象是否为数组
join()	把数组中的所有元素放入一个字符串
keys()	返回数组的可迭代对象,包含原始数组的键(key)
lastIndexOf()	搜索数组中的元素,并返回它最后出现的位置
map()	通过指定函数处理数组中的每个元素,并返回处理后的数组
pop()	删除数组中的最后一个元素,并返回删除的元素
push()	在数组的末尾添加一个或更多元素,并返回新的长度
reduce()	将数组元素计算为一个值(从左到右)
reduceRight()	将数组元素计算为一个值(从右到左)
reverse()	反转数组的元素顺序
shift()	删除并返回数组中的第一个元素
slice()	选取数组的一部分,并返回一个新数组
some()	检测数值元素中是否有符合指定条件的元素
sort()	对数组中的元素进行排序
splice()	从数组中添加或删除元素
toString()	把数组转换为字符串,并返回结果
unshift()	在数组的开头添加一个或更多元素,并返回新的长度
valueOf()	返回数组对象的原始值

综上所述,第(6)空填写 length,第(7)空填写 index,第(8)空填写 splice。

19.3.8 index.js 文件【第（9）、（10）空】

这两空考查 ES6 中对象属性的合并和构造函数的 prototype 属性。

1. ES6 中对象属性的合并

Object.assign()方法可以将所有可枚举属性的值从一个或多个源对象复制到目标对象中，并返回目标对象。简单来说，Object.assign()是对象的静态方法，可以复制对象的可枚举属性到目标对象中，利用这个特性可以实现对象属性的合并。

Object.assign()方法的语法格式如下：

```
Object.assign(target, ...sources)
```

参数说明如下。
- target：目标对象。
- source：源对象。

Object.assign()方法的返回值为 target，即目标对象。

```
var target={name:'guxin',age:18};
var source={state:'single'}
var result=Object.assign(target,source);
console.log(target,target==result);
```

上述代码表示将 source 对象中的属性合并到 target 对象中。需要注意的是，如果此时有同名属性，则后面的属性值会覆盖前面的属性值。

2. 构造函数的 prototype 属性

首先，当使用 new 命令来调用构造函数时，new 命令会创建一个对象，并将其作为将要返回的实例对象。其次，这个对象的原型会指向构造函数 Student 的 prototype 属性。每个实例对象都有一个 __proto__ 属性，这个属性指向了该对象的原型对象。也就是说，实例对象的 __proto__ 属性等于构造函数的 prototype 属性。需要注意的是，原型对象指向构造函数 Student 的 prototype 属性，而不是指向构造函数本身。然后，将这个对象赋值给构造函数内部的 this 关键字。也就是说，让构造函数内部的 this 关键字指向一个对象实例。最后，开始执行构造函数内部代码。

构造函数、实例对象和原型对象的关系如图 19-12 所示。

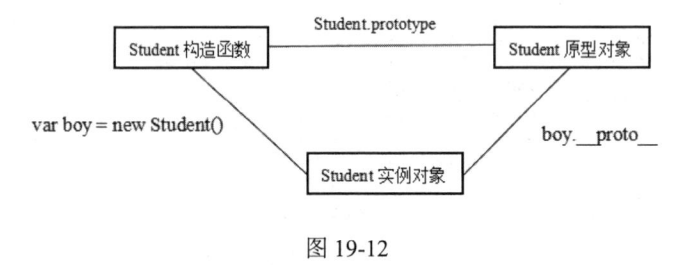

图 19-12

综上所述，第（9）空填写 assign，第（10）空填写 prototype。

19.3.9 index.js 文件【第（11）空】

此空考查 JavaScript 中获取指定元素。

在前端开发时，若要操作页面中的某个元素，例如，修改该元素的内容、属性或样式等，则先要获取到该元素，再对其进行操作，最常见的方式是根据页面元素的 id 属性获取对应元素。

getElementById()方法用于根据 id 属性获取元素，语法格式如下：
```
document.getElementById(elementId)
```
其中，elementId 参数是指所要获取的元素的 id 属性值。

getElementById()方法返回指定 id 属性值的元素。如果没有该 id 属性值，则返回 null；如果存在多个 id 属性值，则返回第一个元素。

下面这个例子演示了 JavaScript 根据页面元素的 id 属性获取对应元素。

```
<body>
    <ul>
        <li>西瓜</li>
        <li>香蕉</li>
        <li id="apple">苹果</li>
        <li>菠萝</li>
    </ul>
    <script>
        //根据 id 属性获取对应元素
        var apple=document.getElementById('apple');
        console.log(apple);
    </script>
</body>
```

上述代码的执行结果如图 19-13 所示。

图 19-13

综上所述，第（11）空填写 getElementById。

19.3.10　index.js 文件【第（12）空】

此空考查 JavaScript 中的自定义函数。

JavaScript 函数可以通过 function 关键字来定义，其后跟函数名和小括号。函数名可以包含字母、数字、下画线和美元符号（命名规则与变量名命名规则相同）。小括号可以包含由逗号分隔的参数，其基本语法格式如下：
```
function functionName(参数) {
执行的代码
}
```
需要注意的是，JavaScript 对大小写敏感，function 关键字必须是小写的，这种写法是最基本的写法，使用 function 关键字定义函数，函数声明后不会立即执行，而是在需要的时候调用执行。这种函数是全局的，如果有两个同名的声明式函数存在，那么第二个函数会覆盖第一个函数。

综上所述，第（12）空填写 function。

19.3.11　index.js 文件【第（13）空】

此空考查 JavaScript 中定义块级作用域变量。

在 ES6 之前是没有块级作用域的概念的。ES6 可以使用 let 关键字实现块级作用域。

let 关键字声明的变量只在 let 命令所在的代码块{}内有效，在{}之外不能访问。使用 var 关键字重新声明变量可能会带来问题：在块中重新声明变量也会重新声明块外的变量。

下面这个例子比较了 var 关键字和 let 关键字定义变量的不同。

```
var x = 6;
console.log(x);
{
    var x = 3;
    console.log(x);
}
console.log(x);              //使用 var 关键字定义的变量会出现问题

var y = 6;
console.log(y);
{
    let y = 3;
    console.log(y);
}
console.log(y);              //使用 let 关键字定义的变量可以解决刚才的问题
```

上述代码在{}中使用 var 关键字声明了变量 x，也会重新声明块外的变量 x。因此，在块外再次输出 x 的值时，会输出 3。若在{}中使用 let 关键字声明变量 y，则不会重新声明块外变量 y，因此输出值为 6。

综上所述，第（13）空填写 let。

19.3.12　index.js 文件【第（14）空】

此空考查 JavaScript 中结束函数的执行语句。

当被调用函数需要结束时，需要把函数的执行结果返回调用函数处，或者直接切断被调用函数的执行，此时可以使用 return 语句来实现。

综上所述，第（14）空填写 return。

19.3.13　index.js 文件【第（15）空】

此空考查 JavaScript 中的数字转换函数。

JavaScript 中常见的数字转换函数，如表 19-14 所示。

表 19-14

函数	描述
toExponential()	将对象的值转换为指数计数法
toFixed()	将数字转换为字符串，结果中的小数点后有指定位数的数字
toPrecision()	将数字格式化为指定的长度
Number()	将字符串转换为数字
parseFloat()	解析一个字符串，并返回一个浮点数
parseInt()	解析一个字符串，并返回一个整数

综上所述，第（15）空填写 parseFloat。

19.3.14 参考答案

本题参考答案如表 19-15 所示。

表 19-15

小题编号	参考答案
1	script
2	disabled
3	onclick
4	class
5	constructor
6	length
7	index
8	splice
9	assign
10	prototype
11	getElementById
12	function
13	let
14	return
15	parseFloat

19.4 试题四

19.4.1 题干和问题

阅读下列说明、效果图，打开"考生文件夹\20028\chat-room"文件夹中的文件，阅读代码并进行静态网页开发，在第（1）至（15）空处填写正确的代码，操作完成后保存文件。

【说明】

使用 Vue 创建聊天室页面，要求具备聊天室登录功能，以及选择一个好友并发送聊天信息的功能，效果如图 19-14 所示。项目名称为 chat-room。

具体要求：登录页面要求用户名和密码不能为空，效果如图 19-15 所示。聊天室页面要求显示当前登录的用户名、好友名称列表、聊天记录和当前聊天好友的名称。聊天室的对话框要求使用 Vue 的组件来实现。

【效果图】

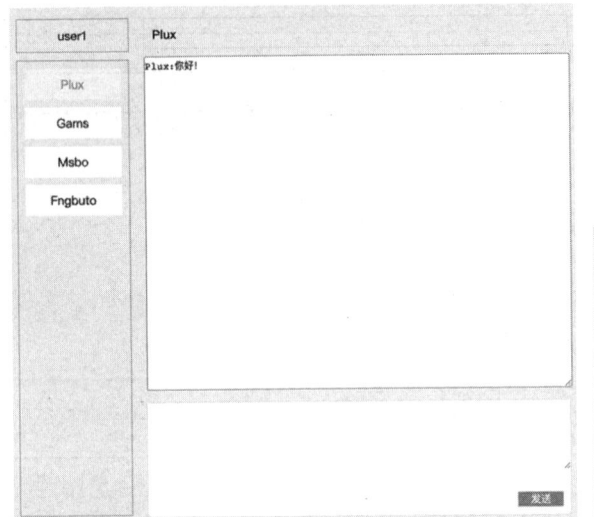

图 19-14

图 19-15

【问题】（30 分，每空 2 分）

根据注释，补全代码。

（1）打开"考生文件夹\20028\chat-room\src\router"文件夹中的 index.js 文件，根据代码结构和注释，在第（1）至（2）空处填入正确的内容，完成后保存该文件。

```
import Vue from 'vue'
import Router from 'vue-router'
Vue.use(Router)

import Login from '@/components/Login'
import ChatRoom from '@/components/ChatRoom'
export default new Router({
  routes: [
    {
      path:'/',
      (1):'/login' //跳转到登录页面  第（1）空
    },
    {
      path:'/login',
      name:'Login',
      (2):Login //页面组件 第（2）空
    },
    {
      path:'/chatroom',
      name:'ChatRoom',
```

```
      (2):ChatRoom   //页面组件  第（2）空
    }
  ]
})
```

（2）打开"考生文件夹\20028\chat-room\src\components"文件夹中的 Login.vue 文件，根据代码结构和注释，在第（3）至（6）空处填入正确的内容，完成后保存该文件。

```
<template>
  <div class="wrapper">
    <!-- 标题 -->
    <h1>用户登录</h1>
    <form id="form_login" @submit.prevent="Login">
      <input class="form_text" type="text" placeholder="请输入用户名" (3)="user"><!-- 双向绑定 第（3）空 -->
      <input class="form_text" type="password" placeholder="请输入密码" (3)="password"><!-- 双向绑定 第（3）空 -->
      <input type="submit" value="登录">
    </form>
  </div>
</template>

<script>
  export default {
    data() {
      return {user: '', (4): ''};  //第（4）空
    },
    methods: {  //函数
      //验证通过后，通过编程式路由进行页面跳转
      Login() {
        if (this.user != '' && this.password != '') {
          this.(5).push({  //路由跳转 第（5）空
            path:'chatroom',
            (6):{stuser:this.user}  //参数 第（6）空
          })
        }
      }
    }
  }
</script>

<style>
  /*盒子水平居中*/
  .wrapper {width: 30%;margin: 0 auto;position:absolute;left:50%;top:50%;transform:translate(-50%,-80%);color:#303133;}
  /*标题*/
  h1 {text-align:center;margin-bottom:30px;font-weight:400;}
  /*表单*/
  #form_login .form_text {border:1px solid #dcdfe6;height:40px;line-height:40px;width:100%;padding:0 15px;box-sizing:border-box;margin-bottom:20px;}
```

```css
/*input 的 placeholder 伪类型*/
.form_text::placeholder{color:#c0c4cc;}
/*登录按钮*/
#form_login        input[type='submit']        {color:#fff;background-color:
#409eff;border:0 none;width: 100%;height:40px;line-height:40px;}
</style>
```

（3）打开"考生文件夹\20028\chat-room\src\components"文件夹中的 ChatRoom.vue 文件，根据代码结构和注释，在第（7）至（11）空处填入正确的内容，完成后保存该文件。

```
<template>
    <div class="room">
        <div class="contactAll">
<!--        当前登录用户-->
            <div ref="userName" id="userName">{{userName}}</div>
<!--        好友列表-->
            <ul id="list_friend">
                <li (7)="(item,index) in userList" @click="handleClick(index)" :class="[{active_li:activeIndex == index}]">{{ item.nickname }}</li> <!-- 第（7）空 -->
            </ul>
        </div>
<!--    对话框-->
        <div class="dialog">
            <Dialog v-bind:chatName="chatName" v-bind:chatContent="chatContent" v-on:content="getContent"></Dialog>
        </div>
    </div>
</template>

<script>
    import Dialog from './Dialog'
    export default {
        data() {
            return {
                activeIndex:-1,
                userName:'',
                chatName:'',
                chatContent:'',
                userList:[
                    {nickname:'Plux',content:'Plux:你好！\n'},
                    {nickname:'Gams',content:'Gams:在吗？\n'},
                    {nickname:'Msbo',content:'Msbo:hello\n'},
                    {nickname:'Fngbuto',content:'Fngbuto:好好好\n'},
                ]
            }
        },
        ( 8 )() {  //实例创建完成后的钩子函数   第（8）空
            //获取当前登录用户名
            this.userName = this.(9).(10).stuser;  //路由参数 第（9）空和第（10）空
            //初始化聊天内容 chatContent,初始化 chatName 默认显示第一位好友的聊天窗口
```

```
                if (this.userList.length > 0) {
                    this.activeIndex = 0;
                    this.chatName = this.userList[0].nickname;
                    this.chatContent = this.userList[0].content;
                }
        },
        methods:{
            //单击好友列表
            handleClick(index) {
                //当前选中的<li>标签激活
                this.activeIndex = index;
                //当前选中的用户名
                this.chatNmae= this.userList[index].nickname;
                //当前选中的用户的聊天记录
                this.chatContent = this.userList[index].content;
            },
            //获取子组件传递的值
            getContent(value) {
                for (let i = 0;i < this.userList.length; i++) {
                    if (this.userList[i].nickname === this.chatName) {
                        this.userList[i].content += this.userName+':'+ value;
                        this.chatContent = this.userList[i].content;
                    }
                }
            }
        },
        (11):{Dialog} /* 注册组件 第(11)空 */
    }
</script>

<style>
    /*聊天室的宽度和高度*/
    .room {width:760px;height:640px;margin:20px auto;display: flex;}
    /*用户名*/
    #userName {border:1px solid #999;text-align: center;padding: 10px;margin-bottom:10px;}
    /*好友列表的宽度和高度*/
    #list_friend {border: 1px solid #999;width: 150px;height :590px;padding:10px;box-sizing:border-box;}
    #list_friend li{text-align :center;height:40px;line-height:40px;background-color: #ffffff;margin-bottom:10px;}
    /*单击 li 激活样式*/
    #list_friend .active_li {color: #409eff;border-color: #c6e2ff;background-color:#ecf5ff;}
    /*对话框*/
    .dialog {margin:0 20px;width:600px;}
</style>
```

(4) 打开"考生文件夹\20028\chat-room\src\components"文件夹中的 Dialog.vue 文件，根据代码结构和注释，在第（12）至（15）空处填入正确的内容，完成后保存该文件。

```
<template>
    <div>
        <!-- 好友 -->
        <p class="showName">{{chatName}}</p>
        <!-- 对话框显示区域 -->
        <textarea v-model="chatContent" class="dialogmsg" (12)="(12)"></textarea><!-- 只读文本框 第（12）空 -->
        <!-- 对话框编辑区域 -->
        <div class="send-wrap">
            <textarea v-model="sendmsg" class="dialogsend"></textarea>
            <!-- 发送按钮 -->
            <button @(13)="handleSend">发送</button>        <!-- 第（13）空 -->
        </div>
    </div>
</template>

<script>
    export default {
        name:'Dialog',
        (14):['chatName','chatContent'],//组件属性 第（14）空
        data(){
            return {
                sendmsg:''
            }
        },
        methods:{
            //在信息输入框中输入信息，单击"发送"按钮，注册单击事件
            handleSend(){
                if (this.sendmsg != '') {
                    //将输入的聊天信息传递给父组件
                    this.(15)('content',this.sendmsg + '\n');//第（15）空
                    this.sendmsg = '';
                }
            },
        }
    }
</script>

<style>
    /*好友*/
    .showName {height: 40px; line-height: 40px; box-sizing: border-box;border:1px solid #DCDFE6;margin-bottom: 10px;padding-left: 10px;font-weight: 600;}
    /*对话框显示区域*/
    .dialogmsg, .dialogsend{width: 100%}
    .dialogmsg{height: 430px;line-height: 1.8;}
    .dialogsend{margin-bottom:10px;height:90px;border:none;}
```

```
/*对话框编辑区域*/
.send-wrap{height:150px;width:100%;border:1px solid #DCDFE6;background-
color: #fff;margin-top:10px;box-sizing:border-box;border-radius:5px;
position:relative;}
/*发送按钮*/
.send-wrap button {position:absolute;right:10px;bottom:
10px;color:#fff;background-color: #409eff;border:0 none;width: 60px;}
</style>
```

注意：除了删除编号（1）至（15）并填入正确的内容，不能修改或删除文件中的其他任何内容。

19.4.2 考核知识和技能

（1）Vue 常用指令。
（2）Vue 生命周期函数。
（3）Vue 事件处理。
（4）Vue 注册组件。
（5）Vue 父子组件数据传递。
（6）Vue Router 路由定义。
（7）Vue Router 参数传递。
（8）Vue Router 编程式导航。

19.4.3 src\router\index.js 文件【第（1）、（2）空】

这两空考查 Vue Router 路由定义和 Vue Router 重定向。

1. Vue Router 路由定义

在使用 new Router()创建 Vue Router 路由实例时，需要传入一个对象作为参数，该对象必须包含 routes 属性，用于规定一组路由规则，即 routes 为一个数组，每一条路由规则都是一个对象。常用的路由规则属性如表 19-16 所示。

表 19-16

属性	描述
path	与当前路由规则匹配的路径
name	命名路由的名称
component	当前路径对应的 Vue 组件
children	命名嵌套路由

典型的路由定义如下：

```
// 第一步：定义路由规则
var routes = [
    {
        path:'/home',
        name:'home',
        component:Home
```

```
    },
    {
        path:'/list',
        name:'list',
        component:List
    },
    {
        path:'/detail',
        name:'detail',
        component:Detail
    },
];

// 第二步：实例化路由对象
var router = new VueRouter({
    routes:routes
});
```

2．Vue Router 重定向

路由重定向是指在用户访问一个特定的地址时，强制将其转到另一个指定的地址。Vue Router 是在路由规则中通过 redirect 属性来实现的，该属性可以对应多种类型的值。

```
var routes = [
    {
        path:'/',
        name:'index',
        component:Index
    },
    {
        path:'/home',
        name:'home',
        redirect:'/'
    },
    {
        path:'/homepage',
        name:'hp',
        redirect:{
            name: 'index'
        }
    },
    {
        path:'/detail',
        name:'detail',
        component:function(to) {
            // 方法接收 目标路由 作为参数
            // return 重定向的字符串路径/路径对象
        }
    },
];
```

综上所述，第（1）空填写 redirect，第（2）空填写 component。

19.4.4　src\components\Login.vue 文件【第（3）、（4）空】

这两空考查双向数据绑定。

当一个 Vue 实例被创建时，它会将 data 选项中的所有属性加入到 Vue 的响应式系统中。当这些属性的值发生改变时，视图将产生响应，即匹配更新为新的值。一个组件的 data 选项必须是一个函数，每个实例因此可以独立维护一份复制的被返回对象。

```
<template>
  <div>
    姓名：{{ username }}    年龄：{{ age }}
  </div>
</template>

<script>
  export default {
    data() {
      return {
        username: '张三',
        age: 20
      }
    }
  }
</script>
```

上述代码只能从模型数据绑定页面视图，当改变页面内容时，并不能改变背后的模型数据，但对于<input>、<textarea>及<select>表单元素，则可以使用 v-model 指令实现双向绑定，即通过模型数据改变页面视图，通过页面视图改变模型数据。

综上所述，第（3）空填写 v-model，第（4）空填写 password。

19.4.5　src\components\Login.vue 文件【第（5）、（6）空】

这两空考查路由实例。

当 Vue 应用上挂载 Vue Router 路由实例后，在 Vue 实例内部，可以通过$router 访问该路由实例。$router 可以用来操作路由，常用的方法有 push、replace 和 go。

（1）push 方法：用于跳转到不同的 URL，但这个方法会向 history 栈中添加一个记录，单击后退会返回上一个页面，常见的用法如下。

```
// 字符串、命名路由
this.$router.push('home')

// 对象
this.$router.push({path: '/home'})
```

（2）replace 方法：用于跳转到指定的 URL，并替换 history 栈中的最后一个记录，单击后退会返回上一个页面（如 A→B→C，B 会被 C 替换，结果为 A→C）。若设置 replace 属性（默认值为 false）的话，当单击时，会调用 router.replace()方法，而不是 router.push()方法，所以导航后不会留下 history 记录，即使单击返回按钮也不会回到这个页面。在加上 replace:true 时，它不会向 history 添加新记录，而是跟它的方法名一样——替换当前的 history 记录。

（3）go 方法：相对当前页面向前或向后跳转多少个页面，类似 window.history.go(n)，n 可以为正数，也可以为负数。若 n 为正数，则返回上一个页面。

```
// 在浏览器记录中前进 1 步，等同于 history.forward()
this.$router.go(1)

// 在浏览器记录中后退 1 步，等同于 history.back()
this.$router.go(-1)
```

Vue Router 在传递参数时有两种形式，即路径参数和查询参数。以 push 方法为例，用法如下：

```
// 带路径参数 /user/1
this.$router.push({
  path: '/user/:id',
  params:{
    id: 1
  }
})

// 带查询参数 /user?id=1
this.$router.push({
  path: '/user',
  query:{
    id: 1
  }
})
```

综上所述，第（5）空填写 $router。由于 src\components\Login.vue 文件中未定义路径参数，因此第（6）空填写 query。

19.4.6　src\components\ChatRoom.vue 文件【第（7）空】

此空考查 v-for 指令。

v-for 指令可以基于一个数组来渲染一个列表。v-for 指令需要使用的特殊语法为 item in items 或(item, index) in items。其中，items 是源数据数组，item 是被迭代的数组元素的别名，index 是当前项的索引。

```
<ul id="example">
  <li v-for="(item, index) in items">
    {{ parentMessage }} - {{ index }} - {{ item.message }}
  </li>
</ul>
new Vue({
  el: '#example',
  data: {
    parentMessage: 'Parent',
    items: [
      { message: 'Foo' },
      { message: 'Bar' }
    ]
```

```
    }
})
```

综上所述，第（7）空填写 v-for。

19.4.7　src\components\ChatRoom.vue 文件【第（8）空】

此空考查 Vue 生命周期函数。

Vue 生命周期函数如表 19-17 所示。

表 19-17

Vue 生命周期函数	描述
beforeCreate	在组件实例初始化完成后被立即调用
created	在实例创建完成后被立即同步调用
beforeMount	在挂载开始前被调用，相关的 render 函数首次被调用
mounted	在实例被挂载后调用
beforeUpdate	在数据发生改变后、DOM 更新前被调用
updated	在数据更改导致的虚拟 DOM 重新渲染和更新完毕后被调用
activated	被 keep-alive 缓存的组件激活时调用
deactivated	被 keep-alive 缓存的组件失活时调用
beforeDestroy	在实例销毁前调用
destroyed	在实例销毁后调用

综上所述，第（8）空填写 created。

19.4.8　src\components\ChatRoom.vue 文件【第（9）、（10）空】

这两空考查路由对象。

路由对象（route object）表示当前激活的路由的状态信息，包含当前 URL 解析得到的信息和 URL 匹配到的路由记录（route records）。在组件内，可以通过 this.$route 获得路由对象。路由对象的属性如表 19-18 所示。

表 19-18

属性	类型	说明
path	String	当前路由的路径，一般解析为绝对路径，如/news/list/1/20
params	Object	一个 key/value 对象，包含动态片段和全匹配片段，若没有路由参数，则是一个空对象
query	Object	一个 key/value 对象，表示 URL 查询参数。例如，对于路径/news?id=1，则有 $route.query.id == 1；若没有查询参数，则是一个空对象
hash	String	当前路由的 hash 值（带#）。例如，对于路径/news#index，则有$route.hash == #index；若没有 hash 值，则为空字符串
fullPath	String	完成解析后的 URL，包含查询参数和 hash 的完整路径
name	String	当前路由的名称

综上所述，第（9）空填写$route。由于前面是通过查询参数的形式传递参数，因此第（10）空填写 query。

19.4.9　src\components\ChatRoom.vue 文件【第（11）空】

此空考查 Vue 注册组件。

组件注册分为全局注册和局部注册。全局注册是通过 Vue.component()来创建组件的。

```
Vue.component('my-component-name', {
  // ... 选项 ...
})
```

局部注册组件需要在 components 选项中定义。

```
import ComponentA from './ComponentA'
import ComponentC from './ComponentC'

export default {
  components: {
    ComponentA,
    ComponentC
  },
  // ...
}
```

综上所述，第（11）空填写 components。

19.4.10　src\components\Dialog.vue 文件【第（12）空】

此空考查<textarea>标签属性。

<textarea>标签属性如表 19-19 所示。

表 19-19

属性	值	说明
autofocus	autofocus	规定当页面加载时，文本区域自动获得焦点
cols	number	规定文本区域内可见的宽度
disabled	disabled	规定禁用文本区域
form	form_id	定义文本区域所属的一个或多个表单
maxlength	number	规定文本区域允许的最大字符数
name	text	规定文本区域的名称
placeholder	text	规定一个简短的提示，用于描述文本区域期望的输入值
readonly	readonly	规定文本区域为只读模式
required	required	规定文本区域是必需或必填的
rows	number	规定文本区域内可见的行数
wrap	hard/ soft	规定当提交表单时，文本区域中的文本应该怎样换行

综上所述，第（12）空填写 readonly。

19.4.11　src\components\Dialog.vue 文件【第（13）空】

此空考查 Vue 事件处理。

通过 v-on 指令可以监听 DOM 事件，并在触发时运行一些 JavaScript 代码。v-on 指令可以简写为@。

常用的鼠标事件如表 19-20 所示。

表 19-20

事件名称	描述
click	鼠标单击时触发
dblclick	鼠标双击时触发
mousedown	在元素上按下鼠标按键时触发
mouseup	在元素上松开鼠标按键时触发
mousemove	鼠标指针在元素上移动时触发
mouseout	鼠标指针离开元素或其子元素时触发
mouseover	鼠标指针进入元素或其子元素时触发
mouseleave	鼠标指针离开元素时触发（只能离开目标元素时才触发）
mouseenter	鼠标指针进入元素时触发（只能进入目标元素时才触发）
contextmenu	鼠标右击时触发

综上所述，第（13）空填写 click。

19.4.12　src\components\Dialog.vue 文件【第（14）、（15）空】

这两空考查父子组件传值。

（1）props 是组件的自定义属性，与 data、methods 等都是一个级别的配置项，组件的使用者可以通过 props 属性将数据传递到子组件内部，以供子组件内部使用。

```
Vue.component(id, {
  ...
  props:[ 'name', 'title', 'age']
  ...
})
```

（2）当子组件内部触发了一个事件后，外部（也就是调用子组件的父组件）也能相应感知到事件的触发，从而触发一系列的操作。在 Vue 中，这个过程大致可以分为以下两步。

① 子组件通过$emit()方法发出自定义事件，$emit()方法的语法格式如下：

```
$emit(eventName, [arg1, arg2, arg3,...])
```

其中，eventName 为事件名称，arg1、arg2、arg3 等为可选的额外参数。

② 父组件在其模板中通过 v-on 指令监听自定义事件。

综上所述，第（14）空填写 props，第（15）空填写$emit。

19.4.13　参考答案

本题参考答案如表 19-21 所示。

表 19-21

小题编号	参考答案
1	redirect
2	component
3	v-model
4	password
5	$router
6	query
7	v-for
8	created
9	$route
10	query
11	components
12	readonly
13	click
14	props
15	$emit